Enke

# Leitsymptome bei Reptilien

Diagnostischer Leitfaden und Therapie

**Herausgegeben von**
**Michael Pees**

Unter Mitarbeit von
Bastian Plenz, Rachel E. Marschang,
Frank Mutschmann, Annkatrin Neul,
Volker Schmidt, Andrea Steinmetz

514 Abbildungen

Enke Verlag · Stuttgart

*Bibliografische Information der Deutschen Nationalbibliothek*
Die Deutsche Nationalbibliothek verzeichnet diese Publikation in der Deutschen Nationalbibliografie; detaillierte bibliografische Daten sind im Internet über http://dnb.d-nb.de abrufbar.

Ihre Meinung ist uns wichtig! Bitte schreiben Sie uns unter:
www.thieme.de/service/feedback.html


MVS Medizinverlage Stuttgart GmbH & Co. KG
Oswald-Hesse-Str. 50
70469 Stuttgart
Deutschland

www.enke.de

Printed in Germany

Zeichnungen: Heike Hübner, Berlin
Umschlaggestaltung: Thieme Verlagsgruppe
Satz: L42 Media Solutions, Berlin
Druck: Grafisches Centrum Cuno, Calbe

ISBN 978-3-8304-1227-4 1 2 3 4 5 6

Auch erhältlich als E-Book:
eISBN (PDF) 978-3-8304-1228-1
eISBN (epub) 978-3-8304-1229-8

**Wichtiger Hinweis:** Wie jede Wissenschaft ist die Veterinärmedizin ständigen Entwicklungen unterworfen. Forschung und klinische Erfahrung erweitern unsere Erkenntnisse, insbesondere was Behandlung und medikamentöse Therapie anbelangt. Soweit in diesem Werk eine Dosierung oder eine Applikation erwähnt wird, darf der Leser zwar darauf vertrauen, dass Autoren, Herausgeber und Verlag große Sorgfalt darauf verwandt haben, dass diese Angabe **dem Wissensstand bei Fertigstellung des Werkes** entspricht.
Für Angaben über Dosierungsanweisungen und Applikationsformen kann vom Verlag jedoch keine Gewähr übernommen werden. **Jeder Benutzer ist angehalten**, durch sorgfältige Prüfung der Beipackzettel der verwendeten Präparate und gegebenenfalls nach Konsultation eines Spezialisten festzustellen, ob die dort gegebene Empfehlung für Dosierungen oder die Beachtung von Kontraindikationen gegenüber der Angabe in diesem Buch abweicht. Eine solche Prüfung ist besonders wichtig bei selten verwendeten Präparaten oder solchen, die neu auf den Markt gebracht worden sind. **Jede Dosierung oder Applikation erfolgt auf eigene Gefahr des Benutzers.** Autoren und Verlag appellieren an jeden Benutzer, ihm etwa auffallende Ungenauigkeiten dem Verlag mitzuteilen.
Vor der Anwendung bei Tieren, die der Lebensmittelgewinnung dienen, ist auf die in den einzelnen deutschsprachigen Ländern unterschiedlichen Zulassungen und Anwendungsbeschränkungen zu achten.

Geschützte Warennamen (Warenzeichen ®) werden nicht immer besonders kenntlich gemacht. Aus dem Fehlen eines solchen Hinweises kann also nicht geschlossen werden, dass es sich um einen freien Warennamen handelt.

# Vorwort

Auch wenn kaum gesicherte Zahlen vorliegen, haben Reptilien als Haustiere in den letzten 20 Jahren stetig an Bedeutung gewonnen, und stellen somit inzwischen auch in der tierärztlichen Praxis einen zunehmenden Anteil des Patientengutes dar. Gleichzeitig stellt die Klasse Reptilien in ihrer Heterogenität und den speziellen Lebensweisen der einzelnen Spezies besondere Anforderungen an die Diagnostik wie auch die Therapie. Daher starteten erste Planungen zu einem Buch über Leitsymptome bei Reptilien schon vor mehreren Jahren. Die Komplexität der Thematik – insbesondere auch der gemeinsamen Abhandlung der drei Tiergruppen Echsen, Schlangen und Schildkröten – führte zu einer langen Planungs- und Koordinationsphase, an deren Ende nun das vorliegende Buch steht.

Dieses Buch gliedert sich praxisorientiert nach den am häufigsten vorkommenden Leitsymptomen, unter Berücksichtigung der relevantesten nicht-giftigen Reptilienspezies in deutschsprachigen Haushalten. Die Leitsymptome werden als Problematik besprochen, und neben Sofortmaßnahmen wird die klinische Untersuchung zusammen mit der ggf. notwendigen weiteren Diagnostik erörtert. Dieses Vorgehen soll es ermöglichen, sich direkt mit den Erkrankungen, die eine bestimmte Symptomatik verursachen, vergleichend zu beschäftigen. Dies wird zudem anschaulich durch einen diagnostischen Leitfaden zu jedem Leitsymptom verdeutlicht. Da medizinische Probleme aber nicht immer einem festen Schema folgen, kann ein diagnostischer Leitfaden nur eine Hilfestellung und ein Denkanstoß sein. Aus diesem Grunde sind die eigentlichen Erkrankungen auch in sich geschlossen von der Ätiologie über die Pathogenese, Klinik und Diagnostik bis zur Therapie besprochen, um auch ein gezieltes Nachlesen zu ermöglichen.

Reptilien als ektotherme Lebewesen haben besondere Ansprüche an ihre Umwelt, und auch die Fütterung ist bei vielen Spezies aufgrund spezieller Anforderungen anspruchsvoll. Daher bedarf es eines ausreichenden Fachwissens auf Seiten der Halter, um die Grundlagen für eine artgerechte Unterbringung zu schaffen. Entsprechend notwendig ist es, die Halter auf die reichlich vorhandene Fachliteratur zur Haltung von Reptilien hinzuweisen, und zu verdeutlichen, wie wichtig eine optimale Haltung für die Gesundheit von Reptilien ist. Letztlich ist diese Mithilfe der Halter unerlässlich, um einen (dauerhaften) Therapieerfolg zu erzielen.

Wir möchten allen Kollegen herzlich danken, die bei den zahlreichen Diskussionen mitgewirkt haben, und die uns ebenso mit fachlichem Rat oder Bildmaterial unterstützt haben.

Besonders danken möchten wir dem Enke Verlag für die stets freundliche und hilfreiche Unterstützung bei der Planung wie auch der Umsetzung dieses Projektes, insbesondere Herrn Dr. Martin Schäfer, Frau Gesina Abraham und Frau Anna Johne.

Den Kolleginnen und Kollegen in der Praxis wünschen wir, dass das Buch sich in der täglichen Arbeit als praktische Hilfe bewähren möge.

Leipzig, Bad Kissingen und Berlin,
im Sommer 2015
**Die Autoren**

# Symbol-Erklärung

Symbole

- EC Echsen
- SL Schlangen
- SK Schildkröten
- Z Zoonose

# Abkürzungen

**AS** *Augensalbe*
**AST** *Aspartataminotransferase*
**AT** *Augentropfen*
**CANV** *Chrysosporium anamorph von Nannizziopsis vriesii*
**CK** *Kreatinkinase*
**γ-GT** *Gamma-Glutamyltransferase*
**GLDH** *Glutamatdehydrogenase*
**IBD** *Inclusion Body Disease*
**LDH** *Lactatdehydrogenase*
**MBD** *Metabolic Bone Disease*
**NW** *Nebenwirkung(en)*
**POTZ** *Preferred Optimal Temperature Zone*
**REPAS** *Reptilien-assoziierte Salmonellose*
**SCUD** *Septicemic Cutaneous Ulcerative Disease*
**TINC** *Intranuclear Coccidiosis of Testudines*
**URTD** *Upper Respiratory Tract Disease*

# Inhaltsverzeichnis



## Teil 1
Allgemeinuntersuchung



## Teil 2
Medikamentenapplikation, Narkose und begleitende Maßnahmen

# Teil 3
**Leitsymptome**

# Teil 4

## Weiterführende Untersuchungen

# Teil 5

## Anhang

# Anschriften

## Herausgeber

Professor Dr. med. vet. habil. Michael **Pees**
Universität Leipzig
Klinik für Vögel und Reptilien
An den Tierkliniken 17
04103 Leipzig
Deutschland

## Mitarbeiter

Bastian **Plenz**
Universität Leipzig
Klinik für Vögel und Reptilien
An den Tierkliniken 17
04103 Leipzig
Deutschland

PD Dr. med. vet. Rachel E. **Marschang**
LABOKLIN GmbH & Co.KG
Steubenstr. 4
97688 Bad Kissingen
Deutschland

Dr. med. vet. Frank **Mutschmann**
Exomed
Erich-Kurz-Str. 7
10319 Berlin
Deutschland

Annkatrin **Neul**
Universität Leipzig
Klinik für Vögel und Reptilien
An den Tierkliniken 17
04103 Leipzig
Deutschland

Dr. med. vet. Volker **Schmidt**
Universität Leipzig
Klinik für Vögel und Reptilien
An den Tierkliniken 17
04103 Leipzig
Deutschland

Dr. med. vet. Andrea **Steinmetz**
Universität Leipzig
Klinik für Kleintiere
An den Tierkliniken 23
04103 Leipzig
Deutschland

# Teil 1
# Allgemeinuntersuchung

# 1 Signalement und Anamnese

Annkatrin Neul

## 1.1 Allgemeines

Reptilien als nicht domestizierte Tiere versuchen, so lange wie möglich unauffällig und gesund zu wirken. Daher werden sie oft in einem fortgeschrittenen Krankheitsstadium dem Tierarzt vorgestellt. Die Leitsymptomatik ist außerdem oft nicht unmittelbar erkennbar. Deshalb und insbesondere, um Haltungs- oder Ernährungsdefizite als mögliche (Mit-)Ursache einschätzen zu können, ist ein detailliertes Anamnesegespräch wichtig.

## 1.2 Signalement

**Reptilienart** Die Klasse der Reptilien umfasst viele, sehr unterschiedliche Spezies, welche sehr individuelle Anforderungen hinsichtlich der Fütterung, der Haltung und des Klimas stellen. Daher ist die Bestimmung der Reptilienart eine entscheidende Voraussetzung für die Einschätzung der Haltungs- und Ernährungsbedingungen, die dem Patienten angeboten werden.

**Alter** Eine Altersbestimmung bei Reptilien ist sehr schwierig. Die Kenntnis (oft nur die Dauer des Aufenthaltes beim Halter) ist aber durchaus für die Interpretation von Untersuchungsergebnissen und bestimmte Krankheitsprädispositionen relevant.

**Geschlecht** Die Bestimmung des Geschlechts ist wichtig, um geschlechtsspezifische Erkrankungen ein- bzw. ausschließen zu können (▸ **Tab. 1.1**).

SK Bei vielen Schildkrötenarten ist die Geschlechtsbestimmung aufgrund sekundärer Geschlechtsmerkmale schwierig, da die Tiere hierzu erst eine gewisse Größe erreicht haben müssen. Die Geschlechtsreife wird bei den meisten Sumpfschildkröten mit ca. 6 Jahren und bei den meisten Landschildkröten mit etwa 10 Jahren erreicht, wobei die Fütterung und Haltung hierbei eine besondere Rolle spielen. Die relative Schwanzlänge und Schwanzwurzelbreite in Bezug zur Kloakenöffnung sind wichtige Anhaltspunkte. Weiterhin gibt die Panzerform Hinweise, jedoch muss darauf geachtet werden, dass dieser physiologisch gewachsen ist.

EC Bei vielen Echsen ist eine Geschlechtsdifferenzierung aufgrund sekundärer Geschlechtsmerkmale möglich. So findet man beispielsweise

▸ **Tab. 1.1** Geschlechtsbestimmung bei Reptilien.

| Spezies | ♀ | ♂ |
|---|---|---|
| SK | • kurzer Schwanz<br>• Kloakenöffnung näher an Schwanzwurzel<br>• keine konkave Eindellung am Plastron<br>• kurze Krallen an Vordergliedmaßen (nur bei Wasserschildkröten) | • langer Schwanz<br>• Kloakenöffnung näher an Schwanzspitze<br>• konkave Eindellung am Plastron<br>• lange Krallen an Vordergliedmaßen (nur bei Wasserschildkröten) |
| EC | • kein Sulcus an Schwanzunterseite<br>• weniger gut ausgeprägte Femoral- oder Präanalporen<br>• weniger deutliche oder keine Körperanhänge | • Sulcus an Schwanzunterseite zwischen den Hemipenes<br>• deutlich ausgeprägte Femoral- oder Präanalporen<br>• Körperanhänge in Form von Rückenkämmen, Hörnern, Kehllappen und/oder Helmen |
| SL | Sondierung: Eindringtiefe in Hemipenistaschen entspricht der Länge von ca. 2–6 Subkaudalia | Sondierung: Eindringtiefe in Hemipenistaschen entspricht der Länge von mindestens 6–10 Subkaudalia (▸ **Abb. 1.1**) |

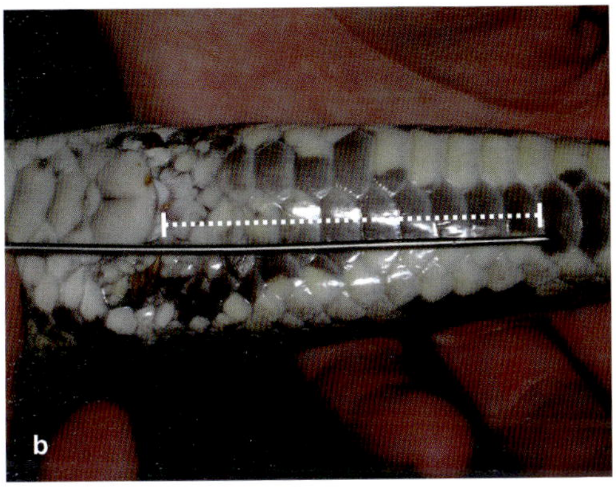


▸ **Abb. 1.1** Sondierung der Hemipenistaschen bei einem adulten Tigerpython. **a** Die mit Paraffin gleitfähig gemachte Sonde wird hinter der Kloakenschuppe vorsichtig nach kaudal geführt. Dies kann entweder etwas rechts oder links der Medianen geschehen (Pfeile). **b** Lässt sich die Sonde nicht mehr leicht weiter einführen, wird der Finger auf das Ende des gerade noch sichtbaren Teils gelegt und dieser vorsichtig zurückgezogen. Zur Beurteilung dienen die Ventralschuppen am Schwanzansatz. Hier bedeuten 10 Schuppen, dass es sich um ein männliches Tier handelt.
(Klinik für Vögel und Reptilien, An den Tierkliniken 17, 04103 Leipzig)

bei männlichen Agamen und Geckos Poren, die der Reviermarkierung dienen. Weiterhin zeigen männliche Chamäleons und Leguane deutlicher ausgebildete Körperanhänge (Helme, Hörner, Kämme), die hinweisend auf das Geschlecht sind. Hemipenistaschen sind teilweise an der ventralen Schwanzseite erkennbar.

SL Viele Schlangen werden mit ungefähr 3 Jahren geschlechtsreif. Meist ist keine einheitliche, eindeutige Geschlechtsdifferenzierung anhand sekundärer Geschlechtsmerkmale möglich. Männliche Riesenschlangen sind je nach Spezies an den deutlicher ausgebildeten Aftersporen erkennbar. Bei Nattern kann ein längerer Schwanz ein Hinweis auf ein männliches Tier sein. Als Mittel der Wahl dient bei Schlangen die **Sondierung der Hemipenistaschen**, bei der die Tiefe mithilfe der Schuppen der Schwanzunterseite (Subkaudalia) beurteilt wird (▸ Abb. 1.1).

> **Cave**
> **Durch unsachgemäße Sondierungen können Verletzungen der Hemipenes verursacht werden.**

## 1.3 Allgemeine Anamnese

Die allgemeine Anamnese kann bereits Hinweise auf bestimmte Erkrankungen geben. Sie ist außerdem relevant, um therapiebegleitend haltungs- und ernährungsoptimierende Maßnahmen zu ergreifen.

Wichtige Punkte sind:

- Haltung
- Durchführung einer Winterruhe
- Ernährung
- Partnertiere
- Herkunft
- frühere Erkrankungen (im Bestand)

**Haltung** Hinsichtlich der Haltung sollten der den Tieren zur Verfügung stehende Platz, die Gruppenzusammensetzung, das Bodensubstrat und das Temperatur- sowie Luftfeuchteregime erfragt werden. Die Abbildung möglichst natürlicher Gegebenheiten ist bei der Unterbringung (S. 48) wichtig.

> **Cave**
> **Im Zusammenhang mit Heizungen/Heizkabeln kommt es regelmäßig zu Verbrennungen.**

Bei sonnenliebenden Arten (z. B. Europäischer Landschildkröte oder Jemenchamäleon) ist neben der Beleuchtungsdauer vor allem die **UV-Beleuchtung** entscheidend. Hierbei sollte nicht nur geklärt werden, ob eine UV-Lampe angeboten wird, sondern auch, um welche Lampe es sich handelt.

▸ Tab. 1.2 führt allgemein empfohlene Haltungsbedingungen einiger Reptilienarten auf.

**Praxistipp**

Für detaillierte Angaben zur Haltung bestimmter Spezies wird ausdrücklich auf entsprechende Terraristikliteratur verwiesen, da die individuellen Anforderungen sehr spezifisch sein können. Dem Halter sollte der Erwerb der entsprechenden Literatur ausdrücklich empfohlen werden.

**Winterruhe** Bei vielen Spezies gehört die jährliche Durchführung einer Winterruhe (S. 381) zur artgerechten Haltung (z. B. Europäische Landschildkröten, Bartagamen, Kornnattern). Hierbei werden der Stoffwechsel und die Organfunktion deutlich reduziert, wodurch die Reptilien anfälliger gegenüber Infektionskrankheiten sind. Die korrekte Durchführung ist deshalb von großer Bedeutung und sollte erfragt werden.

**Ernährung** Bezüglich der Ernährung sollte nach der Futterzusammensetzung/-menge und der Fütterungshäufigkeit gefragt werden. Dies ist wichtig, da einige Erkrankungen durch Fütterungsdefizite ausgelöst werden. So haben die meisten Reptilien in Menschenobhut einen (latenten) Mineralstoffmangel. Entsprechend sollten zusätzliche Mineralstoffquellen zu Verfügung stehen. Als Mineralstoffquelle kann Sepiaschale (pulverisiert oder im Stück) oder günstiger ein Vitamin-Mineralstoff-Ergänzungsfuttermittel, z. B. Korvimin ZVT® 63, angeboten werden. Bei Schlangen ist dies in der Regel nicht notwendig, da die Knochen der Futtertiere ausreichen. In ▸ Tab. 1.3 sind Empfehlungen zur Fütterung ausgewählter Reptilienarten zusammengestellt.

**Partnertiere** Bei Partnertieren sollten die Spezies, das Geschlecht und die Herkunft abgeklärt werden. Bei Neuzugängen sind der Zeitpunkt des Erwerbs, Eingangsuntersuchungen und Einhaltung einer Quarantänephase entscheidend.

▸ **Tab. 1.2** Allgemeine Haltungsempfehlungen häufig gehaltener Reptilien.

| Reptilienarten | Terrarientyp | Gruppenzusammenstellung | Bodensubstrat | Beleuchtung | Temperatur | Luftfeuchtigkeit |
|---|---|---|---|---|---|---|
| **Schildkröten** | | | | | | |
| Europäische Landschildkröten (*Testudo* spp.) | Waldterrarium; Idealfall: **Freilandhaltung** | Einzel- oder Gruppenhaltung | Lehm-Erde-Gemisch | Tageslichtlampe (hohe Lichtintensität notwendig), UV-Beleuchtung (UV-A und UV-B) | Bodentemperatur 22–28 °C, Lufttemperatur 30–40 °C, lokaler Sonnenplatz bis 45 °C, Nachtabsenkung auf 17–20 °C | je nach Art 40–70 % |
| Schmuckschildkröten (*Pseudemys* spp., *Trachemys* spp.) | Aquaterrarium | Paar- oder Gruppenhaltung | Steine, Landteil ca. ein Drittel der Gesamtfläche | Tageslichtlampe, UV-Beleuchtung (UV-A und UV-B) | Wassertemperatur 24–28 °C, lokaler Sonnenplatz 35–45 °C, nachts geringfügige Abkühlung | - |
| **Echsen** | | | | | | |
| Bartagame (*Pogona vitticeps*) | Wüstenterrarium | Kleingruppe (1 Männchen und 2–4 Weibchen) | lehmhaltiger Sand | Tageslichtlampe (hohe Lichtintensität notwendig), UV-Beleuchtung (UV-A und UV-B) | Bodentemperatur 26–28 °C, lokaler Sonnenplatz bis 45 °C, Nachtabsenkung auf 20–23 °C | 50–60 % |

▸ **Tab. 1.2** Fortsetzung.

| Reptilienarten | Terrarientyp | Gruppenzusammenstellung | Bodensubstrat | Beleuchtung | Temperatur | Luftfeuchtigkeit |
|---|---|---|---|---|---|---|
| Leopardgecko (*Eublepharis macularius*) | Wüstenterrarium | Paarhaltung oder Kleingruppe (1 Männchen und mehrere Weibchen) | lehmhaltiger Sand | Tageslichtlampe, Wärmestrahler/Bodenheizung | Bodentemperatur 26–28 °C, lokaler Sonnenplatz bis 35 °C, Nachtabsenkung auf 20–23 °C | 50–60 % |
| Grüner Leguan (*Iguana iguana*) | Tropenterrarium | Einzel- oder Paarhaltung | saugfähiges Substrat, z. B. Rindenmulch | Tageslichtlampe (hohe Lichtintensität notwendig), UV-Beleuchtung (UV-A und UV-B) | Lufttemperatur 25–28 °C, lokaler Sonnenplatz bis 45 °C, Nachtabsenkung auf 20–25 °C | tagsüber 60–80 %, nachts 80–95 % |
| Jemen-/Pantherchamäleon (*Chamaeleo calyptratus, Furcifer pardalis*) | Tropenterrarium | Einzelhaltung | saugfähiges Substrat, z. B. Rindenmulch | Tageslichtlampe (hohe Lichtintensität notwendig), UV-Beleuchtung (UV-A und UV-B) | Lufttemperatur 25–28 °C, lokaler Sonnenplatz bis 40 °C, Nachtabsenkung auf 20 °C | 60–90 % |
| Wasseragame (*Physignathus cocincinus*) | Tropenterrarium | Paarhaltung | saugfähiges Substrat, z. B. Rindenmulch | Tageslichtlampe (hohe Lichtintensität notwendig), UV-Beleuchtung (UV-A und UV-B) | Lufttemperatur 26–28 °C, lokaler Sonnenplatz bis 35 °C, Nachtabsenkung auf 20–23 °C | tagsüber 70–80 %, nachts über 95 % |
| Taggecko (*Phelsuma* spp.) | Tropenterrarium | Paarhaltung | saugfähiges Substrat, z. B. Rindenmulch | Tageslichtlampe (hohe Lichtintensität notwendig), UV-Beleuchtung (UV-A und UV-B) | Lufttemperatur 28–30 °C, lokaler Sonnenplatz bis 45 °C, Nachtabsenkung auf 20–23 °C | 50–70 % |
| **Schlangen** | | | | | | |
| Kornnatter (*Pantherophis guttatus*) | Waldterrarium | Einzel- oder Gruppenhaltung | Erde-Lehm-Gemisch | Tageslichtlampe, Wärmestrahler/Bodenheizung | Lufttemperatur 20–25 °C, lokaler Sonnenplatz bis 35 °C, Nachtabsenkung auf unter 20 °C | 50–60 % |
| Königspython (*Python regius*) | Tropenterrarium | Einzel- oder Gruppenhaltung | lockeres, saugfähiges Substrat, z. B. Rindenmulch | Tageslichtlampe, Wärmestrahler/Bodenheizung | Bodentemperatur 26–28 °C, lokaler Sonnenplatz bis 33 °C, Nachtabsenkung auf 20–23 °C | 60–80 %, nachts auch über 90 % |

▶ **Tab. 1.3** Allgemeine Fütterungsempfehlungen für einige Reptilienspezies.

| Reptilienarten | Häufigkeit der Fütterung | Zusammensetzung der Futterration |
|---|---|---|
| **Schildkröten** | | |
| Europäische Landschildkröten (*Testudo* spp.) | täglich | Wald- und Wiesenkräuter (z. B. Löwenzahn, Spitzwegerich, Breitwegerich), Heu, Blattsalat (z. B. Feldsalat), Gemüse (z. B. Karotten, Zucchini), Golliwoog® |
| Schmuckschildkröten (*Pseudemys* spp., *Trachemys* spp.) | täglich pflanzliches Futter, 2–3 × wöchentlich tierisches Futter | **pflanzliches Futter:** Wald- und Wiesenkräuter (z. B. Löwenzahn, Spitzwegerich, Breitwegerich), Wasserpflanzen (z. B. Wasserlinse), Blattsalat (z. B. Feldsalat), Gemüse (z. B. Karotten, Zucchini), Golliwoog® |
| | | **tierisches Futter:** Fisch, Kleinkrebse, Garnelen, Würmer, Insekten |
| **Echsen** | | |
| Grüner Leguan (*Iguana iguana*) | täglich | Wald- und Wiesenkräuter (z. B. Löwenzahn, Spitzwegerich, Breitwegerich), Blattsalat (z. B. Feldsalat), Gemüse (z. B. Karotten, Zucchini), Golliwoog®, (Obst) |
| Bartagame (*Pogona vitticeps*) | täglich pflanzliches Futter (außer an den Tagen mit tierischer Kost), 2 × wöchentlich tierisches Futter | **pflanzliches Futter:** Wald- und Wiesenkräuter (z. B. Löwenzahn, Spitzwegerich, Breitwegerich), Blattsalat (z. B. Feldsalat), Gemüse (z. B. Karotten, Zucchini), Golliwoog® |
| | | **tierisches Futter:** Grillen, Heimchen, Heuschrecken, (Zophobas) |
| Wasseragame (*Physignathus cocincinus*) | 2–3 × wöchentlich tierisches Futter, an Tagen ohne tierische Kost kann pflanzliches Futter angeboten werden | **tierisches Futter:** Grillen, Heimchen, Heuschrecken, (Zophobas) |
| | | **pflanzliches Futter:** Wald- und Wiesenkräuter (z. B. Löwenzahn, Spitzwegerich, Breitwegerich), Blattsalat (z. B. Feldsalat), Gemüse (z. B. Karotten, Zucchini), Golliwoog® |
| Taggecko (*Phelsuma* spp.) | alle 2 Tage tierisches Futter, 1 × wöchentlich Obstbrei | **tierisches Futter:** Grillen, Heimchen, Frucht-, Goldfliegen |
| | | **pflanzliches Futter:** Obstbrei, z. B. Banane |
| Leopardgecko/Chamäleon | 3 × wöchentlich | Grillen, Heimchen, (Zophobas); Jemenchamäleon: zur Substitution auch pflanzliche Nahrung |
| **Schlangen** | | |
| | 1 × wöchentlich bis 1 × monatlich (je nach Größe von Reptil und Futtertier) | je nach Spezies (meist Kleinsäuger entsprechender Größe, Fische) |

**Herkunft** Durch die Abklärung der Herkunft des Reptils können die vorherigen Haltungsbedingungen mit in die Diagnosestellung einbezogen werden und einen Hinweis auf die Erkrankung liefern.

**Frühere Erkrankungen** Ebenso sind frühere Erkrankungen des vorgestellten Patienten und bisherige Bestandsprobleme (inklusive bisherige Behandlungen) zu erfragen.

## 1.4
# Spezielle Anamnese

- aufgefallene Symptomatik
- Dauer
- Allgemeinbefinden/Aktivität
- Futter-/Wasseraufnahme
- Kot-/Harnabsatz
- Legetätigkeit/Eiablage bei weiblichen Tieren
- Vorbehandlungen

Zunächst sollte der Tierhalter selbstständig den Vorstellungsgrund schildern, vor allem wie sich das Problem darstellt, unter welchen Voraussetzungen es auftritt und seit wann es besteht. Anschließend sollten gezielte Fragen gestellt werden, um die bestehenden Krankheitssymptome besser einschätzen zu können. Weiterhin sollten genauere Informationen über Veränderungen bei der Futter- und Wasseraufnahme sowie beim Kot- und Harnabsatz in Erfahrung gebracht werden. Bei weiblichen Tieren sollte auf die bisherige Legetätigkeit bzw. Eiablage eingegangen werden. Entscheidend für die aktuelle Symptomatik und weiterführende Untersuchungen sind außerdem vorangegangene Behandlungen.

# 2 Klinische Untersuchung und Bestandsscreening

Bastian Plenz

## 2.1 Transport und Handling

**Transport** Auch ein völlig gesundes Reptil kann bei der klinischen Untersuchung nur ein artgemäßes Verhalten und eine physiologische Stoffwechselaktivität zeigen, wenn es eine Körpertemperatur innerhalb der **Preferred Optimal Temperature Zone, POTZ** (S. 49) aufweist. Entsprechend spielen die Transportbedingungen eine entscheidende Rolle. Thermostabile Styroporboxen in Kombination mit einer Wärmeflasche sind insbesondere in den kalten Monaten dazu geeignet, die notwendige Temperatur aufrechtzuerhalten. Gegebenenfalls kann ein feuchtes Handtuch in der Box die Luftfeuchtigkeit zusätzlich anheben. Das Tier selbst sollte zusätzlich in einer kleinen Plastikbox mit Zellstoff (Schlange: Stoffbeutel) sicher untergebracht werden. Auch Wasserschildkröten sollten nicht schwimmend transportiert werden, da sie das Wasser aspirieren oder gar ertrinken können.

**Handling** Das Handling bzw. die Fixierung von Reptilienpatienten zur Untersuchung oder Behandlung sollten die Unversehrtheit aller Beteiligten zum Ziel haben – sowohl die des Tieres, als auch die der untersuchenden Personen. Schutzhandschuhe und ein Handtuch können bei wehrhaften Tieren wie Grünen Leguanen oder großwüchsigen Riesenschlangen sinnvoll sein.

SL Schlangen werden hinter dem Kopf und gleichzeitig am Körper unterstützt. Ein Schlangenhaken oder für sehr aggressive Tiere auch eine geeignete Greifzange stellen sinnvolle Ergänzungen dar, um das Ergreifen der Schlange zu erleichtern. Als Faustregel gilt, dass pro Meter Schlange eine Person zum Fixieren bereitstehen sollte.

SK Landschildkröten werden mit beiden Händen seitlich über Carapax und Plastron gegriffen. Um bei Wasserschildkröten den Abstand zum Maul zu vergrößern, ist es sinnvoll, die Tiere in der Kniebucht zu fixieren. Auch kann man bissigen Exemplaren etwas Zellstoff vor das Maul halten und so einen Biss provozieren. Einmal zugepackt, kann der Kopf so zurückgeschoben werden und das Manipulieren an der Vordergliedmaße wird möglich.

EC Echsen sollten an Schultern und Hüfte gefasst werden. Einige Echsenspezies (Geckos, Eidechsen oder auch Grüne Leguane) sind in der Lage, ihren Schwanz abzuwerfen, was als Autotomie (S. 204) bezeichnet wird, um in freier Wildbahn Feinden entkommen zu können. Bei unsachgemäßem Fixieren solcher Tiere am Schwanz kann dieser Reflex ausgelöst werden. Bei Taggeckos ist die Haut extrem empfindlich, weshalb das Handling dieser Tiere auf das absolute Minimum reduziert werden und bei sehr wehrhaften Individuen unter Umständen sogar gänzlich entfallen sollte.

**Cave**
**Bei Gifttieren gelten besondere Vorsichtsmaßnahmen, die in der Spezialliteratur abgehandelt werden.**

## 2.2 Klinische Untersuchung

Jeder Reptilienpatient sollte nach einem standardisierten Schema untersucht werden. Man kann sich hier unter Beachtung der anatomischen Besonderheiten am Vorgehen für die klinische Untersuchung eines Säugetiers orientieren. Allerdings kann die Messung der inneren Körpertemperatur keine Hinweise auf eine vorliegende Infektion liefern. Auch Herzaktion und Atemfrequenz sind abhängig von der Stoffwechselaktivität und somit von der Körpertemperatur. Durch das fehlende Zwerchfell ist kein Hustenreflex auslösbar. Lymphknoten sind nicht ausgebildet, und ein peripherer

▶ **Abb. 2.1** Klinische Beurteilung des Ernährungs- und Hydratationszustands anhand der Muskelausprägung und Hautfalten. **a** Nackenstachler mit hochgradiger Abmagerung und Dehydratation. **b** Kornnatter mit hochgradiger Abmagerung (Rückenmuskulatur). **c** Wasseragame mit hochgradiger Abmagerung (Bein-, Becken- und Schwanzmuskulatur).
(Klinik für Vögel und Reptilien, An den Tierkliniken 17, 04103 Leipzig)

Puls ist durch die anatomische Lage der Gefäße nicht zugänglich.

Nachfolgend sind für die klinische Untersuchung relevante Besonderheiten zusammengestellt:

**Allgemeinverhalten** Wenn möglich, sollten Patienten zunächst unfixiert beobachtet werden. So werden Schildkröten, viele Schlangen oder diverse Echsen in der Regel auf den Behandlungstisch oder – bei größeren Exemplaren – auf den Boden des Behandlungsraums gesetzt, um ihr Verhalten zu beurteilen. Sehr flinke Patienten, wie die meisten kleineren Echsen, müssen mitunter in einer klarsichtigen Box beurteilt werden. Ein gesundes Tier sollte aufmerksam und neugierig die Umgebung beobachten und untersuchen. Dies drückt sich bei Schlangen in ausgiebigem Züngeln aus. Gerade Schildkröten können aber auch völlig regungslos in ihren Panzer zurückgezogen verharren.

**Bewegungsablauf** Zur Fortbewegung heben Schildkröten und Echsen ihren Körper in der Regel in Gänze und kraftvoll vom Boden an. Kurzbeinige Echsen wie Skinke oder Schleichen sowie Schlangen können sich mit kräftigen Bewegungen des ganzen Körpers fortbewegen. Letztere zeigen in Ruhe oftmals mittels ihrer Bauchschuppen eher raupenartige Lokomotion und tasten ebene Flächen mit dem Körper nach Möglichkeiten zum „Umgreifen" ab.

**Ernährungszustand** Der Ernährungszustand kann anhand der Bemuskelung eingeschätzt werden (▶ Abb. 2.1).

SK Bei einer Schildkröte sollten gerade im Bereich der Unterarme nur eingeschränkt Knochen ertastbar sein.

EC Bei Echsen ist die Beurteilung im Bereich der Hüfte und des Schwanzansatzes sinnvoll. Hier sollten die Hüfthöcker nicht hervortreten und durch die ansetzende Muskulatur abgedeckt sein. Eine atrophierte Kaumuskulatur lässt die Schädelfenster erkennbar werden.

SL Bei Schlangen sollte die Rückenmuskulatur beidseits der Wirbelsäule palpierbar sein und das Tier im gedanklichen Querschnitt torbogenförmig erscheinen lassen. Abgemagerte Exemplare erscheinen infolge der Muskelatrophie im Querschnitt eher dreieckig.

Fett wird bei Reptilien in erster Linie in den intrazölomalen Fettkörpern gespeichert, welche grundlegend in der kaudalen Hälfte des Rumpfes liegen und bei Echsen als parallele Stränge ventral, sich nach kranial ausbreitend ggf. auch ertastet werden können. Verfettungen (▶ Abb. 2.2) sind nicht immer eindeutig erkennbar, da eine resultierende Umfangsvermehrung auch häufig auf Raumforderungen zurückzuführen ist. Eine Ultraschalluntersuchung (S. 361) kann weitere Hinweise geben.

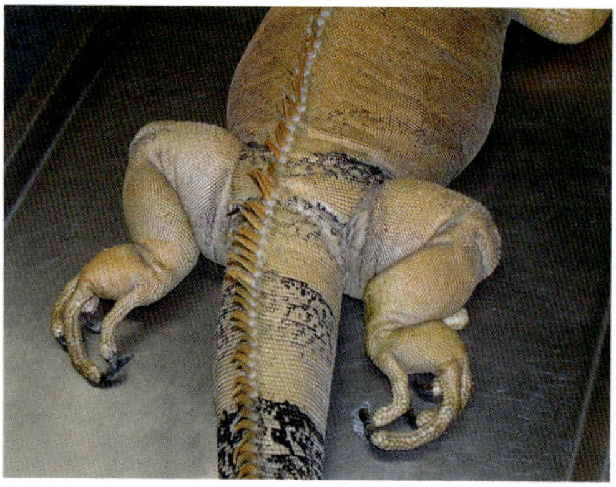

▶ **Abb. 2.2** Adipöser Grüner Leguan. (Klinik für Vögel und Reptilien, An den Tierkliniken 17, 04103 Leipzig)

**Praxistipp**

Vergleichsweise einfach lässt sich der Ernährungszustand beispielsweise bei Leopardgeckos erkennen, da bei diesen Echsen der Schwanz als zusätzlicher Fettspeicher dient und bei gutem Ernährungszustand rübenförmig erscheint.

**Haut** Die drüsenarme Haut von Reptilien ist als evolutionäre Anpassung an aride Lebensräume durch die Ausbildung von Schuppen gekennzeichnet und wird periodisch durch Häutung (**Ekdysis**) regeneriert. Viele Echsen weisen diverse Anhänge auf, welche vor allem der innerartlichen Kommunikation dienen. Alte Hautreste sollten nur kurzzeitig auf den meisten Echsen oder Schildkröten, welche sich in Fetzen häuten, zu finden sein. Bei Schlangen und einigen Echsen erfolgt die Häutung am Stück und meist restlos. Anderenfalls ist von einer **Dysekdysis** (S. 245) zu sprechen. Gerade an Schwanzspitze und Zehen dürfen keine ringförmigen Häutungsreste vorliegen, welche die betroffenen Strukturen abschnüren können.

Auf Verletzungen, Infektionen oder Milbenbefall, besonders in dünnen Hautarealen (an Augenlidern/Brille, Ohren, Maulwinkeln, Achseln oder Kloakenfalten) von Echsen und Schlangen ist gründlich zu untersuchen. Die Femoralporen des Grünen Leguans z. B. können klinisch relevant entzündlich verdickt sein.

**Hydratationszustand** Die Beurteilung des Hydratationszustands (▶ **Abb. 2.1**) ist nicht anhand einer gezogenen Hautfalte abschätzbar, da diese durch ihre anatomische Struktur ohnehin schnell Falten bildet. Dehydrierte Patienten können aber ggf. eine stumpfe Hautfarbe zeigen. Die Augen werden nicht durch Fett, sondern durch Blutgefäße in der Orbita unterpolstert, weshalb eingesunkene Augen hinweisend auf einen Flüssigkeitsmangel sind. Genauere Einschätzungen des Hydratationszustands sind über Hämatokrit und Proteingehalt im Blutserum möglich.

**Augen** Die Augen selbst sollten klar sein und keinen erkennbaren Ausfluss aufweisen. Schlangen und die meisten Geckos haben verwachsene Augenlider, welche durchsichtig erscheinen sowie den Bulbus permanent überziehen und als sogenannte Brille schützen. Eine Trübung ist gerade bei Schlangen im Zuge der Häutung phasenweise erkennbar. Die Augenlider sollten, sofern vorhanden, nicht geschwollen sein. Beim Lidschluss kann kurzfristig die Nickhaut sichtbar sein.

**Nase** Die Nasenöffnungen sind prinzipiell trocken. Bei Grünen Leguanen befinden sich in der Nase Drüsen zur Salzausscheidung, weshalb von Zeit zu Zeit ein Niesen beobachtet werden kann. Leichter Fingerdruck sollte gerade bei Schildkröten, welche nicht selten an einer Rhinitis erkranken, kein Sekret aus den Nasenlöchern austreten lassen.

Das **Vorlagern des Kopfes bei Schildkröten** ist oft schwierig und erfordert Geduld. Durch behutsamen und konstanten Zug am Schnabel mittels Klemme kann dies evtl. unterstützt werden, bis der Hals fixiert werden kann. Vorsichtiger Druck auf den Kiefer kann Hinweise auf eine Mineralisationsstörung der Knochen geben.

**Maul** Die Untersuchung des Maules ist unbedingt in jede klinische Untersuchung einzubeziehen, da sich hier eine Vielzahl von Erkrankungen manifestiert. Die Maulspalte von Echsen und Schlangen bzw. der Schnabel von Schildkröten sollte die Maulhöhle vollständig verschließen. Ausnahme ist die kleine Öffnung an der Maulspitze von Schlangen, welche es den Tieren erlaubt, ohne Öffnen der Kiefer zu züngeln. Äußerlich ist auf Fehlstellungen, Kiefergelenkschwellungen oder Zubildungen zu achten. Der Oberschnabel bei Schildkröten beißt leicht über den Unterschnabel. Insbesondere Wasseragamen springen häufig gegen Terrarienscheiben, wenn sie erschrecken, es kommt zu einem **Rostraltrauma** (S. 113).

Das **Öffnen des Maules** kann mit Hilfe von Spateln, Klemmen oder Spritzen erfolgen. Gerade Echsen neigen bei einer bestehenden **Metabolic Bone Disease** (S. 193) zu Kieferfrakturen, die auch durch Beißen auf solche starren Gegenstände hervorgerufen werden können. Um dies zu vermeiden, ist alternativ ein vorsichtiges Ziehen an der Haut des Unterkiefers möglich. Bei größeren Echsen, Krokodilen oder Alligatoren kann Zügelmaterial verwendet werden, um das Maul für die Untersuchung zu öffnen (▸ Abb. 2.3).

Die **Zähne** von Echsen sind oftmals gleichförmig und leistenartig angeordnet. Es wird je nach Befestigung der Zähne am Kiefer zwischen unterschiedlichen Typen differenziert. Klinisch ist hier relevant, dass pleurodonte Zähne von Echsen oder Schlangen regelmäßig erneuert werden und ein Verlust unproblematisch ist, wohingegen akrodonte Zähne (z. B. bei Bartagamen) nicht nachwachsen können.

In der Regel sind die **Schleimhäute** im Maul von Reptilien feuchtglänzend und von blassrosa Färbung. Ausnahmen treten jedoch speziesspezifisch auf. So können dunklere oder stark gelbliche Pigmentierungen auftreten. Letztere kann als Ikterus fehlgedeutet werden.

Die dünne **Zunge** beispielsweise von Schlangen oder Waranen liegt in einer Scheide zurückgezogen, wenn das Tier nicht gerade züngelt. Andere Echsen oder Schildkröten besitzen eine fleischige, dicke Zunge (▸ Abb. 2.4). Die Schleuderzunge von Chamäleons sollte nicht hervorgezogen werden, da sie leicht traumatisiert werden kann.

Die **Glottis** bildet den nur zum Atmen geöffneten Zugang zur Trachea, welcher bei Schlangen weit rostral befindlich und gut ansprechbar, bei Echsen und Schildkröten direkt hinter der dicken Zunge leicht verdeckt gelegen ist. Aus der **Trachea** sollte kein Sekret ausfließen.

**! Sämtliche Oberflächen der Maulhöhle sollten frei sein von Sekreten, Zubildungen, Auflagerungen oder Petechien.**

**Ohren** Bei den Ohren bestehen große Unterschiede hinsichtlich der Anatomie der verschiedenen Reptiliengruppen.

SL Schlangen besitzen kein sichtbares Außenohr.

EC Echsen verfügen in der Regel über einen äußeren Gehörgang und ein Trommelfell, welches der klinischen Untersuchung zugänglich ist. Die Ohren können einen vermehrten Milbenbefall aufweisen; seltener treten Risse des Trommelfells auf.

SK Bei Schildkröten ist ein Tympanum in Form einer vergrößerten Ohrschuppe erkennbar. Hier weisen uni- oder bilaterale Schwellungen oft auf eine Otitis media hin.

**Gliedmaßen** Bei Adspektion und Palpation der Gliedmaßen sollte auf Umfangsvermehrungen, Verhärtungen, Wunden, Deformation, Krepitation

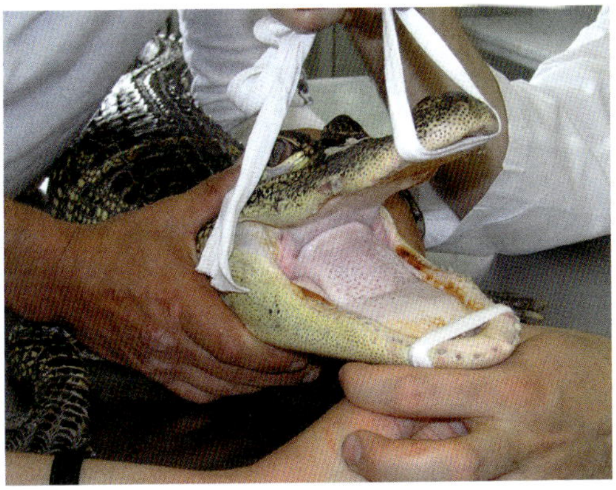

▸ **Abb. 2.3** Fixierung des Maules zur klinischen Untersuchung bei einem Alligator. (Klinik für Vögel und Reptilien, An den Tierkliniken 17, 04103 Leipzig)

▸ **Abb. 2.4** Adspektion der Maulhöhle. Bei dieser Schmuckschildkröte ist die Zunge wulstig-dreieckig. (Klinik für Vögel und Reptilien, An den Tierkliniken 17, 04103 Leipzig)

und Beweglichkeit der Gelenke, Knochen und Muskulatur geachtet werden.

**Herz-Kreislauf-System** Das Herz liegt bei Schildkröten und den meisten Echsen innerhalb des Schultergürtels. Ausnahme bilden hier z. B. Warane, bei denen es eher zentral in der Leibeshöhle gelegen ist. Bei Schlangen ist es nicht sonderlich fixiert und etwa am Übergang des ersten Körperlängenviertels zum zweiten zu finden. Bei Echsen kann der Herzschlag lateral in der Achselregion und bei Schlangen von ventral erkennbar sein. Hier kann, wie auch bei Schildkröten zwischen Hals und Vordergliedmaße, die Sonde für eine Doppler-Untersuchung aufgelegt werden.

> **Praxistipp**
> Aufgrund der anatomischen Bedingungen (Schuppen, Größe, Lage umgeben von knöchernen Strukturen) und der Abhängigkeit der Herzaktion von der Körpertemperatur sind Auskultation und Interpretation der Befunde unter klinischen Aspekten nicht praktikabel.

**Atmung** Physiologische Atembewegungen zeigen sich bei Echsen und Schlangen durch Abspreizen der Rippen. Schildkröten bewegen auch in Ruhe ihre Vordergliedmaßen atemsynchron, da eine entsprechende Muskulatur am Schultergürtel ansetzt. Für die Auskultation gilt Ähnliches wie für das Herz. Besonders feucht-rasselnde Atemgeräusche können bei Pneumonien deutlich hörbar sein, sofern Sekrete in die Trachea gelangen, dürfen aber gerade bei Schlangen nicht mit Zischlauten verwechselt werden. Auch Schildkröten weisen häufig pfeifende Atemgeräusche auf, deren Ursprung im Bereich der Nares liegt und die nicht mit einer Pneumonie assoziiert sein müssen.

**Rumpf** Bei Schildkröten ist die Untersuchung des Rumpfes naturgemäß eingeschränkt. Bei Druck auf das Plastron können metabolische Knochenstoffwechselstörungen aufgedeckt werden. Auch lokale Erweichungen infolge von Entzündungen des Panzers können palpiert werden. In der Kniebucht können bei Weibchen mitunter Eier ertastet werden.

Zubildungen, welche bei Schlangen häufig zu **Umfangsvermehrungen** (S. 297) des gesamten Leibes führen, oder auch Verhärtungen infolge von Abszessen, Störung der Legetätigkeit, Koprostase etc. sind bei Squamaten gut zu palpieren. Bereits adspektorisch ist eine aufgekrümmte Rückenlinie bei Echsen hinweisend auf schmerzhafte Prozesse in der Leibeshöhle.

Bei kleinen Patienten mit dünner und wenig dunkel pigmentierter Haut wie diversen Geckos bietet sich ein **Durchleuchten** mittels starker Lichtquelle an. Hier zeichnet sich vor allem die Leber deutlich ab, aber auch Raumforderungen können teilweise dargestellt werden.

**Kloake, Schwanzbasis** Die Kloake ist bei Echsen und Schlangen quergeschlitzt, bei Schildkröten rosettenförmig und bei Krokodilen längsgeschlitzt. Teilweise kann sie zur Untersuchung etwas gespreizt werden. Ein **Vorfall** (S. 164) ist in der Regel leicht zu erkennen, aber auch **Schwellungen** durch kloakal festsitzende Harnsteine oder Eier können auftreten.

Je nach Größe des Tieres ist die **digitale Untersuchung** der Kloake möglich. So können Nierenvergrößerungen bei Grünen Leguanen oder auch Eier im Ovidukt von Schildkröten palpiert werden.

> **!** **Schwellungen der Schwanzbasis unmittelbar hinter der Kloake treten bei männlichen Echsen häufig aufgrund von Entzündungen der Hemipenes mit Ansammlungen von Sekreten und Häutungsresten auf.**

## 2.3 Bestandsuntersuchung und Eingangsquarantäne

Neben einer gezielten Beratung bezüglich einer oftmals erwünschten Gruppenhaltung von Reptilien und natürlich der Aufklärung über adäquate Haltungsbedingungen ist der wichtigste Aspekt in der Betreuung von Beständen die **Infektionsprophylaxe**. So sind geeignete Quarantänemaßnahmen (S. 50) vor Ort zu schaffen. Hier sind idealerweise eigene Räumlichkeiten in einem anderen Gebäude als der eigentlichen Haltungseinrichtung erstrebenswert. Die Infektionsprophylaxe besteht zum einen darin, alle Tiere, die in eine Kollektion aufgenommen werden, auf Infektionserreger zu untersuchen, zum anderen in Screening-Maßnahmen im vorhandenen Bestand, um Probleme möglichst frühzeitig zu erkennen. Jegliche Neuankömmlinge, welche in den Bestand integriert werden sollen, sind hier mindestens 8 Wochen unterzubringen. Quarantänezeiten von 6 Monaten können empfohlen werden.

Zunächst subklinisch erkrankte Tiere zeigen nicht selten Symptome infolge des durch den Transport und die neue Umgebung ausgelösten Stresses. Alle Reptilien sollten einer tierärztlichen Eingangsuntersuchung unterzogen werden und es sind mehrfach frische Kotproben auf Parasitenbefall zu analysieren. Leider werden Quarantäne und Routineuntersuchungen auch von engagierten Haltern häufig nicht ausreichend ernst genommen und nicht selten auch relativ simpel nachweisbare und zu bekämpfende Grunderkrankungen in den gesamten Bestand verschleppt. Es muss dahingehend eindringlich beraten werden.

Folgende Maßnahmen können beim Neuzukauf von Tieren den Bestand schützen (Auswahl):

- Zukauf von Tieren nur aus vertrauenswürdigen Beständen mit bekannter Anamnese
- Durchführung einer Quarantäne in einem separaten Raum (S. 48), in dem die Tiere stets zuletzt versorgt werden und der einfache Möglichkeiten der Reinigung und Desinfektion bietet
- Eingangskontrollen: Zu empfehlen ist neben der parasitologischen eine **virologische Kontrolle** beim Eintritt in die Quarantäne, die ggf. 1 Woche vor Ende der Quarantänezeit wiederholt werden kann. Eine begleitende serologische Untersuchung ist sinnvoll. Unverbindlich haben sich neben allgemeinen parasitologischen Screenings die folgenden molekularbiologischen Untersuchungen bewährt:
  - Boiden: Ferlavirus (S. 75), Reovirus (S. 74), Adenovirus (S. 125), IBD-Diagnostik: Arenavirus (S. 216)
  - Nattern: Ferlavirus (S. 75), Adenovirus (S. 125), Reovirus (S. 74)
  - Landschildkröten: Herpesvirus (S. 104), Mykoplasmen (S. 86)
  - Bartagamen: Adenovirus (S. 125)
  - Leopardgeckos: Kryptosporidien (S. 140)

# Teil 2 Medikamentenapplikation und Narkose

# 3 Applikationstechniken

Michael Pees

## 3.1 Orale Applikation

Auch wenn die orale Applikation (auch für Halter) oft die am einfachsten durchzuführende Applikationsart ist, hat sie doch einige Nachteile, so dass sie für die meisten systemisch wirkenden Medikamente nicht die erste Wahl ist. Vor allem die Resorption aus dem Magen-Darm-Trakt ist von vielen Faktoren abhängig, wie der Temperatur, aber auch dem Aktivitätszustand des Tieres und natürlich dem Gesundheitszustand, so dass es schwierig ist, systemische Konzentrationen nach Applikation abzuschätzen. Dazu kommt, dass viele Tiere die Applikation in den Ösophagus oder den Magen nur bedingt tolerieren und auch kleinere Mengen wieder regurgitieren. Für die Applikation von Futterbrei ist es deshalb auch empfehlenswert, mit kleineren Mengen zu starten und die Reaktion des Tieres abzuwarten. Generell sind die Hauptindikationen Medikamente mit enteraler Wirkung und eine Zwangsernährung. Die maximale Menge beträgt 20 ml/kg.

### 3.1.1 Eingabe in das Maul

Limitierungen bei der Eingabe in das Maul sind zum einen durch die Größe des Tieres und Abwehrreaktionen gegeben, zum anderen dadurch, dass die Tiere das Medikament möglicherweise nicht abschlucken. Gerade bei Erkrankungen des oberen Magen-Darm-Trakts besteht der Vorteil aber auch in der direkten Wirkung und der Schonung der Schleimhaut im Vergleich zur Sondenapplikation.

> **Praxistipp**
> Beim Öffnen des Schnabels bzw. Maules sollte vorsichtig vorgegangen werden, denn es besteht insbesondere bei Schildkröten und kleineren Echsen die Gefahr, dass die Schleimhaut verletzt oder sogar der Kieferknochen gebrochen wird. Auf Zähne sollte besonders geachtet werden, da sie leicht ausbrechen können (pleurodonte Spezies wie der Grüne Leguan können Zähne regenerieren, akrodonte Spezies wie Bartagamen dagegen nicht).

SK Bei Schildkröten ist es hilfreich zu wissen, dass sie zwar eine enorme Kraft haben, den Kopf zurückzuziehen und das Maul zu verschließen, diese Kraft aber relativ schnell nachlässt, so dass mit Geduld und wenig Kraftaufwand meist bessere Ergebnisse erzielt werden. Als Hilfsmittel zum Öffnen des Schnabels können je nach Größe des Tieres Plastikspritzen oder anderes weiches, nicht kantiges Plastikmaterial genutzt werden, wobei man keine Hebelwirkung auf das Kiefergelenk ausüben sollte. Bei Schildkröten ist eine korrekte Fixierung des Kopfes hinter den Kiefergelenken wichtig, die Hornschneideplatten können rasch abbrechen.

Die Medikamenteneingabe erfolgt dann tropfenweise, viele Reptilien nehmen so auch kleinere Breimengen auf und schlucken sie freiwillig ab.

## 3.1.2 Eingabe in den Magen

Für größere Mengen bzw. Medikamente, die nicht freiwillig abgeschluckt werden, empfiehlt sich die Eingabe in die untere Speiseröhre bzw. direkt in den Magen. Eine Fehlapplikation in die Luftröhre ist bei den meisten Spezies unwahrscheinlich, da diese deutlich separiert liegt und meist verschlossen ist.

**Praxistipp**

Wichtig ist, das Maul nur vorsichtig zu sperren und bei der Applikation auf eine mögliche Regurgitation zu achten.

Bei einer Regurgitation sollte die Applikation abgebrochen und das Tier zurückgesetzt werden – Komplikationen durch die Regurgitation sind dann ebenfalls sehr selten.

SL Bei Schlangen erfolgt die Applikation meist mittels einer flexiblen, angefeuchteten Sonde in den oberen Ösophagus; hier ist es oft hilfreich, Flüssigkeiten dann vorsichtig von außen weiter nach kaudal zu massieren, um eine Regurgitation zu vermeiden.

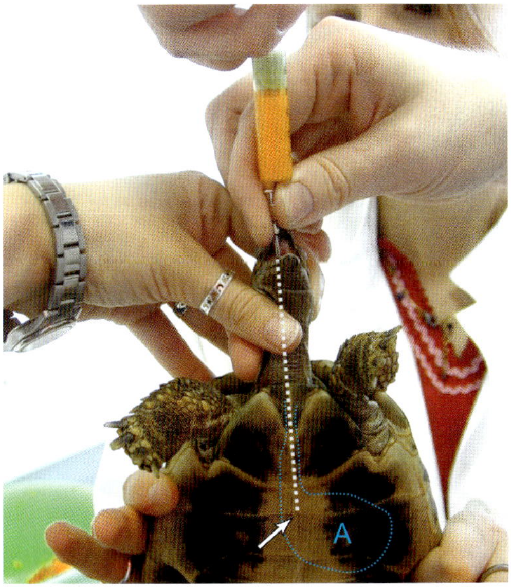


▶ **Abb. 3.1** Einführen einer oralen Sonde bei einer Landschildkröte. Bei der Tiefe kann man sich am Kreuzungspunkt der Pektoralschilder orientieren (Pfeil). A: Magen. (Klinik für Vögel und Reptilien, An den Tierkliniken 17, 04103 Leipzig)

SK Bei Schildkröten erfolgt die Applikation über den rechten Kieferwinkel in den Magen. Als Anhaltspunkt für die Sondeneinführung kann der kaudale Kreuzungspunkt der Pektoralschilder herangezogen werden, auch wenn der Magen physiologischerweise links der Medianen liegt (▶ **Abb. 3.1**). Allerdings macht die Speiseröhre kurz vor dem Mageneingang eine Biegung, wodurch eine gewisse Perforationsgefahr besteht.

**Cave**

**Bei Schildkröten darf die Sonde vor dem Mageneingang auf keinen Fall gegen einen Widerstand weiter eingeführt werden.**

### Permanente Magensonde

Gerade bei Schildkröten, aber auch bei Echsen, die über einen längeren Zeitraum anorektisch sind oder bei denen Erkrankungen in der Maulhöhle ein normales Abschlucken der Nahrung verhindern, ist eine Magensonde eine einfache Alternative (▶ **Abb. 3.2**). Hierbei wird ein flexibler Schlauch unter Allgemeinanästhesie durch die Halswand in den Magen geschoben und außen am Tier fixiert. Über die Sonde können dann über einen längeren Zeitraum Nahrung, Flüssigkeit und Medikamente appliziert werden. Die Sonde sollte dabei nach jeder Applikation gespült werden. Sie kann mehrere Wochen belassen werden. Wird sie wieder entfernt, genügt meist ein einfaches Hautheft zum Wundverschluss.

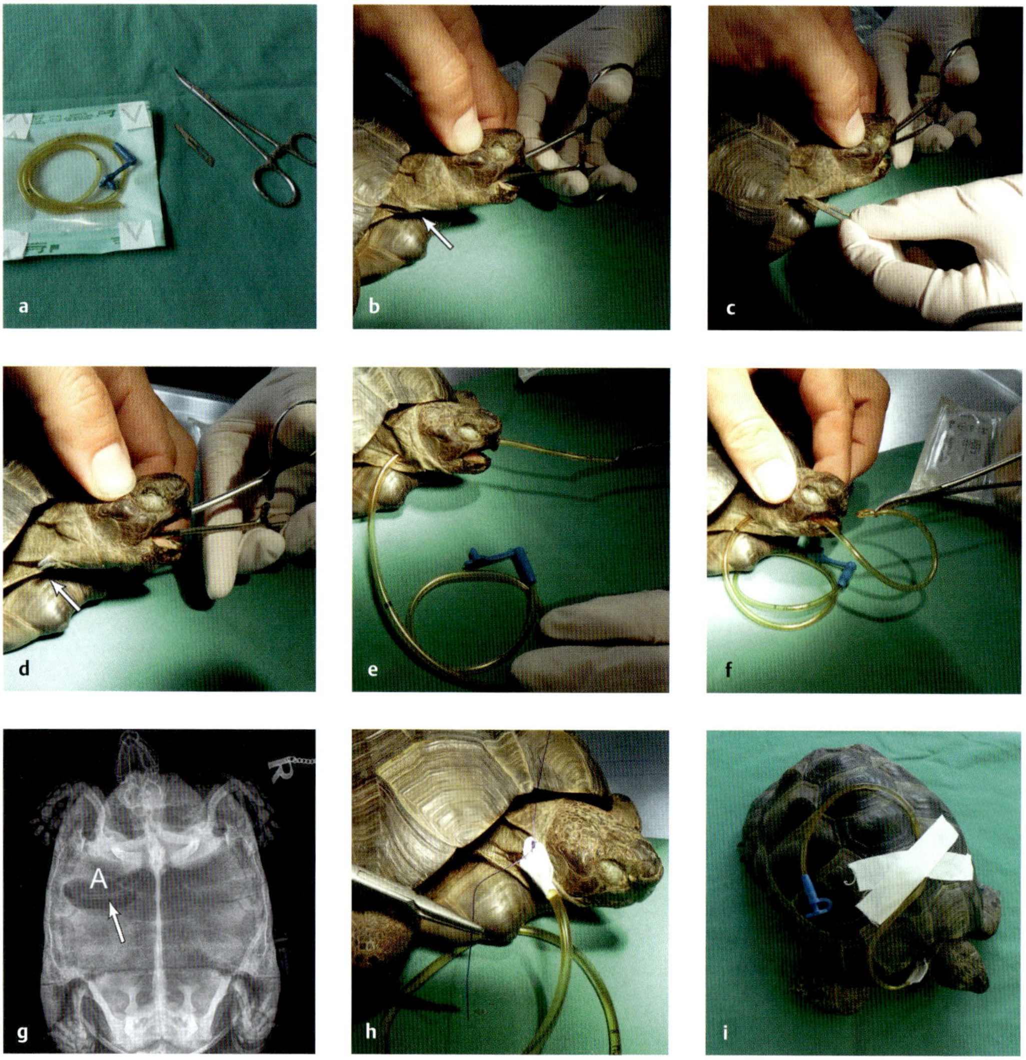


▸ **Abb. 3.2** Legen einer Magensonde bei einer Schildkröte.
(Klinik für Vögel und Reptilien, An den Tierkliniken 17, 04103 Leipzig)

a Eine flexible Sonde wird in der Länge so abgemessen, dass sie später im Magen zu liegen kommt, und dieses Maß auf der Sonde markiert (zur Orientierung siehe Röntgenaufnahme ▸ **Abb. 3.2g**).

b Der Hals wird gestreckt vorgelagert und die rechte (ggf. auch die linke möglich) Seite gereinigt und desinfiziert. Anschließend wird eine gebogene Klemme in das Maul und den Ösophagus eingeführt und so gedreht, dass die Spitze von außen sichtbar ist.

c Mit einem Skalpell werden mit einem kleinen Schnitt Haut und Ösophagus perforiert. Dieser Schnitt sollte möglichst weit kaudal am Hals liegen.

d Die Klemme wird ein Stück weit nach außen durchgeführt.

e Mithilfe der Klemme wird die flexible Sonde durch den Schnitt in den Ösophagus und dann aus der Maulhöhle herausgezogen.

f Die Sonde wird in etwa auf die Länge herausgezogen, die benötigt wird, um sie im Anschluss in den Magen vorzuschieben, und wird dann um 180 Grad gedreht. Sie wird dann mithilfe der Klemme vorsichtig normograd in den Ösophagus eingeführt, bis sich die Eintrittsstelle am Hals umschlägt und die Sonde nun nach kaudal in Richtung Magen liegt.

g Eine Kontrolle kann mittels Röntgenaufnahme leicht erfolgen, da im Magen physiologischerweise etwas Luft ist.

h Abschließend wird die Sonde an der Eintrittsstelle fixiert, beispielsweise mit einem kleinen Schmetterlingsverband, der mit zwei Heften an die Haut genäht wird.

i Den freien Teil der Sonde sollte man so auf dem Tier fixieren, dass ein Herausziehen beispielsweise durch die Vorderbeine verhindert wird.

## 3.2 Parenterale Applikation

Die parenterale Medikamentenapplikation stellt den sichersten und effektivsten Weg dar, Medikamente definiert und rasch verfügbar zu verabreichen. Aufgrund der besonderen Anatomie der Reptilien (kaum sichtbare Venen) spielt dabei die intravenöse Injektion eine untergeordnete Rolle. Sie wird ebenso wie die intraossäre Injektion im Kapitel zu den Notfallbehandlungen (S. 43) besprochen.

### 3.2.1 Subkutan

Die subkutane Applikation dient hauptsächlich der Substitution mit Flüssigkeit und Nährstoffen, wobei häufig weitere Medikamente wie Vitamine und auch Antibiotika zugesetzt werden. Der Vorteil liegt in der leichten Durchführbarkeit und sicheren Dosierung. Die Resorption kann abhängig von Temperatur und Zustand des Tieres aber auch deutlich verzögert sein. Außerdem reagieren Reptilien empfindlich auf reizende Medikamente (z. B. Enrofloxacin), die nicht verdünnt wurden, und es können Hautnekrosen entstehen. Grundsätzlich können bis zu 20 ml/kg appliziert werden, je nach Tier sollten dafür mehrere Applikationsstellen gewählt werden.

SK Bei Schildkröten erfolgt die Applikation meist in die Kniefalte, da hier ein Depot gesetzt werden kann. Die Haut wird desinfiziert und anschließend die Kanüle möglichst flach, etwa in der Mitte der Kniebucht, eingestochen. Daraufhin wird vorsichtig appliziert (▸ **Abb. 3.3**). Fehlinjektionen sind möglich und führen dann meist zu einer intrazölomalen Injektion.

EC SL Bei Echsen und Schlangen erfolgt die Injektion nach Desinfektion seitlich der Wirbelsäule möglichst parallel zur Längsachse (▸ **Abb. 3.4**). Es sollte stets zwischen den Schuppen eigestochen und die Kanüle bei Applikation in mehrere Stellen gewechselt werden, da sie schnell abstumpft. Die Haut kann etwas angehoben werden, bevor die Nadel eingeführt wird.

### 3.2.2 Intramuskulär

Die intramuskuläre Injektion erfolgt bei Reptilien vorzugsweise im vorderen Körperbereich, um einen möglichen Einfluss des Nieren-Pfortader-Kreislaufs auf die Pharmakokinetik des Medikaments zu vermeiden. Dieser Einfluss ist mittlerweile allerdings fraglich.

Bei Echsen und Schildkröten wird vor allem die Oberarmmuskulatur verwendet, die meist nur bedingt stark ausgeprägt ist. Bei Schlangen steht mit der Rückenmuskulatur beidseits der Wirbelsäue ausreichend Muskelgewebe zur Verfügung.

> **Cave**
> **Die intramuskuläre Injektion reizender Substanzen kann Nekrosen bewirken. Reptilien reagieren empfindlich, zumal zumindest am Oberarm kaum Muskelmasse vorhanden ist. Wiederholte intramuskuläre Injektionen können Lähmungen zur Folge haben.**

▸ **Abb. 3.3** Subkutane Injektion bei einer Schildkröte. Die Injektion wird in die Kniebucht vorgenommen. (Klinik für Vögel und Reptilien, An den Tierkliniken 17, 04103 Leipzig)

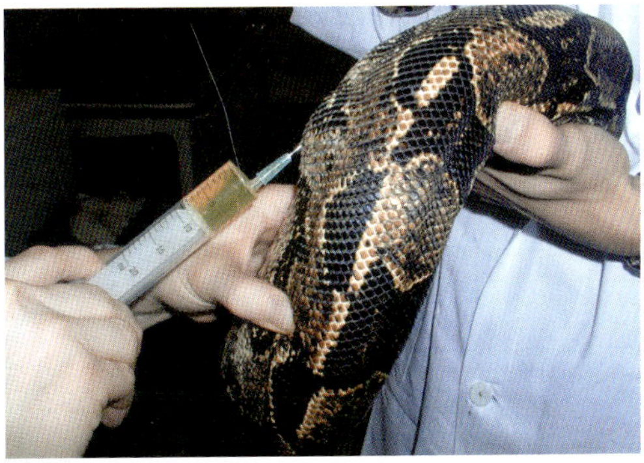

▸ **Abb. 3.4** Subkutane Injektion bei einer Schlange. Es ist wichtig, zwischen den Schuppen einzustechen. (Klinik für Vögel und Reptilien, An den Tierkliniken 17, 04103 Leipzig)

▸ **Abb. 3.5** Intramuskuläre Injektion bei einem Grünen Leguan. Die Injektion wird in die Oberarmmuskulatur vorgenommen. (Klinik für Vögel und Reptilien, An den Tierkliniken 17, 04103 Leipzig)

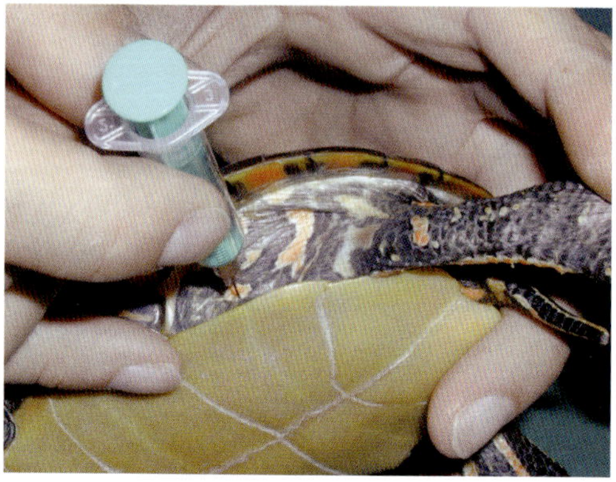

▸ **Abb. 3.7** Intrazölomale Injektion bei einer Schmuckschildkröte. Es ist wichtig, das Tier so kopfüber zu halten, dass die Organe von der Einstichstelle weg verlagert werden. (Klinik für Vögel und Reptilien, An den Tierkliniken 17, 04103 Leipzig)

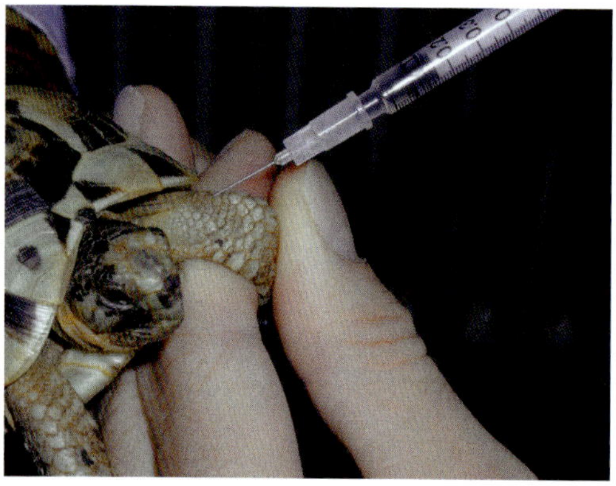

▸ **Abb. 3.6** Intramuskuläre Injektion bei einer Landschildkröte. Die Injektion wird in den Oberarm vorgenommen. (Klinik für Vögel und Reptilien, An den Tierkliniken 17, 04103 Leipzig)

Die Applikation erfolgt mit einer möglichst dünnen Kanüle nach Desinfektion der Haut im 45-Grad-Winkel von distal nach proximal bzw. von kaudal nach kranial. Die Kanüle wird nur wenige Millimeter eingestochen, dann wird kurz aspiriert und eine Menge bis ca. 2 ml/kg appliziert (▸ **Abb. 3.5**, ▸ **Abb. 3.6**).

### 3.2.3 Intrazölomal

Die intrazölomale Injektion spielt insbesondere zur Flüssigkeitssubstitution bei Schildkröten eine Rolle, da sie hier relativ einfach durchzuführen ist und ein ausreichendes Reservevolumen der Leibeshöhle innerhalb des Panzers zur Verfügung steht. Es ist wichtig, vorher die Kniebuchten zu palpieren, ob irgendwelche raumfordernden Prozesse dieses Volumen so verkleinern, dass eine gefahrlose Applikation nicht möglich ist. Im Zweifelsfall kann eine Röntgen- oder Ultraschalluntersuchung (Harnsack) hilfreich sein.

Die Schildkröte wird nach Desinfektion der Haut so gehalten, dass sich die Organe möglichst weg von der Injektionsstelle verlagern, also mit der gegenüberliegenden Vordergliedmaße nach unten (▸ **Abb. 3.7**). Der Einstich erfolgt dann in der Mitte der Kniebucht in Richtung der gegenüberliegenden Vordergliedmaße. Auch hier können bis zu 20 ml/kg appliziert werden.

## 3.3 Lokale Applikation

Lokale Applikationen erfolgen mit Salben, Lösungen, Bädern, Tropfen oder in Form von Inhalationen. Diese Verfahren können bei Reptilien sinnvoll eingesetzt werden. Zu beachten sind aber einige Besonderheiten:

- Die Reptilienhaut ist im Gegensatz zur Säugerhaut kühler, Salben bleiben zähflüssig und ziehen nicht tief ein. Entsprechend sind Salbenreste zu entfernen, bevor eine neue Behandlung durchgeführt werden kann. Wässrige Lösungen sind eventuell sinnvoller.

- Am Auge lösen sich Salben ebenfalls schlechter, und Tropfen verteilen sich besser. Manche Echsen, wie Chamäleons, haben nur eine sehr enge Lidspalte. Bei Schlangen ist die Konjunktiva durch die Brille überhaupt nicht zugänglich.
- Sprühpräparate wie Frontline 15 sollten nicht direkt auf die Haut gesprüht werden, da für Reptilien problematische Lösungsmittel enthalten sein können. Hier ist es sinnvoller, die Präparate zunächst auf einen Latexhandschuh zu sprühen und die Tiere dann einzureiben.

# 4 Narkose und Schmerztherapie

Michael Pees

## 4.1 Allgemeines

### 4.1.1 Indikation

Die Indikationen für eine Anästhesie entsprechen weitgehend denen beim Säuger, sind also alle schmerzhaften Eingriffe, die auch beim Menschen einer Anästhesie bedürfen. Hinzu kommen Eingriffe, die mit besonderem Stress für das Tier verbunden sind oder eine Ruhigstellung und deshalb zumindest eine Sedation erfordern.

Aufgrund der hohen Variabilität der Klasse Reptilien gibt es nicht die eine beste Variante, sondern die Auswahl eines geeigneten Medikaments muss unter Berücksichtigung der Spezies, der Indikation und des individuellen Zustands des Tieres erfolgen. Einige anatomische und physiologische Besonderheiten sollten dabei berücksichtigt werden, da sie erheblichen Einfluss auf die Verstoffwechslung und damit die Wirkung von Anästhetika haben.

### 4.1.2 Anatomische und physiologische Besonderheiten

Die metabolische Aktivität bei Reptilien ist nicht nur viel niedriger als beim Säuger, sie schwankt auch erheblich und kann unter Umständen um ein Vielfaches ansteigen. Sowohl die Sauerstoffaufnahme als auch die Medikamentenverstoffwechslung schwanken deshalb stark und sind oft nicht einfach vorhersagbar.

Ein sehr wichtiger Faktor ist die **Umgebungstemperatur** (und damit auch die des Körpers). Ein Abfall um 10 °C bedeutet eine Reduktion der Stoffwechselaktivität auf 50 %, was erheblichen Einfluss auf die Anflutung, aber auch den notwendigen Abbau der Medikamente hat. Reptilien sollten deshalb vor, während und nach einer Narkose im mittleren bis oberen Bereich der POTZ (S. 49) gehalten werden.

Die **Fütterung** hat – besonders bei Schlangen – ebenfalls einen erheblichen Einfluss: Die Herzmasse verdoppelt sich nach einer Fütterung. Gleichzeitig regelt das Herz den Blutfluss durch die Lunge neu (Rechts-Links-Shunt), und der Anteil des Blutes, der durch die Lunge fließt und somit Narkosegase aufnehmen kann, verdoppelt sich. Dieses Shunting findet aus verschiedenen Gründen statt und macht es schwierig, eine Inhalationsnarkose sicher zu steuern.

Die **Lungenmorphologie** ist ebenfalls von Bedeutung: Reptilien haben zwar ein großes Lungenvolumen, aber eine erheblich geringere respiratorische Austauschfläche. Tendenziell ist – mit erheblichen Abweichungen zwischen den Spezies – die Lunge sackähnlich mit unterschiedlichen Septen aufgebaut. CT-Bilder ▸ **Abb. 24.12** vermitteln einen Eindruck vom Aufbau des respiratorischen Gewebes bei verschiedenen Reptilien.

Die meisten Spezies atmen episodisch, das heißt, es gibt **Phasen längerer Apnoe**, in welchen die Luft in Lunge bzw. Luftsäcken gespeichert und der Sauerstoff allmählich ausgetauscht wird. Auch dies hat zur Folge, dass sich eine Inhalationsnarkose ohne Beatmung schlecht steuern lässt. Besonders deutlich wird dies bei der Narkoseeinleitung mit hohen Isoflurankonzentrationen, bei denen die Reptilien zunächst eine (reflektorische) Apnoe zeigen, dann aber durch die Akkumulation der hohen Anästhetikumkonzentration in der Lunge in eine zu tiefe Narkose fallen.

Von Bedeutung ist weiterhin, dass die **Trachea empfindlich** ist und bei Schildkröten geschlossene Trachealringe vorliegen. Zusätzlich liegt die Trachealbifurkation bei Schildkröten sehr weit kranial, so dass bei tiefer Intubation nur ein Lungenflügel versorgt wird.

Die Ventilation selbst findet – da ein **Zwerchfell fehlt** – hauptsächlich durch die Rippenmuskulatur statt. Bei Schildkröten fehlt diese (Panzer), entsprechend wird die Lunge durch ventrale Kompression infolge einer Vergrößerung der Eingeweidehöhle bewirkt, wobei hier verschiedene Muskeln, inklusive der Schultergürtelmuskulatur, beteiligt sind.

Die **Regulation der Atmung** erfolgt zentral und peripher durch den Blut-pH, die $CO_2$-Konzentration, aber auch die Sauerstoffkonzentration in der Atemluft. Verschiedene Studien haben gezeigt, dass 100 %iger Sauerstoff, wie er oft als Trägergas verwendet wird, zu einer Reduktion des Atemminutenvolumens führt. Dies stellt ein Problem für den Kreislauf dar, solange die Tiere spontan atmen sollen.

**Cave**

**100 %iger Sauerstoff führt zu einer Reduktion des Atemminutenvolumens.**

4.2

## Klinische Einschätzung und Vorbereitung

Die Anamnese, die klinische Untersuchung sowie ggf. weitere Diagnostika (Blut-, Organstatus, Hämatokrit) und Bildgebung sollen helfen, den Patienten hinsichtlich seiner Gesundheit und Kreislaufstabilität einzuschätzen. Ist die Narkose nicht zwingend sofort erforderlich, empfiehlt sich oft zunächst eine **Korrektur des Flüssigkeits- und Energiehaushalts** (S. 44). Hierdurch können Komplikationen während und nach der Narkose verhindert werden. Die Tiere sollten während der Vorbereitung zur Anästhesie stressfrei und bei optimaler Temperatur untergebracht werden.

4.3

## Prämedikation

Eine Prämedikation erfüllt mehrere Ziele: Sie kann eine Ruhigstellung bewirken, um beispielsweise eine Intubation zur Narkoseeinleitung vorzunehmen, und dazu dienen, die Narkose selbst mit geringeren Anästhetikakonzentrationen einzuleiten. Letzteres ist vorteilhaft, da noch viele Informationen zur Anwendung von Anästhetika fehlen oder nur für einzelne Spezies beschrieben sind, um Nebenwirkungen oder lange Nachschlafzeiten zu reduzieren.

Opioide wie Butorphanol **30** und Buprenorphin **31** haben eine relativ schlechte sedative Wirkung bei Reptilien und sind eher wegen der analgetischen Komponente von Interesse.

Als Prämedikation oft eingesetzt wird Ketamin **34**, entweder einzeln oder in Kombination mit Medetomidin **36**, Diazepam **33** oder Midazolam **38**.

4.4

## Anästhetika

Als Injektionsnarkotika sind verschiedene Präparate beschrieben. Die Anwendung ist rechtlich allerdings nicht einfach zu begründen, da mit Isofluran ein wirksames Inhalationsnarkotikum für Reptilien zugelassen ist und eine Umwidmung aufgrund fehlender Praxisausstattung nicht statthaft ist. Häufig ist aber eine Isofluranapplikation am wachen Tier kaum möglich, so dass eine entsprechende Induktion der Narkose mittels Injektionsnarkotikum fachlich notwendig ist. Eine Auswahl typischer Medikamente und Dosierungsempfehlungen findet sich auch im Anhang (S. 370).

### 4.4.1 Inhalationsanästhesie

#### Maskeninhalation

Die Inhalationsnarkose über eine Maske ist eine meist einfach zu realisierende Technik. Es wird eine der Tiergröße entsprechende Maske benötigt, welche kommerziell erworben oder ggf. selbst hergestellt werden kann. Die Maske sollte dabei stets durchsichtig sein (▸ **Abb. 4.1**).

**Praxistipp**

Problematisch bei der Narkoseeinleitung über Maske ist ein Atemstopp der Reptilien infolge der Isofluranapplikation. Insbesondere bei Schildkröten sowie bei allen aquatilen Spezies kann diese Atemhemmung eine Einleitung der Narkose praktisch unmöglich machen. Hier ist eine entsprechende Prämedikation (S. 37) anzuraten.

Insgesamt ist bei einer Einleitung über Atemmaske mit einer Induktionszeit von 20 Minuten oder länger zu rechnen. Dabei kann dann relativ plötzlich ein tiefes Narkosestadium erreicht werden, das sich je nach Spezies und Anästhetikakonzentration in der Lunge nur schlecht steuern lässt. Bei Isofluran scheint dieses Problem deutlicher zu sein als

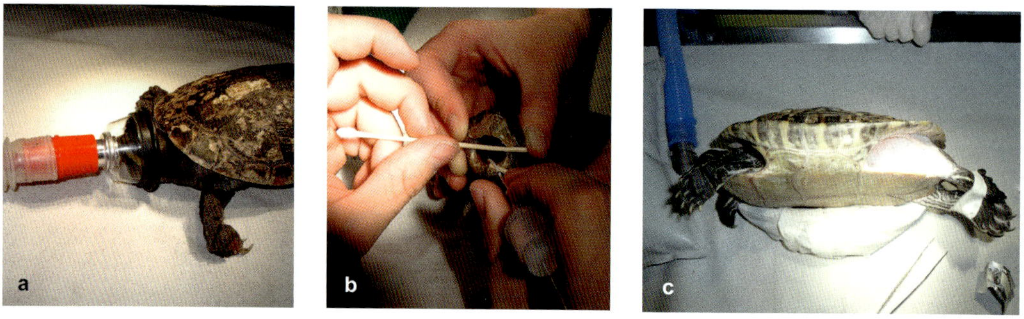

▸ **Abb. 4.1** Narkose bei Schildkröten. **a** Einleitung über eine Maske. **b** Intubation. **c** Lagerung für die Operation. Die Lagerung ist bei Schildkröten von großer Bedeutung und kann einen erheblichen atemdepressiven Effekt haben.
(Klinik für Vögel und Reptilien, An den Tierkliniken 17, 04103 Leipzig)

bei Verwendung von Sevofluran. Besser ist auch hier eine entsprechende Prämedikation mit nachfolgender Steuerung der Atmung durch Intubation (S. 38).

**Isofluran** ist in Deutschland für die Anästhesie von Reptilien zugelassen und bewährt. Eine gute Verträglichkeit kann bestätigt werden, allerdings zeigen Reptilien eine dosisabhängige kardiovaskuläre Depression. Gerade bei schwachen Tieren ist es deshalb empfehlenswert, mit niedrigeren Konzentrationen bei gleichzeitiger Anwendung von Analgetika zu arbeiten.

**Praxistipp**
Durch eine assistierte Ventilation lässt sich eine Inhalationsnarkose bei Reptilien erheblich besser steuern. Bei operativen Eingriffen, die länger als 15 Minuten dauern, ist deshalb eine Intubation in Kombination mit einem Atembeutel oder einer geeigneten intermittierenden Druckbeatmung sehr empfehlenswert.

## Intubation

Die Intubation hat neben der Steuerung der Narkosetiefe den Vorteil, dass die Tiere zuverlässig mit Sauerstoff versorgt werden und damit der Kreislauf entlastet werden kann. Eine Zwangsbeatmung sollte generell bei längeren Operationen in Rückenlage erfolgen. Insbesondere bei Schildkröten ist die Atemmechanik in dieser unphysiologischen Lage stark eingeschränkt und sollte unterstützt werden.

Vor der Intubation kann etwas Lidocain 35 auf die Glottis aufgebracht werden. Außerdem sollte der Atemrhythmus beachtet werden, da sich die Glottis nur während der In- bzw. Exspiration öffnet. Als Tubus sollte ein flexibler Schlauch mit einem möglichst großen Durchmesser gewählt werden, so dass er noch leichtgängig eingeführt werden kann.

**Cave**
**Der Tubus darf nicht geblockt werden, da einige Reptilien, hauptsächlich Schildkröten und Panzerechsen, geschlossene Trachealspangen haben und das Trachealepithel bei allen Reptilien sehr empfindlich ist.**

SL Die Intubation bei Schlangen ist einfach durchzuführen, da die Öffnung der Trachea sehr weit kranial liegt und nicht durch die Zunge verdeckt wird.

EC Viele Echsen (wie auch Schildkröten) besitzen eine fleischige Zunge, an deren kaudaler Ansatzstelle die Glottis liegt. Zunge und Glottis können durch ventralen Druck auf den Kehlgang vorgelagert werden, was das Intubieren deutlich erleichtert (▸ Abb. 4.2).

SK Bei Schildkröten ist außerdem zu beachten, dass sich die Trachea sehr früh aufteilt und so bei Intubation (S. 36) evtl. nur ein Lungenflügel ventiliert wird.

▸ **Abb. 4.2** Intubation bei einer Echse. **a** Zunge und Glottis können durch ventralen Druck auf den Kehlgang vorgelagert werden, was das Intubieren deutlich erleichtert. **b** Nach der Intubation ist eine sichere Fixierung des Tubus essenziell, auch ein Abknicken muss verhindert werden. Der Schaft von 1-ml-Spritzen kann als Führung genutzt werden, ebenso ein Holzspatel.
(Klinik für Vögel und Reptilien, An den Tierkliniken 17, 04103 Leipzig)

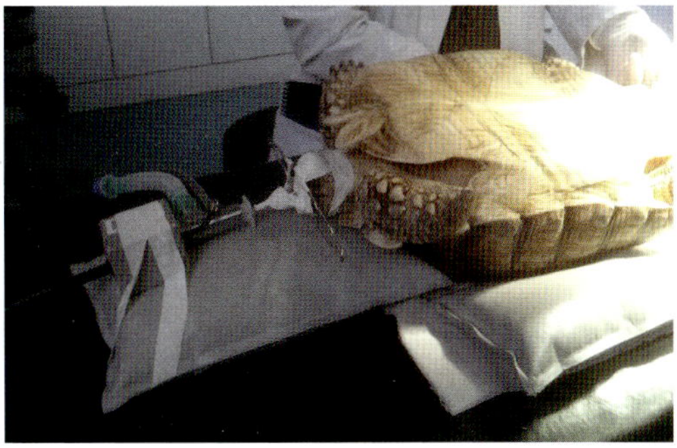

▸ **Abb. 4.3** Intubation und Beatmung bei einer Spornschildkröte. Es wird ein „Small Animal Ventilator" benutzt. (Klinik für Vögel und Reptilien, An den Tierkliniken 17, 04103 Leipzig)

**Praxistipp**

Bei längeren Intubationen kann sich zähflüssiger Schleim in dem Tubus ansammeln und die spontane Atmung behindern. Hier ist eine assistierte Atmung mittels Atembeutel oder eine intermittierende Druckbeatmung hilfreich.

#### Intermittierende positive Druckbeatmung (IPPV)

Der Einsatz einer automatisierten Beatmung während der Narkose ist bei Reptilien sehr sinnvoll. Hierdurch lassen sich die Atemdepression (und das Fehlen einer Spontanatmung) nach der Einleitung bzw. bei Verwendung von reinem Sauerstoff umgehen, und die Isoflurankonzentration in den Lungen kann kontrolliert werden. Die Kreislaufsituation kann – insbesondere, wenn sich die Tiere in Rückenlage befinden – deutlich verbessert werden.

Aufgrund der Variabilität der Körpermasse meist zwischen wenigen Gramm und einigen Kilogramm wird ein entsprechend sensibel einstellbares Gerät benötigt. Bewährt hat sich der Small Animal Ventilator (S. 382). Das Gerät kann nach Intubation der Tiere einfach an den Tubus angekoppelt werden, der Totraum wird bei Luftbewegungen so minimiert (▸ **Abb. 4.3**).

Meist werden 2–6 Atemzyklen pro Minute eingestellt, mit einem Beatmungsvolumen von 15–30 ml/kg. Aufgrund der Empfindlichkeit des Respirationstrakts (sehr dünnwandige Lungen und Luftsäcke) sollte der Beatmungsdruck weniger als 8 mmHg (ca. 10 cm Wassersäule) betragen.

### 4.4.2 Injektionsanästhesie

Als Applikationsformen für die Injektionsanästhesie steht neben der intravenösen bzw. intraossären Injektion die **intramuskuläre Injektion** im Vordergrund, wobei gezeigt wurde, dass **subkutane Applikationen** bei längerer Induktionszeit ebenfalls zu ausreichenden Narkosetiefen führen. Generell ist die Gewebeverträglichkeit bei der entsprechenden Applikationsform zu beachten. Die **intravenöse Applikation** gestaltet sich aufgrund der Problematik der Venendarstellung schwierig. Bei Medikamenten, welche nicht streng intravenös zu verabreichen sind, kann eine „blinde" Applikation in die Schwanzvene, entsprechend der Technik der Blutprobenentnahme (S. 339), versucht werden. Die **intraossäre Applikation** ist beispielsweise für Propofol als wirksam beschrieben. Die **intrakardiale Injektion** sollte eine Ultima Ratio in Notfällen sein.

**Praxistipp**
Aufgrund der Variabilität der einzelnen Spezies und des Fehlens von Erfahrungswerten zur Verträglichkeit ist es empfehlenswert, Kombinationen von Wirkstoffen in niedrigeren Konzentrationen anzuwenden und dadurch die möglichen Nebenwirkungen (wie eine lange Nachschlafzeit) zu reduzieren.

## Ketamin

Auch bei Reptilien hat Ketamin [34] eine sedative und analgetische Wirkung; gleichzeitig ist es kreislaufunterstützend. Dosisabhängig werden ein Anstieg des Blutdruckes sowie eine Tachykardie beobachtet, bei gleichzeitiger Depression der Atmung. Die Muskelrelaxation ist unzureichend und die Aufwachphase bei Einzelanwendung verlängert. Daher wird es höchstens als Sedativum in geringer Dosis (bis 5 mg/kg) alleine eingesetzt. Sinnvoll sind dagegen Kombinationen mit Benzodiazepinen oder mit Medetomidin. Richtwerte für die Dosierung als Präanästhetikum/Sedativum bzw. zur Anästhesie sind ▸ **Tab. 4.1** zu entnehmen.

## Benzodiazepine (Diazepam, Midazolam)

Benzodiazepine wirken muskelrelaxierend, (anxiolytisch) und sedativ. Midazolam [38] ist bei Reptilien bezüglich der Resorption und Verfügbarkeit als günstiger im Vergleich zu Diazepam [33] anzusehen, aber in Deutschland derzeit nicht zugelassen. Die Kombination mit Ketamin ist notwendig, außer es wird nur als Sedativum genutzt.

## Medetomidin

Medetomidin [36] wirkt muskelrelaxierend, sedierend und teilweise analgetisch, zeigt aber eine dosisabhängige Kreislaufdepression. Deshalb wird es alleine nur zur Sedation angewandt, sonst in Kombination mit Ketamin. Eine Antagonisierung mit Atipamezol [27] reduziert die Nachschlafzeit und ermöglicht eine bedingte Steuerung der Narkosetiefe.

## Propofol

Propofol [39] bewirkt eine schnelle und kurzzeitige Anästhesie mit ruhiger Einleitungs- und Aufwachphase. Es ist deshalb als Präanästhetikum vor Intubation oder für kleinere Eingriffe in Kombination mit einem Analgetikum geeignet. Die Applikation sollte streng intravenös oder intraossär erfolgen. Bei paravenöser Applikation im Bereich der Wirbelsäule sind ZNS-Probleme und Spinalnekrosen beschrieben. Zur Sedation werden Dosierungen bis 5 mg/kg, zur Kurzzeitanästhesie bis 10 mg/kg angewendet.

## Alphaxalon

Alphaxalon [26] wirkt schnell, wenn auch nicht so rasch wie Propofol, und hat insgesamt eine kurze Anästhesiedauer. Es kann intravenös, aber auch intramuskulär verabreicht werden, was eine „blinde“ Applikation in eine Vene weniger problematisch macht. Außerdem erfolgt die Verstoffwechslung nicht über die Leber, was in Fällen vorliegender Organschäden nicht zu einer Akkumulation im Körper führt. Das Präparat ist ähnlich wie Propofol für Kurzzeitanästhesien bei nicht schmerzhaften Eingriffen sinnvoll und wird in Dosierungen bis 10 mg/kg intravenös eingesetzt.

▸ **Tab. 4.1** Richtwerte zur Kombination von Ketamin mit weiteren Wirkstoffen.

| Kombination | Präanästhesie/Sedativum | Anästhesie |
|---|---|---|
| Ketamin + Diazepam | 5 mg/kg i. m./1 mg/kg i. m. | 10–20 mg/kg i. m./1–2 mg/kg i. m. |
| Ketamin + Midazolam | 5 mg/kg i. m./1 mg/kg i. m. | 10–20 mg/kg i. m./2 mg/kg i. m. |
| Ketamin + Medetomidin | 5 mg/kg i. m./0,1 mg/kg i. m. | 10–20 mg/kg i. m./0,1–0,2 mg/kg i. m. |

### 4.4.3 Lokalanästhesie

Die lokale Anästhesie mit Lidocain 35 bzw. Bupivacain 29 spielt bei Reptilien bislang eine untergeordnete Rolle, auch weil Schmerzreaktionen nicht so geäußert werden wie bei Säugetieren. Dennoch können Lokalanästhetika, gerade in Kombination mit anderen Analgetika und Sedativa, bei lokalen Eingriffen sinnvoll sein und die möglichen Nebenwirkungen einer systemischen Anästhesie vermeiden. Bei der Intubation kann z. B. die topische Anwendung im Bereich der Glottis durchaus hilfreich sein.

Nur wenige Studien liegen zum Einsatz und zur Verträglichkeit vor, unter anderem gibt es Berichte zu Zwischenfällen bei Boiden nach Anwendung von Lidocain auf Schleimhäuten, die aber vom Autor nicht bestätigt werden können. Bezüglich der Maximaldosierung sollte man sich an den für Säuger publizierten Obergrenzen orientieren und unter 4 mg/kg Körpermasse bleiben. Lidocain wirkt bei Reptilien tendenziell rascher, Bupivacain dafür länger.

## 4.5 Narkosemonitoring

Verschiedene Geräte können bei der Überwachung der Narkosetiefe und des Patienten helfen, dennoch kommt der Adspektion immer noch eine entscheidende Bedeutung zu. Zur Beurteilung der Narkosetiefe eignen sich – mit artabhängigen Unterschieden – insbesondere folgende Parameter:

- **Muskeltonus:** Er sollte weitgehend relaxiert sein. Als Reaktion auf chirurgische Schnitte auftretende Muskelzuckungen werden als physiologisch angesehen und deuten nicht auf eine unzureichende Narkosetiefe hin. Schlangen verlieren ihren Muskeltonus graduell von kranial nach kaudal, so dass die Prüfung des Schwanztonus für die Beurteilung der Narkosetiefe sinnvoll ist.
- **Reflexe:** Der Umdrehreflex sollte bei Echsen und Schlangen erloschen sein, ebenso der Palpebralreflex. Der Kornealreflex ist dagegen oft noch eingeschränkt erhalten. Die beiden letzteren Reflexe können nur bei Spezies mit Lidspalte beurteilt werden, also nicht bei Schlangen (Brille) und einigen Echsen (Chamäleons, Geckos). Schwanz-, Zehen- und Kloakenreflex sollten erloschen sein.
- **Atmung:** Sowohl die Atemtiefe als auch die Frequenz sind von Bedeutung. Bei vielen Spezies kommt es zu (physiologischen) Atempausen, die schwierig zu beurteilen sind.
- **Herzaktion:** Bei vielen Schlangen lässt sich das Herz durch die ventrale Körperwand hindurch beobachten. Eine Auskultation ist ebenfalls möglich, bei Schildkröten ist sie nach Auflegen eines feuchten Lappens auf den Panzer erfolgversprechender.

Apparativ können die Atmung, die Herzfunktion, die Körperinnentemperatur sowie Atemgaskonzentration und Blutgassättigung überwacht werden. Bei intubierten Tieren ist ein **Respirometer** sinnvoll, sofern keine IPPV durchgeführt wird. Ein **Kapnograf** kann die Kohlendioxidkonzentration in der Ausatemluft messen. Allerdings ist aufgrund der anatomischen Besonderheiten (episodische Atmung, Rechts-Links-Shunt im Herzen) die Interpretation schwierig. Gleiches gilt für Messungen der Sauerstoffsättigung im Blut mittels **Pulsoximeter** über die Kloake oder den Ösophagus, da diese Geräte auf Säugerzellen eingestellt sind. Die Ableitung eines **Elektrokardiogramms** ist technisch möglich, aber aufwendig und je nach Spezies störanfällig.

Einfach und effektiv kann die Herzfunktion bzw. der Blutfluss mittels eines **Doppler-Messgeräts** akustisch dargestellt werden. Der Doppler kann an verschiedenen Körperstellen zur Darstellung des Blutflusses angewandt werden. Bei Echsen und Schlangen ist die ventrale Ankopplung auf Herzhöhe sinnvoll (▶ **Abb. 4.4**). Ebenso kann die A. carotidea bei Echsen und Schildkröten sowie die A. coccygealis bei Echsen und Schlangen genutzt werden. Nach Auftragen von etwas Ultraschallkontaktgel wird die Sonde platziert und ggf. mittels eines einfachen Verbands fixiert.

Die Überprüfung der Körperinnentemperatur ist mittels eines einfachen **Digitalthermometers** mit Sonde über die Kloake einfach möglich. Die Tiere sollten im oberen Bereich der POTZ (S. 49) gehalten werden.

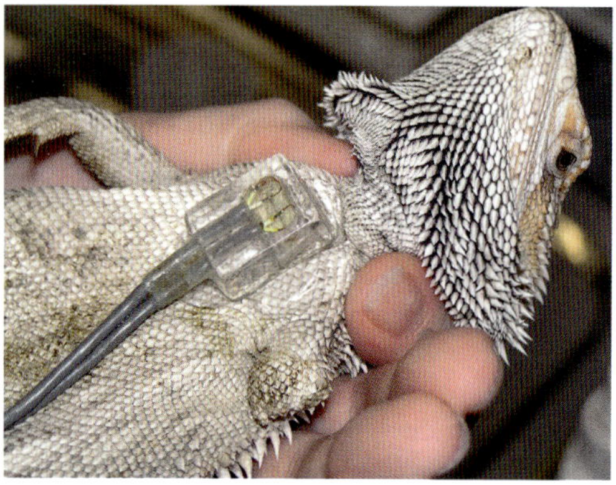

▸ **Abb. 4.4** Darstellung des Blutflusses bei einer Bartagame. Ankopplung des Doppler-Kristalls im Bereich des Herzens.
(Klinik für Vögel und Reptilien, An den Tierkliniken 17, 04103 Leipzig)

4.6
## Aufwachphase und postoperative Unterstützung

Die Aufwachphase kann abhängig von der Spezies, der Erkrankung und den eingesetzten Medikamenten mehrere Tage dauern.

Innerhalb der Aufwachphase sollten die Tiere **im Bereich ihrer Vorzugstemperatur** untergebracht werden. Die Temperatur muss regelmäßig kontrolliert werden, da die Reptilien noch nicht in der Lage sind, sie selbst durch Aufsuchen entsprechender Plätze im Terrarium zu regeln. Aus diesem Grunde verbieten sich auch Heizmatten, die rasch zu einer Überhitzung führen können.

**Herzfunktion** und **Atmung** sollten regelmäßig überprüft werden, ebenso ist eine **Flüssigkeitssubstitution** (S. 44) aufrechtzuerhalten. Auf die stationäre Unterbringung (S. 48) wird gesondert eingegangen.

**Praxistipp**
Postoperativ ist eine weitere analgetische Versorgung meist sinnvoll, um den Wundschmerz zu reduzieren und die Futteraufnahme zu fördern.

4.7
## Analgesie

Bezüglich einer wirksamen Analgesie ist zu bemerken, dass wenig über Schmerzen bei Reptilien bekannt ist. Entsprechende Wirkmechanismen und Rezeptoren wurden beschrieben, wobei Opioide teilweise anders als bei Säugetieren zu wirken scheinen. Nach derzeitigem Kenntnisstand ist davon auszugehen, dass die Schmerzrezeption bei Reptilien vermutlich ähnlich wie bei Säugetieren stattfindet. Lediglich die Fähigkeit, Schmerz auszudrücken, scheint anders ausgeprägt und sich eher in Passivität zu zeigen. Außerdem ist die praktische Wirksamkeit einer geeigneten Analgesie deutlich. Sie äußert sich unter anderem in einer stärkeren Aktivität der Tiere, was die Bewegung und das arttypische Verhalten betrifft, sowie eine verbesserten oder überhaupt erst wieder vorhandenen Futteraufnahme.

### 4.7.1 Nichtsteroidale Antiphlogistika

Der Einsatz von Carprofen 32 oder Meloxicam 37 als Analgetikum hat sich bewährt und ist in entsprechender Dosierung über einen definierten Zeitraum ohne auffällige Nebenwirkungen beschrieben. Für den Einsatz von Carprofen sind als mögliche Nebenwirkungen Magenulzera bei herbivoren Leguanen und bei Landschildkröten beschrieben worden. Bei Anwendung von Meloxicam beispielsweise im Rahmen einer Metabolic Bone Disease, einer Gicht oder auch bei Neoplasien wurden grundsätzlich gute Erfahrungen gesammelt.

### 4.7.2 Opioide

Studien zu Opioiden als Analgetika zeigen teilweise gewünschte Reaktionen, dennoch ist die Wirkung generell schlecht vorhersagbar. Gerade im postoperativen Bereich liegen gute Erfahrungen vor, die Tiere beginnen oft rascher mit der Futteraufnahme. Anwendung beim Reptil finden Butorphanol 30 und Buprenorphin 31.

# 5 Notfallmaßnahmen

Michael Pees

**Sofortmaßnahmen**

Allgemeine Maßnahmen:

- Sauerstoffversorgung (S. 44)
- Flüssigkeitssubstitution (S. 44)

Für spezifische Notfallmaßnahmen siehe die Sofortmaßnahmen bei den einzelnen Leitsymptomen.

## 5.1 Allgemeines

Häufig sind Notfallsituationen bei Reptilien zwar ein akutes Geschehen, aber die Folge chronischer Erkrankungen, die schließlich zu einer Dekompensation und zum Zusammenbruch führen. Eine Ursache hierfür ist die Fähigkeit der Reptilien, sowohl einen Blut- als auch einen Flüssigkeitsverlust ohne klinische Erscheinungen zu kompensieren, und auch ein Sauerstoffmangel wird über längere Zeiträume toleriert. Außerdem werden viele Reptilien vom Besitzer nicht regelmäßig angefasst, so dass Abmagerung und andere klinische Anzeichen einer Erkrankung häufig erst spät erkannt werden. Als Folge werden Reptilien oft in einem weit fortgeschrittenen Krankheitszustand vorgestellt, in dem die Erschöpfungserscheinungen das ursächliche klinische Bild deutlich überlagern. Nicht selten werden Reptilien sogar als Notfälle vorgestellt, wenn es zunächst um die Frage geht, ob der Tod bereits eingetreten ist.

## 5.2 Notwendige Ausrüstung

Es ist nur wenig Spezialausrüstung für Notfälle erforderlich; die meisten Geräte sollten in einer Praxis, die regelmäßig Reptilien betreut, ohnehin zur Verfügung stehen. Hierzu gehört die Möglichkeit der **stationären (separaten) Unterbringung** (S. 48), da eine optimale Umgebung für die Erholung der Tiere essenziell ist und die Tiere regelmäßig kontrolliert und behandelt werden müssen.

Als diagnostisches Hilfsmittel sollte neben einem **Röntgengerät** auch ein **Ultraschallgerät** (S. 356) zur Verfügung stehen, da diese beiden Techniken schnell und unkompliziert wichtige diagnostische Erkenntnisse liefern können. Eine **Basislaborausrüstung** für parasitologische und zytologische Untersuchungen (S. 343) ist ebenfalls erforderlich.

Schließlich sollten wichtige **Medikamente** zur Verfügung stehen, die folgende Bereiche abdecken:

- geeignete Infusionslösungen (S. 44)
- Antiinfektiva: Auch wenn zur Anwendung von Antibiotika ein Resistenztest dringend zu empfohlen wird, ist bei Notfällen oft eine Initialbehandlung – meist mit einem Breitspektrumantibiotikum – bis zum Erhalt des Resistogramms notwendig. Auch geeignete Antimykotika und Antiparasitika sollten stets verfügbar sein.
- kreislauf- bzw. organstabilisierende Medikamente
- Antidots: Auch wenn orale Vergiftungen nicht sehr häufig sind, sollten Chelatbildner wie DTPA **76** verfügbar sein.
- Analgetika und entzündungshemmende Medikamente: Der Einsatz von Kortison sollte bei Reptilien aufgrund der Nebenwirkungen nur sehr bedacht erfolgen. Entzündungshemmer wie Carprofen **32** haben sich durchaus als wirksam erwiesen, auch wenn zum Schmerzverhalten von Reptilien nur wenig bekannt ist.

Auf das notwendige anästhetische Equipment (S. 36) wird gesondert eingegangen. Eine Zwangsbeatmung, beispielsweise mit dem Small Animal Ventilator, kann auch als Notfallmaßnahme durchgeführt werden.

5.3
# Einschätzung und erste Hilfe

Auch wenn bei Notfällen in der Regel eine bestimmte Leitsymptomatik vorherrscht, sollten anamnestisch die wichtigsten Punkte abgeklärt werden, da diese notwendige Rückschlüsse auf die Gesamtsituation des Patienten zulassen. Hierzu gehören:

- Zeitpunkt des Erwerbs des Reptils
- Unterbringung – besonders Temperatur, Luftfeuchte und Bodensubstrat
- Ernährung
- (vermutliches) Geschlecht, Alter, bisheriges Fortpflanzungsverhalten
- Überwinterung
- klinische Auffälligkeiten (Art, Dauer), Vorbehandlungen

Die klinische Untersuchung (S. 22) wird gesondert beschrieben.

Wie beim Säuger auch zielen alle Maßnahmen der ersten Hilfe darauf ab, die lebenserhaltenden Funktionen zu sichern. Prinzipiell kann die ABC-Regel (Airways, Breathing, Circulation) auch für Reptilien angewandt werden, allerdings haben Verlegungen der luftleitenden Wege aufgrund der Toleranz der meisten Reptilien gegenüber Sauerstoffmangelzuständen nicht die gleiche dramatische Bedeutung.

## 5.3.1 Sauerstoffversorgung

Grundsätzlich sollte sämtliches Material in der Maulhöhle, das die Atmung behindern könnte, entfernt werden. Hierbei kann es sich um Fremdkörper (Futter, Steine etc.) handeln, aber auch entzündliches Material. Letzteres kommt – insbesondere bei Schlangen – oft aus der Trachea und kann diese ebenfalls weitgehend verlegen, da den meisten Reptilien ein Zwerchfell zum effektiven „Abhusten" fehlt. In Fällen, in denen die Trachea durch Sekrete verlegt ist, kann eine Trachealspülung (S. 68) indiziert sein.

> **Praxistipp**
> Solange das Reptil eine Spontanatmung zeigt, sollte kein reiner Sauerstoff zugeführt werden, auch nicht, wenn eine Sauerstoffmangelsituation vermutet wird.

Bei Reptilien wird die Atemfrequenz hauptsächlich durch die Kohlendioxidkonzentration in der Lunge gesteuert. Reiner Sauerstoff kann zu einer Reduktion der Atemfrequenz führen, auch wenn systemisch eine Hypoxie vorliegt.

### Zwangsbeatmung

Im Falle einer reduzierten oder fehlenden Atmung ist eine Zwangsbeatmung durchzuführen:

- vorsichtige rhythmische Rippenkompression (Schlangen, Echsen); bei Schlangen im Bereich der Lungenluftsäcke (mittlerer Körperbereich)
- rhythmische Vor- und Zurückbewegungen der Vordergliedmaße (Schildkröten)
- Intubation und Zwangsbeatmung mittels Blasebalg bzw. IPPV (S. 39)

Prinzipiell lassen sich viele Reptilienspezies auch über die Nasenöffnungen (Mund zu Nase) beatmen. Aufgrund der Mikroflora in der Maulhöhle (und meist auch im Nasenbereich) stellt dies aber eine hygienische Problematik dar.

## 5.3.2 Flüssigkeitssubstitution

Die Flüssigkeitssubstitution ist ein enorm wichtiger Bestandteil nicht nur der Notfalltherapie, sondern auch bei vielen sonstigen Behandlungen. Sie stellt nicht nur die Rehydratation und die Versorgung mit essenziellen Stoffen sicher, sondern unterstützt gleichzeitig die Funktion wichtiger Organe wie der Leber und der Niere und damit auch die Verstoffwechslung von Medikamenten sowie die Elimination von toxischen Substanzen.

> **Praxistipp**
> Da die Klasse Reptilien sehr heterogen ist, gibt es nicht eine optimale Infusion, sondern sowohl die Spezies als auch der Grund für die Substitution spielen eine Rolle. Daher sollten, wenn möglich, Blutwerte für die Beurteilung von Art und Grad der Dehydratation herangezogen werden.

Hierbei spielen der Hämatokrit, die Gesamtproteine sowie Natrium und Kalium eine besondere Rolle. Allerdings sollte bei der Interpretation dieser Parameter berücksichtigt werden, dass begleitende bzw. ursächliche Erkrankungen diese Werte ebenfalls beeinflussen und damit die Beurteilung der Art des Flüssigkeitsverlusts erschweren können.

## Auswahl der Flüssigkeit

Obwohl kolloidale Flüssigkeiten auch bei Reptilien sinnvoll sind, werden aufgrund der Schwierigkeiten, einen intravenösen bzw. intraossären Zugang zu erreichen, meist kristalloide Lösungen eingesetzt. Grundsätzlich geben der **Hämatokrit** und das **Totalprotein** einen Hinweis auf die Art des Flüssigkeitsverlusts:

- Wurde tatsächlich Wasser verloren, beispielsweise über die Nieren oder den Verdauungstrakt, steigen beide Parameter an.
- Bei einem Blutverlust ist der Hämatokrit tendenziell normal oder erniedrigt, die Plasmaproteine fallen in akuten Fällen ab.

Die Beurteilung der **Plasmaosmolalität** erfordert zunächst eine Auffüllung des Intravasalraums. Dann ist **Natrium** als das dominierende Kation von Bedeutung. Eine normale Natriumkonzentration spricht für eine isotone Dehydratation, während ein Abfall der Natriumkonzentration eine hypotone Dehydratation anzeigt, also einen Verlust osmotisch aktiver Substanzen im Blut. Hier kann eine subkutane Applikation mit isotoner Flüssigkeit zu einem weiteren Flüssigkeitsverlust in das Gewebe (Ödematisierung) führen.

**Praxistipp**

Grundsätzlich ist eine **isotone Flüssigkeitssubstitution** mit ähnlicher Natriumkonzentration und ähnlichem pH empfehlenswert. Ein Puffer ist zur Prävention oder Behandlung einer Azidose sinnvoll, allerdings wird der Einsatz von Laktat kontrovers diskutiert, weil es einen möglichen Einfluss auf den Stoffwechsel bei Reptilien haben könnte. Empfohlene Lösungen sind physiologische Natriumchloridlösung, Ringer-Laktatlösung sowie kommerzielle Lösungen wie Normosol R, Plasmalyte A pH 7.4 oder Tutofusion (HG5).

Folgende Punkte sollten bei der Flüssigkeitssubstitution weiter berücksichtigt werden:

- Steigt nach Rehydratation des Gefäßsystems die Natriumkonzentration, zeigt dies eine zelluläre Dehydratation an. In diesen Fällen sollten hypotone Lösungen (Wasser, Dextrose 5 %) verabreicht werden, um die Osmolalität wieder herzustellen. Die Verwendung sollte – da diese Lösungen auch zu Zellschädigungen führen können – vorsichtig erfolgen.
- Die Kaliumkonzentration zeigt einen möglichen Nierenschaden an, sie steigt häufig bei Oligurie oder Niereninsuffizienzen an. Bei erhöhter Kaliumkonzentration sollten kaliumfreie Lösungen wie physiologische Kochsalzlösung verwendet werden.
- Landschildkröten haben tendenziell physiologischerweise eine etwas niedrigere Natriumkonzentration und einen höheren pH im Plasma. Daher kann Ringer-Lösung oder Natriumchloridlösung eine bessere Wahl sein.

**Kristalloide Lösungen** können eine effektive Rehydratation bewirken und damit die Blutperfusion wiederherstellen. Allerdings kann das verabreichte Flüssigkeitsvolumen zu einem Abfall des kolloidosmotischen Drucks im Gefäßsystem führen, in der Folge wandert Flüssigkeit aus dem Gefäßsystem in das Gewebe und führt dort zu Ödembildung. Dies ist regelmäßig nach längeren Infusionstherapien zu beobachten. Hier können **kolloidale Lösungen** wie HES (Hydroxyethylstärke) oder Dextran 40 helfen, den osmotischen Druck wiederherzustellen. Dies ist insbesondere von Bedeutung bei einer gestörten Permeabilität der Gefäßwand, beispielsweise infolge eines Traumas, wo das Risiko der Ödembildung im zentralen Nervensystem erhöht ist.

## Flüssigkeitsapplikation

Grundsätzlich hängt die Zeitdauer der Flüssigkeitsresorption bei enteraler oder subkutaner Gabe von der Temperatur ab. Eine warme Umgebung ist daher in den meisten Fällen (außer bei Traumata) vorteilhaft.

Es besteht die Möglichkeit, Flüssigkeiten **oral** zu verabreichen, entweder mittels Sonde in den Magen (S. 31) oder – bei einigen sehr kleinen Spezies – als Tropfen direkt auf die Zunge. Allerdings ist diese Art der Applikation als Notfallmaßnahme meist nicht sinnvoll, da es zu Aspiration und Regurgitation kommen kann und die Funktion von Magen und Darm möglicherweise eingeschränkt ist. Weitere Möglichkeiten sind die **subkutane** und die **intrazölomale** Applikation (S. 34).

Gerade für die Applikation kolloidaler Substanzen, aber auch für weitere Medikamente kann ein direkter Zugang zum Gefäßsystem sinnvoll sein. Hierzu eignen sich der intravenöse und der **intraossäre** Zugang. Da die meisten Venen bei Reptilien nicht sichtbar sind, ist die **intravenöse** Applikation eine invasive Prozedur, die meist einen chirurgischen Eingriff erfordert, um die sichere Platzierung des Katheters zu gewährleisten. Meist wird ein Hautschnitt benötigt, um das Gefäß entsprechend darzustellen. Bei Schildkröten und Schlangen wird die Jugularvene genutzt, bei Echsen kann zusätzlich auf die V. cephalica zurückgegriffen werden.

Bei Schlangen besteht als Ultima Ratio auch die Möglichkeit, ultraschallgestützt eine **intrakardiale** Injektion (S. 340) vorzunehmen, allerdings besteht hierbei das Risiko von Fehlinjektionen und Blutungen in den Herzbeutel.

### Praxistipp
### Intraossäre Infusion

Die intraossäre Infusion ist eine sehr effektive Möglichkeit, den Kreislauf zu unterstützen und auch kolloidale Substanzen zuzuführen. Es ist sinnvoll, zunächst an einem toten Tier die Platzierung eines entsprechenden Katheters zu üben. Als geeignete Lokalisation stehen die langen Knochen zur Verfügung, wobei meist auf die proximale Tibia, den distalen Humerus oder das distale Femur zurückgegriffen wird.
Unter (Lokal-)Anästhesie und entsprechender Sterilisation der Einstichstelle wird die Kanüle mit leichten Drehbewegungen in den Knochen vorgeschoben. Eine Röntgenaufnahme zur Kontrolle der korrekten Platzierung ist empfehlenswert (▶ **Abb. 5.1**). Der Katheter kann für mehrere Tage belassen werden, allerdings sind Wundinfektionen ein häufiges Problem, entsprechend sollte die Injektionsstelle so steril wie möglich abgedeckt und der Katheter regelmäßig gespült werden.

**SK** Bei Schildkröten kann die Knochenhöhle am sinnvollsten über die Brücke erreicht werden. Hierbei wird ein kleines Loch von kaudal in die Brücke gebohrt (entweder mittels eines kleinen Bohrers oder einer Kanüle) und der Katheter parallel zur Körperwand nach kranial eingeführt. Da es hier zu Verlegungen in die Körperhöhle kommen kann, ist ggf. eine Kontrolle mittels Röntgenkontrastuntersuchung sinnvoll.

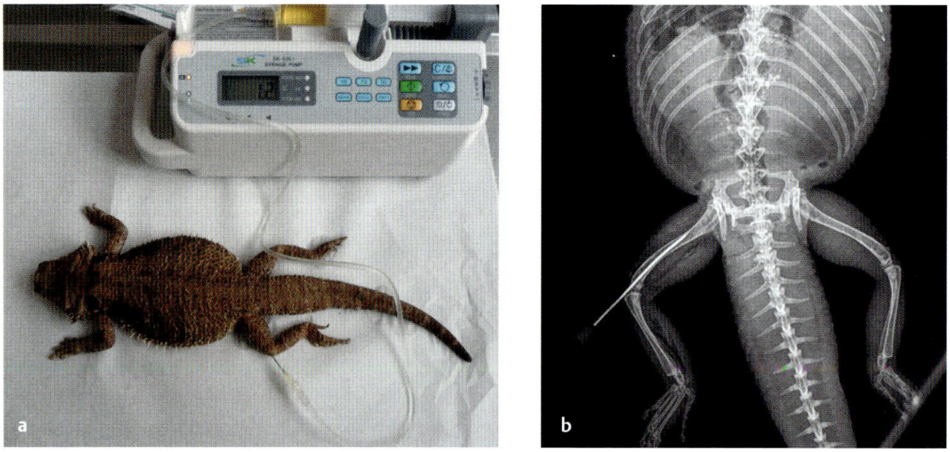


▶ **Abb. 5.1** Intraosseäre Infusion bei einer Bartagame. Soll der Zugang längerfristig genutzt werden, sind entsprechende Verbände erforderlich, um Infektionen an der Einstichstelle sowie Manipulationen durch das Reptil zu vermeiden. **a** Infusionspumpen sind bei schwachen Tieren eine gute Möglichkeit, Flüssigkeit langsam intraossär oder intravenös zu verabreichen. **b** Der korrekte Sitz der Kanüle sollte palpatorisch und mittels Röntgenaufnahme kontrolliert werden.
(Klinik für Vögel und Reptilien, An den Tierkliniken 17, 04103 Leipzig)

### Bluttransfusion

Bislang liegen nur spärliche Informationen zu Bluttransfusionen bei Reptilien vor. Fallberichte bestätigen die Durchführbarkeit, wobei vermutet wird, dass Reptilienblut im Vergleich zum Säugerblut schneller koaguliert. Als Standardtechnik kann die Bluttransfusion derzeit nicht empfohlen werden. Bei der Durchführung sollte Heparin als Antikoagulans verwendet werden, und 1–2 ml Blut je kg Körpermasse werden direkt von einem Donor gleicher Spezies über einen intravenösen oder intraossären Zugang transferiert.

## 5.3.3 Häufige Notfallsituationen

Die folgende Aufzählung enthält häufige Notfallsituationen und verweist zum leichteren Auffinden an die entsprechende Stelle im Buch, wo die Problematik besprochen wird. Dort finden sich dann auch umfassendere Informationen zu der typischen Leitsymptomatik und zur Diagnostik:

- Trauma, Unfall (S. 197)
- Krämpfe, ZNS-Symptomatik (S. 208)
- Vergiftung (S. 220)
- Hypo-/Hyperthermie (S. 333)
- Kreislaufkollaps (S. 318)
- Septikämie (S. 327)

# 6 Stationäre Unterbringung und Quarantäne

Bastian Plenz

Auch wenn viele Behandlungen bei Reptilien ambulant durchführbar sind, sollte eine Grundausrüstung für die stationäre Unterbringung und ggf. Separierung vorhanden sein. Die Umgebung, insbesondere die Temperatur und die Luftfeuchtigkeit, ist von großer Bedeutung für den Krankheitsverlauf und die Wirksamkeit der Medikation. Häufige Transporte zum Tierarzt können hier kontraproduktiv wirken. Bei schweren Erkrankungen sind außerdem regelmäßige Kontrollen und wiederholte Behandlungen nötig, die ambulant kaum durchgeführt werden können. Die folgenden Parameter sollten berücksichtigt werden, wenn die stationäre Aufnahme von Reptilien geplant ist.

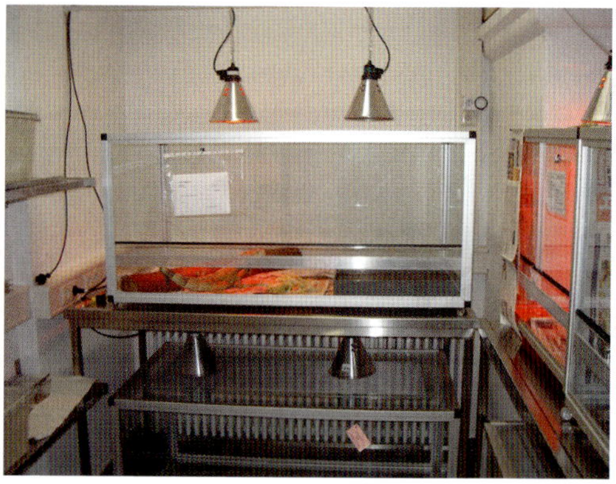

▶ **Abb. 6.1** Stationäre Unterbringung in einem „Sterilterrarium". Hier kann die Einrichtung unproblematisch desinfiziert oder gereinigt werden.
(Klinik für Vögel und Reptilien, An den Tierkliniken 17, 04103 Leipzig)

## 6.1 Räumlichkeiten und Unterbringungseinheiten

Reptilien brauchen meist eine hohe Temperatur, die sich nur bedingt in einer Box oder einem Terrarium einstellen lässt, wenn der Raum selbst kalt ist.

Andere Tiere im Raum können den Stress erhöhen, insbesondere, wenn es sich um Hunde handelt. Aber auch andere Reptilien sollten besser ohne Sichtkontakt untergebracht werden, insbesondere wenn es sich um Jäger (z. B. Schlangen) handelt. Einige Reptilienspezies, beispielsweise viele Chamäleons, tolerieren nicht einmal die optische Anwesenheit eines anderen Chamäleons im Raum.

Die Anforderung an die Unterbringungseinheiten sind eine einfache Reinigung und Desinfektion sowie ein ausreichender Luftaustausch, außerdem sollten sie ausbruchsicher sein (▶ Abb. 6.1). Handelsübliche Glasterrarien sind aufgrund ihres Gewichts bedingt geeignet. Je nach Größe der Spezies können einfache, mit entsprechenden Lüftungsschlitzen versehene Plastikboxen ausreichen. Bei der Einrichtung geht es hauptsächlich darum, Möglichkeiten zum Verbergen anzubieten und gleichzeitig eine regelmäßige Reinigung zu ermöglichen. Bei baumbewohnenden Spezies (z. B. Baumpython, Chamäleons) sollten Kletteräste vorhanden sein, sofern keine medizinischen Gründe (z. B. Verbände, Frakturen) dagegen sprechen. Als Bodenabdeckung sind Papierbeläge ausreichend. Sollen mehrere Reptilien stationär untergebracht werden, ist es oft sinnvoll, die Seitenwände des Terrariums abzukleben, um Sichtkontakt zu vermeiden.

Bei aquatilen Spezies kann – je nach Bedürfnis permanent oder temporär – ein Wasserbecken angeboten werden.

**Praxistipp**
Reptilien sollten ohne Sichtkontakt zueinander untergebracht werden.

## 6.2 Klima

Die Klimaregulation kann durchaus aufwändig sein. Neben geeigneten Heizelementen, UV-Lampen und Möglichkeiten zur Erhöhung der Luftfeuchtigkeit sollten auch Zeitschaltuhren vorhanden sein, um einen physiologischen Tag-Nacht-Rhythmus abzubilden. Insbesondere bei apathischen Tieren, bei denen nicht sicher ist, ob sie sich willentlich im Terrarium bewegen, müssen Heizelemente exakt steuerbar sein (evtl. über Verwendung geeigneter Thermostate).

**Wärmematten** eignen sich vor allem bei thigmothermen Spezies.

**Wärme-** und **UV-Lampen** sollten so über dem Terrarium angebracht werden, dass ein Temperaturgradient im Terrarium entsteht. Dieser sollte dem gesamten Bereich der **Preferred Optimal Temperature Zone (POTZ)** der Spezies entsprechen, innerhalb derer der Stoffwechsel des Patienten optimal arbeitet. Einige Beispiele für diesen Temperaturbereich bei verschiedenen Spezies sind in ▸ Tab. 6.1 angegeben.

Gerade für tagaktive und sonnenliebende Tiere sollten hochwertige UV-Lampen Verwendung finden. Bewährt haben sich hier Halogenmetalldampflampen, welche von diversen Firmen produziert werden und auch in niedrigeren Wattstärken erhältlich sind. Mischlichtlampen können ebenfalls in größeren Terrarien eingesetzt werden, da diese grundsätzlich eine hohe Wärmeabstrahlung erzielen. Bei hohem UV-Bedarf kann zusätzlich auch eine OSRAM ULTRA-Vitalux® für 15–30 min zugeschaltet werden.

### Praxistipp

Geeignete UV-Lampen sind sehr wichtig zur Unterstützung des Metabolismus und der Aktivität vieler Spezies. Dennoch zeigt die Praxis, dass sie direktes Sonnenlicht nicht ersetzen können – insbesondere inappetente Schildkröten profitieren oft enorm von einem wirklichen Sonnenbad.

▸ **Tab. 6.1** Beispiele für Klimabereiche zur Haltung wichtiger Reptilienspezies (Richtwerte).

| Spezies | Preferred Optimal Temperature Zone in °C* | Luftfeuchte* | Anmerkungen (Lebensweise/Ernährung) |
|---|---|---|---|
| allgemein Spezies aus gemäßigten Bereichen und aquatile Spezies | 20–25 | - | - |
| allgemein tropische Spezies | 25–35 | - | - |
| Wasseragame | 24–30 | 80–90 | tagaktiv, sonnenliebend; vorwiegend insektivor (85 %) |
| Spornschildkröte | 25–35 | 40–75 | tagaktiv, sonnenliebend; herbivor |
| *Boa constrictor* | 28–30 | 50–80 | dämmerungs- und nachtaktiv; karnivor |
| Tigerpython | 25–30 | 50–80 | dämmerungs- und nachtaktiv; karnivor |
| Kornnatter | 25–30 | 30–70 | dämmerungs- und nachtaktiv; karnivor |
| Grüner Leguan | 25–35 | 75–100 | tagaktiv, sonnenliebend; herbivor |
| Bartagame | 25–35 (lokal 42) | 30–40 | tagaktiv, sonnenliebend; insektivor (40 %) und herbivor (60 %) |
| Leopardgecko | 25–30 | 30–40 | dämmerungs- und nachtaktiv; insektivor |
| Europäische Landschildkröte | 20–28 | 30–50 | tagaktiv, sonnenliebend; herbivor |
| Rotwangenschmuckschildkröte | 20–24 | 60–90 | tagaktiv, sonnenliebend; omnivor |
| Jemenchamäleon | 21–38 | 75–80 | tagaktiv, sonnenliebend; vorwiegend insektivor |

* Spezieswerte aus: Longley LA. Anesthesia of Exotics Pets. Saunders Elsevier; 2008

## 6.3 Quarantäneeinheit

Eine Quarantäneeinheit ist bei Verdacht auf übertragbare, insbesondere virale Erkrankungen sehr sinnvoll. Ansonsten können andere potenziell empfängliche Spezies nicht im gleichen Raum untergebracht werden. Dies trifft insbesondere bei Verdacht auf Virusinfektionen zu, aber auch beispielsweise bei Mykoplasmoseverdacht oder bei Parasiten wie Schlangenmilben. Die Anforderungen an einen solchen Raum sind prinzipiell gleich wie bei der stationären Unterbringung an sich; ein eigenes Waschbecken und ein eigener Bodenablauf sollten vorhanden sein.

Bezüglich der Desinfektion sollte darauf geachtet werden, dass je nach Erreger unterschiedliche Desinfektionsmittel eingesetzt werden müssen. So sind behüllte Viren (Ferlavirus, Herpesvirus etc.) durch alkoholbasierte Desinfektionsmittel vergleichsweise leicht zu inaktivieren, während andere Erreger wie Adenoviren längere Einwirkzeiten bzw. aggressivere Substanzen erfordern.

## 6.4 Fütterung während der stationären Unterbringung

Während bei Schlangen meist über die Zeitdauer der stationären Aufnahme kein Fütterungsversuch gemacht werden muss (und auch nicht sollte, da die Tiere in der fremden Umgebung meist ohnehin nicht fressen), ist bei Echsen und Schildkröten die Futteraufnahme ein wichtiges Zeichen zur Beurteilung des Allgemeinzustands und des Behandlungserfolgs. Als Futter sollte grundsätzlich das für die Spezies empfohlene Futtermittel verwendet werden. Die bisherige Fütterung der einzelnen Reptilien kann dabei oft nicht als Grundlage genommen werden.

Bei Schildkröten ist es empfehlenswert, farblich attraktives Futter (z. B. Paprika, etwas Tomate, Löwenzahnblüten) mit anzubieten und eine Futterumstellung schleichend vorzunehmen. Lebendfutter (Grillen) sollte Patienten mit eingeschränkter Beweglichkeit mit der Pinzette angeboten werden und bei Inappetenz wieder eingefangen und entsorgt werden. Auf keinen Fall sollten Grillen, die von einem Reptil nicht aufgenommen wurden, in ein anderes Terrarium gesetzt werden.

## 6.5 Bademöglichkeiten

Bei vielen erkrankten Reptilien ist der Flüssigkeitshaushalt aus dem Gleichgewicht geraten und die Funktion des Darmtrakts beeinträchtigt. Das Baden der Tiere in handwarmem Wasser hat dabei folgende Vorteile: Die Tiere nehmen Flüssigkeit über die Kloake (und ggf. den Harnsack) auf, Verdauung und Kotabsatz werden gefördert, insgesamt wird der Kreislauf angeregt. Etwa 20 Minuten am Tag sind sinnvoll, sofern medizinische oder physiologische Gründe nicht dagegen sprechen.

# 7 Euthanasie

Volker Schmidt

## 7.1 Indikationen

Die Indikation zur Euthanasie ist gemäß dem Tierschutzgesetz gegeben, wenn eine artgemäße Fortbewegung und/oder Ernährung nicht mehr möglich ist oder entsprechend dem tierärztlichen Kenntnisstand nicht tolerierbare Schmerzen und Leiden bei dem Reptil vorliegen.

Die fachgerechte Durchführung einer Euthanasie kann nur durch einen Tierarzt erfolgen. Es ist zu beachten, dass eine Tötung gemäß Tierschutzgesetz nur unter Betäubung (S. 36) erfolgen darf. Allerdings können die tierschutzgerechte Tötung und insbesondere die Feststellung des Todes bei Reptilien Probleme bereiten.

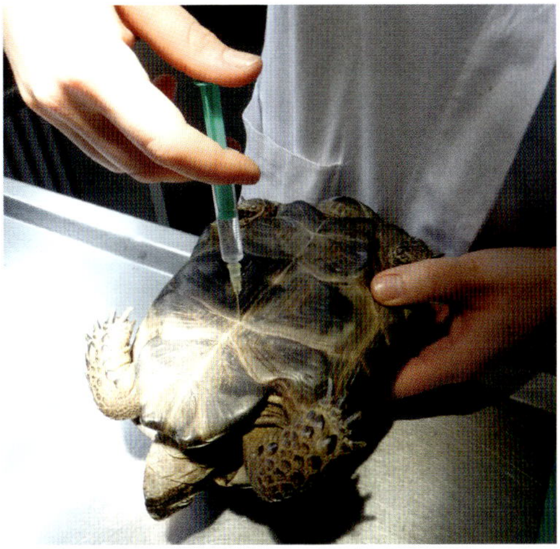

▶ **Abb. 7.1** Intrakardiale Injektion durch das Plastron bei einer Schildkröte. Diese Methode unter Anästhesie ist vertretbar, wenn eine sonografische Darstellung des Herzens nicht möglich ist.
(Klinik für Vögel und Reptilien, An den Tierkliniken 17, 04103 Leipzig)

## 7.2 Durchführung

### 7.2.1 Medikamentös

Zur Euthanasie sollte die Körpertemperatur des Reptils auf die bevorzugte optimale Körpertemperatur gebracht werden, um einen schnellen Wirkungseintritt sowohl der Narkose als auch des Medikaments zur Euthanasie zu ermöglichen. Eine direkte intrakardiale bzw. intravenöse Injektion ohne vorherige Narkose ist nur mit einem dafür zugelassenen Medikament, z. B. Eutha 77® 81, möglich. Nach Erreichen des Toleranzstadiums kann intrakardial, intravenös oder in den Okzipitalsinus T 61® 82 oder ein Barbiturat (z. B. Eutha 77® 81) appliziert werden.

Bei Echsen und Schildkröten kann das Herz sonografisch dargestellt werden. Bei Schildkröten kann auch, sofern eine Ultraschalldarstellung nicht möglich ist, als Anhaltspunkt der kaudale Kreuzungspunkt der Pektoralschilde verwendet werden (▶ Abb. 7.1); vor der Injektion muss die Lage der Kanüle durch Aspiration bestätigt werden. Die intrakardiale Injektion bei der Schlange erfolgt entsprechend der intrakardialen Punktion bei Blutentnahme (S. 340).

> **Praxistipp**
> Barbiturate und T 61® sollten nicht intramuskulär, intrazölomal oder intrapulmonal appliziert werden, da durch den alkalischen pH-Wert dieser Medikamente eine Ausfällung von Kristallen erfolgt, was zum einen schmerzhaft ist und zum anderen eine postmortale Untersuchung erschweren kann.

Der durch Barbiturate oder T 61® verursachte Tod tritt infolge einer Apnoe ein. Dies kann bei Reptilien, insbesondere aquatilen Arten, sehr lange dauern, so dass eine Kombination mit hochdosierten kardioplegischen Substanzen wie Kaliumchlorid 79 den Todeseintritt beschleunigen kann.

### 7.2.2 Dekapitation

Auch wenn sich bei kleinen Reptilien die Dekapitation unter Anästhesie als Euthanasiemethode eignet, sollte sie nur durchgeführt werden, wenn unmittelbar danach das Gehirn über den Wirbelsäulenkanal zerstört wird. Studien haben gezeigt, dass das Gehirn bzw. das Nervensystem auch nach der Dekapitation noch bis zu eine Stunde lang aktiv bleibt. Dies ist insbesondere bei Giftschlangen und größeren Reptilien von Bedeutung, da Bissverletzungen auch nach der Dekapitation möglich sind.

### 7.2.3 (Bolzen-)Schuss

Eine Betäubung kann bei großen Reptilien (z. B. Panzerechsen, sehr großen Waranen) auch über einen Bolzenschuss oder eine großkalibrige Waffe erfolgen. Auch hier muss anschließend eine Zerstörung des Gehirns über den Rückenmarkkanal stattfinden.

### 7.2.4 Hypothermie

Die Hypothermie (Tiefkühltruhe) als Tötungsmethode ist abzulehnen. Zwar fallen die Tiere rasch in eine Kältestarre, aber die Bildung der Eiskristalle im Gewebe ist schmerzhaft und nicht konform mit dem Tierschutzgesetz.

## 7.3 Feststellung des Todes

Es kann schwierig sein, bei einem Reptil den Tod festzustellen. Normale Todesanzeichen sind Immobilität, Relaxation der Muskulatur, Verlust von Reflexen, Einstellung der Atmung und des Herzschlags sowie Verlust des Augenturgors. Allerdings sind diese Anzeichen auch von der Umgebungstemperatur abhängig, so dass die Feststellung des Todes bei der bevorzugten optimalen Körpertemperatur erfolgen sollte. Auch das oft erwähnte Abknipsen eines Nagels, um Blutungen feststellen zu können, ist bei Reptilien zur Feststellung des Todes nicht ausreichend.

Die verlässlichste Methode zur Feststellung des Todes ist die sonografische Darstellung (S. 361) des Herzschlags. Hierbei muss jedoch beachtet werden, dass das Herz bei Tötungsmitteln, welche zu einer Apnoe führen, z. B. Barbituraten und T 61®, noch einige Minuten bis wenige Stunden ungerichtete Kontraktionen zeigen kann.

**Praxistipp**

Es ist empfehlenswert, das euthanasierte Reptil erst einige Stunden nach der Euthanasie sonografisch zu untersuchen, bevor man das Tier als tot erklären kann, oder die Doppler-Funktion des Ultraschallgeräts zur Blutflussdarstellung zu nutzen.

# Teil 3
# Leitsymptome

# 8 Dyspnoe

Rachel E. Marschang, Michael Pees

**Leitsymptomatik „Dyspnoe“**

- Aufreißen des Maules
- Erhöhung der Atemfrequenz, erschwerte Atmung
- Schleim im Bereich der Trachealöffnung
- Ausfluss aus den Nasenlöchern (S. 79)
- Atemgeräusche
- bei Schildkröten: (deutliche) atemsynchrone Bewegung der Vordergliedmaße
- bei Wasserschildkröten: Körperschräglage im Wasser
- bei Schlangen: Hochstrecken des Kopfes
- Klinische Symptome einer Lungenerkrankung treten erst in fortgeschrittenen Stadien auf und sind immer als schwerwiegende Hinweise ernst zu nehmen.

## 8.1 Allgemeines

Die Atemmechanik unterscheidet sich bei Reptilien im Vergleich zum Menschen deutlich: Ein Zwerchfell fehlt, die Lungen sind eher sackförmig und manchmal durch einen zusätzlichen Luftsack als Luftreservoir erweitert. Der Gastaustausch findet in der In- und Exspiration statt. Viele Reptilien atmen außerdem episodisch, d. h. Phasen intensiverer Atemtätigkeit folgen kurze Phasen ohne Atembewegungen.

Der Atmungstrakt hat einige anatomische und physiologische Besonderheiten (S. 36). Von Bedeutung für die Entstehung respiratorischer Symptome ist einerseits die Fähigkeit von Reptilien, eine mangelnde Sauerstoffversorgung im Stoffwechsel zu kompensieren, andererseits die Tatsache, dass Sekrete aus der Lunge durch das fehlende Zwerchfell sowie einen relativ primitiven Mukoziliarapparat kaum abtransportiert werden können. Schließlich findet bei aquatilen Spezies ein nicht unerheblicher Anteil des Sauerstoffaustausches über Haut und Schleimhaut (der Kloake, „Analblasen“ bei diversen Wasserschildkröten) statt.

Veränderungen der Atemtätigkeit kommen bei allen Reptilien häufig vor und können sowohl physiologische als auch pathologische Ursachen haben. Physiologischerweise hängt die Atmung von der Stoffwechselaktivität ab, und diese wiederum von der Umgebungstemperatur und (insbesondere bei Schlangen) vom Zeitpunkt der letzten Fütterung. Dazu kommen physiologische Umfangsvermehrungen wie die Füllung des Magen-Darm-Trakts und Follikel- bzw. Eianbildungen, welche das Luftvolumen in der Lunge und damit die Atemtätigkeit beeinflussen.

## 8.2 Sofortmaßnahmen

Im Gegensatz zum Säuger haben auch Atemwegserkrankungen, die zu einer akuten Hypoxie führen, meist keinen so dramatischen Verlauf, da die Tiere einen vorübergehenden Sauerstoffmangel besser kompensieren können. Dennoch sollten alle Maßnahmen zur Sicherung der Atmung (S. 44) unmittelbar ergriffen werden, um den Kreislauf zu stabilisieren und die Sauerstoffversorgung sicherzustellen.

**Sofortmaßnahmen**

- Kontrolle der Atemwege, Entfernung von Schleim und Fremdkörpern. Ist die Trachea verlegt, kann eine Trachealspülung (S. 68) sinnvoll sein, welche dann auch diagnostisch verwertet werden sollte.
- bei fehlender Atemtätigkeit assistierte Beatmung (S. 44) oder Zwangsbeatmung nach Intubation (S. 39)
- Kreislaufsicherung, insbesondere bei Hinweisen auf Flüssigkeitsmangel Flüssigkeitssubstitution (S. 44)
- Unterbringung im Bereich der POTZ (S. 49) und bei ausreichender Luftfeuchtigkeit, um die Atmung zu erleichtern

►

- Inhalation, je nach Verdacht auch mit antimikrobiellen Wirkstoffen (nur sinnvoll in Ergänzung zu einer systemischen Therapie). Der Einsatz von Disulfidbrückenspaltern wie Acetylcystein 41 kann versucht werden.

## 8.3 Diagnostik

Das diagnostische Vorgehen für das Leitsymptom Dyspnoe ist im diagnostischen Leitfaden dargestellt.

# Diagnostischer Leitfaden: Dyspnoe

## Anamnese

- **Haltung**
  - Temperatur/Luftfeuchte
  - Terrariengröße (v.a. Boas und Pythons)
  - Kontakttiere, Zukauf
  - Legetätigkeit
  - Trauma
  - Abwehrverhalten
- **Fütterung**
  - SK EC Metabolic Bone Disease?
  - Verdacht auf Aspiration → Pneumonie?
- SL EC **Häutung**

## Klinische Untersuchung

- **Ernährungszustand**
  - Adipositas?
  - starke Abmagerung → allgemeine Schwäche?
- Wasser- SK **Schwimmlage**
  - Pneumonie? → Röntgen/CT; Tupfer/Spülung: bakteriologische und mykologische Untersuchung
  - Fremdkörper/Aufgasung?
  - Trauma
  - allgemeine Schwäche

▶ Leitsymptom Störung der Legetätigkeit ▶ S. 254

▶ Leitsymptom Störung des Bewegungsapparats ▶ S. 176

▶ Leitsymptom Störung des Bewegungsapparats ▶ S. 176

▶ Aufarbeitung Pneumonie ▶ S. 66

▶ Leitsymptom Umfangsvermehrung ▶ S. 297

▶ Leitsymptom Anorexie, Apathie ▶ S. 318

▶ bakterielle und mykotische Infektion ▶ S. 70

▶ Röntgen ▶ Leitsymptom Störung des Kotabsatzes bzw. Kotveränderung ▶ S. 126

▶ Röntgen, CT ▶ Leitsymptom Störung des Bewegungsapparats ▶ S. 176

▶ Leitsymptom Anorexie, Apathie ▶ S. 318

Fortsetzung: **Diagnostischer Leitfaden: Dyspnoe**

- **Körperhaltung**
  - gestreckte Haltung, erhöhte Kopfhaltung, offenes Maul
    - Verlegungen der Atemwege
- **Nasenöffnungen**
  - Ausfluss
- **Maulhöhle**
  - Fremdkörper
  - sonstige Veränderungen
- **Atmung**
  - Geräusche
    - Abwehrverhalten
    - Schmerz
    - Fremdkörper?
    - Pneumonie?
  - Frequenz erhöht
    - Hyperthermie?
    - Fremdkörper?
    - Trauma?
    - Pneumonie?
    - Leibeshöhle vermehrt gefüllt?

► Fremdkörper? ► Röntgen, Endoskopie ► S. 77

► Pneumonie? ► Aufarbeitung Pneumonie ► S. 66

► Leitsymptom Nasenausfluss ► S. 79

► S. 77

► Leitsymptom Veränderung von Maul bzw. Maulhöhle ► S. 92

► Gicht? ► Leitsymptom Anorexie, Apathie ► S. 318

► Röntgen/Endoskopie ► S. 77

► Aufarbeitung Pneumonie ► S. 66

► Leitsymptom Anorexie, Apathie ► S. 318

► Röntgen/Endoskopie ► S. 77

► Röntgen/CT ► Leitsymptom Störung des Bewegungsapparats ► S. 176

► Aufarbeitung Pneumonie ► S. 66

► Röntgen ► Leitsymptom Umfangsvermehrung ► S. 297

- ► Adipositas? ► Ultraschall ► Leitsymptom Umfangsvermehrung ► S. 297
- ► Aszites/Herz-Kreislaufstörung? ► Ultraschall ► Leitsymptom Umfangsvermehrung ► S. 297
- ► Legetätigkeit/Legenot ► Leitsymptom Störung der Legetätigkeit ► S. 254
- ► Obstipation/Fremdkörper ► Leitsymptom Störung des Kotabsatzes bzw. Kotveränderung ► S. 126

Fortsetzung: **Diagnostischer Leitfaden: Dyspnoe**

- ▶ Frequenz erniedrigt
  - ▶ Reaktion auf Umweltreize
  - ▶ Hypo-/Hyperthermie?
  - ▶ Schock/Allgemeine Schwäche

## Keine weitere Symptomatik oder Diagnose

- ▶ Röntgen/Endoskopie
  - ▶ Pneumonie?
  - ▶ Fremdkörper?
  - ▶ Leibeshöhle vermehrt gefüllt
    - ▶ s.o.
- ▶ Abstriche Maulhöhle/ Trachealspülung
  - ▶ Pneumonie?
- ▶ Blut: Hämatologie, Blutchemie
  - ▶ Pneumonie?
  - ▶ Organstatus
    - ▶ Nephropathie
    - ▶ Hepatopathie

Harnsack-lähmung? ▸ Ultraschall ▸ Leitsymptom Umfangsvermehrung ▸ S. 297

▸ Leitsymptom Anorexie, Apathie ▸ S. 318

▸ Leitsymptom Anorexie, Apathie ▸ S. 318

▸ Aufarbeitung Pneumonie ▸ S. 66

▸ S. 77

▸ Aufarbeitung Pneumonie ▸ S. 66

▸ Aufarbeitung Pneumonie ▸ S. 66

▸ Leitsymptom Anorexie, Apathie ▸ S. 318

▸ Leitsymptom Anorexie, Apathie ▸ S. 318

### 8.3.1 Besonderes Augenmerk bei der Anamnese

Je nach Spezies sind die Ursachen für respiratorische Symptome sehr unterschiedlich und oft nicht im Respirationstrakt selbst begründet.

**! Insbesondere bei Schildkröten, die aufgrund des Panzers Umfangsvermehrungen in der Leibeshöhle nicht kompensieren können, spielen häufig andere Organsysteme, die zu Einengungen der Lunge oder der Luftwege führen, eine Rolle. Dazu gehören auch Veränderungen des Panzers selbst, beispielsweise infolge einer Metabolic Bone Disease (S. 193).**

Die **Haltung**sparameter sollten erfragt werden, insbesondere das Klima im Terrarium. Dies ist auch für mögliche Krankheitsprädispositionen infolge inadäquater Haltung von Interesse. Auch die Größe des Terrariums sollte eruiert werden; gerade bei Tieren, die stark wachsen, wie Boas und Pythons, sind ursprünglich angeschaffte Terrarien viel zu klein – die Folgen sind Bewegungsmangel, ein erhöhter Infektionsdruck und daraus möglicherweise resultierende Lungeninfektionen.

**Kontakttiere** im Terrarium sowie deren Herkunft und der Zeitpunkt des Zukaufs geben Anhaltspunkte für mögliche Erreger, die bei der Entstehung der Krankheit eine Rolle spielen können.

Eine vorberichtliche **Legetätigkeit** (bzw. Hinweise auf eine Eianbildung) kann einen Hinweis auf ein physiologisches Geschehen geben, das die Atmung beeinflusst, aber auch eine weitere Leitsymptomatik aufzeigen – die Störung der Legetätigkeit (S. 254).

**Traumata** (S. 197) sind bei Reptilien häufig nicht ohne weiteres äußerlich sichtbar, können aber zu inneren Verletzungen führen und auch respiratorische Symptome bedingen. Es ist deshalb sinnvoll, nach Stürzen, Problemen mit anderen Tieren im Haushalt oder anderen Traumata zu fragen, auch wenn diese vielleicht schon einige Tage zurückliegen.

**! Reptilien zeigen artspezifisch, aber auch sehr individuell teilweise Abwehrreaktionen, die mit Atemgeräuschen wie Fauchen oder Zischen einhergehen. Nicht selten werden solche Geräusche, die primär eine Stressreaktion darstellen, fehlinterpretiert.**

Der **Fütterung** kommt insofern eine Bedeutung zu, als dass es bei vielen insektivoren, herbivoren bzw. omnivoren Echsen und Schildkröten zu Störungen im Kalziumstoffwechsel und dadurch bedingten Verwachsungen der Knochen kommt. Diese Problematik der **Metabolic Bone Disease** (S. 193) äußert sich nicht selten auch in Störungen bei der Atmung, sie sollte erfragt und ggf. weiter diagnostisch verfolgt werden. Wurden Probleme bei der Futteraufnahme beobachtet oder die Tiere sogar zwangsgefüttert, ist eine Futteraspiration nicht ausgeschlossen. Die sich hierdurch möglicherweise entwickelnde **Pneumonie** (S. 75) sollte im Rahmen der weiteren Diagnostik abgeklärt werden.

Bei Schlangen und Echsen ist der Ablauf der letzten **Häutung** von Interesse. Häutungsprobleme sind einerseits Hinweise auf Haltungsfehler oder generalisierte Erkrankungen, andererseits können die Tiere in einer solchen Phase auch eine auffällige Atmung zeigen.

### 8.3.2 Besonderes Augenmerk bei der klinischen Untersuchung

Bei der klinischen Untersuchung sollten möglicherweise außerhalb des Atmungstrakts liegende Ursachen für die Dyspnoe identifiziert werden, es ergeben sich aber auch wertvolle Hinweise auf die Lokalisation der zugrundeliegenden Veränderung eher im oberen oder im unteren Respirationstrakt.

#### Wie ist der Ernährungszustand?

Besonders fette Tiere können durchaus Atemprobleme zeigen, bzw. zumindest erschwert oder hörbar atmen. Bei Verdacht auf eine **Adipositas** (S. 313) sollte geprüft werden, inwieweit hierdurch bedingte Einengungen der Atemwege eine Rolle spielen.

Häufiger in Zusammenhang mit respiratorischen Symptomen findet sich eine Reduktion des Ernährungszustands. Eine hochgradige **Abmagerung** (S. 318) kann als allgemeine Schwäche zu Veränderungen der Atmung führen. Auch wenn dies nicht ausschließt, dass der Atmungstrakt selbst erkrankt ist, sollte diese Möglichkeit als Ursache beachtet und ggf. diagnostisch weiter verfolgt werden.

## Ist bei Wasserschildkröten die Schwimmlage verändert?

Dies ist ein „klassisches" Symptom einer einseitigen **Pneumonie** (▶ **Abb. 8.1**), wenngleich es nicht pathognomonisch ist. Auch durch andere Ursachen, beispielsweise einen asymmetrisch liegenden Fremdkörper, eine einseitige **Aufgasung** (S. 146) oder durch ein **Trauma** (S. 197) kann diese Schwimmlage bedingt sein. Daneben können die Tiere schlichtweg sehr geschwächt (S. 318) sein.

Eine initiale Röntgenuntersuchung (S. 356) ist indiziert, wobei insbesondere eine kraniokaudale Projektion (▶ **Abb. 24.1**) sinnvoll ist, da hier beide Lungenhälften miteinander verglichen werden können. Da die Projektionsradiografie zur Darstellung von Lungenveränderungen bei Schildkröten nicht sehr sensitiv ist, sind weiterführende bildgebende Verfahren wie die Computertomografie (S. 367) hilfreich.

Zur ätiologischen Abklärung einer Pneumonie ist eine Trachealspülung sinnvoll. Da diese Spülung nicht einfach durchzuführen ist, wird oft auf Tupferproben aus dem Rachen bzw. der oberen Trachea zurückgegriffen. Es ist auch eine Möglichkeit der Probenentnahme nach Trepanation des Panzers beschrieben.

> **Praxistipp**
> **Trachealspülung bei Schildkröten**
> Im Gegensatz zur Trachealspülung bei Schlangen (S. 68) erfolgt diese mit einer sehr kurzen und eher steifen Sonde, da die Trachealöffnung nicht einfach darzustellen ist und die Trachea sich sehr früh aufteilt, so dass ein tiefes Einführen einer Sonde zu falschen Ergebnissen führen kann.

## Wie ist die Körperhaltung?

Haben Reptilien Probleme, die Lungen normal zu ventilieren, äußert sich dies oft in einer abnormen Körperhaltung: Die Tiere zeigen eine mehr oder weniger gestreckte Körperhaltung, wobei sie versuchen, den Kopf möglichst hoch zu lagern, indem sie entweder den Hals strecken (Schildkröten, Echsen) oder das vordere Körperdrittel anheben (Schlangen). Oft wird bei der Atmung das Maul aufgerissen (▶ **Abb. 8.2**). Ursache können ein **Fremdkörper** (S. 77), aber auch eine **Pneumonie** (S. 65) sein.

## Ist Nasenausfluss feststellbar?

Nasenausfluss ist bei vielen respiratorischen Problemen beteiligt, kann aber auch eine eigenständige Symptomatik darstellen. Bei sichtbarem Nasenausfluss (S. 79) wird auf dieses Leitsymptom verwiesen.

▶ **Abb. 8.1** Pneumonie bei Schildkröten. Eine Schräglage im Wasser ist bei Wasserschildkröten ein Zeichen einer (einseitigen) Pneumonie.
(Klinik für Vögel und Reptilien, An den Tierkliniken 17, 04103 Leipzig)

▶ **Abb. 8.2** Dyspnoe bei Schlangen. Eine hochgradige Atemnot äußert sich bei Reptilien oft in einem Aufreißen des Maules, einer Weitstellung der Trachealöffnung und auch in einem Hochrecken des vorderen Körperdrittels.
(Klinik für Vögel und Reptilien, An den Tierkliniken 17, 04103 Leipzig)

## Liegen Veränderungen in der Maulhöhle vor?

Die Maulhöhle stellt sowohl einen Teil des Atmungstrakts als auch des Verdauungstrakts dar. Entzündungen in diesem Bereich führen – gerade bei Schlangen – häufig auch zu Veränderungen der unteren Atemwege (▶ **Abb. 8.3**). Deshalb sollte die Maulhöhle sorgfältig untersucht werden, auch wenn dies insbesondere bei Schildkröten problematisch sein kann.

Bei Schildkröten werden **Fremdkörper** (S. 77) häufiger als bei anderen Reptilien in der Maulhöhle gefunden, entweder Futter oder Steine, die sich nach Aufnahme verklemmt haben. Bei allen sonstigen Veränderungen wird auf das Leitsymptom Veränderung von Maul bzw. Maulhöhle (S. 92) verwiesen.

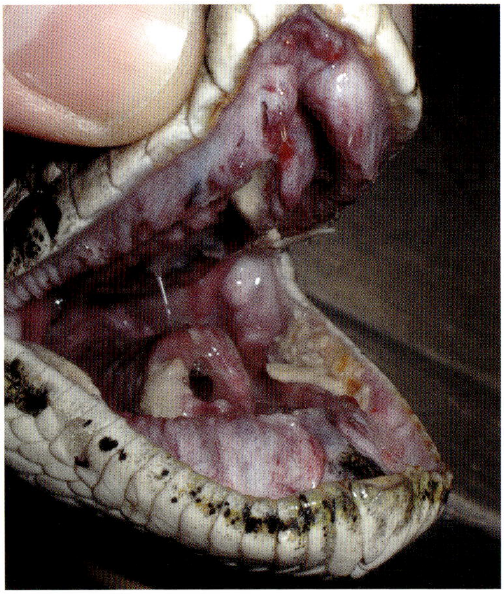

▶ **Abb. 8.3** Entzündung der Atemwege. Häufig treten bei Schlangen Entzündungen der oberen und unteren Atemwege parallel auf bzw. verstärken sich gegenseitig. Bei diesem Tigerpython liegen eine hochgradige Stomatitis und Tracheitis vor.
(Klinik für Vögel und Reptilien, An den Tierkliniken 17, 04103 Leipzig)

## Sind Atemgeräusche hörbar?

Wie erwähnt kann es sich bei Atemgeräuschen um individuelle Abwehrreaktionen handeln. Auch chronischer Schmerz kann dazu führen, dass die Tiere hörbar atmen. Hier ist insbesondere eine **Gicht** (S. 330) als mögliche Ursache zu nennen.

**Fremdkörper** (S. 77) können sich in den oberen Atemwegen, aber auch in der Trachea finden. Letzteres ist eher selten, da die Trachealöffnung aktiv verschlossen werden kann. Im Zweifelsfall helfen neben der klinischen Untersuchung eine Röntgenuntersuchung bzw. eine endoskopische Untersuchung der Maulhöhle und ggf. der Trachea bei der Diagnosestellung.

Atemsynchrone Geräusche, vor allem wenn sie in Verbindung mit einer abnormen Körperhaltung stehen, deuten generell auf eine Verlegung der Atemwege hin. Neben Veränderungen der Maulhöhle (S. 92) spielen insbesondere bei Boas und Pythons **Pneumonien** (S. 65) eine große Rolle. Das weitere Vorgehen ist weiter unten erklärt.

## Ist die Atemfrequenz erhöht oder erniedrigt?

Da die Atemintensität von verschiedenen Faktoren (S. 54) abhängt, ist die Feststellung einer veränderten Atemfrequenz nur subjektiv anhand des Gesamteindrucks möglich.

Eine erhöhte Atemfrequenz kann neben einer **Hyperthermie** (S. 333) durch raumfordernde Prozesse wie **Fremdkörper** (S. 77) oder Umfangsvermehrungen in der Leibeshöhle bedingt sein. Letztere lassen sich in der Regel am günstigsten durch eine Röntgen- und/oder Ultraschalldiagnostik darstellen. Sie spielen besonders bei Schildkröten bei der Entstehung der Symptomatik eine Rolle. Zu nennen sind hier eine **Legetätigkeit bzw. assoziierte Probleme** (S. 254), **Fremdkörper und Obstipationen** (S. 148) im Darm, **Adipositas** (S. 313), **Harnsacklähmungen** (S. 162) sowie **Kreislaufstörungen** (S. 318) und dadurch bedingte Flüssigkeitsansammlungen in der Leibeshöhle.

Daneben kann natürlich auch eine **Pneumonie** (S. 65) eine verstärkte Atmung bedingen.

Ist die Atemfrequenz dagegen deutlich verringert, kann dies entweder durch eine **Hypothermie** oder eine länger dauernde **Hyperthermie** (S. 333) bedingt sein, oder das Tier ist insgesamt schwach, wofür auf das Leitsymptom Anorexie, Apathie und Abmagerung (S. 318) verwiesen wird. Eine reduzierte Atemfrequenz kann aber auch eine (physiologische) kurzzeitige Reaktion des Reptils auf besondere Umweltbedingungen, wie Feuchtigkeit oder Veränderungen der Luft, sein.

### 8.3.3 Vorgehen bei Verdacht auf eine Pneumonie

Das diagnostische Vorgehen bei Verdacht auf eine Lungenentzündung hängt von der Spezies ab, da insbesondere virale Erkrankungen speziesabhängig eine Rolle spielen. Das ist im diagnostischen Leitfaden Aufarbeitung Pneumonie dargestellt.

# Diagnostischer Leitfaden: Aufarbeitung Pneumonie

Pneumonie?

- ▸ Röntgen/CT; Tupfer/Spülung: bakteriologische und mykologische Untersuchung
- ▸ Spülung, Kot: parasitologische Untersuchung

Land- SK

- ▸ bei gleichzeitigen Veränderungen in der Maulhöhle: virologische Untersuchung

Land- SK

generell SL selten EC SK

- ▸ virologische Untersuchung
- ▸ Python: virologische Untersuchung
- ▸ Boa/Python: zytologische Untersuchung des Buffy Coat, Biopsie, virologische Untersuchung
- ▸ virologische Untersuchung
- ▸ virologische Untersuchung

- ▶ bakterielle und mykotische Infektion ▶ S. 70
- Land- SK ▶ Mykoplasmose ▶ Leitsymptom Nasenausfluss ▶ S. 79
- ▶ Chlamydiose ▶ S. 70
- ▶ Parasiten ▶ S. 76
- ▶ Herpesvirusinfektion ▶ Leitsymptom Veränderung von Maul bzw. Maulhöhle ▶ S. 92
- ▶ Ranavirusinfektion ▶ Leitsymptom Veränderung von Maul bzw. Maulhöhle ▶ S. 92
- ▶ Picornavirusinfektion ▶ Leitsymptom Veränderung von Maul bzw. Maulhöhle ▶ S. 92
- ▶ Ferlavirusinfektion ▶ S. 75
- ▶ Sunshinevirusinfektion ▶ S. 76
- ▶ Inclusion Body Disease ▶ Leitsymptom Neurologische Ausfallerscheinungen ▶ S. 208
- ▶ Adenovirusinfektion ▶ Leitsymptom Würgen und Erbrechen ▶ S. 114
- ▶ Reovirusinfektion ▶ S. 74

## Trachealspülprobe

Generell empfiehlt sich zur weiteren Diagnostik eine Trachealspülprobe, insbesondere bei Schlangen, aber auch bei Schildkröten und Echsen. Die so gewonnene Flüssigkeit spiegelt die Situation in der Lunge erheblich besser wieder als ein Rachenabstrich, sie kann zytologisch, parasitologisch und mikrobiologisch auf Bakterien- und Pilzwachstum sowie weitergehend virologisch untersucht werden.

### Praxistipp
**Trachealspülung bei Schlangen**

Zur Durchführung werden 1–2 ml sterile, körperwarme NaCl-Lösung pro kg Körpermasse sowie eine flexible Sonde mit mindestens einer, besser mehreren Öffnungen am distalen Ende verwendet. Die Sonde sollte so groß sein, dass sie sich ohne Widerstand in die Trachea einführen lässt. Die Trachealöffnung wird mit einem schleimhautverträglichen Desinfiziens, z. B. Octenisept® 58, desinfiziert. Am wachen Tier kann bei größeren Reptilien etwas Lokalanästhetikum in Sprayform auf die Trachealöffnung aufgebracht werden (bei sehr kleinen Tieren ist Vorsicht angebracht, es kann zu Herzarrhythmien führen).

Sobald die Schlange die Trachea öffnet, wird die Sonde vorsichtig vorgeschoben (▶ **Abb. 8.4**). Auch wenn sie möglichst tief eingeführt werden sollte (je nach Größe der Schlange möglichst wenigstens 15 cm), ist bei einem erhöhten Widerstand nicht weiter zu schieben, um die Schleimhaut nicht zu verletzen. Die Flüssigkeit wird in die Trachea gespült (der Vorgang ist bei Reptilien ungefährlich). Anschließend wird die Schlange kopfüber gehalten, damit ein möglichst großer Teil der Flüssigkeit in die Spritze zurückgezogen werden kann (▶ **Abb. 8.4**). Danach wird die Sonde vorsichtig herausgezogen.

Bei Echsen kann ähnlich wie bei Schlangen vorgegangen werden. Bei Schildkröten (S. 63) ist an die frühe Trachealaufzweigung zu denken, durch die ein tiefes Einführen der Sonde falsche Ergebnisse bringen kann.

Die Trachealspülprobe kann zytologisch nach Anfärbung untersucht werden. Hierdurch lassen sich leicht Hinweise auf ein entzündliches Geschehen und eine mögliche bakterielle Beteiligung darstellen (▶ **Abb. 8.5**). Zusätzlich sollte eine aerobe Kultivierung erfolgen. Hierdurch lässt sich eine entsprechende **bakterielle oder mykotische Infektion** (S. 70) nachweisen.

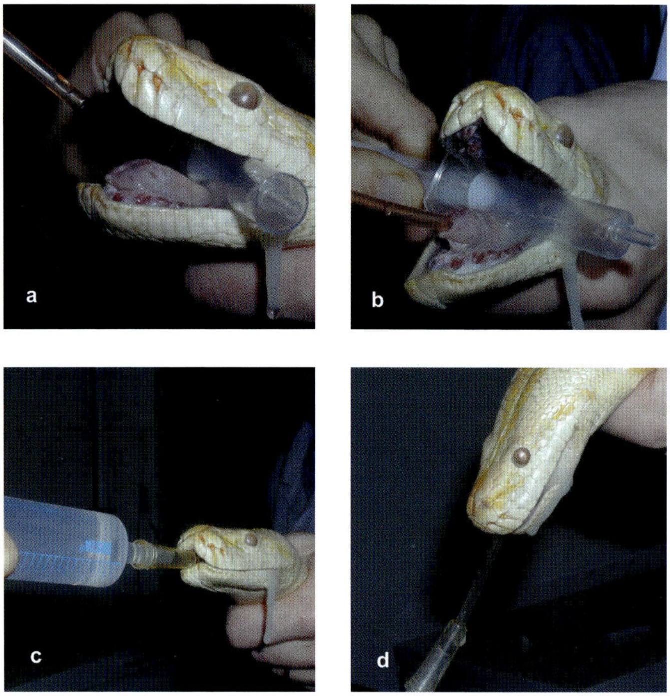


▶ **Abb. 8.4** Trachealspülung bei einem Tigerpython. **a** Sperren des Maules und Warten auf Atemtätigkeit. **b** Einführen der Sonde. **c** Eingabe der Spülflüssigkeit. **d** Rückgewinnung der Flüssigkeit bei kopfüber gehaltenem Tier.
(Klinik für Vögel und Reptilien, An den Tierkliniken 17, 04103 Leipzig)

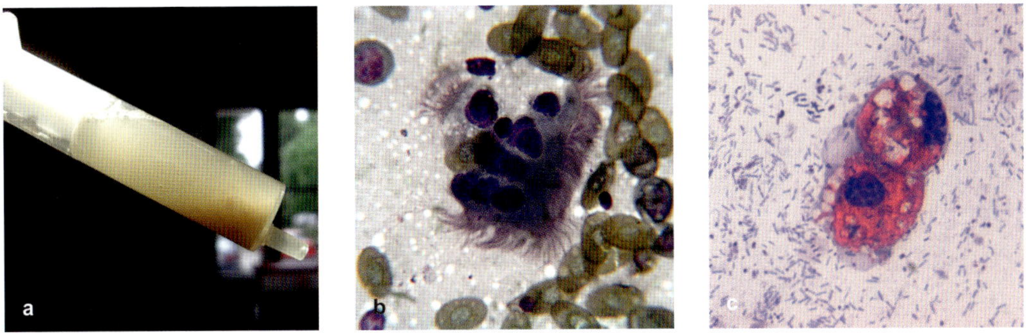


▶ **Abb. 8.5** Untersuchung einer Trachealspülprobe. **a** Die rückgewonnene Flüssigkeit zeigt oft schon makroskopisch, dass Veränderungen in der Luftröhre bzw. Lunge vorliegen. **b** DiffQuik-Färbung, 400fache Vergrößerung: zytologische Darstellung von Blutzellen und Trachealepithel. **c** DiffQuik-Färbung, 400fache Vergrößerung: Darstellung von Bakterien sowie Entzündungszellen als deutlicher Hinweis auf eine Pneumonie.
(Klinik für Vögel und Reptilien, An den Tierkliniken 17, 04103 Leipzig)

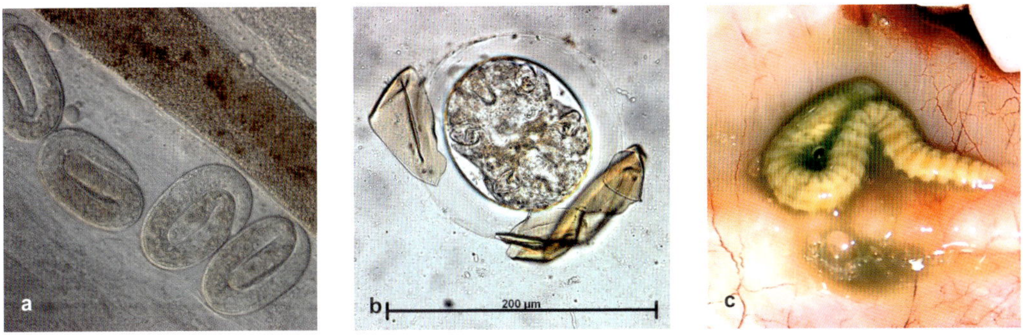


▶ **Abb. 8.6** Lungenparasiten. **a** Embryonierte Eier von *Rhabdias* sp. (hier im Uterus eines Lungenwurms). **b** Pentastomideneier mit Resten der äußeren Hülle und deutlich erkennbarer Larve. **c** Pentastomid (*Armillifer* sp.) in der Lunge eines Grünen Baumpythons.
(Frank Mutschmann)

### Praxistipp

Bei Landschildkröten ist eine Nasenspülprobe zur Untersuchung auf **Mykoplasmen** (S. 86) in einem Speziallabor anzuraten. Seltener, aber ebenfalls möglich ist eine **Chlamydiose** (S. 70) der Atemwege, welche ebenfalls in einem spezialisierten Labor nachgewiesen wird.

## Parasitologische Untersuchung

Die gewonnene Flüssigkeit und auch eventuelle Kotproben sollten auf mögliche **Parasiten** (S. 76) in den Atemwegen überprüft werden. Zum einen ist die Spülflüssigkeit direkt nativ unter dem Mikroskop zu beurteilen, da so ein **Flagellatenbefall** (S. 137) nachgewiesen werden kann, ebenso werden andere mögliche Parasiten bzw. deren Vorstufen erfasst. Diese können dann auch im Rahmen der Kotuntersuchung gefunden werden (▶ Abb. 8.6).

Bei tropischen Landschildkröten wird die **intranukleäre Kokzidiose** (S. 89) auch im Zusammenhang mit Entzündungen im Atmungstrakt beschrieben.

## Virologische Untersuchung

**Adenoviren** (S. 125) und **Reoviren** (S. 74) sind bei Schlangen, Echsen und Schildkröten im Zusammenhang mit Pneumonien gefunden worden, sie können über Rachen-/Kloakentupfer bzw. Trachealspülungen in Speziallabors nachgewiesen werden.

Bei Landschildkröten befinden sich die Veränderungen infolge einer **Herpesvirus-** (S. 104) bzw. **Ranavirusinfektion** (S. 106) meist weiter oben in den Atemwegen, wenngleich Pneumonien ebenfalls vorkommen können. Bei entsprechender Symptomatik sollte eine virologische Untersuchung einer Tupferprobe aus dem Rachen und/ oder einer Trachealspülprobe durchgeführt werden, insbesondere wenn gleichzeitig Veränderungen in der Maulhöhle (S. 92) vorliegen.

**Picornaviren (Virus „X")** (S. 90) sind bei Landschildkröten ebenfalls gelegentlich an respiratorischen Erkrankungen beteiligt und können in Speziallabors in Rachentupferproben nachgewiesen werden.

SL Bei Schlangen mit Verdacht auf eine Pneumonie ist immer an eine **Ferlavirusinfektion** (S. 75) zu denken und eine virologische Untersuchung einer Tupferprobe aus Rachen und Kloake, bzw. besser einer Trachealspülprobe, durchzuführen. Das **Sunshine-Virus** (S. 76) kann bei Pythons ebenfalls eine Pneumonie auslösen, wurde aber bisher nur sehr selten in Europa nachgewiesen.

Bei Boas und Pythons ist eine wichtige Differenzialdiagnose zur Ferlavirusinfektion die **Inclusion Body Disease** (S. 216). Hier kann eine virologische Untersuchung der Tupfer-/Spülprobe auf Arenaviren sinnvoll sein. Der Nachweis von Einschlusskörperchen erfolgt entweder durch histologische Untersuchung eines Biopsats oder – nur bei Boas sinnvoll – eine zytologische Untersuchung des Buffy Coats bzw. auch der Erythrozyten einer Blutprobe.

#### Bildgebung

Neben der ätiologischen Diagnostik dienen die bildgebenden Verfahren dazu, das Ausmaß der Erkrankung zu beurteilen. Die Röntgenuntersuchung ist vergleichsweise einfach durchzuführen, aber nicht sehr sensitiv (▸ **Abb. 8.9**). Sehr viel sensitiver sind Computertomografie (▸ **Abb. 8.10**) und Endoskopie (▸ **Abb. 8.8**).

### 8.3.4 Weiterführende Maßnahmen bei fehlender Symptomatik oder Diagnose

Endet die klinische Untersuchung ohne spezifische Hinweise auf eine Erkrankung, sollten bildgebende Verfahren angewendet werden. Besonders sinnvoll ist eine radiografische Untersuchung zur Darstellung der Lungen sowie der oberen Luftwege. Finden sich Sekrete in der Maulhöhle, sollten diese wie oben beschrieben untersucht werden.

Bei immer noch fehlender Verdachtsdiagnose sollte sich eine hämatologische und blutchemische Untersuchung anschließen, um einen Hinweis auf entzündliche Geschehen sowie auf den Organstatus, z. B. bezüglich **Nephropathien** (S. 330) oder **Hepatopathien** (S. 328), zu erhalten.

Parallel hierzu sollten die beschriebenen Sofortmaßnahmen angewandt werden, und das Reptil ist bei optimalem Klima (S. 48) unterzubringen.

## 8.4 Wichtige Ursachen

Wichtige Ursachen von Dyspnoe sind in ▸ **Tab. 8.1** beschrieben.

### 8.4.1 Erkrankungen

#### Bakterielle und mykotische Infektionen

**Info**

Infektiöse Erkrankung der Atemwege durch Bakterien und Pilze mit großer Bedeutung, oft sekundär nach Vorschädigung.

**Ätiologie & Pathogenese**

Im Bereich der oberen Atemwege einschließlich der Trachea kommt es über alle Spezies hinweg häufig zu lokalen oder sich ausbreitenden bakteriellen Infektionen. Die nachgewiesenen Bakterien können zwar auch primär krankheitsverursachend sein, meist spielen aber schwächende Faktoren oder Vorerkrankungen eine Rolle. Hierzu gehören Haltungsfehler sowie virale Infektionen.

Am häufigsten werden gramnegative Bakterien isoliert, insbesondere *Aeromonas* sp., *Pseudomonas* sp., *Klebsiella* sp., *Proteus* sp. und *Salmonella* sp.

▶ **Tab. 8.1** Wichtige Ursachen von Dyspnoe.

| **Ursachen** | | **Bedeutung*** EC | SL | SK | **Bemerkungen, s. auch andere Leitsymptome** |
|---|---|---|---|---|---|
| Bakterien | grampositive Bakterien (S. 70) | + | + | + | - |
| | gramnegative Bakterien (S. 70), insbesondere *Aeromonas*, *Pseudomonas*, *Salmonella* spp. | ++ | +++ | ++ | - |
| | *Chlamydia* sp. (S. 70) | + | + | + | - |
| | *Mycoplasma* spp. (S. 86) | - | + | +++ | bei Landschildkröten |
| Pilze | Schimmelpilze (S. 70) | + | ++ | ++ | bei Krokodilen |
| Viren | Ferlavirus (S. 75) | + | +++ | + | - |
| | Sunshine-Virus (S. 76) | - | ++ | - | - |
| | Inclusion Body Disease (S. 216) | - | +++ | - | bei Boas und Pythons |
| | Herpesvirus (S. 104) | + | + | +++ | bei Landschildkröten |
| | Ranavirus (S. 106) | + | + | ++ | bei Landschildkröten |
| | Adenovirus (S. 125) | + | ++ | + | - |
| | Reovirus (S. 74) | ++ | ++ | ++ | - |
| | Picornavirus (Virus X) (S. 90) | - | - | ++ | bei Landschildkröten |
| Parasiten | *Rhabdias* sp., *Entomelas* sp. (S. 76) | + | + | - | - |
| | Pentastomiden (S. 76) | + | + | + | bei Wildfängen, Importen |
| | Kokzidien – intranukleäre Kokzidiose (S. 89) | - | - | +++ | bei tropischen Landschildkröten |
| metabolische Ursachen | Metabolic Bone Disease (S. 193) | + | - | ++ | bei herbi-/omnivoren Spezies |
| | Gicht (S. 330) | ++ | ++ | +++ | - |
| raumfordernde Prozesse | Adipositas (S. 313) | ++ | ++ | ++ | - |
| | Fremdkörper (S. 77) | ++ | + | ++ | - |
| | Kreislaufstörungen (S. 318), Aszites | ++ | + | ++ | - |
| | Legetätigkeit (S. 254) | ++ | + | +++ | - |
| | Harnsacklähmung (S. 162) | + | - | +++ | - |
| | Obstipation (S. 148) | ++ | ++ | +++ | - |
| | Tumore (S. 314) | + | + | + | - |
| Sonstiges | Trauma (S. 197) | ++ | + | ++ | - |

* Bedeutung bei der Entstehung der entsprechenden Leitsymptomatik, Erfahrungswerte der Autoren.

Daneben können Chlamydien ursächlich verantwortlich sein, ihre Bedeutung bei Reptilien ist aber noch nicht sicher geklärt. Bei Landschildkröten (und viel seltener bei Schlangen) spielen **Mykoplasmen** (S. 86) eine große Rolle bei Infektionen der oberen Atemwege.

Von besonderer Bedeutung ist die **bakteriell bedingte Pneumonie**. Sie ist besonders häufig bei Boas und Pythons, kann aber bei allen Reptilien vorkommen. Typischerweise startet die Pneumonie kranial in der Lunge und dehnt sich nach kaudal aus, was für eine eher aerogene Ausbreitung spricht. Häufig werden deshalb in diesem Zusammenhang auch Stomatitiden und Tracheitiden festgestellt. Die Erreger führen zu hochgradigen Entzündungsreaktionen in den luftaustauschen-

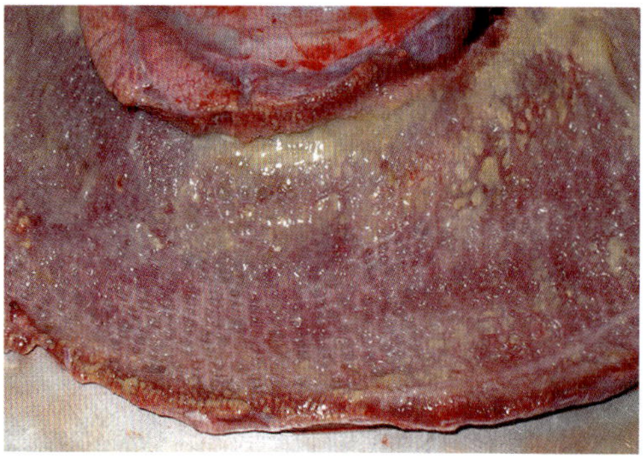

▸ **Abb. 8.7** Pneumonie bei einem Tigerpython (Sektionsbefund). Man sieht deutlich, wie die Entzündungsprodukte die wabenartigen Ausgänge der Faveoli (luftleitende Wege) verlegen und damit ein Luftaustausch im eigentlichen Lungenepithel unmöglich wird.
(Klinik für Vögel und Reptilien, An den Tierkliniken 17, 04103 Leipzig)

den Räumen, den Faveoli (▸ **Abb. 8.7**). Das meist käsige, aber auch teilweise flüssige Exsudat sammelt sich ventral in der Lunge an. Aufgrund des primitiven Mukoziliarapparats ist ein Abtransport kaum möglich, und es kommt zu chronischen Umbauprozessen im Lungengewebe. Insgesamt wird die Gasaustauschkapazität allmählich reduziert, bis es zu klinischen Symptomen kommt.

Als vergleichsweise seltene Sonderform tritt die **Aspirationspneumonie** auf, bei der Fremdkörper in die Lunge gelangen und dann eine meist bakterielle Infektion bedingen.

**Pilze** spielen hauptsächlich als Sekundärerreger eine Rolle, wobei meist Schimmelpilze, gelegentlich aber auch Hefepilze gefunden werden. Die Vorschädigung entspricht der der bakteriellen Pneumonie, allerdings kann auch eine längere antibiotische Behandlung, insbesondere bei Spezies aus tropischen Habitaten, zu einer sekundären Mykose führen.

## Klinik

Die klinischen Erscheinungen einer Infektion der oberen Atemwege können diskret sein und aus serösem bis eitrigem Nasenausfluss bzw. Schwellungen im Bereich der Nasennebenhöhlen bestehen. Nicht selten ist durch die Infektion auch der Periorbitalbereich betroffen und es kann zu Konjunktivitiden kommen. Die Atmung kann, muss aber nicht verstärkt sein. Erkrankungen der Trachea und der Lunge dagegen zeigen sich spät in fortgeschrittenen Stadien durch Sekrete im Bereich der Trachealöffnungen sowie eine erschwerte Atmung, Atemgeräusche und abnorme Körperhaltungen.

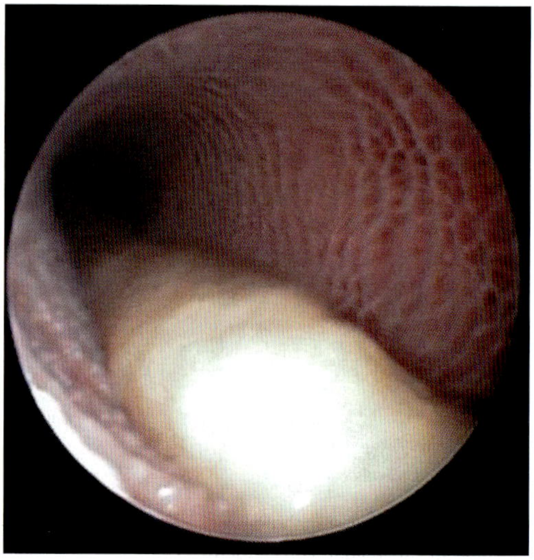

▸ **Abb. 8.8** Endoskopie. Darstellung einer soliden Eitermasse im Lungenlumen bei einem Tigerpython (Zugang über den Luftsack).
(Klinik für Vögel und Reptilien, An den Tierkliniken 17, 04103 Leipzig)

## Diagnose

Die betroffene Lokalisation sollte beprobt und das Probenmaterial zytologisch, kulturell und ggf. weitergehend mittels spezifischer Erregernachweisverfahren untersucht werden. Im Bereich der Nase und Nasennebenhöhlen bieten sich Abstriche, Spülproben oder Aspirate an.

Die Lunge kann entweder indirekt mittels einer **Trachealspülung** (S. 68) beprobt werden oder direkt über einen **endoskopischen Zugang** (oder eine Trepanation). Bei Schlangen erfolgt der Zugang über den Luftsack (▸ **Abb. 8.8**). Letzterer ist sinnvoller, wenn es sich um isolierte Veränderungen handelt, die über eine Spülprobe vermutlich nicht erreicht werden. Gegebenenfalls können bei der endoskopischen Kontrolle auch **Biopsate** entnommen und histologisch untersucht werden.

Bei Verdacht auf eine Pneumonie sollten **bildgebende Verfahren** genutzt werden, um das Ausmaß der Veränderungen zu beurteilen und damit auch eine Prognose für das Tier stellen zu können.

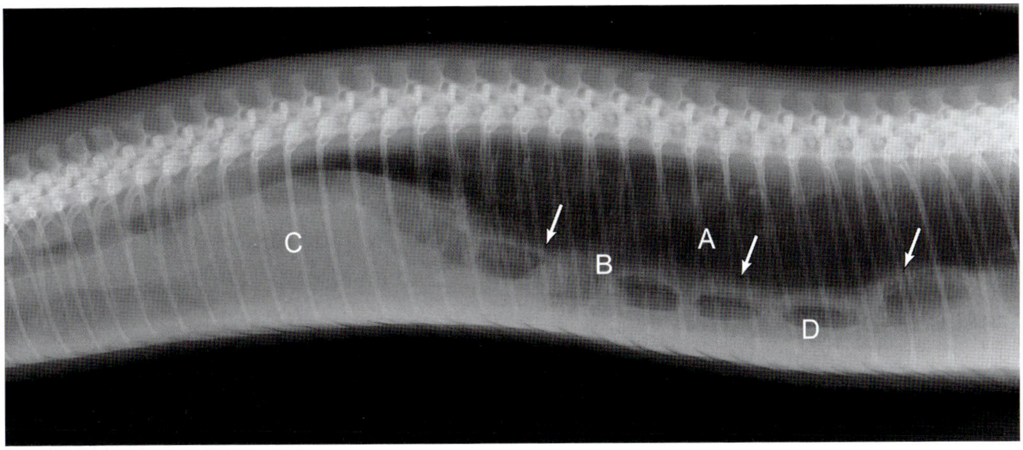


▸ **Abb. 8.9** Röntgenaufnahme bei einem Tigerpython mit Pneumonie. Auch wenn die Röntgenuntersuchung nur wenig sensitiv zur Darstellung von Lungenveränderungen bei Reptilien ist, können hochgradige Prozesse und Verdichtungen, wie hier im ventralen Bereich (Pfeile), gesehen werden. A: Lungenlumen; B: Lungenepithel; C: Herz; D: Speiseröhre. (Klinik für Vögel und Reptilien, An den Tierkliniken 17, 04103 Leipzig)

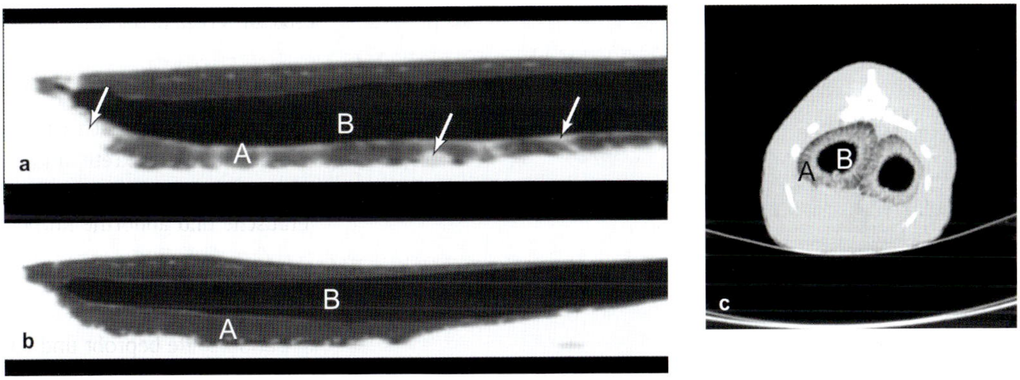


▸ **Abb. 8.10** Computertomografie bei Lungenveränderungen. Die Computertomografie eignet sich – auch wenn sie mit einem entsprechenden Kostenaufwand verbunden ist – am besten zur Darstellung von Lungenveränderungen (A: Lungenepithel; B: Lungenlumen). **a** Pneumonie bei einem Tigerpython (sagittale Rekonstruktion), Eingangsbefund. Deutlich sind die Verdichtungen im ventralen Bereich (Pfeile, sowie entlang des ventralen Epithels) zu sehen. **b** Pneumonie bei einem Tigerpython, sagittale Rekonstruktion, Kontrolluntersuchung nach Abschluss der Therapie. **c** Tigerpython, transversaler Schnitt: hochgradige Lungenverdichtungen, die alle Bereiche beider Lungen betreffen.
(Klinik für Kleintiere, An den Tierkliniken 23, 04103 Leipzig)

Hierzu eignet sich die Röntgenuntersuchung (▸ Abb. 8.9), wobei die Computertomografie eine wesentlich sensitivere Methode darstellt, die auch für die Kontrolle des Therapieerfolgs sinnvoll ist (▸ Abb. 8.10).

Begleitend sollte an möglicherweise zugrundeliegende infektiöse Grunderkrankungen gedacht werden, insbesondere folgende virale Infektionen:

- bei Boas und Pythons: **Inclusion Body Disease** (S. 216)
- bei Schlangen: **Ferlavirusinfektion** (S. 75), **Sunshine-Virus-Infektion** (S. 76)
- bei Landschildkröten: **Herpes-** (S. 104), **Rana-** (S. 106) oder **Picornavirusinfektion** (S. 90)
- bei tropischen Landschildkröten: **intranukleäre Kokzidiose** (S. 89)
- bei allen Reptilien: **Adeno-** (S. 125) bzw. **Reovirusinfektion** (S. 74)

Außerdem sollten äußere Faktoren, insbesondere die Haltung und Fütterung, eruiert werden.

### Therapie

Voraussetzung für eine effektive und dauerhaft erfolgreiche Therapie ist unbedingt eine Optimierung der Haltungsbedingungen.

Von isolierten Bakterienkulturen, die als auffällig eingestuft wurden, sollte ein Resistenztest durchgeführt werden, um eine effektive antibiotische Therapie einleiten zu können. Grundsätzlich besteht die Möglichkeit, Antibiotika per Inhalation lokal im Atmungstrakt anzuwenden. Bei Erkrankungen der unteren Atemwege ist aber sehr fraglich, inwieweit – auch bei den oft vorliegenden eitrigen Veränderungen – eine wirksame Wirkstoffkonzentration vor Ort erreicht werden kann.

Eitriges Sekret im Bereich der Nasenhöhlen sollte mittels verdünnter Jodlösung 59 oder Chlorhexidinlösung 57 vorsichtig herausgespült werden. Liegt der Verdacht auf eine Abszessbildung in den Sinus vor, können auch eine chirurgische Eröffnung und Spülung erforderlich sein. Diese Spülungen sollten zu Beginn regelmäßig erfolgen. Je nach Resistenztest kann zur lokalen Spülung auch ein Antibiotikum, beispielsweise Gentamicin 51 verwendet werden.

Bei Veränderungen in der Trachea bzw. der Lunge ist eine systemische Behandlung unumgänglich. Eine (begleitende) Inhalationstherapie kann zwar helfen, muköse Sekrete aufzulösen, eine effektive Keimbekämpfung ist durch die Inhalation aber kaum möglich. Bei hochgradigem Schleimauswurf aus der Trachea kann eine therapeutische Spülung mit isotoner NaCl-Lösung 64 oder Chlorhexidinlösung 57 versucht werden, um möglichst viel Schleim im kranialen Lungenabschnitt zu entfernen. Hierbei ist gegebenenfalls eine Kurznarkose anzuwenden, insbesondere, wenn mehrere Spülungen nötig sind.

Die Therapie einer **Mykoplasmose** (S. 86) wird gesondert beschrieben. Nachgewiesene Chlamydien sollten systemisch mit einem geeigneten Antibiotikum wie Doxycyclin 3 oder einem Gyrasehemmer behandelt werden.

Die systemische Antibiose sollte bei Spezies aus tropischen Habitaten mit Kontrollen auf Pilzwachstum bzw. mit einer antimykotischen Prophylaxe kombiniert werden. Bei nachgewiesener Beteiligung von Schimmelpilzen eignen sich Itraconazol 10 bzw. Voriconazol 13 zur oralen Therapie.

Mit Ausnahme von Landschildkröten sollte den Tiere begleitend Vitamin A 66 systemisch appliziert werden. Dies kann in Kombination mit einer Flüssigkeitssubstitution oral oder subkutan erfolgen. Ist eine Flüssigkeitssubstitution nicht möglich, sind die Tiere zumindest täglich zu baden (S. 50), um eine ausreichende Flüssigkeitsaufnahme sicherzustellen.

Bei Pneumonien sollte nach 14 Tagen eine Trachealspülung zur Kontrolle durchgeführt werden. Für die weitere Kontrolle des Behandlungserfolgs eignet sich insbesondere die Computertomografie.

### Prognose

Die Prognose von Infektionen im oberen Atmungstrakt ist meist gut, wenn prädisponierende Faktoren abgestellt werden konnten. Pneumonien zeigen häufig eine kurzfristige Besserung infolge einer systemischen Therapie, es besteht jedoch ein erhöhtes Rückfallrisiko. Sehr weit fortgeschrittene Fälle, bei denen Veränderungen im gesamten Lungenbereich festgestellt wurden, sowie solche mit ursächlichen Virusinfektionen haben eine schlechte bis infauste Prognose.

## Reovirusinfektion

**Info**

Häufig bei Schlangen und Echsen, selten bei Landschildkröten vorkommende Erreger, die mit verschiedenen klinischen Symptomen assoziiert sein können und in der Umwelt sehr stabil sind.

### Ätiologie & Pathogenese

Reoviren werden sehr häufig bei Echsen und Schlangen nachgewiesen. Infektionen bei Schildkröten sind wesentlich seltener. Diese Viren sind in der Umwelt sehr stabil und können evtl. über kontaminierte Gegenstände weitergetragen werden. Sie werden im Zusammenhang mit verschiedenen klinischen Symptomen beschrieben und sind wahrscheinlich oft fakultativ pathogen. Reoviren werden regelmäßig in Verbindung mit anderen Erregern (z. B. Adeno- und Paramyxoviren) nachgewiesen und spielen bei komplexen Krankheitsgeschehen, besonders in Gruppen von Tieren verschiedener Herkunft, eine Rolle.

### Klinik

Reoviren sind nachweislich eine Ursache für Pneumonien bei Schlangen, kommen aber auch im Zusammenhang mit Magen-Darm-Symptomen und ZNS-Störungen vor.

Bei Landschildkröten wurden sie bei Tieren mit Stomatitis beschrieben und sind deshalb eine Differenzialdiagnose für **Herpesvirusinfektionen** (S. 104) bei Landschildkröten.

Reoviren können eine Rolle spielen bei gemischten Infektionen mit anderen Viren sowie Bakterien und sollten insbesondere bei therapieresistenten bzw. rekurrierenden bakteriellen Infektionen diagnostisch berücksichtigt werden.

### Diagnose

Die Diagnose erfolgt mittels Virusisolierung oder RNA-Nachweis durch PCR. Hierzu eignen sich Rachen- und Kloakentupfer sowie evtl. Trachealspülproben. Serologische Untersuchungen sind beschrieben, spielen aber bei der Diagnosestellung keine Rolle. Da Parallelinfektionen mit anderen Erregern regelmäßig vorkommen, können weitere virologische Untersuchungen (Adenovirus, Ferlavirus) sinnvoll sein.

### Therapie & Prognose

Eine Therapie gibt es nicht. Auch wenn inapparente Infektionen vorkommen, ist die Prognose bei Auftreten klinischer Symptome fraglich. Es liegen aber bislang noch keine Verlaufsstudien vor.

## Ferlavirusinfektion

**Info**

Bedeutende kontagiöse Virusinfektion mit häufig letalem Ausgang, die zu erheblichen Verlusten im Bestand führen kann.

### Ätiologie & Pathogenese

Ferlaviren gehören zu den Paramyxoviren und wurden bei Schlangen, Echsen und auch Schildkröten gefunden. Die mit Abstand wichtigste Rolle spielen sie aber bei Schlangen, wo sie in Beständen seuchenhaft verlaufende Erkrankungen auslösen können. Besonders dramatisch verläuft die Erkrankung bei Vipern (insbesondere Klapperschlangen), aber auch Elapiden, Colubriden, Boas und Pythons sind betroffen. Das Virus selbst hat nur eine geringe Tenazität, die Infektion erfolgt vermutlich vorwiegend aerogen bzw. oral. Das Virus wird über Sekrete und den Kot ausgeschieden. Im Verlauf der Erkrankung können alle inneren Organe betroffen sein, wobei die klinischen Erscheinungen insbesondere durch Veränderungen in der Lunge und dem zentralen Nervensystem bedingt sind.

### Klinik

Die Infektion kann sowohl ohne klinische Symptomatik verlaufen als auch hochgradige Veränderungen hervorrufen. Hierzu gehören respiratorische Symptome, insbesondere Atemnot, Atemgeräusche, Exsudate aus der Trachea, wie auch zentralnervöse Erscheinungen (abnorme Haltung, Tremor, Krämpfe) und unspezifische Symptome wie Anorexie und Erbrechen. Die Erkrankung verläuft in der Regel progressiv und endet, wenn klinische Symptome sichtbar sind, tödlich. Durch sekundäre **bakterielle oder mykotische Infektionen** (S. 70), insbesondere der Lunge, kann das klinische Bild überlagert und auch weiter verschlechtert werden.

### Diagnose

Diagnostisch sind die Virusisolation durch Zellkultur und der Nachweis durch eine spezifische PCR am bedeutsamsten. Hierzu eignen sich Rachen- und Kloakentupfer, besser noch ergänzt durch Sekret einer Trachealspülung. Der Nachweis von Antikörpern im Blut kann als Bestandsscreening dienen, allerdings dauert die Serokonversion lange und die Titer sind sehr variabel, so dass die alleinige Serologie nicht aussagekräftig ist. Weitere Diagnosemöglichkeiten bestehen im histologischen Nachweis von Veränderungen in den Organen. Bei Boas und Pythons sollte parallel aufgrund einer ähnlichen Symptomatik die Diagnostik der **Inclusion Body Disease** (S. 216) durchgeführt werden.

### Therapie & Prognose

Es gibt keine kausale Therapie, und nach dem Auftreten klinischer Symptome sind auch symptomatische Behandlungen (meist der begleitenden bakteriellen Infektionen) nicht erfolgversprechend.

Die Prognose ist dementsprechend schlecht. Allein der Nachweis einer Ferlavirusinfektion bedeutet aber nicht, dass es zu klinischen Symptomen kommen muss. Allerdings besteht eine Ansteckungsgefahr für andere Schlangen.

### Prophylaxe

Der Prophylaxe kommt besondere Bedeutung zu, da die Infektion im Bestand zu dauerhaften Verlusten führen kann und eine Bestandssanierung nur durch wiederholte Untersuchungen und die konsequente Entfernung positiver Tiere durchgeführt werden kann. Die Prophylaxe basiert auf einem vorsichtigen und kontrollierten Neuzukauf in Verbindung mit einer effektiven Quarantäne (S. 50).

## Sunshine-Virus-Infektion

**Info**

Bei Pythons insbesondere in Australien vorkommender Erreger, der respiratorische und zentralnervöse Symptome verursachen kann.

### Ätiologie & Pathogenese

Das Sunshine-Virus ist ein Paramyxovirus, das nur sehr entfernt mit den **Ferlaviren** (S. 75) verwandt ist. Es wird bei Pythons in Australien gefunden, ist aber auch schon in Deutschland und anderen Länder nachgewiesen worden. Es verursacht Veränderungen der Lunge und im Zentralnervensystem bei infizierten Tieren, inapparente Träger sind aber ebenfalls beschrieben worden. Der Erreger ist in der Umwelt nicht sehr stabil und kann leicht desinfiziert werden.

### Klinik

Das Sunshine-Virus wurde bisher nur bei Pythons und in Deutschland sehr selten nachgewiesen. Infizierte Tiere zeigen Atemnot und zentralnervöse Störungen.

### Diagnose

Der Virusnachweis erfolgt mittels PCR oder (selten) durch Virusisolierung in Zellkultur. Als Probenmaterial eignen sich Rachen- und Kloakentupfer sowie Trachealspülproben. Ein zuverlässiger Nachweis ist insbesondere im Gehirnmaterial möglich. Serologische Nachweise sind noch nicht beschrieben.

### Therapie

Es ist keine kausale Therapie möglich, entsprechend der **Ferlavirusinfektion** (S. 75).

## Parasitäre Infektionen

**Info**

Gelegentliche, eher bei Importtieren vorkommende Infestation von Parasiten in den Atemwegen.

### Ätiologie & Pathogenese

Bei **Lungenwürmern** (*Rhabdias* spp., *Entomelas* spp.) handelt es sich um Nematoden, die als Hermaphroditen in der Lunge insbesondere bei Schlangen und Echsen parasitieren. Die Parasiten haben einen direkten Entwicklungszyklus, in den ein Bodennematodenzyklus (mit geschlechtlicher Vermehrung) eingeschaltet sein kann. Infektiöse Larven werden vom Wirt oral aufgenommen, können jedoch auch die Haut penetrieren. Die Eier werden über Sputum und Fäzes ausgeschieden.

**Pentastomiden** sind – auch wenn sie wurmähnlich aussehen – Arthropoden, die zwar prinzipiell in allen Reptilien vorkommen können, meist aber Panzerechsen, Schlangen und Echsen befallen. Reptilien können Zwischen- oder Endwirte dieser Parasiten darstellen. Die adulten Würmer, die je nach Spezies bis zu 30 cm lang werden können, parasitieren in der Lunge oder den oberen Atemwegen, wo sie auch die larvenhaltigen Eier produzieren. Diese werden über Sputum und Kot ausgeschieden. Da Pentastomiden einen Zwischenwirt (Arthropoden) für ihre Entwicklung benötigen, treten sie vor allem bei Wildfängen und Importtieren auf. Die Infektion ist zwar prinzipiell selbstlimitierend, jedoch können reproduktionsfähige Pentastomiden eine Lebenszeit von mehreren Jahren aufweisen. Manche Arten haben eine zoonotische Potenz, deshalb sollte beim Umgang mit befallenen Reptilien und bei Reinigungs- und Pflegearbeiten auf Hygiene geachtet werden.

Gelegentlich werden aus der Trachealspülung auch **Flagellaten** isoliert, die vermutlich über die Maulhöhle in den Atmungstrakt einwandern und die Lunge befallen können. In solchen Fällen liegen oft andere Grunderkrankungen oder gravierende Haltungsmängel vor. **Intranukleäre Kokzidien** (S. 89) treten besonders bei tropischen Landschildkröten auf und sind auch im Lungengewebe nachweisbar.

Bei Wildfängen werden mitunter **Milben** der Gattung *Entonyssus* in den Lungen nachgewiesen, der Befall führt meist zu milden respiratorischen Symptomen.

**Hämogregarinen** (*Hepatozoon* spp.) werden durch blutsaugende Arthropoden oder Egel übertragen und finden sich zumeist bei Wildfängen. Sie können im Lungengewebe eine asexuelle Vermehrung (Merogonie) vollziehen und bei massivem Befall zu Organschäden führen.

### Klinik

Auch wenn der Befall subklinisch bleiben kann, treten in der Regel respiratorische Symptome (vermehrte Schleimsekretion, Anzeichen von Atemnot, Pneumonie) und Anämien auf, schwere Lungenwurminfektionen verlaufen nicht selten letal.

### Diagnose

Die Diagnose erfolgt durch den Nachweis der Eier in Sputum und Kot (▸ **Abb. 8.6**):

- Pentastomideneier sehen charakteristisch aus, sind bis 200 µm groß, sphärisch geformt und weisen oft eine dickwandige äußere und dünnwandige, die Larve umschließende innere Hülle auf. Die Larven zeichnen sich durch die markanten, hakenähnlichen Beinchen aus, die mikroskopisch gut darstellbar sind. Die adulten Tiere können auch endoskopisch, teilweise sogar radiografisch gesehen werden.
- Die bis zu 100 µm großen *Rhabdias*-Eier sind längsoval und enthalten eine Larve. Zuweilen werden in den Fäzes oder Darmspülproben auch freie Larven gefunden.
- Eier von Lungenmilben sind groß und enthalten ebenfalls eine Larve.

Die Diagnostik von **Flagellaten** (S. 137) und **intranukleären Kokzidien** (S. 89) wird an anderer Stelle besprochen. Ein Hämogregarinenbefall lässt sich im Blutausstrich diagnostizieren.

### Therapie

Zur Behandlung eines Pentastomidenbefalls werden in der Literatur Levamisol **17** und Ivermectin **16** beschrieben. Abgestorbene Pentastomiden können jedoch aufgrund ihrer Größe zu unerwünschten Nebenwirkungen führen. Deshalb kann eine chirurgische oder endoskopische Entfernung sinnvoll sein.

Bei *Rhabdias* sp. ist eine Behandlung mit Fenbendazol **14** oder Ivermectin **16** möglich, gleichzeitig sind hier eine ausreichende Reinigung und Desinfektion der Umgebung (Entfernung des Bodensubstrates!) sowie eine Kontrolle der anderen Tiere im Terrarium erforderlich. Insbesondere bei Schlangen (Ausbildung eines großen, kaum kapillarisierten Luftsacks) hat sich auch eine Aerosoltherapie mit Levamisol **17** bewährt.

Gegen Lungenmilben lässt sich Ivermectin **16** einsetzen. Eine Therapie des Befalls mit Hämogregarinen ist derzeit noch nicht etabliert.

Auf weitere Informationen zur antiparasitären Behandlung, insbesondere auch der Flagellaten, wird bei den **Endoparasitosen** (S. 136) eingegangen. Sollten begleitend **bakterielle Infektionen** (S. 70) auftreten, sind diese entsprechend zu behandeln.

### Prognose

Bei einem gering- bis mittelgradigen Befall und rechtzeitiger Diagnose ist die Prognose gut. Bakterielle oder mykotische Sekundärinfektionen können diese aber verschlechtern.

## Fremdkörper

**Info**

Gelegentlich vorkommende Verlegung der Atemwege durch aufgenommenes oder inhaliertes Material.

### Ätiologie & Pathogenese

Fremdkörper, die die Atmung behindern, finden sich am häufigsten im Bereich der Maulhöhle oder der Nasenhöhle und nur selten in der Trachea. Meist handelt es sich um Bodensubstrat, bei insektivoren Reptilien können sich aber auch Futterbestandteile, beispielsweise Grillenbeine, einspießen und zu einer Entzündungs- und Fremdkörperreaktion führen. Bei Schildkröten werden gelegentlich Steine oder Knochen im Maul gefunden, die die Tiere aufgenommen haben, dann aber weder abschlucken noch ausspucken konnten.

Im weiteren Sinne kann auch Schleim infolge einer bakteriellen Infektion als Fremdkörper betrachtet werden, diese Problematik wird bei den **bakteriellen Infektionen** (S. 70) besprochen. Auf **Fremdkörper** (S. 148), die abgeschluckt wurden und Probleme im Magen-Darm-Trakt hervorrufen, wird gesondert eingegangen.

### Klinik

Meist äußert sich die Aufnahme von Fremdkörpern in einer akuten Symptomatik, die vom Halter teilweise auch noch mit der Aufnahme in Verbindung gebracht werden kann. Die Tiere strecken den Hals, reißen das Maul auf und zeigen erkennbare Atemprobleme.

### Diagnose

Die Diagnose kann durch Ad- bzw. Inspektion sowie bei Bedarf unter Zuhilfenahme einer endoskopischen bzw. Röntgenuntersuchung gestellt werden.

### Therapie

Die Therapie besteht in der vorsichtigen Entfernung des Fremdkörpers mit geeigneten Instrumenten wie Pinzetten, Drahtkörbchen, Zangen, Spülungen oder Unterdruckaspirationen. Hierzu ist meist eine Sedation des Tieres erforderlich. Falls erforderlich, sollten eine Wundreinigung und eine antiinfektive Abdeckung (lokal oder systemisch) erfolgen.

### Prognose

Die Prognose ist gut, wenn der Fremdkörper vollständig entfernt wurde und keine tiefe Gewebeverletzung vorliegt.

# 9 Nasenausfluss

Volker Schmidt

**Leitsymptomatik „Nasenausfluss“**

- wässriger oder eitriger Ausfluss aus den Nasenöffnungen
- Entzündungen der Nasenöffnungen und deren Umgebung
- (partielle) Verlegung der Nasenöffnungen
- auffällige Atmung (S. 54)
- Leitsymptom Veränderungen von Maul bzw. Maulhöhle (S. 92)

## 9.1 Allgemeines

Auch wenn die Nasenöffnungen artspezifisch sehr unterschiedlich gestaltet sein können, dienen sie bei Reptilien wie beim Säuger hauptsächlich der Ventilation der oberen (und unteren) Atemwege. Sie stehen in direkter Verbindung mit den Nasenhöhlen sowie weitergehend über die Choane mit dem Rachen. Speziesabhängig gibt es im Bereich der Nasenöffnungen anatomische Besonderheiten, wie die (Naso-)Labialgruben bei Pythons, die mit Infrarotrezeptoren Wärme wahrnehmen können. Bei anderen Schlangen ist dieses Grubenorgan als Vertiefung zwischen Auge und Nasenöffnung vorhanden.

Nasenausfluss ist grundsätzlich ein eigenes Symptom bei spezifischen Erkrankungen, welches aber häufig gemeinsam mit weiteren Leitsymptomen, insbesondere mit Dyspnoe, Augenveränderungen und Veränderungen in der Maulhöhle, auftritt.

## 9.2 Sofortmaßnahmen

Die Sofortmaßnahmen zielen insbesondere auf eine Sicherung der Atmung (S. 54) ab.

## 9.3 Diagnostik

Das diagnostische Vorgehen für das Leitsymptom Nasenausfluss ist im diagnostischen Leitfaden dargestellt.

# Diagnostischer Leitfaden: Nasenausfluss

## Anamnese

- Haltung
  - Luftfeuchtigkeit, Einstreu, Staubgehalt, Ernährung
  - Kontakttiere, Zukauf
- Trauma

## Klinische Untersuchung

- Haut
  - Häutungsprobleme
- Atmung
  - erschwerte Atmung, Atemgeräusche
- Kopf
  - Schwellungen, Zubildungen
- Rachen
  - Fremdkörper
  - entzündliche Veränderungen
- Wasser- SK
- Augenschwellung
- Konjunktiven
  - Ausfluss, Sekrete
- Haut um die Nasenöffnungen
  - entzündliche Veränderungen
- Nasenöffnungen
  - seröses/eitriges Sekret, evtl. gerötete Schleimhaut
    - Rhinitis

| | | | | |
|---|---|---|---|---|
| | | | Leitsymptom Störung des Bewegungs-apparats | S. 176 |
| | | | Leitsymptom Veränderung der Haut | S. 222 |
| | | | Leitsymptom Dyspnoe | S. 54 |
| | | | Leitsymptom Umfangs-vermehrung | S. 297 |
| | | | Leitsymptom Dyspnoe | S. 54 |
| | | | Leitsymptom Veränderung von Maul bzw. Maulhöhle | S. 92 |
| | Hypovitaminose A? | | Leitsymptom Veränderung der Haut | S. 222 |
| | Mykoplasmose? | Tupfer-/Spülprobe: Anzucht/PCR, Serologie | | S. 86 |
| | | | Leitsymptom Augenveränderung | S. 277 |
| | (Rostral-)Trauma | | Leitsymptom Veränderung der Haut | S. 79 |
| | Mykoplasmose? | Tupfer-/Spülprobe: Anzucht/PCR, Serologie | | S. 86 |
| | bakterielle/mykotische Infektion? | Tupfer-/Spülprobe: bakteriologische und mykologische Unter-suchung, Zytologie | Leitsymptom Dyspnoe | S. 54 |
| | Mykoplasmose? | Tupfer-/Spülprobe: Anzucht/PCR, Serologie | | S. 86 |
| Land- SK | Herpesvirusinfektion? | bei Veränderungen in der Rachenhöhle | | S. 104 |
| SK | Ranavirusinfektion? | bei Veränderungen in der Rachenhöhle | | S. 106 |

Fortsetzung: **Diagnostischer Leitfaden: Nasenausfluss**

▸ Fremdkörper?

▸ Einengungen, Zubildungen

Land- SK
→ Ranavirusinfektion? → Nasentupfer, Rachentupfer: PCR → S. 106

tropische Land- SK
→ intranukleäre Kokzidiose? → Nasentupfer: PCR, Kot: parasitologische Untersuchung, Blutuntersuchung → S. 89

→ ggf. Röntgen, Endoskopie → Leitsymptom Dyspnoe → S. 54

→ Leitsymptom Umfangsvermehrung → S. 297

### 9.3.1 Besonderes Augenmerk bei der Anamnese

Die **Haltung**sbedingungen, insbesondere die Luftfeuchtigkeit, die verwendete Einstreu und sich daraus ergebend der Staubgehalt können Hinweise auf eine mechanische Reizung der oberen Atemwege geben. Außerdem ist gerade im Hinblick auf den Eintrag infektiöser Erkrankungen in die Reptilienhaltung von Interesse, ob und wann **andere Reptilien** zugekauft wurden, und seit wann das betreffende Tier im Bestand ist bzw. wo es erworben wurde.

**Traumata** (S. 197) können zu Veränderungen in den oberen Atemwegen führen und hierdurch ebenfalls zu Sekretbildung und Ausfluss führen. Nicht selten werden sie aber erst auf Nachfrage erwähnt, da den Haltern der ursächliche Zusammenhang nicht klar ist.

### 9.3.2 Besonderes Augenmerk bei der klinischen Untersuchung

#### Wie sieht die Haut insgesamt aus?

Die Haut gibt einen Eindruck über den allgemeinen Gesundheitszustand des Tieres, aber auch die Regeneration des Epithels. In diesem Zusammenhang ist die letzte Häutung von besonderem Interesse. Unvollständige oder fehlende Häutungen können dazu führen, dass sich die Nasenöffnung verändert, die normale Funktion beeinträchtigt wird und sekundäre Entzündungen entstehen.

#### Ist die Atmung verändert?

Sekrete im Bereich der Nasenöffnungen können auch ein Hinweis auf eine generalisierte Erkrankung des Respirationstrakts sein, bei Vorliegen entsprechender Symptome sollte diese Leitsymptomatik also berücksichtigt werden.

#### Ist der Kopf äußerlich verändert?

Schwellungen und Zubildungen am Kopf (▶ **Abb. 9.1**) können die Nasenhöhlen direkt beeinflussen und für Nasenausfluss verantwortlich sein. Gerade Sinusitiden können entsprechende Schwellungen verursachen. Fallen solche Umfangsvermehrungen (S. 297) auf, sollten diese diagnostisch weiter untersucht werden. Bei Vorliegen eines deformierten, unter Umständen weichen Schädels bei **Metabolic Bone Disease** (S. 193) kann eine Verengung der Nasenlöscher auftreten, mit der Folge einer chronischen Reizung und Entzündungsreaktion. Ein plötzliches Weicherwerden bei jungen Landschildkröten kann in diesem Zusammenhang durch eine Infektion mit einem Picornavirus, dem sogenannten **Virus X** (S. 90), verursacht sein.

▶ **Abb. 9.1** Bakterielle Infektion am Kopf einer Schlangenhalsschildkröte. Die Infektion breitet sich bis zu den Nasenöffnungen aus.
(Klinik für Vögel und Reptilien, An den Tierkliniken 17, 04103 Leipzig)

#### Liegen Veränderungen des Rachens, der Maulhöhle oder der Augen vor?

Eine eingehende Untersuchung der Maulhöhle ist essenziell, dabei kommt dem Rachen eine besondere Bedeutung zu. Fällt Sekretbildung in der Choane auf, ist dies ein Hinweis, dass die Veränderung ausgedehnter im Bereich der Nasenhöhlen auftritt. Auch **Fremdkörper** (S. 77) sind gelegentlich in der Choane oder in der Maulhöhle sichtbar. Ist die Maulhöhle selbst entzündlich verändert, ist das Leitsymptom Veränderung von Maul bzw. Maulhöhle (S. 92) zu beachten.

Schwellungen im Bereich der Augen können ihre Ursache auch in Veränderungen der Kopfsinus haben und damit eine entsprechende Symptomatik auslösen. Bei allen Augenveränderungen (S. 277) sollte eine ophthalmologische Untersuchung durchgeführt und diese Leitsymptomatik mit berücksichtigt werden. Liegt eine Konjunktivitis vor, bzw. zeigen sich auch am Auge Sekretbildungen,

▶ **Abb. 9.2** Chronische Rhinitis bei einem Pantherchamäleon. In der Folge kommt es zu ausgedehnten Hautentzündungen.
(Klinik für Vögel und Reptilien, An den Tierkliniken 17, 04103 Leipzig)

▶ **Abb. 9.4** Rostraltrauma bei einer Wasseragame. Es kann zur Beteiligung der Maulhöhle und der Nasenöffnungen kommen.
(Klinik für Vögel und Reptilien, An den Tierkliniken 17, 04103 Leipzig)

▶ **Abb. 9.3** Chronische Infektion der Nase bei einer Wasserschildkröte. Infektionen, die im Bereich der Nasenöffnungen beginnen, können sich tief in das Gewebe ausdehnen und zu Osteolysen führen.
(Klinik für Vögel und Reptilien, An den Tierkliniken 17, 04103 Leipzig)

▶ **Abb. 9.5** Exsudativ katarrhalische Rhinitis bei einem Tokeh.
(Klinik für Vögel und Reptilien, An den Tierkliniken 17, 04103 Leipzig)

sollte bei Landschildkröten eine Tupferprobe, evtl. kombiniert mit einer Spülprobe aus den Nasenöffnungen (sterile NaCl-Lösung wird vorsichtig zum Spülen verwendet und wieder aspiriert), zur Untersuchung auf **Mykoplasmen** (S. 86) eingesandt werden. Bei Wasserschildkröten ist im Zusammenhang mit Schwellungen der Augen auch an eine **Hypovitaminose A** (S. 247) zu denken.

## Wie sieht die Haut um die Nasenöffnungen aus?

Gerade bei chronischen Veränderungen dehnen sich diese häufig auf die Umgebung der Nasenöffnungen aus (▶ **Abb. 9.2**), und es kann sogar zu tiefen Defekten mit Knochenbeteiligung kommen (▶ **Abb. 9.3**). Umgekehrt können auch Traumata sekundär die Nasenöffnungen betreffen, wie das **Rostraltrauma** (S. 113) insbesondere bei Echsen (▶ **Abb. 9.4**).

Auch bei wässrigen Veränderungen um die Nasenöffnungen sollte bei Landschildkröten an eine **Mykoplasmose** (S. 86) gedacht werden, da weitere klare Symptome einer Rhinitis fehlen können.

## Wie sieht das Sekret aus?

Sekrete aus den Nasenöffnungen können sowohl wässrig (▶ **Abb. 9.5**) als auch eitrig sein. Die Nasenschleimhaut kann sichtbar gerötet sein, muss es aber nicht. Daher sollte Sekret immer als Hinweis auf eine Rhinitis interpretiert werden.

Eine **zytologische Untersuchung** von Nasentupfer- bzw. Spülproben kann helfen, die Art der Entzündungsreaktionen sowie Krankheitserreger wie Bakterien, Pilze und/oder Parasiten anzusprechen.

Zur gezielten Erregerabklärung besteht die notwendige Diagnostik zunächst in einer allgemeinen Untersuchung des aeroben Keimspektrums anhand einer Tupfer- oder Spülprobe, um eine mögliche **bakterielle oder mykotische Infektion** (S. 70) abzuklären. Hierbei ist zu beachten, dass Pilze und Bakterien physiologisch in der Nasenhöhle bei Reptilien vorkommen, so dass lediglich der kulturelle Nachweis einer Reinkultur bzw. der Nachweis von Keimen im Zusammenhang mit zytologisch nachweisbaren Entzündungsreaktionen diagnostisch auswertbar ist. Parallel oder ergänzend sollten je nach Spezies andere infektiöse Ursachen abgeklärt werden.

Bei Landschildkröten sollte eine Tupfer-/Spülprobe molekularbiologisch auf **Mykoplasmen** (S. 86) untersucht werden, da diese eine große Bedeutung bei der Entstehung der Leitsymptomatik haben. Dem serologischen Nachweis kommt nach jüngeren Untersuchungen eine diagnostische Bedeutung zu, wenngleich kommerzielle Nachweisverfahren noch kaum verfügbar sind.

Bei tropischen Landschildkröten spielt eine parasitäre Infektion, die **intranukleäre Kokzidiose** (S. 89) eine große Rolle. Eine zytologische Untersuchung kann zum Nachweis dieser Parasiten hilfreich sein, wobei jedoch der molekularbiologische Nachweis das Diagnostikum der Wahl darstellt. Nasentupfer- oder Nasenspülproben können für den molekularbiologischen Nachweis genutzt werden. Zu beachten ist, dass Superinfektionen sowohl mit diesen Kokzidien als auch Mykoplasmen und aeroben Keimen häufig sind.

Schließlich kann bei Landschildkröten eine **Picornavirusinfektion** (S. 90) zu Nasenausfluss führen, und im Verdachtsfall ist eine Tupferprobe aus Nase und Rachen zu untersuchen. Auch **Herpes-** (S. 104) bzw. **Ranavirusinfektionen** (S. 106) können zu Nasenausfluss führen, bedingen aber hauptsächlich Veränderungen in der Maulhöhle, so dass bei entsprechendem Verdacht auf das Leitsymptom Veränderungen in der Maulhöhle (S. 92) verwiesen wird.

### Sind Fremdkörper oder Zubildungen sichtbar?

**Fremdkörper** (S. 77) können sowohl in den Nasenöffnungen, als auch in den Nasenhöhlen oder der Choane zu räumlichen Problemen und Sekundärinfektionen führen. Auch wenn große Teile des oberen Atmungstrakts nicht direkt einsehbar sind, ist es empfehlenswert, auf mögliche Hinweise zu achten. Bei größeren Tieren kann eine Rhinoskopie hilfreich sein.

Die normale Ventilation durch die Nasenlöcher kann schließlich durch verschiedene Zubildungen eingeschränkt sein. Hier wird auf das Leitsymptom Umfangsvermehrungen (S. 297) verwiesen.

## 9.4 Wichtige Ursachen

Wichtige Ursachen von Nasenausfluss sind in ▸ Tab. 9.1 beschrieben.

### 9.4.1 Erkrankungen

#### Mykoplasmose

**Info**

Kontagiöse Infektion insbesondere des oberen Atmungstrakts bei Landschildkröten mit weltweit großer Bedeutung.

**Ätiologie & Pathogenese**

Die Mykoplasmose der Landschildkröten wird auch als Upper Respiratory Tract Disease (URTD) bezeichnet und ist charakterisiert durch einen seuchenhaften Verlauf sowohl bei freilebenden als auch in Menschenobhut gehaltenen Landschildkröten. *Mycoplasma aggassizii* wurde als Ursache einer exsudativen Rhinitis weltweit bei verschieden Europäischen, Tropischen und auch Amerikanischen Landschildkröten nachgewiesen. Eine weitere Mykoplasmenspezies, *Mycoplasma testudineum*, wurde 2004 im Zusammenhang mit exsudativer Rhinitis bei Landschildkröten beschrieben,

▸ **Tab. 9.1** Wichtige Ursachen von Nasenausfluss.

| **Ursachen** | | **Bedeutung** * | | | **Bemerkungen, s. auch andere Leitsymptome** |
|---|---|---|---|---|---|
| | | EC | SL | SK | |
| Bakterien | grampositive Bakterien (S. 70) | + | + | + | - |
| | gramnegative Bakterien (S. 70), insbesondere *Aeromonas*, *Pseudomonas*, *Salmonella* spp. | ++ | +++ | ++ | - |
| | *Chlamydia* sp. (S. 70) | + | + | + | - |
| Mykoplasmen | *Mycoplasma agassizii*, *Mycoplasma testudineum*, *Mycoplasma* sp. (S. 86) | - | + | +++ | bei Landschildkröten |
| Pilze | Schimmelpilze (S. 70) | ++ | ++ | ++ | - |
| Viren | Herpesvirus (S. 104) | + | - | +++ | bei Landschildkröten |
| | Ranavirus (S. 106) | + | + | ++ | - |
| | Picornavirus (Virus X) (S. 90) | - | - | ++ | bei Landschildkröten |
| | Adenovirus (S. 125) | | | + | - |
| | Reovirus (S. 74) | + | + | | - |
| Parasiten | Kokzidien – intranukleäre Kokzidiose/TINC (S. 89) | - | - | +++ | bei tropischen Landschildkröten |
| raumfordernde Prozesse | Fremdkörper (S. 77) | + | + | + | - |
| | Tumore (S. 297) | + | + | + | - |
| Sonstiges | Trauma (S. 113) | ++ | + | ++ | - |
| | Häutungsstörungen (S. 245) | + | + | - | - |
| | Metabolic Bone Disease (S. 193) | + | - | + | - |

* Bedeutung bei der Entstehung der entsprechenden Leitsymptomatik, Erfahrungswerte der Autoren.

wobei hier die Erkrankung einen im Vergleich zu einer Infektion mit *Mycoplasma aggassizii* milderen Verlauf zeigt.

Mykoplasmen schädigen die Nasenschleimhaut in der Nasenhöhle und verursachen hierdurch katarrhalische Entzündungsreaktionen. Infektionen bei seronegativen jungen Schildkröten verlaufen in der Regel schneller und seuchenhaft im Bestand. Insbesondere bei Erstinfektionen treten Todesfälle häufig auf. Die Inkubationszeit beträgt 2 Wochen. Die Übertragung erfolgt horizontal durch erkrankte Schildkröten, wobei ein direkter Kontakt notwendig ist, da experimentell gezeigt werden konnte, dass bereits bei einem Abstand von 70 cm keine Übertragung durch Aerosole stattfindet. Ein gehäuftes Auftreten der Mykoplasmose kann nach der Winterruhe bei Europäischen Landschildkröten beobachtet werden, wobei hier eher eine posthibernale Immunsuppression (S. 332) eine Rolle spielt, da Mykoplasmen eine Temperatur von 30 °C benötigen, um sich optimal vermehren zu können. So ist es nicht verwunderlich, dass auch in den Sommermonaten häufig Schildkröten mit wässrigem Nasenausfluss verursacht durch *Mycoplasma aggasizzi* in der Praxis vorstellig werden.

Weitere Mykoplasmosen sind auch bei anderen Reptilien bekannt, wobei es sich häufig um Einzeltierberichte ohne experimentelle Bestätigung der Pathogenität handelt, z. B. *Mycoplasma iguanae* beim Grünen Leguan. Auch bei Schlangen können gelegentlich Mykoplasmen im Zusammenhang mit Entzündungen der Luftröhre und Lunge isoliert werden, jedoch liegen keine experimentellen Arbeiten zur Klärung der primären Pathogenität vor. Eine Ausnahme stellt die Mykoplasmose der Krokodile (*Mycoplasma crocodyli*) bei in Farmen gehaltenen Nilkrokodilen und *Mycoplasma alliga-*

*toris* bei Alligatoren und Kaimanen dar, welche insbesondere Gelenk- und Lungenentzündungen verursachen. Neben der horizontalen Übertragung ist auch eine vertikale Übertragung hoch wahrscheinlich.

Simultane Infektionen mit **Herpes-** (S. 104) bzw. **Ranaviren** (S. 106) bei Europäischen Landschildkröten sowie **intranukleären Kokzidien** (S. 89) bei Tropischen Landschildkröten sind häufig und begünstigen gegenseitig das Auftreten klinischer Symptome. Schließlich sollte auch an parallele **Picornavirusinfektionen** (S. 90) bei Landschildkröten gedacht werden.

## Klinik

Klinische Symptome sind neben einem exsudativen Nasenausfluss ein ebensolcher Augenausfluss, Ödeme der Augenlider sowie verklebte Augenlider (▶ **Abb. 9.6**).

## Diagnose

Zum Nachweis einer Infektion wie auch assoziierter Erkrankungen sind ein Erregernachweis mittels PCR und ein Antikörpernachweis mittels ELISA sinnvoll. Bei klinisch auffälligen Tieren ist somit die Entnahme einer Tupfer- oder Spülprobe wie auch einer Blutprobe zur weiterführenden Diagnostik empfehlenswert.

Zu beachten ist hierbei, dass maternale Antikörper über das Ei an die Nachkommen weitergegeben werden. Diese sind während des 1. Lebensjahrs nachweisbar, so dass dies bei der Interpretation der Antikörpertiter bei jungen Schildkröten Beachtung finden sollte. Antikörper sind in der Regel erst 8 Wochen nach einer Infektion detektierbar.

Zum Nachweis des Erregers eignet sich am besten eine Nasenspülprobe mit 0,5 ml/kg Körpermasse steriler, warmer isotoner Kochsalzlösung oder SP4 Boullion. Hier sollte mit dem untersuchenden Labor Rücksprache genommen werden. Da Mykoplasmen kulturell nur langsam wachsen, wird in der Regel der spezifische molekularbiologische Nachweis von *Mycoplasma aggassizii* genutzt.

▶ **Abb. 9.6** Infektion mit *Mycoplasma agassizii* und intranukleären Kokzidien. Wässrige Sekretion bei einer Pantherschildkröte mit Beteiligung der Augen. (Klinik für Vögel und Reptilien, An den Tierkliniken 17, 04103 Leipzig)

## Therapie & Prognose

Therapeutisch können gegen *Mycoplasma* sp. wirksame Chemotherapeutika sowohl systemisch als auch lokal eingesetzt werden. Die parenterale und lokale Applikation von Fluorchinolonen wie Enrofloxacin [4], Marbofloxacin [5], Danofloxacin [2] oder Ofloxacin [54], Makroliden wie Tylosin [8] oder Tulathromycin [7], bzw. Tetrazyklinen wie Doxycyclin [3] wird häufig erfolgreich eingesetzt.

Die lokale Applikation kann durch Tropfen von antibiotisch wirksamen Augentropfen, z. B. Ofloxacin-haltige Augentropfen [54], erfolgen oder durch antibiotisch wirksame Nasenspüllösungen. Desinfizierende Nasenspülungen mit F10® können ebenfalls hilfreich sein, um den Infektionsdruck zu senken.

Bei einer erfolglosen Therapie ist zu beachten, dass simultan auftretende Infektionen mit anderen Krankheitserregern häufig sind, so dass bei Verschlechterung der klinischen Befunde unter der Therapie oder nach 10-tägiger Behandlung ohne deutliche klinische Verbesserung eine erneute Untersuchung des Patienten durchgeführt werden sollte.

Häufig stellt sich die Frage, ob *Mycoplasma-aggassizzii*-positiv getestete Schildkröten eine Winterruhe durchlaufen sollten. Dies ist abhängig von vorhandenen klinischen Symptomen und dem Allgemeinzustand des Tieres. Ein positiver Befund ohne assoziierte klinische Symptome stellt keinen Hinderungsgrund für eine Winterruhe dar. Auch nach erfolgreicher Bekämpfung des Nasenausflusses können die Schildkröten in Winterruhe gehen.

Eine genaue Beobachtung der Schildkröten nach der Winterruhe, ggf. einhergehend mit einer Bestimmung des Immunstatus, kann helfen, Reinfektionen oder Rezidive frühzeitig zu erkennen und therapeutisch einzugreifen. Klinisch erfolgreich behandelte Tiere bleiben oft inapparent infiziert, und dauerhafte Träger kommen häufig vor.

## Intranukleäre Kokzidiose

**Info**

Infektiöse systemische Erkrankung insbesondere bei tropischen Landschildkröten.

### Ätiologie & Pathogenese

Das Auftreten einer intranukleären Kokzidiose (Intranuclear Coccidiosis of Testudines, TINC) wurde erstmals 1994 bei 2 jungen Strahlenschildkröten in Florida (USA) beschrieben. Mittlerweile sind weitere Krankheitsausbrüche unter anderem bei tropischen Afrikanischen und Asiatischen Landschildkröten und Dosenschildkröten in den USA, Europa und Asien dokumentiert.

Ursache der TINC sind Kokzidien, welche wie alle Kokzidien einen sexuellen (Gamogonie) und asexuellen (Merogonie) Entwicklungszyklus durchlaufen. Der asexuelle Entwicklungszyklus findet zum einen intranukleär in den Epithelzellen der Nasenschleimhaut, aber auch systemisch intrazytoplasmatisch in den Lymphozyten der viszeralen Organe statt (▸ **Abb. 9.7**). Die sexuelle Vermehrung, welche zur Ausscheidung der Oozysten führt, findet im Darmepithel statt.

Die Infektion erfolgt hochwahrscheinlich über die orale Aufnahme der Oozysten. Neben der Schädigung der Nasenschleimhaut einhergehend mit einer katarrhalischen Entzündungsreaktion fallen bei der viszeralen Ausbreitung lymphoplasmazelluläre Entzündungsreaktionen in der Lunge, Leber, Milz, Niere sowie Pankreas auf. Eine Schädigung der Organe ist die Folge, wobei hier insbesondere das Pankreas ausgeprägte Nekrosen und letztendlich eine Fibrose entwickeln kann. Darüber hinaus kommt es zu einer Schwächung des Immunsystems durch die Schädigung der Lymphozyten, so dass Todesfälle häufig durch eine bakterielle Septikämie verursacht werden.

Empfänglich für diese Erkrankung sind tropische Landschildkröten, insbesondere Panther-, Stern-, Strahlen- und Spinnenschildkröten. Aber auch bei Dosenschildkröten, der Flachen Erdschildröte sowie der Galapagos-Riesenschildkröte konnten diese Kokzidien bereits nachgewiesen werden. Eine Speziesspezifität ist aufgrund von Sequenzanalysen hoch wahrscheinlich.

Die TINC stellt neben der **Mykoplasmose** (S. 86) eine häufige Ursache der exsudativen Rhinitis dar. Schildkröten bis zum 6. Lebensjahr sind häufiger betroffen, wobei jedoch auch bei älteren Tieren diese Krankheit beschrieben ist. Bei Europäischen Landschildkröten konnten diese Kokzidien bisher nicht nachgewiesen werden, auch nicht, wenn diese in engem Kontakt mit tropischen Landschildkröten gehalten wurden.

### Klinik

Häufig fallen erkrankte Schildkröten durch Anorexie und Apathie auf. Ein chronischer, wässriger Nasenausfluss sowie Lidödeme sind ebenfalls sehr häufige Symptome. Darüber hinaus kann je nach Krankheitsstadium das Absetzen von grüner Harnsäure oder eine Obstipation vorkommen.

### Diagnose

Als Nachweismethode können die zytologische Untersuchung einer Nasentupfer- bzw. Nasenspül-

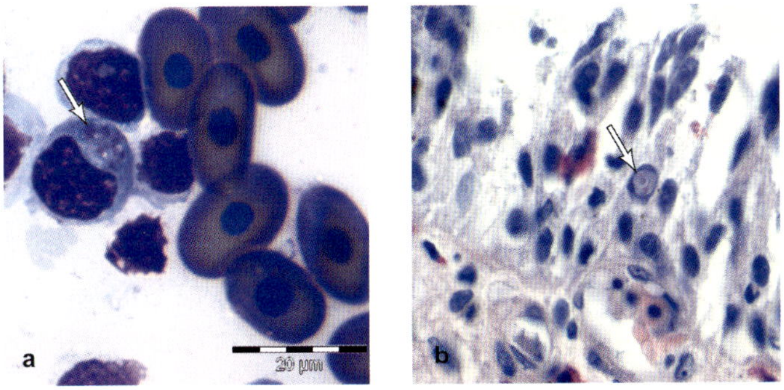


▸ **Abb. 9.7** Intranukleäre Kokzidiose. Nachweis der TINC bei einer Pantherschildkröte. **a** Tupfpräparat aus der Leber, Meront mit Merozoiten intrazytoplasmatisch in einem Lymphozyt, DiffQuik-Färbung, 1000fache Vergrößerung. **b** Intranukleäre Meronten in den Epithelzellen der Nasenschleimhaut, HE-Färbung, 600fache Vergrößerung. (Klinik für Vögel und Reptilien, An den Tierkliniken 17, 04103 Leipzig)

probe sowie eine parasitologische Kotuntersuchung in Form einer Flotation hilfreich sein. Der sichere Nachweis gelingt jedoch mit einer molekularbiologischen Untersuchung aus Nasentupfer-, Nasenspül- und/oder Kotproben. In der hämatologischen Untersuchung können eine Leukozytose und Lymphozytose auftreten, allerdings ist ein Erregernachweis im Blut derzeit nicht möglich. Klinisch-chemisch können vor allem Leber- und Pankreasenzyme (S. 352) Veränderungen zeigen, was für die Prognosestellung herangezogen werden kann. Auch hier ist zu erwähnen, dass die TINC häufig in Kombination mit einer **Mykoplasmose** (S. 86) auftritt, so dass auch diesbezüglich eine Abklärung erfolgen sollte.

### Therapie

Die orale Eingabe von Toltrazuril 24 über 30 Tage führt zu einer klinischen Besserung und zu einer Eliminierung der Kokzidien. Begleitende Nasenspülungen mit Sulfadimidin 23 können helfen, die Abheilung der Rhinitis zu beschleunigen. Begleitinfektionen wie die **Mykoplasmose** (S. 86) oder eine bakterielle Septikämie sollten ebenfalls gezielt behandelt werden.

Eine gründliche Reinigung und Desinfektion der Haltungsanlage mit gegen Kokzidien wirksamen Desinfektionsmitteln, z. B. auf Kresolbasis, sind empfehlenswert, um Reinfektionen zu vermeiden.

### Prognose

Die Prognose ist abhängig vom Grad der durch die viszerale Ausbreitung verursachten Organschädigungen. Da es sich bei der TINC um eine systemische viszerale Kokzidiose handelt, geht diese Erkrankung häufig mit einer hohen Mortalität einher.

## Picornavirusinfektion („Virus X“)

**Info**

Bei verschiedenen Landschildkrötenspezies nachgewiesene Infektion mit noch unklarer Bedeutung.

### Ätiologie & Pathogenese

Picornaviren wurden in Zusammenhang mit Stomatitiden, Rhinitiden, Konjunktivitiden, aber auch mit Panzerweiche bei Jungtieren und Nierenschädigungen bei verschiedenen Landschildkrötenspezies nachgewiesen. Allerdings gelang der Nachweis auch bei klinisch unauffälligen Tieren. Die Bedeutung der Infektion wie auch die Pathogenese sind noch weitgehend unklar, häufig wird eine Koinfektion, beispielsweise mit Mykoplasmen und Herpesviren, gefunden.

### Diagnose

Der molekularbiologische Nachweis erfolgt aus Nasen- und Rachentupferproben. Auch ein serologischer Nachweis von Antikörpern ist beschrieben.

### Therapie

Eine Therapie ist bislang nicht bekannt, die Behandlung beschränkt sich auf eine Isolation sowie eine Behandlung der Sekundärinfektionen.

# 10 Veränderung von Maul bzw. Maulhöhle

Michael Pees

**Leitsymptomatik „Veränderung von Maul bzw. Maulhöhle"**
- unvollständiger Schluss der Maulspalte
- Fehlstellungen der Kiefer
- Auflagerungen auf und Veränderungen der Maulschleimhaut
- Schwellungen und Funktionsbeeinträchtigungen der Zunge oder der Zähne
- äußerlich sichtbare Schwellungen und Entzündungen am Kopf
- Leitsymptom Dyspnoe (S. 54)
- Inappetenz (S. 318)

## 10.1 Allgemeines

Die Maulhöhle ist bei Reptilien – abhängig von der Spezies und den Lebens- und Ernährungsgewohnheiten – anatomisch sehr unterschiedlich aufgebaut:

Bei Echsen und Schlangen sind **Zähne** ausgebildet, bei Schildkröten dagegen Hornplatten, welche die gleiche Funktion übernehmen. Bezüglich der Zähne ist von Bedeutung, dass es **akrodonte** und **pleurodonte** Spezies gibt. Zur ersten Gruppe gehören die meisten Agamen und Chamäleons. Hier sind die Zähne als Leisten über den Kieferknochen ausgebildet, ohne auf diesen verankert zu sein. Da die Zähne bei adulten Tieren nicht mehr gewechselt werden können, spielen hier Zahnprobleme eine größere Rolle. Bei pleurodonten Spezies erfolgt ein Zahnwechsel regelmäßig, die Zähne sind in Gruben unabhängig von den Kieferknochen ausgebildet. Bei Schlangen gibt es im Oberkiefer auf jeder Seite zwei Zahnreihen, im Unterkiefer jeweils nur eine.

Die **Maulschleimhaut** besteht aus einem Zilienepithel, welches muköses Sekret bildet. Insbesondere bei Echsen und Schlangen, aber kaum bei Schildkröten, sind Speicheldrüsen vorhanden, welche erhebliche Mengen an Speichel produzieren können. Die Schleimhaut ist in der Farbe speziesabhängig und auch individuell unterschiedlich und variiert von gräulich bis blass rosarot. Bei adulten Bartagamen wie auch einigen Chamäleonspezies ist sie gelb oder orange, bei anderen Echsenspezies sind Melaninpigmente eingelagert, wodurch eine bläuliche bis schwarze Farbe entsteht. Diese Besonderheiten dürfen nicht mit pathologischen Zuständen, insbesondere mit einem Ikterus oder einer Zyanose, verwechselt werden.

Die **Zunge** ist bei Schlangen dünn und hoch beweglich, sie liegt in einer eigenen Scheide und dient insbesondere dazu, Luft in Richtung des bei Schlangen gut ausgeprägten Vomeronasalorgans (Jacobson-Organ) zu bewegen. Auch bei den meisten Echsen ist die Zunge gut beweglich, mit der Sonderstellung der Chamäleonzunge, die aus der Zungenscheide heraus geschleudert und so zum Beutefang genutzt werden kann. Beim grünen Leguan ist zu erwähnen, dass die Zungenspitze physiologischerweise oft dunkler gefärbt ist. Bei Schildkröten ist die Zunge eher dreieckig, wulstartig fleischig und kaum beweglich.

Die **Glottis** kann aktiv verschlossen werden. Sie liegt bei Schildkröten und Echsen am Zungengrund, bei Schlangen ist sie beweglich und kann bei der Futteraufnahme seitlich aus dem Maul verlagert werden. Eine Besonderheit bei Alligatoren ist die **Hyoglossalfalte** (▸ **Abb. 2.3**), die den Rachenraum komplett abtrennt und zur klinischen Untersuchung verlagert werden muss.

Schließlich noch aus klinischer Sicht relevant ist die Ausbildung von **Temporaldrüsen** bei Chamäleons. Diese befinden sich dorsal im Bereich der Maulwinkel und können im Rahmen entzündlicher Prozesse eine Rolle spielen (▸ **Abb. 10.8**).

## 10.2 Sofortmaßnahmen

Viele Veränderungen in der Maulhöhle scheinen so schmerzhaft zu sein, dass die Tiere durch Apathie und Inappetenz auffallen und dementsprechend in einem fortgeschrittenen Energie- und Flüssigkeitsmangelzustand sein können. Entsprechend sollte zunächst der Hydrationsstatus geprüft und gegebenenfalls eine Infusion (S. 44) vorgenommen werden. Ebenso wichtig ist es, entzündliches Material und Fremdkörper (▶ **Abb. 10.1**) aus der Maulhöhle zu entfernen.

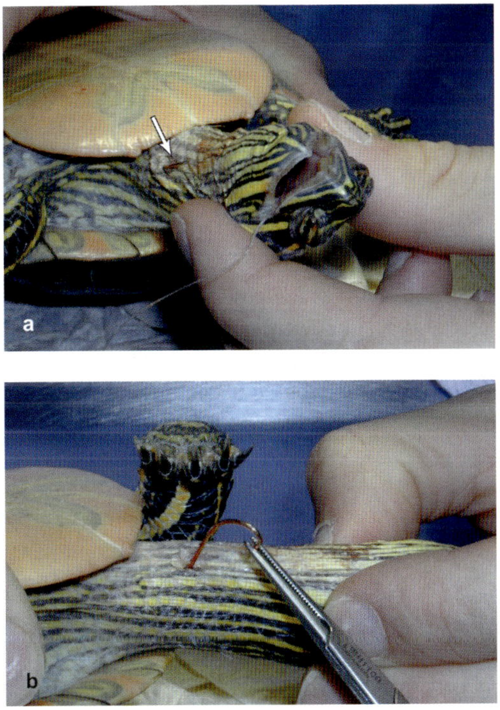

▶ **Abb. 10.1** Fremdkörper. Angelschnur im Maul einer Schmuckschildkröte. **a** Auf keinen Fall sollte an Schnüren einfach gezogen werden, weil die meist tiefer im Gewebe sitzenden Haken (Pfeil) das Gewebe massiv schädigen. **b** In diesem Fall wurde der Haken durch die Haut gezogen und die Schnur entsprechend mit entfernt.
(Klinik für Vögel und Reptilien, An den Tierkliniken 17, 04103 Leipzig)

**Cave**

**Bei festsitzenden Auflagerungen auf dem Zahnfleisch ist Vorsicht angebracht, da es bei Versuchen, diese zu entfernen, zu starken Blutungen kommen kann.**

Spülungen mit milden Desinfizienzien, z. B. Chlorhexidin 57, sind sinnvoll. Liegen im Zusammenhang mit entzündlichen Veränderungen Hinweise auf ein septikämisches Geschehen vor (insbesondere rötliche Schuppenverfärbungen), ist eine Breitspektrumantibiose, z. B. mit Enrofloxacin 4, bei gleichzeitiger bakteriologischer Keimdifferenzierung und Resistenztesterstellung indiziert. Zeigt das Reptil Veränderungen der Maulspalte oder der Kieferknochen, die zu einer deutlichen Fehlstellung und dadurch weiteren Schädigung führen, sollte das Maul mit einem Verband vorsichtig temporär verschlossen werden, die freie Atmung ist dabei zu überprüfen.

**Sofortmaßnahmen**

- Hydrationsstatus prüfen und gegebenenfalls eine Infusion (S. 44) vornehmen
- entzündliches Material und Fremdkörper aus der Maulhöhle entfernen
- ggf. Spülungen mit milden Desinfizienzien, z. B. Chlorhexidin 57
- bei Hinweisen auf ein septikämisches Geschehen Breitspektrumantibiose, z. B. mit Enrofloxacin 4, bei gleichzeitiger bakteriologischer Keimdifferenzierung und Resistenztesterstellung
- bei Veränderungen der Maulspalte oder der Kieferknochen, die zu einer deutlichen Fehlstellung und dadurch weiteren Schädigung führen, das Maul mit einem Verband vorsichtig temporär verschließen und die freie Atmung überprüfen

## 10.3 Diagnostik

Das diagnostische Vorgehen für das Leitsymptom Veränderung von Maul bzw. Maulhöhle ist im diagnostischen Leitfaden dargestellt.

# Diagnostischer Leitfaden: Veränderungen von Maul bzw. Maulhöhle

## Anamnese

- Zukauf, Kontakttiere
- Ernährung
- Traumata

## Klinische Untersuchung nach Lokalisation

- Oberkiefer/Unterkiefer
  - kranial Wundbereich
  - abnorme Beweglichkeit
- Maulschleimhaut inkl. Zunge
  - Verfärbungen
    - physiologische Pigmentierung
    - Ikterus
    - Zyanose
  - petechiale Blutungen

- ▶ Fehlernährung, Metabolic Bone Disease ▶ Leitsymptom Störung des Bewegungsapparats ▶ S. 176
- ▶ Leitsymptom Störung des Bewegungsapparats ▶ S. 176
- ▶ Kieferfehlstellung ▶ S. 108
- ▶ Rostraltrauma ▶ S. 113
- SK ▶ übermäßiges Hornplattenwachstum ▶ S. 111
- ▶ Metabolic Bone Disease? ▶ Röntgen, Blutuntersuchung ▶ Leitsymptom Störung des Bewegungsapparats ▶ S. 176
- ▶ Fraktur? ▶ Röntgen ▶ Leitsymptom Störung des Bewegungsapparats ▶ S. 176
- ▶ Ultraschall, Blutuntersuchung ▶ Leitsymptom Anorexie, Apathie ▶ S. 318
- ▶ Leitsymptom Umfangsvermehrung ▶ S. 297
- ▶ Trauma ▶ Leitsymptom Störung des Bewegungsapparats ▶ S. 176
- ▶ Hyperthermie ▶ Leitsymptom Anorexie, Apathie ▶ S. 318
- ▶ Septikämie ▶ Leitsymptom Anorexie, Apathie ▶ S. 318

Fortsetzung: **Diagnostischer Leitfaden: Veränderungen von Maul bzw. Maulhöhle**

- Rötungen, Entzündungen, Sekrete, Auflagerungen
  - generell
  - EC
  - Land- SK
  - alle SK
- akrodonte Spezies: Entzündungen um die Zähne, Zahnbeläge
- Zunge: Lähmung
- Chamäleons: schießen/schlucken nicht

- **Fremdkörper**
- **Zähne**
  - Defekte, Fehlstellungen, Abbrüche
  - akrodonte Spezies: Auflagerungen, Entzündungen Zahnfleisch

| | | | |
|---|---|---|---|
| bakterielle/mykotische Infektion | Tupfer: Zytologie, bakteriologische und mykologische Untersuchung | Leitsymptom Würgen, Erbrechen | S. 114 |
| Niereninsuffizienz? | Ultraschall, Blutuntersuchung | Leitsymptom Anorexie, Apathie | S. 318 |
| bakterielle/mykotische Infektion | Tupfer: Zytologie, bakteriologische und mykologische Untersuchung | Leitsymptom Würgen, Erbrechen | S. 114 |
| *Chamaeleomyces*-Infektion? | Tupfer: mykologische Untersuchung | | S. 107 |
| Herpesvirusinfektion? | Tupfer: virologische Untersuchung | | S. 104 |
| Ranavirusinfektion? | Tupfer: virologische Untersuchung | | S. 106 |
| Parodontitis? | bakteriologische und mykologische Untersuchung | | S. 109 |
| Trauma/Zungenbeinfraktur? | Röntgen | | S. 110 |
| bakterielle/mykotische Infektion | Tupfer: Zytologie, bakteriologische und mykologische Untersuchung | Leitsymptom Würgen, Erbrechen | S. 114 |
| Zunge verschluckt | | | S. 110 |
| Hypovitaminose A | | Leitsymptom Veränderung der Haut | S. 222 |
| Hypokalzämie? | Blutuntersuchung | Leitsymptom Störung des Bewegungsapparats | S. 176 |
| | | Leitsymptom Dyspnoe | S. 54 |
| Zahnprobleme | | | S. 109 |
| Parodontitis? | bakteriologische und mykologische Untersuchung | | S. 109 |

Fortsetzung: **Diagnostischer Leitfaden: Veränderungen von Maul bzw. Maulhöhle**

- ▸ **Trachea** → ▸ Sekret, Tracheitis
- ▸ **Zubildungen**
  - ▸ Auflagerungen auf der Schleimhaut
  - ▸ Chamäleons: Temporaldrüsen geschwollen

| | | | |
|---|---|---|---|
| | | Leitsymptom Dyspnoe | S. 54 |
| Geckos: Kalksäckchen | ggf. | Leitsymptom Umfangsvermehrung | S. 297 |
| Viszeralgicht? | Ultraschall, Blutchemie | Leitsymptom Anorexie, Apathie | S. 318 |
| Abszess/Granulom? | Punktion: Zytologie, bakteriologische und mykologische Untersuchung | Leitsymptom Umfangsvermehrung | S. 297 |
| Abszess/Granulom? | Punktion: Zytologie, bakteriologische und mykologische Untersuchung | Leitsymptom Würgen, Erbrechen | S. 114 |
| Neoplasie? | Punktion: Zytologie/ Histologie | Leitsymptom Umfangsvermehrung | S. 297 |

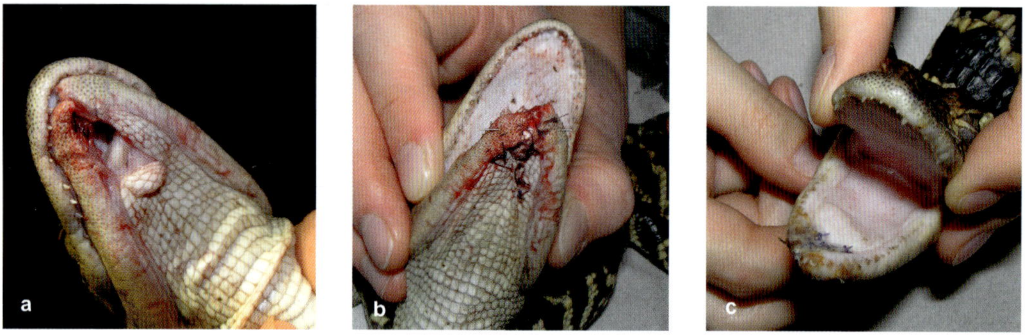

▶ **Abb. 10.2** Bissverletzung. **a** Bissverletzung bei einem jungen Alligator durch innerartliche Aggression. **b** Die Haut wurde adaptiert und die frakturierte Kiefersymphyse mittels Nadelpin stabilisiert. **c** Situation nach 2 Wochen.
(Klinik für Vögel und Reptilien, An den Tierkliniken 17, 04103 Leipzig)

### 10.3.1 Besonderes Augenmerk bei der Anamnese

Auch bei diesem Leitsymptom steht anamnestisch die Klärung der Haltungsbedingungen im Vordergrund, da insbesondere eine **Fehlernährung** (S. 146) bzw. eine **Metabolic Bone Disease** (S. 193) sekundär zu Veränderungen sowohl der Kiefer als auch der inneren Maulhöhle führen kann.

Neu in die Kollektion aufgenommene Tiere bzw. Kontakt zu anderen Reptilien ist besonders bei Schildkröten im Hinblick auf eine mögliche **Herpes-** (S. 104) bzw. **Ranavirusinfektion** (S. 106) relevant.

Des Weiteren spielen **Traumata** (S. 113) eine große Rolle. Diese können durch einen Sturz, durch Aggression anderer Tiere (▶ **Abb. 10.2**), aber auch durch falsche Haltungsbedingungen, z. B. ein **Rostraltrauma** (S. 113), verursacht sein und den Bereich der Maulhöhle direkt betreffen.

### 10.3.2 Besonderes Augenmerk bei der klinischen Untersuchung

#### Kiefer

Die Ober- und Unterkiefer sollten adspektorisch und palpatorisch untersucht werden. Häufig kommt es zu sekundären Problemen der Kieferknochen infolge einer Veränderung in der Maulhöhle. Außerdem spielen **Kieferfehlstellungen** (S. 108) als eigenes Krankheitsbild oder auch als Folge raumfordernder Prozesse oder Traumata eine wichtige Rolle.

Liegen im Bereich des Ober- oder/und Unterkiefers außen kranial chronisch-entzündliche Veränderungen und Hautdefekte vor, spricht dies für ein **Rostraltrauma** (S. 113), welches meist durch ungeeignete Terrariengrenzen (durchsichtige Glasscheiben) verursacht wird. Agamen (▶ **Abb. 9.4**) sind hierfür besonders empfindlich.

Bei Schildkröten, bei denen die Hornplatten zum Beißen dienen und den Ober- bzw. Unterschnabel formen, kommt es infolge verschiedener Ursachen oft zu einem übermäßigen Hornwachstum (S. 111) (▶ **Abb. 10.14**).

Sind die Kiefer abnorm beweglich, liegt meist entweder eine **Metabolic Bone Disease** (S. 193) oder eine Lyse bzw. **Fraktur** (S. 108) eines Kieferknochens vor. Die Stoffwechselstörung zeigt sich bei Agamen und Leguanen oft durch einen „Rubber Jaw", einen weichen, leicht verformbaren Unter- oder Oberkiefer, der die unzureichende Mineralisierung zeigt (▶ **Abb. 10.3**). Eine Röntgenuntersuchung des Kiefers sollte in Schrägprojektion und nach Möglichkeit bei geöffnetem Kiefer erfolgen. Zusätzlich ist zur Abklärung der MBD eine blutchemische Untersuchung (S. 352) sinnvoll.

#### Maulschleimhaut, Zunge

Gelbliche Verfärbungen der Maulschleimhaut können ein Hinweis auf einen Ikterus und damit eine **Leberfunktionsstörung** (S. 328) sein. Ebenso kann eine bläuliche Verfärbung auf einen Sauerstoffmangel im Blut und damit eine **Pneumonie** (S. 65) oder eine **Kreislaufstörung** (S. 318) hindeuten. Allerdings ist hierbei die bei vielen Echsen physiologische Pigmentierung (S. 92) zu beachten, die eine Beurteilung erschweren oder zu falschen Rückschlüssen führen kann.

Petechiale Blutungen sind meist ein Hinweis auf eine Stomatitis, können aber auch durch eine **Septikämie** (S. 327) oder seltener durch eine **Hyperthermie** (S. 333) oder ein **Trauma** (S. 113) verursacht sein.

Generell sollte bei entzündlichen Veränderungen der Maulschleimhaut (Stomatitiden) auch an eine **Niereninsuffizienz** (S. 330) gedacht werden, da sie sich in einer toxischen Anreicherung von Stoffwechselprodukten in der Schleimhaut äußern kann. Entsprechend sollte eine blutchemische Untersuchung oder eine Ultraschalldarstellung der Niere überlegt werden.

▶ **Abb. 10.3** „Rubber Jaw" bei einem Grünen Leguan mit Metabolic Bone Disease. Oft kann die Maulspalte nicht mehr richtig verschlossen werden und es kommt zu Zahnfleischaustrocknungen und Entzündungen. (Klinik für Vögel und Reptilien, An den Tierkliniken 17, 04103 Leipzig)

Entzündliche Veränderungen beginnen meist als diskrete fokale Rötungen, welche sich dann ausbreiten, bis es zu Belägen, vermehrten Sekretionen und sogar Abszessbildungen kommt (▶ **Abb. 10.4**). Bei entsprechenden Hinweisen auf eine **bakterielle oder mykotische Infektion** (S. 70) sollte eine Tupferprobe entnommen und untersucht werden. Die zytologische Untersuchung sollte von einer kulturellen Untersuchung begleitet werden.

Z Besteht der Verdacht auf eine **Mykobakteriose** (S. 326), sollte eine entsprechende Spezialfärbung von zytologischen oder bioptisch gewonnenen histologischen Präparaten durchgeführt werden.

Bei Echsen (und hier insbesondere bei Chamäleons und Bartagamen) sollte bei unklaren entzündlichen Veränderungen auch an eine **Chamaeleomyces-Infektion** (S. 107) (▶ **Abb. 10.11**) gedacht werden. Sodann ist eine Tupferprobe in einem Speziallabor nach Rücksprache entsprechend zu untersuchen.

Bei Schildkröten werden Auflagerungen in der Maulhöhle häufig durch Virusinfektionen verursacht. Auch wenn hier die bakteriologisch-mykologische Anzucht für die Behandlung der Sekundärinfektionen sinnvoll ist, sollte bei entsprechender Symptomatik (▶ **Abb. 10.10**) eine Tupferprobe zur Untersuchung auf **Herpesviren** (S. 104) (insbesondere Europäische Landschildkröten) und **Ranaviren** (S. 106) entnommen werden. Auch wenn Herpesviren hauptsächlich bei Europäischen Landschildkröten eine Rolle spielen, können sie

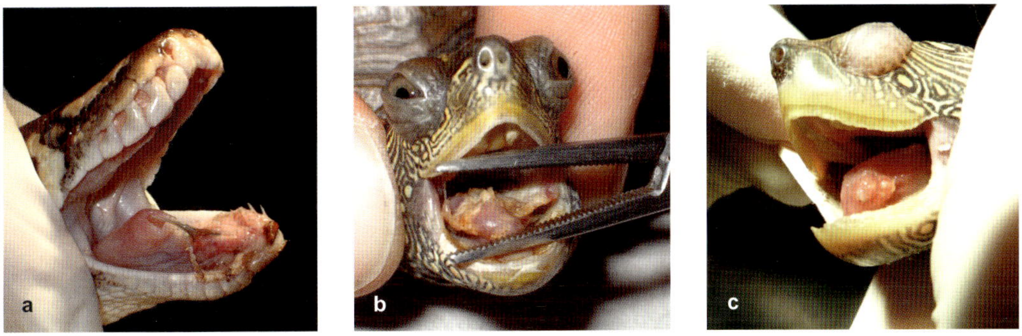


▶ **Abb. 10.4** Entzündliche Veränderungen in der Maulhöhle. **a** Stomatitis bei einem Python. **b** Ulzerative Stomatitis bei einer Schmuckschildkröte. **c** Stomatitis und Zungengranulom bei einer Schmuckschildkröte infolge einer Mykobakterieninfektion. (Klinik für Vögel und Reptilien, An den Tierkliniken 17, 04103 Leipzig)

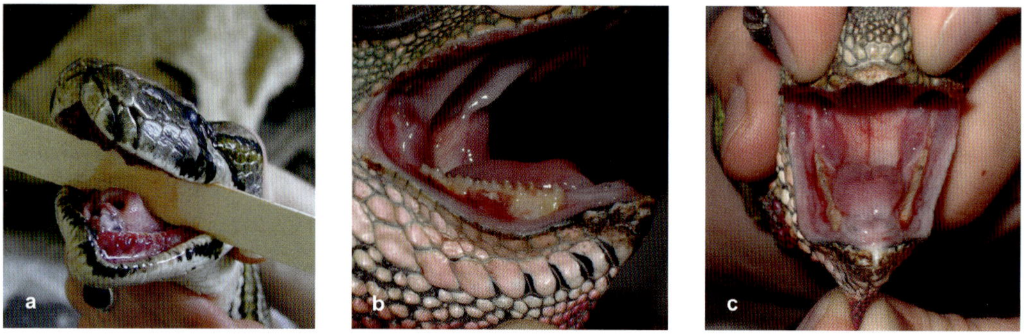

▶ **Abb. 10.5** Stomatitis und Parodontitis. **a** Stomatitis mit Ausfall der Zähne und Tracheitis bei einem Tigerpython. **b** Plaquebildung auf der Zahnleiste einer Wasseragame sowie sich anschließende Parodontitis, von der Seite. **c** Plaquebildung auf der Zahnleiste einer Wasseragame sowie sich anschließende Parodontitis, von vorne. (Klinik für Vögel und Reptilien, An den Tierkliniken 17, 04103 Leipzig)

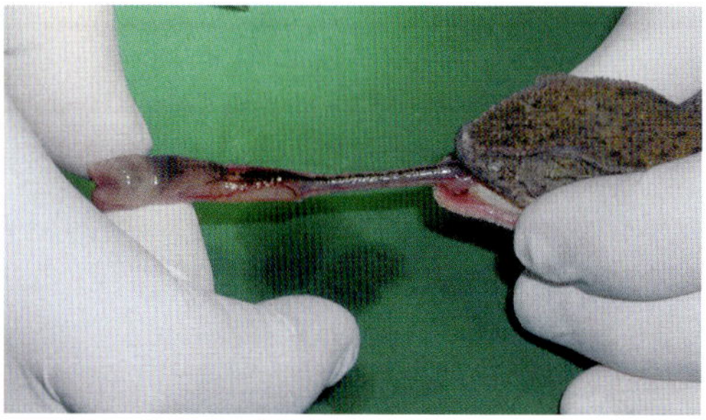

▶ **Abb. 10.6** Vorlagerung der Zunge. Zur Untersuchung wird bei einem Chamäleon die Zunge vorgelagert. (Klinik für Vögel und Reptilien, An den Tierkliniken 17, 04103 Leipzig)

auch bei Echsen und Schlangen auftreten und zu klinischen Symptomen führen.

Bei akrodonten Spezies (z. B. Bartagamen) kommt es häufig im Bereich der Zähne zu Auflagerungen, die dann eine **Parodontitis** (S. 109) verursachen (▶ **Abb. 10.5**). In diesen Fällen ist die Schleimhaut im Bereich der Zahnleisten hochgradig gerötet, und es kann zu einem Verlust der Zähne kommen. Eine bakteriologisch-mykologische Untersuchung einer Tupferprobe sollte eingeleitet werden.

Funktionsbeeinträchtigungen der Zunge (S. 110) spielen insbesondere bei Schlangen und Chamäleons eine wichtige Rolle. Erscheint die Zunge gelähmt, kann ein Trauma oder eine Infektion der Zungentasche vorliegen. Ein vorsichtiges Vorlagern der Zunge (▶ **Abb. 10.6**) kann eventuelle Veränderungen, die entsprechend beprobt werden sollten, zeigen. Auch Traumata der Zunge bzw. des Zungenhalteapparats können die Ursache sein. Röntgenaufnahmen können Frakturen der Zungenknochen zeigen, die Interpretation kann aber Schwierigkeiten bereiten. Bei Chamäleons können diese Veränderungen auch dazu führen, dass die Tiere ihre Beute nicht mehr per Zungenschuss greifen können. Weitere Ursache hierfür kann eine verschluckte Zunge (S. 110) sein, was sich durch Exploration der Maulhöhle erkennen lässt. Daneben kommt ein Kalziummangel (S. 352) in Betracht, der über eine blutchemische Untersuchung abgeklärt werden kann. Ebenfalls ursächlich kann eine **Hypovitaminose A** (S. 247) sein.

## Fremdkörper

Fremdkörper (S. 77) werden oft – sofern sie keine Atemnot auslösen – zufällig in der Maulhöhle gefunden (▶ **Abb. 10.1**). Sie können sich insbesondere im Backenbereich einspießen und entsprechende Entzündungen verursachen.

## Zähne

Die Beurteilung von **Zahnveränderungen** (S. 109) richtet sich stark danach, ob es sich um nachwachsende (pleurodonte) oder permanente (akrodonte) Zähne handelt – wie bei den allgemeinen Bemerkungen (S. 92) bereits erläutert. Grundsätzlich sind – sofern keine begleitenden Infektionen vorliegen – kaum weitere Diagnostika erforderlich, wenngleich Röntgenaufnahmen Hinweise auf eine Knochenbeteiligung liefern können. Kommt es bei akrodonten Spezies zu Zahnauflagerungen, sind

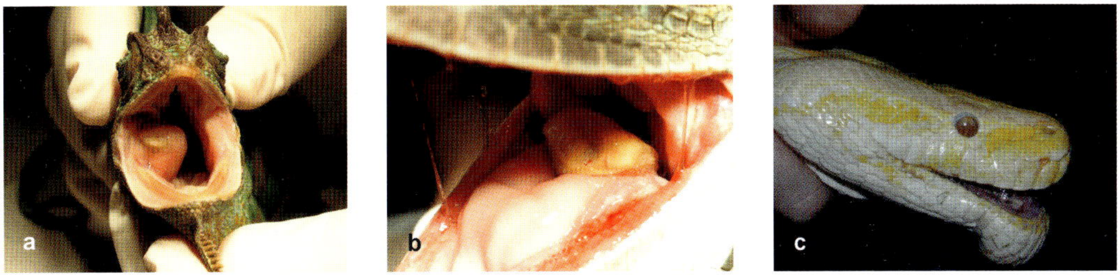


▶ **Abb. 10.7** Umfangsvermehrungen im Maulbereich. **a** Zubildung (Granulom) in der Maulschleimhaut bei einem Chamäleon. **b** Zungengrundabszess bei einem Grünen Leguan. **c** Umfangsvermehrung (Neoplasie) im Unterkiefer eines Tigerpythons.
(Klinik für Vögel und Reptilien, An den Tierkliniken 17, 04103 Leipzig)

häufig Entzündungen der umgebenden Schleimhaut die Folge und es kommt zu einer **Parodontitis** (S. 109). Hier sollte eine Probe mikrobiologisch untersucht werden, um die Entzündung gezielt zu behandeln.

## Trachea

Im Bereich der Trachea sind Sekretablagerungen oder auch Schleimhautentzündungen die häufigsten Befunde. Hierzu wird auf das Leitsymptom Atemnot (S. 54) verwiesen.

## Zubildungen

Bei Geckos liegen im hinteren Rachenbereich physiologischerweise weißliche Kalksäckchen, die teilweise auch durch die äußere Haut gesehen werden können. Sollten diese vergrößert oder entzündet sein, wird auf das Leitsymptom Umfangsvermehrung (S. 297) verwiesen.

Gelegentlich führt eine **Viszeralgicht** (S. 330) zu weißlichen Zubildungen auf der Maulschleimhaut, meist trägt eine Niereninsuffizienz aber untypischer zu einer allgemeinen Stomatitis bei. Im Zweifelsfall kann eine blutchemische Untersuchung Aufschluss über den Nierenstatus geben.

Wie erwähnt kann es durch Traumata, aber auch durch Stomatitiden und Gingivitiden zu **Abszessen oder Granulomen** (S. 307) kommen, die einen erheblichen Teil der Maulhöhle verlegen können (▶ **Abb. 10.7**). Diese Umfangsvermehrungen sollten beprobt und zytologisch bzw. mikrobiologisch untersucht werden, wobei auch ein Nachweisversuch von **Mykobakterien** (S. 326) unternommen werden sollte. Bei Chamäleons treten Entzündungen bzw. **Abszesse** (S. 307) gelegentlich in den Temporaldrüsen auf (▶ **Abb. 10.8**), welche entsprechend beprobt und untersucht werden können.

▶ **Abb. 10.8** Temporaldrüsenabszess bei einem Dreihornchamäleon.
(Klinik für Vögel und Reptilien, An den Tierkliniken 17, 04103 Leipzig)

Auch **neoplastische Veränderungen** (S. 314) (▶ **Abb. 10.9**) können in der Maulhöhle zu Einengungen führen. Da sie sich von primär entzündlichen Geschehen nicht einfach unterscheiden lassen, ist eine Punktion oder Biopsie zur zytologischen bzw. histologischen Abklärung zu empfehlen.

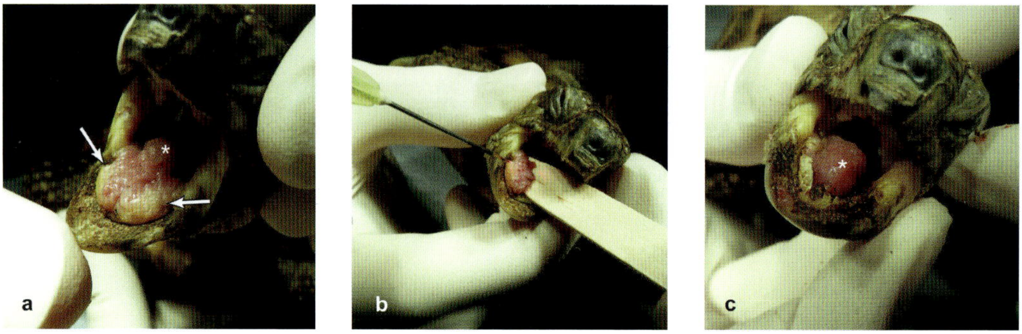


▸ **Abb. 10.9** Neoplasien im Maulbereich. Gutartige Wucherung in der Maulhöhle einer Landschildkröte. **a** Die Zunge (*) ist weit nach kaudal verdrängt, die beidseitigen Wucherungen (Pfeile) erschweren die Futteraufnahme erheblich. **b** Entfernung der lappenartigen Wucherungen mittels Diodenlaser. **c** Situation unmittelbar nach Entfernung, noch vor Schnabelkorrektur. (Klinik für Vögel und Reptilien, An den Tierkliniken 17, 04103 Leipzig)

10.4
# Wichtige Ursachen

Wichtige Ursachen von Veränderungen der Mauls und der Maulhöhle sind in ▸ **Tab. 10.1** zusammengefasst.

## 10.4.1 Erkrankungen

### Herpesvirusinfektion

**Info**
Weltweit bedeutende kontagiöse Erkrankung der oberen Atemwege und der Maulhöhle insbesondere bei Landschildkröten.

#### Ätiologie & Pathogenese

Bei Herpesviren handelt es sich um die am häufigsten bei Landschildkröten nachgewiesenen Viren. Sie sind weltweit von Bedeutung und mit einer teilweise hohen Morbidität und Mortalität verbunden. Auch wenn Europäische Landschildkröten besonders oft betroffen sind, sollten grundsätzlich alle Landschildkröten als empfänglich angesehen werden. Dabei gibt es Speziesunterschiede, die bei der Übertragung und auch dem Eintrag in Kollektionen von Bedeutung sind.

**! Während Griechische Landschildkröten** *(Testudo hermanni)* **und Russische Landschildkröten** *(Testudo horsfieldii)* **als besonders empfänglich und empfindlich gelten, sind Maurische Landschildkröten** *(Testudo graeca)* **und Breitrandschildkröten** *(Testudo marginata)* **weniger empfänglich und zeigen oft keine klinische Symptomatik, scheiden das Virus aber aus.**

Es spielen verschiedene Herpesviren eine Rolle, wobei insbesondere TeHV1 und TeHV3 von Bedeutung sind. TeHV3 wird in Europa am häufigsten nachgewiesen, TeHV1 wurde bislang fast ausschließlich bei Russischen Landschildkröten und TeHV2 bei Gopherschildkröten in den USA gefunden. TeHV1 scheint dabei eine geringere Pathogenität als TeHV3 aufzuweisen.

Das Virus vermehrt sich insbesondere in Epithelzellen, Lymphgewebe und Nervenzellen und verursacht hier auch die entsprechende klinische Symptomatik. Daneben sind die inneren Organe, insbesondere die Leber, betroffen, und auch Pneumonien beschrieben. Oft werden Koinfektionen mit **Mykoplasmen** (S. 86), **intranukleären Kokzidien** (S. 89) und **Picornaviren** (S. 90) gefunden.

Es muss davon ausgegangen werden, dass es sich um lebenslange Infektionen (Latenz in Ganglien) handelt. Da eine Reaktivierung der Virusvermehrung häufig durch Stress und eine Störung der Immunabwehr verursacht wird, sind Krankheitsschübe insbesondere nach der Winterruhe nicht selten.

▶ **Tab. 10.1** Wichtige Ursachen von Veränderungen des Mauls und der Maulhöhle.

| Ursachen | | Bedeutung * | | | Bemerkungen, s. auch andere Leitsymptome |
|---|---|---|---|---|---|
| | | EC | SL | SK | |
| Bakterien | Stomatitiden, Gingivitiden, Glossitiden, Abszesse: grampositive u. gramnegative Bakterien (S. 70) | + + | + + + | + + | - |
| | Mykobakterien (S. 326) | + + | + | + + | - |
| Mykoplasmen | *Mycoplasma agassizii* (S. 86) | - | - | + + | - |
| Pilze | *Candida* sp. (S. 70) | + | + + | + + + | - |
| | *Aspergillus* sp., *Mucor* sp. (S. 70) | + | + + | + | - |
| | *Chamaeleomyces* sp. (S. 107) | + + + | - | - | vor allem bei Chamäleons, Bartagamen |
| Viren | Herpesvirus (S. 104) | + | + | + + + | bei Landschildkröten |
| | Ranavirus (S. 106) | | | + + + | - |
| Parasiten | Monocercomonas (S. 136) | + | + | + | - |
| metabolische Ursachen | Metabolic Bone Disease (S. 193) | + + + | - | + + + | bei herbivoren und insektivoren Spezies |
| | Fehlernährung (S. 146), u. a. Hypokalzämie, Hypovitaminose A (S. 247) | + + + | (+) | + + + | - |
| raumfordernde Prozesse | Abszesse, Granulome (S. 307) | + + + | + + + | + + + | - |
| | Fremdkörper (S. 77) | + + | + + | + + | - |
| Sonstiges | Nierenschaden (S. 330) | + + | + + | + + | - |
| | Leberschaden (S. 328) | + | + | + | - |
| | Traumata (S. 113) | + + | + + + | + | - |

* Bedeutung bei der Entstehung der entsprechenden Leitsymptomatik, Erfahrungswerte der Autoren.

Herpesviren wurden auch bei Echsen und Schlangen nachgewiesen, spielen hier aber nach derzeitigem Kenntnisstand eine sehr untergeordnete Rolle. Außerdem werden Herpesviren auch mit der Fibropapillomatose der Meeresschildkröten in Verbindung gebracht.

## Klinik

Am häufigsten sind der obere Verdauungstrakt und der obere Atmungstrakt betroffen. Es kommt zu ulzerativen bis diphteroid-nekrotisierenden Stomatitiden und Glossitiden. Typisch sind gelbliche Beläge auf Zunge und Rachenschleimhaut (▶ **Abb. 10.10, a**). Dazu kann es zu Rhinitiden und Konjunktividen kommen. Aufgrund dieser Veränderungen sind die Tiere meist apathisch und anorektisch. Nasen-/Augenausfluss und Atembeschwerden können auftreten. Im weiteren Verlauf der Erkrankung kommt es gelegentlich zu zentralnervösen Ausfallerscheinungen.

## Diagnose

Das klinische Bild erlaubt eine Verdachtsdiagnose. Zytologisch können teilweise bereits in Schleimhautabstrichen intranukleäre Einschlusskörperchen gesehen werden (▶ **Abb. 10.10, b**).

Zur definitiven Diagnose kommt dem molekularbiologischen Virusnachweis aus Rachentupfern (bzw. Zungenmaterial bei Sektionen) die größte Bedeutung zu. Auch eine Virusanzucht ist möglich. Ein serologischer Test zum Nachweis von Antikörpern ist etabliert. Die Produktion von Antikörpern ist jedoch speziesabhängig, wobei Antikörper selten bei Griechischen und Russischen Landschild-

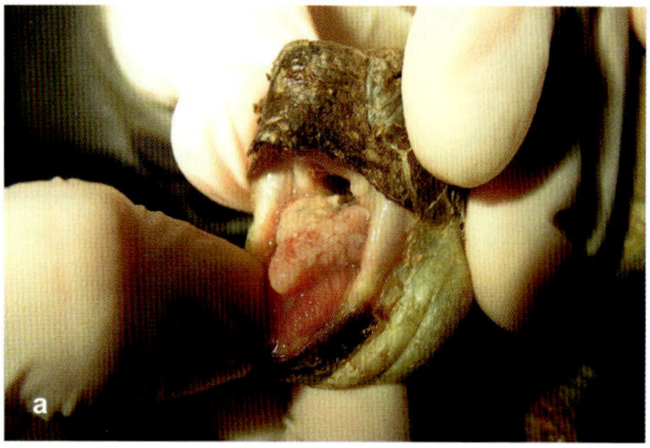


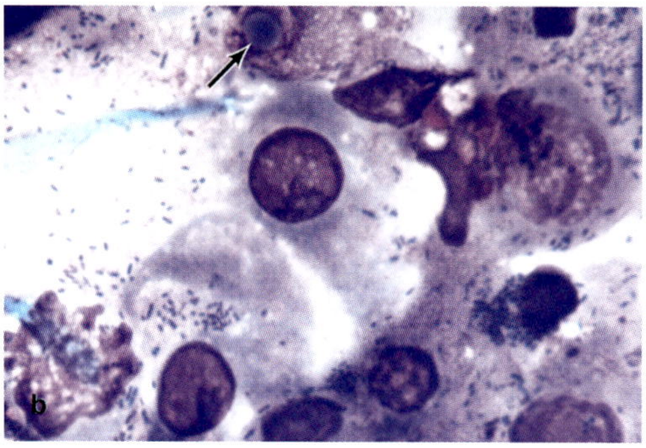


▶ **Abb. 10.10** Herpesvirusinfektion. **a** Stomatitis bei einer Griechischen Landschildkröte. **b** Zytologie (Diff-Quik-Färbung, 400fache Vergrößerung) eines Epithelabstrichs: intranukleäres Einschlusskörperchen.
(Klinik für Vögel und Reptilien, An den Tierkliniken 17, 04103 Leipzig)

kröten nachweisbar sind. Der Antikörpernachweis eignet sich deshalb eher als Screeningmethode im Bestand oder in Kombination mit dem Virusnachweis. Bei latenten Infektionen können sowohl der Antikörpernachweis als auch der Virusnachweis negativ ausfallen.

In der Sektion fallen neben den Veränderungen des oberen Verdauungstrakts insbesondere eine Schwellung sowie multifokale Nekrosen der Leber auf.

### Therapie

Eine Virusfreiheit ist durch eine Behandlung in der Regel nicht erreichbar, die Maßnahmen zielen darauf ab, die Virusvermehrung zu reduzieren und die klinischen Symptome zu bekämpfen. Hierfür sind eine Optimierung der Haltungsbedingungen und eine Isolation der erkrankten Tiere essenziell. Behandelte Tiere bleiben lebenslange Virusträger.

Als antivirales Mittel kann Aciclovir 25 eingesetzt werden, welches zum Erreichen ausreichender Serumspiegel allerdings 3-mal täglich in hoher Dosierung oral verabreicht werden muss. Zusätzlich sollte die Maulhöhle regelmäßig mit Jodlösungen 59 gespült werden. In der Regel vorhandene bakterielle oder mykotische Sekundärinfektionen sollten nach Anzucht und Resistenztest entsprechend behandelt werden.

Aufgrund der hohen Medikamentenlast und der oft reduzierten Kreislaufsituation sollte eine Flüssigkeitssubstitution (S. 44) vorgenommen werden. Eine Zwangsernährung (S. 31) ist ebenfalls sinnvoll, bei hochgradigen Veränderungen in der Maulhöhle sollte auch über eine permanente Magensonde (S. 31) nachgedacht werden.

Weitergehend kann das Immunsystem mit Immunstimulanzien wie Zylexis 83 unterstützt werden.

### Prognose

Die Prognose im akuten Stadium ist vorsichtig zu stellen. Sind die Symptome abgeklungen, bessert sich die Prognose, Rezidive sind aber nicht selten. Eine möglichst optimale Haltung (ohne Kontakt zu anderen Landschildkröten) ist von großer Bedeutung. Inwieweit eine Winterruhe durchgeführt werden sollte, hängt vom Einzelfall ab und ist umstritten. Da eine Rezidivgefahr durch die Immunsuppression (S. 332) infolge einer Winterruhe gegeben ist, ist es grundsätzlich überlegenswert, auf eine Winterruhe bei infizierten Tieren zu verzichten.

### Prophylaxe

Der Prophylaxe kommt eine große Bedeutung zu. Hier sind Maßnahmen zur Quarantäne (S. 50) und Eingangsuntersuchungen (Virologie und Serologie) sinnvoll. Unterschiedliche Spezies sollten getrennt gehalten werden.

## Ranavirusinfektion

**Info**

Insbesondere bei Amphibien, aber auch zunehmend bei Reptilien vorkommende systemische Erkrankung mit Manifestation in den oberen Atemwegen, der Haut und der Maulhöhle.

### Ätiologie & Pathogenese
Ranaviren spielen bei Fischen und Amphibien eine große Rolle. Inzwischen wurden Infektionen in Zusammenhang mit klinischen Symptomen aber auch zunehmend bei Reptilien nachgewiesen. Auch wenn Echsen und Schlangen betroffen sein können, ist die Bedeutung bei Schildkröten am größten, hier stellt sie eine Differenzialdiagnose zur Herpesvirusinfektion dar. Betroffen sind sowohl Land- als auch Wasserschildkröten. Zur Übertragung liegen noch wenige Daten vor, Zielzellen sind ähnlich wie bei der Herpesvirusinfektion der obere Atmungs- und Verdauungstrakt sowie innere Organe (Lunge, Leber, Darm). Plötzliche Todesfälle sind beschrieben.

### Klinik
Die klinisch sichtbaren Veränderungen betreffen insbesondere den Rachenraum und zeigen sich in einer ulzerativen Stomatitis. Rhinitis und Konjunktivitis können ebenfalls auftreten, die Tiere sind meist apathisch und anorektisch. Inapparente Träger sind beschrieben worden.

### Diagnose
Der Virusnachweis erfolgt aus Rachentupfern oder einer Blutprobe (PCR, Kultur). Ein Antikörpernachweis ist beschrieben, aber noch nicht etabliert.

### Therapie
Eine spezifische Behandlung gibt es nicht. Die Therapie erfolgt symptomatisch wie bei der **Herpesvirusinfektion** (S. 104) beschrieben.

### Prognose
Vorsichtig bis ungünstig.

## Chamaeleomyces-Infektion

**Info**

Systemische mykotische Erkrankung bei Chamäleons und anderen Echsen mit zunehmender Bedeutung.

### Ätiologie & Pathogenese
Eine systemische Mykose ausgelöst durch *Chamaeleomyces granulomatis* wurde erstmals im Jahr 2010 in einer Gruppe Jemenchamäleons im Kopenhagener Zoo beschrieben. Mittlerweile konnte gezeigt werden, dass dieser Pilz einer der häufigsten Erreger von Mykosen bei Jemenchamäleons ist. *Chamaeleomyces granulomatis* konnte bisher nur von Jemenchamäelons isoliert werden. Dabei kommt es in Beständen in zeitlichem Abstand gehäuft zu Erkrankungen, so dass dieser Pilz als obligat pathogen für Jemenchamäleons gilt.

*Chamaeleomyces granulomatis* ist eng verwandt mit *Chamaeleomyces viridis* (früher *Paecilomyces viridis*), welcher als Verursacher eines ähnlichen Krankheitsbildes beim Pantherchamäleon (*Furcifer pardalis*) bereits vor fast 40 Jahren beschrieben wurde.

Dieser Pilz besitzt ein weiteres Wirtsspektrum und konnte bisher bei verschiedenen Chamäleonarten wie auch Bartagamen im Zusammenhang mit einer granulomatösen Glossitis, Pharyngitis und viszeralen Mykose nachgewiesen werden. Die Pilze gehören taxonomisch zur Familie der *Clavicipitaceae*, in der sich viele primär insektenpathogene Pilze befinden. Ein kausaler Zusammenhang zu Futterinsekten konnte bisher nicht nachgewiesen werden, aber eine Isolierung aus Bodenproben, so dass eine Infektion über das Bodensubstrat bei der Futteraufnahme oder durch direkten Kontakt mit infizierten Tieren wahrscheinlich ist.

### Klinik
Betroffene Tiere werden in der Regel aufgrund einer länger andauernden Nahrungsverweigerung und Abmagerung vorgestellt. Die vorrangigen klinischen Befunde sind multifokale Zubildungen auf der Zunge und im Rachen (► **Abb. 10.11, a, b**), die histopathologisch als granulomatöse Veränderungen charakterisiert sind. Oft fallen im Frühstadium der Infektion lediglich petechiale Blutungen auf der Zungenspitze bei erhaltenem Appetit auf. Dermatitiden und Zehennekrosen können ebenfalls häufig beobachtet werden.

### Diagnose
Um in Fällen einer vermuteten (System-)Mykose zu einer eindeutigen Diagnose zu kommen, ist sowohl die Charakterisierung der pathologischen Veränderung als auch die Isolierung des verursachenden Erregers notwendig. Die zytologische Untersuchung mit dem Nachweis von kurzen, unseptierten Pilzhyphen (► **Abb. 10.11, c**) kann den Verdacht einer entsprechenden Mykose erhärten. Die

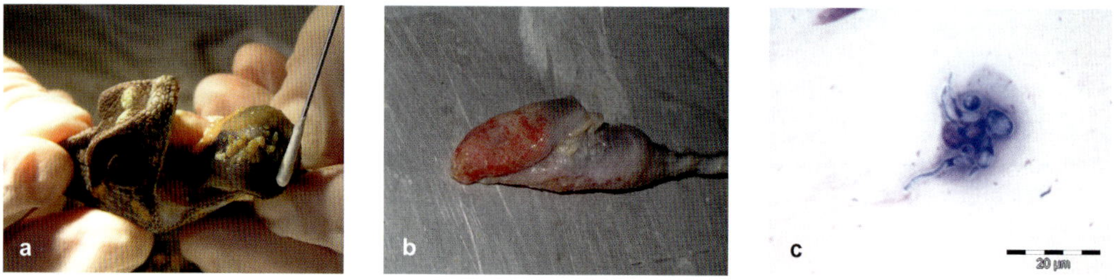


► **Abb. 10.11** *Chamaeleomyces*-Infektion. **a** Zungengranulome. **b** Veränderungen an der Zunge (Sektionsbild). **c** Zytologie (Diff-Quik-Färbung, 400fache Vergrößerung) eines Epithelabstrichs: Pilze und Hyphen.
(Klinik für Vögel und Reptilien, An den Tierkliniken 17, 04103 Leipzig)

histopathologische Untersuchung von Biopsaten sowie der kulturelle Nachweis der Pilze in spezialisierten Laboren bestätigt die Verdachtsdiagnose.

Zur Abklärung des Vorliegens einer viszeralen Ausbreitung sind eine Ultraschalluntersuchung sowie hämatologische und klinisch-chemische Untersuchungen sinnvoll. Inhomogenes Lebergewebe oder verklebte Eidotterfollikel einhergehend mit eine Leukozytose, Monozytose, Hyperglobulinämie sowie erhöhten GLDH-Werten sind häufige Befunde.

### Therapie

*Chamaeleomyces granulomatis* ist im Gegensatz zu *Chamaeleomyces viridis* resistent gegenüber gängigen Azol-Antimykotika. Terbinafin 12 und Nystatin 11 hemmen in vitro das Wachstum beider Pilze, Amphotericin B jedoch nicht. Aufgrund dieser Resistenzsituation kann bei Jemenchamäleons mit einer *Chamaeleomyces-granulomatis*-Infektion eine kombinierte antimykotische wirksame Chemotherapie mit Nystatin und Terbinafin über 4 Wochen versucht werden. Therapieerfolge können insbesondere im Frühstadium der Infektion erzielt werden.

Bei Bartagamen mit einer *Chamaeleomyces-viridis*-Infektion ist nach derzeitigem Kenntnisstand der Einsatz von Voriconazol 13 über 3 Monate empfehlenswert, um eine klinische Besserung des Allgemeinzustands zu erreichen. Eine vollständige Eliminierung des Pilzes wird jedoch nicht erreicht. Der Einsatz von Voriconazol bei Chamäleons ist fraglich, da behandelte Tiere nach 2 Wochen eine deutliche Verschlechterung des Allgemeinzustands zeigten.

## Kieferfehlstellung und -fraktur

**Info**

Meist metabolisch oder traumatisch bedingte Funktionseinschränkung überwiegend des Unterkiefers.

### Ätiologie & Pathogenese

Kieferfrakturen sind insbesondere bei Echsen häufig. Bei Schlangen spielen sie eine geringere Rolle, da die beiden Unterkieferäste sehr beweglich aufgehängt und nicht miteinander verwachsen sind. Die vorwiegenden traumatischen Ursachen sind Stürze sowie innerartliche Aggressionen. Daneben spielen auch Manipulationen an der Maulspalte, beispielsweise zur Medikamentenapplikation, eine Rolle, Bartagamen sind hier besonders anfällig. Daneben kann eine **Metabolic Bone Disease** (S. 193) eine prädisponierende Rolle spielen.

Deutlich verkürzte Ober- oder Unterkiefer sind nicht selten angeboren und meist das Ergebnis einer fehlerhaften Inkubation. Kieferfehlstellungen können angeboren sein, eine Folge einer Fraktur oder insbesondere der **Metabolic Bone Disease** (S. 193). Ist der Kiefer im Wachstum zu weich (► **Abb. 10.3**), kommt es zu Deformationen. Bei Schildkröten können **Veränderungen an den Hornplatten** (S. 111) sekundär zu Kieferfehlstellungen führen.

### Klinik

Bei Echsen und Schlangen sind Fehlstellungen und Frakturen der Kieferknochen klinisch oft sichtbar und gut palpierbar. Infolge der Fehlstellung kommt es häufig zu Malokklusionen. Letztere führen dann nicht selten zu Gingivitiden. Bei akuten Traumata

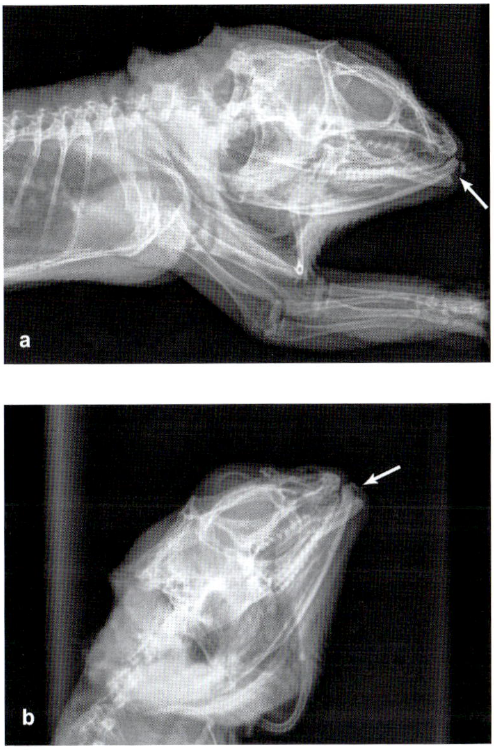

▶ **Abb. 10.12** Unterkieferfraktur. Röntgenuntersuchung bei einer Bartagame: Fraktur in der Knochensymphyse des Unterkiefers. **a** Laterolaterale Projektion. **b** Schrägprojektion.
(Klinik für Vögel und Reptilien, An den Tierkliniken 17, 04103 Leipzig)

sind die Tiere meist anorektisch und der Kiefer wird geschont.

### Diagnose

Neben der Palpation ist eine **Röntgenaufnahme** sinnvoll (▶ **Abb. 10.12**). Da sich im Kopfbereich mehrere Knochen überlagern, ist eine Schrägprojektion, möglichst bei geöffnetem Maul, meist aussagekräftiger. Neben der Deformation bzw. Fraktur sollte auch stets die Gesamtmineralisation der Knochen beurteilt werden.

Zur Abklärung einer **Metabolic Bone Disease** (S. 193) sollte bei Echsen auch eine blutchemische Untersuchung durchgeführt werden. Besteht der Verdacht auf eine (begleitende) Entzündung, ist eine mikrobiologische Untersuchung einer Tupferprobe indiziert.

### Therapie

Bei Deformierungen der Kieferknochen ist eine kausale Therapie meist nicht mehr möglich. Hier sollte auf eine möglichst optimale Kalziumversorgung und eine angepasste Ernährung geachtet werden. Kommt es zu einer Malokklusion, kann mit milden Antiseptika wie Chlorhexidin 57 versucht werden, die entstehenden Stomatitiden abzuschwächen. Bei Schildkröten besteht die Therapie insbesondere in einer Korrektur der Hornplatten (S. 112), um die Futteraufnahme zu gewährleisten.

Frakturen der Kiefer sollten, wenn möglich, so fixiert werden, dass eine Futteraufnahme noch erfolgen kann (▶ **Abb. 10.2**). Hierzu können die Prinzipien der Osteosynthese (S. 199) angewandt werden. Eine Alternative ist ein temporärer Maulverschluss (mit Verband oder Naht) bei gleichzeitigem Legen einer permanenten Magensonde (S. 31). Hierdurch ist eine Ruhigstellung gewährleistet. Es sollte aber ein Zugang zur Maulhöhle möglich sein, um die Schleimhaut zu spülen, die Atmung nicht einzuschränken und ggf. Infektionen erkennen zu können. Alle Maßnahmen zur Stabilisierung sollten über mindestens 3 Wochen aufrechterhalten werden, damit eine stabile Knochenheilung ermöglicht wird.

### Prognose

Die Prognose ist abhängig von der individuellen Situation. Solange eine Futteraufnahme gewährleistet ist, ist sie als günstig anzusehen. Regelmäßige tierärztliche Kontrollen sind in allen Fällen von Malokklusion anzuraten.

## Zahnveränderungen und Parodontitis

**Info**

Besonders bei akrodonten Spezies relevante Schäden an den Zähnen und der umgebenden Schleimhaut.

### Ätiologie & Pathogenese

Akrodonte Spezies wie Agamen, Warane, Leguane und Chamäleons sind besonders von Zahnveränderungen betroffen, da sie ihre Zähne nicht wechseln können. Allerdings gibt es auch innerhalb dieser Spezies Übergangsformen. Der Verlust von Zähnen ist meist traumatisch, infektiös oder durch eine **Metabolic Bone Disease** (S. 193) bedingt. Daneben spielen Infektionen auf den Zähnen, die sich dann in das umliegende Gewebe ausbreiten, eine große Rolle. Hierbei kommt es durch falsche Fütterung zu Plaques auf den Zähnen, in denen sich Bakterien ansiedeln. Im nächsten Schritt kommt es zu Gingivitiden und schließlich zu einer Infektion des Halteapparats der Zähne (Parodontitis, ▶ **Abb. 10.5**). Als Spätfolge lösen sich die Zähne und fallen aus.

### Klinik

Zahnfehlstellungen fallen selten auf und sind eher auf eine Fehlstellung des Kiefers zurückzuführen.

Entzündungen zeigen sich in Auflagerungen auf den Zähnen, Zahnfleischrötungen und schließlich einer Ablösung der Zahnleiste. Auch entzündete Schleimhauttaschen und Abszesse können entstehen. Da der Prozess lokal an den Zähnen abläuft, ist er von einer generalisierten Stomatitis zu unterscheiden. Die Tiere werden durch die Veränderungen häufig inappetent.

Bei pleurodonten Spezies kommt es infolge von Entzündungen bzw. Traumata oft zum Verlust einiger oder aller Zähne (▶ **Abb. 10.5**), das Zahnfleisch kann hochgradig geschwollen sein.

### Diagnose

Eine Röntgenuntersuchung kann abklären, inwieweit tiefer liegende Knochenstrukturen beteiligt sind. Im Zusammenhang mit Zahnveränderungen kann es zu Osteolysen, Proliferationen, aber auch Frakturen und Sequesterbildung kommen. Eine Tupferprobenentnahme und mikrobiologische Untersuchung sind bei entzündlichen Veränderungen essenziell.

### Therapie

Bei Gingivitiden und Parodontitiden sollten lockere Zähne oder Zahnleisten entfernt werden, da sie durch die Infektion so geschädigt sind, dass sie keine Funktion mehr besitzen. Lokal sind desinfizierende Lösungen wie Chlorhexidin **57** anzuwenden, meist ist eine systemische Antibiose nötig. Plaques auf den Zähnen sollten vorsichtig abgetragen werden. Hier sind regelmäßige Kontrollen und Nachbehandlungen (mehrmals im Jahr) nötig, um ein Wiederaufflammen der Parodontitis zu verhindern.

### Prognose

Die Prognose ist bei pleurodonten Spezies besser, wobei viele Spezies bei entsprechender Therapie auch ohne Zahnleisten zurechtkommen. Bei Chamäleons mit Veränderungen der Zahnleisten ist die Prognose meist schlechter.

## Zungenveränderungen

**Info**

Besonders bei Chamäleons auftretende Funktionseinschränkungen der Zunge.

### Ätiologie & Pathogenese

Bedingt durch die besondere Anatomie der Chamäleonzunge spielen Zungenveränderung bei diesen Reptilien klinisch eine besondere Rolle, es kann unter anderem zu Infektionen, Traumata, Lähmungen und zum Abschlucken der Zunge kommen. Auch bei Schlangen sind Zungenlähmungen nicht selten. Bei Schildkröten und anderen Echsen dagegen spielen insbesondere Glossitiden im Rahmen einer **Maulhöhleninfektion** (S. 104) eine Rolle.

Bei Chamäleons wie auch bei Schlangen wird ein Großteil der Zunge in eine schaftartige Zungentasche eingezogen. Hier kann es zu Infektionen kommen, die die Zungenfunktion beeinträchtigen. Auch Traumata und daraus resultierende Schwellungen spielen eine Rolle. Hierbei kann auch der Zungenbeinapparat betroffen sein. Schlaffe Lähmungen der Zunge können außerdem insbesondere bei Chamäleons durch einen Kalziummangel wie bei der **Metabolic Bone Disease** (S. 193) verursacht sein.

### Klinik & Diagnose

Bei Chamäleons fällt meist auf, dass sie ihre Beute nicht mehr „schießen“, also die Zunge nicht mehr einsetzen. Entsprechend sollte die Zunge bei der klinischen Untersuchung vorsichtig vorgelagert werden (▶ **Abb. 10.6**), sofern dies ohne starken Zug am wachen Tier möglich ist. Hier können dann Veränderungen untersucht und beprobt werden. In diesem Zusammenhang kann auch ein Abschlucken der Zunge gesehen werden. Die Zunge wird dann meist anverdaut und deutlich geschädigt (▶ **Abb. 10.13**). Infektiöse Veränderungen der Zun-

▶ **Abb. 10.13** Anverdaute, teilnekrotische Zunge nach Verschlucken bei einem Jemenchamäleon.
(Klinik für Vögel und Reptilien, An den Tierkliniken 17, 04103 Leipzig)

ge können mit bakteriellen, aber auch insbesondere mit mykotischen Veränderungen wie bei einer **Chamaeleomyces-Infektion** (S. 107) in Zusammenhang stehen.

Bei Schlangen fällt eine gelähmte Zunge meist dadurch auf, dass sie nicht mehr richtig eingezogen werden kann bzw. das Tier nicht mehr züngelt. Auch hier sollte die Zunge vorgelagert und auf eine Infektion hin untersucht und beprobt werden.

Bei Verdacht auf eine Schädigung des Zungenbeins, wie sie gelegentlich bei Leguanen gesehen wird, kann eine Röntgenaufnahme zur Darstellung der Knochen angefertigt werden.

### Therapie & Prognose

Geschwollene und infizierte Zungen sollten vorsichtig gereinigt, z. B. mit Chlorhexidin 57, und zurückverlagert werden. Außerdem sollte eine systemische antiinfektive Therapie erfolgen, z. B. bei einer **Chamaeleomyces-Infektion** (S. 107). Bei Zungenlähmungen bei Chamäleons ist mit Kalziumsubstitutionen ein möglicher Mangel auszugleichen.

Traumata sollten symptomatisch behandelt werden. Auch Veränderungen am Zungenapparat werden in der Regel konservativ behandelt. Bei persistierenden Lähmungen und Zungennekrosen kann bei Chamäleons eine **Amputation** versucht werden. Auch wenn diese einfach durchzuführen ist, ist die Beeinträchtigung deutlich und die Prognose von der dann folgenden Futteraufnahme des Patienten abhängig. Bei Schlangen ist eine Zungenamputation nicht sinnvoll.

## Hornplattenveränderungen und Schnabelfehlstellungen

**Info**

Häufig auftretende Funktionseinschränkung der Maulöffnung bei Schildkröten.

### Ätiologie & Pathogenese

Fehlstellungen, Malokklusionen sowie Verwachsungen der Hornschilde und der Kiefer bei Schildkröten stellen ein großes Problem dar, welches insbesondere auf einer falschen Ernährung beruht, sowohl in Bezug auf die Nährstoffe, z. B. bei **Metabolic Bone Disease** (S. 193), als auch auf die Struktur der angebotenen Nahrung. Es sind vorwiegend Landschildkröten betroffen. Daneben spielen Inkubationsfehler, Traumata (inklusive Bissverletzungen) und falsche Korrekturmaßnahmen eine Rolle.

In der Folge kommt es zu 2 Problemen: Erstens erfolgt die Abnutzung der Hornplatten gegeneinander nicht mehr wie vorgesehen, zweitens kommt es zu einer überschießenden Bildung von minderwertigem Horn, insbesondere bei **Leberfunktionsstörungen** (S. 328). Werden Fehlstellungen und Imbalanzen nicht frühzeitig korrigiert, verschieben sich die Hornplatten oft durch die Kaubewegung so stark, dass erhebliche Fehlstellungen und in der Folge deutliche Funktionseinschränkungen entstehen.

### Klinik & Diagnose

Auch wenn Fehlstellungen frühzeitig auffallen, werden die Tier oft in einem weit fortgeschrittenen Stadium vorgestellt, wenn sie die Futteraufnahme einstellen oder bereits deutlich abgemagert sind. Die häufigsten Fehlstellungen und Probleme sind in ▶ **Abb. 10.14** vorgestellt und beschrieben. Neben der klinischen Beurteilung ist die Abklärung einer **Metabolic Bone Disease** (S. 193) sowie der **Leberfunktion** (S. 328) von Bedeutung.

▸ **Abb. 10.14** Schnabelfehlstellungen und -schäden bei Schildkröten. **a** Oberschnabel überlang durch fehlende Abnutzung. Dieser Schnabel sollte vorsichtig zurückgekürzt werden. **b** Unterschnabelüberbiss durch fehlerhafte Inkubation. Auch hier sollte ein vorsichtiges Kürzen erfolgen, ein normaler Maulschluss wird vermutlich nicht erreicht werden. **c** Fehlstellung beider Schnäbel, Ursache unbekannt. Hier können Korrekturmaßnahmen nur die Nahrungsaufnahme erleichtern, eine normale Abnutzung wird nicht mehr erreicht. **d** Kreuzschnabel, Ursache unbekannt. Die Korrektur sollte wenn möglich als Überkorrektur so erfolgen, dass beide Kiefer sich in ihre ursprüngliche Position zurückdrücken. Praktisch ist diese Maßnahme meist nur bedingt erfolgreich. **e** Oberschnabel überlang und teilfrakturiert, Ursache unbekannt. Hier kann der Oberschnabel so gekürzt und dann im Wachstum kontrolliert werden, dass eine möglichst natürliche Abnutzung wieder gegeben ist. **f** Oberschnabel längs gerissen und minderwertiges Schnabelhorn durch Fehlernährung und Leberschädigung. Die Korrektur sollte vorsichtig erfolgen, um das brüchige Horn nicht weiter zu schädigen.
(Klinik für Vögel und Reptilien, An den Tierkliniken 17, 04103 Leipzig)

## Therapie & Prognose

Eine Restitutio ad integrum ist in aller Regel nicht möglich. Die Tiere sollten deshalb regelmäßig kontrolliert werden, zumal Korrekturmaßnahmen oft nur in kleinen Schritten durchgeführt werden können, um nicht in das vitale Gewebe zu gelangen. Zur Korrektur eignen sich Feilen und Schleifinstrumente (Dremel, Schleif- und Schneidaufsätze). Zangen und Scheren sollten nicht benutzt werden, da es oft zu Einrissen und Quetschungen im Horn kommt. Überstehende Hornplatten sollten vorsichtig zurückgekürzt werden. Bei Schleifaufsätzen ist darauf zu achten, dass sich keine übermäßige Hitze entwickelt.

Während kleine Korrekturen meist am wachen Patienten vorgenommen werden können, sollte eine Initialbehandlung unter Narkose erfolgen. Neben der Schmerzausschaltung lässt sich dann auch der Kopf vorlagern, und der Schluss der Maulhöhle kann kontrolliert werden. Das Ziel der Korrektur sollte sein, dass der Unterkiefer wieder leicht unter den Oberkiefer greift (▸ **Abb. 10.15**). Bei Kreuzbissfehlstellungen sollte verhindert werden, dass die Kiefer weiter gegeneinander verschoben werden, hier kann eine leichte Überkorrektur hilfreich sein.

## Prognose

Die Prognose ist meist gut, allerdings sind regelmäßige Nachkorrekturen nötig.

▸ **Abb. 10.15** Korrektur eines zu langen Unterschnabels. Ziel ist es, die Abnutzung der Hornplatten durch Reibung gegeneinander wieder herzustellen. Hier sind weitere Korrekturen am Unterschnabel in einem Abstand von 1–2 Monaten erforderlich.
(Klinik für Vögel und Reptilien, An den Tierkliniken 17, 04103 Leipzig)

## Rostraltrauma

### Info

Häufig vorkommende, durch falsche Haltung verursachte Verletzung der Kopfspitze bei Echsen.

### Ätiologie & Pathogenese

Rostraltraumata spielen insbesondere bei Wasseragamen, aber auch bei anderen Agamen, Leguanen und weiteren Echsen eine wichtige Rolle. Ursache ist zumeist eine durchsichtige Terrarienabtrennung (Glaswand), die von den Echsen nicht als solche erkannt wird. Da die Tiere diese unnatürliche Barriere auch nach mehreren Versuchen nicht begreifen, laufen sie so lange dagegen, bis sich die Haut im kranialen Oberkiefer- und Unterkieferbereich entzündet. In der Folge können tiefgreifende Ulzerationen mit Knochenbeteiligung entstehen, und Sekundärinfektionen komplizieren das klinische Bild. Seltener spielen Ursachen wie eine unzureichende Einstreudicke bei Grabeversuchen eine Rolle.

### Klinik & Diagnose

Das klinische Bild ist durch Erosionen, Blutungen und Entzündungen der Kopfspitze geprägt (▸ Abb. 9.4). In chronischen Fällen ist der Maulschluss nicht mehr gegeben und die Infektion greift auf das Innere der Maulhöhle und die Zähne über. Eine weitere Diagnostik dient der Beurteilung der Knochenschädigung (Röntgen) und der Sekundärkeimbeteiligung (bakteriologisch-mykologische Untersuchung).

### Therapie & Prognose

Die Wunden werden gereinigt, gesäubert und desinfizierend behandelt, z. B. mit Octenisept® 58. Bei tiefergreifenden Wunden ist eine systemische antiinfektive Therapie nötig. Zusätzlich sollte Vitamin A 66 zur Unterstützung der Epithelregeneration verabreicht werden. Auch Laserbehandlungen (S. 239) haben sich als hilfreich erwiesen. Meist heilen die Wundflächen nur langsam, und es entsteht Narbengewebe.

In hochgradigen Fällen, wenn der kraniale Unterkieferknochen freiliegt, gelingt ein Wundverschluss kaum mehr ohne Amputation der freiliegenden Knochenteile. In diesen Fällen ist die Prognose vorsichtig zu stellen.

In jedem Fall muss das Terrarium angepasst werden. Dies gelingt bereits durch einfache Maßnahmen wie einen Sichtschutz (Fototapete, Kork o. ä.) vor oder hinter der Scheibe und eine Anpassung der Einrichtung an die Gewohnheiten der Reptilien.

# 11 Würgen oder Erbrechen

Frank Mutschmann, Michael Pees

**Leitsymptomatik „Würgen oder Erbrechen“**

- Würgebewegungen, Auswürgen von Futtertieren oder Nahrungsbestandteilen
- Futter wird nicht oder nur unvollständig abgeschluckt
- nicht oder kaum verdautes Futter im Terrarium
- Umfangsvermehrungen im oberen Verdauungstrakt
- Umfangsvermehrungen im Bereich des Magens bei Schlangen
- in chronischen Fällen Abmagerung
- teilweise fehlender Kotabsatz

## 11.1 Allgemeines

Von **Regurgitation** spricht man, wenn Futter ohne aktive Würgebewegungen aus dem oberen Verdauungstrakt herausgewürgt wird, in der Regel, ohne dass es den Magen erreicht. Bei Futter, das aktiv durch gezielte Kontraktionen aus dem Magen retrograd wieder herausgebracht wird, handelt es sich dagegen um **Erbrechen (Vomitus)**. Die Unterscheidung ist, obwohl diagnostisch durchaus interessant, oft nicht einfach (▸ **Abb. 11.1**). In Zweifelsfällen kann eine pH-Bestimmung helfen, da Futter aus dem Magen einen niedrigeren pH aufweist (insbesondere bei Fleischfressern).

Grundsätzlich kommt Vomitus bei Reptilien häufiger vor als Regurgitation. Letztere kann bei übermäßiger Nahrungsaufnahme, Zwangsfütterung („force-feeding“), Beunruhigung und Stress oder bei ungeeigneter Nahrung bzw. zu großen Beutetieren auftreten. Neben vielen Krankheitsursachen, die für Vomitus bekannt sind, spielen die Haltung und das Fütterungsregime eine besondere Rolle, diese Faktoren sollten deshalb genau erfragt werden.

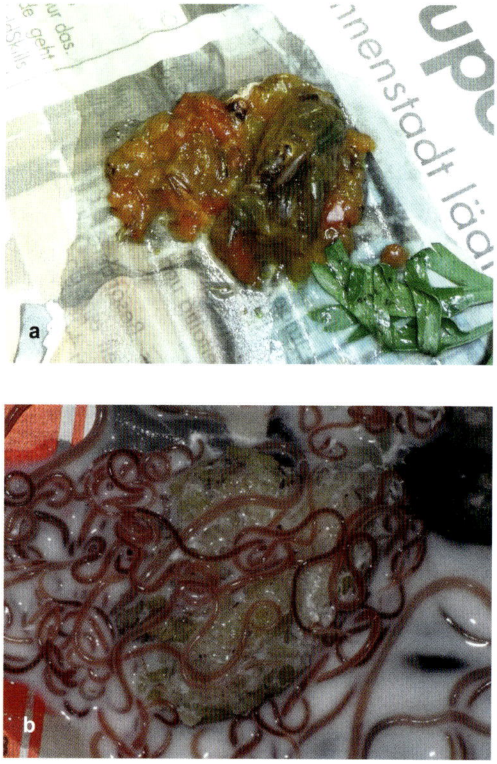

▸ **Abb. 11.1 a** Vomitus bei einem Grünen Leguan. Die Unterscheidung von unverdauten Kotbestandteilen ist bisweilen schwierig. **b** Vomitus bei einer Landschildkröte nach Applikation von Fenbendazol. Hier war ein hochgradiger Askaridenbefall im Magen der Auslöser für die Reaktion auf das Medikament.
(Klinik für Vögel und Reptilien, An den Tierkliniken 17, 04103 Leipzig)

## 11.2 Sofortmaßnahmen

Erbrechen kann viele Ursachen haben, ein einmaliges Erbrechen ist jedoch meist nicht der Grund für eine Vorstellung als Notfallpatient. Viel mehr werden die Tiere oft erst vorgestellt, wenn sie bereits seit längerem Futter wieder auswürgen und dann entsprechend entkräftet sind. In diesen Fällen ist eine sichere Diagnostik, in der Regel unter Einbeziehung bildgebender Verfahren, entscheidend für eine erfolgreiche Therapie.

### Sofortmaßnahmen

- Sicherung des Kreislaufs, des Flüssigkeitshaushalts (S. 44) und nachfolgend des Energiehaushalts
- Eine Zwangsernährung durch eine orale Eingabe von Futtertieren oder Ersatznahrung darf nur nach Kontrolle des Zustands und der Intaktheit des gesamten Verdauungsapparats erfolgen. Hierbei ist insbesondere auf eventuelle Rupturen, Obstipationen oder Fremdkörper zu achten.
- Als besonders problematisch und prognostisch unsicher sind Erkrankungen anzusehen, die im Zusammenhang mit dem Auftreten einer **Septikämie** (S. 327) oder einer **Vergiftung** (S. 220) stehen. Hierbei muss die Soforttherapie auf das wahrscheinlich auslösende Agens unter Berücksichtigung des gesamten Organismus ausgerichtet werden.

## 11.3 Diagnostik

Das diagnostische Vorgehen für das Leitsymptom Würgen oder Erbrechen ist im diagnostischen Leitfaden dargestellt.

# Diagnostischer Leitfaden: Würgen, Erbrechen

## Anamnese

- Haltung
  - Futter (Pflanzen, Futterqualität), Hygiene
  - Fütterungsregime: Menge, Tageszeit, SL Größe Futtertier
  - Kontakttiere, Herkunft
  - Stress (bes. SL)
- iatrogen
  - Medikamentenunverträglichkeit
- Vergiftung

## Klinische Untersuchung

- Allgemeinzustand
  - Septikämie?
  - Nephropathie?
  - Hepatopathie?
- Kotabsatz
  - Obstipation?
- Umfangsvermehrungen
  - generell
  - SL im Bereich Magen
    - Kryptosporidien?
- entzündliche Veränderungen im oberen Verdauungstrakt
  - Veränderungen in der Maulhöhle
  - bakterielle/mykotische Infektion?

▶ Leitsymptom Neurologische Ausfallerscheinungen ▶ S. 208

▶ Leitsymptom Neurologische Ausfallerscheinungen ▶ S. 208

▶ S. 327

▶ Blutchemie, Ultraschall ▶ Leitsymptom Anorexie, Apathie ▶ S. 318

▶ Blutchemie, Ultraschall ▶ Leitsymptom Anorexie, Apathie ▶ S. 318

▶ (Kontrast-) Röntgen ▶ Leitsymptom Störung des Kotabsatzes bzw. Kotveränderung ▶ S. 126

▶ Leitsymptom Umfangs-vermehrung ▶ S. 297

▶ Kotuntersuchung Magenspülung, PCR ▶ Leitsymptom Störung des Kotabsatzes bzw. Kotveränderung ▶ S. 126

▶ Leitsymptom Veränderungen von Maul bzw. Maulhöhle ▶ S. 92

▶ Tupfer/Magenspülung, bakteriologische und mykologische Untersuchung ▶ S. 124

Fortsetzung: **Diagnostischer Leitfaden: Würgen, Erbrechen**

- Verdacht auf Passagestörung des (oberen) MDT
  - Fremdkörper?
  - Obstipation, Striktur?
  - Darmatonie?
- Verdacht einer Gastritis
  - Magenspülung
- immer: parasitologische Untersuchung
- SL
  - Ferlavirusinfektion?
  - bei Boa/Python: Inclusion Body Disease?
- unklarer Befund, persistierende Symptomatik
  - Adenovirusinfektion?
  - Reovirusinfektion?

| | | | |
|---|---|---|---|
| ▶ evtl. Röntgen/Endoskopie | | ▶ Leitsymptom Dyspnoe, Leitsymptom Störung des Kotabsatzes bzw. Kotveränderung | ▶ S. 54/ S. 126 |
| ▶ (Kontrast-)Röntgen; Endoskopie | | ▶ Leitsymptom Störung des Kotabsatzes bzw. Kotveränderung | ▶ S. 126 |
| ▶ Ultraschall | | ▶ Leitsymptom Störung des Kotabsatzes bzw. Kotveränderung | ▶ S. 126 |
| ▶ bakteriologische und mykologische Untersuchung | ▶ bakterielle/ mykotische Infektion | | ▶ S. 135 |
| ▶ parasitologische Untersuchung | ▶ Endoparasitose | | ▶ S. 136 |
| | ▶ Endoparasitose | | ▶ S. 136 |
| ▶ Tupfer/Spülprobe: virologische Untersuchung, Blut: Serologie | | | ▶ S. 75 |
| ▶ Biopsie, virologische Untersuchung, Blut: Buffy Coat | | | ▶ S. 216 |
| ▶ Kloakentupferprobe: virologische Untersuchung, Blut: Serologie | | | ▶ S. 125 |
| ▶ Tupfer/Spülprobe: virologische Untersuchung, Blut: Serologie | | | ▶ S. 74 |

### 11.3.1 Besonderes Augenmerk bei der Anamnese

Viele Ursachen für das Hochwürgen von Futter liegen in nicht adäquaten **Haltungs- und Fütterungsbedingungen**. Hierzu gehört zum einen das verwendete Futter, wobei insbesondere Futterumstellungen erfragt werden sollten. Zum anderen spielen die Hygiene bei der Fütterung und auch das Fütterungsregime eine große Rolle. Häufig werden zu große Mengen pro Mahlzeit verfüttert, oder die Tageszeit ist nicht passend (beispielsweise am Tage bei nachtaktiven Tieren). Bei Schlangen werden oft zu große oder zu kalte, teilweise nicht adäquat erwärmte Beutetiere (besonders bei Gabe von Frostfutter) angeboten. Selbst wenn die Fütterung artgerecht durchgeführt wurde, kann auch eine Störung in der Verdauungsphase zum Hochwürgen des aufgenommenen Futters führen, da viele Spezies in dieser Phase Ruhe und Abgeschiedenheit benötigen. Schlangen sind hierfür besonders empfindlich.

Die **Herkunft** der Tiere wie auch der **Kontakt zu anderen Tieren** ist wichtig: Viele Infektionserreger bzw. Parasiten, die zu Vomitus führen können, sind kontagiös und primär pathogen, so dass sie als Bestandsproblem oder nach Zukauf von Tieren in die Kollektion zum Problem werden.

Ebenfalls oft nur anamnestisch abgeklärt werden kann eine mögliche **Vergiftung** (S. 220), sei sie iatrogen (▸ **Abb. 11.1**) oder durch Aufnahme toxischer Substanzen. Viele verschiedene Stoffe und Pflanzen können zu Vergiftungserscheinungen und folgendem Erbrechen führen. Von besonderem Interesse in der Anamnese sind unter anderem Reinigungs- und Desinfektionsmittel und Antiparasitika, die in der Umgebung oder am Tier angewendet wurden, Pflanzen in der Umgebung des Tieres (Fraßspuren?), aufgenommene Fremdkörper sowie mögliche tierärztliche (oder eigenständige) Behandlungen. Bei letzteren sind speziesabhängige Nebenwirkungen oft kaum bekannt. Unter anderem sind Organophosphate, Levamisol, Metronidazol und auch Xylazin als mögliche Ursachen bekannt. Für nähere Informationen wird auf das Leitsymptom Störung des Nervensystems (S. 208) verwiesen.

### 11.3.2 Besonderes Augenmerk bei der klinischen Untersuchung

#### Wie ist der Allgemeinzustand?

Auch wenn der Allgemeinzustand von vielen Faktoren abhängig ist, geben doch zwei Auffälligkeiten Hinweise auf die möglicherweise zugrundliegende Ursache: Zum einen kann eine **Septikämie** (S. 327), wie sie sich insbesondere durch Veränderungen an der Maulschleimhaut, Stomatitiden oder Verfärbung der Schuppen ins Rötliche (▸ **Abb. 17.4**) zeigt, zu Erbrechen führen. Zum anderen kann ein stark gestörtes Allgemeinbefinden auf ein Organversagen hindeuten. Hier sind insbesondere eine **Niereninsuffizienz** (S. 330) oder eine **Hepatopathie** (S. 328) als mögliche Ursachen in Betracht zu ziehen. Im Verdachtsfall sollten weitergehende Untersuchungen mittels Ultraschall sowie ein blutchemisches Screening durchgeführt werden.

#### Setzt das Tier noch Kot ab?

Fehlender Kotabsatz kann einerseits durch die sistierende Futterpassage infolge (wiederholten) Erbrechens bedingt sein. Andererseits kann aber auch eine **Obstipation** (S. 148) im Darm oder in der Kloake durch einen Rückstau und eine Reduktion der Gesamtmotilität zu Erbrechen führen. Ein Röntgenbild kann hier wertvolle Hinweise liefern. Die Anwendung von (jodhaltigen) Kontrastmitteln ergibt weitere Informationen über die Darmpassage und Hinweise auf mögliche Verlegungen.

#### Finden sich Umfangsvermehrungen?

Umfangsvermehrungen entlang des Verdauungstrakts sind eine wichtige Ursache für das Regurgitieren oder Erbrechen von Futter. Ergibt sich in der klinischen Untersuchung oder in weiterführenden Untersuchungen ein entsprechender Verdacht, wird generell auf das Leitsymptom Umfangsvermehrungen (S. 297) verwiesen.

Eine Besonderheit, die im Zusammenhang mit Erbrechen bei Schlangen erwähnt werden sollte, ist eine Umfangsvermehrung im Bereich des Magens (▸ **Abb. 11.2**), die kombiniert mit dem regelmäßigen Erbrechen von Futtertieren ein typisches, aber nicht pathognomonisches Zeichen für eine

▸ **Abb. 11.2** Gastritis bei einer Kornnatter nach Kryptosporidieninfektion.
(Klinik für Vögel und Reptilien, An den Tierkliniken 17, 04103 Leipzig)

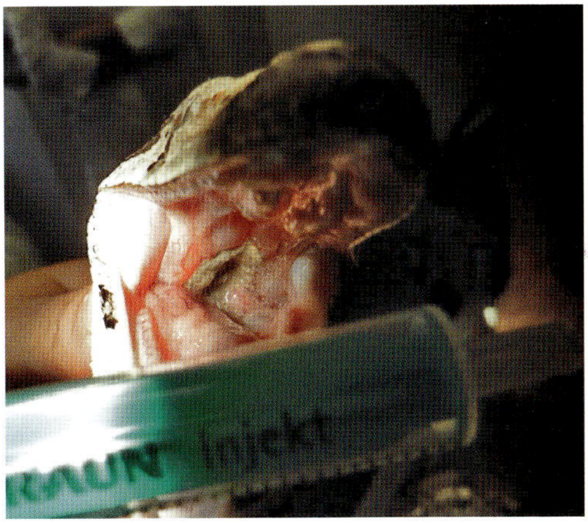


▸ **Abb. 11.3** Ösophagitis bei einem Python.
(Klinik für Vögel und Reptilien, An den Tierkliniken 17, 04103 Leipzig)

**Kryptosporidieninfektion** (S. 140) ist. In solchen Fällen ist eine Magenspülung (S. 122) mit nachfolgender Untersuchung auf Kryptosporidien (Anfärbung, ELISA, IFAT, PCR) indiziert.

Differenzialdiagnostisch ist bei Schlangen eine Erweiterung des Herzbeutels (Einblutungen, „Panzerherz") abzugrenzen – siehe Leitsymptom Umfangsvermehrung (S. 297). Derartige Prozesse treten in Folge mechanischer Traumata (bei Zwangsernährung, zu großen Beutetiere, Verletzungen z. B. durch Knochen), Eingeweidegicht oder von Infektionen auf.

## Finden sich Veränderungen im oberen Verdauungstrakt?

Veränderungen der Maulhöhle (S. 92) finden sich beim entsprechenden Leitsymptom. Ein Vitamin-A Mangel kann insbesondere bei Chamäleons zu Schluckbeschwerden führen. Frakturen im Kieferbereich und Veränderungen am Zungenbein sind besonders bei Echsen Ursachen von Schluckbeschwerden. Wenn die Veränderung den hinteren Rachen und die Speiseröhre betreffen, können sie ein Hinweis für eine Infektion von Ösophagus und Magen sein (▸ **Abb. 11.3**). Hier ist die zytologische und mikrobiologische Untersuchung einer Tupferprobe aus dem Ösophagus oder ergänzend einer Spülprobe aus dem Magen (S. 122) sinnvoll.

Passagestörungen im oberen Verdauungstrakt können auch ausgelöst werden durch **Fremdkörper** (S. 148) oder andere Umfangsvermehrungen. Auch **Obstipationen oder Strikturen** (S. 148) im Bereich des Ösophagus, wie sie infolge alter Verletzungen entstehen, können die Passage behindern. Diese Störungen lassen sich durch bildgebende Verfahren entweder direkt (Endoskopie) oder indirekt (Röntgen, auch hier ist die Eingabe eines Kontrastmittels sinnvoll) untersuchen.

Schließlich kann sich eine Gesamtmotilitätsstörung wie bei der **Darmatonie** (S. 147) auch auf die Passage im Ösophagus auswirken, eine Ultraschalluntersuchung ist das Mittel der Wahl zur Darstellung der Darmmotilität.

## Könnte eine Gastritis vorliegen?

Die oben erwähnte Umfangsvermehrung bei Schlangen ist ein Hinweis auf eine Gastritis, andere sind meist weniger spezifisch, weshalb bei wiederholtem Hochwürgen von anverdautem Futter eine Magenspülung zur Untersuchung einer Probe eine sinnvolle diagnostische Möglichkeit ist. Daneben spielen die endoskopische Beurteilung sowie die Nutzung weiterer bildgebender Verfahren eine Rolle (▸ **Abb. 11.4**).

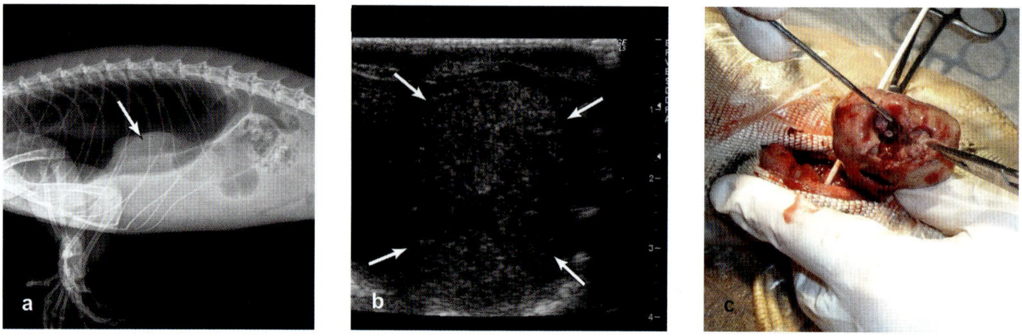

▸ **Abb. 11.4** Grüner Leguan mit chronischem Erbrechen. **a** Die Röntgenaufnahme zeigt eine unklare Umfangsvermehrung im Bereich von Leber/Magen (Pfeil), der Darm ist aufgegast. **b** In der Ultraschalluntersuchung lässt sich eine kaum durchblutete Umfangsvermehrung am oder im Magen differenzieren (Pfeile). **c** Die Laparotomie ergibt einen Abszess in der Magenwand, der durch *Salmonella* sp. verursacht wurde und die Futterpassage behindert hat.
(Klinik für Vögel und Reptilien, An den Tierkliniken 17, 04103 Leipzig)

## 11.3.3 Magenspülprobe

**Praxistipp**

**Entnahme einer Magenspülprobe**

Der Magen ist bei den meisten Reptilien verhältnismäßig einfach aufgebaut und nicht sehr dickwandig.

EC Die Beprobung bei Echsen (Agamen, Leguanen) ist relativ einfach, da man über den Ösophagus auch mit einer starren Sonde problemlos in den Magen kommt.

SK Bei Schildkröten macht die Speiseröhre vor dem Eintritt in den Magen eine Biegung, so dass hier vorsichtig und mit flexiblen Sonden gearbeitet werden sollte – wie beim Legen einer Magensonde (S. 31).

SL Bei Schlangen ist die Magengröße extrem vom Zeitpunkt der Fütterung abhängig. Bei ihnen kann eine flexible Sonde bis in den Magen vorgeschoben werden, allerdings sollte diese mit etwas Paraffin gleitfähig gemacht und bei Bedarf schon beim Einschieben etwas Flüssigkeit eingegeben werden, um sie über die lange Speiseröhre möglichst sicher in den Magen führen zu können. Dieser befindet sich etwa in der Körpermitte (kaudal der Leber), weshalb Sonden mit geeigneter Länge Verwendung finden müssen. Bei großen Riesenschlangen ist deshalb eine Magenspülprobe nur schwer zu gewinnen.

Die Beprobung erfolgt durch die Eingabe von etwas NaCl-Lösung (ca. 10 ml/kg bei kleineren Reptilien, 5 ml/kg bei Tieren über 1 kg Körpermasse, auf keinen Fall darf die Flüssigkeit unter Druck appliziert werden). Ein Teil dieser Flüssigkeit wird anschließend zurückgewonnen und untersucht.

Die gewonnene Flüssigkeit kann auf verschiedene Weise untersucht werden:

- nativ auf Endoparasiten (S. 136), z. B. Flagellaten
- zytologisch (S. 344) nach Anfärbung auf Parasiten, Bakterien und Pilze
- mikrobiologisch (S. 345) auf Bakterien und Pilze
- mittels ELISA, IFAT oder molekularbiologisch auf **Kryptosporidien** (S. 140) sowie ggf. auf Viren

## 11.3.4 Kotuntersuchung

Eine parasitologische Kotuntersuchung, wie sie generell für Reptilien zu empfehlen ist, ist hier ein obligater Bestandteil der Diagnostik, da verschiedene **Endoparasiten** (S. 136) zu Erbrechen führen können. Hierbei sind die Proben nativ (ggf. mit etwas physiologischer NaCl-Lösung versetzt) zu untersuchen. Um eine bessere Kontrastierung der Stadien zu erreichen, empfiehlt sich der Zusatz eines Tropfens Lugol-Lösung. Im nächsten Schritt können Konzentrationsmethoden (z. B. kombiniertes Flotations- und Sedimentationsverfahren) angewandt werden wie im Kapitel zur parasitologischen Untersuchung (S. 347) beschrieben.

### 11.3.5 Erweiterte Untersuchungen bei Schlangen

Bei Schlangen können 2 Virusinfektionen ursächlich in Zusammenhang mit Erbrechen stehen: Zum einen Paramyxoviren, also **Ferlaviren** (S.75), bei grundsätzlich allen Schlangen, zum anderen das Virus der **Inclusion Body Disease** (S.216), welches vornehmlich bei Boas und Pythons auftritt. Beide Erkrankungen können auch zentralnervöse Erscheinungen und Atemwegssymptome auslösen. Zur Diagnostik der Ferlavirusinfektion eignen sich Tupfer- oder Spülproben, welche virologisch untersucht werden. Zur Diagnostik der Inclusion Body Disease ist der Nachweis von Einschlusskörperchen (in Leberbiopsaten, bei Boas auch in peripheren Blutzellen) sowie von Arenaviren mittels PCR möglich. Der serologische Antikörpernachweis gegen Ferlaviren ist prinzipiell möglich, aber unzuverlässig.

### 11.3.6 Abklärung bei unklaren Befunden oder sich wiederholender Symptomatik

Über die Rolle von **Adenoviren** (S.125) und **Reoviren** (S.74) bei Reptilienkrankheiten ist noch nicht viel bekannt. Dennoch zeigen Fallberichte die ätiologische Bedeutung bei Darminfektionen. Gerade bei therapieresistenten Infektionen bzw. rezidivierendem Erbrechen sollten diese beiden Virusinfektionen abgeklärt werden, hierzu können Tupfer- oder Spülproben molekularbiologisch untersucht werden.

## 11.4 Wichtige Ursachen

Wichtige Ursachen von Würgen oder Erbrechen sind in ▸ **Tab. 11.1** beschrieben.

▸ **Tab. 11.1** Wichtige Ursachen von Würgen oder Erbrechen.

| Ursachen | | Bedeutung * | | | Bemerkungen, s. auch andere Leitsymptome |
|---|---|---|---|---|---|
| | | EC | SL | SK | |
| Bakterien | grampositive Bakterien (S.124) | + | + | + | - |
| | gramnegative Bakterien (S.124) | ++ | ++ | ++ | - |
| Pilze | *Candida* spp. (S.124) | ++ | + | +++ | - |
| Viren | Paramyxoviren: Ferlavirus (S.75) | + | ++ | + | - |
| | Inclusion Body Disease (S.216) | - | ++ | - | - |
| | Reovirus (S.74) | + | + | ++ | - |
| | Adenovirus (S.125) | ++ | + | + | - |
| Parasiten | Askariden (S.144) | + | ++ | ++ | besonders bei Wildfängen oder Pseudofarmnachzuchten |
| | Amöben (S.139) | ++ | ++ | - | - |
| | Flagellaten (S.137) | ++ | ++ | ++ | Haltungs- und Ernährungsfehler, selten primär |
| | Kryptosporidien (S.140) | ++ | +++ | - | - |
| metabolische Ursachen | Nephropathie, inklusive Gicht (S.330) | ++ | ++ | ++ | - |
| | Hepatopathie (S.328) | ++ | ++ | ++ | - |
| raumfordernde Prozesse | Neoplasien (S.314) | + | + | + | - |
| | Abszesse/Granulome (S.307) | ++ | ++ | ++ | - |
| | Fremdkörper/Magenüberladung (S.148) | ++ | +++ | ++ | Magenüberladung auch durch Zwangsernährung sowie selbsttätig (Schlangen) |
| Sonstiges | Intoxikationen (S.220) | ++ | ++ | ++ | - |
| | Darmatonie (S.147) | ++ | + | ++ | - |
| | Septikämie (S.327) | ++ | ++ | ++ | - |

* Bedeutung bei der Entstehung der entsprechenden Leitsymptomatik, Erfahrungswerte der Autoren.

### 11.4.1 Erkrankungen

#### Bakterielle und mykotische Infektionen des oberen Verdauungstrakts

**Info**

Häufig vorkommende Erkrankung im gesamten oberen Verdauungstrakt inklusive der Maulhöhle bei allen Reptilienarten.

#### Ätiologie & Pathogenese

Entzündliche Veränderungen kommen im gesamten oberen Verdauungstrakt vor und lassen sich entsprechend ihrer Lokalisation in Stomatitiden, Gingivitiden, Ösophagitiden und Gastritiden unterscheiden. All diesen Erscheinungsformen ist gemeinsam, dass meist eine bakterielle oder mykotische Beteiligung nachgewiesen werden kann, welche auch gezielt behandelt werden muss.

Oft liegt diesen Infektionen jedoch eine virale oder parasitäre Primärerkrankung zugrunde. Entsprechend ist das diagnostische Schema bei der entsprechenden Leitsymptomatik zu beachten. Als häufige Primärinfektionen sind unter anderem **Herpesviren** (S. 104) und **Ranaviren** (S. 106) in der Maulhöhle bei Schildkröten sowie **Kryptosporidien** (S. 140) bei Gastritiden von Schlangen zu nennen. Daneben spielen auch Fremdkörper, Traumata, Organschäden (Nieren), Fehlernährung und ein missbräuchlicher Antibiotikaeinsatz eine Rolle.

Das nachgewiesene Keimspektrum ist breit, wobei meist gramnegative Bakterien beteiligt sind. Typisch ist dabei die Veränderung der breitgefächerten Maulflora (die auch bei gesunden Tieren gramnegative Bakterien beinhaltet) hin zu dem dominierenden Nachweis eines einzelnen Keimes. Auch Mykobakterien sind von Bedeutung. Hier sind besonders aquatile bzw. feuchtigkeitsliebende Reptilien betroffen. Die häufigsten Erreger, die bei Entzündungen gefunden werden, sind *Pseudomonas* spp., *Aeromonas* spp., *Stenotrophomonas maltophila, Proteus* spp., *Klebsiella* spp. und *Salmonella* spp. Mykotische Erreger umfassen häufig Hefepilze (*Candida* spp.), aber auch Schimmelpilze spielen eine Rolle.

Aus oberflächlichen Entzündungen der Maulschleimhaut entwickeln sich tiefgreifende Veränderungen, bis hin zur Knochenbeteiligung und zur Septikämie. Auch Abszesse und Granulome entstehen in der Folge – siehe Leitsymptom Umfangsvermehrung (S. 297).

**! Eine besonders bei Schlangen häufige Stomatitis ulcerosa ist stets als Hinweis auf eine systemische Infektion zu werten und darf nicht nur lokal therapiert werden.**

#### Klinik

Veränderungen der Maulhöhle (S. 92) sind klinisch am einfachsten zu beurteilen (▸ **Abb. 10.7**). Daneben kommt es aber auch zu Entzündungen des Ösophagus (▸ **Abb. 11.3**), welche oft nur endoskopisch beurteilt werden können. Entzündungen im Bereich des Magens fallen bei Schlangen, z. B. bei **Kryptosporidienbefall** (S. 140), oft bereits äußerlich auf, bei Echsen und Schildkröten sind in der Regel bildgebende Verfahren erforderlich (▸ **Abb. 11.4**). Die Symptomatik umfasst Anorexie, Apathie, sowie das Herauswürgen von aufgenommener Nahrung meist wenige Stunden nach Fütterung. In der Folge magern die Tiere über Wochen zunehmend ab.

#### Diagnose

Der Tupferprobenuntersuchung und ggf. der Untersuchung einer Magenspülprobe kommt große Bedeutung zu. Hierbei werden sowohl die Zusammensetzung der nachgewiesenen Flora als auch die beteiligten Keime bestimmt. Aufgrund der oben erwähnten Primärursachen sollten bei Verdacht weiterführende Untersuchungen durchgeführt werden.

#### Therapie

Die Therapie der bakteriellen Beteiligung umfasst die lokale Behandlung sowie – außer bei milden, oberflächlichen Veränderungen – eine systemische Therapie. Eine Antibiose sollte vorrangig nach Resistenztest erfolgen. Antimykotika richten sich nach dem nachgewiesenen Pilz, eine lokale Hefepilzbeteiligung sollte mit oraler Gabe von Nystatin **11** behandelt werden, Schimmelpilzinfektionen mit Itraconazol **10** oder, bei fehlendem Erfolg oder stark invasivem Wachstum, mit Voriconazol **13**.

Lokal sind milde Antiseptika wie Jodlösung **59** oder Chlorhexidin **57** geeignet, wobei tägliche Spülungen bei möglichst geringer Schleimhautmanipulation sinnvoll sind. Zur Unterstützung der Schleimhautregeneration ist Vitamin A 66 (mit Bedacht bei herbivoren Reptilien, nicht bei Landschildkröten) hilfreich.

Bei hochgradigen Entzündungen im Bereich der Maulhöhle kann eine Magensonde (S.31) gelegt werden, um den Bereich zu beruhigen und nicht durch eine wiederholte Zwangsfütterung weiter zu schädigen. Begleitend können Entzündungshemmer mit analgetischer Wirkung wie Meloxicam 37 eingesetzt werden, da die reduzierte Futteraufnahme eine Reaktion auf den Wundschmerz sein kann.

### Prognose

Die Prognose ist abhängig von möglichen zugrundeliegenden Infektionen und dem Ausmaß der Schädigungen. Bei milden Fällen ist sie gut, bei hochgradigen Veränderungen mit Knochenbeteiligungen jedoch infaust.

## Adenovirusinfektion

**Info**

Am häufigsten bei Echsen auftretende infektiöse Erkrankung insbesondere des Verdauungstrakts und der Leber mit noch unklarer Bedeutung.

### Ätiologie & Pathogenese

Die bei Echsen und Schlangen gefundenen Adenoviren gehören zur Gattung Atadenoviren. Eine Koevolution dieser Viren mit Reptilien wird vermutet, was ein Grund für die offensichtliche variable Pathogenität in Abhängigkeit von der Spezies wie auch von Koinfektionen sein kann. Die Erkrankung ist bei Echsen und Schlangen nachgewiesen, wobei Echsen und hier insbesondere Bartagamen häufig betroffen sind. Zu Übertragungswegen und der Pathogenese im Reptil ist noch wenig bekannt, der Virusnachweis gelingt aus verschiedenen Geweben. Als hauptsächliche Zielorgane sind die Leber und der Magen-Darm-Trakt, aber auch das Gehirn und die Lunge zu nennen. Entsprechend sind auch die klinischen Symptome ausgeprägt. Bei Schildkröten sind verschiedene Adenoviren, die mit den Adenoviren der Echsen und Schlangen nur entfernt verwandt sind, nachgewiesen worden. Ihre klinische Bedeutung ist wie bei den Echsen relativ unbekannt. Adenoviren haben in der Umwelt eine relativ hohe Tenazität.

### Klinik

Das mit der Infektion verbundene klinische Bild ist stark abhängig vom Immunzustand des Tieres und von auftretenden Koinfektionen. Neben unspezifischen Symptomen wie Apathie, Anorexie und Abmagerung kommt es zu Verdauungsstörungen sowie zu Erbrechen. Auch zentralnervöse Ausfallerscheinungen wie Opisthotonus und Kreisbewegungen können auftreten, ebenso wie, seltener, respiratorische Probleme. Auch die Haut bzw. die Maulschleimhaut (Stomatitis) kann betroffen sein. An eine mögliche Adenovirusinfektion ist insbesondere zu denken, wenn Störungen der Verdauung oder Erbrechen trotz Behandlung anderer nachgewiesener Infektionen bestehen bleiben oder wieder auftreten.

Bei adenovirusinfizierten Schildkröten scheinen Koinfektionen ebenfalls eine große Rolle zu spielen. Klinisch kommen Anorexie und Lethargie, Nasen- und Augenausfluss, Schleimhautulzerationen, Durchfall und plötzliche Todesfälle vor.

### Diagnose

Die Diagnostik erfolgt molekularbiologisch über eine Kloakentupferprobe. Der serologische Nachweis von Antikörpern ist grundsätzlich beschrieben, spielt aber derzeit in der Routinediagnostik keine Rolle.

### Therapie & Prognose

Eine spezifische Therapie ist nicht bekannt. Begleitende Infektionen sollten behandelt und die Tiere einzeln gehalten werden. Eine symptomatische Therapie kann zu einer Besserung führen. Eine Therapieresistenz bestehender Symptome ist ein Grund für eine Euthanasie, dies sollte aber nur für den Einzelfall entschieden werden. Zur Prognose lässt sich derzeit aufgrund fehlender Daten keine Aussage treffen.

# 12 Störung des Kotabsatzes bzw. Kotveränderung

Frank Mutschmann, Michael Pees

**Leitsymptomatik „Störung des Kotabsatzes bzw. Kotveränderung"**
- fehlender oder übermäßiger Kotabsatz
- Veränderungen der Kotkonsistenz oder Farbe
- Beimengungen im Kot
- unverdaute Futterbestandteile im Kot
- Probleme beim Kotabsatz
- Vorfall von Kloaken- oder Darmgewebe (S. 164)

## 12.1 Allgemeines

Der untere Verdauungstrakt ist bei Reptilien abhängig von der Lebens- und Ernährungsweise extrem variabel strukturiert, folgt aber wie beim Säuger der grundsätzlichen Einteilung in Dünndarm, Zäkum und Dickdarm. Als Anhangsorgane sind Leber und Pankreas vorhanden. Das Zäkum ist artspezifisch unterschiedlich angelegt, rudimentär bei karnivoren Spezies, dagegen bei einigen herbivoren Spezies als distale Gärkammer sehr deutlich ausgeprägt. Der Darm liegt häufig in leichten Längsfalten und mündet zusammen mit den Harnleitern und den Geschlechtsöffnungen in die **Kloake**, welche durch einen Muskelsphinkter nach außen verschlossen ist. Dabei wird die Kloake in ein Urodaeum (Mündung der Harnleiter und des Reproduktionstrakts), ein Koprodaeum und ein Proktodaeum eingeteilt. Die Kloake (wie auch ggf. der Harnsack) spielen eine wichtige Rolle im Flüssigkeits- und Elektrolythaushalt.

Generell haben herbivore Reptilien vergleichsweise einen längeren Darmkanal, und die **Futterpassage** ist ebenfalls deutlich länger als bei karnivoren Spezies. So beträgt die gesamte Passagezeit von Futter nach oraler Aufnahme bei Europäischen Landschildkröten (in Abhängigkeit von der Qualität des Futters) zwischen 14 und 35 Tagen. Die Motilität des Darmes und damit die Verdauung wie auch die Passagezeit hängen bei Reptilien extrem von der Temperatur ab. Bei karnivoren Spezies, welche Nahrung in größeren Mengen und Abständen zu sich nehmen, also insbesondere bei Riesenschlangen, sind die Dicke und Morphologie der Darmschleimhaut sowie die Aktivität des Darmes (wie auch den Magens) extrem abhängig vom Fütterungszustand. Dies gilt ebenso für die Größe der Leber.

Die **Mikroflora des Darmes** ist insbesondere bei herbivoren Spezies von großer Bedeutung für die Verdauung, sie schließt verschiedene aerobe wie auch anaerobe Bakterien ein. Bei vielen Bakterien ist ihre Rolle im Verdauungsvorgang im Darm nicht bekannt, aber sie werden zur autochthonen Flora gezählt. Hierzu gehören auch Salmonellen. Derzeit ist die Beurteilung, welche Keime als problematisch einzustufen sind, nicht einfach. Ein Hinweis ist meist das übermäßige Wachstum eines einzelnen Keimes bei gleichzeitiger Einengung des Keimspektrums.

Auch Protozoen haben eine potenzielle Bedeutung bei der Zersetzung schwer verdaulicher Nahrungsbestandteile. Ebenso ist belegt, dass Oxyuriden den Aufschluss von Zellulose unterstützen und eine bessere Verdaulichkeit der Nahrung bei herbivoren Reptilien hervorrufen. Die gilt insbesondere im Freiland. Unter Terrarienbedingungen kann es aber rasch zu einer Superinfektion mit Oxyuriden kommen, die zu Erkrankungen – siehe **Endoparasitosen** (S. 136) – führen.

## 12.2 Sofortmaßnahmen

Neben dem Nährstoffverlust ist bei Diarrhoe insbesondere der Flüssigkeitsverlust kritisch. Entsprechend sollten auffällige Tiere zunächst rehydriert (S. 44) und parenteral mit Nährstoffen ver-

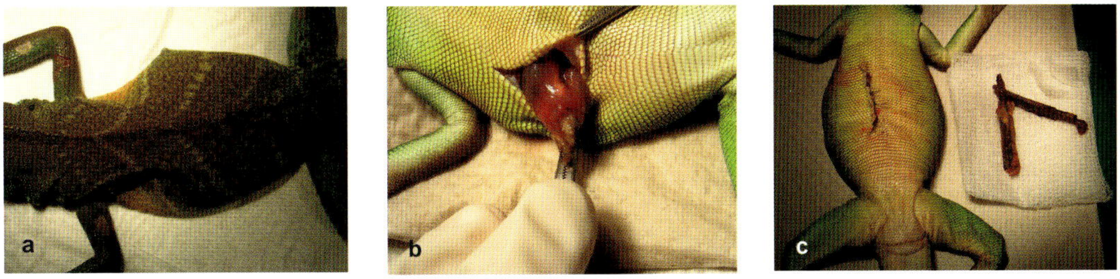


▶ **Abb. 12.1** Fremdkörper im Magen-Darm-Trakt. Ast im Darm einer Wasseragame. **a** Klinisches Bild. **b** Eröffnung der ventrolateralen Bauchwand und des Darmes. **c** Fremdkörper und OP-Wunde nach Entfernung.
(Klinik für Vögel und Reptilien, An den Tierkliniken 17, 04103 Leipzig)

sorgt werden. Dagegen sollte eine orale Versorgung mit Futterbrei erst erfolgen, wenn sichergestellt ist, dass keine Passagestörung die Ursache der Störung des Kotabsatzes ist, oder eine Verwertung der Nahrung durch Erkrankungen des Darmes, der Leber und des Pankreas oder andere Organschäden nicht möglich ist. Reptilien können eine relativ lange Nahrungskarenz tolerieren, da der Energiebedarf im Vergleich zum Warmblüter wesentlich niedriger ist. Deshalb haben die Abklärung der Krankheitsursache und Kondition der Patienten sowie die Stabilisierung des Flüssigkeitshaushalts stets Priorität. Bildgebende Verfahren sowie Blutuntersuchungen sind hier von besonderer Bedeutung, ebenso die parasitologische Koproskopie.

**Cave**
**Unnötige Maßnahmen (eben auch Zwangsfütterungen) können unter Umständen den Krankheitsverlauf dramatisieren.**

Im Zusammenhang mit Störungen des Kotabsatzes können Symptome einer **Septikämie** (S. 327) auftreten, insbesondere Rötungen der Schuppen, teilweise auch blutig-wässrige oder schwärzliche Kotveränderungen. Diese stellen eine Notfallsituation dar, die umgehend behandelt werden muss.

Ebenfalls eine, wenn auch seltener auftretende potenzielle Notfallsituation ist der Nachweis von frischem Blut im Kot. Dies kann durch eine Legetätigkeit (S. 254) oder ein Trauma im Bereich des Enddarms, der Kloake oder des Urogenitaltrakts (S. 164) bedingt sein. Auch **Fremdkörper** (S. 148) (▶ **Abb. 12.1**), Tumore oder Entzündungen können zu Blutbeimengungen führen, die dann meist „okkult“ bzw. schwärzlich sind, sofern sie im proximalen Darmabschnitt einwirken.

**Sofortmaßnahmen**

- Flüssigkeitsverluste ausgleichen und parenterale Versorgung mit Nährstoffen
- Abklärung der Krankheitsursache und Kondition der Patienten, insbesondere mit bildgebenden Verfahren, Blutuntersuchungen und parasitologischer Koproskopie
- septikämische Zustände umgehend entsprechend behandeln

## 12.3 Diagnostik

Das diagnostische Vorgehen für das Leitsymptom Störung des Kotabsatzes bzw. Kotveränderung ist im diagnostischen Leitfaden dargestellt.

# Diagnostischer Leitfaden: Störung des Kotabsatzes bzw. Kotveränderung

## Anamnese

- Haltung
  - Temperatur
  - Kontakttiere, Herkunft
  - Bodensubstrat, Fremdkörperaufnahme
  - Vergiftung
- Fütterung
  - Rohfasergehalt, Mineralstoffsubstitution
- Vorbehandlungen
  - Dysbakterie (nach Antibiose/Pyrconapplikation)

## Klinische Untersuchung

- fehlender Kotabsatz
  - Haltungsfehler/Temperatur
  - allg. Schwäche/Anorexie
  - Fremdkörper?
  - Obstipation/Ileus/Striktur?
  - Darmatonie?
  - Kloakitis?
  - Gewebeprolaps
  - Uratablagerungen, Harnsackstein
- Veränderung der Harnsäure
- Kotveränderung/Diarrhoe
  - Fütterungsfehler
  - Hepatopathie?
  - bakterielle/mykotische Infektion?

▶ S. 148

▶ Leitsymptom Neurologische Ausfallerscheinung ▶ S. 208

▶ Fütterungsfehler ▶ S. 146

▶ Leitsymptom Anorexie, Apathie ▶ S. 318

▶ Röntgen ▶ S. 148

▶ Röntgen, Ultraschall ▶ S. 148

▶ Ultraschall ▶ S. 147

▶ Tupfer; bakteriologische und mykologische Untersuchung ▶ bakterielle/mykotische Infektion? ▶ S. 135

▶ Leitsymptom Gewebevorfall aus der Kloake ▶ S. 164

▶ Ultraschall/(Kontrast-)Röntgen ▶ Leitsymptom Störung des Harnabsatzes bzw. Harnveränderung ▶ S. 152

▶ Leitsymptom Störung des Harnabsatzes bzw. Harnveränderung ▶ S. 152

▶ S. 146

▶ Ultraschall/Blutchemie ▶ Leitsymptom Anorexie, Apathie ▶ S. 318

▶ Tupfer: bakteriologische und mykologische Untersuchung ▶ S. 328

▶ Merkblatt Salmonellen ▶ S. 380

Fortsetzung: **Diagnostischer Leitfaden: Störung des Kotabsatzes bzw. Kotveränderung**

- ▶ Endoparasitose?
- ▶ bei ausbleibendem Therapieerfolg:
  - ▶ Adenovirusinfektion?
  - ▶ Reovirusinfektion?

▶ **grundsätzlich** ▶ Endoparasitose?

- ▶ Kot/Kloakenspülung: parasitologische Untersuchung ▶ S. 136
- ▶ Tupfer: virologische Untersuchung ▶ S. 125
- ▶ Tupfer: virologische Untersuchung ▶ S. 74
- ▶ Kot/Kloakenspülung parasitologische Untersuchung ▶ S. 136

### 12.3.1 Besonderes Augenmerk bei der Anamnese

Ein Faktor, der die Futteraufnahme und -verdauung besonders beeinflusst, ist die **Temperatur**. Auch die Besatzdichte ist von Bedeutung, da Stress das Futteraufnahmeverhalten beeinflusst und auch auf die Verdauung Auswirkungen hat.

Die **Herkunft** des Tieres ist besonders in Bezug auf mögliche parasitäre Infektionen (Importtiere, Zuchtanlagen) relevant. Außerdem benötigen Tiere, welche gerade erst zugekauft wurden, häufig noch längere Zeit, um sich an die neuen Umgebungsbedingungen anzupassen.

Das **Bodensubstrat** wird von den Tieren – gerade wenn Mangelsituationen vorliegen – häufig aufgenommen (► **Abb. 12.2f**, ► **Abb. 12.2d**) und kann neben Kotveränderungen zu **Obstipationen** (S. 148) führen. Schlangen nehmen oft bei starken Schmerzen, ZNS-Störungen oder in der Agonie Bodensubstrat auf. Auch sonstige im Terrarium befindliche Materialien werden mitunter verschluckt, besonders wenn sie (bei Schlangen) den Geruch von Beutetieren aufweisen. Bartagamen nehmen ebenfalls häufig **Fremdkörper** (S. 148) auf. Mögliche **Vergiftungen** (S. 220) – sei es durch die Aufnahme von toxischen Materialien oder durch Kontakt/Inhalation – können einen erheblichen Einfluss auf die Kotbeschaffenheit haben, meist sind sie nur anamnestisch herauszufinden.

Die **Fütterung** und auch das **Wasserangebot** stellen selbstverständlich einen zentralen Punkt dar, der in der Anamnese abzuklären ist. Hierbei geht es sowohl um die Art des Futters wie auch das Futterregime. Generelle Regeln zu einem geeigneten Futter lassen sich nicht aufstellen, allerdings betreffen die häufigsten Fehler den Rohfasergehalt, den Energiegehalt und die Mineralstoffsubstitution. In der Folge entstehende **Fütterungsfehler** (S. 146) lassen sich manchmal diagnostisch kaum weiter erfassen, führen aber zu verschiedensten Störungen des Kotabsatzes.

Schließlich spielt auch die **Vorbehandlung** eine Rolle, entweder durch die Auswirkung eines Medikaments auf die bakterielle Keimflora (insbesondere bei herbivoren Tieren) oder durch das Medikament selbst, z. B. Kotverfärbungen durch Pyrviniumembonat [21].

### 12.3.2 Besonderes Augenmerk bei der klinischen Untersuchung

#### Fehlender Kotabsatz

Setzt das Tier keinen Kot ab, kommen verschiedene Ursachen infrage. Erneut ist an die Prüfung der Haltungsbedingungen und hier insbesondere die Temperatur zu erinnern. Des Weiteren sind eine allgemeine Schwäche und eine damit verbundene, länger andauernde Anorexie mögliche Ursachen, wobei für dieses Krankheitsbild sehr viele Gründe in Frage kommen. Sinnvoll kann dieser Symptomatik dem Leitsymptom Anorexie (S. 318) folgend nachgegangen werden.

Eine weitere wichtige Ursache sind Passagebehinderungen, entweder als **Fremdkörper** (S. 148) oder infolge einer **Obstipation** (S. 148) oder einer Verengung des Darmkanals durch einen **Ileus** (S. 148) oder eine **Striktur** (S. 148). Häufig sind Uratanschoppungen in der Kloake oder im Enddarm Ursache für Kotabsatzstörungen. Eine Röntgenuntersuchung liefert hier wichtige Informationen. In Bezug auf Darmverengungen kann auch eine Ultraschalluntersuchung helfen, mit der die Darmperistaltik beurteilt werden kann, um eine mögliche **Darmatonie** (S. 147) zu überprüfen. Diese kann durch verschiedene Auslöser und wiederum eine zu niedrige Umgebungstemperatur, bedingt sein.

Der Bereich der Kloake sollte genau untersucht werden. Ein Gewebevorfall (S. 164) ist leicht erkennbar, eine Entzündung der Kloakenschleimhaut dagegen nicht immer. Hier kann das vorsichtige Vorlagern der Schleimhaut nötig sein. Eine Tupferprobe kann dann auch zytologisch und mikrobiologisch untersucht werden, um eine mögliche **Kloakitis** (► **Abb. 17.18**) festzustellen.

#### Veränderungen der Harnsäure

Die Harnsäure ist nicht selten gemeinsam mit dem Kotanteil verändert, für die entsprechende Diagnostik wird auf das Leitsymptom Harnveränderung (S. 152) verwiesen.

#### Kotveränderung/Diarrhoe

Veränderungen des Kotes betreffen meist die Zusammensetzung, Konsistenz und auch den Geruch. Die vorberichtlich erwähnten **Fütterungsfehler**

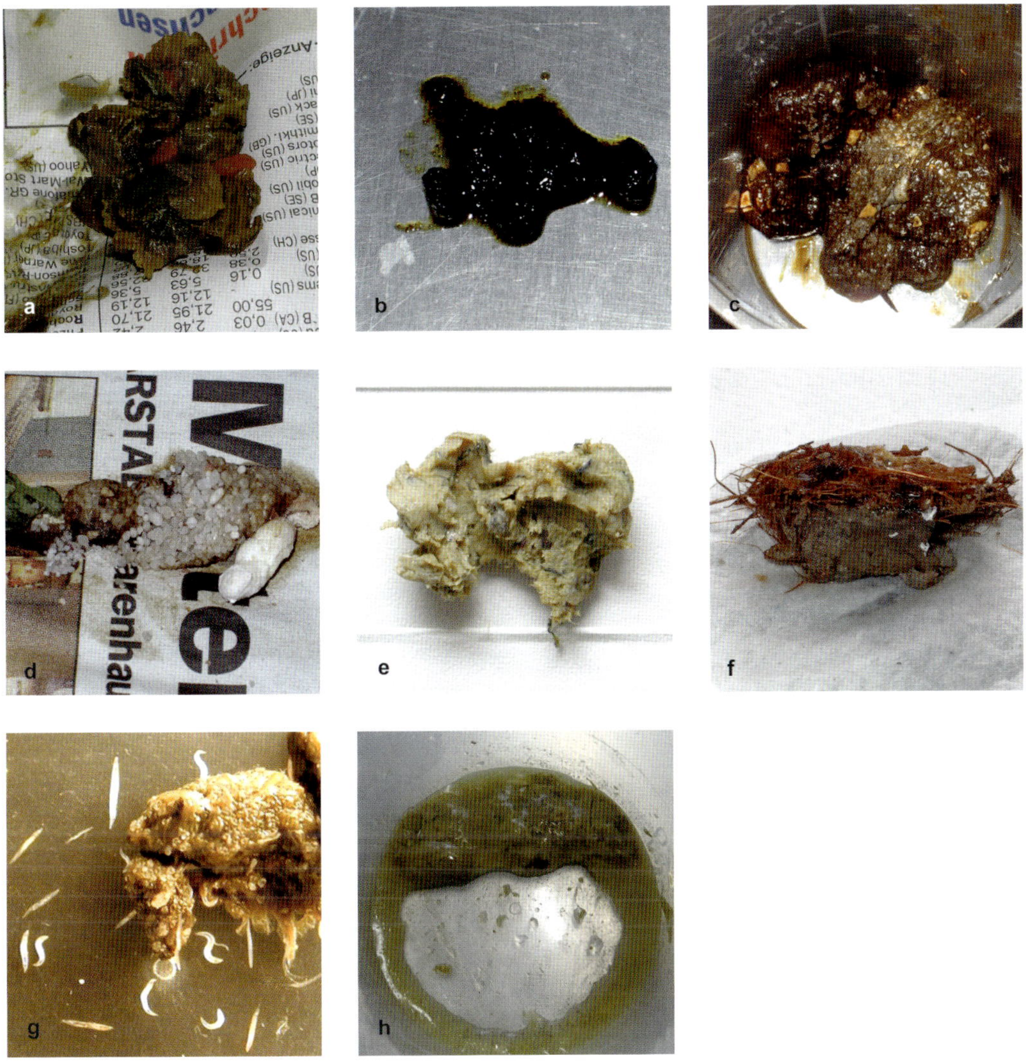


▶ **Abb. 12.2** Veränderungen des Kotes. (Klinik für Vögel und Reptilien, An den Tierkliniken 17, 04103 Leipzig)
a Unverdaute Futterbestandteile im Kot einer Landschildkröte mit Dysbakteriose.
b Kotverfärbung infolge eines Leberschadens bei einem Waran.
c Eischalenfragmente im Kot einer Landschildkröte nach exzessiver Fütterung von Hühnereischalen.
d Kot mit Sandkörnern bei einer Bartagame nach Obstipationsbehandlung.
e Lehm im Kot bei einer Landschildkröte.
f Kokosfasern und Sand im Kot eine Bartagame nach manueller Entfernung aus dem Enddarm.
g Oxyuriden im Kot einer Landschildkröte.
h Grünliche Kotveränderung infolge einer Zinkvergiftung bei einem Grünen Leguan.

(S. 146) spielen eine große Rolle und sollten begleitend zu weiteren Diagnostika eruiert werden.

Eine **Hepatopathie** (S. 328) kann einen direkten Einfluss auf die Verdauung und damit auch die Kotkonsistenz haben, entsprechend ist es sinnvoll, die Leberfunktion zu prüfen – einerseits durch eine blutchemische Untersuchung, andererseits durch Darstellung des Lebergewebes mittels sonografischer Untersuchung.

Neben diesen Untersuchungen sollten bei Veränderungen des Kotes möglichst immer Tupferproben aus der Kloake zytologisch oder mikrobiologisch untersucht werden. Die Interpretation (s. o.) muss dabei im Zusammenhang mit dem klinischen Bild und anderen Befunden erfolgen, gerade der Nachweis eines gramnegativen Keimes in Reinkultur oder auch von Hefe- oder Schimmelpilzen ist ein Indiz für eine zugrundeliegende **bakterielle oder mykotische Infektion** (S. 135) des unteren Verdauungstraktes (inklusive der Kloake). Die mikrobiologische Untersuchung von Kot aus dem Terrarium ist dagegen – durch Einwanderung von Keimen und Überwucherung nach Absetzen des Kotes – nicht sinnvoll.

Gegenstand eigentlich jeder Untersuchung eines Reptils, und zwingender Bestandteil bei Veränderungen des Kotes, ist eine parasitologische Untersuchung, um **Endoparasiten** (S. 136) im Verdauungstrakt nachzuweisen.

**Praxistipp**

Endoparasiten im Magen-Darm-Trakt spielen bei Reptilien eine enorme Rolle. Eine koproskopische Untersuchung sollte Bestandteil jeder Routineuntersuchung sein und ein nachgewiesener Befall ist zu behandeln.

Die Untersuchung auf Endoparasiten (S. 347) wird gesondert beschrieben, häufige Endoparasiten sind in ▶ **Abb. 12.3**, ▶ **Abb. 12.4** und ▶ **Abb. 12.7** dargestellt. Im Zweifelsfall sind die Untersuchungen wiederholt durchzuführen. Insbesondere, wenn keine Infektion oder andere Ursache gefunden wird, oder es trotz einer gezielten Behandlung zu keinem Therapieerfolg oder zu einer raschen Rezidivierung der Symptomatik kommt, ist eine Untersuchung auf eine **Adenovirose** (S. 125) und **Reovirose** (S. 74) durch Entnahme eines Kloakentupfers sinnvoll.

## 12.4 Wichtige Ursachen

Wichtige Ursachen von Störungen des Kotabsatzes sind in ▶ **Tab. 12.1** zusammengefasst.

▶ **Tab. 12.1** Wichtige Ursachen von Störungen des Kotabsatzes.

| Ursachen | | Bedeutung * | | | Bemerkungen, s. auch andere Leitsymptome |
|---|---|---|---|---|---|
| | | EC | SL | SK | |
| Bakterien | gramnegative Bakterien (S. 134) | + + + | + + + | + + | - |
| | grampositive Bakterien (S. 134) | + + | + + | + | - |
| Pilze | Schimmelpilze (S. 134), Hefepilze (S. 134) | + + | + | + + + | auch iatrogen, als Folge unqualifizierter Antibiosen |
| Viren | Adenoviren (S. 125) | + + | - | - | - |
| | Reoviren (S. 74) | + + | + + | - | - |
| Parasiten | Endoparasiten (S. 136) | + + + | + + + | + + + | - |
| metabolische Ursachen | Metabolic Bone Disease (S. 193) | + + + | + | + + + | - |
| | Fütterungsfehler (S. 146) | + + + | + | + + + | - |
| | Darmatonie (S. 147) | + + | + + | + + | - |
| | Hepatopathie (S. 328) | + + + | + + + | + + + | - |
| raumfordernde Prozesse, Passagestörungen | Neoplasien (S. 314) | + | + + | - | - |
| | Fremdkörper (S. 148) | + + + | + | + + + | - |
| | Darminvagination (S. 148) | + + | + + | + + | - |
| | Obstipationen (S. 148) | + + | + + | + + + | - |
| | Harn(sack)stein (S. 160) | + + | + | + + | - |

* Bedeutung bei der Entstehung der entsprechenden Leitsymptomatik, Erfahrungswerte der Autoren

## 12.4.1 Erkrankungen

### Bakterielle und mykotische Infektionen des unteren Verdauungstrakts (inklusive Kloake)

**Info**

Häufig vorkommende Erkrankung im Bereich des Darmes und der Kloake bei allen Reptilienarten.

#### Ätiologie & Pathogenese

Auf bakterielle und mykotische Infektionen des oberen Verdauungstrakts inklusive des Magens (S. 124) wird gesondert eingegangen.

Die bakterielle Keimflora im Darm von Reptilien ist bislang nur bruchstückhaft erforscht, es fehlen noch grundlegende Daten über die physiologische Darmflora und die Bedeutung der verschiedenen Keime. Für die Interpretation mikrobiologischer Untersuchungsergebnisse ist die Tatsache wichtig, dass die Keimflora im Reptiliendarm breit gefächert ist und sowohl grampositive als auch gramnegative Keime enthält. Viele dieser physiologisch vorhandenen Keime sind auch häufig an Enteritiden beteiligt, insbesondere gramnegative Bakterien wie *Klebsiella* sp., *Proteus* sp., *Enterococcus* sp., *Pseudomonas* sp., *Stenotrophomonas maltophila, Serratia* sp., *Citrobacter* sp., *Salmonella* sp. usw.

Zur Bedeutung von **Salmonellen** bei Reptilien wird auf das auch für Tierhalter formulierte Merkblatt (S. 380) verwiesen.

Auch grampositive Erreger wie Clostridien und *Corynebacterium* sp. können relevant sein. Bei fehlendem Therapieerfolg sollte auch an **Mykobakterien** (S. 326) gedacht werden.

**! Eine physiologische Keimflora ist für die Verdauung sowie für den gesamten Stoffwechsel und das Abwehrsystem nötig. Deshalb ist für die Beurteilung der Flora in der Regel nicht der Nachweis eines bestimmten Keimes entscheidend, sondern dessen Quantität mit gleichzeitigem Fehlen einer Begleitflora.**

Entsprechend ist die pathogene Wirkung einer bakteriellen Infektion im Verdauungstrakt in der Verschiebung des Keimspektrums bei gleichzeitiger Entzündungsreaktion der Darmschleimhaut zu sehen. Kommt es zum Durchdringen der Darmbarriere, kann es zur systemischen Verbreitung von Keime führen. Hierbei spielen Primärinfektionen, z. B. mit **Adenoviren** (S. 125) oder **Reoviren** (S. 74), oder andere Schädigungen wie **Vergiftungen** (S. 220) oder **Obstipationen** (S. 148) eine entscheidende Rolle. Am häufigsten sind **Endoparasitosen** (S. 136) Ursache einer bakteriell bedingten Enteritis. Im Bereich der Kloake spielen Grunderkrankungen der weiteren beteiligten Organsysteme, also des Harntraktes und des Genitaltraktes, eine Rolle. Insbesondere Störungen der Legetätigkeit können zu Schleimhautschädigungen und dann zu Sekundärinfektionen führen.

Mykotische Infektionen können sowohl durch Schimmel- als auch durch Hefepilze (*Candida* sp., *Rhodotorula* sp.) verursacht sein. Sie treten meist als Begleiterkrankungen infolge einer Dysbakteriose auf.

#### Klinik

Die unmittelbare Folge der Infektion ist eine Verdauungsstörung, wodurch es zu unverdauten Futterbestandteilen im Kot (▸ **Abb. 12.2a**), aber auch zu Konsistenzänderungen und Durchfall kommen kann. Bei einer Infektion im Bereich des unteren Darmkanals und der Kloake kann ein Gewebevorfall (S. 164) resultieren. Eine weitere Folge ist eine zunehmende Dehydratation. Bei länger bestehender Symptomatik magern die Tiere ab. Der Appetit ist teilweise reduziert, teilweise aber auch erhalten oder sogar gesteigert.

#### Diagnose

Der Nachweis erfolgt durch eine Probenentnahme (Tupfer, Kloake) und mikrobiologische bzw. zytologische Untersuchung unter Berücksichtigung der oben erwähnten Florazusammensetzung. In jedem Fall sollte eine begleitende parasitologische Untersuchung durchgeführt werden. Bei persistierenden und therapieresistenten Problemen ist an eine **Adenovirus-** (S. 125) oder **Reovirusinfektion** (S. 74) zu denken und entsprechende Proben sollten untersucht werden.

Da die Interpretation der mikrobiologischen Befunde mitunter schwierig ist, kann neben dem klinischen Bild die Ultraschalluntersuchung (Darmwandddicke, Peristaltik) weitere Hinweise auf eine infektiöse Darmentzündung liefern.

### Therapie

In der Regel erfolgt eine systemisch wirksame Antibiose nach Resistenztest. Lokal wirksame Antibiotika sind prinzipiell auch möglich, allerdings muss an die teilweise lange Passagezeit gedacht werden. Antimykosen können lokal mit Nystatin 11, oder systemisch mit Itraconazol 10 oder Voriconazol 13 therapiert werden. Zur Unterstützung der Schleimhautregeneration ist Vitamin A 66 – außer bei Landschildkröten – hilfreich. Die Tiere sollten im Behandlungszeitraum in einem möglichst leicht zu reinigen Quarantäneterrarium gehalten werden.

### Prognose

Die Prognose ist günstig, wenn lediglich der Darm betroffen ist und keine Sepsis oder weitere Organkrankheit vorliegt.

## Endoparasitosen

**Info**

Erkrankung durch Parasitenbefall insbesondere des Darmes, bei Reptilien von enormer Bedeutung.

### Allgemeines

Endoparasiten haben eine große Bedeutung bei Reptilien, insbesondere in menschlicher Obhut. Dabei ist es prinzipiell unerheblich, ob es sich um Wildfänge oder Nachzuchten handelt, lediglich das mögliche Erregerspektrum unterscheidet sich.

**! Eine parasitologische Untersuchung ist immanenter Bestandteil des klinischen Untersuchungsgangs bei Reptilien.**

Klinisch äußert sich ein Befall mit Endoparasiten in sehr verschiedener Weise. Die Symptome umfassen Anorexie, Apathie, abnormale Erregung, Veränderungen der Körperhaltung und der Bewegungsabläufe, Hautveränderungen, Zubildungen oder Umfangsvermehrungen, Abmagerung und Erbrechen. Es kann auch zu Obstipationen, einem Kloakenprolaps oder einer Septikämie kommen.

Neben adulten Formen spielt auch der Befall innerer Organe mit Entwicklungsstadien von Zestoden, digenen Trematoden, Pentastomiden, Nematoden oder auch mit Mikro- und Myxosporidien (letztere besonders bei Wildfängen) eine große Rolle. Dieser Befall ist durch eine koproskopische Untersuchung nicht abzuklären, klinisch sind die Befunde meist unspezifisch.

Ebenso muss an „Blutparasiten" (Hämogregarinen, Plasmodien, Mikrofilarien, Trypanosomen usw.) gedacht werden. Hier sind weitere Nachweisverfahren wie eine Blutuntersuchung oder auch bildgebende Verfahren hilfreich.

### Pseudoparasiten und Fehlinterpretationen

Die Kotuntersuchung erfordert einige Erfahrung, da Passanten aus dem Futter oder für Reptilien apathogene parasitäre Stadien aus den Futtertieren die Beurteilung erschweren. Ebenso häufig führen Futterbestandteile, wie Pilzsporen oder Pflanzenpollen, oder aber nichtparasitäre Einzeller oder Nematoden, Fliegeneier bzw. Fliegenmaden, die in den Kot einwandern oder ihn verunreinigen, zu Fehlinterpretationen.

### Protozoen (Einzeller)

Bei einzelligen Endoparasiten muss zwischen obligat parasitären und pathogenen Formen sowie fakultativ parasitären Arten unterschieden werden. Obligate Parasiten wie beispielsweise Kokzidien oder Amöben werden in der Regel direkt übertragen. Viele apathogene oder fakultativ pathogene Arten werden über das Wasser oder Futter aufgenommen. Gerade bei letzteren ist es oft schwierig einzuschätzen, ob es sich um einen behandlungswürdigen Befall oder um eine physiologische Situation handelt (beispielsweise beim Nachweis von Balantidien). Insbesondere bei Pflanzenfressern können Protozoen auch als Symbionten oder Kommensalen auftreten. Die Umweltbedingungen, Art und Zusammensetzung der Nahrung oder auch andere Grunderkrankungen beeinflussen das Darmmilieu, so dass sich z. B. „Flagellaten" massenhaft vermehren können und zu Erkrankungen führen. Der Beurteilung der reellen Befallsintensität und ggf. der Lokalisation der Parasitose kommt deshalb eine besondere Bedeutung zu.

Im Folgenden werden verschiedene Einzeller angesprochen:

- Ziliaten
- Flagellaten
- Amöben
- Kokzidien *(Apicomplexa)*
- Kryptosporidien

- Mikrosporidien
- Myxosporidien

## Ziliaten

**Ätiologie & Pathogenese** Die „Wimpertierchen" treten im Darm von Reptilien maßgeblich in 2 Gattungen auf:

- *Balantidium* spp. und
- *Nyctotherus* spp.

Hauptsächlich finden sich Ziliaten als Besiedler des Dick- und Enddarms von Schildkröten und Echsen (vor allem von herbi- oder omnivoren Arten), Balantidien mitunter auch im Dickdarm von Riesenschlangen .

Beide Gattungen werden bei Reptilien meist als apathogene Kommensalen betrachtet, jedoch liegen auch Berichte über Enteritiden bei starkem Befall mit Balantidien vor. Hier scheinen jedoch Fütterungsmängel und andere Primärerkrankungen die Ursachen gewesen zu sein. Auch im Rahmen anderweitig bedingter Störungen der Darmfunktion kann es zu Massenvermehrungen von Ziliaten kommen.

**Diagnose** Die Diagnose erfolgt im Nativpräparat. Charakteristisch ist die vollständige Besetzung der Trophozoiten mit Zilien. *Balantidium* spp. (▶ Abb. 12.3a) weisen eine eher sphärische bis eiförmige Gestalt auf, das Zytostom ist am apikalen Ende lokalisiert, der Makronukleus von bananenförmiger Gestalt. Die Trophozoiten werden bis zu 300 µm groß. Etwas kleiner stellen sich *Nyctotherus* spp. (▶ Abb. 12.3b) dar, sie sind oft birnen- oder tropfenförmig, das stark bewimperte Zytostom ist lateral gelegen. Die Ziliaten können auch in Zystenform (▶ Abb. 12.3c) vorliegen.

**Cave**
**Ziliatenzysten können mit Oxyuriden- oder Trematodeneiern verwechselt werden, denen sie mitunter stark ähneln.**

**Therapie** Die Behandlung erfolgt, falls sie nötig ist, mit Metronidazol 18 oder Ronidazol 22.

## Flagellaten

**Ätiologie & Pathogenese** Der Begriff Flagellaten umfasst „Geißeltierchen" unterschiedlichster evolutionärer Genese und systematischer Einordnung. Die medizinisch wichtigsten Vertreter gehören verschiedenen Stämmen an. Der Infektionsweg ist direkt, Infektionsquellen sind oft Wasserbehälter, Fressschalen oder kontaminiertes Bodensubstrat.

Pathogene Diplomonadiden („Doppeltierchen") sind vor allem durch *Hexamita parva* repräsentiert. Sie unterscheiden sich hauptsächlich durch ihre geringere Größe (< 10 µm) von anderen, morphologisch ohne größeren diagnostischen Aufwand kaum abzugrenzenden und bei Reptilien eher apathogenen Diplomonadiden, wie etwa *Giardia* bzw. *Spironucleus* spp., welche meist als Darmpassanten über Futtertiere in den Reptilienkot gelangen. *Hexamita parva* ist als Parasit bei Schildkröten bedeutsam, befällt den Enddarm, die Kloake, Harnblase, Harnleiter und auch die Nieren. Zuweilen lassen sich die Protozoen auch in Leber und Gallenblase nachweisen.

Eine Vielzahl weiterer Flagellaten ist als typische „Schwächeparasiten" bei Reptilien bekannt. Sie vermehren sich bei Stress, Fütterungs- und Haltungsfehlern oder im Rahmen anderer Grunderkrankungen massenhaft und können aufsteigend die Leber, die Lungen und selbst das ZNS erreichen und pathologische Veränderungen hervorrufen. Besonders trifft das für die Gattungen *Monocercomonas*, *Proteromonas* sowie *Trichomonas* zu. Bei Echsen ist die Gattung *Leptomonas* (besonders bei Chamäleons) häufig Verursacher von Enteritiden, erreicht jedoch kaum andere Organe. Häufig stehen Flagellaten-assoziierte Enteritiden mit einer Dysbakteriose im Zusammenhang.

**Klinik** Eine *Hexamita*-Infektion führt bei aquatilen Schildkröten oft zu keiner nachweisbaren klinischen Symptomatik. Bei Landschildkröten treten Veränderungen der Farbe, Konsistenz und des Geruchs des Harns (schmierig, opak, grau bis grünlich, stinkend), Inappetenz, Apathie, „tränende Augen", Abmagerung, Bewegungsstörungen bis zu Lähmungen der Hintergliedmaßen, sowie plötzliche Todesfälle durch Nierenversagen auf. Andere Flagellaten verursachen bei Schildkröten bei mildem Befall keine klinischen Anzeichen, bei Massenbefall kann es zu Enteritis, Anorexie, Abmagerung, Darm- oder Kloakenprolaps, Osteomalazie oder Marasmus kommen. Bei Echsen und Schlangen ist dem Nachweis mehr Bedeutung als bei

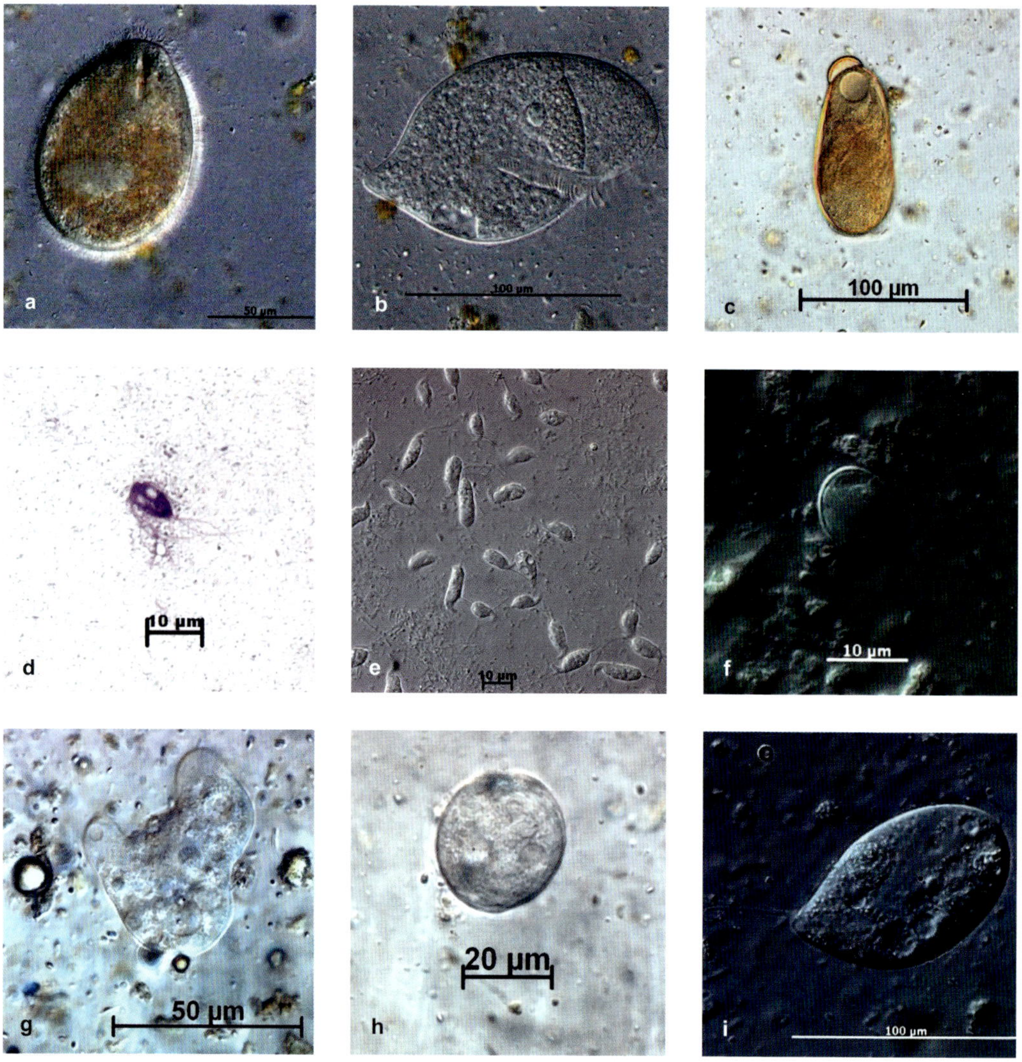


► **Abb. 12.3** Endoparasiten im Kot: Ziliaten, Flagellaten und Amöben. (Frank Mutschmann)
a Griechische Landschildkröte *(Testudo hermanni)*, nativ: *Balantidium* sp.
b Spinnenschildkröte *(Pyxis arachnoides)*, nativ: *Nyctotherus* sp.
c Pantherschildkröte *(Geochelone pardalis)*, nativ: *Nyctotherus*-Zyste.
d Landschildkröte, Giemsa-Färbung: *Hexamita parva*.
e Baumschnüffler *(Ahaetulla prasina)*, nativ: *Monocermonas* sp.
f Smaragdwaran *(Varanus prasinus)*, nativ: Giardienzyste.
g Boa constrictor, nativ: *Entamoeba invadens*.
h Königspython *(Python regius)*, nativ: *Entamoeba*-Zyste.
i Bambusnatter *(Oreocryptophis porphyraceus)*, nativ: *Naegleria* sp.

Schildkröten zuzumessen, hier treten regelmäßig klinische Symptome auf.

**Diagnose** Die Diagnose erfolgt durch die Untersuchung von Nativpräparaten (Fäzes, Urin). Charakteristisch für *Hexamita* (► **Abb. 12.3d**) ist die Größe sowie das „Sperma-ähnliche" Bewegungsmuster, mit dem sie sich von anderen, meist durch „taumelnde" oder „zuckende" Bewegungen gekennzeichneten Flagellaten (► **Abb. 12.3e**, ► **Abb. 12.3f**) unterscheiden.

**Therapie** Eine Umgebungsbehandlung (Reinigung und Desinfektion, Austausch des Bodensubstrats etc.) ist Grundvoraussetzung für den Erfolg. Bei *Monocercomonas*, *Proteromonas* und *Trichomonas* ist eine antiparasitäre Therapie bei Schildkröten nur bei Massenbefall angezeigt (Nachweis in möglichst frischer Probe!). Dabei kommt der Behandlung der Grunderkrankung und einer Stabilisierung des Darmmilieus eine große Bedeutung zu. Als Medikamente stehen Metronidazol 18 und Ronidazol 22 zur Verfügung.

### Amöben

**Ätiologie & Pathogenese** Als Krankheitserreger bei Reptilien hat *Entamoeba invadens* die größte Bedeutung. Diese Art kommt bei allen Reptilien vor, scheint jedoch besonders bei Schlangen und Echsen pathogen zu sein. Allerdings sind auch tödlich verlaufende Infektionen bei Landschildkröten (Gopher- und Leopardschildkröten) bekannt. Diese Art hat die Eigenschaft, auch außerhalb des Körpers Zysten zu bilden. Sowohl die Zysten als auch die Trophozoiten sind morphologisch kaum von der humanpathogenen Art *Entamoeba histolytica*, sowie der ebenfalls bei Menschen vorkommenden *Entamoeba dispar* zu unterscheiden. Eine Übertragung der Spezies auf die jeweiligen anderen Wirte ist aufgrund der verschiedenen Temperaturoptima nicht möglich, *Entamoeba invadens* ist daher kein Zoonoseerreger.

Als Infektionsstadium dienen die Zysten, der Infektionszyklus ist direkt, hauptsächlich über Tier-Tier-Kontakt oder über kontaminiertes Futter bzw. Wasser oder Gegenstände. Neben *Entamoeba histolytica* können auch andere, sogenannte Limaxamöben (z. B. *Acanthamoeba*-, *Neagleria*- oder *Vahlkampfia*-Arten) nachgewiesen werden. Diese können sowohl zu Infektionen des Darmes oder anderer innerer Organe (auch des ZNS) führen. Morphologisch unterscheiden sie sich deutlich von der Gattung *Entamoeba*.

Die Infektion kann sich in den Beständen seuchenartig ausbreiten, allerdings können auch latent infizierte Tiere über Jahre als Ausscheider dienen. Die vermehrungsfähigen Trophozoiten befallen die Darmschleimhaut, meist im Bereich des Dickdarms, und es kommt zu einer diphtheroiden bis nekrotisierenden Enteritis. Daneben können auch Leber, Nieren und ZNS befallen werden. Bei Leguanen ist eine systemische Infektion ohne Darmsymptomatik beschrieben. Kompliziert wird der Krankheitsverlauf durch bakterielle und zuweilen mykotische Sekundärinfektionen, die rasch zur Sepsis führen können.

**Klinik** Typische Zeichen sind Anorexie, Dehydratation, Abmagerung, Schwellung des hinteren Körperdrittels kranial der Kloake sowie atypische Körperhaltung und Bewegungsmuster. In der Regel treten Kotanschoppungen oder stinkender, grünlich- schleimiger Kot bis hin zum blutigen Durchfall auf. Auch zu Erbrechen kann es kommen. Die Parasitose endet oft letal.

**Diagnose** Sie erfolgt im Nativausstrich (► Abb. 12.3i, ► Abb. 12.3h, ► Abb. 12.3g; auch mittels Jodfärbung zur Darstellung der Zysten bzw. der in den Zysten enthaltenen Kerne), sowie nach Amöbenanzucht und mittels histologischer Untersuchung. Ein ELISA und eine PCR wurden entwickelt, stehen in Europa derzeit für die Routinediagnostik jedoch nicht zur Verfügung.

**Therapie** Es werden Metronidazol 18 oder Paromomycin 19 in Kombination mit Antibiotika und einer symptomatischen Behandlung eingesetzt.

### Kokzidien (Apicomplexa)

**Ätiologie & Pathogenese** Es handelt sich um obligate, stenoxene Parasiten, die mit mehreren Gattungen (u. a. *Caryospora*, *Choleoeimeria*, *Cyclospora*, *Eimeria*, *Isospora*) bei Reptilien vorkommen. Generell sind zwar alle Spezies betroffen, dabei jedoch im Gegensatz zu aquatilen Schildkrötenarten kaum Landschildkröten. In den Fäzes von Landschildkröten gefundene Kokzidien sind deshalb in der Regel Pseudoparasiten bzw. Kontaminanten, die beispielsweise in Freianlagen aus Vogelkot (Koprophagie!) stammen und irrelevant sind. Eine Ausnahme bilden die **intranukleären Kokzidien** (S. 89), die TINC auslösen und bei tropischen Landschildkröten ein maßgebliches Problem darstellen.

Typisch für eine Kokzidieninfektion ist die Ausbildung einer gewissen Altersresistenz. Klinisch manifeste Erkrankungen, z. T. mit letalem Ausgang, treten besonders in der Wachstumsphase oder bei anderen Grunderkrankungen auf. Dennoch sollten unter Terrarienbedingungen Kokzidien strikt bekämpft werden, da die Oozysten als infektionsfähige Stadien eine hohe Tenazität aufweisen und sich massenhaft in der Umgebung ansammeln können, was zu stetig neuen Infektionen führt.

In der Regel handelt es sich um eine Infektion des Darmes. Manche Arten wie die Gattung *Choleoeimeria* parasitieren in den Gallengängen der Leber und in der Gallenblase.

**Klinik** Eine Infektion kann zu Abmagerung, Diarrhoe, aber auch Obstipation, Bauchschwellungen, Inappetenz, Rachitis bzw. Osteomalazie, sowie Marasmus führen.

**Diagnose** Sie erfolgt im Flotationsverfahren (▶ Abb. 12.4c, ▶ Abb. 12.4b, ▶ Abb. 12.4a).

**Therapie** Aufgrund der sehr widerstandsfähigen Oozysten sind immer eine Reinigung und Desinfektion der Umgebung (Neopredisan®) notwendig. Zur Behandlung der Tiere selbst ist Toltrazuril 24 geeignet. Eine wirksame Therapie von Kokzidien in den Gallengängen der Leber und in der Gallenblase ist derzeit nicht bekannt.

## Kryptosporidien

**Ätiologie & Pathogenese** Kryptosporidien gehören ebenfalls zu den *Apicomplexa*, weisen aber einige Besonderheiten auf. Bei Echsen und Schlangen treten *Cryptosporidium (C.) serpentes*, *C. saurophilum* (syn. *varani*) auf, bei Schildkröten wurde die Spezies *C. ducismarci* beschrieben. Im Gegensatz zu anderen Kokzidien ist die Wirtspezifität wesentlich geringer ausgeprägt. Reptilienpathogene Kryptosporidien gelten als für Warmblüter nicht pathogen, stellen also kein Zoonoserisiko dar. Allerdings können über Futtertiere aufgenommene humanpathogene Arten von Reptilien ausgeschieden werden. Der Infektionsweg ist direkt,

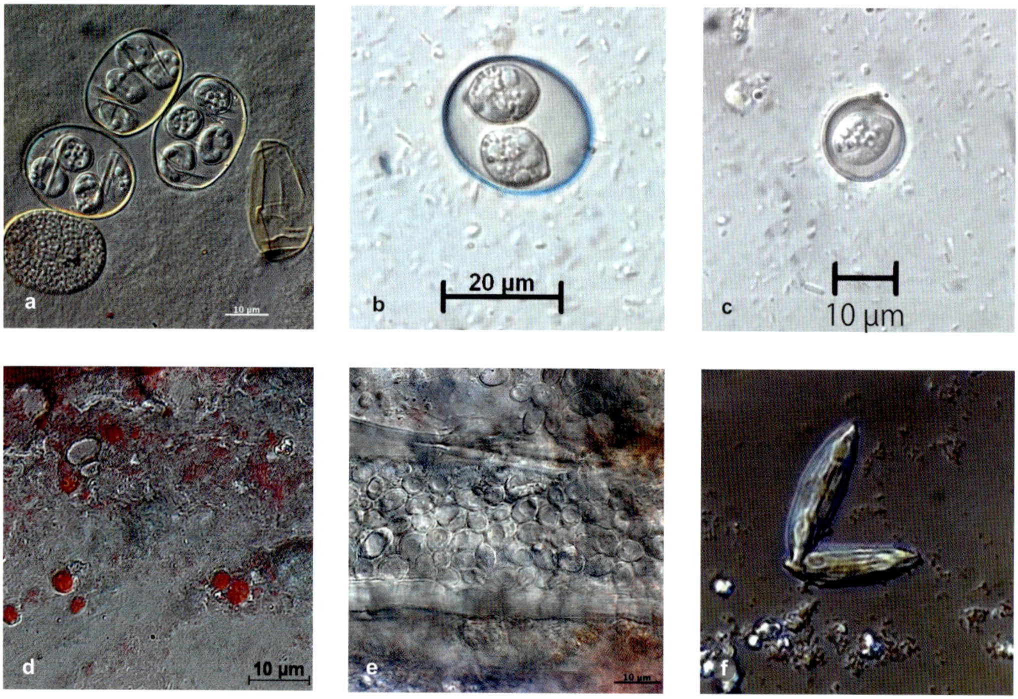


▶ **Abb. 12.4** Endoparasiten im Kot: Kokzidien, Kryptosporidien, Mikrosporidien und Myxosporidien. (Frank Mutschmann)

a Pantherchamäleon *(Furcifer pardalis)*, Flotation: *Choleoeimeria* sp.

b Madagaskartaggecko *(Phelsuma madagascariensis)*, Flotation: *Isospora* sp.

c Malayische Grubenotter *(Calloselasma rhodostoma)*, Flotation: *Caryospora* sp.

d Kornnatter *(Pantheropis guttatus)*, Ziehl-Neelsen-Färbung: Kryptosporidien.

e Muskelquetschpräparat, nativ: Mikrosporidien.

f Mississippi-Höckerschildkröte *(Graptemys pseudogeographica)*: Myxosporidien (*Myxidium* sp.)

▸ **Abb. 12.5** Hochgradig abgemagerter Leopardgecko als klinische Symptomatik einer Kryptosporidieninfektion. (Klinik für Vögel und Reptilien, An den Tierkliniken 17, 04103 Leipzig)

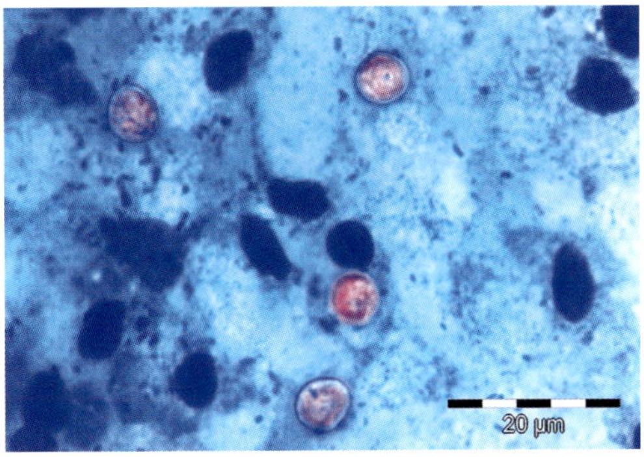


▸ **Abb. 12.6** Zytologische Kotuntersuchung, modifizierte Färbung nach Ziehl-Neelsen, 400-fache Vergrößerung: Kryptosporidien.
(Klinik für Vögel und Reptilien, An den Tierkliniken 17, 04103 Leipzig)

Zwischenwirte sind nicht notwendig. Meist wird der Magen (*C. serpentis* bei Schlangen) oder der Dünndarm befallen. Bei Schlangen wird die Reproduktion der Kryptosporidien von der Fütterung beeinflusst.

Auch im Atmungstrakt, der Eustachio-Röhre und in den Augen wurden Kryptosporidien als Pathogene nachgewiesen. Experimentell wurde bei Schlangen eine Präpatenz von 8–28 Tagen ermittelt, jedoch kann die Infektion auch latent verlaufen. Die infektionsfähigen Oozysten befallen entweder den Wirt wiederholt (dünnwandige Form) oder werden über den Kot ausgeschieden. Sie zeichnen sich durch eine hohe Tenazität aus. Oft erfolgt – insbesondere bei Schlangen – eine jahrelange Ausscheidung ohne Symptome. Fehler in der Haltung und Fütterung wie auch Stress und andere Infektionen spielen eine Rolle, insbesondere wenn es zu einem letalen Verlauf kommt.

**Klinik** Bei Schlangen kommt es durch die Vermehrung in den schleimbildenden Zellen im Magen zu einer massiven Verdickung der Magenwand (von außen sichtbar, ▸ Abb. 12.6) und einer Verengung des Lumens. Infektionen des Dünndarms (Echsen) führen zu keiner Umfangsvermehrung. Klinisch kommt es zu Anorexie, Abmagerung (▸ Abb. 12.5), Exsikkose, Erbrechen (Schlangen bis 3 Tage nach Fütterung) und Kotveränderungen. Die Mortalität kann abhängig von Immunstatus (Stress) und Haltungsbedingungen hoch sein.

**Diagnose** Kot, Erbrochenes sowie Material einer Magenspülung können untersucht werden. Zusätzlich können bei Schlangen durch eine Kontraströntgenaufnahme oder Ultraschall eine Magenwandverdickung mit Einengung des Lumens und endoskopisch zudem eine Schleimhauthyperplasie sowie petechiale Blutungen gesehen werden.

Die Oozysten sind klein (4–8 µm). Charakteristisch ist die intrazelluläre, jedoch exozytoplasmatische Lokalisation. Bei der Diagnosestellung durch Parasitennachweis stellen Passanten (durch Nagetiere) bei Schlangen ein Problem dar.

Folgende Nachweisverfahren sind beschrieben:

- Kot nativ: eher geringe Sensitivität und Spezifität
- Kot nach Färbung (Färbung nach Heine; modif. Ziehl-Neelsen-Färbung, ▸ Abb. 12.7). Sensitivität nur bei entsprechend hoher Ausscheidungsrate, mäßige Spezifität
- ELISA: hohe Sensitivität, Spezifität gut, jedoch keine Unterscheidung zwischen pathogenen und apathogenen Arten
- Kot nach Immunfluoreszenz-Antikörper-Markierung: sehr hohe Sensitivität bei entsprechender Erregermenge, Spezifität gut, jedoch keine Unterscheidung zwischen pathogenen und apathogenen Arten
- Kot-PCR: sehr hohe Sensitivität und Spezifität

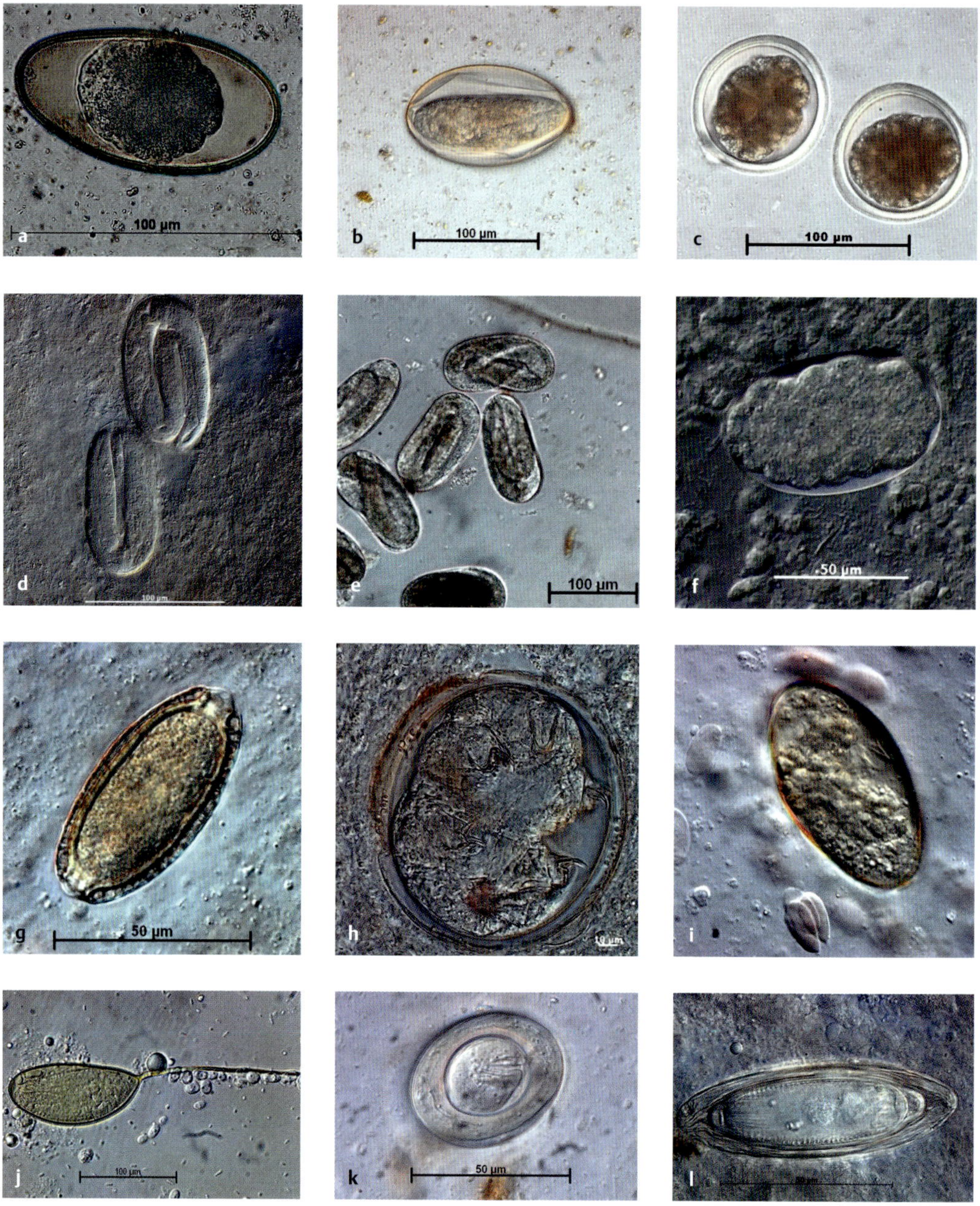


▶ **Abb. 12.7** Endoparasiten im Kot: Würmer. (Frank Mutschmann)

a Maurische Landschildkröte *(Testudo graeca)*, Flotation: Oxyuridenei.
b Breitrandschildkröte *(Testudo marginata)*, Flotation: Oxyuridenei.
c Europäische Hornotter *(Vipera ammodytes)*, Flotation: Askarideneier.
d Baumschnüffler *(Ahaetulla prasina)*, Flotation: *Strongyloides* sp.
e Fischernatter *(Xenochrophis piscator)*, Flotation: *Rhabdias* sp.
f Bambusnatter *(Oreocryptophis porphyraceus)*, Flotation: *Kalicephalus* sp.
g Grüne Buschviper *(Atheris squamigera)*, Flotation: *Capillaria* sp.
h Taggecko *(Phelsuma quadriocellata)*, Flotation: Pentastomidenei.
i Fühlerschlange *(Erpeton tentaculatum)*, Flotation: Trematodenei.
j Pantherchamäleon *(Furcifer pardalis)*, Sedimentation: Trematodenei.
k Langnasennatter *(Rhynchophis boulengeri)*, Sedimentation: Bandwurmei *(Hymenolepis nana)*.
l *Boa constrictor*, Flotation: *Acanthocephala*-Ei.

**Therapie** Eine vollständige Erregereliminierung ist therapeutisch derzeit nicht zu erwarten. Ziel einer Behandlung ist die Senkung der Erregermenge und der Vermehrungsrate. Eingesetzt wird Paromomycin 19, es liegen auch Berichte zum Einsatz von bovinem Hyperimmunkolostrum 61 vor. Zur Desinfektion der Umgebung eignen sich Hitze oder geeignete Desinfektionsmittel (Neopredisan®).

### Mikrosporidien

Obwohl es mehrere Berichte über Mikrosporidieninfektionen bei Reptilien gibt, sind diese seltene Ausnahmefälle. Allerdings können Mikrosporidien regelmäßig als Darmpassanten bzw. Pseudoparasiten in den Fäzes nachgewiesen werden (▸ **Abb. 12.4e**), besonders bei insekten- oder fischfressenden Reptilien. Eine Kontrolle, ob es sich um einen Befall handelt, kann durch eine Veränderung des Nahrungsspektrums und eine Nachfolgeuntersuchung des Kotes vorgenommen werden.

### Myxosporidien

Myxosporidien *(Myxozoa)* sind bislang bei Reptilien lediglich bei Sumpf- und Wasserschildkröten bekannt. Entweder parasitieren sie in den Gallengängen und der Gallenblase oder in den Nieren. Vor allem als Nierenparasiten können sie starke Veränderungen hervorrufen. Gelegentlich finden sich typische Sporen in den Fäzes bzw. im Urin (▸ **Abb. 12.4f**), meist erfolgt die Diagnose jedoch erst postmortal (Histologie).

## Würmer (Helminthen)

Würmer spielen bei Reptilien eine große Rolle, sowohl bei Import- als auch bei Nachzuchttieren. Für das Vorkommen ist natürlich der Entwicklungszyklus (mit oder ohne Zwischenwirt) von Bedeutung. Die Nachweisverfahren für Würmer im Verdauungstrakt konzentrieren sich auf Flotations- und Sedimentationsverfahren bei Kotproben. Dabei sollte die teilweise intermittierende Ausscheidung von Eiern beachtet werden, so dass Sammelkot oder wiederholte Untersuchungen empfohlen werden.

Im Folgenden werden verschiedene Parasiten angesprochen:

- Nematoden (Fadenwürmer)
  - Oxyuriden
  - Askariden
  - Heterakiden
  - Rhabditiden
  - Strongyliden
  - Trichuriden
- Trematoden (*Digenea*, Saugwürmer)
- Zestoden (Bandwürmer)
- *Acanthocephala* (Kratzwürmer)

### Oxyuriden

**Ätiologie & Pathogenese** Oxyuriden gehören zu den am häufigsten nachgewiesenen Reptilienparasiten, mehr als 300 verschiedene Spezies sind beschrieben. In der Regel haben sie ein eingeschränktes Wirtspektrum, welches besonders herbi- bzw. omnivore Reptilien beinhaltet.

**! Schlangen sind keine Oxyuridenwirte. Bei Nachweis typischer Eier im Schlangenkot handelt es sich um Pseudoparasiten.**

Oxyuriden haben einen direkten Entwicklungszyklus. Sie besiedeln zumeist den Blind- und Dickdarm. Generell ist die Pathogenität bei moderater Befallsstärke als gering einzuschätzen. Bei herbivoren Reptilien sind sie sogar als Symbionten anzusehen, die maßgeblich am Aufschluss von Rohfasern beteiligt sind. Dies gilt allerdings nur für Wildtiere. In Terrarienanlagen können sich die Eier massenhaft anreichern und zu Superinfektionen führen. Je nach spezifischer Prädilektionsstelle der Parasiten (im Lumen oder eher schleimhautassoziiert) und Befallsintensität können dann pathologische Veränderungen auftreten.

**Klinik** Als Folge kommt es zu Obstipationen, Beeinträchtigungen der Verdauung und der Darmmotorik, Darmvorfällen sowie zu einer Beeinträchtigung des Kalziumhaushalts und einer **Metabolic Bone Disease** (S. 193). Auch Intoxikationen und Septikämien (insbesondere im Zusammenhang mit der Winterruhe) treten auf. Bei Terrarientieren sollten deshalb Oxyuriden bekämpft werden, wobei der Unterbrechung des Infektionszyklus die Schlüsselrolle zukommt: In Freianlagen ist eine Eradikation kaum realisierbar, unter Terrarienbedingungen aber prinzipiell möglich.

**Diagnose** Der Nachweis erfolgt durch den Einachweis im Kot (▶ **Abb. 12.7b**, ▶ **Abb. 12.7a**), teilweise können die Würmer auch direkt im Kot gesehen werden (▶ **Abb. 12.2g**).

**Therapie** Die dickschaligen Eier weisen eine sehr hohe Tenazität auf, so dass potente Desinfektionsmittel (Neopredisan®) eingesetzt und der Bodengrund ausreichend abgetragen/ausgetauscht werden muss. Zu Behandlung eignet sich neben Fenbendazol **14** auch Pyrviniumembonat **21**, wobei die Wirksamkeit wechselnd ist und ggf. eine Umstellung auf das jeweils andere Medikament erfolgen sollte.

### Askariden und Heterakiden

**Ätiologie & Pathogenese** Der Infektionszyklus dieser Parasiten ist entweder direkt oder erfolgt über Zwischenwirte (z. B. Insekten). Infektion und Pathologie sind veregleichbar wie bei anderen Wirbeltieren. Ein besonderes Problem stellt die Körperwanderung der Larven (Larva migrans) dar. Prädilektionsstellen sind der Dünndarm, mitunter auch der Magen, und bei Echsen (Chamäleons) das Unterhautgewebe sowie das Zölom. Bei Massenbefall kann der gesamte Verdauungstrakt besiedelt sein, teilweise werden Würmer aus dem Magen erbrochen.

**Klinik** Die klinischen Zeichen reichen von unspezifischer Symptomatik bis hin zu durch ulzerative Enteritiden oder eine Gastritis ausgelöste Abmagerung, Inappetenz, Obstipation, Erbrechen und Sepsis.

**Diagnose** Sie ist einfach, da typische dickschalige Eier (▶ **Abb. 12.7c**) ausgeschieden werden.

**Therapie** Der Befall mit diesen Nematoden ist stets therapiewürdig, wobei Fenbendazol **14** das Mittel der Wahl ist. Ivermectin **16** sollte aufgrund seiner Nebenwirkungen und speziesabhängiger Unverträglichkeiten vorsichtig eingesetzt werden.

### Rhabditiden: Strongyloides, Rhabdias

**Ätiologie & Pathogenese** Diese Nematoden haben einen direkten Entwicklungszyklus. Sie ernähren sich von Blut, Lymphe und Detritus. Während *Strongyloides* als Darmparasit von Bedeutung ist, parasitieren *Rhabdias*- und *Entomelas*-Arten in der Lunge. Diese **„Lungenwürmer“** (S. 76) sind Zwitter, sie vermehren sich parthenogenetisch. Ausgeschiedene Larven können sich im Bodensubstrat zu zweigeschlechtlichen Larven entwickeln, erfahren einen „Bodennematodenzyklus“ und produzieren massenhaft Infektionslarven, welche auch in der Lage sind, Wirte perkutan zu infizieren.

**Klinik** Betroffen sind oft karnivore Reptilien (besonders amphibienfressende oder feuchtigkeitsliebende Arten). Ihrem Lebenszyklus entsprechend stellen diese Nematoden eine große Gefahr für Terrarienanlagen dar. Ein seuchenhafter Verlauf der Infektion ist möglich, oft mit hoher Mortalität einhergehend.

**Diagnose** Typisch sind dünnschalige Eier, die bei Ausscheidung in der Regel bereits embryoniert sind (▶ **Abb. 8.6**), bzw. die Larven schlüpfen noch im Wirtskörper.

**Therapie** Wie bei **Askariden** (S. 144). Auch hier ist die Behandlung der Umgebung von ausschlaggebender Bedeutung für einen Therapieerfolg.

### Strongyliden: Kalicephalus

**Ätiologie & Pathogenese** Dieser Nematode tritt besonders häufig bei Schlangen und Echsen (Waranen) auf. Er parasitiert im Dünndarm, kann jedoch auch aszendieren. Er ernährt sich von Blut, Lymphe und Detritus, wobei er sich fest in der Schleimhaut verankert. Strongyliden verursachen hämorrhagische bis ulzerative Enteritiden.

**Klinik** Durch eine Enteritis kommt es zu Diarrhoe, teilweise Blutbeimengungen im Kot, Abmagerung, Exsikkose, Anämie und auch Häutungsproblemen.

**Diagnose** Die Eier sind relativ groß und dünnschalig (▶ **Abb. 12.7f**).

**Therapie** Wie bei **Askariden** (S. 144). Ausgeschiedene Eier sind anfällig gegenüber Austrocknung und UV-Strahlung, was bei einer Bekämpfung nützlich ist.

### Trichuriden: Capillaria

**Ätiologie, Pathogenese & Klinik** Trichuriden sind durch die Gattung *Capillaria* als Reptilienparasiten vertreten. Sie sind durch einen direkten Lebenszyklus gekennzeichnet. Die Prädilektionsstelle ist meist der Darm, wo sie sich von Schleimhautdetritus ernähren. Einige Arten parasitieren jedoch auch im Unterhautgewebe (bei Panzerechsen), wo sie Dermatitiden verursachen können.

**Diagnose** Die typischen zitronenförmigen und beidseits mit Polkappen versehen Eier lassen sich koproskopisch leicht diagnostizieren (▸ **Abb. 12.7g**).

**Therapie** Wie bei **Askariden** (S. 144).

### Trematoden: Digenea

**Ätiologie, Pathogenese & Klinik** Digene Trematoden benötigen im Lebenszyklus mindestens einen, oft mehrere Zwischenwirte, weshalb sie vor allem bei Wildfängen nachgewiesen werden. Bei Freilandhaltung (z. B. Teichanlagen) ist je nach Art aber auch eine Infektion möglich. Adulte Trematoden besiedeln den Verdauungstrakt, die Leber und zuweilen die Nieren von Reptilien. Besonders in den Parenchymen können sie Entzündungsreaktionen und Nekrosen verursachen. Beim Befall des Darmes kommt es selten zu klinisch manifesten Erkrankungen.

**Diagnose** Sie erfolgt über Nativausstriche bzw. im Sedimentationsverfahren (bzw. kombinierte Flotation/Sedimentation). *Digenea*-Eier sind sehr unterschiedlich in Größe und Gestalt, meist dickschalig und zuweilen mit Anhängen versehen (▸ **Abb. 12.7j**, ▸ **Abb. 12.7i**).

**Therapie** Die Entscheidung über eine notwendige Therapie ist vom Allgemeinzustand der befallenen Tiere und der Ausprägung der Symptomatik abhängig zu machen. Prinzipiell ist Praziquantel **20** wirksam. Problematischer ist oft ein Organbefall mit *Digenea*-Larven, welcher jedoch meist erst post mortem diagnostiziert wird und therapeutisch schwierig anzugehen ist.

### Zestoden

**Ätiologie & Pathogenese** Bandwurmbefall tritt besonders bei insekti- bzw. karnivoren Reptilien auf. Bandwürmer haben einen indirekten Lebenszyklus, deshalb sind oft Wildfänge befallen. Reptilien können jedoch auch als Zwischen- und Stapelwirte fungieren. Bei Massenbefall mit Bandwurmlarven (Sparganose) kann es zu erheblichen pathologischen Veränderungen, oft mit Todesfolge, kommen. Dagegen verläuft der Befall mit adulten Zestoden meist klinisch inapparent.

**Klinik** Nur bei Massenbefall werden Enteritiden und klinische Veränderungen wie Inappetenz, Vomitus, Abmagerung oder Obstipationen beobachtet.

**Diagnose** Sie erfolgt koproskopisch (▸ **Abb. 12.7k**, kombiniertes Flotations-/Sedimentationsverfahren).

**Therapie** Gegebenenfalls mit Praziquantel **20**.

### Acanthocephala

**Ätiologie & Pathogenese** Der Befall mit Kratzern tritt bei insekti- bzw. karnivoren Reptilien auf und wird vor allem bei Wildfängen bzw. Importtieren beobachtet. Reptilien können als Zwischen-, Stapel- oder Endwirte agieren. Reproduktionsfähige Kratzer besiedeln den Darm und verankern sich in der Darmwand.

**Klinik** Ein Befall äußert sich oft durch Abmagerung, blutige Diarrhoe oder Anämie und Exsikkose.

**Diagnose** Kratzer produzieren typische, relativ große, langgestreckte Eier (▸ **Abb. 12.7l**).

**Therapie** Eine effektive Behandlung mit Ivermectin **16** ist möglich, eine Weiterverbreitung unter Terrarienbedingungen erfolgt durch das Fehlen geeigneter Zwischenwirte nur eingeschränkt (möglich durch im Terrarium lebende Futterinsekten!).

### Pentastomiden

Die Eier der zur den Krebstieren gezählten Pentastomiden können im Kot nachgewiesen werden (▶ **Abb. 12.7h**). Der Sitz der geschlechtsreifen Parasiten ist der Atmungstrakt – siehe Leitsymptom Dyspnoe (S. 54).

## Fütterungsfehler, Fehlernährung

**Info**

Bedeutender Haltungsfehler bei allen Spezies mit besonderer Relevanz bei herbi- und omnivoren Reptilien.

### Ätiologie & Pathogenese

Neben Fehlern in der Haltung der Tiere sind Fütterungsfehler die häufigsten Gründe für Erkrankungen bei Reptilien. Dem Problem liegen oft 2 wichtige Irrtümer der Halter zugrunde:

- der Vergleich des Energiebedarfs von Reptilien mit dem von Säugern
- das Vertrauen darauf, dass kommerzielle Futtermittel eine ausreichende Versorgung der Reptilien mit allem Nötigen sichern

Daneben liegt nicht selten eine unzureichende Fachkenntnis zu den Bedürfnissen der jeweiligen Spezies vor.

Der Energiebedarf der meisten Reptilien liegt deutlich niedriger als bei Säugern vergleichbarer Größe, was schlicht an der Anpassung der Reptilien an ihren Lebensraum und der Variabilität der endogenen Körpertemperatur liegt. Die Anpassungen an das Futterangebot in der Natur haben zudem dazu geführt, dass herbivore Spezies aus trockenen Klimaten mit sehr rohfaserreichen, energiearmen Pflanzen gefüttert werden müssen. So können beispielsweise für Spornschildkröten frische, saftige Frühjahrswiesen in Deutschland bereits ein ernährungsphysiologisches Problem darstellen, da sie zu viel Eiweiß und zu wenig Rohfaser enthalten. Da gerade solche Spezies in der Natur darauf angewiesen sind, alles an Energie verwertbare aufzunehmen und zu verdauen, fressen die Tiere auch angebotenes Hundefutter, mit der fatalen Folge von Stoffwechselstörungen und **Nierenschädigungen** (S. 330) bis hin zum Organversagen.

**Praxistipp**

Bei Verwendung kommerzieller Futtermittel (beispielsweise „Schildkrötenpellets") muss dringend auf die Qualität und Zusammensetzung geachtet werden. Oft werden diese Futtermittel aus wirtschaftlichen Gründen gleich für eine ganze Gruppe (eben alle Schildkröten) vereinheitlicht angeboten, ohne Rücksicht auf die tatsächliche Ernährungsweise der Spezies. Außerdem werden häufig minderwertige Proteinquellen in das Futter gemischt, so dass zwar eine meist zu hohe Proteinabdeckung besteht, essenzielle Futterinhaltsstoffe aber kaum enthalten sind.

Eine Fehlernährung stellt letztlich einen klaren Verstoß gegen das Tierschutzgesetz dar, da sie zu einem meist chronischen und erheblichen Leid der Tiere führt. Eine Ernährungsberatung oder entsprechende Aufforderung zur Information über Fachliteratur und möglichst auch zum Engagement in entsprechenden herpetologischen Vereinigungen ist hier mindestens ebenso wichtig wie eine entsprechende Therapie.

Für die Mehrheit, aber nicht alle falschen Fütterungsregimes lässt sich grob zusammenfassen, dass sie in einem Überangebot an Energie und (minderwertigem) Eiweiß bei gleichzeitigem Mangel an Rohfaser, Kalzium und anderen Mineralstoffen und Vitaminen münden. Die Folgen von Fehlernährungen sind breitgefächert: Neben Verdauungsstörungen werden besonders **Leberinsuffizienzen** (S. 328), **Niereninsuffizienzen** (S. 330), Gicht sowie Störungen im Wachstum und der Knochenmineralisierung bzw. eine **Metabolic Bone Disease** (S. 193) gesehen. Insbesondere bei herbivoren Spezies kommt es zu Störungen in der Zusammensetzung der intestinalen Flora, wodurch weitere Verdauungsstörungen entstehen können. Auch im Zusammenhang mit der Ernährung muss auf die Versorgung mit frischem Trinkwasser hingewiesen werden.

### Klinik

Entsprechend dem betroffenen Organsystem ist das klinische Bild variabel, es reicht von Verdauungsstörungen – Durchfall, unverdaute Kotbestandteile, **Obstipation** (S. 148) über Apathie und Anorexie als Folgen einer Organinsuffizienz bis hin zu erheblichen Störungen in Knochenaufbau und Mineralisierung. Zu letzteren wird auf die **Metabolic Bone Disease** (S. 193) verwiesen.

### Diagnose

Neben der Fütterungsanamnese ist eine blutchemische Untersuchung wichtig, da sie Auskunft über den Organstatus und die wichtigsten Elektrolyte gibt. Auch der Cholesterolspiegel kann als Anhaltspunkt für eine falsche Fütterung herangezogen werden.

### Therapie

Zur Therapie der Folgeerkrankungen wird auf die entsprechenden Erkrankungen verwiesen. In jedem Fall ist eine Korrektur der Fütterung und der Haltungsbedingungen essenziell. Diese beginnt bei der Erstellung eines Fütterungsplans, für den Fachliteratur zu der entsprechenden Spezies unerlässlich ist. Grundsätzlich gilt, dass eine abwechslungsreiche Fütterung eine einseitige Ernährung unwahrscheinlicher macht. Gleichzeitig sollte auf möglichst hochwertige Nahrungsquellen zurückgegriffen werden. Dies gilt nicht nur für die Art des Futtermittels, sondern auch für die Herkunft. So weisen Futterinsekten (beispielsweise Grillen und Mehlwürmer) häufig einen unzureichenden Mineralstoffgehalt auf. Entsprechende Mineralstoffpräparate oder Ergänzungsfuttermittel, z. B. Korvimin ZVT 63, – bei herbivoren Tieren aufgrund des Vitamin-A-Gehalts nur unter genauer Berücksichtigung der Dosierung – sind deshalb empfehlenswert, wobei die Anwendung durch die Art der Fütterung (z. B. im Wasser) limitiert sein kann.

Bei herbivoren Spezies ist es das Ziel, eine physiologische Darmflora aufzubauen. Inwieweit dies aber durch die orale Gabe von Probiotika 48 wie Bird Bene Bac gelingt, ist nicht gesichert.

### Prognose

Die Prognose ist stark abhängig von der zeitlichen Dauer der Mangelernährung, dem Alter der Patienten und den Folgeerkrankungen.

## Darmatonie

**Info**

Durch verschiedene Ursachen hervorgerufene Funktionsstörung der Darmmotilität.

### Ätiologie & Pathogenese

Die Darmaktivität bei Reptilien hängt in starkem Maße von der Temperatur ab, so dass eine Hypothermie zu einer erheblichen Einschränkung der Peristaltik führt. Bei karnivoren Reptilien spielt – insbesondere wenn wie bei Schlangen die Fütterungsintervalle länger sind – der Zeitpunkt der letzten Fütterung eine erhebliche Rolle, da sich der Darm nach der Fütterung erheblich vergrößert und die Peristaltik sich verstärkt.

Pathologische Ursachen für eine Reduktion der Peristaltik sind vielfältig, sie schließen auch infektiöse Prozesse ein, auch wenn diese sich meist eher in einer verstärkten Peristaltik äußern. Insbesondere bei Echsen, und hier bei chronischen Verdauungsproblemen, ist an eine **Adenovirusinfektion** (S. 125) zu denken. Ebenso bedeutsam sind **Endoparasitosen** (S. 136) oder Exsikkosen. Von großer Bedeutung sind **Fremdkörper, Obstipationen und Ileus** (S. 148), welche neben Aufgasungen vor der Verschlussstelle insgesamt zu einer reduzierten Peristaltik führen. Auch **Vergiftungen** (S. 220) stellen eine Ursache dar, ebenso wie **Mangelerkrankungen** (S. 146) sowie eine **generelle Schwäche** (S. 318). Schließlich spielen auch Dysbakteriosen eine Rolle. Alle diese Ursachen zeigen, dass die Darmatonie, auch wenn sie zu Kotabsatzstörungen führt, eher die Folge einer anderen Grunderkrankung ist.

### Klinik

Die klinische Symptomatik umfasst Bauchschwellungen, fehlenden Kotabsatz oder den Kotabsatz in kleinen Mengen. Durch die Unterbrechung des Chymustransports kann es bei erhaltender Futteraufnahme auch zu einer Magenüberladung und schließlich zum Erbrechen kommen.

### Diagnose

Im Rahmen der Diagnostik sind die möglichen Ursachen abzuklären. Die Peristaltik selbst lässt sich durch eine Ultraschalluntersuchung am besten überprüfen. Zusätzlich ist zur Erkennung möglicher obstruktiver Vorgänge eine Röntgenkontraststudie empfehlenswert. Die weiteren Ursachen, insbesondere das Vorhandensein infektiöser Prozesse, sollten durch die Untersuchung von Kloakenspül- oder -tupferproben abgeklärt werden.

### Therapie

Die Therapie richtet sich nach der zugrundeliegenden Ursache. Metoclopramid 46 kann zur Anregung der Peristaltik versucht werden, hierfür sollte aber zuvor sichergestellt werden, dass keine obstruktiven Veränderungen die Darmpassage behindern. Unspezifische Maßnahmen beinhalten eine Substitution mit Flüssigkeit (S. 44), Nährstoffen und Kalzium 62 sowie eine Optimierung der Umwelt (Temperaturmanagement).

### Prognose

Die Prognose hängt entscheidend von der Grundursache ab.

## Obstipation (Fremdkörper, Striktur, Ileus)

**Info**

Häufig vorkommende Verengung oder Verlegung des Darmkanals mit folgender Hemmung der Darmpassage.

### Ätiologie & Pathogenese

Obstipationen spielen eine sehr große Rolle und sind meist durch Probleme bei der Fütterung, Fremdkörperaufnahmen, Wassermangel oder unzureichende Klimagestaltung verursacht. Auch wenn sie bei allen Reptilienspezies auftreten können, sind unter den häufig vorgestellten Arten bestimmte besonders häufig betroffen. Hierzu gehören Europäische Landschildkröten, Bartagamen und Leopardgeckos.

**Fütterungsfehler** (S. 146) beinhalten Fehler im Fütterungsregime, unausgewogenes Futter sowie eine Mangelversorgung, unter anderem an Kalzium. Letztere führt zur Aufnahme von meist steinigem Bodensubstrat, das sich dann im Darm anschoppt. Diese Anschoppung erfolgt zumeist im Bereich des Dickdarms (▸ Abb. 12.8). Neben der Aufnahme von Steinen werden auch viele andere Gegenstände in der Umgebung gefressen, so dass sich das Spektrum an Fremdkörpern über weiches Material (z. B. Ohrstöpsel), über Plastiktüten bis hin zu größeren soliden Gegenständen (z. B. Nägel, Stockteile, Glaskugeln; ▸ Abb. 12.10) erstreckt. Teilweise werden die Gegenstände wieder ausgeschieden (▸ Abb. 12.2), teilweise bleiben sie im Magen-Darm-Kanal stecken und verursachen weitere Verletzungen (▸ Abb. 12.8, ▸ Abb. 12.9). Schlangen nehmen Fremdkörper oft aufgrund olfaktorischer Reize auf, bei Echsen und Schildkröten spielen dagegen visuelle Reize (Farben) eine besondere Rolle. Allotriophagie tritt auch im Rahmen von Infektionen oder in der Agonie auf.

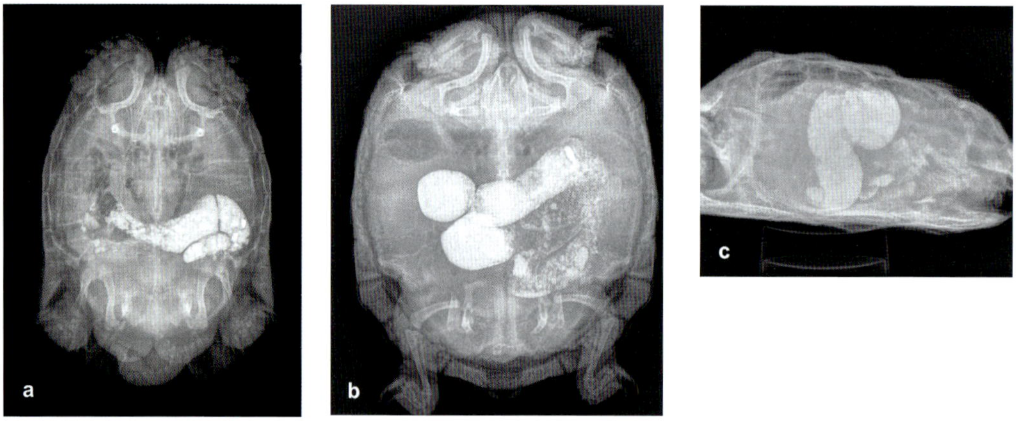


▸ **Abb. 12.8** Obstipation durch Aufnahme von Bodensubstrat. Röntgenologischer Nachweis von Obstipationen durch exzessive Aufnahme von Bodenmaterial. **a** Griechische Landschildkröte, ventrodorsale Projektion. **b** Vierzehenlandschildkröte, dorsoventrale Projektion. Das Colon ascendens ist aufgrund seiner kammerartigen Struktur mit nachfolgender Verengung eine Prädilektionsstelle. **c** Laterolaterale Projektion. Der Darm kann infolge der Obstipation das Lungenfeld weitgehend einengen. Beide Tiere zeigen Anzeichen einer Metabolic Bone Disease, da der Panzer unzureichend kalzifiziert ist und es zu pathologischen Frakturen der Hintergliedmaßen (**b**) gekommen ist.
(Klinik für Vögel und Reptilien, An den Tierkliniken 17, 04103 Leipzig)

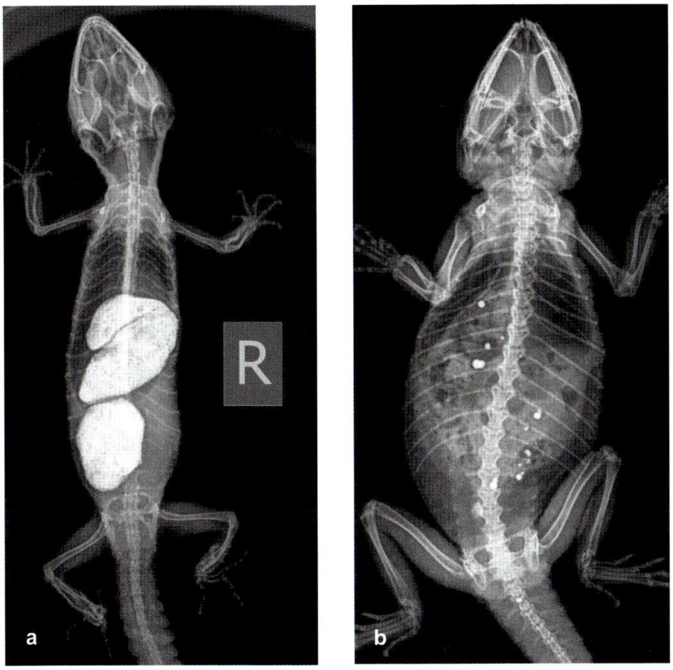


▸ **Abb. 12.9** Obstipation durch Fremdkörper. **a** Röntgenaufnahme (dorsoventrale Projektion) eines Leopardgeckos mit Sandobstipation. **b** Röntgenaufnahme (dorsoventrale Projektion) einer Bartagame mit röntgendichtem Fremdkörper (Schwermetall). (Klinik für Vögel und Reptilien, An den Tierkliniken 17, 04103 Leipzig)

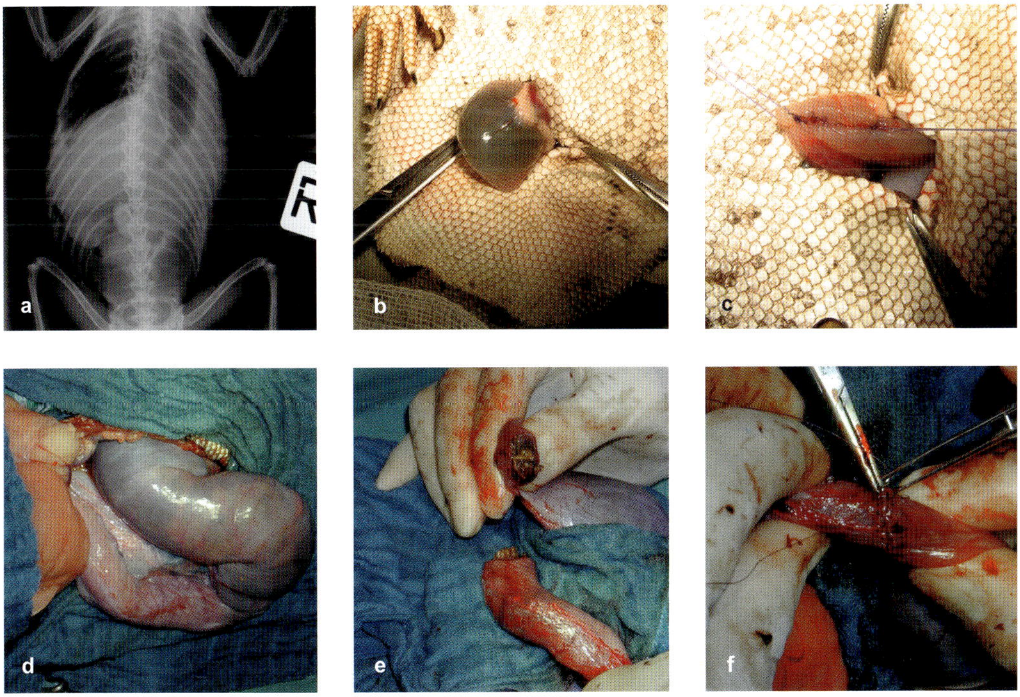


▸ **Abb. 12.10 a–c** Entfernung eines Fremdkörpers aus dem Darm einer Bartagame. **a** Auf der Röntgenaufnahme (dorsoventrale Projektion) ist der Fremdkörper kaum zu sehen. **b** Eröffnung der Bauchwand und Vorlagerung des durchscheinenden Fremdkörpers (Glaskugel). **c** Verschluss der Darmwand durch einstülpende Hefte.
**d–f** Obstipation infolge einer Invagination des Darmes bei einem Grünen Leguan.
**d** Darstellung der Obstipation in situ. **e** Entfernung des betroffenen Darmabschnitts. **f** End-zu-End-Anastomose nach Entfernung der Invagination. (Klinik für Vögel und Reptilien, An den Tierkliniken 17, 04103 Leipzig)

Obstruktionen des Darmes können auch durch Zubildungen in der Darmwand (Abszesse, Tumoren) verursacht sein. Darmpassagestörungen durch Strikturen oder Invaginationen (▶ **Abb. 12.10**) können durch den verursachten Ileus zu einer raschen Verschlechterung des Allgemeinzustands führen.

Neben Verlegungen im Bereich des Darmtrakts spielen auch **Harnsteine** (S. 160) sowie Verlegungen infolge einer Störung der Legetätigkeit (S. 254) eine Rolle.

## Klinik

Zum klinischen Bild zählen eine Bauchschwellung, Pressen auf Kot und dadurch verursacht ein temporärer oder permanenter **Kloakenprolaps** (S. 164).

Meist führen Obstipationen zu Teilverlegungen des Darmes im Bereich des Kolons, so dass noch geringe Mengen Kot passieren können und abgesetzt werden, aber auch ein fehlender Kotabsatz ist möglich. Im weiteren Verlauf wird noch aufgenommenes Futter teilweise wieder erbrochen, oder die Futteraufnahme sistiert. Die Tiere werden zunehmend apathisch und magern ab, die Atmung kann erschwert sein. Der Krankheitsverlauf hängt davon ab, ob es zu einer vollständigen Verlegung kommt und ob aufgenommene Fremdkörper den Darm zusätzlich verletzen. In beiden Fällen kann sich auch eine akute Symptomatik entwickeln.

Im Gegensatz zu den Verlegungen durch Futter, Fremdkörper oder Zubildungen verlaufen Invaginationen und andere Prozesse, bei denen es zu einer Ischämie eines Darmabschnitts kommt, meist rascher und dramatischer.

## Diagnose

Die Charakterisierung der Passagestörung steht im Vordergrund. Hierzu eignen sich **Röntgenaufnahmen** besonders, wenngleich sich einige Fremdkörper nicht röntgendicht darstellen. Auch die Eingabe von Kontrastmittel ist sinnvoll, wobei sich hier zur Darstellung der Passage vornehmlich jodhaltige Kontrastmittel eignen. Bei der Beurteilung von Obstipationen durch die Aufnahme von steinigem Material (▶ **Abb. 12.8**) sollten, wenn möglich, 2 Röntgenebenen angefertigt werden, da sich nur so die Verteilung der Steine innerhalb des Darmlumens beurteilen lässt.

Eine **Ultraschalluntersuchung** kann zusätzlich durchgeführt werden, ist aber zur Darstellung der Fremdkörper weniger hilfreich. Weichteilzubildungen im Magen-Darm-Trakt können dagegen gut beurteilt werden.

Ergänzend können bei Obstipationen im unteren Verdauungstrakt auch **endoskopische Untersuchungen** über die Kloake helfen – diese Technik kann ggf. auch therapeutisch genutzt werden.

## Therapie

Bei vorhandenen Fremdkörpern zielt die Therapie darauf ab, diese möglichst schonend zu entfernen. Am einfachsten ist dies durch die orale (über Magensonde) und kloakale Gabe von Paraffin **47** möglich. Gleichzeitig sollten die Tiere täglich in handwarmem Wasser gebadet werden, um die Peristaltik und den Transport im Darm zu fördern.

> **Cave**
>
> **Eine Zwangsfütterung ist problematisch: Zwar kann das Futter helfen, die Darmflora zu stabilisieren und Fremdkörper in Richtung Kloake zu bewegen, allerdings besteht die Gefahr einer Anschoppung und Magenüberladung.**

Bei festsitzenden Fremdkörpern im unteren Abschnitt des Verdauungstrakts kann versucht werden, sie endoskopisch zu lösen und den Weitertransport durch vorsichtige Spülungen oder eine lokale Applikation von Paraffin zu beschleunigen, hierbei sollte aber vorsichtig vorgegangen werden.

Fremdkörper, die nicht weitertransportiert werden oder bereits eine akute klinische Symptomatik auslösen, müssen in der Regel operativ entfernt werden. Gleiches gilt für Umfangsvermehrungen im Bereich der Darmwand oder Invaginationen des Darmes. Hierzu ist eine Zöliotomie (S. 171) erforderlich. ▶ **Abb. 12.10** demonstriert die Enterotomie bei Reptilien.

## Prognose

Die Prognose ist gut, wenn sich die Darmpassage wieder herstellen lässt. Bei Perforationen des Darmes und Bauchhöhleninfektionen ist sie dagegen schlecht.

# 13 Störung des Harnabsatzes bzw. Harnveränderung

Michael Pees

**Leitsymptomatik „Störung des Harnabsatzes bzw. Harnveränderung"**
- ► Abb. 13.1
- Veränderung der Harnkonsistenz
- Veränderung der Harnfarbe
- übermäßiger oder fehlender Harnabsatz
- begleitend Kotveränderung (S. 126)

## 13.1 Allgemeines

Die **Harnsäure** stellt als Endprodukt des Protein- wie auch des Nukleinsäurestoffwechsels ein wichtiges Ausscheidungsprodukt bei Reptilien dar. Gegenüber Harnstoff besitzt Harnsäure den Vorteil der geringen Wasserlöslichkeit – harnpflichtige Substanzen können so ohne großen Wasserverlust ausgeschieden werden. Harnsäure ist grundsätzlich weiß – zu Verfärbungen kommt es durch Beimischung von anderen Farbstoffen. Dies können beispielsweise Gallenfarbstoffe, aber auch Abbauprodukte von Hämoglobin sein, die durch Veränderungen der Leber oder der Nieren in den Harn gelangen. Auch natürliche Farbstoffe und Medikamente spielen eine Rolle – so kann eine exzessive Fütterung von farbstoffhaltigem Futter zu Harnverfärbungen führen, ebenso die Gabe farbintensiver Medikamente wie Vitamin B (Gelbfärbung). Schließlich können auch Kotbestandteile – und dabei wiederum durch das Futter beeinflusst – zu Farbveränderungen des Harns in der Kloake führen.

Der **Harnsack** ist eine Besonderheit bei verschiedenen Reptilienspezies, so bei den meisten Schildkröten und vielen Echsen, nicht aber bei Schlangen. Anatomisch wie auch in seiner Funktion unterscheidet er sich von der Harnblase der Säuger. Er stellt eine Aussackung der Kloake dar, welche neben Harn auch Flüssigkeit aus der Kloake aufnimmt und eine wichtige Funktion bei der Regulation des Flüssigkeitshaushalts besitzt. Das Organ ist extrem dünnwandig und hochgradig variabel in der Größe.

## 13.2 Sofortmaßnahmen

**Optische Harnveränderungen** stellen meist keine Notfallsituation dar. Allerdings kann eine erhebliche Belastung des Flüssigkeitshaushalts vorliegen, so dass eine Flüssigkeitssubstitution (S. 44) als Sofortmaßnahme sowohl das Allgemeinbefinden stabilisiert als auch die Nierenperfusion erhöht. Sollten begleitend Ödeme auftreten (Schildkröten!), ist Vorsicht bei der Flüssigkeitssubstitution ange-

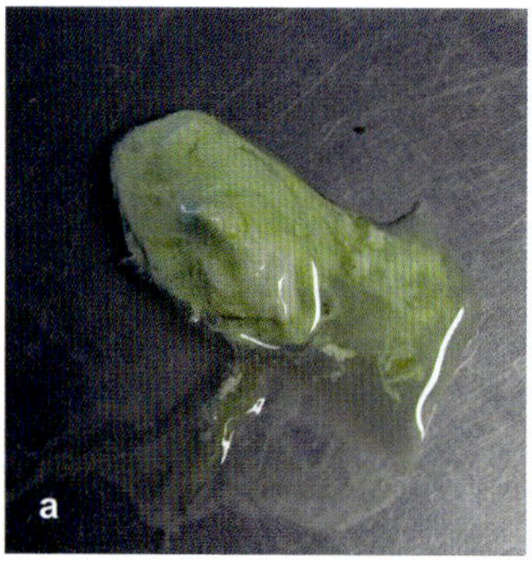



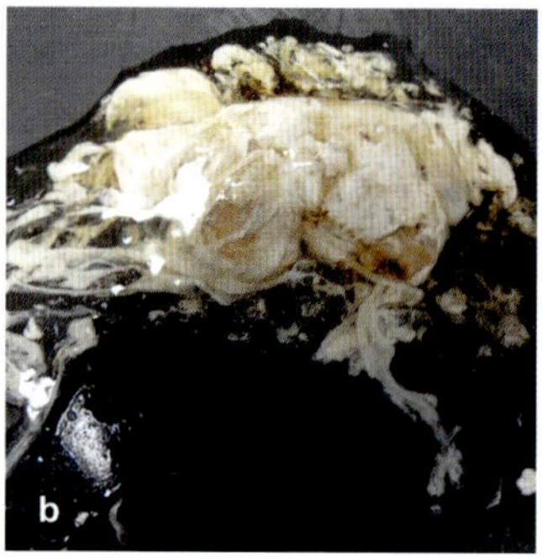



► **Abb. 13.1** Beispiele für Störungen des Harnabsatzes bzw. Harnveränderungen. **a** Gallertig-grüner Harn infolge einer Hexamiteninfektion. **b** Unregelmäßiger Absatz in großen Mengen infolge eines Harnsteins. (Klinik für Vögel und Reptilien, An den Tierkliniken 17, 04103 Leipzig)

bracht, und ggf. sollte die Nierenfiltration durch die Applikation von Furosemid 43 erhöht werden.

Ein **hochgradiger Harnstau** im Harnsack kann durch eine Kompression der übrigen Organe, insbesondere der Lungen, eine erhebliche Störung des Allgemeinzustands bedingen und auch eine Notfallsituation darstellen. Hier sollte der Harnsack wenn möglich unter Ultraschallkontrolle punktiert werden. Steht kein Ultraschallgerät zur Verfügung, kann auch eine Katheterisierung von der Kloake ausgehend versucht werden, wie bei der **Harnsacklähmung** (S. 162) beschrieben.

**Sofortmaßnahmen**

- Flüssigkeitssubstitution (S. 44) (Vorsicht bei Ödemen, Nierenfiltration durch Diuretikum erhöhen)
- bei hochgradigem Harnstau im Harnsack unter Ultraschallkontrolle punktieren (oder Katheterisierung von der Kloake aus)
- entsprechende Sofortmaßnahmen bei begleitender Kotveränderung (S. 126)

## 13.3 Diagnostik

Das diagnostische Vorgehen für das Leitsymptom Störung des Harnabsatzes bzw. Harnveränderung ist im diagnostischen Leitfaden dargestellt.

# Diagnostischer Leitfaden: Störung des Harnabsatzes bzw. Harnveränderung

## Anamnese

- Fütterung (Protein, Farbstoffe ...)
- Luftfeuchtigkeit, Temperatur
- Wasserangebot, Bademöglichkeiten
- Vorbehandlungen

## Klinische Untersuchung

- Veränderungen des Kotanteiles
- Gewebevorfall im Bereich der Kloake
- fehlender Harnabsatz
  - Dehydratation
  - Gicht?
  - Obstruktion, Harnstein?
  - Harnsacklähmung?
- Veränderungen der Harnsäure
  - Futter/Medikamente
  - rot

→ Leitsymptom Störung des Kotabsatzes bzw. Kotveränderung → S. 126

→ Leitsymptom Gewebevorfall aus der Kloake → S. 164

→ Blutchemie/Ultraschall → Leitsymptom Anorexie, Apathie → S. 318

→ Röntgen → S. 160

→ Ultraschall, (Kontrast-Röntgen, CT, MRT) → S. 162

→ Nephropathie? → Blutchemie/Ultraschall/Endoskopie → Leitsymptom Anorexie, Apathie → S. 318

→ Trauma? → Röntgen → Leitsymptom Störung des Bewegungsapparats → S. 176

→ Harnstein? → Röntgen → S. 160

→ Legenot? → Röntgen, Ultraschall → Leitsymptom Störung der Legetätigkeit → S. 254

→ prolabiertes Gewebe → Leitsymptom Gewebevorfall aus der Kloake → S. 164

→ bakterielle/mykotische Infektion? Inbesondere *Rhodotorula*-Mykose → bakteriologische und mykologische Untersuchung → Leitsymptom Störung des Kotabsatzes bzw. Kotveränderung → S. 126

Fortsetzung: **Diagnostischer Leitfaden: Störung des Harnabsatzes bzw. Harnveränderung**

- ▶ gelb
- ▶ grün-schleimig

→ Hepatopathie? → Blut/Ultraschall/Endoskopie/Biopsie → Leitsymptom Anorexie, Apathie → S. 318

→ Hexamiteninfektion? → parasitologische Untersuchung/Ultraschall → Leitsymptom Störung des Kotabsatzes bzw. Kotveränderung → S. 126

### 13.3.1 Besonderes Augenmerk bei der Anamnese

Die **Fütterung** ist von Bedeutung – einerseits, um den Einfluss möglicher Farbstoffe auf die Harnsäure zu evaluieren, andererseits, um Hinweise auf organische Störungen zu erhalten. Hierbei spielen insbesondere Funktionsstörungen der Niere infolge einer übermäßigen Proteinversorgung sowie Leberfunktionsstörungen durch ein insgesamt zu hohes Energieangebot eine wichtige Rolle. Auch die **Versorgung mit Wasser** (Luftfeuchtigkeit, Bademöglichkeiten) ist wichtig, um den Einfluss von Haltungsdefiziten auf die Harnproduktion (Nierenfunktion) abzuschätzen. Die **Umgebungstemperatur** ist ebenfalls von entscheidender Bedeutung für die Organfunktion. So spielen Nierenfunktionsstörungen bei Schildkröten, die zu kalt gehalten werden, eine besondere Rolle. Schließlich können **Medikamente** einen Einfluss auf die Harnproduktion und die Farbe haben – so kann eine (exzessive) parenterale Vitamin-B-Zufuhr zu einer Gelbverfärbung führen.

### 13.3.2 Besonderes Augenmerk bei der klinischen Untersuchung

Zwei Leitsymptome treten häufig im Zusammenhang mit einer Harnveränderung auf und sollten entsprechend genau klinisch abgeklärt werden: Kotveränderung (S. 126) und der Gewebevorfall aus der Kloake (S. 164).

Fehlt der Harnabsatz völlig, ist zunächst zu klären, ob gleichzeitig ein Fehlen des Kotanteils vorliegt. Dies könnte für eine **Obstipation bzw. Obstruktion** (S. 148) im Bereich der Kloake sprechen, es wird auf das Leitsymptom Kotveränderung (S. 126) verwiesen.

Ansonsten kann ein fehlender Harnabsatz durch eine Dehydratation verursacht werden. Sind entsprechende Anzeichen hierfür zu sehen, sollte das Tier zunächst entsprechend durch Flüssigkeitssubstitution (S. 44) rehydriert werden.

Liegt eine **Nephropathie bzw. Gicht** (S. 330) als Ursache vor, sind die Tiere in der Regel hochgradig apathisch. Die Ultraschalluntersuchung der Nieren zeigt eine deutliche Vergrößerung des Organs bei gleichzeitig meist verringertem und zentralisiertem Blutfluss (▸ **Abb. 13.2**). Bei Chamäleons lassen sich die vergrößerten Nieren häufig im kaudodorsalen Bereich der Leibeshöhle palpieren. Eingeschränkt ist dies auch bei Landschildkröten (auch rektal beschrieben) möglich. Bei jedem Verdacht einer Nierenfunktionsstörung ist eine blutchemische Untersuchung sinnvoll.

Umfangsvermehrungen des Harnsacks – entweder infolge eines **Harnsteins** (S. 160) oder **Harnsacklähmung** (S. 162) erfordern zur Einschätzung bildgebende Verfahren (▸ **Abb. 13.3**). Eine Röntgenuntersuchung in Kombination mit einer Ultraschalldarstellung des Harnsackinhalts ist sinnvoll, um sowohl Flüssigkeitsansammlungen als auch Fremdkörper darstellen zu können. Harnsacklähmungen sind dabei sonografisch nicht immer leicht von einem Aszites abzugrenzen. Weitere bildgebende Verfahren wie CT oder MRT können hilfreich sein, sie zeigen die extreme Ausdehnung des Organes bei einer Harnsacklähmung.

Veränderungen der Harnsäure betreffen insbesondere die Farbe und die Konsistenz. Wie erwähnt sollten die Fütterung und auch eventuelle

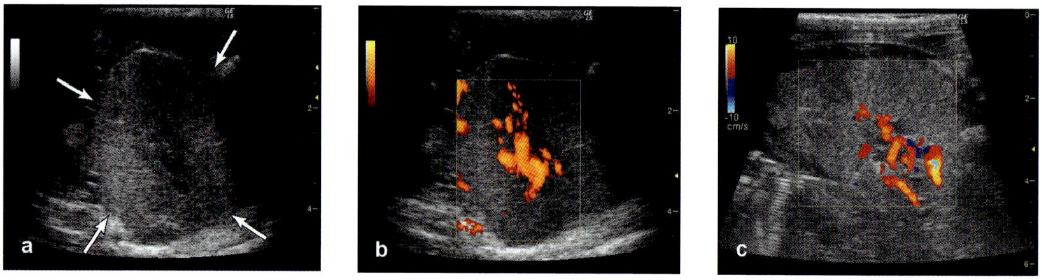


▸ **Abb. 13.2** Ultraschalldarstellungen der Nieren. **a** Präfemoraler Zugang, Darstellung einer deutlich vergrößerten Niere bei einer Breitrandschildkröte. **b** Gleiches Tier, Power-Doppler, Darstellung der nur noch zentral vorhandenen Nierendurchblutung. **c** Farb-Doppler, präfemoraler Zugang, Spornschildkröte: Nierenvergrößerung und reduzierte Durchblutung. (Klinik für Vögel und Reptilien, An den Tierkliniken 17, 04103 Leipzig)

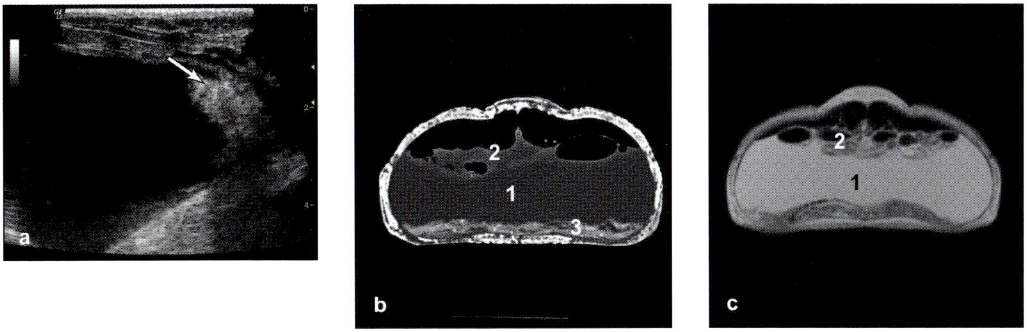


▶ **Abb. 13.3** Bildgebung bei Harnsacklähmung. **a** Ultraschalluntersuchung, Grüner Leguan, ventrale Ankopplung, Darstellung des Harns und von ventral liegenden Konkrementen (Pfeil) (Klinik für Vögel und Reptilien, An den Tierkliniken 17, 04103 Leipzig). **b** CT-Untersuchung, Maurische Landschildkröte, transversaler Schnitt: Der Harnsack (1) nimmt den größten Teil der Leibeshöhle ein, die Organe (2) schwimmen auf (3 – Konkremente). **c** MRT-Untersuchung, Griechische Landschildkröte, T 2-Wichtung: Auch hier stellt sich der Harnsack (1) dar, die Organe (2) sind nach dorsal verdrängt. (**b** und **c** Klinik für Kleintiere, An den Tierkliniken 23, 04 103 Leipzig)

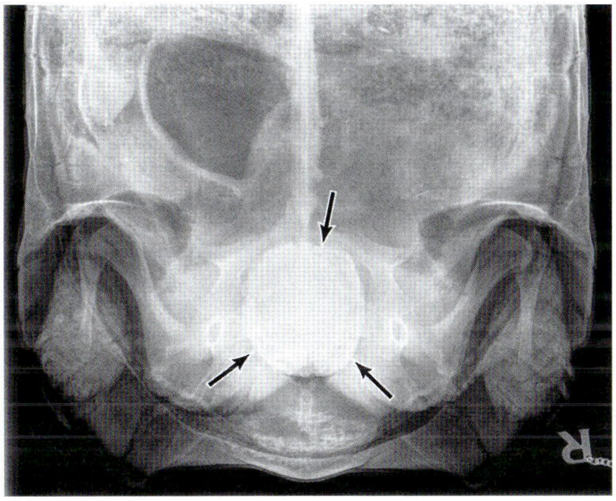

▶ **Abb. 13.4** Röntgenaufnahme einer Spornschildkröte (dorsoventrale Projektion) mit Harnstein am Beckeneingang (Pfeile).
(Klinik für Vögel und Reptilien, An den Tierkliniken 17, 04103 Leipzig)

Vorbehandlungen bei der Beurteilung berücksichtigt werden. Generell ist eine **Nephropathie** (S. 330) bei jeder Harnveränderung diagnostisch abzuklären, da Funktionsstörungen der Nieren einen direkten Einfluss auf die Harnsäureproduktion haben. Zu dieser Abklärung gehört möglichst ein blutchemisches Profil sowie eine Darstellung der Nieren mittels bildgebender Verfahren (meist sonografisch, weiterführend auch endoskopisch).

Rote Verfärbungen können durch Blutbeimengungen bedingt sein. Hierfür kommen unter anderem **Traumata** (S. 197), aber auch **Harnsteine** (S. 160) oder eine **Störung der Legetätigkeit** (S. 254) in Frage. Zur Abklärung werden eine Röntgenuntersuchung (▶ **Abb. 13.4**) sowie ggf. eine sonografische Untersuchung empfohlen. Auch ein Gewebevorfall (S. 164) kann Blutbeimengungen verursachen sowie eine **bakterielle oder mykotische Entzündung** (S. 135) der Kloakenschleimhaut. Bei Verdacht sollte eine bakteriologisch-mykologische Untersuchung einer Tupferprobe veranlasst werden. Neben entzündungsbedingten Blutbeimengungen kann dabei auch eine *Rhodotorula*-Mykose (Pigmente) eine rötliche Verfärbung verursachen.

Auch wenn sich die Farbveränderungen nicht unbedingt so eindeutig trennen lassen, spricht eine Gelbverfärbung der Harnsäure grundsätzlich eher für eine **Hepatopathie** (S. 328). Die Leber und ihre Funktion können ebenfalls durch eine blutchemische Untersuchung sowie eine Ultraschalluntersuchung evaluiert werden. Im Verdachtsfall sind bei vielen Spezies auch eine endoskopische Darstellung und eine Biopsie (sonografisch, endoskopisch) möglich.

Grünlich-schleimiger Harn (▶ **Abb. 13.1**) weist auf eine **Hexamiteninfektion** (S. 137) hin, die die Niere mitbetrifft. Die Erreger lassen sich meist im Kot oder, hier besser, im Harnanteil nachweisen.

13.4
# Wichtige Ursachen

Wichtige Ursachen von Harnveränderungen sind in ▶ **Tab. 13.1** zusammengestellt.

## 13.4.1 Erkrankungen

### Harnsteine, Harnwegsobstruktion

**Info**
Häufig vorkommende Ansammlung von Harnsäure und anderen Stoffwechselprodukten sowie Fremdkörpern im Harnsack bzw. in den harnableitenden Wegen inklusive der Kloake.

#### Ätiologie & Pathogenese

Die Ätiologie ist variabel, oft sind jedoch Fremdkörper oder Entzündungsprodukte ursächlich an der Bildung von Harnsteinen beteiligt. Zu den Fremdkörpern im Harnsack gehören dabei auch Eier, die im Legeprozess in den Harnsack verrutscht sind und dann über lange Zeit von Harnsäure und anderen Stoffwechselprodukten umlagert werden. Außerdem spielen die Fütterung (Eiweiß, Vitamin A, Vitamin D, Kalzium) sowie die Haltung, insbesondere die Luftfeuchtigkeit und das Wasserangebot, eine große Rolle.

Die Konkremente können einzeln oder multipel auftreten und eine enorme Größe annehmen. Schädlich wirken sie einerseits durch das Ausmaß, insbesondere aber dadurch, dass die Passage von Kot und Harn behindert wird und es zu Drucknekrosen der Schleimhaut kommen kann.

#### Klinik

Klinische Erscheinungen treten insbesondere bei Konkrementen im Harnsack oft erst sehr verzögert auf, können dann aber akut sein. Es kann zu einem Gewebevorfall aus der Kloake (S. 164) kommen, die Passage von Kot und Harn ist stark verzögert oder vollständig blockiert. Oft wird nur intermittierend, dann aber in großen Mengen Kot oder Harn abgesetzt. Auch Störungen bei der Eiablage und Bewegungsstörungen bis hin zu Paresen der Hintergliedmaßen sind möglich.

#### Diagnose

Liegt der Harnstein in der Kloake, kann er klinisch gesehen (▶ **Abb. 13.5**) oder ertastet werden. Oft ist dies auch durch die Kniebucht oder die Leibeshöhlenwand möglich, wenn er im Harnsack liegt. Ansonsten ist eine Röntgenuntersuchung indiziert – obwohl Harnsäure selbst kaum röntgendicht ist, sind Harnsteine durch ihren schalenartigen Aufbau und die Einlagerung von Kalzium gut erkennbar. Bei kleinen oder wenig geformten Harnsteinen hilft auch eine endoskopische Untersuchung über die Kloake (▶ **Abb. 13.6**).

▶ **Tab. 13.1** Wichtige Ursachen von Harnveränderungen.

| Ursachen | | Bedeutung * | | | Bemerkungen, s. auch andere Leitsymptome |
|---|---|---|---|---|---|
| | | EC | SL | SK | |
| Bakterien | gramnegative Bakterien (S. 135) | ++ | ++ | ++ | - |
| Pilze | Hefepilze: *Rhodotorula* (S. 135) | + | + | ++ | - |
| Parasiten | *Hexamita parva* (S. 137) | + | + | ++ | - |
| metabolische Ursachen | Metabolic Bone Disease (S. 193) | +++ | - | ++ | - |
| | Gicht/Nephropathie (S. 330) | +++ | +++ | +++ | - |
| | Hepatopathie (S. 328) | ++ | ++ | ++ | - |
| raumfordernde Prozesse | Fremdkörper (Harnsteine) (S. 160) | +++ | ++ | +++ | - |
| | Neoplasien (S. 314) | + | + | + | - |
| | Störung der Legetätigkeit (S. 254) | ++ | ++ | ++ | - |
| Sonstiges | Trauma | ++ | ++ | ++ | - |

* Bedeutung bei der Entstehung der entsprechenden Leitsymptomatik, Erfahrungswerte der Autoren

▶ **Abb. 13.5** Harnwegsobstruktion. Solche Harnsteine können im Rahmen der klinischen Untersuchung oft gesehen oder auch ertastet werden.
(Klinik für Vögel und Reptilien, An den Tierkliniken 17, 04103 Leipzig)

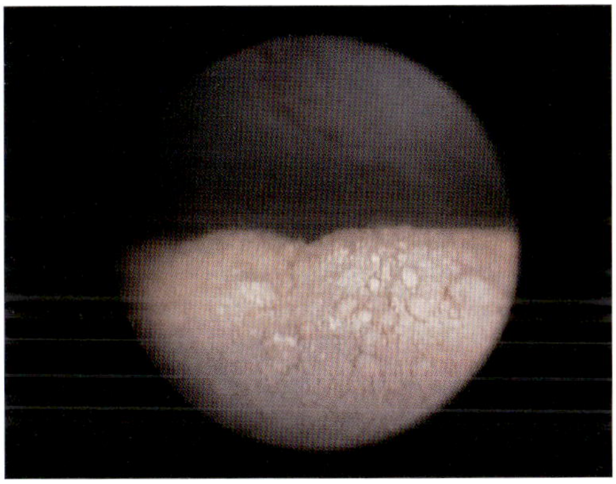

▶ **Abb. 13.6** Endoskopische Darstellung eines Harnsteins im Harnsack nach Zugang über die Kloake.
(Klinik für Vögel und Reptilien, An den Tierkliniken 17, 04103 Leipzig)

## Therapie

Liegt der Stein im Bereich der Kloake, und ist er bereits sicht- oder tastbar, sollten eine vorsichtige Spülung mit körperwarmer Flüssigkeit sowie eine Eingabe von Paraffin 47 in die Kloake versucht werden. Oft lassen sich die Steine lösen und entfernen (▶ **Abb. 13.7**). Ein medikamentöser bzw. nutritiver Versuch, die Steine aufzulösen, ist nach derzeitigem Wissensstand nicht erfolgversprechend.

Steine im Harnsack müssen meist operativ entfernt werden – die endoskopische Entfernung ist aufwändig und oft nur mit Spezialinstrumenten

▶ **Abb. 13.7** Harnsteine bei Schlangen. Wie bei diesem Königspython entstehen Harnkonkremente oft durch Haltungsfehler. Hier war eine Kloakenspülung mit anschließender vorsichtiger Massage erfolgreich, die Steine konnten entfernt werden und der angeschoppte Kot wurde abgesetzt.
(Klinik für Vögel und Reptilien, An den Tierkliniken 17, 04103 Leipzig)

zur vorsichtigen Zerstörung des Harnsteins möglich. Alternativ kann eine Entfernung mittels einer Fremdkörperzange, welche über die Kloake in den Harnsack eingeführt wird, versucht werden. Dies sollte aber mit größter Vorsicht erfolgen, da die Harnsackwand sehr dünn ist und bei Manipulationen leicht einreißen kann. Als operativer Zugang (▶ **Abb. 13.8**) kann der ventrale Zugang zur Leibeshöhle gewählt werden – siehe das Vorgehen bei **Störung der Legetätigkeit** (S. 267) –, bei Echsen ist dies auch das Standardvorgehen. Bei Schildkröten bietet sich alternativ und je nach Größe des Steins auch der Zugang über die Kniebucht an, der im Vergleich zur Plastroneröffnung (S. 267) deutlich weniger invasiv und traumatisch ist.

Nach der Entfernung sollten die Tiere antiinfektiv versorgt sowie über mehrere Tage mit Flüssigkeit substituiert werden, bis eine physiologische Ausscheidung der Harnsäure gesichert ist. Des Weiteren sind eine Haltungsoptimierung sowie eine angepasste Fütterung (Proteingehalt) von Bedeutung.

## Prognose

Nach erfolgreicher Entfernung der Konkremente und bei normaler Kot-Harn-Passage ist die Prognose günstig.

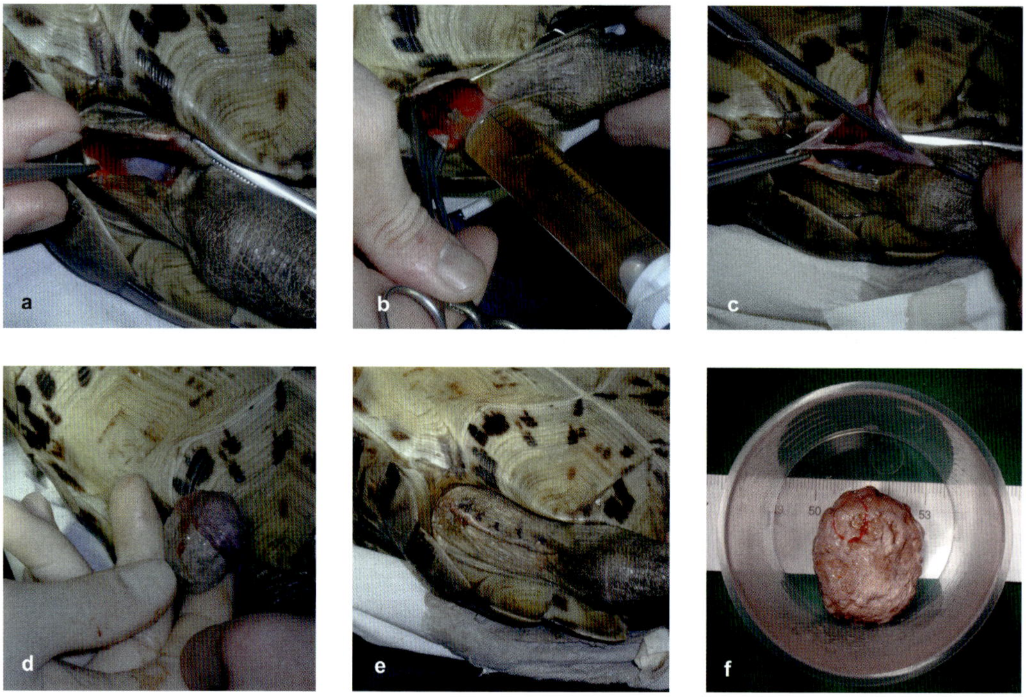

▸ **Abb. 13.8** Entfernung eines Harnsteins aus dem Harnsack nach Zugang durch die Kniebucht. **a** Die Haut wird eröffnet und die Muskelschichten werden stumpf präpariert. **b** Der Harn wird aus dem Harnsack vorsichtig abpunktiert. **c** Der Harnsack wird vorverlagert und mit Haltezügeln gesichert sowie eröffnet. **d** Der Stein wird instrumentell oder manuell entwickelt. **e** Nachdem der Harnsack einstülpend verschlossen wurde, wird die Haut ausstülpend mit Einzelheften verschlossen. **f** Entfernter Harnstein.
(Klinik für Vögel und Reptilien, An den Tierkliniken 17, 04103 Leipzig)

## Harnsacklähmung

**Info**

Hochgradige Umfangsvermehrung des Harnsacks infolge Entleerungsstörung bei Schildkröten und bestimmten Echsen.

### Ätiologie & Pathogenese

Der Harnsack stellt kein reines Ausscheidungsorgan dar, sondern ist auch für die Flüssigkeitsresorption und die Regulation des Flüssigkeitshaushalts von Bedeutung. Dementsprechend ist eine mittlere Füllung physiologisch. Störungen der Entleerung können durch Abflussstörungen – wie bei **Harnsteinen** (S. 160) und anderweitigen Obstruktionen – bedingt sein.

Häufiger jedoch ist eine „Lähmung" eher eine Entleerungsstörung infolge hochgradiger systemischer Störungen und insbesondere bei Nierenerkrankungen sowie hochgradigen Mangelerkrankungen, insbesondere eine Hypokalzämie infolge einer **Metabolic Bone Disease** (S. 193). Dabei ist diese Störung als Zeichen einer weit fortgeschrittenen Erkrankung, welche die Regulation wichtiger Körperfunktionen stört, zu verstehen. Nicht selten tritt sie auch präfinal auf.

Die Harnsacklähmung kann aber auch als Komplikation einer Behandlung auffallen. So fällt bei einer regelmäßigen Flüssigkeitssubstitution ein stetig steigendes Körpergewicht auf, da die Flüssigkeit, obwohl filtriert, nicht ausgeschieden wird.

### Klinik

Bei Echsen können Umfangsvermehrungen der Leibeshöhle auffallen, die meist prall-elastisch sind. Bei Schildkröten können parallel Ödeme auftreten. Die Tiere sind apathisch und inappetent, teilweise ist die Atmung erschwert.

## Diagnose

Röntgenologisch sind meist nur eine diffuse Umfangsvermehrung und Organverdrängung in der Leibeshöhle zu erkennen. Im sonografischen Bild ist der massiv ausgedehnte Harnsack gut zu erkennen (▶ **Abb. 13.3**), wobei sich im ventralen Bereich (Achtung: Position des Tieres bei der Untersuchung) oft Konkremente aus Harnsäure ablagern. Im Gegensatz zu Harnsteinen sind diese meist wenig organisiert und leicht zu verlagern. CT und MRT helfen bei der exakten Bestimmung der Ausmaße. Diagnostisch ist eine Abklärung der Nierenfunktion durch eine blutchemische Untersuchung dringend zu empfehlen.

## Therapie

Als Sofortmaßnahme sollte Harn aus dem Harnsack entfernt werden. Am einfachsten ist hierbei eine Punktion des Harnsacks unter Ultraschallkontrolle (▶ **Abb. 13.9**). Alternativ kann versucht werden, einen Katheter entlang der ventralen Kloakenwand vorsichtig in den Harnsack vorzuschieben und Harn abzulassen. Bei Schwierigkeiten hierbei kann auch ein Endoskop verwendet werden, um den Weg in den Harnsack zu finden.

Die weitere Therapie besteht in der Behandlung der zugrundeliegenden Störung. Die Entfernung von Flüssigkeit hilft den Tieren vorübergehend, und nicht selten wird die eigenständige Harnausscheidung auch gefördert. Hierzu können auch Bäder in handwarmem Wasser helfen. Die Harnsackfüllung sollte regelmäßig kontrolliert werden (Ultraschall, Gewichtskontrolle).

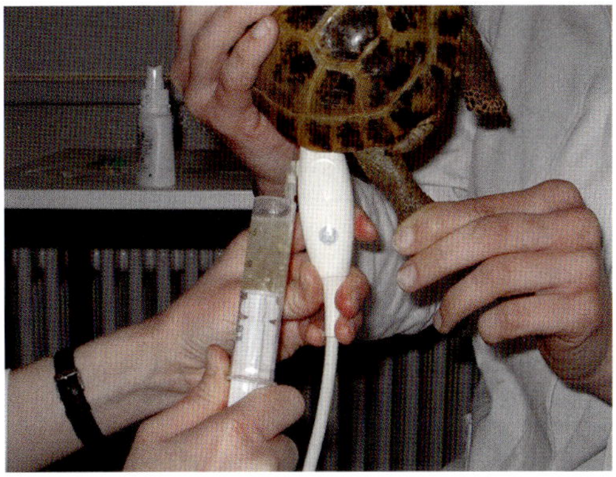

▶ **Abb. 13.9** Harnsacklähmung. Punktion des Harnsacks unter Ultraschallkontrolle. Es empfiehlt sich, das Tier so zu kippen, dass sich der Harnsack möglichst in Richtung Ultraschallkopf, also nach unten, verlagert.
(Klinik für Vögel und Reptilien, An den Tierkliniken 17, 04103 Leipzig)

## Prognose

Die Prognose hängt von der Grunderkrankung ab, oft ist das Auftreten dieser Entleerungsstörung aber ein prognostisch ungünstiges Zeichen.

# 14 Gewebevorfall aus der Kloake

Michael Pees

**Leitsymptomatik „Gewebevorfall aus der Kloake"**
- Pressen
- Bauchschwellung
- Vorfall von frischem oder verändertem, teilweise stark geschwollenem Gewebe aus der Kloake
- Kot- und/oder Harnveränderungen, Beimengungen von frischem Blut

## 14.1 Allgemeines

Grundsätzlich können fast alle der **Kloake** (also ihren Anteilen Koprodaeum, Urodaeum, Proktodaeum) anhängenden Organe vorfallen:
- der distale Darmabschnitt, der ins Koprodaeum mündet,
- der Harnsack, der – sofern vorhanden – eine Ausstülpung des Urodaeums darstellt,
- das Ovidukt, das bei weiblichen Tieren paarig in das Urodaeum mündet,
- der Penis bzw. die Hemipenes, die ventral im Bereich des Proktodaeums liegen.

Da die Ureteren keine direkte Verbindung zum Harnsack haben, sind sie bei einem Prolaps meist nicht betroffen.

Ein **Penis** ist bei Schildkröten und Krokodilen ausgebildet, er stellt sich als großes, fleischiges, solides Organ dar, welches einen deutlichen Sulcus aufweist und normalerweise ventral am Kloakenboden liegt. Einige Spezies, insbesondere Wasserschildkröten, neigen dazu bei Aufregung den Penis auszustülpen.

Bei Schlangen und Echsen (außer Krokodilen) sind **paarige Hemipenes** ausgebildet. Diese liegen invertiert von der Kloake nach kaudal in der Schwanzbasis. Sowohl Penis als auch Hemipenes ist gemeinsam, dass sie keine Urethra haben.

## 14.2 Sofortmaßnahmen

Ein Gewebevorfall (Prolaps) aus der Kloake kann sich zwar sehr unterschiedlich darstellen, ist aber immer als Notfall einzustufen, der eine baldige Behandlung benötigt. Bedingt durch die äußeren Einflüsse (Traumata, Schmutz, Trockenheit) sowie die gestörte Blutversorgung bei pathologischen Vorfällen kommt es rasch zu Gewebeveränderungen und -zerstörungen. Insofern sollte bei jedem Vorbericht eines Gewebevorfalls der unmittelbare Besuch beim Tierarzt empfohlen werden.

Als Sofortmaßnahme sollte der Halter das Tier auf ein sauberes und gut angefeuchtetes Tuch setzen. Papier ist nicht geeignet, da es rasch zu Verklebungen und Austrocknungen kommt. Je nach Spezies kann es auch sinnvoll sein, das Tier zu baden oder das vorgefallene Gewebe regelmäßig feucht einzusprühen.

Die Sofortmaßnahmen beim Tierarzt sollten eine Gewebestabilisierung und eine möglichst baldige Rückverlagerung (S. 170) beinhalten. Als vorbereitende Maßnahme sollte das Gewebe mit einer milden antiseptischen Lösung wie Chlorhexidin 57 gereinigt werden. Kotbestandteile, auch wenn sie in dem vorgefallenen Darm enthalten sind, sollten möglichst herausgespült werden.

Die Identifikation des vorgefallenen Gewebes ist essenziell für eine spezifische Therapie. Bei starker Ödematisierung des Gewebes kann eine hygroskopische Lösung (z. B. konzentrierte Zuckerlösung) als Vorbereitung aufgebracht werden, um die Schwellung zu reduzieren und die folgende Reposition zu erleichtern.

**Sofortmaßnahmen**

- Tier auf ein sauberes und gut angefeuchtetes Tuch setzen
- Gewebe mit einer milden antiseptischen Lösung reinigen
- Identifikation des vorgefallenen Gewebes und spezifische Therapie
- Aufbringen einer hygroskopischen Lösung, um die Schwellung zu reduzieren und die folgende Reposition zu erleichtern
- bei deutlichen Anzeichen einer Gewebeentzündung oder gar Septikämie parenterale Antibiose und Flüssigkeitssubstitution (S. 44)

## 14.3 Diagnostik

Das diagnostische Vorgehen für das Leitsymptom Gewebevorfall aus der Kloake ist im diagnostischen Leitfaden dargestellt.

# Diagnostischer Leitfaden: Gewebevorfall aus der Kloake

## Anamnese

- **Futteraufnahme**
- **Fütterung**
- **Kotabsatz**
- **Geschlecht**
  - Legetätigkeit → Legenot?
  - Hemipenisvorfall? (SK auch physiologisch)
- **Terrarium: Bodensubstrat, Wasser, Platz**
  - Obstipation?

## Klinische Untersuchung

- **Allgemeinzustand**
  - Erschöpfung
- **Geschlechtsbestimmung**
  - männlich → Vorfall fleischiges Gewebe, tlw. mit Sulcus
  - weiblich → evtl. Eier palpierbar, Pressen, Vorfall dünnwandiges, evtl. längsgefältetes Gewebe
- **geschwollenes Gewebe, nicht näher identifizierbar**
  - SK teilweise EC → z.T. dünnwandiges, stark ödematöses Gewebe, z.T. flüssigkeitsgefüllte Blase
- **immer:** parasitologische Kotuntersuchung

▶ Metabolic Bone Disease ▶ Leitsymptom Störung des Bewegungsapparats ▶ S. 176

▶ Leitsymptom Störung der Legetätigkeit ▶ S. 254

▶ S. 173

▶ Leitsymptom Störung des Kotabsatzes bzw. Kotveränderung ▶ S. 126

▶ Leitsymptom Anorexie, Apathie ▶ S. 318

▶ Hemipenisvorfall ▶ S. 173

▶ Oviduktvorfall? ▶ Röntgen, Ultraschall

▶ Kloaken-, Darmvorfall? ▶ Spülung Lumen: tlw. Kot; Kontrast-Röntgen ▶ S. 170

▶ Oviduktvorfall? ▶ Röntgen, Ultraschall ▶ S. 175

▶ Harnsackvorfall? ▶ Spülung: tlw. Urate, Kontrast-Röntgen, Ultraschall ▶ S. 174

▶ Endoparasitose ▶ Leitsymptom Störung des Kotabsatzes bzw. Kotveränderung ▶ S. 126

### 14.3.1 Besonderes Augenmerk bei der Anamnese

Aussagen zur Fütterung, zur Futteraufnahme und zum Kotabsatz helfen dabei, sowohl die Funktion des Darmes als auch eventuelle Mangelsituationen wie **Metabolic Bone Disease** (S. 193) als Auslöser einzuschätzen.

Das Geschlecht sollte sowohl erfragt als auch im Rahmen der klinischen Untersuchung überprüft werden, da die entsprechenden Geschlechtsorgane an dem Vorfallgeschehen beteiligt sein können. Sofern es sich um ein weibliches Tier handelt, sollte die bisherige Legetätigkeit erfragt werden, um eine mögliche **Störung der Legetätigkeit** (S. 254) abzuklären. Bei männlichen Tieren ist eine eventuelle physiologische Vorlagerung eines Hemipenis (▶ **Abb. 14.1**) infolge sexueller Aktivität oder auch sonstiger Aufregung insbesondere bei Schildkröten möglich und von einem pathologischen permanenten **Hemipenisvorfall** (S. 173) zu unterscheiden.

Bei den Haltungsbedingungen können Fehler wie ein ungeeignetes Bodensubstrat, das von die Tieren aufgenommen wird, aber auch Fehler in der Wasserversorgung oder unzureichende Platzverhältnisse zu Kotabsatzstörungen und einer **Obstipation** (S. 148) führen, welche wiederum einen Darmprolaps verursachen kann.

▶ **Abb. 14.1** Vorlagerung des Hemipenis bei einer Landschildkröte.
(Klinik für Vögel und Reptilien, An den Tierkliniken 17, 04103 Leipzig)

### 14.3.2 Besonderes Augenmerk bei der klinischen Untersuchung

Eine seltenere, aber nicht auszuschließende Ursache für einen Gewebevorfall ist eine erhebliche Erschöpfung der Tiere, welche zu Inappetenz, Mangelzuständen und Apathie (S. 318) führt.

Bei männlichen Tieren lässt sich ein vorgefallener Hemipenis (▶ **Abb. 14.1**, ▶ **Abb. 14.2**) durch seine solide, fleischige Struktur identifizieren. Allerdings kommt es auch rasch zu Ödemen und Stauungserscheinungen. Typisch ist der längsgezogene Sulcus, die Farbe variiert artabhängig zwischen Hellrosa und einem tiefen Dunkelrot.

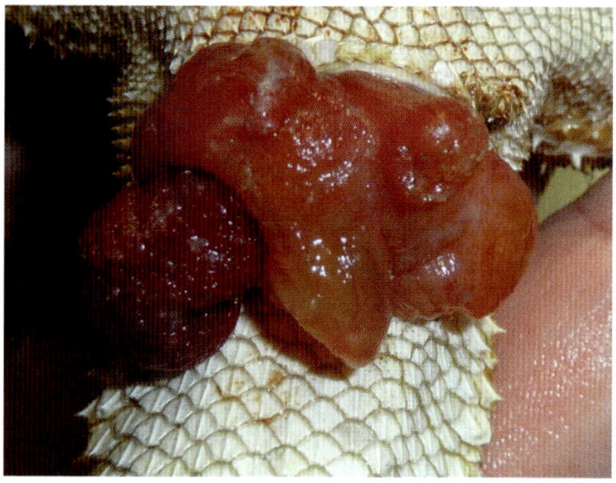

▶ **Abb. 14.2** Hemipenisprolaps bei einer Bartagame. Neben dem fleischigen Hemipenis hat sich auch ödematöses Gewebe gebildet.
(Klinik für Vögel und Reptilien, An den Tierkliniken 17, 04103 Leipzig)

Bei weiblichen Tieren stellt der Vorfall von Oviduktgewebe eine Komplikation im Zusammenhang mit der Legetätigkeit dar, welche meist durch Störungen im Legeprozess (S. 254) bedingt ist. Der Ovidukt kann durch Schwellungen, Infektionen und Ödeme stark verändert sein. Unverändert ist meist eine Längsstreifung zu erkennen, die die Abgrenzung zum Darm ermöglicht (▶ **Abb. 14.3**). Im Zweifelsfall kann eine Röntgen- (▶ **Abb. 14.4**) oder Ultraschalluntersuchung helfen, Eier im vorgefallenen Gewebe zu erkennen und den Ovidukt bes-

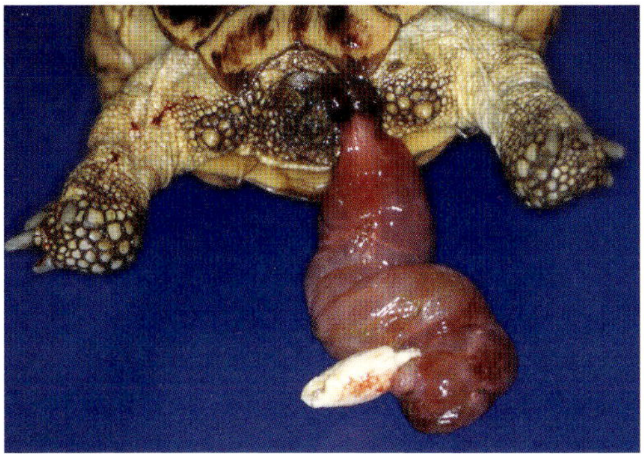

▶ **Abb. 14.3** Vorfall des Ovidukts bei einer Landschildkröte. (Dr. med. vet. Juergen Seybold, Kleintierzentrum Mitteltal, Max-Eyth-Str. 36, 72270 Baiersbronn-Mitteltal)

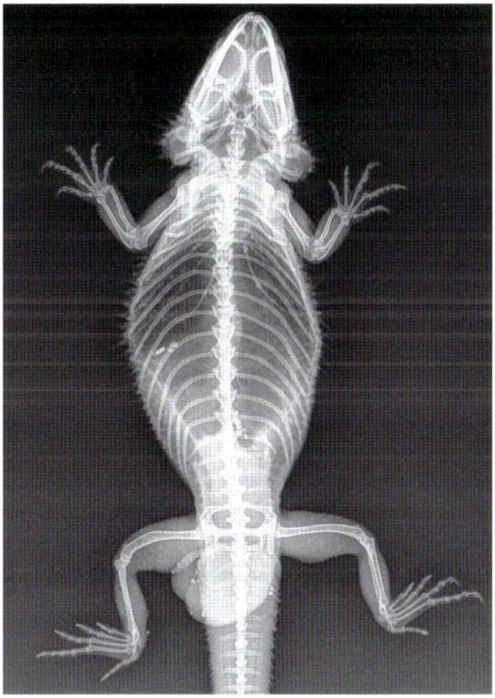

▶ **Abb. 14.4** Röntgenaufnahme (dorsoventrale Projektion) einer Bartagame: aus der Kloake prolabiertes Gewebe, Ovidukt mit Ei.
(Klinik für Vögel und Reptilien, An den Tierkliniken 17, 04103 Leipzig)

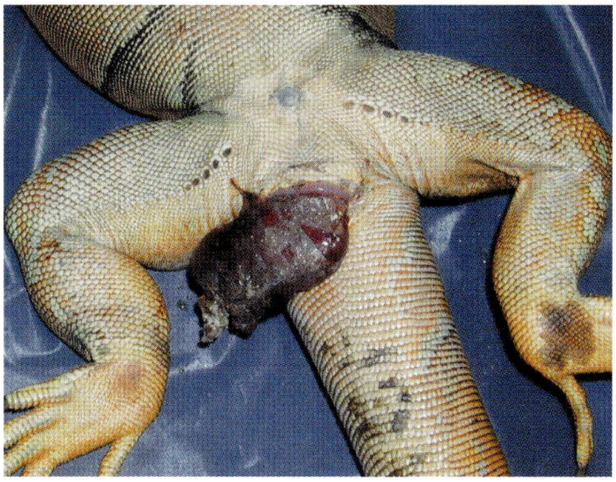

▶ **Abb. 14.5** Darmprolaps bei einem Grünen Leguan. (Klinik für Vögel und Reptilien, An den Tierkliniken 17, 04103 Leipzig)

ser von einem anderen Gewebevorfall abzugrenzen.

Zur Abgrenzung des Darmes kann auch eine retrograde Kontrastmittelinstillation genutzt werden (▶ **Abb. 14.7**). Insgesamt stellt sich der Darm eher glatt dar und ist auf der nach außen gestülpten Schleimhaut teilweise mit Kot verschmiert (▶ **Abb. 14.5**). Ein Lumen ist meist erkennbar, und bei Sondierung oder Spülung findet sich hier ebenfalls Kot.

Die Abgrenzung des Harnsacks ist nicht einfach. Die evertierte Wand ist stets sehr dünn und durchscheinend, und häufig stellt sich der Prolaps als Zyste dar. Dabei handelt es sich nicht um Harn, sondern um Flüssigkeit aus der Bauchhöhle, welche sich in das prolabierte Gewebe drückt.

Da **Endoparasiten** (S. 136) bei der Entstehung von Gewebevorfällen eine wichtige Rolle spielen, sollte stets begleitend eine entsprechende parasitologische Untersuchung (S. 347) durchgeführt werden.

14.4
# Wichtige Ursachen

Wichtige Ursachen eines Gewebevorfalls aus der Kloake sind in ▸ Tab. 14.1 zusammengefasst.

## 14.4.1 Erkrankungen

### Darmvorfall

**Info**
Häufiger, oft durch eine Enteritis oder eine Obstipation bedingter Vorfall von Enddarmgewebe durch die Kloake.

#### Ätiologie & Pathogenese
In der Regel ist ein Vorfall von Darmgewebe die Folge eines Tenesmus, der wiederum durch eine Enteritis oder eine Verlegung des Darmlumens bedingt ist. Von besonderer Bedeutung sind **Endoparasiten** (S. 136), wobei sowohl Einzeller als auch Würmer die Ursache sein können. Eine bakterielle Enteritis ist oft ebenfalls Folge einer Parasitose. Verlegungen des Darmlumens können durch Flüssigkeitsmangel, Stress, aber auch Fremdkörper bedingt sein. Daneben können raumfordernde Prozesse im Umfeld des Darmes (Harnsteine, Störung der Legetätigkeit) eine Rolle spielen. Durch den Tenesmus wird der Darm aus der Kloake gepresst. In der Folge ist oft der Rückfluss des Blutes gehemmt, und es kommt zu Ödembildungen. Die oberflächliche Schleimhaut trocknet rasch aus, und das Gewebe wird stumpf und stirbt ab.

#### Klinik
Es fällt eine unterschiedlich große Umfangsvermehrung im Bereich der Kloake auf, welche oft kotverschmiert ist. Es kann zu einem permanenten oder vorübergehenden, dann aber meist rezidivierenden Vorfall kommen. Unmittelbar nach dem Prolaps ist das Gewebe oft frisch rosa (▸ Abb. 14.6), es verändert sich meist innerhalb weniger Stunden dunkel, trocknet ab und wird zunehmend brüchig (▸ Abb. 14.5).

#### Diagnose
Eine Beurteilung der Schleimhaut und des stets vorhandenen zentralen Lumens ist wegweisend. Im Zweifelsfall können Röntgenkontrastaufnahmen nach retrograder Instillation eines jodhaltigen Kontrastmittels angefertigt werden. Diese helfen auch, nach einer erfolgten Teilresektion des Darmes die Dichtigkeit des Darmkanals zu überprüfen (▸ Abb. 14.7). Röntgenaufnahmen dienen auch dazu, die mögliche Ursache des Vorfalls – insbesondere die Ansammlung von Kot oder Fremdkörpern – zu beurteilen. Hierzu sind zusätzlich bakteriologisch-mykologische sowie parasitologische Untersuchungen sinnvoll.

▸ **Tab. 14.1** Wichtige Ursachen eines Gewebevorfalls aus der Kloake.

| Ursachen | | Bedeutung * | | | Bemerkungen, s. auch andere Leitsymptome |
|---|---|---|---|---|---|
| | | EC | SL | SK | |
| Bakterien | grampositive und gramnegative Bakterien (S. 135) | + + | + + | + + + | - |
| Pilze | Hefepilze (S. 135), Schimmelpilze (S. 135) | + | + | + | - |
| Parasiten | Endoparasitosen (S. 136) | + + | + + | + + + | - |
| metabolische Ursachen | Kalziummangel, Metabolic Bone Disease (S. 193) | + + | - | + + + | - |
| raumfordernde Prozesse | Verstopfung (S. 148) | + + | + | + + + | - |
| | Fremdkörper (S. 148) | + + | + + | + + | - |
| | Harnsteine (S. 160) | + + | - | + + | - |
| Sonstiges | Legetätigkeit, Störung der Legetätigkeit (S. 254) | + + | + + | + + | - |

* Bedeutung bei der Entstehung der entsprechenden Leitsymptomatik, Erfahrungswerte der Autoren

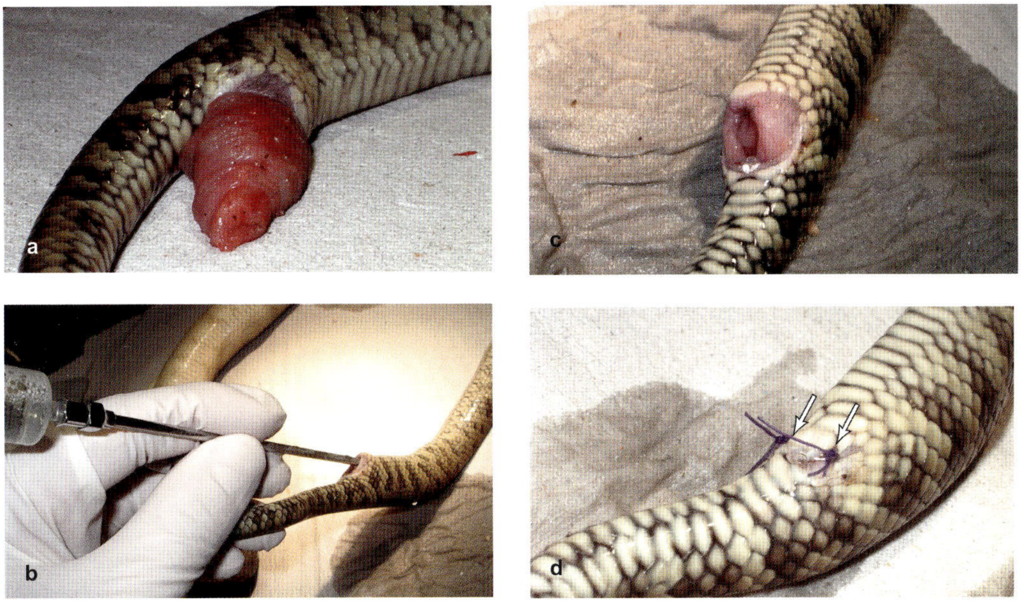


▶ **Abb. 14.6** Darmprolaps bei einem Amethystpython mit Flagellatenbefall. **a** Klinisches Bild. **b** Vorsichtige Zurückverlagerung mithilfe einer Sonde und Spülflüssigkeit. **c** Rückverlagerter Darm und geschwollene Kloake. **d** Einsatz von zwei Einzelheften zur Kloakenverengung.
(Klinik für Vögel und Reptilien, An den Tierkliniken 17, 04103 Leipzig)

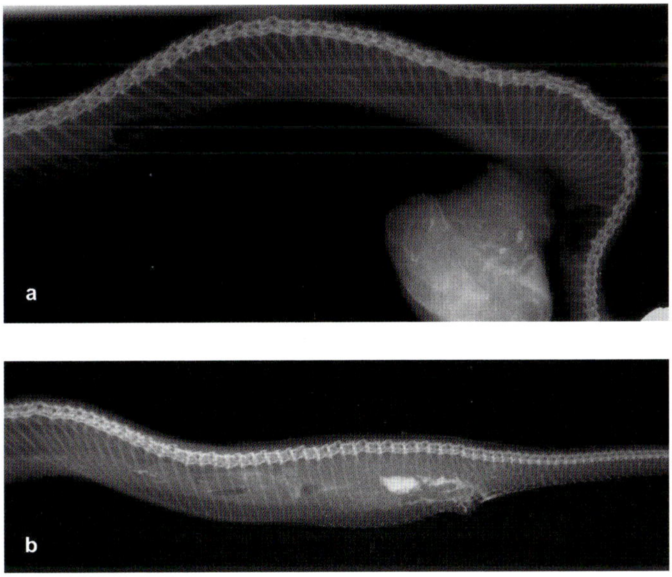


▶ **Abb. 14.7 a** Röntgenaufnahme eines Baumpythons (laterolaterale Projektion): Darstellung eines Gewebeprolapses. Nach Reposition wurde etwas jodhaltiges Kontrastmittel in die Kloake eingegeben, um die Lage und Dichtigkeit des Darmes zu überprüfen (**b**).
(Klinik für Vögel und Reptilien, An den Tierkliniken 17, 04103 Leipzig)

### Therapie

Initial kann versucht werden, eine vorhandene Ödematisierung durch konzentrierte Zuckerlösung zu reduzieren. Darminhalt sollte, wenn möglich, mit einer Sonde vorsichtig aus der Darmöffnung herausgespült oder -massiert werden. Einfache, nicht rezidivierende und ohne deutliche Gewebeveränderungen einhergehende Vorfälle können vorsichtig zurückverlagert werden (▶ **Abb. 14.6**). Hierzu kann es hilfreich sein, den Darm vorsichtig

► **Abb. 14.8** „Tabaksbeutelnaht" bei Darmvorfall bei einer Landschildkröte. Hier ist es durch die Verengung der Kloake infolge der Schwellung zu einer Blockade des Kotabsatzes gekommen.
(Klinik für Vögel und Reptilien, An den Tierkliniken 17, 04103 Leipzig)

mit steriler Lösung zu spülen und dabei zurückzuverlagern.

Wenn der Darm wieder an seiner ursprünglichen Position ist, sollte die Kloake etwas verengt werden, um ein Rezidiv temporär zu verhindern. In der Literatur ist hierzu eine **Tabaksbeutelnaht** beschrieben. Hierbei ist allerdings zu berücksichtigen, dass es zu Schwellungen im Gewebe kommen kann, die eine Passage von Kot und Harnsäure verhindern, und im schlimmsten Fall eine Anschoppung entsteht, welche den Heilungsprozess stark negativ beeinflusst (► **Abb. 14.8**). Empfehlenswerter sind zwei einfache Querhefte, welche die Kloake seitlich verengen, aber dennoch zwischen den Heften dem Gewebe die Möglichkeit geben, sich bei Bedarf (Kotabsatz) zu erweitern (► **Abb. 14.6**). Mit dieser einfach anzuwendenden Methode wird sowohl die Gefahr einer Ringstriktur im Bereich der Kloake umgangen als auch eine effektive Verengung geschaffen.

Bei nicht reponierbarem Gewebeprolaps oder einer rezidivierenden Problematik sind eine **Zöliotomie** zur Rückverlagerung sowie eine **Kolopexie** zu empfehlen (► **Abb. 14.9**). Hierbei wird die Leibeshöhle wie beim chirurgischen Zugang (S. 267) beschrieben eröffnet und der Darm dann vorsichtig und unter Spülen in die Leibeshöhle zurückverlagert. Anschließend wird die Muskelschicht des Darmes an der Bauchwand durch Einzelhefte befestigt oder beim Verschluss der Bauchhöhle in diese Naht mit einbezogen. Dabei ist darauf zu achten, dass er in physiologischer Position liegt und eine Einklemmung anderer Darmanteile verhindert wird. Auch wenn diese Methode sehr effektiv ist, birgt sie das Risiko unkontrollierter Verklebungen und kann bei nachfolgender Legetätigkeit zu Problemen führen.

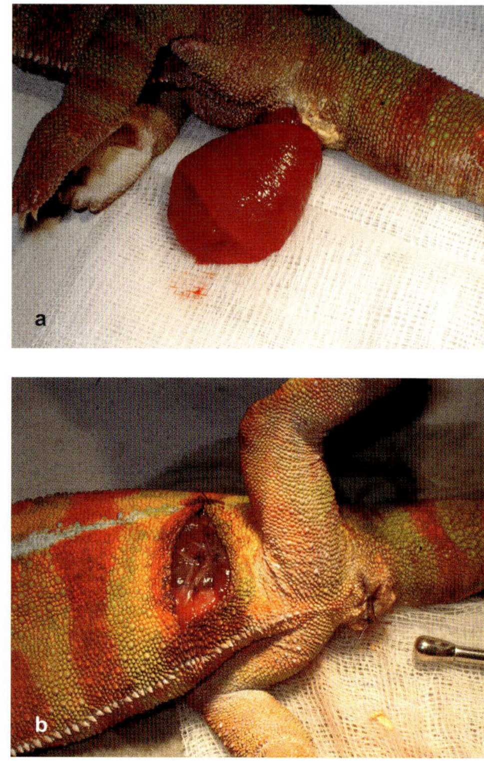


► **Abb. 14.9** Kloakenprolaps bei einem Pantherchamäleon. **a** Der frische Prolaps wurde zurückverlagert. **b** Da es sich um ein Rezidiv handelte, wurde die Darmwand mit der Bauchwand über den seitlichen Zugang vernäht.
(Klinik für Vögel und Reptilien, An den Tierkliniken 17, 04103 Leipzig)

Eine Verengung der Kloake kann – sofern Kot- und Harnabsatz regelmäßig kontrolliert werden und keine Legetätigkeit ansteht – bis zu 2 Wochen belassen werden.

Als Ultima Ratio bei Gewebenekrosen im vorgefallenen Gewebe kann eine **Teilresektion** des betroffenen Gewebeabschnitts versucht werden.

Dies ist direkt im prolabierten Gewebe möglich, indem nach Einführen eines Tubus in das Darmlumen das Gewebe im gesunden Bereich ringförmig abgenäht und anschließend das zu resezierende Stück abgesetzt wird. Nach Zurückverlagern ergibt sich dann eine einstülpende End-zu-End-Anastomose. Alternativ kann eine End-zu-End-Anastomose nach Zöliotomie erfolgen, wobei gerade kloakennah der Zugang zum Darm durch andere Strukturen erschwert ist. In jedem Fall sollte 1–2 Tage nach der Operation eine Dichtigkeitsprüfung des Darmes durch retrograde Instillation eines jodhaltigen Kontrastmittels erfolgen (▸ **Abb. 14.7**).

### Prognose

Die Prognose ist bei akuten Vorfällen ohne Schleimhautveränderungen gut, bei Gewebenekrosen deutlich schlechter.

## (Hemi-)Penisvorfall

**Info**

Insbesondere bei Schildkröten vorkommender permanenter oder mit Veränderungen einhergehender Vorfall des männlichen Kopulationsorgans.

### Ätiologie & Pathogenese

Die Ursachen sind denen des Darmvorfalls ähnlich und umfassen Infektionen der Kloake, Verstopfungen, Fremdkörper, außerdem Traumata des (Hemi-)Penis durch Beißereien, besonders bei Wasserschildkröten, Kalziummangel und seltener auch nervale Störungen. (Hemi-)Penisvorfälle treten besonders in sexuell aktiven Phasen auf.

### Klinik

Das Organ wird nach dem Vorfall rasch ödematös und bleibt deutlich geschwollen. Nach kurzer Zeit kann es zu Infektionen und weiterer Traumatisierung kommen.

### Diagnose

Der Penis lässt sich leicht anhand des Sulcus und der fleischigen Konsistenz erkennen, wobei es zu zystenartigen Ödemen kommen kann (▸ **Abb. 14.2**). Heimpenes sind auch an ihrem Ursprung vom kaudalen Kloakenrand her zu identifizieren.

### Therapie & Prognose

Zunächst sollte analog zum Vorgehen beim **Darmvorfall** (S. 171) das Organ gesäubert und eventuell durch Aufträufeln einer hygroskopischen Lösung abschwellend behandelt werden. Anschließend kann eine vorsichtige manuelle Rückverlagerung versucht werden. Hierzu ist es in der Regel sinnvoll, das Reptil zu sedieren, da Stress ein weiterer Grund für das Vorlagern des Kopulationsorgans sein kann und durch die Sedation auch das Pressen reduziert wird.

Fällt der (Hemi-)Penis erneut vor, kann eine Kloakenverengung (S. 171) vorgenommen werden (▸ **Abb. 14.10**). Bei dauerhaften Rezidiven oder deutlicher Gewebeschädigung ist eine **Amputation** zu erwägen. Diese hat keinen Einfluss auf den Harnabsatz, da im Organ keine Urethra verläuft (Vorgehen in ▸ **Abb. 14.11**). Der Stumpf sollte noch einige Tage mit desinfizierenden Salben behandelt werden, eine systemische Antibiose ist bei deutli-

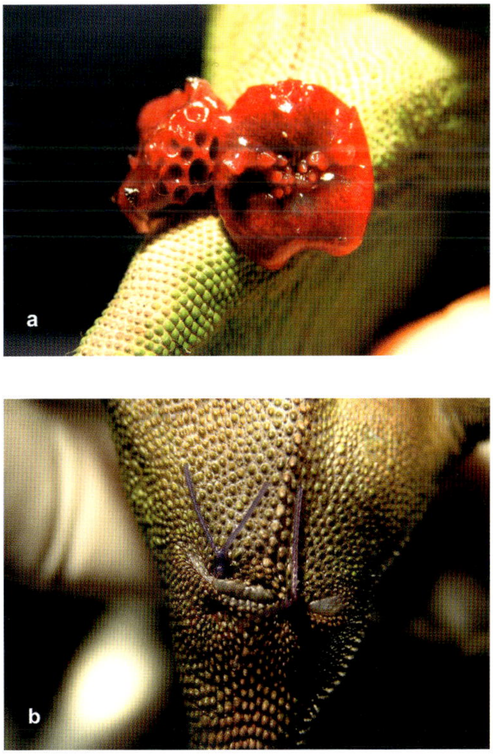


▸ **Abb. 14.10** **a** Beidseitiger Hemipenisprolaps bei einem Vierhornchamäleon. **b** Verengung der Kloake mit 2 Heften nach Reposition. (Klinik für Vögel und Reptilien, An den Tierkliniken 17, 04103 Leipzig)

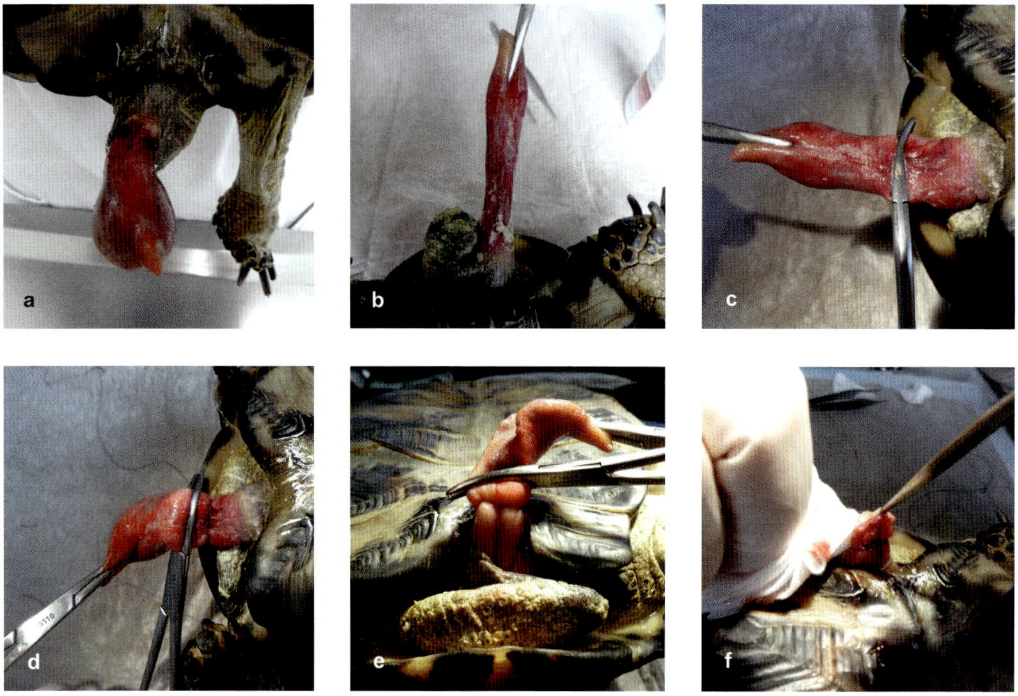


▸ **Abb. 14.11** Penisamputation bei einer Landschildkröte. **a** Klinisches Bild des Vorfalls. **b** Vorsichtiges Vorlagern des Penis unter Narkose. **c** Abklemmen des zu amputierenden Teils. **d** Anlegen einer Matratzennaht im proximalen Teil. **e** Schnittstelle. **f** Rückverlagerung des Stumpfes in die Kloake. Zuvor kann eine fortlaufende Naht die Schleimhaut am Stumpf adaptieren. (Klinik für Vögel und Reptilien, An den Tierkliniken 17, 04103 Leipzig)

chen Entzündungserscheinungen zu empfehlen. Die Amputation eines Hemipenis bei Schlangen und Echsen führt nicht zu einem Verlust der Fertilität, da das zweite Kopulationsorgan in der Regel funktionstüchtig bleibt.

## Harnsackvorfall

### Info

Ausstülpung des Harnsacks aus der Kloake, nur bei Tieren, bei denen dieses Organ angelegt ist.

### Ätiologie & Pathogenese

Ursächlich liegt meist eine Harnsackentzündung oder ein Harnstein vor. Auch hier spielt dauerhaftes Pressen der Tiere eine wichtige Rolle. Da die Ureteren nicht direkt in den Harnsack münden, sind diese von dem Vorfall meist nicht betroffen.

### Klinik & Diagnose

Es fällt ein variabler Anteil des Harnsacks vor. Die Wand ist meist sehr dünn und durchscheinend, und durch einlaufende Zölomflüssigkeit bildet sich rasch eine Zyste. Dennoch ist das vorgefallene Gewebe evertiert, es handelt sich nicht um Harn. Neben dem klinischen Bild sollte eine Röntgenuntersuchung Aufschluss über eventuell vorhandene Harnsteine (S. 160) geben.

### Therapie & Prognose

Kleine Anteile sollten vorsichtig zurückverlagert werden. Ist die Wand bereits nekrotisch verändert und eine Teilresektion erforderlich, sollte ein möglichst großer Anteil erhalten werden. Die Resektion erfolgt durch Abklemmen und Absetzen. Da die Schleimhaut evertiert ist, ist keine einstülpende Naht erforderlich. Der Harnsack spielt eine wichtige Rolle im Wasser- und Elektrolythaushalt. Die komplette Entfernung kann für das Tier fatal sein. Entsprechend ist die Prognose bei erforderlicher Resektion vorsichtig.

## Oviduktvorfall

**Info**

Prolaps von Anteilen des Ovidukts meist infolge einer Störung der Legetätigkeit.

### Ätiologie & Pathogenese

Die Ursache eines Oviduktvorfalls kann eine Infektion des Ovidukts, eine Störung in der Legetätigkeit oder eine generelle Mangelsituation (Kalziummangel) sein. Zur Ätiologie wird auf das Leitsymptom Störung der Legetätigkeit (S. 254) verwiesen.

### Klinik & Diagnose

Der Ovidukt stellt sich unverändert mit einer deutlichen Längsstreifung dar. Allerdings kommt es oft zu Stauungen, Entzündungen und Ödemen, so dass die Längsstreifung möglicherweise nicht sicher zu erkennen ist. Daher helfen neben der klinischen Beurteilung bildgebende Verfahren, mit denen auch die Legetätigkeit untersucht werden kann (Röntgen, ► **Abb. 14.4**; Ultraschall).

### Therapie

Liegt eine Störung der Legetätigkeit vor, so ist diese primär zu therapieren. Meist erfolgt im Rahmen einer operativen Therapie die Entfernung des Ovidukts. Hierzu wird nach Eröffnung der Leibeshöhle der betroffene Ovidukt samt dem zugehörigen Ovar entfernt. Die gesunde Seite kann, sofern keine anderen Veränderungen vorliegen, belassen werden. Ist keine Reproduktion gewünscht, ist eine beidseitige Entfernung zu empfehlen.

Die einfache Reposition durch die Kloake ist problematisch, da der Ovidukt beschädigt sein kann und Spätfolgen durch Strikturen möglich sind. Aus dem gleichen Grund ist auch eine Amputation des vorgefallenen Teilstücks ohne Eröffnung der Leibeshöhle meist nicht zu empfehlen. Das Vorgehen bei Zöliotomie (S. 171) und Hysterektomie (S. 267) wird an anderer Stelle beschrieben.

### Prognose

Die Prognose ist, wenn die Entfernung erfolgreich verläuft, meist gut.

# 15 Störung des Bewegungsapparats

Michael Pees

**Leitsymptomatik „Störung des Bewegungsapparats“**
- Einschränkung des Bewegungsablaufs
- abnormale Gliedmaßenstellungen
- Veränderungen der Form und der Funktion des Panzers
- Veränderungen an den Gelenken
- Veränderungen der Krallen sowie der Hornplatten des Panzers
- Störungen in Aussehen und Funktion des Schwanzes
- Wunden, die Muskulatur, Sehnen, Gelenke und Knochen betreffen können

## 15.1 Allgemeines

Der Aufbau des Skelettsystems entspricht im Wesentlichen dem groben Bauplan des Säugerskeletts mit den bekannten Besonderheiten wie der Ausbildung des Panzers aus den Rippen, der Wirbelsäule und dem Brustbein bei Schildkröten, sowie der fast vollständigen Reduktion der Gliedmaßen bei Schlangen. Daneben bestehen noch viele weitere anatomische und physiologische Variationen, durch die Reptilien an eine Vielzahl ökologischer Nischen angepasst sind. Für Details wird auf die entsprechende Spezialliteratur verwiesen.

Aus medizinischer Sicht relevant ist die Tatsache, dass die Gelenke im Vergleich zum Säuger eher einfach strukturiert sind, und dass **Heilungsprozesse am Knochen** teilweise erheblich länger dauern. Vereinfacht kann davon ausgegangen werden, dass sie bei Schlangen schneller als bei Echsen und bei Echsen schneller als bei Schildkröten verlaufen. Bei letzteren dauert die Heilung einer Fraktur mitunter länger als 12 Monate.

Von besonderer Bedeutung und bei vielen Spezies auch bei anderen Erkrankungsprozessen oft eine zusätzlich Rolle spielend ist der Komplex der metabolischen Knochenstoffwechselstörungen wie der **Metabolic Bone Disease** (S. 193), eine hauptsächlich in Menschenobhut entstehende Entgleisung der Regulation des Knochenbaus vorwiegend aufgrund einer mangelhaften Ernährung und Unterbringung.

## 15.2 Sofortmaßnahmen

**Sofortmaßnahmen**
- Initialbehandlung von Wunden und Traumata durch Verbände, operative Versorgung und Ruhigstellung
- bei offenen Wunden Schutz vor Fliegenlarven
- Stabilisierung des Flüssigkeitshaushalts (S. 44), ggf. Kalzium substituieren
- Abklärung einer neurologischen Beteiligung (Vergiftung) wie beim Leitsymptom neurologische Ausfallerscheinung (S. 208) beschrieben

Reptilien tolerieren einen Blutverlust besser als Säuger, dennoch sollte als erste Maßnahme ein Blutverlust durch einen geeigneten **Verband** oder eine **operative Versorgung** gestoppt werden. Ist eine Gliedmaße betroffen, sollte sie wenn möglich immobilisiert werden. Dies erfolgt bei den Vordergliedmaßen von Echsen am einfachsten durch einen Verband (S. 198), welcher die Gliedmaße an der Brustwand anlegt, bei der Hintergliedmaße an der Schwanzwurzel.

Bei offenen Wunden ist ein Schutz vor Fliegenlarven, um z. B. einer **Myiasis** (S. 245) vorzubeugen, in der warmen Jahreszeit sehr wichtig. Einfache Fliegengaze sollte hier schon vom Halter beim Transport zum Tierarzt zur Abdeckung der Transportbox genutzt werden.

Besteht der Verdacht auf eine klinisch manifeste **Metabolic Bone Disease** (S. 193), dient die initiale Kalziumversorgung 62 zusammen mit der Flüssigkeitssubstitution der Stabilisierung.

15.3
# Diagnostik

Das diagnostische Vorgehen für das Leitsymptom Störungen des Bewegungsapparats ist im diagnostischen Leitfaden dargestellt.

# Diagnostischer Leitfaden: Störung des Bewegungsapparats

## Anamnese

- ▶ **Haltung**
  - ▶ Haltung
  - ▶ Vergesellschaftung
  - ▶ UV-Licht
- ▶ **Ernährung**
- ▶ **Trauma**

## Klinische Untersuchung

- ▶ **Koordinationsstörungen, Lähmungen**
- ▶ **Abnorme Schwimmanlage**
  - **Wasser-** SK
  - ▶ allgemeine Schwäche
- ▶ **Wunden, Verletzungen**
  - ▶ Fraktur? ▶ Röntgen

Fehlbildung

- ▶ **Kopf**
  - ▶ Deformierungen

▸ Bisswunden ▸ S. 197

▸ Metabolic Bone Disease ▸ S. 193

▸ Metabolic Bone Disease ▸ S. 193

▸ Fehlernährung ▸ Leitsymptom Störung des Kotabsatzes bzw. Kotveränderung ▸ S. 126

▸ Trauma/Verletzung ▸ S. 197

▸ Leitsymptom Neurologische Ausfallerscheinung ▸ S. 208

▸ Pneumonie? ▸ Leitsymptom Dyspnoe ▸ S. 54

▸ Fremdkörper/Aufgasung ▸ Röntgen ▸ Leitsymptom Störung des Kotabsatzes bzw. Kotveränderung ▸ S. 126

▸ Trauma? ▸ Röntgen, CT ▸ S. 197

▸ Leitsymptom Anorexie, Apathie ▸ S. 318

▸ Trauma/Bisswunden ▸ S. 197

▸ Rippen-, Gliedmaßen-, Wirbelsäulenfrakturen ▸ S. 197

▸ „pathologische Frakturen“ ▸ Metabolic Bone Disease ▸ S. 193

▸ Panzerfrakturen ▸ S. 200

▸ S. 207

▸ Fehlbildung ▸ S. 207

▸ Metabolic Bone Disease? ▸ Röntgen, Blutchemie ▸ S. 193

▸ Fraktur? ▸ Röntgen, Palpation, CT ▸ S. 197

▸ Schnabel-, Mauldeformierung ▸ Leitsymptom Veränderungen von Maul bzw. Maulhöhle ▸ S. 92

Fortsetzung: **Diagnostischer Leitfaden: Störung des Bewegungsapparats**

- Wunden an Oberkiefer/Unterkiefer Spitze (Echsen)
- **Panzer** (SK)
  - Deformierungen
  - Panzerweiche
  - Zusammenhangstrennungen
  - oberflächliche Schuppendefekte
- **Wirbelsäule/ Schwanz**
  - Deformierungen
- **Lange Röhrenknochen**
  - abnorme Stellung, abnorme Beweglichkeit
    - Röntgen
      - „pathologische“ Fraktur?
      - Knochenlyse
- **Gelenke**
  - abnorme Stellung, Beweglichkeit
  - Schwellung

- → Rostraltrauma → Leitsymptom Veränderungen von Maul bzw. Maulhöhle → S. 92
- → Fehlbildung → S. 207
- → Fehlernährung → Leitsymptom Störung des Kotabsatzes bzw. Kotveränderung → S. 126
- → Metabolic Bone Disease? → S. 193
- → Metabolic Bone Disease? → S. 193
- Land- SK → Virus X/Picornavirus? → Tupfer/virologische Untersuchung → Leitsymptom Nasenausfluss → S. 79
- → Panzerfraktur → (Röntgen/CT) → S. 200
- → Leitsymptom Veränderung der Haut → S. 222
- → Fehlbildung → S. 207
- → Trauma/Wirbelsäulenfraktur? → Röntgen → S. 197
- → Infektion? → Röntgen/Punktion → S. 204
- → Schwanzspitzennekrose → S. 204
- → Schwanzabwurf/-regenerat → S. 204
- → Fraktur → S. 176
- → Metabolic Bone Disease → S. 193
- → Infektion? → Punktion/Eröffnung/bakteriologische und mykologische Untersuchung → bakterielle/mykotische Infektion → S. 191
- → Neoplasie? → Punktion/Eröffnung → Leitsymptom Umfangsvermehrung → S. 297
- → Luxation, Bänderriss → (Röntgen) → S. 199
- → Gicht? → Punktion, Blutchemie, Ultraschall, Endoskopie → Leitsymptom Anorexie, Apathie → S. 318
- → Infektion? → Punktion, Zytologie, bakteriologische und mykologische Untersuchung → bakterielle/mykotische Infektion → S. 191

## Fortsetzung: Diagnostischer Leitfaden: Störung des Bewegungsapparats

- **Zehenglieder**
  - Wunden, Abrisse
  - Wunden, Schwellungen, Deformierungen
  - Krallen übermäßig gewachsen, verdreht

## Keine weitere Symptomatik oder Diagnose

- Röntgen
  - Röntgendichte generell reduziert
  - Röntgendichte fokal reduziert
  - Weichteilschwellungen
- blutchemische Untersuchung
- parasitologische Untersuchung

► Trauma ► S. 197

► Infektion ► (bakteriologische und mykologische Untersuchung) ► S. 191

► Krallenwachstumsstörung ► S. 203

► Metabolic Bone Disease ► S. 193

► Infektion? ► bakterielle/mykotische Infektion ► S. 191

► Neoplasie? ► Leitsymptom Umfangsvermehrung ► S. 297

► Trauma ► S. 197

► weichteildichte Umfangsvermehrung ► Leitsymptom Umfangsvermehrung ► S. 297

► Metabolic Bone Disease ► S. 193

► Gicht ► Leitsymptom Anorexie, Apathie ► S. 318

► Endoparasitose ► Leitsymptom Störung des Kotabsatzes bzw. Kotveränderung ► S. 126

### 15.3.1 Besonderes Augenmerk bei der Anamnese

Die Angaben des Halters zur Haltung und Fütterung sind insbesondere zur Abklärung einer **Fehlernährung** (S. 146) bzw. einer **Metabolic Bone Disease** (S. 193) sowie für mögliche **Traumata** (S. 197) oder Aggressionen zwischen Tieren relevant. Abhängig von der Spezies (insbesondere bei Schildkröten und herbi-/insektivoren Echsen) ist hier eine ausführliche Anamnese sehr wichtig, um eine entsprechende Verdachtsdiagnose zu erhalten.

### 15.3.2 Besonderes Augenmerk bei der klinischen Untersuchung

#### Liegt eine nervale Ausfallerscheinung vor?

Zunächst sollte abgeklärt werden, ob es sich bei einer motorischen Störung tatsächlich um eine Störung des Bewegungsapparats oder eher um eine neurologische Ausfallerscheinung (S. 208) handelt. Gerade bei Störungen der Koordination oder Lähmungserscheinungen – häufig im kaudalen Körperbereich bzw. an den Gliedmaßen – sollte eine entsprechende neurologische Untersuchung durchgeführt werden.

#### Wie ist bei Wasserschildkröten die Schwimmlage?

Bei Wasserschildkröten kann eine Schieflage des Körpers beim Schwimmen zwar auf ein **Trauma** (S. 197) hindeuten, allerdings ist es ein typischeres Zeichen für eine einseitige **Pneumonie** (S. 65) oder eine Störung im Magen-Darm-Trakt, z. B. durch Aufgasung oder **Fremdkörper** (S. 148), die den Körperschwerpunkt verschiebt. Entsprechend können bei dieser Symptomatik eine Röntgenuntersuchung und weitere bildgebende Diagnostika helfen.

#### Sind Wunden oder Verletzungen sichtbar?

Verletzungen oder Wunden können akut sein, werden aber nicht selten als chronische, protrahierte und dann auch entsprechend infizierte Veränderungen vorgestellt (▶ **Abb. 15.1**). Häufig sind **Bisswunden** (S. 249), die auch leicht erkannt werden können (▶ **Abb. 15.18**).

Bei Verdacht auf eine **Fraktur** (S. 197) sollte stets eine Röntgenuntersuchung zur Beurteilung der Lage und Art des Bruches angefertigt werden (▶ **Abb. 15.10**). Eine Besonderheit sind „pathologische Frakturen". Mit diesem irreführenden Begriff sind Frakturen gemeint, die ohne ein ausreichendes Trauma entstanden sind, weil die Knochenstruktur infolge einer **Metabolic Bone Disease** (S. 193) bereits stark geschwächt ist, und die Tiere sollten entsprechend untersucht werden.

**Panzerfrakturen** (S. 197) bei Schildkröten betreffen in der Regel sowohl den Hornschild als auch die knöcherne Struktur (▶ **Abb. 15.14**) und können zu erheblichen Zusammenhangstrennungen führen.

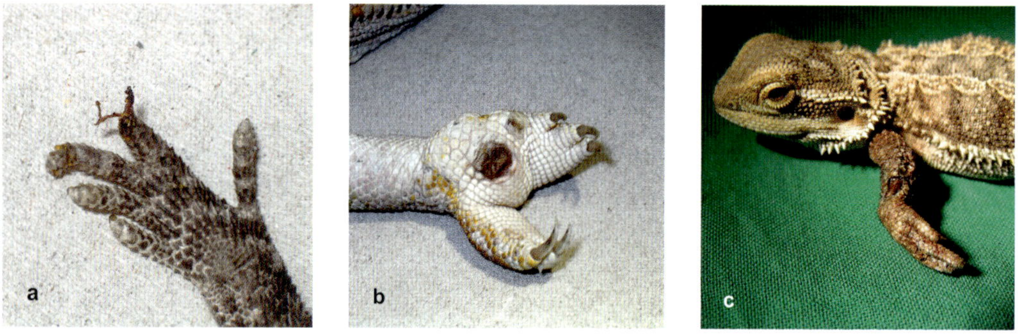


▶ **Abb. 15.1** **a** Krallenabriss bei einer Bartagame, Zehenamputation nötig. **b** Ballenabszess bei einem Chamäleon, chirurgisches Débridement und Verband als Therapie. **c** Bissverletzung am Arm einer Bartagame, Amputation der Gliedmaße nötig. (Klinik für Vögel und Reptilien, An den Tierkliniken 17, 04103 Leipzig)

## Ist das Reptil fehlgebildet?

Die Diagnose einer **Fehlbildung** (S. 207) ist nicht unbedingt einfach und kann eine Röntgenuntersuchung notwendig machen. Fehlbildungen des Bewegungsapparats sind bei Reptilien nicht selten und häufig durch Störungen bei der Inkubation der Eier bedingt. Sie betreffen oft die Wirbelsäule (▶ **Abb. 15.19**) und haben eine sehr variable Auswirkung auf die Tiere.

## Untersuchung des Kopfes

Bei jungen Tieren können Deformierungen infolge von **Fehlbildungen** (S. 207) am Kopf auftreten, bei älteren Tieren sind sie aber eher selten, da sie meist eine normale Entwicklung behindern. Deformierungen des Kopfes bei Echsen und Schildkröten können eine Folge der **Metabolic Bone Disease** (S. 193) sein, insbesondere wenn Panzer oder Gliedmaßen ähnliche Hinweise geben (▶ **Abb. 15.7**, ▶ **Abb. 15.8**). Traumata können zu **Frakturen** (S. 197) der Schädelknochen führen. Die genauere Abklärung durch bildgebende Verfahren gestaltet sich durch die Überlagerung der verschiedenen Knochen oft schwierig. Bei Veränderungen des Unterkiefers sowie Traumata im Bereich der Kopfspitze – inklusive **Rostraltrauma** (S. 113) – wird auf das Leitsymptom Veränderungen der Maulhöhle (S. 92) verwiesen.

## Untersuchung des Panzers

Panzerdeformierungen treten nicht selten zusammen mit einer Panzererweichung auf. In diesen Fällen ist eine **Metabolic Bone Disease** (S. 193) eine wahrscheinliche Ursache. Deformierungen des Panzers können auch als **Fehlbildung** (S. 207) auftreten oder die Folge einer **Fehlernährung** (S. 146) und eines dadurch bedingten gestörten Wachstums sein (▶ **Abb. 15.7**). Ist der Panzer nur weich, ohne dass sonstige Hinweise auf eine MBD vorliegen, ist es sinnvoll, eine virologische Untersuchung auf eine **Picornavirusinfektion** (S. 90) einzuleiten.

Zusammenhangstrennungen des Panzers wie **Panzerfrakturen** (S. 197) sind die Folge massiver Traumata wie Hundebisse, Autounfälle, Stürze, Rasenmäher etc. Das klinische Bild ist in der Regel eindeutig (▶ **Abb. 15.13**), eine radiologische Untersuchung dient hauptsächlich der Erstellung der Prognose und eines Therapieplans. Sind nur die Hornschuppen verändert, ohne dass der Panzerknochen selbst betroffen ist, wird auf das Leitsymptom Veränderungen der Haut und der Panzerschuppen (S. 222) verwiesen.

## Untersuchung von Wirbelsäule und Schwanz

An der Wirbelsäule und am Schwanz sind Deformierungen als **Fehlbildungen** (S. 207) infolge von Störungen der Inkubation (▶ **Abb. 15.19**) besonders häufig. Diese sind oft palpatorisch feststellbar und können röntgenologisch genau beurteilt werden.

**Traumata** (S. 197) der Wirbelsäule betreffen insbesondere Echsen. Oft sind Stürze von Ästen oder anderen erhöhten Positionen beobachtet worden. Palpatorisch können teilweise Schwellungen oder Stufenbildungen der Wirbelkörper festgestellt werden, eine röntgenologische Abklärung ist aber erforderlich.

Dabei muss differenzialdiagnostisch auch an **Infektionen** (S. 191) der Wirbelknochen und Verschmelzungen (▶ **Abb. 15.5**) gedacht werden. Letztere treten oft bei älteren Leguanen auf und führen zu einer besonderen Frakturneigung bzw. zu einer allgemeinen Einschränkung der Beweglichkeit. Wird eine Infektion vermutet, kann eine Punktion zytologisch und mikrobiologisch untersucht werden.

Im Bereich der Schwanzspitze finden sich bei Echsen häufig infizierte Wunden (▶ **Abb. 15.18**, ▶ **Abb. 15.21**), welche zu einer **Schwanzspitzennekrose** (S. 204) führen. Auch der Abwurf der Schwanzspitze (Autotomie) bzw. ein nachgewachsenes Regenerat sind häufig.

## Untersuchung der Gliedmaßen und Gelenke

Fehlstellungen der Gliedmaße können durch Deformierung und Frakturen der Knochen, aber auch durch Gelenkprobleme bedingt sein. Fällt eine abnorme Stellung oder Beweglichkeit auf, ist eine Röntgenaufnahme indiziert. Hier können neben der Beurteilung der Knochendichte **Frakturen** (S. 197) sowie Deformierungen (▶ **Abb. 15.9**) oder „pathologische Frakturen“, z. B. aufgrund einer

**Metabolic Bone Disease** (S. 193), festgestellt werden. Fallen lytische Bereiche im Knochen auf, ist eine Punktion (eventuell nach chirurgischem Zugang) nötig, um zwischen einer **Infektion** (S. 191) oder einem **neoplastischen Geschehen** (S. 314) zu unterscheiden. Stellt sich heraus, dass eine abnorme Gelenkstellung oder -beweglichkeit nicht durch eine Fraktur oder Deformierung hervorgerufen wurde, ist eine **Luxation** (S. 197) wahrscheinlich.

Gelenkschwellungen sind häufig durch eine **bakterielle oder mykotische Infektion** (S. 191) oder Ablagerung von Harnsäure, wie bei der **Gicht** (S. 330), bedingt (► **Abb. 15.3**). Um beide Geschehen voneinander abzugrenzen, ist eine Punktion mit nachfolgender zytologischer bzw. bakteriologischer Untersuchung sinnvoll.

Krallen- bzw. Zehenwunden und Abrisse – siehe **Trauma** (S. 197) – sind bei Reptilien sehr häufig. Sie gehen häufig in **Infektionen** (S. 191) der Wunden über, die aufsteigend die gesamte Gliedmaße betreffen können. Klinisch sind sie leicht zu erkennen (► **Abb. 15.1**), eine mikrobiologische Untersuchung ist oft nur bedingt aussagekräftig. Ein Krallenverlust ist bei Echsen, insbesondere bei Geckos, auch infolge einer **Dysekdysis** (S. 245) möglich.

Gerade bei Schildkröten, aber auch bei Echsen finden sich oft abnorm lang gewachsene oder verdrehte Krallen, also **Krallenwachstumsstörungen** (S. 203). Diese müssen gegen physiologisches Krallenwachstum, beispielsweise als Geschlechtsmerkmal bei männlichen Schmuckschildkröten abgegrenzt werden.

### 15.3.3 Weiteres Vorgehen bei fehlender Diagnose

Fehlen deutliche Hinweise auf eine spezifische Erkrankung, ist zur weiteren Diagnostik eine Röntgenuntersuchung zu empfehlen (► **Abb. 15.2**). Hierbei kann die Knochendichte beurteilt werden. Eine generelle Reduktion spricht für eine **Metabolic Bone Disease** (S. 193). Fokale Verdichtungen können durch lokale Reaktionen, z. B. infolge einer **Infektion** (S. 191) oder einer **Neoplasie** (S. 314) bedingt sein.

Zeigen sich Weichteilschwellungen insbesondere im Bereich der Muskulatur, ist eine mögliche Ursache ein **Trauma** (S. 197) mit Einblutungen oder Ergüssen, oder aber eine Umfangsvermehrung (S. 297) noch unklarer Genese. Ergibt die Röntgenuntersuchung keinen eindeutigen Hinweis, sind eine blutchemische Untersuchung zur Diagnostik einer **Metabolic Bone Disease** (S. 193) sowie eine Bestimmung des Harnsäurewerts als Anhaltspunkt einer möglichen **Gicht** (S. 330) sinnvoll. Letzterer Wert kann allerdings durch die aktuelle Fütterung bzw. eine Inappetenz wenig aussagekräftig sein.

Schließlich sollte bei unklarem Befund eine koproskopische Untersuchung zur Abklärung möglicher **Endoparasiten** (S. 136) erfolgen, da auch diese (meist über Mangelzustände) einen Einfluss auf den Bewegungsapparat haben können.

### 15.3.4 Vorgehen bei Verdacht auf eine Metabolic Bone Disease (MBD)

Das im diagnostischen Leitfaden Aufarbeitung Metabolic Bone Disease beschriebene Vorgehen bietet sich bei Verdacht auf das Vorliegen einer metabolischen Stoffwechselstörung, konkret eines **Hyperparathyreoidismus** an. Es ist bei den relevanten Spezies (Schildkröten, herbi- und insektivore Echsen) als Screening bei unklaren Befunden und generell schlechter körperlicher Entwicklung sinnvoll.

# Diagnostischer Leitfaden: Aufarbeitung Metabolic Bone Disease

## Anamnese

- **Defizite in der Fütterung**
  - generelle Mangelernährung
  - Proteinüberschuss
  - Kalziummangel
- **Defizite in der Haltung**
  - UV-Licht

## Weitere Diagnostik

- Röntgen/CT
  - Reduktion der Knochendichte
  - „Lochfraßmuster“ Panzer
  - wolkige Kortikalesauftreibungen
  - Deformierungen der langen Röhrenknochen
  - „pathologische“ Frakturen
  - Fremdkörperaufnahme (Bodensubstrat)
- blutchemische Untersuchung
  - Kalzium erniedrigt
    - sekundärer Hyperparathyreoidismus
  - Kalzium erhöht
    - primärer (tertiärer) Hyperparathyreoidismus
    - Legetätigkeit?
- parasitologische Kotuntersuchung
  - (begleitende) Endoparasiten-Infektion

| | | | |
|---|---|---|---|
| ▸ Nierenwerte (Harnsäure, Kalium, Phosphat) auffällig | ▸ renaler Hyperparathyreoidismus | ▸ S. 193 |
| ▸ Nierenwerte unauffällig | ▸ nutritiver/alimentärer Hyperparathyreoidismus | ▸ S. 193 |
| | | ▸ S. 193 |
| | | ▸ S. 136 |

## Ergeben sich spezifische Hinweise bei der Anamnese?

Wie bereits erwähnt, spielen die Futtermenge und -zusammensetzung eine wichtige Rolle (▶ Tab. 1.3). Knochenstoffwechselstörungen können sich als Folge einer generellen Mangelernährung durch eine sehr einseitige, proteinarme Ernährung entwickeln. Deutlich häufiger ist aber ein Energie- und Proteinüberschuss, da der Energiebedarf der Tiere von den Haltern meist überschätzt wird.

Von großer Bedeutung ist der Kalzium- und Phosphatgehalt des Futters – viele Futtermittel haben entweder einen niedrigen Kalziumgehalt oder aber einen zu hohen Phosphatgehalt, wodurch die Resorption von Kalzium reduziert und seine Ausscheidung aus dem Körper gesteigert wird. Ebenfalls in den Kalzium- und damit Knochenstoffwechsel greifen Defizite bei der Beleuchtung ein. Eine unzureichende UV-Licht-Versorgung stört den Vitamin-D-Stoffwechsel und damit die Metabolisierung von Kalzium.

## Wie kann die weiterführende Diagnostik genutzt werden?

Hier ist die radiologische Untersuchung in Kombination mit einer blutchemischen Untersuchung von großer Bedeutung.

Die **Röntgenuntersuchung** (und evtl. ergänzend ein **CT**) geben insbesondere Aufschluss über die Beschaffenheit und Kalzifizierung der Knochen (▶ Abb. 15.2). Dabei ist zu berücksichtigen, dass Knochenauftreibungen, wie sie im Rahmen einer MBD vorkommen, nicht unbedingt Rückschlüsse auf den aktuellen Status geben, sondern auch durch eine lange Zeit zurückliegende Mangelsituation bedingt sein können. Eine Reduktion der Knochendichte ist aber ein Hinweis auf eine aktuelle Störung, entweder durch mangelhafte Kalziumzufuhr oder einen gestörten Kalziummetabolismus. Zu den strukturellen Schädigungen gehören wolkige Auftreibungen der Kortikalis der langen Röhrenknochen, im Panzer eher als „Lochfraßmuster" sichtbar. Hierbei handelt es sich um den Versuch der organischen Knochenmatrix, den Knochen zu stabilisieren. Eine weitere Folge einer MBD im juvenilen Alter sind Knochendeformierungen, die natürlich lebenslang erhalten bleiben. „Pathologische Frakturen", also Brüche ohne ausreichendes Trauma, wie sie gelegentlich sogar beim Handling des Tieres auftreten, zeigen dagegen eine aktuelle Störung auf – sie treten nicht selten multipel auf. Ebenfalls ein Hinweis auf einen Kalziummangel ist die vermehrte Aufnahme von Sand, Steinen oder anderen Fremdkörpern (▶ Abb. 12.8).

Die **blutchemische Untersuchung** hilft bei klinischem oder radiologischem Verdacht auf eine MBD, die Ursache der Veränderung abzuklären. Hierbei ist insbesondere die Abgrenzung eines primären von einem sekundären Hyperparathyreoidismus wichtig, wobei ersterer eine sehr geringe Rolle spielt.

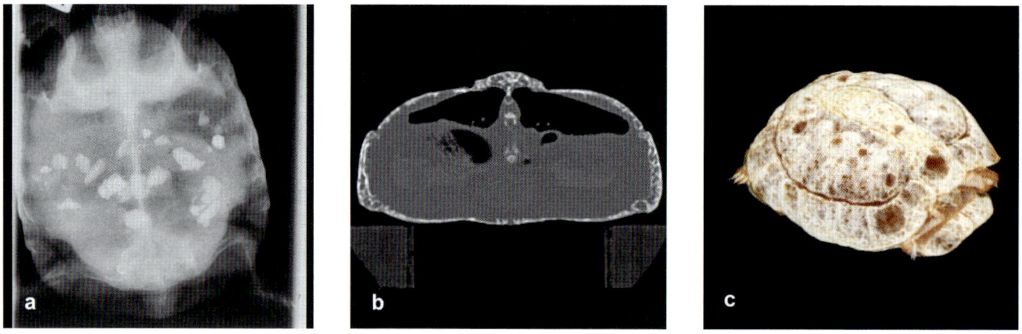


▶ **Abb. 15.2** **a** Röntgenaufnahme einer Landschildkröte (dorsoventrale Projektion): schwammige Knochenauftreibungen des Panzers und Fremdkörper (Steine) im Magen-Darm-Kanal. **b**, **c** CT-Darstellung des Panzers einer Landschildkröte mit MBD, transversaler Schnitt (**b**) sowie dreidimensionale Rekonstruktion (**c**): Deutlich sind die Kalzifizierungsdefizite zu sehen, sowie die hier mäßigen Auftreibungen in der Knochendicke.
(a: Klinik für Vögel und Reptilien, An den Tierkliniken 17, 04103 Leipzig. b, c: Klinik für Kleintiere, An den Tierkliniken 23, 04103 Lepizig)

▸ **Tab. 15.1** Wichtige Ursachen von Störungen des Bewegungsapparats.

| **Ursachen** | | **Bedeutung *** | | | **Bemerkungen, s. auch andere Leitsymptome** |
|---|---|---|---|---|---|
| | | EC | SL | SK | |
| Bakterien | gramnegative Bakterien (S. 191) | ++ | ++ | ++ | - |
| | grampositive Bakterien (S. 191) | + | + | + | - |
| | Mykobakterien (S. 326) | ++ | ++ | ++ | - |
| Pilze | *Chamaeleomyces* spp. (S. 107), *Chrysosporium* anamorph of *Nannizziopsis vriesii* (CANV) (S. 240) | ++ | + | - | - |
| Viren | Picornavirus (S. 90) | - | - | ++ | - |
| Parasiten | Endoparasiten (S. 136) | ++ | ++ | ++ | sekundäre Mangelzustände |
| metabolische Ursachen | Fehlernährung (S. 146) | +++ | ++ | +++ | - |
| | Metabolic Bone Disease (S. 193) | +++ | - | +++ | - |
| raumfordernde Prozesse | Neoplasien (S. 314) | + | ++ | + | - |
| | Gicht (S. 330) | ++ | + | ++ | Gelenke |
| Sonstiges | Traumata (S. 197) | +++ | ++ | +++ | - |
| | Fehlbildungen (S. 207) (Bebrütungsfehler) | ++ | ++ | ++ | - |

* Bedeutung bei der Entstehung der entsprechenden Leitsymptomatik, Erfahrungswerte der Autoren

Die Diagnostik stützt sich zunächst auf die Beurteilung des Kalziumspiegels:

- Ein zu niedriger Kalziumspiegel spricht für eine unzureichende Zufuhr (nutritiv, alimentär) oder eine erhöhte Ausscheidung (renal). Zur Differenzierung können dann die Nierenparameter Harnsäure, Kalium und Phosphat herangezogen werden. Insbesondere hohe Harnsäure- und Kaliumwerte sprechen für eine Nierenschädigung. Berücksichtigt werden sollte dabei aber, dass zum einen der Harnsäurespiegel (S. 352) auch von der aktuellen Futteraufnahme abhängt, zum anderen eine parallele Nierenschädigung beispielsweise durch einen Proteinüberschuss eine gleichzeitig mangelhafte Kalziumversorgung nicht ausschließt. Sind die Nierenwerte unauffällig, ist ein nutritiver/alimentärer Hyperparathyreoidismus sehr wahrscheinlich.
- Ein normaler oder erhöhter Kalziumspiegel kann bei weiblichen Tieren die physiologische Folge einer bevorstehenden Legetätigkeit sein – in diesen Fällen ist der Wert teilweise erheblich erhöht und entsprechend nur bedingt aussagekräftig. Die zweite Möglichkeit ist ein primärer oder tertiärer Hyperparathyreoidismus, d. h. eine Schädigung der Hormonregulation in der Nebenschilddrüse – beide Formen sind bei Reptilien sehr selten.

Ergänzend sollte stets eine **koproskopische Untersuchung** auf Parasiten erfolgen, um eine begleitende **Endoparasitose** (S. 136) zu behandeln. Eine gestörte Futterresorption (alimentärer Hyperparathyreoidismus) spielt bei Reptilien eine große Rolle.

## 15.4 Wichtige Ursachen

Wichtige Ursachen von Störungen des Bewegungsapparats sind in ▸ **Tab. 15.1** zusammengefasst.

### 15.4.1 Erkrankungen

#### Bakterielle und mykotische Infektionen der Knochen und Gelenke

**Info**

Meist durch Bakterien, seltener durch Pilze hervorgerufene Infektion, welche mit Gelenkschwellungen, Knochenlyse und Knochenauftreibungen einhergehen kann.

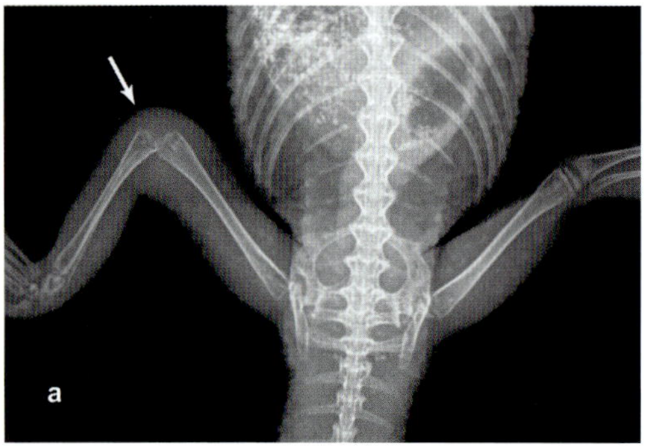

▸ **Abb. 15.3** **a** Röntgenaufnahme einer Bartagame (dorsoventrale Projektion): Infektion im linken Kniegelenk. **b** CT-Rekonstruktion einer Wasseragame: beidseitige Hüftgelenkluxation infolge Kopulation durch ein erheblich größeres Männchen. (a: Klinik für Vögel und Reptilien, An den Tierkliniken 17, 04103 Leipzig; b: Klinik für Kleintiere, An den Tierkliniken 23, 04103 Leipzig)

## Ätiologie & Pathogenese

In der Regel erfolgen Gelenkinfektionen durch Traumata, hämatogen oder nach Hautschädigung durch lokale Infiltration. Dabei sind meist einzelne Gelenke oder Knochen betroffen. Bei Knochen entwickeln sich Infektionen oft progressiv aufsteigend, insbesondere im Bereich der Gliedmaßen und der Wirbelsäule. Der Verlauf ist meist chronisch, wodurch es zu einem verzögerten Eintritt der Symptomatik kommt. Ätiologisch können viele Bakterien beteiligt sein, insbesondere ist an Salmonellen, Klebsiellen, Morganellen, *Providentia* sp. und Mykobakterien zu denken. Pilzinfektionen durch „klassische" Erreger sind selten, dagegen können Erkrankungen wie CANV (S. 240) auf den Bewegungsapparat inklusive der Muskulatur und der Gelenke übergreifen. Auch *Chamaeleomyces* spp. (S. 107) können zu Gelenkverdickungen führen.

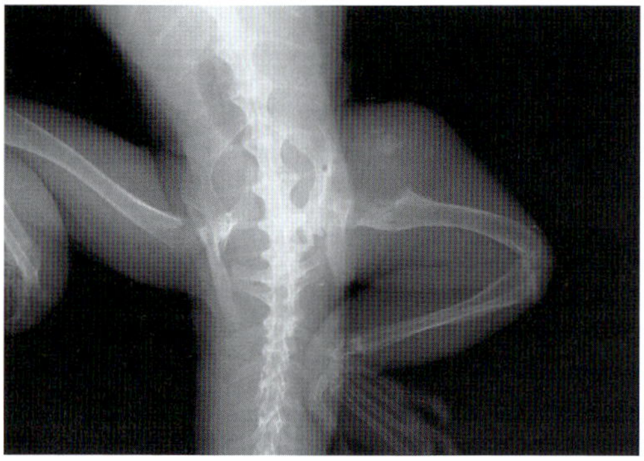

▸ **Abb. 15.4** Röntgenaufnahme eines Grünen Leguans (dorsoventrale Projektion): Knochen- und Weichgewebeentzündung mit sekundärer Verkalkung. (Klinik für Vögel und Reptilien, An den Tierkliniken 17, 04103 Leipzig)

## Klinik & Diagnose

Die Klinik äußert sich insbesondere mit Gliedmaßenschwellungen und Bewegungsstörungen. Letztere können durch eine Beteiligung der Muskulatur, die Knochen-/Gelenkveränderungen an sich, aber auch im Bereich der Wirbelsäule durch eine progressive Ossifizierung bedingt sein. Klinisch lässt sich nur eine Verdachtsdiagnose stellen.

Im Falle von Gelenkschwellungen sollte zunächst eine Röntgenaufnahme Hinweise auf eine Knochenbeteiligung geben (▸ **Abb. 15.3**). Eine Punktion des Gelenks mit Aspiration von Material und nachfolgender zytologischer bzw. mikrobiologischer Untersuchung hilft bei der Abgrenzung von einer Gicht (S. 330) sowie der ätiologischen Sicherung. Nach Punktionen lässt sich meist der beteiligte Keim isolieren und ein Antibiogramm erstellen.

Zeigt die Röntgenuntersuchung Schwellungen oder Knochenveränderungen, die durch eine Infektion hervorgerufen sein könnten (▸ **Abb. 15.4**), ist auch hier eine Biopsie oder eine Feinnadelaspiration sinnvoll, um eine entzündliche Genese insbesondere von einer Neoplasie (S. 314) abzugrenzen. Bei fortgeschrittenen Veränderungen der Knochen (▸ **Abb. 15.5**) ist dagegen die ätiologische Klärung oft nicht mehr möglich.

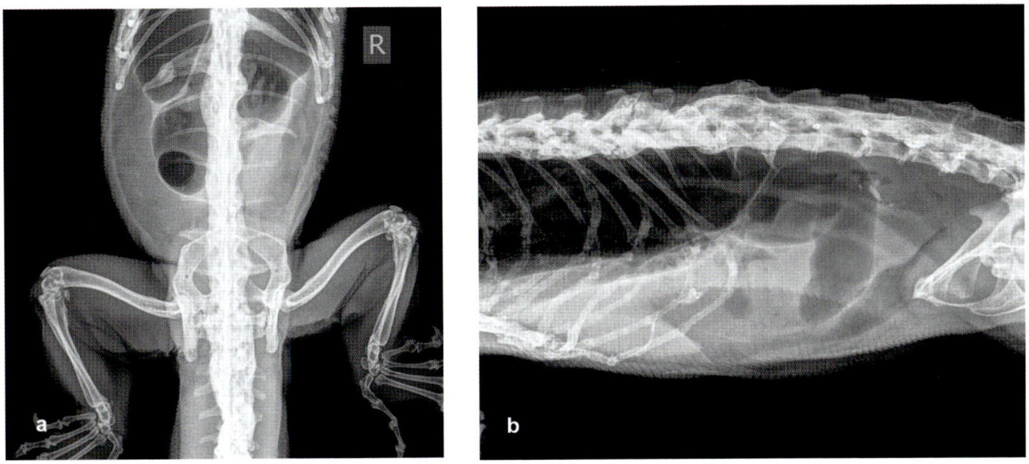


▸ **Abb. 15.5** Röntgenaufnahme eines Grünen Leguans. **a** Dorsoventrale Projektion, **b** laterolaterale Projektion: Zwischen den Wirbeln ist es infolge einer überschießenden Ossifikation zu Brückenbildungen kommen, teilweise sind die Wirbel fusioniert.
(Klinik für Vögel und Reptilien, An den Tierkliniken 17, 04103 Leipzig)

### Therapie

Eine Gelenkeröffnung und -spülung sind vor Beginn einer systemischen antibiotischen Therapie sinnvoll. Lokal und auch systemisch kann mit Entzündungshemmern, z. B. Carprofen 32, zu Beginn der Therapie eine abschwellende Wirkung erreicht werden.

Oft ist eine Keimisolierung bei Knochenveränderungen nicht erfolgreich, so dass bei Nachweis entsprechender Veränderungen mit einem knochengängigen Antibiotikum wie Enrofloxacin 4 oder Ceftazidim 1 eine Therapie eingeleitet werden muss. Bei Mykobakterien ist eine effektive Therapie nicht möglich. Bei Nachweis von **CANV** (S. 240) oder *Chamaeleomyces* spp. (S. 107) wird auf die entsprechenden Erkrankungen verwiesen.

Bei Infektionen der langen Röhrenknochen muss damit gerechnet werden, dass die Infektion an der Gliedmaße aufsteigt. Leider ist hier die systemische antiinfektive Therapie oft nicht effektiv, so dass auch eine Amputation der Gliedmaße (S. 202) erwogen werden muss.

### Prognose

Die Prognose ist insbesondere bei Osteomyelitiden vorsichtig, da eine Elimination des Erregers oft nicht möglich ist.

## Metabolic Bone Disease (MBD)

**Info**

Bei Reptilien sehr häufige und extrem bedeutsame Stoffwechselstörung des Knochens.

### Ätiologie & Pathogenese

Der Begriff MBD umschreibt verschiedene Erkrankungen, die negative Auswirkungen auf den Stoffwechsel des Knochens und damit die Stabilität des Skelettsystems haben. Die Erkrankungen, deren Bezeichnungen teilweise (irreführend) als Synonym gebraucht werden, sind Osteopathie, Osteomalazie, Osteodystrophie, Osteopetrose, Paget-Erkrankung, Panostitis sowie als bedeutendste Ursache der Hyperparathyreoidismus.

Die Erkrankung betrifft vorrangig Tiere in Menschenobhut und hier diejenigen Spezies, welche am wenigsten mit der in der Natur üblichen Nahrung gefüttert werden. Schlangen, denen vorwiegend ganze Beutetiere angeboten werden, sind kaum betroffen.

Der **Hyperparathyreoidismus**, also die Funktionsstörung der Nebenschilddrüsen, stellt das Hauptproblem dar. Der Mechanismus der Regulation des Kalziumhaushalts sowie der Störung dieser Regulation ist in ▸ **Abb. 15.6** dargestellt und erklärt. Es werden mehrere Formen unterschieden:

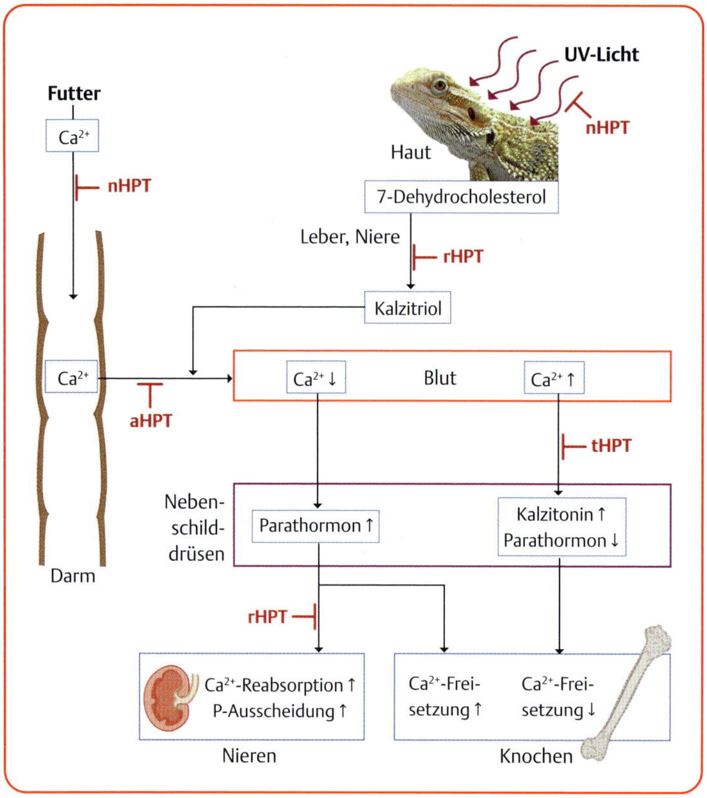


▶ **Abb. 15.6** Regulation des Kalziumstoffwechsels sowie des Einflusses entsprechender metabolischer Störungen. Dargestellt ist der Einfluss des Kalziums im Futter sowie des UV-Lichts auf die Hormonkaskade und damit die Regulation der Kalziumeinlagerung in den Knochen. Die Ursachen und Folgen eines Hyperparathyreoidismus auf den Knochenstoffwechsel (rote, gestrichelte Linien) lassen sich so erklären. aHPT: alimentärer Hyperparathyreoidismus; nHPT: nutritiver Hyperparathyreoidismus; rHPT: renaler Hyperparathyreoidismus; tHPT: tertiärer Hyperparathyreoidismus. Auf Details wird im Text eingegangen.
(Klinik für Vögel und Reptilien, An den Tierkliniken 17, 04103 Leipzig)

- Der **primäre** Hyperparathyreoidismus, durch eine erhöhte Ausschüttung von Parathormon aufgrund einer Störung der Nebenschilddrüse selbst gekennzeichnet, ist bei Reptilien extrem selten.
- Der **sekundäre** Hyperparathyreoidismus, also die Reaktion der Nebenschilddrüse auf einen reduzierten Kalziumspiegel, kann nutritiv/alimentär oder durch eine Nierenfunktionsstörung bedingt sein. Diese Ausprägung stellt die Hauptform bei Reptilien dar.
- Der **tertiäre** Hyperparathyreoidismus entsteht als Folge des sekundären Hyperparathyreoidismus und stellt eine Entkopplung der physiologischen Regulation der Hormonausschüttung in Abhängigkeit vom Blutkalziumspiegel dar. Seine Bedeutung bei Reptilien könnte größer sein als früher angenommen.

Der **nutritive/alimentäre Hyperparathyreoidismus** ist in einem Defizit an Kalzium in der Nahrung, einem schlechten Kalzium-Phosphor-Verhältnis sowie einem Vitamin-D-Mangel und einer unzureichenden UV-Licht-Versorgung begründet. All diese Punkte stellen leider typische Defizite in der Haltung vieler Reptilien dar. Die alimentäre Form liegt in einer unzureichenden Resorption von Kalzium oder Vitamin D aus dem Darm vor, beispielsweise infolge einer Dysbakteriose oder einer Endoparasitose. Die Folge dieser Defizite ist ein Abfall des Kalziumspiegels im Blut, was eine vermehrte Ausschüttung von Parathormon bewirkt (▶ **Abb. 15.6**). Dieses Hormon wiederum fördert die Freisetzung von Kalzium aus dem Knochen, mit der (chronischen) Folge, dass die Knochenstabilität reduziert und das Knochenwachstum behindert wird. Der Knochen reagiert auf die entstehende Instabilität mit der (exzessiven) Produktion organischer Knochenmatrix, wodurch vor allem die langen Röhrenknochen und der Panzer auftreiben und kavernenartige Umbauprozesse erfahren. Bei fortlaufend niedrigem Blutkalziumspiegel ist auch die Depolarisation der Muskel- und

▶ **Abb. 15.7** Hochgradige Deformationen bei Schildkröten infolge falscher Ernährung. **a** Jahrelange proteinarme Ernährung hat dazu geführt, dass der Panzer dieses Tieres nicht ausreichend mitwachsen konnte. **b** „Zeltbildung" in der Rückenlinie durch einen infolge Kalziummangels sehr instabilen Panzer, welcher kranial durch den Schultergürtel und kaudal durch den Beckenknochen gestützt wird. **c** Zu energie- und proteinreiche Ernährung: Der Panzer ist aufgetrieben und weich, das Tier kann den Kopf nur noch schwer einziehen, auf dem Carapax bilden sich Höcker.
(Klinik für Vögel und Reptilien, An den Tierkliniken 17, 04103 Leipzig)

▶ **Abb. 15.8** Metabolic Bone Disease bei Echsen. **a** Deformierung und Zungenprolaps bei einem Jemenchamäleon infolge nicht artgerechter Haltung und Ernährung (▶ **Abb. 15.9**). **b** „Rubber Jaw" bei einem Tokeh (demonstriert am toten Tier). **c** Eingefallene Rückenlinie bei einem Gecko (*Lygodactylus* sp.).
(Klinik für Vögel und Reptilien, An den Tierkliniken 17, 04103 Leipzig)

Nervenzellen gestört, was zu weiteren klinischen Symptomen führen kann.

Beim **renalen Hyperparathyreoidismus** liegt eine Nierenfunktionsstörung vor, wodurch Phosphat nicht mehr ausreichend eliminiert werden kann, es kommt zu einer Hyperphosphatämie. Diese wirkt hemmend auf die Kalzitriolsynthese in der Niere, die Kalziumresorption aus dem Darm sinkt. Hohe Phosphatspiegel beeinflussen auch direkt den Blutkalziumspiegel negativ. Beides führt zu einer erhöhten Parathormonausschüttung und damit ebenfalls zu einer Freisetzung von Kalzium aus dem Knochen wie oben beschrieben.

Vereinzelt finden sich auch Berichte zu Funktionsstörungen wie **Osteopetrosen** und **hypertrophen Osteopathien**, wie sie beim Säuger bzw. beim Menschen beschrieben sind. Auch die **Paget-Erkrankung**, ein Krankheitsbild mit deformierender Ostitis beim Menschen, wurde als Ursache bei Reptilien, insbesondere bei Schlangen mit Wirbelveränderungen, beschrieben. Inzwischen wird aber hier eine infektiöse Ursache als wahrscheinlicher angesehen, da in den Veränderungen regelmäßig Bakterien gefunden wurden.

### Klinik & Diagnose

Die Klinik äußert sich in Veränderungen der Knochen und umfasst insbesondere weiche Knochen, Deformierungen, Auftreibungen und „pathologische Frakturen" ohne ausreichendes Trauma. Die Instabilität der Knochen zeigt sich auch im Kopfbereich, wo es zu Deformierungen und einem „Rubber Jaw" (Gummikiefer) kommen kann (▶ **Abb. 15.8**). Der Panzer bei Schildkröten fällt oft ein, da er nicht mehr ausreichend stabil trägt. Nicht selten bilden dann anstelle einer konvexen Rückenlinie Schultergürtel und Beckenknochen wie bei einem Zirkuszelt die Masten die beiden höchsten Punkte (▶ **Abb. 15.7**, ▶ **Abb. 15.8**). Die Gliedmaßen selbst sind oft verkrümmt und so funktionseingeschränkt, dass die Tiere sich nicht mehr adäquat bewegen können (▶ **Abb. 15.8**).

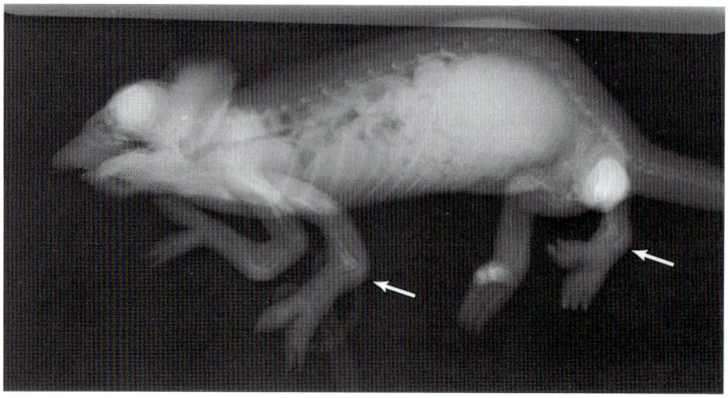

▶ **Abb. 15.9** Röntgenaufnahme eines Jemenchamäleons (laterolaterale Projektion): Knochendeformierung und unzureichende Kalzifizierung, korrespondierend zu ▶ **Abb. 15.8 a**. (Klinik für Vögel und Reptilien, An den Tierkliniken 17, 04103 Leipzig)

Neben der Störung der Knochenstabilität kann es durch den Kalziummangel auch zu nervalen Ausfallerscheinungen wie Tremor, Übererregbarkeit und Krämpfen kommen. Typisches Anzeichen ist auch ein Vorfall von Kloakengewebe oder der Geschlechtsorgane, dazu kommen Apathie und Anorexie. Bei jungen Tieren, welche sich noch im Wachstum befinden, sind die klinischen Auswirkungen meist stärker, und das Wachstum wird deutlich gehemmt (Kümmerwuchs).

Die Diagnostik ist ausführlich im entsprechenden Leitfaden (S. 178) beschrieben. Sie stützt sich auf die Anamnese, die Darstellung der Veränderungen mittels bildgebender Verfahren (▶ **Abb. 15.9**, ▶ **Abb. 15.10**) und die blutchemische Untersuchung.

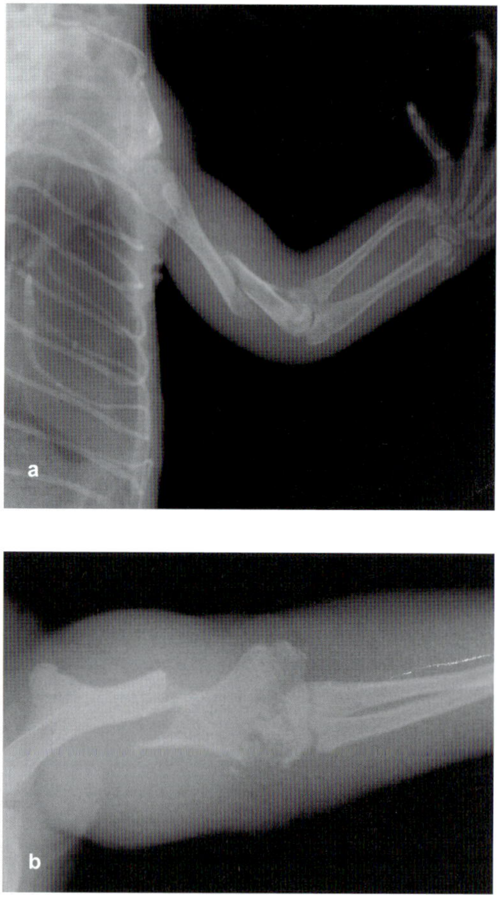

▶ **Abb. 15.10** Röntgenaufnahmen eines Grünen Leguans. **a** Dorsoventrale Projektion, **b** kaudokraniale Projektion: Humerusfraktur.
(Klinik für Vögel und Reptilien, An den Tierkliniken 17, 04103 Leipzig)

## Therapie

Die Therapie des sekundären Hyperparathyreoidismus umfasst neben der akuten Versorgung hauptsächlich die Optimierung der Haltungsbedingungen. Hierzu gehört eine adäquate Fütterung durch hochwertige Futtermittel und Ergänzungsfutter (auf Kalzium-, Phosphat- und Vitamin-D-Gehalt achten). Dazu sollte die UV-Licht-Versorgung optimiert werden. Typische Probleme sind ungeeignete Lampen, eine ungeeignete Lampenbefestigung (Entfernung oder Filterung des UV-Anteils durch das Terrarienglas) sowie überalterte Lampen. UV-Lampen verlieren nach spätestens 1 Jahr einen Großteil ihrer UV-Strahlung und müssen ausgetauscht werden, auch wenn sie noch leuchten. Weitere Details zur UV-Versorgung siehe in den Ausführungen zur stationären Unterbringung (S. 48).

**Praxistipp**

Auch eine gute UV-Lichtversorgung kann natürliches Sonnenlicht nicht ersetzen. Wann immer möglich, sollte den Tieren die Gelegenheit zu einem „Sonnenbad“ ermöglicht werden.

Die akute Versorgung besteht in der parenteralen Versorgung mit Kalziumglukonat 62 sowie einer Vitamin-D3-Supplementierung 69. „Pathologische Frakturen“ können meist nur durch Verbände (S. 198) stabilisiert werden, da die Knochen für osteosynthetische Maßnahmen zu brüchig sind. Nach einer initialen Therapie sollte baldmöglichst auf eine enterale Supplementierung von Kalzium und Vitamin D umgestellt werden.

Problematisch im Heilungsverlauf kann sich ein tertiärer Hyperparathyreoidismus darstellen, da hier die Regulation der Hormonausschüttung durch den Blutkalziumspiegel entkoppelt ist. In diesem Fall wird weiter Parathormon ausgeschüttet und der Knochen bleibt geschwächt. Um die Regulation wieder einzuleiten, ist eine Initialtherapie mit Kalzitonin 71 bei Grünen Leguanen beschrieben [5]. Hierbei wird im wöchentlichen Abstand Kalzitonin zweimalig als Gegenspieler des Parathormons verabreicht. Die erste Applikation erfolgt eine Woche nach initialer Kalzium- und Vitamin-D-Behandlung und Korrektur der Haltungsbedingungen intramuskulär (50IE/kg) unter strenger Kontrolle der weiteren Kalzium- und Vitamin-D-Zufuhr und des Kalziumspiegels, da es zu einer bedrohlichen Hypokalzämie im Blut kommen kann. Diese Methode soll helfen, die Regulation der Hormonausschüttung in der Thyreoidea wieder zu normalisieren.

Die Behandlung eines Nierenschadens wird bei den **Nephropathien** (S. 330) beschrieben.

## Prognose

Die Prognose ist sehr variabel. Bei starken Deformierungen und Einschränkungen der Funktion des Skelettsystems ist sie schlecht bis infaust. Beim renalen Hyperparathyreoidismus ist sie generell vorsichtig, da der zugrundeliegende Nierenschaden meist nicht regenerativ ist. Je frühzeitiger eine Korrektur der Haltungsbedingungen erfolgt, desto günstiger ist sie – vorhandene Deformierungen bleiben aber bestehen.

# Trauma, Fraktur

**Info**

Durch äußere Krafteinwirkung auftretende Gewebeschädigung des Bewegungsapparats, insbesondere des Skelettsystems.

## Ätiologie & Pathogenese

Traumata sind bei Reptilien vielfältig, am häufigsten treten Bissverletzungen (Artgenossen, Futtertiere, andere Tiere), Sturzverletzungen sowie Schürfverletzungen auf. Oberflächliche Verletzungen der Haut werden bei dem Leitsymptom Veränderung der Haut (S. 222) besprochen. Traumata im Bereich der Kopfspitze, als **Rostraltrauma** (S. 113) bezeichnet, werden gesondert besprochen. Tiefere Traumata können die Muskulatur und das Nervensystem schädigen und damit entsprechende Lähmungserscheinungen oder Funktionsausfälle bewirken (▶ **Abb. 17.19**). Wird das Skelettsystem geschädigt und kommt es zu Luxationen oder Frakturen, sind diese aufgrund der festen Haut der Reptilien meist geschlossen.

Traumata des Panzers, welche meist durch Bissverletzungen, Stürze, Autos oder Rasenmäher verursacht sind, können oberflächlich die Hornplatten (S. 249) betreffen oder zu einer **Fraktur des Panzers** führen. Diese geht dann meist mit einer deutlichen Dislokation der Knochenteile einher und die Leibeshöhle ist ebenfalls eröffnet. Teilweise sind Knochenstücke lose oder fehlen bei Biss- bzw. Nageverletzungen. Bei Bissverletzungen durch größere Hunde entstehen durch die Canini oft Impressionsfrakturen an Carapax und Plastron, und das Weichgewebe in der Leibeshöhle kann geschädigt sein.

Eine Sonderform sind Frakturen von Knochengewebe, das durch eine **Metabolic Bone Disease** (S. 193) verändert ist. Bedingt durch den geringeren Mineralstoffgehalt ist der Knochen sehr brüchig. An den Röhrenknochen und an der Wirbelsäule entstehen „pathologische Frakturen“. Der Panzer zerbröselt durch das Trauma geradezu, d. h. es entstehen viele kleine Trümmerfragmente, die sich kaum mehr der ursprünglichen Struktur zuordnen lassen.

Während sich stumpfe Traumata oft kaum infizieren, ist bei Bissverletzungen das Risiko einer bakteriellen Infektion sehr hoch, in der Folge kann – insbesondere durch Pasteurellen – eine **Septikämie** (S. 327) entstehen. Bei perforierenden Wunden ist eine Entzündung der Leibeshöhle und bei entsprechender Schädigung auch eine Pneumonie als Folge zu erwarten.

### Klinik & Diagnose

Der Allgemeinzustand der Tiere variiert enorm. Sie können sich in „Schockstarre“ befinden, auch wenn kaum Folgen des Traumas erkennbar sind, oder noch aktive Bewegungen und sogar Futteraufnahme zeigen, obwohl der Panzer durch ein Trauma aufgerissen ist und die inneren Organe sichtbar sind. Neben der klinischen Untersuchung sollte zur Darstellung der Knochen eine Röntgenuntersuchung in mehreren Ebenen (▶ **Abb. 15.10**) durchgeführt werden. Weitere Verfahren wie die CT sind insbesondere bei Panzerfrakturen sehr hilfreich. Liegt das Trauma länger zurück und sind offene Wunden vorhanden, ist es empfehlenswert, diese zu beproben und die Proben mikrobiologisch zu untersuchen.

### Therapie & Prognose

Die initiale Traumatherapie sollte darauf abzielen, die Tiere zu stabilisieren, einen Blutverlust zu stoppen und eine Infektion offener Wunden (Reinigung, Abdeckung, antiinfektive Therapie) zu verhindern, siehe Sofortmaßnahmen (S. 176). Insbesondere, wenn die gezielte Therapie eine Narkose erfordert, ist es sinnvoll, zunächst die Kreislauffunktion zu sichern (S. 44).

Die eigentliche Traumatherapie besteht dann in einer Behandlung der Weichteiltraumata, welche letztlich auf der Einschätzung des entsprechenden Gewebeschadens beruht, sowie einer Behandlung der Frakturen. Die Einschätzung der Schädigung von Weichgewebe ist meist sehr schwierig. Neben dem möglichen Funktionsausfall gibt der Gewebeverlust einen Hinweis. Gerade die Entscheidung, inwieweit eine Gewebeadaptation, eine Reinigung und Wundversorgung oder schlicht eine Ruhigstellung ausreicht, oder ob aufgrund der Traumatisierung sogar eine Amputation (S. 202) erforderlich ist, kann oft erst nach mehreren Tagen der Therapie getroffen werden.

Röntgenuntersuchungen zur Kontrolle einer Frakturheilung sind frühestens nach 2 Monaten, bei Schildkröten eher nach 4 Monaten sinnvoll.

Solange offene Wundflächen vorhanden sind, sollte eine strenge Kontrolle auf Insektenbefall erfolgen und das Terrarium mit Gaze abgedeckt sein, um eine **Myiasis** (S. 245) zu verhindern.

#### Konservative Therapie von Gliedmaßenfrakturen

Gliedmaßenfrakturen sind zwar oft mit Dislokationen, aber relativ selten mit offenen Wunden verbunden. Das Ziel der Behandlung ist meist, die Funktion wieder herzustellen, dabei wird aber eine mögliche leichte Fehlstellung akzeptiert. Aufgrund der langsamen Knochenheilung und den sich hieraus ergebenden Problemen bei der Osteosynthese hat die konservative Versorgung mit **Verbänden** und **externen Stützen** die deutlich größere Bedeutung.

**! Bei Vorliegen einer Metabolic Bone Disease (S. 193) ist die konservative Versorgung neben der Amputation die einzige Therapiemöglichkeit, da die Knochen für das Einbringen von Pins zu instabil sind.**

Bei der Versorgung mit Verbänden ist das Terrarium anzupassen, insbesondere Kletteräste und Bademöglichkeiten müssen gegebenenfalls entfernt werden. Bei aquatilen Spezies sollte nach Möglichkeit eine Verbandtechnik gewählt werden, die ein tägliches Bad erlaubt, bzw. der Verband ist entsprechend häufig zu wechseln.

Als Verband kommt bei offenen Wunden meist ein **Feucht-Trocken-Verband** zum Einsatz, wobei als innere Schicht eine desinfizierende Jodgaze geeignet ist. Dann werden eine Mullkompresse sowie ein stabilisierender Adhäsionsverband angebracht. Als äußere Schicht eignet sich schmutzabweisendes, stabiles Material wie Gewebeklebeband. Bei kleinen Reptilien ist zur Stütze auch Adhäsionsverbandmaterial (z. B. Snoegg®) gut geeignet, welches als zweite Schicht auf einer Gaze einen ausreichend stabilen Verband formen kann.

In den Verband können verschiedene Materialien zur **externen Stabilisierung** eingebaut werden. Besonders geeignet ist thermoelastisches

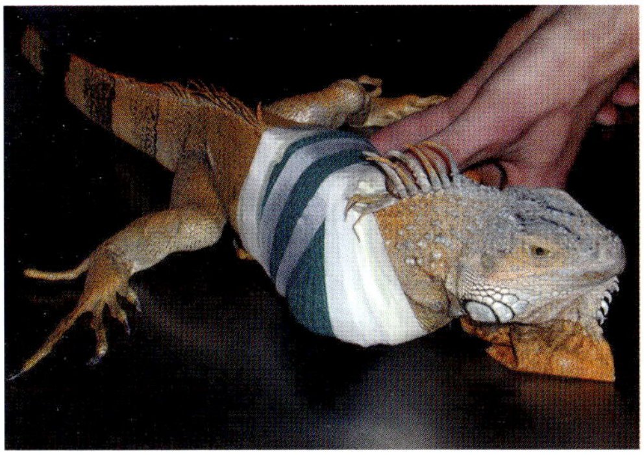

▶ **Abb. 15.11** Gliedmaßenverband bei einem Grünen Leguan. Auch wenn die Option erwogen werden sollte, die Gliedmaße möglichst in einer natürlichen Position zu fixieren, werden auch Verbände gut toleriert, bei denen die Gliedmaße am Rumpf fixiert wird. In jedem Fall sind Klettermöglichkeiten im Terrarium abzubauen.
(Klinik für Vögel und Reptilien, An den Tierkliniken 17, 04103 Leipzig)

Kunststoffmaterial, welches genau angeformt werden kann.

Es ist durchaus vorteilhaft, eine Gliedmaße in der natürlichen Sitzposition zu fixieren. Alternativ kann der Reptilienkörper zur Stabilisierung mit einbezogen werden. So lässt sich die Vordergliedmaße am Rumpf (▶ **Abb. 15.11**) und die Hintergliedmaße an der Schwanzbasis anlegen. Hierdurch lässt sich eine gute Fixierung erreichen, und die Position der Frakturenden kann röntgenologisch überprüft werden.

**SK** Bei Gliedmaßenfrakturen bei Schildkröten sind Bandagen am Bein selbst meist kaum möglich. Stattdessen kann versucht werden, die Gliedmaße in ihre natürliche Position im Panzer zu verlagern, etwas abzupolstern und dann die entsprechende Gliedmaßenbucht am Panzer abzukleben. Anschließend sollte eine Röntgenkontrolle erfolgen, um einschätzen zu können, ob die Frakturenden ausreichend repositioniert sind.

In jedem Fall ist der Verband regelmäßig zu prüfen. Dabei ist auf Schwellungen der distalen Gliedmaßenanteile zu achten, auf korrekten Sitz und mögliche Hautbeeinträchtigungen. Sind keine Infektionen vorhanden und muss das Tier nicht regelmäßig gebadet werden, sollte der Verbandwechsel in wöchentlichem Abstand erfolgen, abhängig von dem Ergebnis der Kontrollen.

### Operative Therapie von Gliedmaßenfrakturen

Die operative Versorgung von Frakturen der Röhrenknochen bietet sich an, wenn der Knochenmetabolismus unauffällig ist und die Art der Dislokation eine entsprechende Adaptation der Frakturenden erfordert. Wie erwähnt benötigt die Knochenheilung bei Reptilien eine lange Zeit. Es ist kritisch, die Pins oder Verschraubungen entsprechend lange zu belassen. Ein Fixateur externe ist zwar prinzipiell möglich, meist kommt es aber im Verlauf der Heilungszeit zu einer deutlichen Lockerung der eingeschraubten/fixierten Pins, und die Stabilität der Fixierung geht verloren. Aus gleichem Grund eignen sich Schrauben-Platten-Lösungen kaum.

Intramedulläre Pins zur Adaptation und Stabilisation der Frakturenden können dagegen sinnvoll sein. Die Prinzipien entsprechen denen beim Säuger, geeignet sind Pins, die etwa 50 % der Knochenhöhle ausfüllen. Meist werden diese über den Frakturspalt retrograd in das distale Fragment eingeführt und dann normograd in das proximale Fragment zurückgeschoben (▶ **Abb. 15.12**). Auch hier sind lange Verweilzeiten von mindestens 4 Wochen erforderlich. In dieser Zeit baut sich der Knochen um den Pin um, und es kann zu Instabilitäten kommen. Außerdem ist die Eintrittsstelle des Pins durch die Haut bezüglich einer bakteriellen Infektion stark gefährdet, sie sollte regelmäßig antiseptisch behandelt und kontrolliert werden.

### Luxation und Bänderriss

Luxationen sind bei Reptilien nicht selten (▶ **Abb. 15.3**). Meist kommt es in diesem Zusammenhang zu einer Ruptur des eher primitiven Bandapparats. Da diese Veränderungen oft erst spät bemerkt werden, hat sich der übrige Stützapparat angepasst sowie verkürzt, und die Fehlstellung ist durch Reposition oft nicht mehr (dauerhaft) erfolgreich. Nach einigen Wochen bilden sich Pseudogelenke, mit denen die Tiere aber meist halbwegs zurechtkommen. Die Therapie ist entsprechend eher konservativ und besteht in einem Stützverband, der versucht, das Gelenk zu stabilisieren, bis das zerrissene Band- oder Kapselgewebe verheilt ist. Während der Heilphase können begleitend Antiphlogistika wie Meloxicam **37** eingesetzt werden.

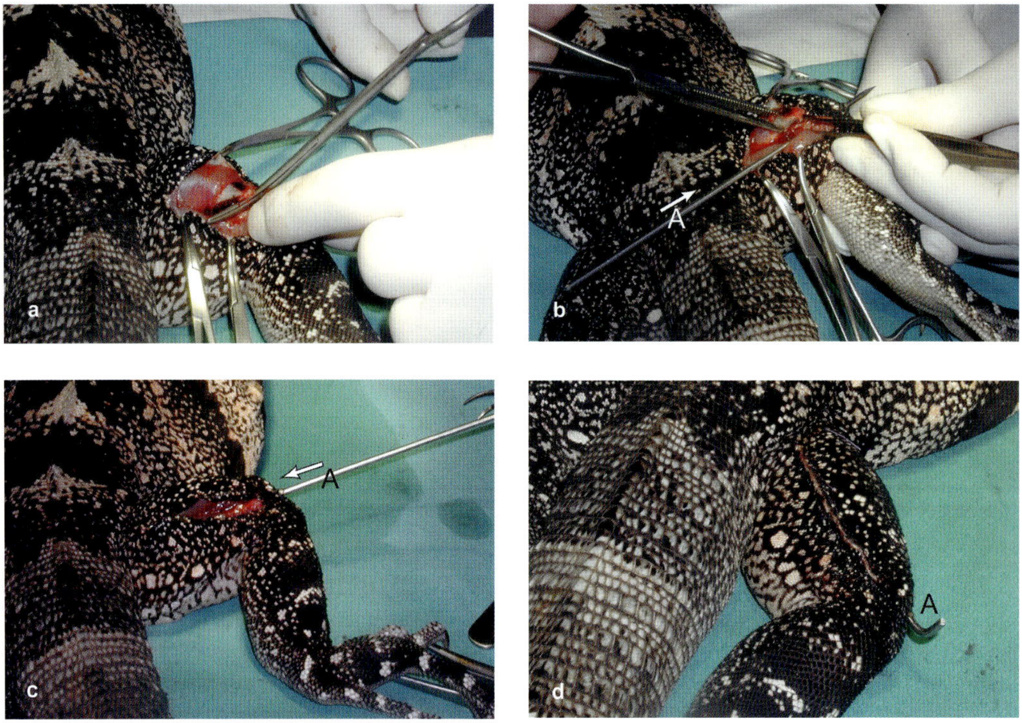


▸ **Abb. 15.12** Operative Frakturbehandlung. Einsetzen eines intramedullären Pins in das Femur bei einem Schwarzen Leguan. **a** Zunächst wird die Frakturstelle von dorsal präpariert, und die Frakturenden werden dargestellt. **b** Der Pin (A) wird nach distal durch das distale Fragment und durch die desinfizierte Haut nach außen geführt. **c** Anschließend wird der Pin (A) in das proximale Frakturstück vorsichtig zurückgeschoben. **d** Nach röntgenologischer Kontrolle wird die Wunde verschlossen und der überstehende Pinanteil abgewinkelt. So lässt er sich besser in einen Verband einbinden. Die Eintrittsstelle des Pins ist aufgrund der langen Verweildauer des Pins empfindlich für Infektionen, die zu einer Osteomyelitis führen können. (Klinik für Vögel und Reptilien, An den Tierkliniken 17, 04103 Leipzig)

## Panzerfraktur

Frakturen des Panzers führen meist zu einem dramatischen klinischen Bild, welches sich nicht unbedingt in der Störung des Allgemeinbefindens der Tiere widerspiegelt. Ziel der Behandlung ist es, die strukturelle Integrität und Funktionalität des Panzers wiederherzustellen. Dies ist auch bei Verlust von Knochenstücken durchaus möglich, vorausgesetzt, der Panzer selbst ist nicht infolge einer **Metabolic Bone Disease** (S. 193) verändert. In jedem Fall sollte eine Säuberung des Wundbereichs erfolgen, gefolgt von einer möglichst festen Adaptation der Wundränder, einem Schutzverband und einer systemischen Antibiose sowie Antimykose.

Risse im Panzer (▸ **Abb. 15.13**) ziehen meist von dorsal in eine der Gliedmaßenbuchten, wobei zusätzlich auch Querrisse auftreten können. Meist können die Risse adaptiert werden, wobei sich für die Ausübung einer Zugwirkung eine Zerklage im Bereich der Gliedmaßenbucht eignet, weniger im Bereich des Carapax. In der Gliedmaßenbucht ist der Knochen dicker und die Zerklage kann durch 2 Hornanteile gezogen werden, ohne die Leibeshöhle zu perforieren. Weitere Zerklagen im Bereich des Panzers dienen der besseren Adaptation der Knochenstücke, sie sind perforierend und können nur bedingt Zug ausüben (siehe auch Legende zu ▸ **Abb. 15.13**).

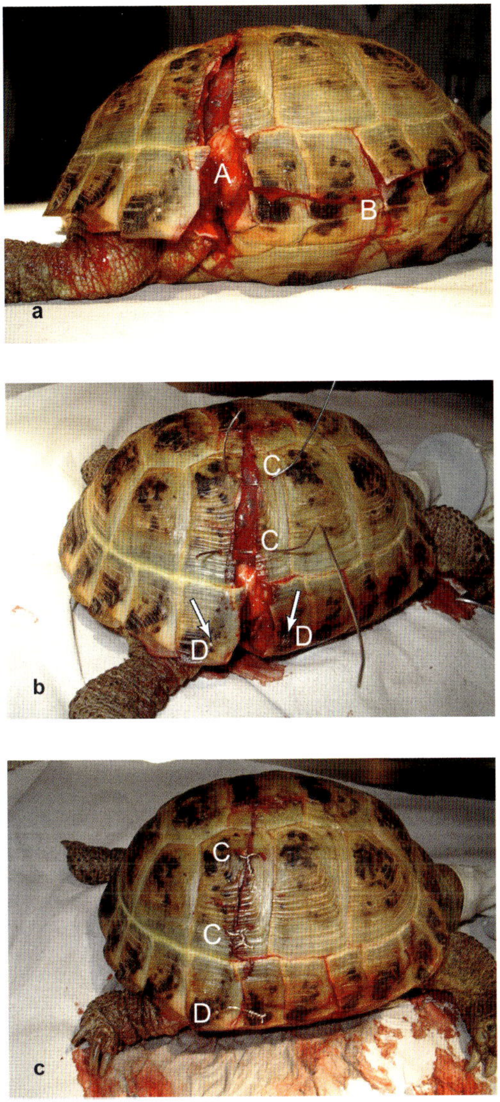


▸ **Abb. 15.13** Panzerfraktur bei einer Landschildkröte nach Autounfall. **a** Durch das Trauma von dorsal ist der Panzer in die Kniebucht aufgerissen (A), die Lunge scheint dorsal durch. Auch eine Querfraktur ist durch die Kompression erfolgt (B). **b** Um die Hauptfraktur zu schließen, werden zunächst 2 Zerklagen in den dünnen Carapaxknochen eingezogen (C). Hierzu werden Löcher mit Hilfe einer Kanüle gebohrt (die Lunge ist im Bild gerade in der inspiratorischen Phase und wölbt sich daher von innen gegen die Fraktur). Im Bereich der Kniebucht (D) wird die eigentliche Zugzerklage angelegt, welche durch die dorsale und ventrale Hornschicht reicht. **c** Zunächst wird die Zugzerklage (D) gespannt, anschließend die beiden Carapaxzerklagen (C). Die Längsfraktur wird passiv adaptiert und ein Schutzverband angelegt. (Klinik für Vögel und Reptilien, An den Tierkliniken 17, 04103 Leipzig)

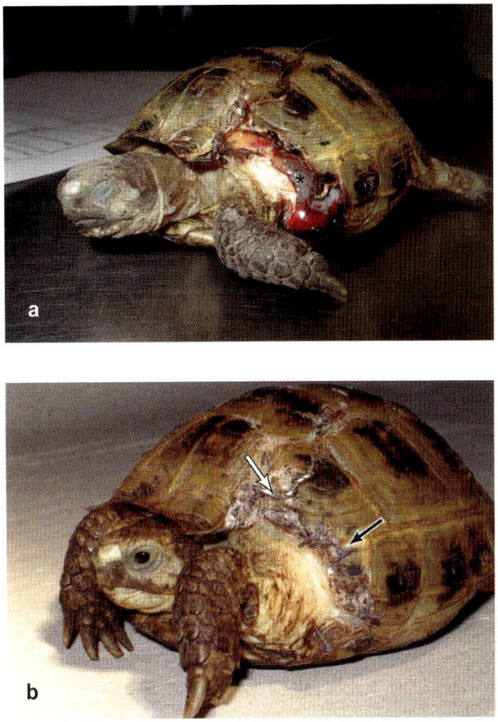


▸ **Abb. 15.14** Landschildkröte nach Hundebiss. **a** Ein großer Teil des linken kranialen Carapax fehlt, die Lunge ist durch die Öffnung sichtbar (*). Der Carapax ist dorsal eingerissen und verschmutzt. **b** Situation nach einigen Wochen. Die Panzerfraktur wurde mittels einer Drahtzerklage adaptiert (weißer Pfeil), die Haut der linken Vordergliedmaße mit Vicryl© direkt an den Panzer angenäht (schwarzer Pfeil). Der Allgemeinzustand des Tieres war unauffällig. (Klinik für Vögel und Reptilien, An den Tierkliniken 17, 04103 Leipzig)

Fehlen Knochenteile, wie dies bei Hundebissen oft der Fall ist, ist nach ausführlicher Reinigung auch eine Adaptation der verbliebenen Haut an den Panzer als Wundverschluss machbar (▸ Abb. 15.14). Hierbei kann die Haut mittels eines chirurgischen Fadens in Einzelheften und nach Bohren entsprechender Kanäle im Panzerknochen mit diesem adaptiert werden. Die Heilungstendenz ist dabei günstiger als erwartet, auch wenn bereits die Leibeshöhle eröffnet ist.

**Zerklagen** sollten für mehrere Monate belassen werden, um eine ausreichende Stabilisierung zu gewährleisten. Eine Röntgenkontrolle für den Heilungsfortschritt des Panzers ist wenig ergiebig.

Bei aquatilen Schildkröten sind Zerklagen problematisch, da hier Keime eindringen können und eine

▸ **Abb. 15.15** Stabilisierung einer Plastronfraktur. Einsatz von Glasfasergewebe und Epoxidharz zur Stabilisierung einer Plastronfraktur bei einer Schmuckschildkröte. (Klinik für Vögel und Reptilien, An den Tierkliniken 17, 04103 Leipzig)

Abdeckung mit Verband wenig ergiebig ist. Als Alternative bietet sich – sofern eine Reposition der Frakturteile möglich ist – die Verwendung einer **Glasfasermatte mit Epoxidharz** (▸ Abb. 15.15) an. Nachteil des Verfahrens ist, dass sich unter der Abdeckung Keime ansiedeln können, meist erfolgt die Wundheilung aber problemlos. Essenziell bei der Durchführung ist es dafür Sorge zu tragen, dass kein Epoxidmaterial in den Frakturspalt läuft. Dies kann beispielsweise durch Einbringen einer fetthaltigen Salbe (wie Lebertran) über dem Spalt erfolgen.

Die Heilung einer Panzerfraktur kann über 1 Jahr dauern, in dem auch keine Winterruhe durchgeführt werden sollte.

## Amputation

Gliedmaßenamputationen werden bei Reptilien vergleichsweise häufig durchgeführt. Ursachen sind meist massive Traumata (Bissverletzungen) sowie (aufsteigende) Infektionen. Die Amputationen werden von den meisten Spezies gut toleriert,

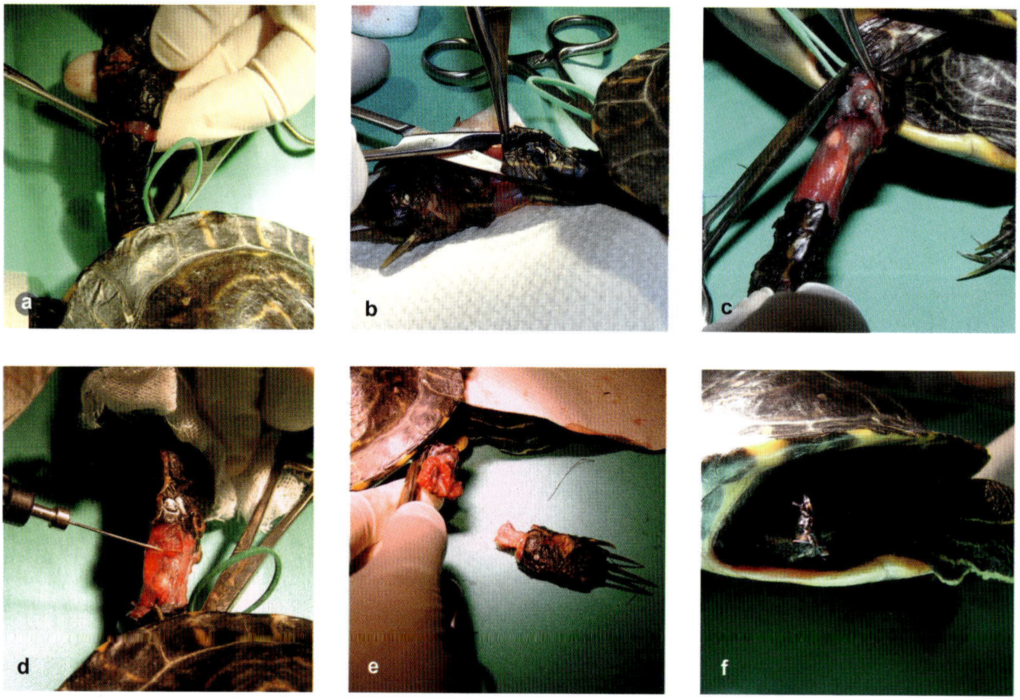


▸ **Abb. 15.16** Amputation einer Vordergliedmaße bei einer Schmuckschildkröte. **a** Nach Anlegen eines Staugummis wird die Haut weiter distal als die Amputationsstelle eingeschnitten, um ausreichend Material für die Vernähung nach Amputation zu haben. **b, c** Die Muskulatur wird freipräpariert und die Haut nach proximal verschoben. **d** Die Durchtrennung des Weichgewebes kann scharf oder mittels Elektrochirurgie/Laser erfolgen. **e** Die Gliedmaße wird im Gelenk abgesetzt. **f** Der Hautflap wird möglichst so angelegt, dass eine spätere Verschmutzung oder mechanische Belastung verhindert wird. (Klinik für Vögel und Reptilien, An den Tierkliniken 17, 04103 Leipzig)

allerdings sollte gegebenenfalls die Terrarieneinrichtung entsprechend angepasst werden.

Die Amputation sollte immer im gesunden Bereich erfolgen. Bei einzelnen Zehen ist es sinnvoll, im nächst höhergelegenen Gelenk zu amputieren. Ansonsten kann auch ein Stumpf dem Reptil noch Halt und eine bessere Beweglichkeit geben, so dass ein Teilerhalt einer Gliedmaße durchaus sinnvoll ist. Bei den meisten Spezies ist dabei die Haut ausreichend stabil, so dass ein Aufscheuern des Stumpfes nicht wahrscheinlich ist. Prinzipiell kann aber die Amputation bis in das Schulter- bzw. Hüftgelenk hinauf erfolgen.

Das Vorgehen ist in ▶ **Abb. 15.16** erklärt. Grundsätzlich sollte proximal der Blutfluss durch Anlegen einer Gummimanschette („Esmarch") gestaut werden. Nach Möglichkeit sollte ein Hautflap von ventral den Stumpf abdecken und die Naht schützen. Entsprechend sollte bei der Hautinzision ein solcher Hautlappen präpariert werden. Anschließend wird das Weichgewebe durchtrennt und der Knochen meist im Gelenk abgesetzt. Peri- und postoperativ ist eine Analgesie, z. B. mit Meloxicam **37**, sinnvoll.

Schwanzamputationen (S. 205) werden gesondert besprochen.

**SK** Bei Schildkröten besteht das Problem, dass der Panzer im Bereich der amputierten Gliedmaße auf dem Boden schleift und neben vermehrtem Abrieb die Bewegungsfähigkeit des Tieres eingeschränkt ist. Hier kann durch Ankleben individueller Hilfsmaßnahmen, die von einfachen Plastikmaterialien bis hin zu kleinen Rädchen (▶ **Abb. 15.17**) reichen, Abhilfe geschaffen werden.

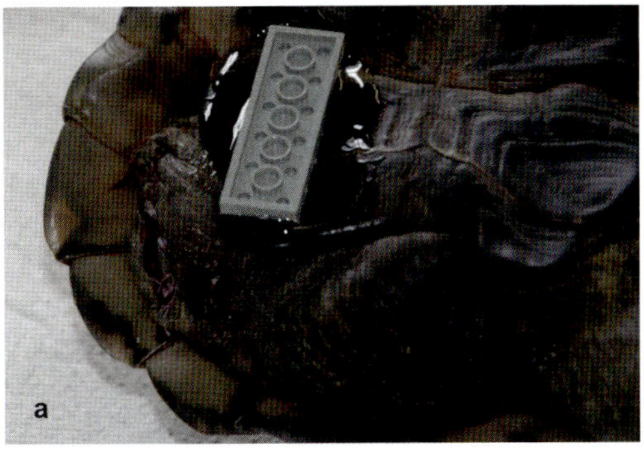
a

b

▶ **Abb. 15.17** Amputationen bei Schildkröten. Hier kann zur Entlastung eine „Prothese" unter dem Panzer angebracht werden. Auch Spielzeugräder eignen sich, insbesondere wenn sie wie hier leicht gewechselt werden können. Die Kontaktplatte wird nach Entfetten und Aufrauen des Panzerhorns mittels Epoxidkleber angeklebt. Ein wiederholtes Ankleben wird meist nach einigen Monaten nötig, wenn Hornschichten des Panzers abgestoßen werden.
(Klinik für Vögel und Reptilien, An den Tierkliniken 17, 04103 Leipzig)

## Krallenwachstumsstörung

**Info**
Meist infolge von Stoffwechselstörungen auftretende Fehlstellungen und Verwachsungen der Krallen.

### Ätiologie & Pathogenese

Als Ursache kommt eine unzureichende Abnutzung oder eine übermäßige (sowie eventuell minderwertige) Krallenhornbildung in Betracht. Die unzureichende Abnutzung durch eine nicht adäquate Unterbringung (Bodensubstrat, Bewegungsmöglichkeiten) kann zu verlängerten Krallen führen. Daneben können auch Fehlstellungen der Gliedmaße beispielsweise im Rahmen einer **Metabolic Bone Disease** (S. 193) dazu führen, dass die Füße nicht richtig aufgesetzt und damit die Krallen nicht abgenutzt werden. Dies ist insbesondere bei Landschildkröten ein Problem. Dies ist abzugrenzen von den teilweise sehr langen Krallen bei männlichen Schmuckschildkröten, welche an den Vordergliedmaßen als sekundäres Geschlechtsmerkmal ausgebildet sind.

Ein größeres Problem stellt die übermäßige Produktion eines meist minderwertigen Hornes dar, oft in Kombination mit übermäßigem Hornwachstum am Schnabel (S. 111). Teilweise sind die Krallen verkrüppelt und verdreht. Hier ist neben **Fütterungsfehlern** (S. 146) eine **Leberschädigung** (S. 328) als Ursache möglich.

### Klinik & Diagnose

Das klinische Bild zeigt ungleichmäßige, teilweise verdreht und nicht mehr richtig aufstehende Krallen. Diagnostisch ist die Abklärung der Ursache (s. o.) sinnvoll.

### Therapie & Prognose

Neben der Optimierung der Haltungsbedingungen muss die Grunderkrankung behandelt werden. Das Krallenhorn kann mittels einer Krallenschere oder eines Schneidaufsatzes leicht zurückgenommen werden. Bei sehr langen Krallen sollte das Kürzen in Schritten erfolgen. Meist sind in der Folge regelmäßige Kontrollen und ein Nachkürzen erforderlich.

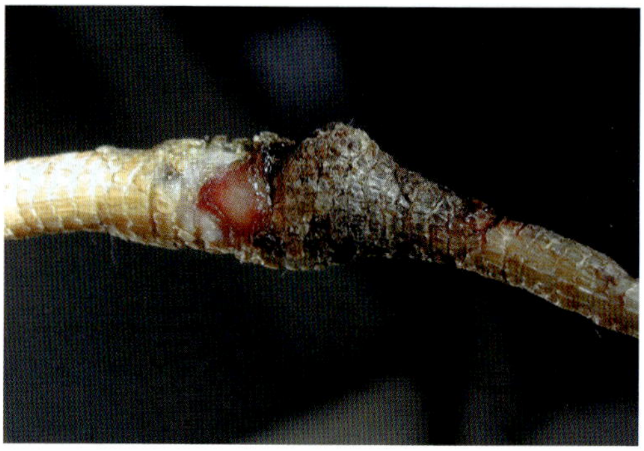

▸ **Abb. 15.18** Proliferierende Infektion am Schwanz eines Grünen Leguans nach einer Bissverletzung.
(Klinik für Vögel und Reptilien, An den Tierkliniken 17, 04103 Leipzig)

## Veränderungen des Schwanzes

**Info**

Traumata, Infektionen und Gewebeveränderungen des Schwanzes insbesondere bei Echsen.

### Ätiologie & Pathogenese

Der Schwanz hat bei Reptilien unterschiedliche Funktionen, relevant ist besonders die Funktion als Balancierhilfe, als Greiforgan, zum Schwimmen und für das Droh-/Abwehrverhalten. Die häufigsten Veränderungen betreffen Traumata, Nekrosen, Infektionen, Umfangsvermehrungen, Deformierungen und die Autotomie:

- **Traumata** sind oft durch Abwehrverhalten (insbesondere Grüner Leguan) sowie durch Bisse (Beutetiere, andere Reptilien) verursacht. Sie können eine einfache Verletzung, aber auch eine Infektion oder eine Autotomie zur Folge haben. Ebenfalls häufig und vorwiegend beim Grünen Leguan auftretend sind als Folge aufsteigende avaskuläre Nekrosen.
- **Infektionen** sind meist bakterieller, seltener mykotischer Genese. Gerade aufsteigende Infektionen stellen unbehandelt ein großes Problem dar, da sie zu einer Osteomyelitis in Kombination mit einer Spondylose und schließlich zu einer Brückenbildung durch eine ausufernde Ossifizierung führen (▸ Abb. 15.5).
- **Umfangsvermehrungen** entstehen durch Traumata und Infektionen (▸ Abb. 15.18), seltener durch neoplastische Prozesse. Traumata können auch zur Ausbildung von Pseudoregeneraten führen, wenn der Schwanz nicht komplett autotomiert wurde, aber durch das Trauma ein Regenerat induziert wurde, welches dann astartig aus dem Schwanz wächst.
- **Deformierungen** können kongenital bedingt sein – siehe **Fehlbildungen** (S. 207) –, aber auch infolge einer **Metabolic Bone Disease** (S. 193) (▸ Abb. 15.19, ▸ Abb. 15.20), eines Traumas (oft Einklemmen, Abknicken) oder einer Infektion entstehen.
- Zur **Autotomie** sind viele Echsenspezies (außer Chamäleons, Warane und Krustenechsen) befähigt. Dabei wird bei Gefahr/Stress oder Trauma der Schwanz innerhalb eines Wirbelkörpers abgestoßen und abgeworfen, ein Verhalten, dass auch beim Handling dieser Tiere berücksichtigt werden muss. Mit der Zeit wächst ein Regenerat heran, welches aber kleiner, meist dunkler und anstelle von Wirbelkörpern mit knorpeligem Gewebe ausgestattet ist (▸ Abb. 15.21).

### Klinik & Diagnose

Schwanzspitzennekrosen sind als dunkle, harte und langsam aufsteigende Veränderungen zu erkennen, meist ist das Gewebe trocken und derb. Frische Traumata sind meist blutig und gehen dann in eitrige oder nässende Wunden über (▸ Abb. 15.18). Veränderungen in den Wirbelkörpern lassen sich meist nur durch eine veränderte Beweglichkeit erkennen, ansonsten sollten sie röntgenologisch beurteilt werden (▸ Abb. 15.5,

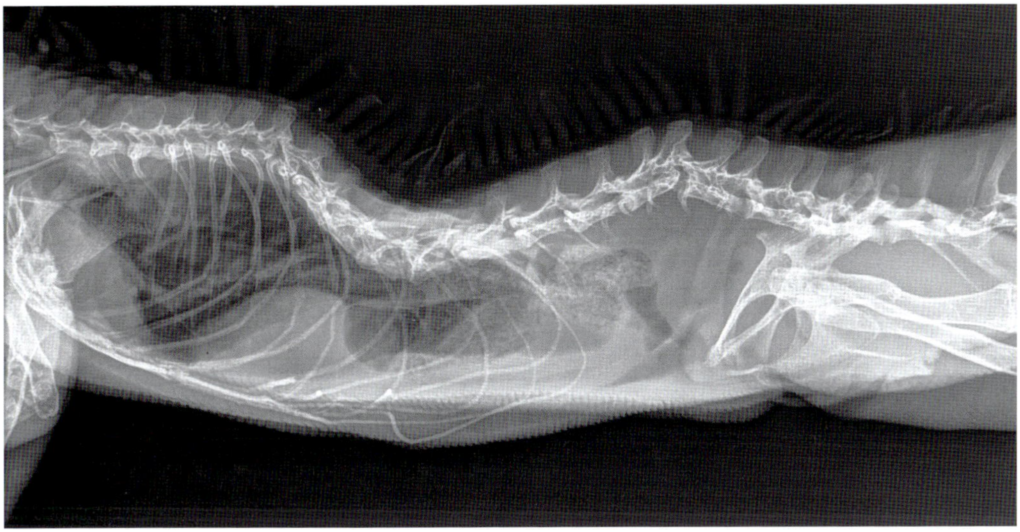

▶ **Abb. 15.19** Röntgenaufnahme eines Grünen Leguans (laterolaterale Projektion): Deutliche Wirbelsäulendeformierungen bei gleichzeitigen Deformierungen der langen Röhrenknochen sprechen für eine metabolische Ursache. (Klinik für Vögel und Reptilien, An den Tierkliniken 17, 04103 Leipzig)

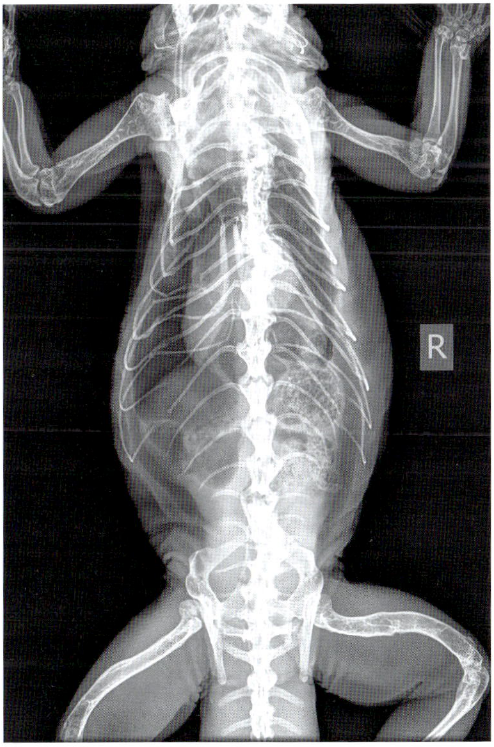


▶ **Abb. 15.20** Röntgenaufnahme eines Grünen Leguans (dorsoventrale Projektion): Deutliche Wirbelsäulendeformierungen bei gleichzeitigen Deformierungen der langen Röhrenknochen sprechen für eine metabolische Ursache. (Klinik für Vögel und Reptilien, An den Tierkliniken 17, 04103 Leipzig)

▶ Abb. 15.19). Bei Verdacht auf eine Infektion sollte eine bakteriologisch-mykologische Untersuchung durchgeführt werden, bei unklaren Schwellungen eine Punktion mit nachfolgender mikrobiologischer oder zytologischer Untersuchung. Ist ausschließlich die Haut entzündlich verändert, wird auf das Leitsymptom Veränderung der Haut (S. 222) verwiesen.

### Therapie & Prognose

Deformierungen können meist nicht behandelt werden. Bakterielle und mykotische Infektionen sollten gemäß Resistenztest therapiert werden. Während leichte, oberflächliche Wunden lokal mit desinfizierenden Mitteln wie Jodlösung 59 oder Chlorhexidin 57 behandelt werden können, ist die Prognose bei tieferen Infektionen, insbesondere bei schon vorliegenden Nekrosen fraglich. Meist lassen sich aufsteigende Infektionen konservativ nicht stoppen. Hier ist eine Schwanzamputation erforderlich. Gleiches gilt generell bei aufsteigenden Schwanznekrosen sowie bei neoplastischen Veränderungen.

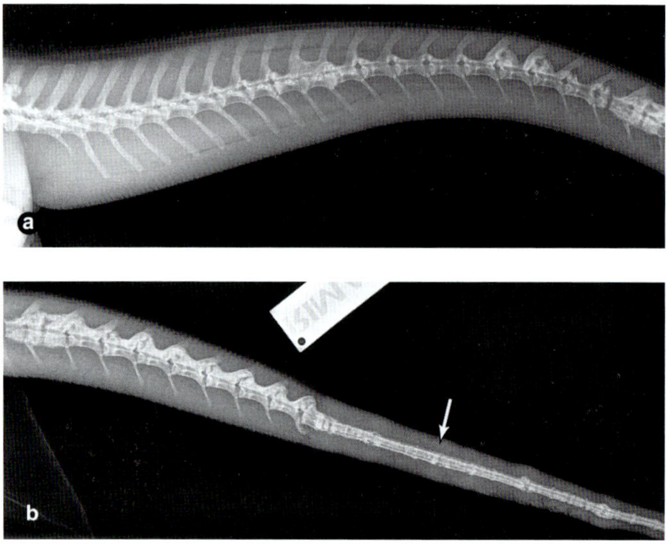


▶ **Abb. 15.21** Röntgenaufnahme eines Grünen Leguans, laterolaterale (**a** und **b**) Projektion: Darstellung eines Schwanzregenerats (Pfeil) sowie mehrerer, noch isolierter Brückenbildungen zwischen des Wirbelkörpern. Aus diesem Bild kann eine Situation wie in ▶ **Abb. 15.5** entstehen.
(Klinik für Vögel und Reptilien, An den Tierkliniken 17, 04103 Leipzig)

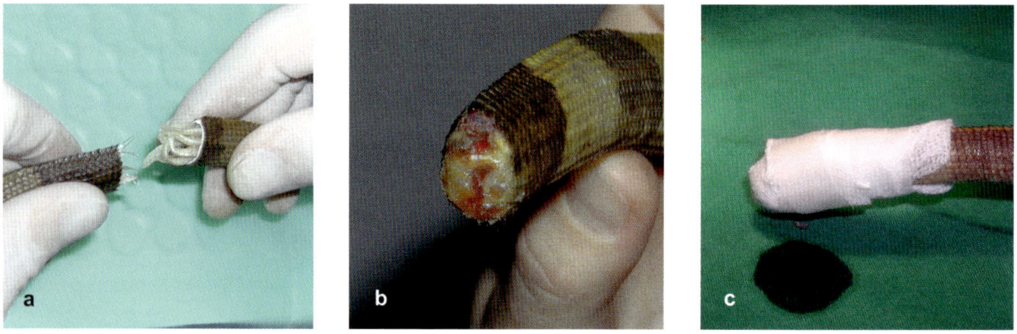


▶ **Abb. 15.22** „Assistierte Autotomie“ bei einem grünen Leguan. **a** Die Autotomiestelle wird im gesunden Bereich möglichst weit distal ertastet, indem man den Wirbelkörper fühlt. Dieser wird dann zwischen die Finger beider Hände genommen und mehrfach nach beiden Seiten scharf abgewinkelt. Die dabei entstehenden weißen „Schnüre“ sind der Beleg für die korrekte „Autotomie“. Dieser Vorgang muss in Narkose oder Betäubung durchgeführt werden. **b** Die „Schnüre“ können gekürzt werden, ansonsten ziehen sie sich zurück und trocknen ab. Die verbliebende Wundstelle darf nicht vernäht werden. Sinnvoll sind aber eine antiseptische Abdeckung sowie eine Behandlung gegen Schimmelpilzbefall. Enilconazol 9 kann als Spraylösung leicht aufgebracht werden. **c** In den ersten Tagen ist ein Schutz vor Schmutz und mechanischer Belastung sinnvoll. Dazu kann etwas Jodgaze von einer Kompresse abgedeckt werden. Schließlich wird ein Adhäsionsverband aufgebracht. Nach 3 Tagen sollte eine Kontrolle erfolgen.
(Klinik für Vögel und Reptilien, An den Tierkliniken 17, 04103 Leipzig)

Bei der **Schwanzamputation** lässt sich die Fähigkeit zur Autotomie nutzen. Richtig durchgeführt, besteht dabei auch die Chance, dass sich ein Regenerat bildet. Das Vorgehen ist in ▶ **Abb. 15.22** beschrieben. Muss der Schwanz sehr weit proximal abgesetzt werden, ist dies auch möglich, allerdings ist hier eine Autotomie kaum durchführbar. Vielmehr wird der Schwanz zwischen den Wirbelkörpern abgesetzt, und 2 Hautflaps werden über der Wunde vernäht. Bei dieser Amputation ist mit stärkeren Blutungen zu rechnen, ein Regenerat wird nicht gebildet (▶ **Abb. 15.23**).

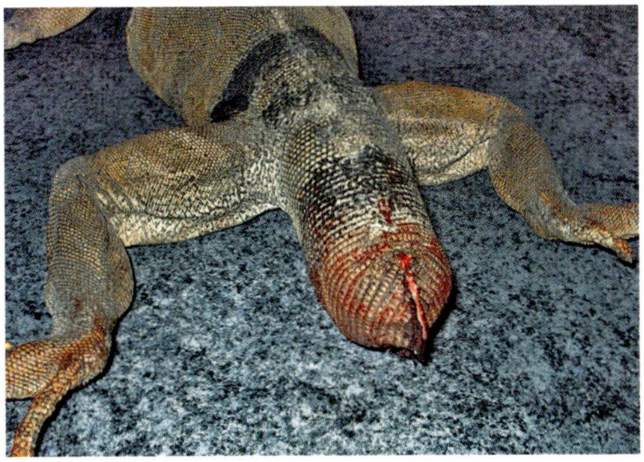

▶ **Abb. 15.23** Proximale Schwanzamputation und Wundnaht bei einem Grünen Leguan.
(Klinik für Vögel und Reptilien, An den Tierkliniken 17, 04103 Leipzig)

## Fehlbildungen

### Info

Regelmäßig vorkommende Deformierungen des Skelettsystems infolge genetischer Ursachen oder von Bebrütungsfehlern.

### Ätiologie & Pathogenese

Fehlbildungen des Skelettsystems werden bei Reptilien oft gesehen, auch wenn sich die Ursache meist nicht klären lässt. Neben genetischen Problemen, welche mit der zunehmenden Zuchtselektion bei vielen Spezies (insbesondere Bartagame, Königspython) eine zunehmende Rolle spielen, sind Störungen bei der Zeitigung der Eier (meist Temperatur- und Luftfeuchtigkeitsschwankungen) eine vermutlich wichtige Ursache.

### Klinik & Diagnose

Die Fehlbildungen können bereits direkt nach Schlupf auffallen, wenn sie zu offensichtlichen Bewegungsstörungen führen. Teilweise werden sie aber (insbesondere Wirbelsäulenverkrümmungen) erst deutlich später festgestellt. Eine Abgrenzung von einer Wachstumsstörung infolge einer **Metabolic Bone Disease** (S. 193) ist dann kaum mehr möglich.

### Therapie & Prognose

Die Therapie ist symptomatisch, die Prognose meist vorsichtig bis schlecht.

# 16 Neurologische Ausfallerscheinung

Volker Schmidt

**Leitsymptomatik „neurologische Ausfallerscheinung“**
- Opisthotonus, Tortikollis
- Parese, Paralyse
- Ataxie, Tremor, Konvulsion, Spasmus
- Nystagmus

## 16.1 Allgemeines

Das Nervensystem der Reptilien entspricht im grundsätzlichen Aufbau dem des Säugers. Auch ein Schmerzempfinden ist bei Reptilien vorhanden, wobei jedoch Reaktionen, insbesondere auf Hitzenoxen, sehr verzögert erfolgen. Reptilien zeigen auch ein Lernverhalten, was vor allem bei Waranen ausgeprägt ist und für Trainingszwecke genutzt werden kann. Neurologische Symptome können in Folge von Traumata, Nährstoffdefiziten, Intoxikationen, degenerativen Erkrankungen, Neoplasien sowie Infektionskrankheiten auftreten. Aber auch angeborene Störungen müssen bei einigen Farbmorphen differenzialdiagnostisch bedacht werden. Neurologische Symptome können jedoch auch infolge einer Osteodystrophia fibrosa im Rahmen einer **Metabolic Bone Disease** (S. 193) oder einer **Störung der Legetätigkeit** (S. 254), insbesondere bei Schildkröten in Form einer Paraparese auftreten. Eine Reihe von therapeutisch wirksamen Substanzen induziert bei Reptilien ebenfalls neurologische Symptome, wobei zu beachten ist, dass die Reptilien der verschiedenen Ordnungen unterschiedlich empfindlich sind gegenüber diesen Substanzen.

## 16.2 Sofortmaßnahmen

Die notwendigen Sofortmaßnahmen werden durch die vorliegenden Symptome bestimmt. Hierbei ist zu unterscheiden, ob es sich um eine generalisierte Paralyse bzw. einen Spasmus oder partielle neurologische Ausfallerscheinungen handelt. Auch die Dauer des Bestehens der Symptome hat einen Einfluss auf die zu ergreifenden Sofortmaßnahmen.

Grundsätzlich ist die Atmung zu stabilisieren und zu gewährleisten, was insbesondere bei traumatischen Insulten von Bedeutung ist und durchgeführt wird wie beim Leitsystem Dyspnoe (S. 54) beschrieben. Der Kreislauf und die Versorgung mit Nährstoffen können als Folge einer gestörten Futteraufnahme oder generalisierten Paralyse empfindlich gestört sein, hier ist eine parenterale Substitution (S. 44) meist sinnvoll.

Bei anhaltenden Krämpfen kann Diazepam 33 zur Lösung des Krampfes angewendet werden. Bei Vorliegen eines Schädel-Hirn- oder Wirbelsäulen-**Traumas** (S. 197) ist im akuten Stadium die Applikation von Prednisolon 74 zur Bekämpfung eines Gehirn- bzw. Rückenmarködems möglich, wobei die Nebenwirkungen erheblich sind. Auch zur Initialbehandlung einer Paralyse bei Schildkröten infolge einer **Vergiftung** (S. 220) mit Ivermectin ist Prednisolon 74 eine Option.

**Sofortmaßnahmen**
- Atmung stabilisieren und parenterale Substitution vornehmen
- bei anhaltenden Krämpfen Diazepam 33 anwenden
- bei Vorliegen eines Schädel-Hirn- oder Wirbelsäulen-**Traumas** (S. 197) im akuten Stadium Applikation von Prednisolon 74
- bei **Vergiftung** (S. 220) mit Ivermectin z. B. Gabe von Prednisolon 74

## 16.3 Diagnostik

Das diagnostische Vorgehen für das Leitsymptom neurologische Ausfallerscheinung ist im diagnostischen Leitfaden dargestellt.

# Diagnostischer Leitfaden: Neurologische Ausfallerscheinungen

## Anamnese

- ▶ Haltung
  - ▶ Temperatur
  - ▶ Kontakttiere, Herkunft, Winterruhe
- ▶ Art
  - ▶ Farbmorphen
  - ▶ bisherige Infektionen im Bestand SK
- ▶ Fütterung
  - ▶ fettreiches Futter
  - ▶ Überversorgung Vit. $D_3$
- ▶ Terrariumeinrichtung, Stürze, Handling
- ▶ Kontakt zu toxischen Substanzen
- ▶ Vorbehandlungen
  - ▶ insbes. Antiparasitika, (Ivermectin, Metronidazol)

## Klinische Untersuchung

- ▶ Veränderungen am Bewegungsapparat
- Wasser- SK
  ▶ abnorme Schwimmlage
- ▶ gelbliche Kot-/Harnverfärbung
- ▶ rötliche Haut-/Plastronverfärbungen
- SK
  ▶ Ohrenschwellung

| | | | |
|---|---|---|---|
| Hypothermie, Hyperthermie | | Leitsymptom Anorexie, Apathie | S. 318 |
| Fehlbildung? | | | S. 207 |
| Spätfolgen einer Herpesvirusinfektion? | Blut: Antikörper, virologische Untersuchung | Leitsymptom Veränderung von Maul bzw. Maulhöhle | S. 92 |
| Hypovitaminose $B_1$ | | | S. 218 |
| Hypokalzämie/ Metabolic Bone Disease | | Leitsymptom Störung des Bewegungsapparats | S. 176 |
| Hepatopathie? | Ultraschall, Endoskopie, Blutchemie | | S. 328 |
| metastatische Gefäßverkalkungen? | Blutchemie | | S. 219 |
| Trauma | | Leitsymptom Störung des Bewegungsapparats | S. 176 |
| Vergiftung | | | S. 220 |
| Vergiftung | | | S. 220 |
| | | Leitsymptom Störung des Bewegungsapparats | S. 176 |
| | | Leitsymptom Störung des Bewegungsapparats | S. 176 |
| Hepatopathie? | Ultraschall, Endoskopie, Blutchemie | Leitsymptom Anorexie, Apathie | S. 318 |
| Septikämie? | (Blut: bakteriologische Untersuchung) | | S. 327 |
| Otitis media? | Röntgen, Punktion, bakteriologische Untersuchung | Leitsymptom Umfangsvermehrung | S. 297 |

Fortsetzung: **Diagnostischer Leitfaden: Neurologische Ausfallerscheinungen**

SL

- Atemnot (Hochreißen/Verdrehen des Kopfes) ähnelt zentralnervösen Störungen
- zentralnervöse Symptomatik (Opithostonus, Torticollis)
  - generell SL
  - Boiden SL
  - Land- SK
  - EC
- lokale Ausfallerscheinungen
- immer: parasitologische Untersuchung
- bei fehlender Diagnose:
  - Röntgen
  - diagnostische Vitamin-$B_1$-Substitution

| | | | | |
|---|---|---|---|---|
| Pneumonie? | | | Leitsymptom Dyspnoe | S. 54 |
| Hypokalzämie/ Metabolic Bone Disease? | Blutchemie | | | S. 193 |
| Hepatopathie? | Ultraschall/Endoskopie/ Blutchemie | | Leitsymptom Anorexie, Apathie | S. 318 |
| Vergiftung? | Anamnese, Blutchemie, Röntgen | | | S. 220 |
| Tupfer: virologische Untersuchung | Ferlavirusinfektion | | Leitsymptom Dyspnoe | S. 54 |
| Tupfer: Buffy Coat, Biopsie, (virologische Untersuchung) | Inclusion Body Disease | | | S. 216 |
| Blut: Antikörper, virologische Untersuchung | Herpesvirusinfektion | | Leitsymptom Veränderung von Maul bzw. Maulhöhle | S. 92 |
| Tupfer: virologische Untersuchung | Adenovirusinfektion | | Leitsymptom Würgen, Erbrechen | S. 114 |
| Septikämie? | Blut: bakteriologische Untersuchung, Blutausstrich | | Leitsymptom Anorexie, Apathie | S. 318 |
| (Wirbelsäulen)-Trauma? | Röntgen | | Leitsymptom Störung des Bewegungsapparats | S. 176 |
| Legenot? | Röntgen/Ultraschall | | Leitsymptom Störung der Legetätigkeit | S. 254 |
| Nephropathie? | Ultraschall/Blutchemie | | Leitsymptom Anorexie, Apathie | S. 318 |
| | parasitologische Untersuchung | Hexamitiasis | Leitsymptom Störung des Harnabsatzes bzw. Harnveränderung | S. 152 |
| Harnstein? | Röntgen | | Leitsymptom Störung des Harnabsatzes bzw. Harnveränderung | S. 152 |
| Endoparasitose | | | Leitsymptom Störung des Kotabsatzes bzw. Kotveränderung | S. 126 |
| metastatische Gefäßverkalkungen | Blutchemie | | | S. 219 |
| Fremdkörper/Vergiftung | | | | S. 220 |
| Hypovitaminose $B_1$ | | | | S. 218 |

### 16.3.1 Besonderes Augenmerk bei der Anamnese

Eine ungeeignete Haltung und Fütterung können Ursachen für die Entstehung neurologischer Erkrankungen darstellen und diese Informationen sollten detailliert abgefragt werden. Insbesondere eine Freilaufhaltung in der Wohnung oder eine großzügige Haltung in entsprechenden Terrarien kann **Traumata** (S. 197), z. B. durch Stürze aus hoher Höhe bei kletternden Arten, bedingen. Aber auch Tritttraumata sind nicht selten, insbesondere bei Bartagamen. Darüber hinaus sind bei Haltung von Europäischen Landschildkröten frei in der Wohnung final häufig eine Schädigung der Nieren und in deren Folge eine **Gicht** (S. 330) zu beobachten.

Generell sollte die Möglichkeit des Kontakts zu toxischen Stoffen, bzw. insbesondere bei Freilandhaltung oder freier Haltung in der Wohnung die Aufnahme von toxischen Fremdkörpern, z. B. Blei (Diabologeschosse, ▸ **Abb. 16.6**; Schrotkugeln) oder Zink (Draht, Nägel), erfragt werden, um Hinweise auf eine **Vergiftung** (S. 220) zu erhalten. Gleiches gilt für Vorbehandlungen, da sowohl einige Medikamente toxisch sind als auch die angewendeten Dosierungen teilweise erheblich variieren. Vorbehandlungen gegen Milben und/oder Endoparasiten sowie Wundspülungen sind ebenfalls abzufragen, um Vergiftungen als Ursache abklären zu können.

Eine Hibernation (S. 381) und die Art ihrer Durchführung sind abzufragen, da bei mangelnder Winterruhe eine Entleerung der Fettspeicher in der Leber nicht möglich ist, was final zu einem **Leberversagen** (S. 328) führen kann. Eine lange Hibernation bei zu hohen Temperaturen kann zu einem massiven Abbau der Energiereserven führen, so dass die Tiere eine Hypoglykämie entwickeln.

Die Fütterung spielt insbesondere bei fisch- und eifressenden Reptilien eine Rolle, da ein **Thiaminmangel** (S. 218) bei diesen Reptilien regelmäßig vorkommt (▸ **Abb. 16.4**). Aber auch eine Minderversorgung mit Kalzium bzw. Vitamin $D_3$ und UV-B-Licht ist abzuklären, da diese mit Abstand die häufigsten Ursachen für Defizite in der Reptilienhaltung darstellen und sowohl zu einer Osteodystrophia fibrosa als auch Hypokalzämie führen, entsprechend einer **Metabolic Bone Disease** (S. 193).

Ebenfalls häufig ist eine Überversorgung mit fettreichen Futtertieren, insbesondere bei Bartagamen und Waranen, wodurch es zu einem **Leberversagen** (S. 328), einhergehend mit einem hepatoenzephalen Syndrom, kommen kann.

Eine Überversorgung mit Vitamin $D_3$ ist selten, führt jedoch zu **metastatischen Verkalkungen der Gefäßwände** (S. 219), was wiederum Kreislaufstörungen, Thromboembolien und damit zentralnervöse Störungen zur Folge haben kann (▸ **Abb. 16.5**). Auch beim geriatrischen Patienten oder infolge eines tertiären Hyperparathyreoidismus kann diese formale Pathogenese auftreten.

Der Kontakt zu anderen Tieren sowie die Herkunft können Aufschluss geben über mögliche Infektionskrankheiten bzw. angeborene Störungen. Allerdings können Infektionen über einen längeren Zeitraum klinisch unerkannt verlaufen, so dass ein kürzlicher Zukauf oder Kontakt nur ein Hinweis sein kann. Bei mehreren betroffenen Tieren eines Bestands sind infektiöse Ursachen häufig und sollten weiterführend abgeklärt werden. Auch bisherige Infektionen im Bestand sind relevant, so kann beispielsweise eine **Herpesvirusinfektion** (S. 104) bei Schildkröten als Spätfolge zentralnervöse Störungen bedingen, und bei Verdacht ist ein Virusnachweis bzw. eine Antikörperbestimmung sinnvoll.

### 16.3.2 Besonderes Augenmerk bei der klinischen Untersuchung

Die klinische Untersuchung sollte segmental und bei der präferierten Körpertemperatur der Reptilien erfolgen, um den Ursprung einer neurologischen Störung ansprechen zu können.

#### Sind andere Organsysteme betroffen?

Im Rahmen der Untersuchung ist zunächst abzuklären, inwieweit der Bewegungsapparat (S. 176) betroffen bzw. die Veränderung tatsächlich dem Nervensystem zuzuordnen ist. Bei Wasserschildkröten kann eine Schräglage beim Schwimmen zwar durch nervale Störungen verursacht sein, aber auch andere Ursachen haben, hier wird auf das Leitsymptom Störung des Bewegungsapparats (S. 176) verwiesen.

Kot-/Harnveränderungen können auf eine **Hepatopathie** (S. 328) hinweisen, welche mittels bildgebender Verfahren oder einer blutchemischen Untersuchung diagnostiziert werden kann.

Sind die Schuppen bzw. das Plastron rötlich verfärbt, besteht der Verdacht auf eine **Septikämie** (S. 327). Bei Schildkröten spielt die **Otitis media** (S. 310), welche zu erheblichen Ohrschwellungen führt, durch Beteiligung des ZNS ebenfalls eine Rolle bei der Entstehung einer nervalen Symptomatik.

Eine Besonderheit bei Schlangen ist das Hochreißen des vorderen Körperdrittels bei hochgradiger Atemnot wie bei **Pneumonie** (S. 65), dies kann mit zentralnervösen Symptomen verwechselt werden.

## Liegt eine zentralnervöse Symptomatik vor?

Generalisierte Lähmungen bzw. Krämpfe können durch eine Schädigung des Gehirns verursacht sein. Die Reptilien fallen dadurch auf, dass sie nicht ansprechbar sind und häufig die Augen geschlossen haben. Wenn man die Tiere in die Rückenlage bringt, kann die physiologische Haltung nicht korrigiert werden. Nicht selten wird gerade bei Würgeschlangen von einem wiederholten Verfehlen der Beute berichtet. Häutungsprobleme sind ebenfalls häufig vorhanden.

Nystagmus sowie Blutungen im Rachenbereich bzw. in den Augen sind Hinweise auf ein Schädel-Hirn-**Trauma** (S. 197). Generalisierte Krämpfe bei einem klaren Bewusstsein können Folge einer Überversorgung mit Kalzium, aber auch einer **Hypokalzämie** (S. 146) darstellen. Häufig kommt eine Hypokalzämie bei heranwachsenden Reptilien und während der Anbildung der Eier vor, so dass eine Palpation des Abdomens sinnvoll ist, um eine Eianbildung zu prüfen. Auch eine Anhäufung giftiger Stoffe, entweder durch eine **Hepatopathie** (S. 328) oder eine **Vergiftung** (S. 220), ist möglich. Neben der Anamnese helfen bildgebende Verfahren (▶ **Abb. 16.6**) und blutchemische Untersuchungen.

Zentralnervöse Symptome können durch verschiedene virale Infektionen hervorgerufen werden. Bei Schlangen ist an eine **Ferlavirusinfektion** (S. 75) (▶ **Abb. 16.1**), bei Boiden auch an eine **Inclusion Body Disease** (S. 216) zu denken. Entsprechend sollten Proben virologisch sowie im Falle der IBD auch anhand von Biopsaten zytologisch (▶ **Abb. 16.3**) oder histologisch untersucht werden. Bei Landschildkröten ist an eine **Herpesvirusinfektion** (S. 104) zu denken und insbesondere bei Echsen an eine **Adenovirusinfektion** (S. 125). Auch hier erfolgt der Nachweis virologisch.

▶ **Abb. 16.1** Zentralnervöse Symptome bei einem Königspython nach Ferlavirusinfektion.
(Klinik für Vögel und Reptilien, An den Tierkliniken 17, 04103 Leipzig)

Schließlich entstehen zentralnervöse Symptome auch im Rahmen einer **Septikämie** (S. 327), welche dann auch das ZNS betrifft. Hier ist der Nachweis schwierig, kann aber durch die Kultivierung einer Blutprobe versucht werden.

## Liegen lokale Ausfallerscheinungen vor?

Segmentale Lähmungen bzw. partielle Lähmungen können ihren Ursprung in Läsionen des Rückenmarks durch ein Wirbelsäulen-**Trauma** (S. 197) haben, so dass die Wirbelsäule palpiert werden sollte, um entsprechende Unregelmäßigkeiten zu erkennen oder anhand der Lokalisation eines fehlenden Muskeltonus die Läsion eingrenzen zu können.

Lokale Ausfallerscheinungen sind neben traumatischen Störungen häufig durch eine Nervenkompression bedingt. Diese kann infolge einer **Störung der Legetätigkeit** (S. 254), insbesondere wenn Eier bereits in das Becken eingetreten sind, infolge von **Harnsteinen** (S. 160) und durch **Nierenschäden** (S. 330) mit Vergrößerung des Organs verursacht sein. Bei Verdacht auf eine Nierenschwellung sollte eine Ultraschalluntersuchung bei Landschildkröten durch eine parasitologische Untersuchung ergänzt werden, da eine **Hexamiteninfektion** (S. 137) die Ursache der Nierenschädigung sein kann.

**Praxistipp**

Generell sollte auch bei dieser Leitsymptomatik eine koproskopische Untersuchung erfolgen, um eine mögliche (begleitende) **Endoparasitose** (S. 136) zu erkennen.

### Diagnostische Möglichkeiten bei fehlender Diagnose

Sollten keine anamnestischen Hinweise auf Vergiftungen oder Mangelerkrankungen bestehen, keine Befunde für eine bakterielle Septikämie vorliegen und keine sonstigen Befunde neurologische Symptome erklären, sind vor allem virale Infektionskrankheiten weiterführend abzuklären. Darüber hinaus können bildgebende Untersuchungsmethoden in Form von MRT und CT hilfreich sein, um Veränderungen der Gefäße (S. 219) zu erkennen. Auch ein Screening auf Fremdkörper, insbesondere in Zusammenhang mit einer **Vergiftung** (S. 220), ist anzuraten.

Schließlich bleibt noch zu erwähnen, dass eine **Hypovitaminose B** (S. 218) diagnostisch meist kaum zu belegen ist, aber eine diagnostische Vitamin-$B_1$-Substitution bei fischfressenden Spezies zu einer raschen Verbesserung des klinischen Bildes führt.

## 16.4 Wichtige Ursachen

Wichtige Ursachen von neurologischen Ausfallerscheinungen sind in ▶ Tab. 16.1 zusammengefasst.

### 16.4.1 Erkrankungen

#### Inclusion Body Disease (IBD)

**Info**

Syn. Einschlusskörperchenkrankheit, eine bei Boas häufig und bei Pythons selten vorkommende Krankheit, die weltweit auftritt und als wichtigste Virusinfektion der Boiden angesehen wird.

**Ätiologie & Pathogenese**

Die Krankheit ist durch die Bildung intrazytoplasmatischer Einschlusskörperchen in Neuronen und Epithelzellen verschiedener Organe charakterisiert, welche aus einem Protein bestehen. Ursache stellen neuartige Viren der Familie *Arenaviridae* dar. Die nachgewiesenen Viren sind genetisch variabel, und es wurden bisher mehrere unterschiedliche Viren nachgewiesen. Die Übertragung findet über Exkremente bzw. engen Kontakt statt. Auch Schlangenmilben werden als Überträger diskutiert, und durch Verbringen von Futtertieren oder Hantieren in verschiedenen Terrarien kann das Virus ebenfalls übertragen werden.

**Klinik**

Klinische Symptome, die häufig mit IBD assoziiert werden, sind sehr unterschiedlich und reichen von subklinischen Trägern bis hin zu schweren neurologischen Ausfällen und zum Tod. Häufige Symptome bei infizierten Abgottschlangen sind Tortikollis, Gleichgewichtsstörungen, Opisthotonus, Regurgitieren und eine schlaffe Paralyse.

Insbesondere bei jungen Boiden sind akute Krankheitsverläufe (48–72h) klinisch gekennzeichnet durch zentralnervöse Störungen und Vomitus mit einer Mortalität bis zu 100 % bekannt. Einige IBD-infizierte Schlangen sterben innerhalb von Wochen, während andere über längere Zeiträume hinweg überleben können.

Bei älteren Tieren sowie Pythons können subakute bis chronische Krankheitsverläufe beobachtet werden, welche durch unspezifische klinische Symptome wie Atemnot, Anorexie oder Vomitus gekennzeichnet sind.

**Diagnose**

Ein Verdacht auf Vorliegen einer IBD-Infektion kann bereits bei einer Leukozytose (> 30 000/µl)

▶ **Tab. 16.1** Wichtige Ursachen von neurologischen Ausfallerscheinungen.

| **Ursachen** | | **Bedeutung** * | | | **Bemerkungen, s. auch andere Leitsymptome** |
|---|---|---|---|---|---|
| | | EC | SL | SK | |
| Bakterien | im Rahmen einer Septikämie (S. 327) oder Thromboembolie | ++ | ++ | ++ | - |
| | spinale Osteopathie | - | ++ | - | - |
| Viren | Ferlavirus (S. 75) | - | +++ | - | - |
| | Arenavirus, IBD (S. 216) | - | +++ | - | bei Pythonidae, Boidae |
| metabolische Ursachen | Gicht (S. 330), Urattophi im Nervengewebe | - | - | + | besonders nach Winterruhe |
| | Osteodystrophia fibrosa (S. 193) | ++ | - | ++ | MBD |
| | Hepatoenzephales Syndrom (S. 328), Steatosis hepatis | ++ | - | - | bei Bartagamen, Waranen |
| | Hypoglykämie (S. 332) | - | - | ++ | nach Winterruhe |
| | metastatische Verkalkungen (S. 219) | + | - | - | Hypervitaminose D. geriatrische Patienten |
| Vergiftungen | Vergiftung | - | + | ++ | - |
| | Vergiftung | + | + | - | - |
| | Organophasphate, Carbamate, Pyrethroide (S. 220) | - | ++ | - | - |
| | Blei, Zink (S. 220) | + | - | + | - |
| | Chlorhexidin (S. 220), unverdünnt (2 %ig) | - | - | + | - |
| Trauma | Trauma (S. 197) von Schädel, Wirbelsäule | ++ | + | + | - |
| nutritiv | Hypokalzämie (S. 146) | +++ | - | +++ | - |
| | Thiaminmangel (S. 218) | - | + | - | bei piscivoren Schlangen (Strumpfbandnattern) |
| kongenital | Farbmorphe „Spider" (S. 218) | - | +++ | - | bei Königspythons |
| | Bebrütungstemperatur (S. 218) | + | ++ | - | Wirbelsäulenverkrümmung |

* Bedeutung bei der Entstehung der entsprechenden Leitsymptomatik, Erfahrungswerte der Autoren

und insbesondere einer assoziierten Lymphozytose geäußert werden.

Auch das Auftreten von himmelblauen Einschlusskörpern in den Lymphozyten (▶ Abb. 16.2), welche jedoch nur bei Boas peripher im Blut gefunden werden, kann zur Diagnosefindung hilfreich sein. Problematisch können hierbei jedoch schlecht gefärbte Blutausstriche bzw. des Buffy Coats sein, da sich die Einschlusskörperchen mit der gängigen Romanowsky-Färbung zum Teil schlecht anfärben lassen. Dies gilt auch für zytologische Präparate von Leberaspiraten, so dass eine histopathologische Untersuchung von Leberbiopsieproben im Zweifelsfall empfohlen wird (▶ Abb. 16.3).

Bei Pythons treten weder Einschlusskörper in den Lymphozyten noch in der Leber auf, sie sind lediglich im Gehirn zu finden. Daraus resultiert, dass zur intravitalen Diagnostik bei Pythons eine virologische Untersuchung von Rachen- und Kloakentupferproben notwendig ist.

Bei Boiden ist differenzialdiagnostisch eine **Ferlavirusinfektion** (S. 75) abzuklären, welche häufiger bei Pythons vorkommt und ebenfalls zentralnervöse Störungen verursachen kann.

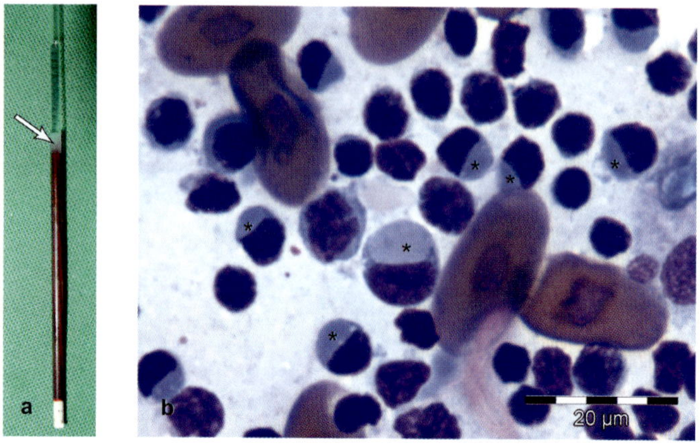


► **Abb. 16.2** Nachweis von Einschlusskörperchen bei einer Boa constrictor. **a** Buffy Coat. **b** Einschlusskörperchen im Blutausstrich nach Anfärbung (DiffQuik®).
(Klinik für Vögel und Reptilien, An den Tierkliniken 17, 04103 Leipzig)

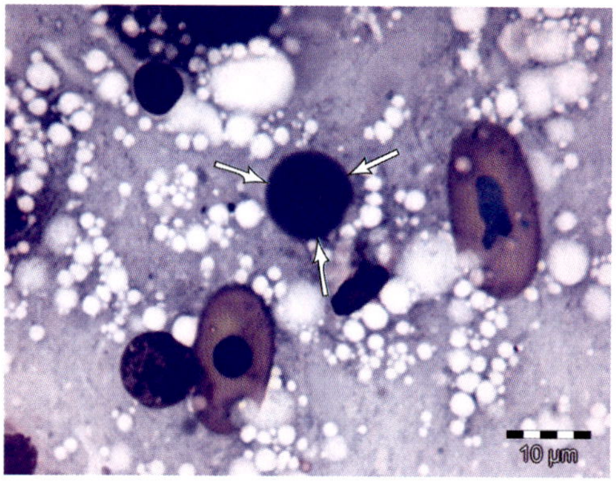


► **Abb. 16.3** Leberbiopsie (400-fache Vergrößerung, DiffQuik®-Färbung): Darstellung eines Einschlusskörperchens. (Klinik für Vögel und Reptilien, An den Tierkliniken 17, 04103 Leipzig)

### Therapie & Prognose

Eine spezifische Therapie ist zurzeit nicht möglich, jedoch können Immunstimulanzien und gezielte Therapien der Sekundärinfektion lebensverlängernde Maßnahmen darstellen. Beim Auftreten deutlicher zentralnervöser Symptome ist die Prognose schlecht und eine Euthanasie zu empfehlen.

Der Bestand muss abgeschirmt werden. Eine Bestandssanierung ist nur durch Neubelegung nach gründlicher Reinigung und Desinfektion erfolgversprechend.

## Angeborene Störungen

**Info**

Durch Verengungen des Rückenmarkkanals und Verkrümmungen der Wirbelsäule verursacht.

### Ätiologie & Pathogenese

Das Wobbler-Syndrom tritt bei „Spider“, einer bekannten Farbmorphe des Königspythons auf. Ursache der Erkrankung stellt hochwahrscheinlich eine genetisch determinierte Verengung des Wirbelkanals im Bereich der Halswirbelsäule dar.

Zu hohe Bebrütungstemperaturen während der Inkubation können darüber hinaus speziesunabhängig zu Wirbelsäulenverkrümmungen führen.

### Klinik & Diagnose

Häufig zeigen betroffene Schlangen eine Unfähigkeit, gezielt Beute aufzunehmen. Auch eine Dysekdysis kann häufig bei Schlangen mit neurologischen Ausfallerscheinungen aufgrund des Verlusts der motorischen Kontrolle beobachtet werden.

## Hypovitaminose $B_1$

**Info**

Insbesondere regelmäßig bei piscivoren Reptilien auftretender Thiaminmangel.

### Ätiologie & Pathogenese

Das Einfrieren von Fisch führt zu einer Reduktion des Thiamingehalts im Fleisch und zu einem Anstieg von Thiaminasen. In der Folge kann es zu einer unzureichenden Thiaminversorgung kommen. Betroffen sind insbesondere Strumpfbandnattern und Europäische Wassernattern, aber auch fischfressende Schildkröten, welche mit aufgetautem gefrorenem Fisch ernährt werden. Die Folge des Vitaminmangels ist, wie bei anderen Tierarten

▶ **Abb. 16.4** Strumpfbandnatter mit zentralnervösen Störungen bei Thiaminmangel.
(Klinik für Vögel und Reptilien, An den Tierkliniken 17, 04103 Leipzig)

auch beschrieben, eine Schädigung des ZNS einhergehend mit Zerebrokortikalnekrosen.

### Klinik & Diagnose

Neurologische Symptome (▶ **Abb. 16.4**) reichen von Muskelzucken über Blindheit und Krämpfe bis hin zur vollständigen schlaffen Lähmung und zum Tod der betroffenen Tiere. Die Verdachtsdiagnose ergibt sich aus der Anamnese.

### Therapie & Prognose

Die subkutane Applikation von Thiamin **68** führt innerhalb weniger Tage zu einem vollständigen Verschwinden der klinischen Symptome, abhängig vom Ausmaß der bereits bestehenden Zerebrokortikalnekrose. Nach Möglichkeit sollte das Verfüttern von gefrorenem Fisch vermieden werden oder eine Supplementierung mit Thiamin erfolgen.

## Metastatische Gefäßverkalkung

**Info**

Häufig bei geriatrischen Patienten sowie im Rahmen eines tertiären Hyperparathyreoidismus vorkommende Erkrankung, welche auch durch exzessive Vitamin-$D_3$-Applikation verursacht werden kann.

### Ätiologie & Pathogenese

Metastatische Verkalkungen sind durch eine Ablagerung von Kalziumschollen in den parenchymatösen Organen sowie in den Gefäßwänden gekennzeichnet. Bei geriatrischen Patienten sind solche Befunde häufig zu finden, wobei jedoch häufig keine klinische Symptomatik vorliegt oder beobachtet wurde.

Im Rahmen eines sich verselbstständigten Hyperparathyreoidismus tritt diese Erkrankung regelmäßig auf, wobei die betroffenen Tiere in der Regel bereits eine Krankengeschichte in Form einer Osteodystrophia fibrosa, also einer **Metabolic Bone Disease** (S. 193), mit entsprechenden Verwachsungen aufweisen.

Auch eine Hypervitaminose $D_3$ kann zu entsprechenden Verkalkungen führen, wobei betroffene Tiere jedoch häufig durch Nierenprobleme infolge Kalkablagerungen in den Tubuluslumina auffallen. Als seltene Befunde sind dystrophische Verkalkungen der Gefäßwände infolge einer Atherosklerose, insbesondere bei Bartagamen, beschrieben. Die Folgen sind eine Verengung der Gefäßwände und eine verminderte Elastizität, was zu einem Bluthochdruck und folglich Blutstauungen in den parenchymatösen Organen führt. Darüber hinaus kommt es zu Oberflächenveränderungen der Tunica intima, was eine erhöhte Gefahr der Bildung von Thromben und Thromboembolien bedingt.

### Klinik & Diagnose

Klinische Symptome bei einer Gefäßverkalkung können fehlen oder variabel ausgeprägt sein. Plötzliche zentrale Krämpfe oder Ischämien von Gliedmaßen sind jedoch Hinweise auf eine Thromboembolie (▶ **Abb. 16.5**). Bei Auftreten dieser klinischen Anzeichen ist jedoch von einem bereits fortgeschrittenen Krankheitsstadium auszugehen, so dass die Früherkennung dieses Krankheitsproblems wichtig ist. Hierzu sollten die Anamnese sowie das Alter des Tieres als Informationsquellen genutzt werden.

Eine sonografische Untersuchung der Leber auf Stauungshinweise oder bereits Fibrosen, sowie des Herzens und der Blutflussgeschwindigkeit in der Aorta können wichtige Hinweise geben. In Röntgenaufnahmen können röntgendichte Gefäße bei Vorliegen einer massiven Verkalkung auffallen. Die Cholesterin- und Triglyzeridwerte im Blut (S. 352) können Hinweise auf das Vorliegen einer Atherosklerose geben, wobei Referenzwerte noch rar sind.

▶ **Abb. 16.5** Grüner Leguan mit Ausfallerscheinungen vermutlich infolge einer Gefäßverkalkung.
(Klinik für Vögel und Reptilien, An den Tierkliniken 17, 04103 Leipzig)

### Therapie & Prognose

Bei einer fortgeschrittenen Gefäßverkalkung und einem Auftreten von Thromboembolien ist eine Therapie nicht möglich. Im frühen Krankheitsstadium kann durch Applikation von Therapie eine Senkung der Nachlast und Dilatation der Gefäße erreicht werden und somit der Bildung von Thromben vorgebeugt werden. Dies stellt allerdings eine lebenslange Therapie dar, bei welcher regelmäßig der Hämatokrit untersucht werden sollte, um einer möglichen Dehydratation des Patienten infolge der erhöhten Diurese vorzubeugen.

## Vergiftung

**Info**

Regelmäßig vorkommende Intoxikation durch Aufnahme, Kontakt zu oder Inhalation giftiger Substanzen.

### Ätiologie & Pathogenese

Neben selten vorkommenden Vergiftungen durch Blei und Zink, welche in der Regel durch orale Aufnahme von schwermetallhaltigen Fremdkörpern (z. B. Schrot oder Nägeln) geschieht, sind leider insbesondere iatrogene Vergiftungen häufig. Hier sollte beispielsweise darauf geachtet werden, ob bei dem Reptil über eine vorangegangene Milbenproblematik und -bekämpfung berichtet wird. Behandlungen durch den Tierhalter mit freiverkäuflichen Insektizida und Repellentien (Organophosphate, Carbamate, Pyrethroide) in Form von Sprays, Pulvern oder Strips stellen häufig die Ursache von Vergiftungen dar.

Häufig wird Fipronil 15 zur Milbenbekämpfung am Reptil eingesetzt, was bei einem direkten großflächigen Auftragen zeitnah zu einer generalisierten schlaffen Lähmung des betroffenen Tiers führen kann. Die γ-Amino-Buttersäure (GABA) ist in Parasiten ein peripherer Neurotransmitter, bei Reptilien jedoch ein Neurotransmitter des zentralen Nervensystems. Im Gehirn vermittelt sie sowohl die prä- als auch die postsynaptische Hemmung.

Eine Behandlung mit Avermectinen 16 gegen Parasiten hat insbesondere bei Schildkröten und nach Injektion auch bei anderen Reptilien fatale neurologische Folgen, welche sich klinisch durch eine schlaffe Lähmung äußern.

Metronidazol 18 wird ebenfalls gegen Endoparasiten regelmäßig bei Reptilien eingesetzt, wobei jedoch zu beachten ist, dass Dosierungen ab 100 mg/kg bei Schlangen und Echsen zur schweren Lebertoxikosen mit der Folge von hepatoenzephalen neurologischen Ausfällen führen können.

Chlorhexidin 57 wird als 2 %ige Lösung vertrieben und sollte zur Anwendung bei Reptilien 1:100 verdünnt werden, da insbesondere Schildkröten akute Paralysen entwickeln, welche durch Lähmung der Atmung rasch zu Tod führen.

### Klinik

Am häufigsten sind Übererregbarkeit, Hypersalivation, Erbrechen, Diarrhoe, Muskelzuckungen, Tremor, Konvulsionen, Ataxie und Erschöpfung nach Vergiftungen zu beobachten.

### Diagnose

Die Diagnose ergibt sich in der Regel aus der Anamnese. Bei einer Schwermetallvergiftung kann die röntgenologische Untersuchung Hinweise in

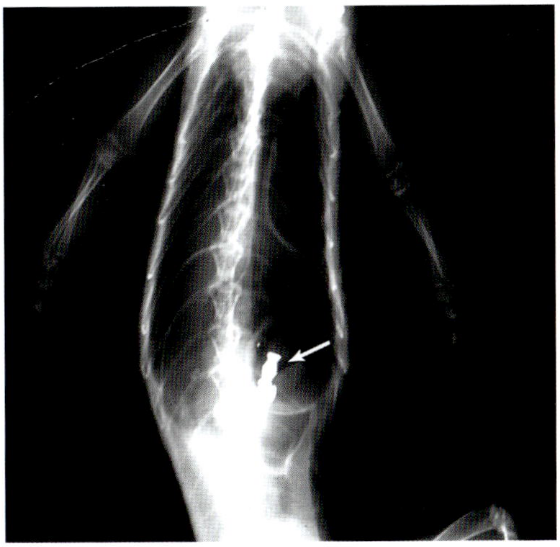

▸ **Abb. 16.6** Röntgenaufnahme eines Grünen Leguans (dorsoventrale Projektion) mit oral aufgenommenen Fremdkörpern (Diabologeschosse). (Frank Mutschmann)

Form eines röntgendichten Fremdkörpers geben (▸ **Abb. 16.6**).

Eine Untersuchung des Blutes auf den Blei- bzw. Zinkgehalt bestätigt die Diagnose. Hierbei sollte der Bleigehalt nicht höher als 0,2ppm und der Zinkgehalt nicht höher als 2,5ppm im Blut sein.

## Therapie & Prognose

Sollten Präparate benutzt worden sein, welche auf die Haut aufgebracht worden sind, oder sollte sich das Reptil in einem gegen Milben aufgehängten Strip verfangen haben, sind die Tiere mit viel Wasser abzuwaschen. Infusionen mit isotoner Kochsalzlösung 64 sind sinnvoll, um die Ausscheidung der aufgenommen Giftstoffe zu erhöhen.

Bei Vorliegen einer Organophosphat- bzw. Carabamatvergiftung kann der Einsatz von Atropin 28 sinnvoll sein. Um Krämpfe zu unterbinden, kann Diazepam 33 oder Midazolam 38 eingesetzt werden.

Bei Avermectinvergiftungen kann die Paralyse über mehrere Tage und Wochen anhalten, so dass mit wiederholten Infusionen bestehend aus Ringerlösung 65 und Glukose für eine ausreichende Versorgung mit Flüssigkeit und Energie zu sorgen ist.

Bei Vorliegen einer Schwermetallvergiftung durch entsprechende Fremdkörper sind diese chirurgisch zu entfernen, und mit Chelatbildnern, z. B. DTPA 76, und Infusionen ist für eine Reduktion und Ausscheidung über die Niere zu sorgen. Darüber hinaus ist eine Applikation von Antioxidanzien, vor allem Vitamin E 70 sinnvoll, um Zellen vor der oxidativen Wirkung der Blei- und Zinkionen zu schützen.

**Praxistipp**

Prinzipiell ist eine Applikation von B-Vitaminen 68 bei neurologischen Symptomen sinnvoll, um die Nervenzellen zu schützen.

# 17 Hautveränderung (inkl. Panzerschuppen)

Volker Schmidt, Michael Pees

**Leitsymptomatik „Hautveränderung“**

- Hautwunden, Abschürfungen und Substanzverluste
- Auflagerungen, Zubildungen und Farbveränderungen der Haut
- Umfangvermehrungen der Unterhaut
- Störungen der Häutung und Anhaftung von Häutungsresten

## 17.1 Allgemeines

Die Reptilienhaut spielt eine große Rolle nicht nur als Schutz, sondern auch im Sozial- und Fortpflanzungsverhalten vieler Spezies. Entsprechend bestehen erhebliche Unterschiede im **Aufbau** zwischen den Spezies, sowohl was die Verhornung, als auch was die Farbgebung, Anhangsorgane und die Ausbildung von Drüsen betrifft. Als Besonderheiten zu nennen sind Hörner, Kämme, Stacheln, wie auch Poren (u.a. Femoralporen, Analporen) bei Echsen und Kloakaldrüsen bei Schlangen. Auch für die Fortbewegung spielt die Haut eine besondere Rolle, hier insbesondere bei Geckos (Haftlamellen) und bei Schlangen. Die Farbgebung der Haut ist bei vielen Echsenspezies durch die Ausprägung von Chromatophoren variabel.

SK Eine Besonderheit ist bei Schildkröten die Ausbildung des **Panzers** unter Einbeziehung knöcherner Strukturen als auch der Haut selbst. Veränderungen des Panzers werden beim Leitsymptom Störungen des Bewegungsapparats (S. 176) besprochen.

Ein physiologischer und essenzieller Bestandteil der Hautregeneration ist die **Häutung**, also der Ersatz der (oberen) Hornschicht. Dieser erfolgt bei Schlangen und einigen Echsen in der Regel komplett durch Abstoßung der alten Hornschicht, bei anderen Echsen meist nur partiell. Landschildkröten stoßen meist keine Hornschichten ab, bei aquatilen Spezies kann dies aber physiologischerweise geschehen. Die Phase der Häutung dauert je nach Spezies ungefähr 2 Wochen. Dabei wird die Haut in der ersten Woche trübe und löst sich langsam vom Untergrund, anschließend bildet sich eine neue Hornschicht. Die Regeneration betrifft auch die Brille der Schlangen, welche hierdurch ebenfalls opak wird. Wenige Tage vor der Häutung wird die „alte“ Haut wieder durchscheinender und dann schließlich abgestoßen. Während der Häutung ist die Haut aufgrund der gestörten Permeabilität empfindlicher gegenüber Umwelteinflüssen sowie chemischen (therapeutischen) Stoffen, dies sollte bei Behandlungen berücksichtigt werden.

**Praxistipp**
Salben auf Haut und Panzer ziehen schlecht bis gar nicht ein. Deshalb ist mit Salben sparsam umzugehen, und alte Salbenreste sind vor erneuter Applikation entfernen.

## 17.2 Sofortmaßnahmen

Die Sofortmaßnahmen bei Hautveränderungen dienen dazu, einen Flüssigkeits- oder Blutverlust zu stoppen und das Infektionsrisiko bei Haut- bzw. Panzerdefekten zu minimieren. Entsprechend sind stabilisierende Verbände (meist als Feucht-Trocken-Verbände) von Bedeutung.

Insbesondere in den Sommermonaten ist bei offenen Wunden eine Prophylaxe gegen Fliegen- bzw. Madenbefall und nachfolgende **Myiasis** (S. 245) essenziell.

Wichtig für eine optimale Wundheilung sind eine überlegte Schnittführung bei Hautschnitten sowie eine optimale Wundadaptation. Die Reptilienhaut, insbesondere der Squamaten, zeigt eine starke Tendenz zum Einrollen, dies kann Probleme bereiten. Deshalb sollte sie mit „liegenden“ U-Heften genäht werden, die einen deutlichen Kamm nach außen bilden und dadurch die Innenseiten der Haut optimal in Kontakt bringen. Die Schnittführung sollte immer zwischen den Schuppen erfolgen, dadurch wird die Wundheilung beschleunigt sowie die Narbe später von den Schuppen abgedeckt und geschützt. Grundsätzlich heilen kraniokaudale Schnitte besser als transversale.

Die Wundheilung dauert insgesamt lange, sie wird gefördert, wenn die Tiere bei Temperaturen am oberen Ende der POTZ (S. 49) gehalten werden.

Rötliche, wegdrückbare Verfärbungen der Schuppen bzw. des Plastrons sind Hinweise auf Hämorrhagien, häufig im Rahmen einer bakteriellen **Septikämie** (S. 327), so dass neben weiterer Diagnostik eine umgehende systemische, antibiotisch wirksame chemotherapeutische Therapie erforderlich sein kann. Auch wenn der verursachende Keim aus einer Blutprobe isoliert und ein Resistogramm erstellt werden sollte, ist eine initiale Antibiose mit einem Breitbandantibiotikum wie Ceftazidim 1 oder Enrofloxacin 4 indiziert.

## 17.3 Diagnostik

Das diagnostische Vorgehen für das Leitsymptom Hautveränderung ist in zwei aufeinander folgenden Leitfäden für einerseits Schlange/Echse und andererseits Schildkröte dargestellt.

# Diagnostischer Leitfaden: Veränderung der Haut (Schlange, Echse)

## Anamnese

- Fütterung/Haltung
  - UV-Licht, Wärmequellen
  - Luftfeuchtigkeit
  - Bodensubstrat
  - Hygiene
  - Kontakttiere/Herkunft

## Klinische Untersuchung

- Parasiten auf der Haut
- Zusammenhangs-trennungen
- Wunden/Nekrosen im rostralen Kopfbereich
- Wunden/Nekrosen an Schwanzspitze
- Verbrennungen
- Verfärbungen der Schuppen
  - rötlich, wegdrückbar, inbes. SL
  - schwärzlich

- ▶ Ektoparasitose ▶ S. 243
- ▶ Myiasis ▶ S. 245
- ▶ Bissverletzung, Trauma ▶ Leitsymptom Störung des Bewegungsapparats ▶ S. 176
- ▶ Rostraltrauma ▶ Leitsymptom Störung des Bewegungsapparats ▶ S. 176
- ▶ Schwanzspitzennekrose ▶ Leitsymptom Störung des Bewegungsapparats ▶ S. 176
- ▶ Trauma ▶ Leitsymptom Störung des Bewegungsapparats ▶ S. 176
- ▶ Septikämie ▶ (Blut: bakteriologische Untersuchung) ▶ Leitsymptom Anorexie, Apathie ▶ S. 318
- ▶ insbes. Agamen, Chamäleons: Stress, chronische Erkrankungen, präfinal
- ▶ Chamäleons: Applikationsfolge (reversibel)
- ▶ Melanophorom? ▶ Biopsie, Histologie ▶ Leitsymptom Umfangsvermehrung ▶ S. 297

Fortsetzung: **Diagnostischer Leitfaden: Veränderung der Haut (Schlange, Echse)**

- ▸ **Störung der Hauterneuerung**
  - ▸ vermehrt Hautfetzen, unvollständiges Natternhemd
  - ▸ Hautfetzen und nässende Wunden
- ▸ **Zubildung**
  - ▸ entzündlich, granulomatös
    - inbes. EC ▸ Veränderung in der Maulhöhle
  - ▸ im Bereich der Unterhaut
  - ▸ fokal, erhaben, solide
    - selten
  - ▸ wässrig, verschieblich, flächig
  - ▸ Hyperkeratose der Ohrmembran

| | | | | |
|---|---|---|---|---|
| | ▶ Dysekdysis | | | ▶ S. 245 |
| | ▶ Hypovitaminose A | | | ▶ S. 247 |
| | ▶ Dermatitis? | ▶ Tupfer, bakteriologische und mykologische Untersuchung | | ▶ S. 236 |
| | ▶ Dermatitis? | ▶ Tupfer, bakteriologische und mykologische Untersuchung | | ▶ S. 236 |
| EC | ▶ Chamaeleomyces? | ▶ Tupfer: mykologische Untersuchung | ▶ Leitsymptom Veränderung von Maul bzw. Maulhöhle | ▶ S. 92 |
| | ▶ CANV? | ▶ Tupfer, bakteriologische und mykologische Untersuchung, Biopsie, Histologie | | ▶ S. 240 |
| | | | ▶ Leitsymptom Veränderung von Maul bzw. Maulhöhle | ▶ S. 92 |
| | ▶ Abszess/Granulum | | ▶ Leitsymptom Umfangsvermehrung | ▶ S. 297 |
| EC | ▶ Pocken? | ▶ Biopsie | | ▶ S. 245 |
| | ▶ Neoplasie? | ▶ Biopsie | ▶ Leitsymptom Umfangsvermehrung | ▶ S. 297 |
| | ▶ Papillomavirus? | ▶ Biopsie | | ▶ S. 245 |
| | ▶ Unterhautödeme | | ▶ Leitsymptom Umfangsvermehrung | ▶ S. 297 |
| | ▶ Blister Disease? | ▶ Punktion, bakteriologische und mykologische Untersuchung | | ▶ S. 247 |
| | ▶ Kryptosporidien? | ▶ Punktion, Zytologie | ▶ Leitsymptom Störung des Kotabsatzes bzw. Kotveränderung | ▶ S. 126 |

# Diagnostischer Leitfaden: Veränderungen an Haut und Panzerschuppen (Schildkröte)

## Anamnese

- Fütterung — Land-SK → „Pyramidenbildung"
- Haltung
  - → UV-Licht (Abrieb am Plastron)
  - → Kontakttiere, Haltung
  - → Haltungshygiene
  - Wasser-SK → Beckengröße, Wasserqualität, Bodensubstrat, Filter
- Vorbehandlungen — Land-SK → parenterale Vitamin-A-Applikation

## Klinische Untersuchung

- Veränderungen des Panzerskeletts → Deformierungen/ Knochenweiche
- Zusammenhangstrennungen, Hornplattenverlust
- Verbrennungen
- Panzerhorndefekte → fokal, evtl. krustig

- ▶ Hypervitaminose A ▶ S. 248
- ▶ Fraktur, Metabolic Bone Disease? ▶ Leitsymptom Störung des Bewegungsapparats ▶ S. 193
- ▶ Bissverletzung, Trauma ▶ S. 249
- ▶ Leitsymptom Störung des Bewegungsapparats (Trauma: Panzerfraktur) ▶ S. 176
- ▶ Trauma ▶ S. 249
- ▶ Plastron: Haltungsfehler, Abrieb
- ▶ Dermatitis? ▶ Geschabsel/Tupfer, bakteriologische und mykologische Untersuchung ▶ S. 236

Wasser- SK

- ▶ SCUD? ▶ Geschabsel/Tupfer, bakteriologische und mykologische Untersuchung ▶ S. 242

Wasser- SK

- ▶ Mykobakteriose? ▶ Geschabsel/Tupfer, Zytologie, bakteriologische Untersuchung ▶ S. 236

Fortsetzung: **Diagnostischer Leitfaden: Veränderungen an Haut und Panzerschuppen (Schildkröte)**

- ▶ eindrückbar, evtl. fluktuierend
- ▶ flächige Störungen

- ▶ **rötliche Verfärbung der Schuppen, insbes. Plastron, wegdrückbar**
  - ▶ Kälte, Wärme, Verätzungen

- ▶ **Störung der Hauterneuerung**
  - ▶ vermehrt Hautfetzen
  - ▶ Hautfetzen und nässende Wunden

- ▶ **Schwellungen im Bereich der Ohrmembran**

- ▶ **sonstige Schwellungen in der (Unter-)haut**

- ▶ **Parasiten auf der Haut**

| | | | |
|---|---|---|---|
| ▶ Neoplasie? | ▶ Röntgen, Biopsie: Histologie | ▶ Leitsymptom Umfangsvermehrung | ▶ S. 297 |
| ▶ Dermatitis? | ▶ Geschabsel/Punktat bakteriologische und mykologische Untersuchung | | ▶ S. 236 |
| ▶ altersbedingt | | | |
| ▶ Dysekdysis | | | ▶ S. 245 |
| ▶ Septikämie? | ▶ Blut: bakteriologische Untersuchung | ▶ Leitsymptom Anorexie, Apathie | ▶ S. 318 |
| ▶ Trauma | | | ▶ S. 249 |
| ▶ Metabolic Bone Disease | | ▶ Leitsymptom Störung des Bewegungsapparats | ▶ S. 176 |
| ▶ Dysekdysis | | | ▶ S. 245 |
| ▶ Hypovitaminose A | | | ▶ S. 247 |

Land- SK

| | | | |
|---|---|---|---|
| ▶ Hypervitaminose A | | | ▶ S. 248 |
| ▶ Dermatitis? | ▶ Tupfer, bakteriologische und mykologische Untersuchung | | ▶ S. 236 |
| ▶ Otitis media? | ▶ Punktion, bakteriologische und mykologische Untersuchung | ▶ Leitsymptom Umfangsvermehrung | ▶ S. 297 |
| ▶ Abszess, Granulom, Neoplasie? | | ▶ Leitsymptom Umfangsvermehrung | ▶ S. 297 |
| ▶ Myiasis | | | ▶ S. 245 |
| ▶ Filarien, Zestodenlarven? | ▶ Bioptat, Zytologie | | ▶ S. 243 |
| ▶ Ektoparasitose | | | ▶ S. 243 |
| ▶ Myiasis | | | ▶ S. 245 |

### 17.3.1 Besonderes Augenmerk bei der Anamnese

EC SL Insbesondere die Haltung, aber auch die Fütterung haben erheblichen Einfluss auf die Hautgesundheit. Von Bedeutung sind unter anderem die Luftfeuchtigkeit, die Art und Feuchte des Bodensubstrats sowie Reinigungs- und Desinfektionsmaßnahmen. Letztere spielen nicht nur für die Hygiene eine wichtige Rolle, sondern können auch Ursache einer Hautintoxikation sein (Kontaktdermatitis). Das UV-Licht-Regime ist zu erfragen, sowohl ein Mangel als auch ein Überschuss an UV-Licht können zu Hautschäden führen. Wärmelampen und -inseln können zu Verbrennungen führen, wenn sie nicht richtig angebracht sind.

Der Kontakt zu anderen Tieren sowie die Herkunft können Aufschluss geben über mögliche Infektionskrankheiten. Allerdings können Infektionen über einen längeren Zeitraum klinisch unerkannt verlaufen, so dass ein kürzlicher Zukauf oder Kontakt nur ein Hinweis sein kann. Bei mehreren betroffenen Tieren eines Bestands sind infektiöse Ursachen häufig.

SK Die oben erwähnten anamnestischen Hinweise gelten sinngleich für Schildkröten. Die Fütterung – siehe **Fehlernährung** (S. 146) – ist bei Schildkröten ein besonders kritischer Punkt, der zu Hautveränderungen führen kann. Durch Kalziummangel und Proteinüberschuss kommt es zu **Panzerdeformierungen** (S. 176) wie einer Pyramidenbildung an den Hornschilden des Carapax, der dadurch deutlich höckrig erscheint.

Aufgrund des Panzers ergeben sich Besonderheiten, insbesondere was den Abrieb des Plastrons angeht. Hier spielt der Untergrund eine besondere Rolle. Bei Wasser-/Sumpfschildkröten ist das Wasserbecken von besonderer Bedeutung. Neben der Größe sollten auch die Wasserqualität (Kontrolle der Wasserwerte, Nutzung eines geeigneten Filters) und das Bodensubstrat im Becken erfragt werden.

Eine leider regelmäßige Problematik ist die **Hypervitaminose A** (S. 248) bei Landschildkröten, iatrogen verursacht durch eine parenterale Vitaminiinjektion, meist zur allgemeinen unspezifischen Unterstützung. Hier ist die genaue Erfragung der bisherigen Behandlung, eventuell inklusive Rückfrage bei dem entsprechenden Kollegen, erforderlich.

### 17.3.2 Besonderes Augenmerk bei der klinischen Untersuchung

EC SL Die Haut selbst sollte auf mögliche **Ektoparasiten** (S. 243) hin untersucht werden. Zecken sind meist leicht zu erkennen, bei Milben ist dagegen eine genaue Untersuchung ggf. mit Lupe und der Transportbox zu empfehlen (▸ **Abb. 17.1**). Sie sind besonders häufig im Bereich der Augen, Ohren und des Maulwinkels sowie um die Kloake und generell unter Schuppen zu finden. Fliegenlarven in Wunden und nekrotischen Bereichen – und eine nachfolgende **Myiasis** (S. 245) – stellen eine akute Gefahr dar und sollten umgehend bekämpft werden.

**Zusammenhangstrennungen** und **Wunden** (▸ **Abb. 17.2**) weisen auf ein **Trauma** (S. 249) hin, dessen genauer Grund in jedem Fall geklärt wer-

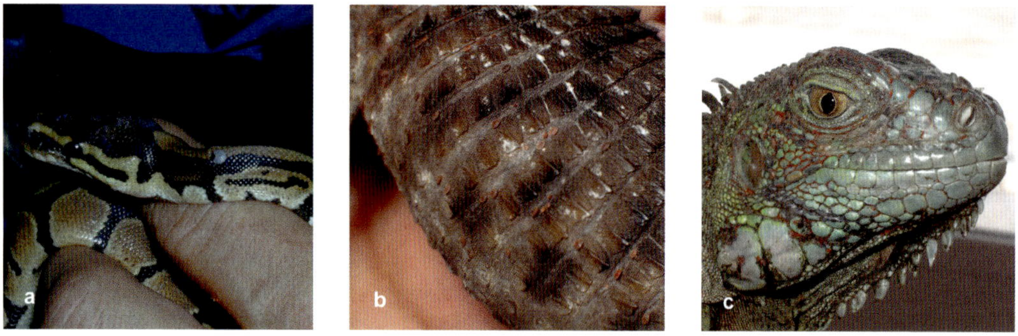

▸ **Abb. 17.1** **a** Zecke bei einem Königspython. **b** Milben bei einem Kaiman. **c** Milben (Pterygosomidae) bei einem Grünen Leguan.
(Klinik für Vögel und Reptilien, An den Tierkliniken 17, 04103 Leipzig)

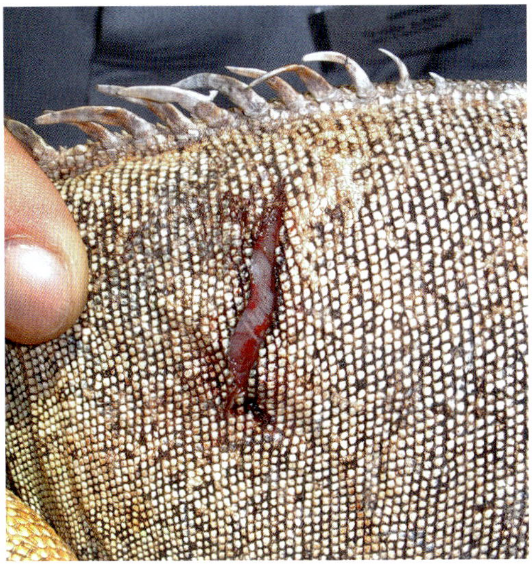

▶ **Abb. 17.2** Trauma an der Flanke bei einem Grünen Leguan nach innerartlicher Aggression.
(Klinik für Vögel und Reptilien, An den Tierkliniken 17, 04103 Leipzig)

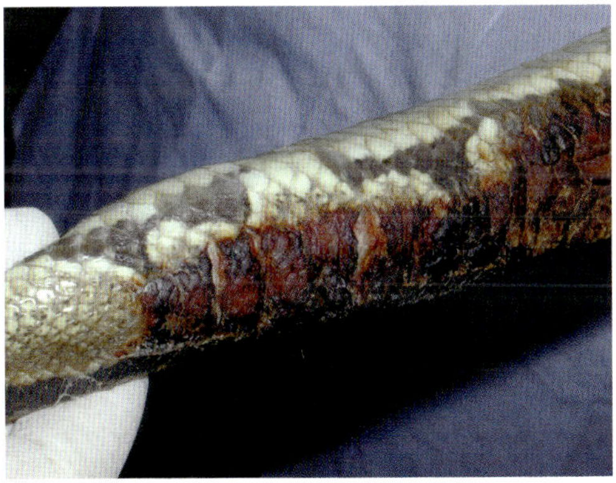

▶ **Abb. 17.3** Verbrennung drittes Grades bei einem Python durch im Terrarium befindliche Wärmelampe.
(Klinik für Vögel und Reptilien, An den Tierkliniken 17, 04103 Leipzig)

den sollte. Liegen sie im Bereich der Kopfspitze und gehen mit nekrotischen Bereichen einher (▶ **Abb. 9.4**), liegt der Verdacht auf ein **Rostraltrauma** (S. 113) nahe. Im Schwanzbereich führen Wunden häufig zu aufsteigenden nekrotischen Prozessen, wie bei der **Schwanzspitzennekrose** (S. 204) beschrieben.

**Verbrennungen** treten meist infolge inadäquater Heizelemente auf (▶ **Abb. 17.3**) – Reptilien haben keinen natürlichen Instinkt, sich von zu heißen künstlichen Wärmequellen fernzuhalten. Abgeheilte Hautwunden fallen in der Regel in Form von Narben auf.

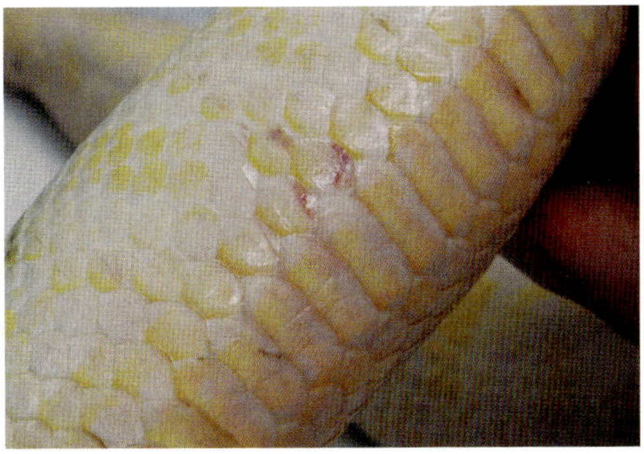

▶ **Abb. 17.4** Rötliche, wegdrückbare Hautverfärbung: Septikämie bei einem Tigerpython.
(Klinik für Vögel und Reptilien, An den Tierkliniken 17, 04103 Leipzig)

**Verfärbungen** der Haut bzw. Schuppen können natürliche Ursachen haben. Insbesondere Chamäleons, aber auch andere Echsen nutzen die Hautfarbe als Teil ihres Sozialverhaltens. Allerdings sind auch bei diesen Tieren, wie bei Agamen, dunkle Verfärbungen ein Hinweis auf Stress oder eine systemische Erkrankung, die den Allgemeinzustand des Tieres beeinträchtigt. Bei Chamäleons können lokale Verfärbungen die Folge einer Applikation sein, sie sind meist nur vorübergehender Natur. Unregelmäßige oder mit Umfangsvermehrungen bzw. Strukturveränderungen der Haut einhergehende Verfärbungen können ein Hinweis auf eine Entartung der pigmentbildenden Zellen sein. Im Verdachtsfall ist eine Exzision mit nachfolgender histologischer Untersuchung anzuraten. Entfärbte Hautareale können aber auch auf Ischämien hinweisen, wie sie im Zusammenhang mit **Filariosen** (S. 243) beschrieben sind.

### Praxistipp

Rötliche, mit der Fingerkuppe wegdrückbare Verfärbungen sind ein Hinweis auf ein **septikämisches Geschehen** (S. 327), welches die Gefäßpermeabilität der Haut stört (▶ **Abb. 17.4**). Hier ist eine bakteriologische Blutuntersuchung sinnvoll, unabhängig davon sind die Tiere als Notfall einzustufen und eine Therapie ist umgehend einzuleiten.

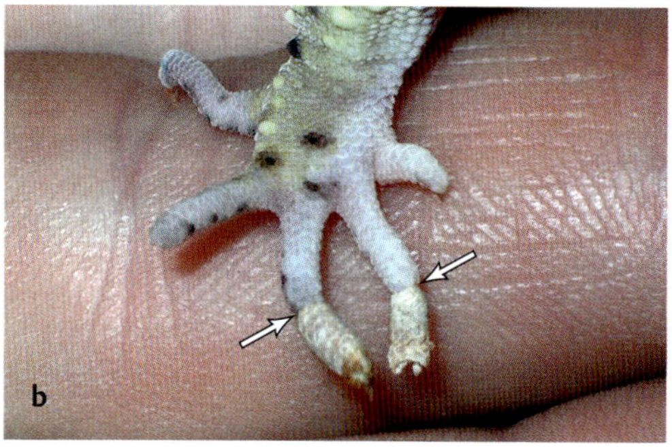

▶ **Abb. 17.5** **a** Häutungsstörung bei einem Taggecko. **b** Hautfetzen an den Zehen bei einem Leopardgecko, welche zu Einschnürungen und Nekrosen führen können. (Klinik für Vögel und Reptilien, An den Tierkliniken 17, 04103 Leipzig)

▶ **Abb. 17.6** Bakterielle Dermatitis der Ventralschuppen bei einer Boa. (Klinik für Vögel und Reptilien, An den Tierkliniken 17, 04103 Leipzig)

Die **Hauterneuerung** läuft speziesspezifisch unterschiedlich ab. Gerade bei Echsen sind Häutungsreste nicht selten und nicht zwingend pathologisch. Zeigt sich bei Schlangen aber eine unvollständige Häutung, bzw. kommt es zu vermehrter Hautfetzenbildung oder Persistenz der Hautfetzen bei Echsen (▶ **Abb. 17.5**, **a**), ist eine Häutungsstörung, als **Dysekdysis** (S. 245) bezeichnet, zu vermuten. Diese führt gerade bei Geckos oft zu Hautfetzen an Schwanz und Akren, welche durch Einschnürungen zu Nekrosen führen können (▶ **Abb. 17.5**, **b**). Darüber hinaus kann dies bei Taggeckos durch Störungen der Haftlamellen an den Gliedmaßen zu einem eingeschränktem bzw. fehlenden Kletterverhalten führen. Dyspnoe und subspektakuläre Erkrankungen bei Schlangen können ebenfalls Folgen einer Dysekdysis darstellen.

Wiederholte oder chronische Häutungsstörungen sowie eine metaplastische Hyperplasie der Haut, insbesondere der Lidbindehäute, sind Hinweise auf eine **Hypovitaminose A** (S. 247). Sind die Hautfetzen mit nässenden Hautveränderungen verbunden, ist eine entzündliche Genese wahrscheinlich, und die Ursache der **Dermatitis** (S. 236) sollte durch eine Tupferprobenentnahme mit nachfolgender zytologischer sowie bakteriologisch-mykologischer Untersuchung geklärt werden.

**Zubildungen** der Haut sind oft durch entzündliche Prozesse bedingt. Nicht selten kommt es zu Auftreibungen (▶ **Abb. 17.6**) und granulomatösen Veränderungen. Auch hier sollte eine **Dermatitis** (S. 236) ätiologisch durch eine Tupferprobenuntersuchung abgeklärt werden.

**Dermatomykosen** (S. 236) sind bei Echsen und Schlangen häufig. Die Tiere fallen durch gelblich krustöse, herdförmige Hautbefunde auf, die häufig im Kopfbereich beginnen und sich langsam ausbreiten (▶ **Abb. 17.13**). Hier ist neben dem mykologischen Nachweis aus einer Tupferprobe auch eine histologische Untersuchung nach Biopsie zu empfehlen.

Insbesondere bei Echsen sollte bei granulomatösen Hautveränderungen auch die Maulhöhle (S. 92) auf mögliche Veränderungen hin untersucht werden. Kausalpathogenetisch können aber auch zum Teil primär pathogene **Bakterien** (S. 236) oder primäre **Ranavirusinfektionen** (S. 106) bei Echsen krustöse Hautbefunde verursachen. Sind die Zubildungen solide und liegen sie eher in der Unterhaut, kann es sich um **Abszesse oder Granulome** (S. 307) handeln.

▶ **Abb. 17.7** Pockeninfektion der Haut bei einem jungen Kaiman.
(Klinik für Vögel und Reptilien, An den Tierkliniken 17, 04103 Leipzig)

▶ **Abb. 17.8** Chronische Dermatitis mit Hornplattenverlust bei einer Landschildkröte.
(Klinik für Vögel und Reptilien, An den Tierkliniken 17, 04103 Leipzig)

Liegen fokale, solide Erhabenheiten oder entfärbte Hautareale vor (▶ **Abb. 17.7**), kann es sich bei Krokodilen um **Pocken** (S. 245) handeln. Daneben können auch **Neoplasien** (S. 252) und selten **virusinduzierte Wucherungen** (S. 245) auftreten. In allen 3 Fällen sind eine Biopsie und histologische Untersuchung anzuraten.

Flüssigkeitsgefüllte Blasen in der Haut sind, wenn sie generalisiert auftreten, möglicherweise Folge eines Unterhautödems – siehe Leitsymptom Umfangsvermehrung (S. 312). Sie können aber auch – meist eher lokal beschränkt – als Symptom der **Blister Disease** (S. 247) auftreten. Hier ist eine möglichst sterile Punktion mit nachfolgender mikrobiologischer Untersuchung der gewonnenen Flüssigkeit sinnvoll. Zu beachten ist, dass sich bei sehr gut genährten Würgeschlangen auch Lymphgefäße perlschnurartig unter der Haut darstellen können.

SK Das **Panzerskelett** sollte hinsichtlich seiner Form und seiner Stabilität beurteilt werden, um eine **Metabolic Bone Disease** (S. 193) oder auch eine **Fraktur** (S. 197) abzuklären. Meist gehen Störungen mit Veränderungen des Hornes einher. Ist der Panzer selbst betroffen, wird auf das Leitsymptom Störung des Bewegungsapparats (S. 176) verwiesen. Ein Verlust von Hornplatten oder Zusammenhangstrennungen sind meist Folge eines **Traumas** (S. 197), nicht selten infolge einer Bissverletzung, aber auch Verbrennungen können die Ursache sein.

**Horndefekte** können fokal oder flächig auftreten (▶ **Abb. 17.8**, ▶ **Abb. 17.15**). Fokale Veränderungen, welche sich oft krustig oder lochfraßartig darstellen, sind meist entweder durch die Haltung oder durch eine bakterielle Infektion bedingt. Bei Haltungsproblemen, insbesondere bei einem übermäßigen Abrieb, ist nur das Plastron betroffen (▶ **Abb. 17.14**, **a**). Liegt dagegen der Verdacht auf eine Infektion nahe, sollten die veränderten Stellen nach oberflächlicher Reinigung an mehreren Lokalisationen beprobt werden. Hierzu eignet sich ein Geschabsel, eventuell in Kombination mit einer Tupferprobenentnahme. Das Material kann dann mikrobiologisch untersucht werden.

Neben einer unspezifischen **Dermatitis** (S. 236) spielen insbesondere bei Wasserschildkröten die **SCUD** (S. 242) eine Rolle, sowie die Infektion mit **Mykobakterien** (S. 326) (▶ **Abb. 17.11**).

### Praxistipp

Z Da die Mykobakteriose eine Zoonose darstellt, sollten Wasserschildkröten mit Panzerveränderungen grundsätzlich nur mit Handschuhen untersucht werden. Außerdem erfordert der Nachweis spezifische Untersuchungsmethoden, die mit dem Labor abgestimmt werden müssen, da eine aerobe Standardkultivierung Mykobakterien nicht nachweist.

Fehlen Hornplatten vollkommen, so kommt es oft zu einer avaskulären Nekrose des Knochens, welcher dann reaktionslos liegen bleibt oder sogar nach Jahren abgestoßen wird. Danach bildet sich eine ledrige Ersatzhaut (Pseudopanzer, ▶ Abb. 17.21).

Sind Horndefekte eindrückbar, eventuell fluktuierend, besteht ebenfalls der Verdacht auf eine **Dermatitis** (S. 236), aber auch **Neoplasien** (S. 252) können hier die Ursache sein. Es sollte ein Aspirat oder Biopsat gewonnen und mikrobiologisch bzw. zytologisch und histopathologisch untersucht werden.

Flächige Horndefekte können bei älteren Tieren eine physiologische Alterungserscheinung sein. Daneben kann es sich aber auch um eine gestörte Häutung, als **Dysekdysis** (S. 245) bezeichnet, handeln.

Die **Färbung der Hornschuppen** ist speziesabhängig und individuell unterschiedlich. Rötliche Verfärbungen des Hornes, welche sich wegdrücken lassen, sind aber ein deutlicher Hinweis auf eine **Septikämie** (S. 327), wie sie infolge einer Infektion oder Intoxikation (auch in der Winterruhe) auftreten kann. Diese Veränderungen sind meist im Bereich des Plastrons am besten sichtbar. Neben der Soforttherapie kann eine mikrobiologische Untersuchung einer Blutprobe veranlasst werden. Ähnliche Veränderungen können aber auch Folge von zu hohen oder zu niedrigen Temperaturen sowie chemischen Intoxikationen (Verätzungen) sein, durch die ein **Trauma** (S. 249) des Hornes entsteht. Schließlich kann auch eine stark verringerte Kalzifizierung des Plastronknochens zu einem Durchscheinen von Blutgefäßen und einer verstärkten Vaskularisation und damit einer rötlichen Verfärbung führen.

**Häutungsstörungen**, als **Dysekdysis** (S. 245) bezeichnet, sind bei Schildkröten oft erst protrahiert erkennbar, da das Panzerhorn (mit Ausnahme einiger Wasserschildkrötenspezies) nicht abgestoßen wird. Entsprechend sind besonders die Bereiche von Gliedmaßen, Hals und Kopf betroffen. Hier kann eine vermehrte Fetzenbildung ein Hinweis auf eine Störung sein. Bei Wasserschildkröten ist – im Gegensatz zu Landschildkröten! – ein **Vitamin-A-Mangel** (S. 247) eine wichtige Ursache einer Dysekdysis (▶ Abb. 17.16).

Aber auch Zubildungen der Haut im Bereich des **Kopfes** können die Folge einer Hypovitaminose-A-verursachten **Otitis media** (S. 310) sein. Ist diese Fetzenbildung mit nässenden Wunden verbunden (▶ Abb. 17.17), besteht bei Landschildkröten der Verdacht auf eine **Hypervitaminose A** (S. 248), der nur anamnestisch geklärt werden kann. Daneben können auch **Dermatitiden** (S. 236) die Ursache sein, und eine begleitende mikrobiologische Untersuchung einer Tupferprobe ist sinnvoll.

**Granulome, Abszesse** (S. 307) oder **Neoplasien** (S. 314) können Schwellungen in der Unterhaut bedingen. Es wird jeweils auf das Leitsymptom Umfangsvermehrungen (S. 297) verwiesen.

Auch Parasiten können zu Hautschwellungen wie bei **Myiasis** (S. 245) (▶ Abb. 17.18, **b**), Filarien bzw. **Zestodenlarven** (S. 145) führen bzw. als **Ektoparasiten** (S. 243) direkt auf der Haut nachweisbar sein.

Zu Veränderungen der Hornschneideplatten der Maulhöhle wird auf das Leitsymptom Veränderung der Maulhöhle (S. 92) verwiesen.

## 17.4 Wichtige Ursachen

Wichtige Ursachen von Hautveränderungen sind in ▶ Tab. 17.1 zusammengefasst.

### 17.4.1 Erkrankungen

#### Bakterielle und mykotische Infektionen der Haut

**Info**

Durch meist fakultativ pathogene Keime nach Vorschädigung verursachte Hautentzündung.

**Ätiologie**

Auch wenn es nur wenige Informationen über das Keimspektrum auf der gesunden Reptilienhaut gibt, zeigen die vorhandenen Daten, dass sich auf der Haut klinisch unauffälliger Reptilien verschiedenste grampositive und gramnegative Bakterien und auch diverse Pilze finden. Dennoch werden bestimmte Bakterien besonders häufig bei Hautinfektionen nachgewiesen:

Hierzu gehören als **gramnegative Bakterien** *Aeromonas* spp., *Enterobacter* spp., *Edwardsiella* spp., *Klebsiella* spp., *Pseudomonas* spp., *Salmonella* spp, *Morganella morganii*, *Neisseria iguanae*, *Serratia*

▶ **Tab. 17.1** Wichtige Ursachen von Hautveränderungen.

| **Ursachen** | | **Bedeutung** * | | | **Bemerkungen, s. auch andere Leitsymptome** |
|---|---|---|---|---|---|
| | | EC | SL | SK | |
| Bakterien | gramnegative Bakterien (S. 236): *Aeromonas* spp., *Citrobacter freundii*, *Enterobacter* spp., *Edwardsiella* spp., *Klebsiella* spp., *Morganella morganii*, *Neisseria iguanae*, *Pseudomonas* spp., *Salmonella* spp., *Serratia anolium*, *Serratia marcescens* | + + | + + | + + | - |
| | grampositive Bakterien (S. 236): *Dermatophilus congolensis*, *Devriesea agamarum*, *Staphylococcus* spp., *Micrococcus* spp. | + + | + | + | - |
| | *Mycobacterium marinum*, *Mycobacterium chelonei* (S. 236) | + | + | + + | - |
| Pilze | *Aspergillus* spp., *Mucor* spp., *Pencillium* spp. (S. 236) | + + | + + | + + | - |
| | *Nannizziopsis guarroi* – CANV (S. 236) | + + | - | - | - |
| | *Ophidiomyces ophiodiicola* (S. 236) | - | + + | - | - |
| | *Chamaeleomyces granulomatis*, *Chamaeleomyces viridis* (S. 236) | + + | - | - | - |
| | *Purpureocillium lilacinum* (S. 236) | + | - | + + | - |
| | *Trichophyton mentagrophytes* (S. 236) | + | - | - | - |
| Viren | Herpesvirus, Reovirus, Papillomavirus (S. 245) (Papillomatose) | + | + | - | - |
| | Ranavirus (S. 245) | + | - | - | - |
| Parasiten | Milben (S. 243) | + + + | + + + | + | - |
| | Zecken (S. 243) | + | + | + | - |
| | Egel (S. 243) | + | - | + | aquatile Spezies, wildlebend |
| | Fliegenmaden, Myiasis (S. 245) | + | | + + | - |
| | Filarien (S. 243) | + | + | + | - |
| | Kryptosporidien (S. 140) | + | - | - | Ohrmembran |
| metabolische Ursachen | Hypervitaminose A (S. 248) | - | - | + | bei Landschildkröten, meist iatrogen |
| | Hypovitaminose A (S. 247) | + | - | + + | - |
| raumfordernde, nicht-infektiöse Zubildungen | Blister Disease (S. 247) | + | + + | - | - |
| | Neoplasien (S. 252) | + + | + + | + | - |
| | Ödem (S. 312) | + | - | + + | - |
| Sonstiges | Trauma (S. 249) | + + + | + + + | + + + | - |

* Bedeutung bei der Entstehung der entsprechenden Leitsymptomatik, Erfahrungswerte der Autoren

*anolium* und *Serratia marcescens. Citrobacter freundii* ist der im Rahmen einer **SCUD** (S. 242) am häufigsten nachgewiesene Erreger.

Häufig vorkommende, fakultativ pathogene **grampositive Bakterien** sind *Dermatophilus congolensis, Devriesea agamarum, Staphylococcus* spp. und *Micrococcus* spp.

Z Auch **Mykobakterien** (S. 326) spielen eine Rolle, insbesondere *Mycobacterium marinum* bei Zier- und Sumpfschildkröten.

Bei den **Pilzen** sind neben ubiquitären Schimmel- und Hefepilzen, besonders Dermatomykosen bedeutsam, verursacht durch Pilze aus der Familie *Onygenaceae* und als **Yellow Fungus Disease** (S. 240) bezeichnet bei Echsen und Schlangen, sowie aus der Familie *Clavicipitaceae* (S. 346) und *Purpureocillium lilacinum* (S. 346) bei Echsen und Schildkröten.

## Pathogenese

Meist führen inadäquate Haltungsbedingungen zu einer verminderten Immunabwehr oder einer Vorschädigung der Haut im Rahmen einer **Blister Disease** (S. 247), **Dysekdysis** (S. 245) oder eines **Milbenbefalls** (S. 243) zu einer bakteriellen bzw. mykotischen Infektion der Haut. Auch Hygienemängel im Terrarium spielen eine Rolle, wobei insbesondere hydrophile und biofilmbildende Keime wie *Pseudomonas aeruginosa* zu Dermatitiden führen können. Bei aquatilen Spezies hat die Wasserqualität einen erheblichen Einfluss auf die Haut- bzw. Panzergesundheit.

Ulzerationen mit Absiedelung der Keime in tiefere Haut- und Gewebeschichten sowie eine systemische Ausbreitung sind häufige Folgen. Außerdem wird die Häutung bei Schlangen und Echsen insbesondere bei einem chronischen Verlauf gestört, wie bei der **Dysekdysis** (S. 245) beschrieben, wodurch wiederum die Entzündungsreaktionen verstärkt werden können. Auf die Pathogenese der **Yellow Fungus Disease** (S. 240) wird gesondert eingegangen.

## Klinik

Klinisch zeigen sich Hautinfektionen oft als fokale Veränderungen, die sich langsam und progressiv ausbreiten und verändern (▶ **Abb. 17.9**). Häufig beginnen sie als Farbveränderungen und Flecken (▶ **Abb. 17.10**).

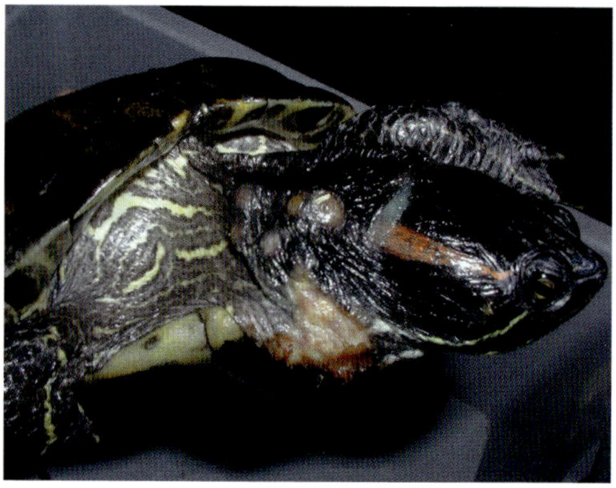

▶ **Abb. 17.9** Dermatitis mit Abszessbildung am Hals einer Schmuckschildkröte aufgrund von Hygienemängeln im Wasser.
(Klinik für Vögel und Reptilien, An den Tierkliniken 17, 04103 Leipzig)

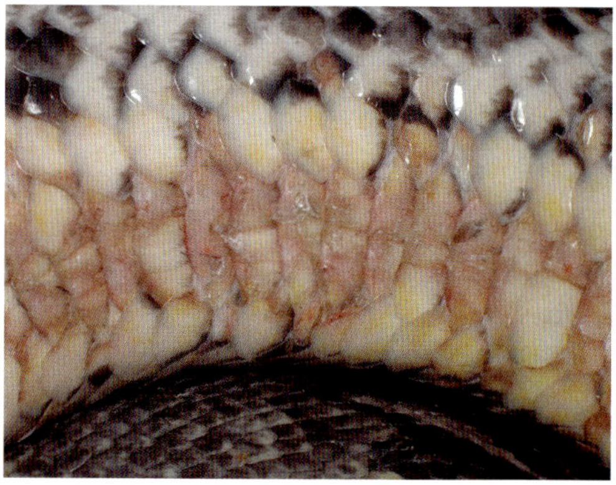

▶ **Abb. 17.10** Bakterielle Dermatitis und resultierende Septikämie bei einem Netzpython.
(Klinik für Vögel und Reptilien, An den Tierkliniken 17, 04103 Leipzig)

Gelblich-krustige bis bräunlich-borkige, herdförmige Befunde, häufig im Bereich des Kopfes, können bei Bartagamen und Grünen Leguanen für eine Dermatomykose verursacht durch *Nannizziopsis guarroi* sprechen, so dass die Erkrankung auch unter dem Begriff **Yellow Fungus Disease** (S. 240) bekannt ist. Differenzialdiagnostisch sollte jedoch, insbesondere bei Leguanen und Agamen aus trockenen Herkunftsgebieten, an eine bakterielle Dermatitis verursacht durch *Devriesea agamarum* gedacht werden. Bei beiden Krankheitserregern übereinstimmend sind in der Regel mehrere Tiere eines Bestands betroffen bzw. kann eine

Ausbreitung auf weitere Terrarieninsassen beobachtet werden.

Der weitere Verlauf kann sowohl granulomatös als auch ulzerierend sein, er hängt von den beteiligten Keimen ab. Die Veränderungen sind besonders im Randbereich krustig (▶ **Abb. 17.13**). Neben der flächigen Ausbreitung kommt es oft zu einer Ausbreitung in die Tiefe, wodurch Muskulatur und Gelenke betroffen sein oder nach Abkapselung subkutane **Granulome** (S. 307) entstehen können. Bei Schlangen, bei denen oft die Ventralschuppen betroffen sind, können diese auftreiben (▶ **Abb. 17.6**), und es kann sich Sekret bilden.

Bei Wasserschildkröten sind Panzerveränderungen meist als fokale Entzündungsherde konzentriert, wobei das Plastron häufiger betroffen ist. Es entstehen „Fraßmuster" im Panzer, die tief in den Knochen reichen können, wie bei der der Pathogenese der **SCUD** (S. 242) beschrieben.

Besonders häufig sind generell die Bereiche um die Körperöffnungen betroffen. So kommt es im **Maulbereich** zu entzündlichen, oft flächigen Defekten, welche ihre Entstehung auch innerhalb der Maulhöhle (S. 92) haben können. Der Bereich um die **Kloake** ist oft als Folge einer Kloakitis, von Durchfall, einer Hemipenistaschenentzündung sowie bei Wasserschildkröten auch durch Beißereien betroffen. Hier können tiefgreifende ulzerierende Prozesse entstehen.

**Mykobakterien** (S. 326) können granulomatöse Veränderungen bewirken, welche denen der SCUD ähneln können (▶ **Abb. 17.11**).

▶ **Abb. 17.11** Veränderungen infolge einer Mykobakteriose bei einer Schmuckschildkröte. **a** Lokale Hautgranulome. **b** Multifokale Panzerhornauftreibungen. Es handelt sich um eine Zoonose, die zu Handgranulomen beim Menschen führen kann, entsprechend sollten bei Kontakt (nicht wie im Bild!) Handschuhe getragen werden.
(Klinik für Vögel und Reptilien, An den Tierkliniken 17, 04103 Leipzig)

## Diagnose

In jedem Fall sollte eine Erregerisolation versucht werden. Hierzu eignet sich als Anhaltspunkt die zytologische Untersuchung, allerdings ist ein direkter Keimnachweis für eine gezielte Therapie Voraussetzung. Die zytologische Untersuchung von Abklatschpräparaten oder Tupferproben kann Aufschluss über die Art der Entzündung sowie häufig Hinweise auf die verursachenden Keime geben.

Da wie oben beschrieben neben dem in der Routinediagnostik erfassbaren aeroben Keimspektrum auch schwieriger nachzuweisende Erreger wie Mykobakterien, *Devriesea agamarum* oder Pilze ursächlich sein können, sollte abhängig von der Klinik und einem möglichen zytologischen Befund eine entsprechende spezielle Kultivierung und Differenzierung angewandt werden.

Als Probenmaterial eignen sich Hautgeschabsel oder Tupferproben aus tieferen, aktiven Wundbereichen. Oberflächliches Material ist meist eher durch die Umgebung kontaminiert und sollte zuvor vorsichtig abgetragen werden.

## Therapie

Die Therapie basiert auf der Erregertypisierung in Kombination mit einem Resistogramm. Da häufig Umweltkeime beteiligt sind, ist mit einer schlechten Resistenzlage zu rechnen. Eine Kombination aus einer systemisch wirksamen antibiotischen und/oder antimykotischen Chemotherapie – bei bakterieller Infektion hat sich je nach Resistogramm Ceftazidim 1 bewährt, bei mykotischen Infektionen Itraconazol 10 – und einer lokalen Desinfektion, z. B. mit Jodlösung 59, Octenisept 58

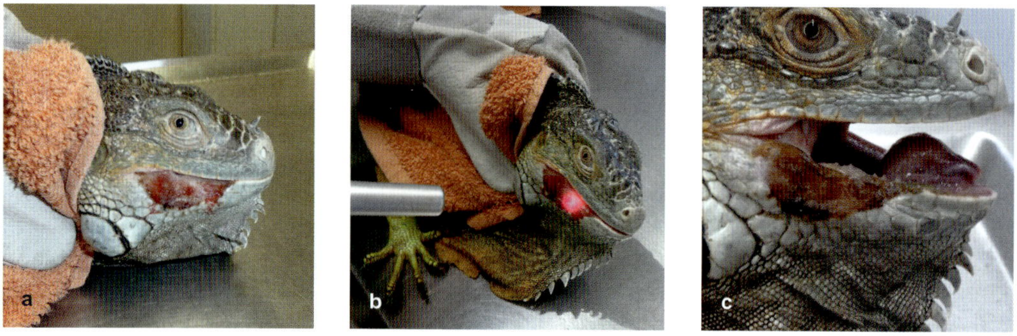


▶ **Abb. 17.12** Unterstützende Laserbehandlung bei einem Grünen Leguan mit hochgradiger Dermatitis. **a** Situation nach Débridement. **b** Einsatz des defokussierten Lasers. **c** Situation nach 2 Behandlungen im Abstand von je 2 Tagen. (Klinik für Vögel und Reptilien, An den Tierkliniken 17, 04103 Leipzig)

oder Chlorhexidinlösung 57, ist empfehlenswert. Zusätzlich können vorübergehend Feucht-Trocken-Verbände angelegt werden. Außer bei Landschildkröten ist eine Substitution mit Vitamin A 66 sinnvoll, und die Hygiene im Terrarium sollte optimiert werden. Ebenso hat in den warmen Monaten eine Fliegenprophylaxe (Gaze) zu erfolgen.

Gute Erfahrungen haben die Autoren mit dem Einsatz eines Oberflächenlasers (▶ Abb. 17.12) gemacht. Dieser kann ergänzend zur Chemotherapie genutzt werden und bewirkt neben der Keimabtötung im Oberflächenbereich auch eine Stimulation der Reepithelisierung und beeinflusst die Heilung deutlich.

Z **Mykobakterieninfektionen** (S. 326) der Haut sind nach derzeitigem Kenntnisstand nicht effektiv zu behandeln.

**Cave**

**Bei Mykobakterieninfektionen besteht ein Zoonoserisiko. Sie können beim Menschen zu lokalen Granulomen an den Händen führen. Ist eine symptomatische Therapie gewünscht, müssen eine Besitzeraufklärung und eine Isolation des Tieres erfolgen.**

Die Behandlung der **Yellow Fungus Disease** (S. 240), von **Chamaeleomyces** *spp.* (S. 107) oder der **SCUD** (S. 242) wird gesondert besprochen.

### Prognose

Die Prognose hängt ab von der Lokalisation sowie der Tiefe der Infektion und dem nachgewiesenen Erreger, bei unkomplizierten Dermatitiden ist sie gut, bei tiefgreifenden und septikämischen Prozessen schlecht.

## Yellow Fungus Disease

**Info**

Ulzerativ-granulomatöse Dermatomykose verursacht durch obligat reptilienpathogene Pilze, welche früher als *Chrysosporium* anamorph von *Nannizziopsis vriesii* bekannt waren und in der Regel als Bestandsproblem auftreten.

### Ätiologie & Pathogenese

*Chrysosporium* anamorph von *Nannizziopsis vriesii* (CANV) wurde aufgrund phylogenetischer Studien in bisher 9 Pilzspezies in 3 phylogenetischen Linien unterteilt und der Familie *Onygenaceae (Onygenales, Eurotiomycetidae, Eurotiomycetes, Ascomycota)* zugewiesen:

- *Nannizziopsis (N. vriesii, N. dermatitidis, N. crocodile, N. barbata, N. guarroi):* pathogen für Echsen; besondere Bedeutung hat *N. guarroi* für Bartagamen und Grüne Leguane.
- *Paranannizziopsis (P. australasiensis, P. californensis, P. crustacea)*
- *Ophidiomyces (O. ophiodiicola):* pathogen für Schlangen; verursacht Dermatomykosen bei frei lebenden und gefangenen Schlangen in den USA, Europa und Australien.

Krankheitsausbrüche bei Reptilien sind häufig nach Langstreckentransport, suboptimaler Unterbringung, Crowding und bei Farbmorphen, was auf Stress- und Immunsuppression-assoziierte Krankheitsausbrüche hindeutet.

## Klinik

Gelb- bis bräunlich-krustige Läsionen einzelner Schuppen bis zu großflächigen Hautbereichen sind typische Befunde für Dermatomykosen bei Reptilien (▶ **Abb. 17.13**). Werden mehrere Reptilien in einem Bestand gehalten, sind in der Regel mehrere Individuen betroffen.

## Diagnose

Eine zytologische und histopathologische Untersuchung der Haut und des darunterliegenden Gewebes anhand von Biopsieproben ist empfehlenswert. Entzündungszellen, bestehend aus Heterophilen, Makrophagen und Lymphozyten, sowie Pilzkonidien (Aleuriokonidien, Arthrokonidien) sind zytologisch von einem Abstrich der Biopsieprobe nachweisbar. Die histopathologische Untersuchung zeigt Granulome in der Epidermis wie auch im darunter liegenden Gewebe. Die Isolierung des Pilzpathogens ist für die Differenzierung des Erregers zu empfehlen, wobei der Nachweis mit einem spezialisierten Labor abgesprochen werden muss.

▶ **Abb. 17.13** Yellow Fungus Disease bei einer Bartagame. **a** Veränderungen im Kopfbereich. **b** Veränderungen im Bauchbereich.
(Klinik für Vögel und Reptilien, An den Tierkliniken 17, 04103 Leipzig)

Differenzialdiagnosen stellen Pilzinfektionen mit Arten der Familie *Clavicipitaceae* oder *Purpureocillium lilacinum*, und primäre bakterielle Infektionen, vor allem mit *Devriesea agamarum* dar. In seltenen Fällen können Koinfektionen mit *N. guarroi* und *D. agamarum*, oder systemische Infektionen mit *N. guarroi* auftreten.

## Therapie & Prognose

Durch Benutzung von Einmalhandschuhen während der Untersuchung und Behandlung infizierter Reptilien wird das Risiko einer Übertragung auf andere, nicht infizierte Reptilien reduziert. Débridement und Desinfektion von Hautläsionen mit einer 0,125 %igen Chlorhexidinlösung 57 ist der erste Schritt zu einer erfolgreichen Behandlung von tiefen Dermatomykosen.

Eine operative Entfernung der Läsionen ist sinnvoll, um eine weitere Ausbreitung des Pilzes zu vermeiden. Verschiedene Triazol-Antimykotika und Terbinafin 12 wurden erfolgreich zur Behandlung eingesetzt, wobei Voriconazol 13 nach Applikation von bis zu 70 Tagen als effiziente und sichere Behandlung bei Grünen Leguanen und Bartagamen empfohlen wird.

Eine Quarantäneunterbringung (S. 50) von neu empfangenen Reptilien ist sinnvoll, um die Einschleppung dieser mykotischen Krankheitserreger in einen Reptilienbestand zu vermeiden.

## Septicemic Cutaneous Ulcerative Disease (SCUD)

**Info**

Haut- und Panzerläsionen vor allem im Bereich des Plastrons einhergehend mit einer Septikämie.

### Ätiologie & Pathogenese

Infolge bakterieller Sekundärinfektionen von kleinen Haut- und Panzerläsionen kommt es nicht selten zu Ulzerationen, die umgeben von diffusen Rötungen der Haut multifokal auftreten können. Dieses typische Krankheitsbild wird als Septicemic Cutaneous Ulcerative Disease (SCUD) bezeichnet und tritt häufig bei Sumpf- und Zierschildkröten auf, deren Immunsystem durch chronischen Stress beeinträchtigt ist.

### Klinik & Diagnose

Der Panzer sollte eingehend untersucht werden (▸ **Abb. 17.14, b, c**). Oftmals können beim Abtasten des oberflächlich intakt erscheinenden Hornpanzers zusätzliche Nekroseherde gefunden werden. Nekrotisches Material ist abzutragen und die Wunden sind aufzufrischen. Aus der Tiefe der Läsionen sollten Tupferproben für weiterführende Untersuchungen entnommen werden. Zytologisch können (z.B. mittels Diff-Quik®-Färbung) Entzündungszellen wie Heterophile und Makrophagen sowie stäbchenförmige Bakterien die Entzündung und Infektion bestätigen.

Der Erregernachweis inklusive Resistogramm sollte unbedingt angestrebt werden, um gezielt antibiotisch behandeln zu können. Diverse Erreger wie Pseudomonaden, *Aeromonas hydrophila* oder *Citrobacter freundii* können regelmäßig aus den Läsionen isoliert werden, wobei *Citrobacter freundii* häufig zu Septikämien mit Verlust der Schwimmfähigkeit und letztendlich dem Tod der Schildkröte führt.

### Therapie & Prognose

Die Therapie umfasst neben der systemischen Antibiose über mindestens 7–10 Tage eine desinfizierende Wundbehandlung. Hierzu können betroffene Tiere täglich bis zum Abheilen der Wunden – nach einem Bad in sauberem Frischwasser – für etwa 30 Minuten in einer 1:40 verdünnten Jodlösung 59 oder 0,5 %igen Chlorhexidinlösung 57 gebadet werden. Nachts können Neuwelt-Sumpfschildkröten zur Unterstützung der Wundheilung trocken gesetzt werden.

**Cave**

**Weichschildkröten darf unter keinen Umständen der Zugang zu Bademöglichkeiten vorenthalten werden, da diese Tiere innerhalb von wenigen Stunden verenden können, wenn sie austrocknen.**

Eventuell können Erhöhungen unter dem Panzer helfen, den Kontakt zum Boden zu reduzieren (▸ **Abb. 17.15**). Unterstützende Infusionen können parallel als Bolus über die Dauer der antibiotisch wirksamen Chemotherapie appliziert werden. Tramadol 40 oder Meloxicam 37 können dazu analgetisch bzw. antiphlogistisch, wenn nötig über mehrere Tage, eingesetzt werden. Die Gabe von Vitamin A, $D_3$, E und C, z.B. mit Ursovit 67, ist sinnvoll. Langfristig sind Haltungsdefizite abzustellen. Je nach Ausmaß der Panzerläsion können Defekte des Horns bestehen bleiben.

▸ **Abb. 17.14** Veränderungen am Plastron. **a** Mechanischer Abrieb durch ungeeigneten Betonboden. **b, c** Ulzerative multifokale Dermatitiden (SCUD).
(Klinik für Vögel und Reptilien, An den Tierkliniken 17, 04103 Leipzig)

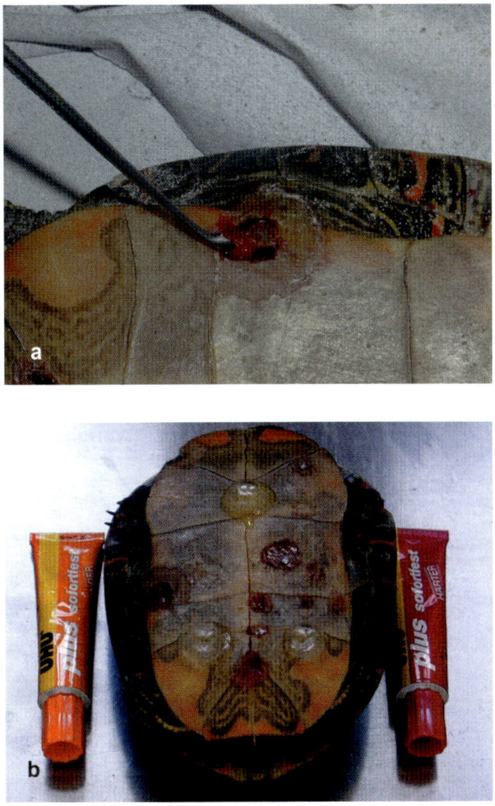


▸ **Abb. 17.15** Behandlung der SCUD bei einer Schmuckschildkröte. **a** Entfernung des veränderten Materials und Auffrischung der Wundränder. **b** Anbringen von „Gleitfüßen" aus Epoxidharz, um den Kontakt zwischen Boden und Plastron zu minimieren.
(Klinik für Vögel und Reptilien, An den Tierkliniken 17, 04103 Leipzig)

## Parasitosen der Haut

**Info**

Meist durch Milben oder Zecken hervorgerufene Erkrankungen, oft als Bestandsproblem.

Milben- und Zeckenbefall spielt eine große Rolle bei Reptilien und geht nicht selten mit anderen schwächenden Erkrankungen sowie Hygiene- und Managementfehlern einher. Aufgrund der relativ hohen Temperaturen in Terrarien können sich gerade Milben rasch ausbreiten und dann auch klinische Symptome verursachen.

**Zecken** kommen gelegentlich vor, oft als Zufallsbefund, aber auch als Bestandsproblem oder Massenbefall. Sie suchen sich zum Blutsaugen Bereiche weicherer Haut, oft unter den Schuppen bzw. im Kopfbereich der Tiere. Dort bleiben sie, bis sie eine ausreichende Größe erreicht haben und sich für den weiteren Reproduktionszyklus vom Tier fallen lassen. Auch wenn Zecken relativ wirtsspezifisch sind, ist ein vorübergehender Befall von Säugern und dem Menschen möglich.

Unter den vielen Milbenarten, die beim Reptil nachgewiesen werden können, ist *Ophionyssus natricis*, die **Schlangenmilbe**, die mit Abstand am häufigsten vorkommende. Diese ist hauptsächlich bei Schlangen, gelegentlich aber auch bei Echsen zu finden. Sie zeichnet sich durch einen temperaturabhängigen, relativ kurzen Reproduktionszyklus (7–14 Tage) aus, wobei die Stadien von Eiern über Larven zu Nymphen in der Umgebung der Tiere stattfinden, Nymphen und schließlich die adulten Parasiten aber blutsaugend auf den Tieren zu finden sind. Zur Reproduktion dienen insbesondere geschützte, dunkle und relativ feuchte Bereiche im Terrarium. Die Milben können ohne Blutsaugen über einen Monat überleben. Auf Reptilien leben sie meist unter Schuppen sowie im Kopf- und Kloakenbereich (▸ **Abb. 17.1**, ▸ **Abb. 19.4d**). Je nach Entwicklungszyklus und letzter Mahlzeit können sie gelblich bis rot oder schwarz erscheinen.

Differenzialdiagnostisch ist vor allem die **Tropische Rattenmilbe** *(Ornithonyssus bacoti)* zu unterscheiden, welche über Futtertiere in das Terrarium gelangt und im Gegensatz zur Schlangenmilbe auch den Menschen als Wirt nutzen kann. **Permanente Milben** *(Pterygosomidae)* findet man bei Echsen, insbesondere dem Grünen Leguan. Sie fallen durch einen breiten Körperbau auf und dadurch, dass sie auch nach dem Tod noch an der Haut anhaften.

**! Milben können verschiedene Krankheitserreger von Tier zu Tier transportieren, beschrieben ist dies unter anderem für** *Aeromonas* **spp. Auch für die Übertragung der Inclusion Body Disease (S. 216) stehen Milben im Verdacht, eine Rolle zu spielen.**

Eine kutane **Filariose** kann gelegentlich bei Reptilien vorkommen. Insbesondere bei importierten Waranen, Würgeschlangen aus Neuguinea sowie afrikanischen Chamäleonarten sollte differenzialdiagnostisch an Filarien als Ursache von kutanen Umfangsvermehrungen gedacht werden. Es handelt sich hierbei um die adulten Entwicklungsstadien, welche außer im Bindegewebe der Haut auch in der Leibeshöhle sowie in Blut- und Lymphgefäßen parasitieren können. Die adulten Weibchen gebären Larven, welche unter der Bezeichnung **Mikrofilarien** bekannt sind und häufig im Blutausstrich als Zufallsbefund diagnostiziert werden. Die Übertragung erfolgt über Stechmücken und Zecken während des Saugakts, eine Übertragung durch blutsaugende Milben ist bisher nicht belegt. Filarien können auch im Blut- und Lymphgefäßsystem parasitieren und dieses verstopfen, wodurch fokale Nekrosen der Haut und Muskulatur auftreten.

**Klinik** Ein geringgradiger Befall ist meist nicht mit klinischen Symptomen verbunden. Je nach Intensität der Parasitose reicht das Spektrum von Häutungsstörungen, Dermatitiden bis zu Erscheinungen von Juckreiz sowie Verhaltensstörungen: Neben einer erhöhten Aktivität und Kratzbewegungen an der Terrarieneinrichtung ist bei Schlangen oft zu beobachten, dass sie im Wassergefäß liegen bleiben und bei starker begleitender Dermatitis sogar Beutetiere unter Wasser drücken, anstelle sie zu erwürgen. Bei jungen oder stark geschwächten Tieren kann auch eine Anämie auftreten.

**Diagnose** Ein direkter Parasitennachweis (▸ Abb. 17.1) ist sowohl makroskopisch als auch mit Lupe oder durch Probenuntersuchung unter dem Mikroskop möglich. Wichtig ist es, auch die Umgebung der Tiere mit einzubeziehen.

**! Ein einmaliger fehlender Nachweis ist kein Beweis dafür, dass kein Ektoparasitenbefall vorliegt.**

Ein Filarienbefall kann zu einer solitären, beulenartigen Umfangsvermehrung der Haut sowie zu fokalen Nekrosen des Gewebes führen. Nach Eröffnung der Umfangsvermehrung sind die häufig mehrere Zentimeter langen adulten Würmer sichtbar. Im Blutausstrich können Mikrofilarien nachgewiesen werden.

**Therapie** Die Therapie sollte steht die Umgebung mit einbeziehen, ansonsten ist eine Eradikation, welche immer anzustreben ist, nicht möglich. Das Terrarium sollte komplett ausgeräumt werden, Material, das leicht ersetzt werden kann, sollte ausgetauscht werden. Das übrige Terrarium ist intensiv mit heißem Wasser auszuschrubben. Anschließend ist eine Insektizidbehandlung (z. B. Pyrethroide, Organophosphate, Carbamate) sinnvoll. Allerdings sollten nach der Behandlung wiederum eine Reinigung mit Wasser und ein ausreichendes Auslüften erfolgen, um eine Kontaktintoxikation zu vermeiden.

**Praxistipp**

Reptilien reagieren empfindlich auf Insektizide, und möglicherweise wird durch Parasitenbehandlungen ein größerer Schaden verursacht als durch die Parasiten selbst. Entsprechend sind die verwendeten Präparate sorgsam auszuwählen und zu dosieren.

Die Behandlung am Tier besteht bei einem geringgradigen Zeckenbefall in einer vorsichtigen Entfernung der Parasiten mittels Pinzette, mit der der Kopf der Zecken gegriffen wird.

Bei Milbenbefall sind verschiedene Präparate und Dosierungen möglich. Nach Erfahrung der Autoren hat sich eine Behandlung mit Fipronil 15, welches mit einem Einmalhandschuh vorsichtig aufgebracht wird, bewährt – die Behandlung sollte nach 7–10 Tagen wiederholt werden. Ivermectin 16 ist sowohl bei einem Milbenbefall als auch zur Bekämpfung von Filarien beschrieben, wobei jedoch toxische Nebenwirkungen (S. 220) häufig sind.

**Cave**

**Bei Schildkröten darf Ivermectin auf keinen Fall angewendet werden.**

Alternative Therapien schließen die Nutzung von Raubmilben, welche Schlangenmilben fressen, ein. Inwiefern hierdurch eine Eradikation der Parasiten erfolgt, ist aber nicht gesichert.

Die wichtigste prophylaktische Maßnahme ist eine Quarantäneunterbringung (S. 50) neu zugekaufter Tiere, in Kombination mit wiederholten Untersuchungen der Tiere und der Umgebung.

**Prognose** Die Prognose ist bei konsequenter Behandlung gut.

## Myiasis

**Info**

Durch Fliegeneier und Fliegenlarven verursachte Veränderung in Wundbereichen, insbesondere bei Schildkröten in der Sommerzeit.

### Ätiologie & Pathogenese

Offene Wunden, insbesondere infizierte oder solche mit abgestorbenem Material, werden in den warmen Sommermonaten rasch durch Fliegen befallen, welche ihre Eier auf der Wunde ablegen. Die Entwicklung zu Maden erfolgt innerhalb weniger Stunden, diese bewegen sich dann auf der Wunde sowie unter der Haut und bewirken weitere Gewebeschädigungen. Ist der Prozess erst einmal in Gang gekommen, lässt er sich kaum stoppen, und auch ein Durchbruch in die Leibeshöhle ist nicht selten.

### Klinik & Diagnose

Die Klinik ist eindeutig, und die Diagnose erfolgt makroskopisch, sowohl die Eier als auch die Fliegenlarven (▸ Abb. 17.18, **b**) sind gut zu erkennen.

### Therapie & Prognose

Ist eine Myiasis erst einmal aktiv, ist die Therapie schwierig, zumal der Verlauf rasch vonstatten geht. Ein manuelles Absammeln ist in der Regel nicht ausreichend, eine wirksame medikamentöse Therapie ist, falls überhaupt durchführbar, für die Reptilien toxisch. In kleinen Wunden kann versucht werden, möglichst alle Maden herauszuspülen. Ist eine Gliedmaße betroffen, sollte über eine Amputation (S. 202) nachgedacht werden. Ist die Leibeshöhle betroffen, ist die Prognose infaust.

Besondere Bedeutung hat die Prophylaxe, indem Wunden mit Verbänden abgedeckt werden und das Terrarium durch Gaze vor Fliegeneintritt geschützt wird. Eine Fliegenbekämpfung im Raum selbst ist ebenfalls sinnvoll.

## Virale Hautinfektionen

Virale Infektionen der Haut stellen im Vergleich zu den oben genannten Erregern bisher selten nachgewiesene Ursachen von Dermatitiden dar.

Ausnahme bilden **Pockeninfektionen** bei Krokodilen, welche sich in Form von fokalen, depigmentierten Hautbefunden darstellen (▸ **Abb. 17.7**). Die Diagnose erfolgt histopathologisch anhand eines Hautbiopsats. In stressarmer Umgebung heilen entsprechende Pockenläsionen unter Narbenbildung ab, so dass lediglich auf eine Vermeidung von Sekundärinfektionen zu achten ist.

Die **Fibropapillomatose** stellt eine der wichtigsten Erkrankungen bei Meeresschildkröten dar, die zu einer Reduktion der Bestände beiträgt. Ursache ist eine Infektion mit einem Herpesvirus. Aber auch bei Echsen und Schlangen sind papillomatöse Hautbefunde (S. 314) beschrieben, welche durch Infektionen mit Herpes-, Reo- und/oder Papillomavirus ausgelöst werden. Insbesondere bei Smaragdeidechsen sind diese häufig zu finden.

**Ranaviren** (S. 106) konnten in Zusammenhang mit Dermatitiden bei verschiedenen Echsenarten nachgewiesen werden, wobei das klinische Bild durch bakterielle und mykotische Krankheitserreger geprägt ist. Eine molekularbiologische Untersuchung der Haut auf Ranaviren ist bei einem vermehrten Auftreten von Dermatitiden sinnvoll, insbesondere wegen der hohen Mortalität.

## Dysekdysis und Brillenretention

**Info**

Störungen des Ablaufs der normalen Häutung.

### Ätiologie & Pathogenese

Die Häutung (S. 222) ist ein essenzieller und physiologischer Vorgang bei Reptilien. Während sich die meisten Echsen und Schildkröten stückweise häuten, verläuft die Häutung bei Schlangen und bei einigen Echsen (wie dem Leopardgecko) in der Regel komplett. Häutungsstörungen sind im Grunde keine Erkrankung, sondern ein klinisches Symptom mit einer Vielzahl von Ursachen. Von besonderer Bedeutung für die Häutung sind

- Spezies,
- Alter (Jungtier häuten öfter),
- Geschlecht,
- Ernährung (Eiweiß- oder Vitamin-A-Mangel),
- Temperatur (längere Phasen einer Hypothermie können zu einer Häutungsstörung führen),
- Luftfeuchtigkeit (problematisch sind zu geringe Luftfeuchtigkeitswerte),

- Lichtregime,
- andere Erkrankungen der Haut.

Häutungsstörungen fallen oft nicht bei der ersten gestörten Häutung auf, sondern erst in fortgeschrittenen Prozessen. Neben der Störung des Allgemeinbefindens und des Visus kommt es bei Echsen nicht selten zu Einschnürungen der alten Haut an Gliedmaßen und Schwanz, wodurch es zu Abschnürungen der Blutversorgung und zu Nekrosen kommen kann.

## Klinik

Es fallen meist Häutungsfetzen auf, die in bestimmten Körperarealen hängenbleiben (▶ **Abb. 17.5**).

Ist die Brille betroffen, häufig bei Schlangen und selten bei Geckos, kommt es zu einer ein- oder beidseitigen Brillenretention. Meist fällt eine weniger glatte und opake Hornschicht auf dem Auge auf (bei Königspythons kann aber auch die normale Brille wenig glatt aussehen, dies darf nicht mit einer Häutungsstörung verwechselt werden). Bei Bestehenbleiben der **Brillenretention** kann es zur Ansammlung von mehreren Hautschichten kommen, mit der Folge von sekundären Infektionen, welche zur Erblindung des betroffenen Tieres führen können.

Im Bereich der Gliedmaßen und am Schwanz bilden sich bei Echsen oft derbe Hautringe, die die Haut einschnüren können.

## Diagnose

Die Diagnose einer Dysekdysis wird nach ausführlichem Vorbericht (vorhergehende Häutung) und der klinischen Untersuchung gestellt.

> **Praxistipp**
> Es ist dem Halter zu raten, bei Schlangen jedes „Natternhemd" auf Vollständigkeit, insbesondere auch der Brillen, zu prüfen.

Für die Therapie essenziell ist die Diagnose der zugrundeliegenden Störung, der Ursache für die Häutungsprobleme. Die klinische Untersuchung kann Hinweise auf Traumata, Narben und Infektionen geben und zusammen mit dem Vorbericht sehr hilfreich sein.

## Therapie

Die Häutungsstörung selbst ist kein Notfall, die Therapie bedarf im Gegenteil eher einer geduldigen und gegebenenfalls wiederholten Behandlung.

Als initiale Maßnahme empfiehlt es sich, die Tiere in handwarmem Wasser 20–30 Minuten zu baden. Anschließend sollten sie in ihrem Terrarium ausreichend Gegenstände haben, die sie zur mechanischen Lösung der Hautfetzen durch Entlangreiben nutzen können. Bei Schlangen besteht auch die Möglichkeit, die Tiere in einen Stoffbeutel mit mehreren warmen, feuchten Tüchern zu packen und sie dort für 20–30 Minuten zu belassen, so dass die Haut geschmeidiger wird.

Eine vorsichtige manuelle Entfernung ist möglich, allerdings sollte keinesfalls aktiv die Haut abgezogen werden, da hierdurch erheblicher Schaden angerichtet werden kann.

Besteht der Verdacht auf eine infektiöse Genese, kann neben der ursächlichen Therapie wie bei der **Dermatitis** (S. 236) beschrieben auch lokal mit Chlorhexidin- 57 oder Jodlösungen 59 gearbeitet werden.

Im Falle einer **Brillenretention** ist sehr vorsichtig vorzugehen. Auch hier sollte die alte Haut auf der Brille durch warmes Wasser (aufgeträufelt oder im Stoffbeutel) angeweicht werden. Anschließend kann versucht werden, die alte Brille mit einem Tupfer oder einer Augenpinzette vorsichtig wegzuschieben. Dabei sollte die Pinzette nicht zum Greifen verwendet werden, da es schnell zu einer Störung der empfindlichen Haut in diesem Bereich kommen kann.

> **Praxistipp**
> Geduldige, wiederholte Maßnahmen sind notwendig. Auch die Vorbereitung auf eine möglichst optimale nächste Häutung ist eine sinnvolle Maßnahme.

## Prognose

Die Prognose ist bei Behandlung der zugrundeliegenden Störung gut.

## Blister Disease

### Info

Bläschenbildung der Haut infolge einer zu hohen Luftfeuchtigkeit.

### Ätiologie & Pathogenese

Eine Bläschenbildung der Haut tritt auf, wenn die Luftfeuchtigkeit im Terrarium dauerhaft zu hoch ist. Häufig betroffen sind Schlangen und seltener Echsen. Die Blister Disease beginnt in Form einer vesikulären sterilen Dermatitis und entwickelt sich im weiteren Verlauf zu einer nekrotisierenden Dermatitis mit Sekundärinfektionen durch Bakterien und Pilze aus der Terrarienumwelt.

### Klinik & Diagnose

Wie der Name schon sagt, sind die ersten Anzeichen Blasen in der Haut, die mit einer klaren, wässrigen Flüssigkeit gefüllt sind. Unbehandelt stellen diese geschädigten Hautareale einen kompetenten Nährboden für Bakterien und Pilze dar, so dass sich Ulzerationen und krustös-schmierige Beläge bilden können. In diesem Stadium sind eine bakteriologische und mykologische Untersuchungen notwendig, um Sekundärinfektionen effektiv bekämpfen zu können. Die Ursache in Form einer zu hohen Luftfeuchtigkeit, z. B. durch dauerhaft nasses Bodensubstrat, muss anhand der Anamnese geklärt werden.

### Therapie

Ein frühzeitiges Erkennen der Blasenbildung und eine umgehende Behandlung sind wichtig, um eine Sekundärinfektion und damit einhergehend eine Verschlechterung des klinischen Bildes zu verhindern. Im frühen Krankheitsstadium, ohne Sekundärinfektionen, kann eine gut belüftete, saubere und trockene Umgebung dazu beitragen, dass die Flüssigkeit resorbiert wird und eine Nekrose der Haut vermieden wird. Bei einer bereits erfolgten Sekundärinfektion sind eine desinfizierende Reinigung und systemische, antibiotisch bzw. antimykotisch wirksame Chemotherapie (S. 239) notwendig. Eine Haltung der Tiere auf Papier oder Handtüchern ist während der Heilung sinnvoll, um das Risiko von Sekundärinfektion zu verringern. Auch eine Wärmequelle von oben kann helfen, den Heilungsprozess zu beschleunigen.

### Prognose

Die Prognose ist je nach Alter der Entzündung und Schädigungsgrad der Haut gut.

## Hypovitaminose A

### Info

Alimentäre Unterversorgung mit Vitamin A insbesondere bei Wasserschildkröten.

### Ätiologie & Pathogenese

Von einer Unterversorgung mit Vitamin A sind insbesondere Wasserschildkröten betroffen, Landschildkröten dagegen nicht – hier besteht das Problem der **Hypervitaminose A** (S. 248). Auch Echsen und Schlangen können einen Vitamin-A-Mangel zeigen.

Durch den Mangel an Vitamin A kommt es zu Zellveränderungen in den Epithelien verschiedener Organe. Die Zellen verändern sich metaplastisch, es entstehen parakeratotische Hyperkeratosen. Betroffen können alle Epithelien im Körper sein, von besonderer Bedeutung sind der Atmungstrakt, der Verdauungstrakt, das Auge sowie der Harn- und Geschlechtstrakt. Entsprechend breit sind die klinischen Folgen.

Bei Wasserschildkröten treten oft metaplastische Veränderungen der Tränendrüsen im periorbitalen Bereich auf, wodurch die Augenlider geschwollen erscheinen und sich Débrismaterial unter den Konjunktiven ansammelt. In der Niere kann eine Schädigung des Tubulusepithels zu einer Funktionseinschränkung und Förderung der Entstehung einer **Gicht** (S. 330) führen. Im Bereich des Mittelohrs können begünstigt durch einen Vitamin-A-Mangel Metaplasien und **Mittelohrentzündungen** (S. 310) resultieren, wobei hier ebenfalls Wasserschildkröten am häufigsten betroffen sind.

### Klinik

Das klinische Bild ist vielschichtig. Im Bereich der Haut kommt es insbesondere zu einer **Dysekdysis** (S. 245). Im Bereich der Augenlider ist die Haut bei Wasserschildkröten oft hochgradig geschwollen, die Augen sind geschlossen (▶ **Abb. 17.16**). Die Lider sind ödematös, unter ihnen sammelt sich Débrismaterial an. Die Veränderungen können sowohl ein- als auch beidseitig auftreten. Auch die

▸ **Abb. 17.16** Hypovitaminose A bei einer Schmuckschildkröte. (Klinik für Vögel und Reptilien, An den Tierkliniken 17, 04103 Leipzig)

Haut im Halsbereich kann geschwollen sein (▸ **Abb. 17.16**). Je nach Veränderung sind die Tiere apathisch und anorektisch.

### Diagnose

Auch wenn eine Bestimmung der Vitamin-A-Konzentration in Leber oder Blutplasma möglich ist, erfolgt die Diagnose in der Regel durch die Anamnese, die klinische Untersuchung sowie den therapeutischen Erfolg.

### Therapie

Die Therapie erfolgt durch parenterale Substitution mit Vitamin A 66. Diese sollte nach 7–14 Tagen wiederholt werden. Zusätzlich sollten Sekundärinfektionen und eine eventuelle Häutungsstörung behandelt werden. Bei Augenveränderungen kann der Débris unter den Augenlidern vorsichtig herausgespült werden. Auch eine topische Vitamin-A-Applikation 56 ist sinnvoll. Eine Optimierung der Fütterung sowie eine Substitution, z. B. mit Korvimin ZVT 63, sind erforderlich.

### Prognose

Die Prognose ist bei Haut- und Augenveränderungen besser als bei Organschäden (Nieren).

## Hypervitaminose A

**Info**

Iatrogene Intoxikation vorwiegend bei Landschildkröten.

### Ätiologie & Pathogenese

Vitamin A – häufig als Multivitaminpräparat – wird gerne als unspezifische Behandlung oder zur Unterstützung gezielter Therapien eingesetzt. Besonders problematisch ist dabei die meist am Säuger orientierte hohe Konzentration von Vitamin A in Handelspräparaten. Hinzu kommt, dass wasserlösliche Formulierungen möglicherweise schneller vom Organismus aufgenommen werden als fettlösliche Präparate. Entsprechend sind Reptilien oft hohen Dosen von Vitamin A ausgesetzt, die wie beim Säuger in der Leber gebunden werden. Bei Landschildkröten scheint diese Bindungskapazität aber sehr gering zu sein, jedenfalls kommt es rasch zu einer Intoxikation, insbesondere durch parenterale Vitamin-A-Gaben. Die erhöhte Konzentration führt dann besonders in der Haut zu ödematösen und parakeratotischen Veränderungen, die den Verlust der Epidermis und breitflächige offene Wundbereiche bedingen.

Andere Reptilien sind weniger empfindlich, jedoch können Überdosierungen von Vitamin A (der Dosierungsbereich in der Literatur ist extrem breit angegeben) zu Häutungsproblemen wie auch Spontanhäutungen führen. Bei Schlangen wird Vitamin A 66 deshalb auch zur Häutungsinduktion nach Indikation genutzt.

### Klinik & Diagnose

Klinisch sind besonders die Bereiche der „weichen Haut“ an Gliedmaßen und Hals betroffen, prinzipiell können es aber alle Körperstellen sein. Je nach Dosierung meist ca. 10–14 Tage nach Applikation löst sich die Epidermis zunächst trocken ab, und es kommt zu Hautrötungen. In der Folge entstehen blasenartige Ablösungen und feuchte, graue oder gerötete Areale, an denen das unterliegende Gewebe ungeschützt freiliegt (▸ **Abb. 17.17**). Gleichzeitig können Gewebeschwellungen und parakeratotische Verhornungen auftreten.

Das freiliegende Gewebe ist ungeschützt gegen Infektionen, die Tiere sind gleichzeitig oft vom Allgemeinbefinden her hochgradig gestört und stellen die Futteraufnahme ein.

### Therapie

Die Therapie ist langwierig, sie dient vor allem dem Schutz vor Infektionen der Haut und der Stabilisierung von Kreislauf und Allgemeinzustand.

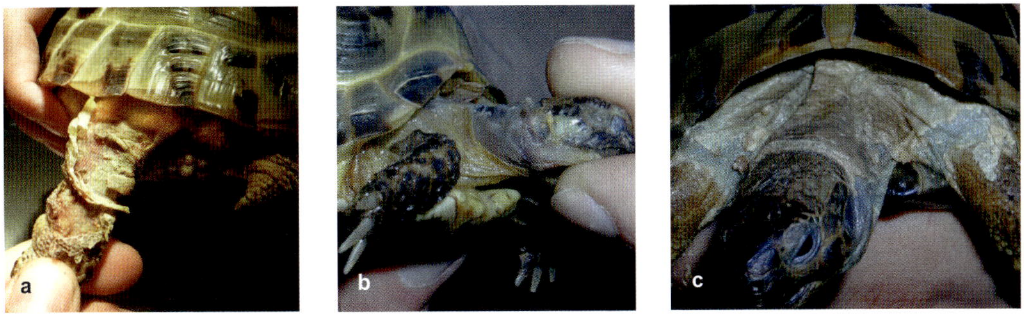


▶ **Abb. 17.17** Iatrogen induzierte Hypervitaminose A bei einer Landschildkröte.
(Klinik für Vögel und Reptilien, An den Tierkliniken 17, 04103 Leipzig)

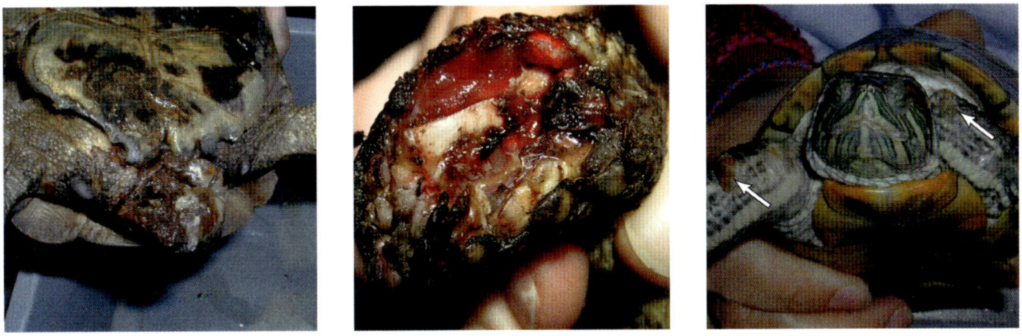

▶ **Abb. 17.18** **a** Bissverletzung und anschließende nekrotisierende Kloakitis bei einer Landschildkröte. **b** Bissverletzung und Befall mit Fliegenlarven bei einer Landschildkröte. **c** Chronische Wunden bei einer Schmuckschildkröte infolge permanenter Traumata in einem ungeeigneten Terrarium.
(Klinik für Vögel und Reptilien, An den Tierkliniken 17, 04103 Leipzig)

Sie entspricht im wesentlich der Therapie bei **Verbrennungen** (S. 249).

### Prognose

Die Prognose ist bei hochgradigen Intoxikationen, insbesondere nach kumulierender Gabe von Vitamin A, vorsichtig. Der Heilungsverlauf dauert meist mehrere Monate.

> **Praxistipp**
> Da ein Vitamin-A-Mangel bei Landschildkröten keine klinisch relevante Rolle spielt, ist von einer parenteralen Vitamin-A-Supplementierung bei diesen Spezies abzusehen. Auch die orale Unterstützung sollte vorsichtig erfolgen, und entsprechende Präparate, z. B. Korvimin ZVT 63, dürfen nur streng limitiert zugefüttert werden.

## Trauma

> **Info**
> Insbesondere durch mechanische, thermische oder chemische Noxen hervorgerufene Verletzungen.

### Ätiologie & Pathogenese

Die Ursachen für traumatische Veränderungen der Haut sind bei Reptilien breit gefächert. Sie reichen von einfachen mechanischen Traumata, bedingt durch ein ungeeignetes Terrarium, Stürze, Bissverletzungen durch Artgenossen oder andere Tiere (▶ Abb. 17.2, ▶ Abb. 17.18) über Verbrennungen und Erfrierungen bis hin zu iatrogenen oder chemischen Auslösern.

Unter den mechanischen Ursachen spielt unter anderem ein fehlendes oder ungeeignetes Bodensubstrat eine Rolle, insbesondere bei Schildkröten

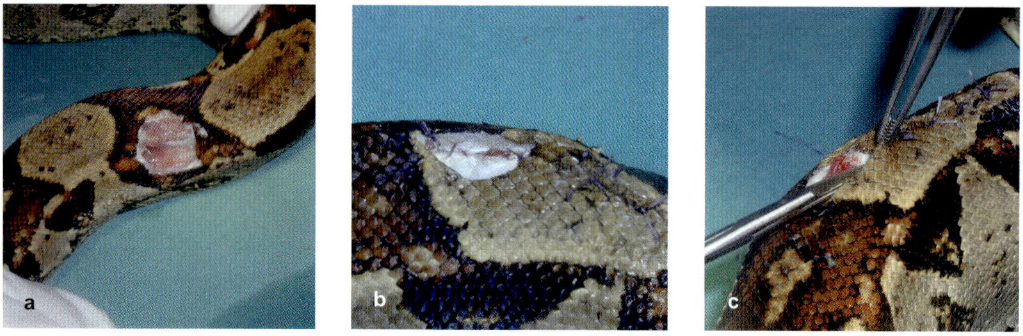

▶ **Abb. 17.19** Bissverletzung durch eine Ratte bei einer Boa. **a** Oft sind wie hier mehrere Stellen betroffen. **b** Situation nach Reinigung der Wundränder. **c** Adaptation der Wundränder, der Muskelfaszien und wenn möglich der Haut.
(Klinik für Vögel und Reptilien, An den Tierkliniken 17, 04103 Leipzig)

kommt es nicht selten zu mechanischen Abrasionen des Plastrons (▶ **Abb. 17.14, a**). Aber auch ein Hängenbleiben in der Gaze kann zu Zehenabrissen führen. Innerartliche Aggressionen können zu oberflächlichen Hautverletzungen, aber auch zu tieferen **Traumata** (S. 197) führen.

**Bissverletzungen** treten aber auch durch Beutegreifer wie Hunde oder Katzen auf. Sie stellen dann meist eine tiefgreifende Problematik dar. Aber auch Bissverletzungen durch Beutetiere sind möglich, entweder durch Abwehrbewegungen bei der Tötung, oder aber durch eine unsachgemäße Fütterung von Lebendtieren (▶ **Abb. 17.19**).

Mechanische Hautwunden können auch die Folge eines nicht ausreichend vorsichtigen Umgangs mit Reptilien sein. Insbesondere Taggeckos sind extrem empfindlich und die Haut reißt schnell ein, wenn die Tiere manuell fixiert werden (▶ **Abb. 17.22**).

**Erfrierungen** sind meist eine Folge einer unsachgemäßen Überwinterung, sie betreffen oft nicht nur die Haut, sondern ganze Gliedmaßenabschnitte oder das Auge.

**Verbrennungen** entstehen in der Regel durch eine ungeeignete Anbringung von Heizelementen. Aus nicht bekannten Gründen fehlt vielen Reptilien die Fähigkeit, heiße Oberflächen als schädlich zu erkennen, so dass sie auf zu heißen Heizflächen liegen bleiben oder sich an Heizlampen klammern bzw. diese umwickeln. Die Folge können hochgradige flächige Verbrennungen sein (▶ **Abb. 17.3**).

Die Reptilienhaut, obwohl meist gut verhornt oder gar gepanzert, ist empfindlich gegenüber **chemischen Reizen**. Hier sind Desinfektionsmittel (S. 220) zu nennen, die zunächst zu Dermatitiden führen, ggf. aber auch zu Hautwunden. Auch Arzneimittelapplikationen können die Haut und das unterliegende Gewebe schädigen (▶ **Abb. 17.20**).

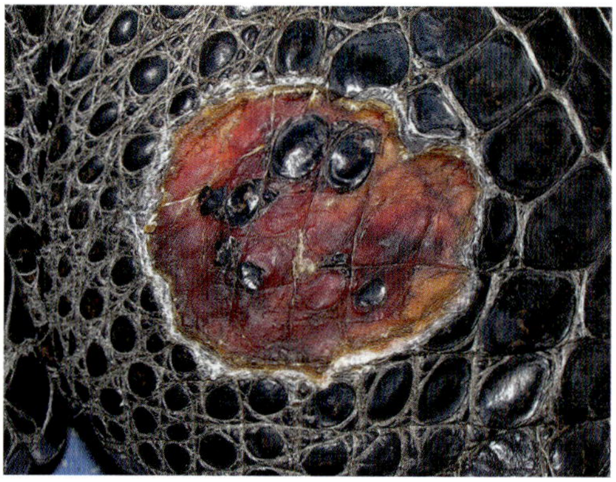

▶ **Abb. 17.20** Sterile Hautnekrose bei einem Alligator nach Injektion einer 5 %igen Baytril®-Lösung.
(Klinik für Vögel und Reptilien, An den Tierkliniken 17, 04103 Leipzig)

## Klinik

Klinisch können sich Hautverletzungen diskret oder flächig, als Risswunden oder mit großem Substanzverlust darstellen. Blutungen sind in akuten Fällen häufig, aber meist ist der Blutverlust begrenzt. Nicht selten bewirken stumpfe Traumata eher flächige Nekrosen als offene Wunden.

Verbrennungen folgen der Einteilung beim Säugetier, meist sind sie aber, wenn sie dem Tierarzt vorgestellt werden, als Verbrennungen dritten Grades zu klassifizieren, so dass flächige, krustige

▶ **Abb. 17.21** Ablösung von abgestorbenen Hornplatten bei einer Köhlerschildkröte. Es kommt meist zu einer avaskulären Nekrose des Knochens. Dieser wird dann oft nach Jahren abgestoßen, wenn das darunterliegende Bauchfell einen Ersatz gebildet hat.
(Dr. Steve Smith, Wendover Heights Veterinary Centre, Buckinghamshire, UK)

▶ **Abb. 17.22** Versorgung eines Risses in der Haut eines Taggeckos: Verwendung von Gewebekleber zur Adaptation der Wundränder.
(Klinik für Vögel und Reptilien, An den Tierkliniken 17, 04103 Leipzig)

Veränderungen und Demarkierungen zu sehen sind.

SK Bei Schildkröten kann es zum Verlust von Hornplatten kommen, teilweise auch nur zu Einrissen und Absplitterungen. Auf Traumata des knöchernen Panzers (S. 197) wird gesondert eingegangen. Nach Schuppenverlust reagiert der Körper nicht selten mit einer avaskulären Nekrose, infolge der der unterliegende Knochen offenliegt, aber weitgehend reaktionslos bleibt. Oft erst Monate bis Jahre später kann auch dieser Knochen abgestoßen werden (▶ **Abb. 17.21**), und die Leibeshöhle wird durch einen Pseudopanzer, der sich unter der Knochenschicht aus Bindegewebe gebildet hat, begrenzt.

## Diagnose

Die Diagnose erfolgt in der Regel klinisch in Kombination mit dem Vorbericht. Besteht der Verdacht, dass auch tieferliegendes Gewebe traumatisiert ist, sind weitergehende Maßnahmen (Röntgen) erforderlich.

## Therapie

Als Sofortmaßnahme stehen die Begrenzung des Verlusts von Körperflüssigkeit sowie eine Infektionsprophylaxe im Vordergrund. Flächige Wunden sollten gereinigt und abgedeckt werden. Angelöste Panzerschuppen können nach einer Fixierung mittels Verband teilweise wieder anwachsen, komplett gelöste Anteile dagegen nicht.

**Rissverletzungen der Haut** sollten ausstülpend genäht werden. Dabei ist darauf zu achten, dass die Naht bei Bewegung des Tieres nicht unter Zugspannung gerät, gerade am Schwanz ist dies oft nicht einfach. Fehlt Haut, ist ein primärer Wundverschluss oft schwierig. Es kann versucht werden, Haut aus der Umgebung zu mobilisieren (▶ **Abb. 17.19**), allerdings sind die Möglichkeiten auch aufgrund der fehlenden Hautelastizität begrenzt. Bei Geckos ist das Nähen der Haut herausfordernd. Eine Alternative stellt die Nutzung von Gewebekleber dar (▶ **Abb. 17.22**).

**Verbrennungen** werden je nach Schweregrad behandelt. Oft entstehen Sekundärinfektionen, die das klinische Bild verkomplizieren. Bei schwereren Verbrennungen ist deshalb die Unterbringung in einem „Sterilterrarium“ (S. 48) nötig, und auch eine über mehrere Wochen begleitende systemische Antibiose und Antimykose können erforderlich sein. Verbrennungen ersten Grades können oft durch einfache Kühlung (Wasser, Kompresse) behandelt werden. Ab Verbrennungen zweiten Grades ist damit zu rechnen, dass die Heilung nur langsam abläuft. Allerdings haben Reptilien im Vergleich zum Säuger eine erstaunliche Fähigkeit, auch bei hochgradigen Verbrennungen Gewebe zu regenerieren und zu ersetzen. Das entstehende Narbengewebe kann allerdings bei folgenden Häutungen Probleme bereiten. Die Abdeckung von

Brandwunden sollte mit sterilem, nichtadhäsivem Material erfolgen. Gerade zu Beginn der Behandlung ist ein tägliches Débridement erforderlich.

### Prognose

Die Prognose ist bei ausreichendem Verschluss und der Verhinderung von Infektionen gut. Fehlen größere Hautanteile, insbesondere durch Verbrennungen oder Bisswunden, ist sie ungünstig.

## Neoplasie

**Info**

Spontane Neoplasie der pigmentbildenden Zellen sowie des Plattenepithels.

### Ätiologie & Pathogenes

Pigmentbildende Zellen in der Haut spielen bei Reptilien eine bedeutende Rolle. Sie dienen der Tarnung, der Mimese, zur Warnung und zur Thermoregulation sowie der Blockade von UV-Strahlung.

In der Haut von Reptilien kommen 3 Typen von Pigment bildenden Zellen (Chromatophoren) vor:

- Melanophoren, die Melanin enthalten,
- Xanthophoren oder Erythrophoren mit Karotinoiden oder Pteridinen,
- Iridophoren, die reflektierende Plättchen aus Guanin, Adenin, Hypoxanthin oder Harnsäure enthalten.

Neoplasien dieser pigmentbildenden Zellen werden allgemein als **Chromatophorome** bezeichnet und nach ihren Ursprungszellen unterteilt in:

- Melanophorome oder Melanome (Melanin produzierende Zellen),
- Xanthophorome (Karotinoide oder Pteridin produzierende Zellen),
- Iridophorome (kristallines Purin produzierende Zellen).

Differenzialdiagnostisch müssen Neoplasien des Plattenepithels in Form von **Plattenepithelzellkarzinomen** abgegrenzt werden. Neoplasien der Haut sind bei Echsen, Schlangen und Schildkröten beschrieben, wobei besonders häufig Bartagamen von Melanophoromen und Iridophoromen betroffen sind. Weitere **Neoplasien** (S. 314) werden beim Leitsymptom Umfangsvermehrung beschrieben.

▸ **Abb. 17.23** Multiple Melanophorome auf dem Rücken einer Bartagame.
(Dr. Kim Oliver Heckers, Laboklin, Steubenstraße 4, 97688 Bad Kissingen)

### Klinik & Diagnose

Sowohl Chromatophorome als auch Plattenepithelzellkarzinome treten in der Regel solitär auf, aber auch multiple, herdförmige Hautbefunde lassen Neoplasien nicht mit Sicherheit ausschließen. Der Verdacht auf eine Neoplasie der Haut sollte insbesondere bei fokalen Farbabweichungen bzw. Erhabenheiten diskutiert werden (▸ **Abb. 17.23**). Mit zytologischen Untersuchungen von Hautbiopsaten können bereits pigmenthaltige Zellen oder Mitosefiguren dargestellt werden, jedoch ist eine histopathologische Untersuchung zur Differenzierung der Neoplasie sinnvoll. Differenzialdiagnostisch sind Abszesse, Dermatomykosen und Pocken abzugrenzen.

### Therapie & Prognose

Die Therapie der Wahl von Chromatophoromen ist in jedem Fall die vollständige chirurgische Entfernung. Als additives Verfahren kann bei melanozytären Neoplasien eine Strahlentherapie erfolgen, ihr Einsatz wurde jedoch bei Tumoren von Reptilien bisher nur in Einzelfällen beschrieben. Melanophorome neigen zur Metastasierung, so dass eine bildgebende und klinisch-chemische Untersuchung sinnvoll ist, um den Grad der Ausbreitung der neoplastischen Zellen bestimmen zu können. Plattenepithelzellkarzinome wie auch Chromatophorome wachsen in der Regel infiltrativ, so dass ein großzügiges Umschneiden der neoplastischen Herde notwendig ist, um sie erfolgreich zu entfernen.

# 18 Störung der Legetätigkeit

Michael Pees

**Leitsymptomatik „Störung der Legetätigkeit"**
- Anorexie
- Unruhe, aber auch Apathie, aufgekrümmte Rückenlinie
- Bauchschwellung
- Gewebevorfall aus der Kloake (S. 164)
- Pressen, Grabeversuche
- Kot- (S. 126) bzw. Harnabsatzstörung (S. 152)

## 18.1 Allgemeines

Störungen der Legetätigkeit stellen eine häufige Ursache für die Vorstellung von Reptilien in der tierärztlichen Praxis dar. Eine Störung der Legetätigkeit bei Reptilien bedeutet im Gegensatz zu entsprechenden Problemen bei Säugern und Vögeln nicht unbedingt eine Notfallsituation. Dennoch geht sie für das Tier mit einer erheblichen Störung des Allgemeinbefindens einher. Für die Diagnostik und die Therapie spielt die Kenntnis der Physiologie der Legetätigkeit eine wichtige Rolle, da Haltungsfehler häufiger die Ursache sind als primäre Erkrankungen.

### 18.1.1 Physiologie der Legetätigkeit

Die Geschlechtsreife hängt bei Reptilien stark von der Größe und weniger vom Alter der Tiere ab. Dazu kommt – zumindest im natürlichen Habitat – das Klima im Jahresverlauf. Bei Arten, welche eine Winterruhe halten bzw. eine Zeit reduzierter Aktivität zeigen (aus Nordamerika, südlichem Südamerika, südlichem Afrika inkl. Madagaskar, Europa, Teilen von Asien und Australien), findet die Eiablage meist danach statt. Aber auch Spezies aus Zentralafrika wie Königspythons legen, bedingt durch die wechselnde Niederschlagsmenge im Jahr, nur in bestimmten Monaten Eier. Dagegen reproduzieren sich Arten aus äquatorialnahen Gebieten, in denen die Temperatur und Niederschlagsmenge im gesamten Jahresverlauf ähnlich gute Bedingungen bieten (z. B. Rotkehlanolis, grüne Wasseragamen, Köhlerschildkröten und Regenbogenboas), im gesamten Jahresverlauf.

Bei Reptilien steht die Paarung in keinem direkten zeitlichen Zusammenhang zum Legezeitpunkt. So ist bei Schildkröten eine Spermienspeicherung von mehreren Jahren beschrieben, und viele weibliche Schildkröten bilden bei adäquaten Haltungsbedingungen Gelege an und legen Eier, obwohl keine männlichen Partner zugegen sind. Der Zeitraum von der Anbildung größerer Follikel bis zum Legen der Eier kann z. B. bei Schildkröten mit ca. 3 Wochen sehr kurz sein, sich aber bei veränderten Bedingungen auch über 3 Monate hinziehen.

Reptilien können **ovipar** (eierlegend), **ovovivipar** (fertig entwickelte Jungtiere schlüpfen aus Eihüllen zum Legezeitpunkt) und **vivipar** (lebendgebärend) sein. Bei den eierlegenden Arten unterscheidet man außerdem zwischen solchen, die weichschalige (die meisten Schlangen, Echsen, teilweise Sumpfschildkröten) und denen, die hartschalige (Krokodile, Landschildkröten, teilweise Sumpfschildkröten) Eier ablegen. Gerade bei den ovoviviparen Arten und solchen, welche weichschalige Eier legen, kann es bei einer Nichtbefruchtung zur Entstehung sogenannter **Wachseier** kommen, welche sehr häufig bei der Eiablage Probleme verursachen.

## 18.2 Sofortmaßnahmen

Sofortmaßnahmen sind besonders dringend, wenn ein Gewebevorfall aus der Kloake (S. 164) vorliegt oder der Kreislauf der Tiere erheblich gestört ist. Auch Eier, die in der Kloake feststecken und neben der Behinderung der Kot- und Harnpassage zu Nekrosen der Schleimhäute führen können, stellen eine Notfallsituation dar.

**Sofortmaßnahmen**

- Behandlung des prolabierten Gewebes (S. 164)
- Sicherung des Kreislaufs durch Substitution von Flüssigkeit (S. 44) und Nährstoffen sowie eine stressarme und warme Unterbringung
- Substitution mit Kalzium 62, da häufig ein Kalziummangel die Symptomatik auslöst oder verstärkt
- vorsichtige Entfernung von Eiern in Becken oder Kloake durch manuelle Manipulation (S. 266)

Ein operativer Eingriff sollte, wenn irgend möglich, erst nach Stabilisierung des Reptils erfolgen. Alle weiteren therapeutischen Maßnahmen, insbesondere auch hormonelle Eingriffe, sollten erst nach diagnostischer Abklärung der Ursache erfolgen.

## 18.3 Diagnostik

Das diagnostische Vorgehen für das Leitsymptom Störung der Legetätigkeit ist im diagnostischen Leitfaden dargestellt.

# Diagnostischer Leitfaden: Störung der Legetätigkeit

## Anamnese

- Geschlecht
- Haltung → Legemöglichkeit, Stress → psychogene Legenot
- Fütterung → Metabolic Bone Disease
- Anorexie → physiologisch vor Eiablage
- bisherige Legetätigkeit

## Klinische Untersuchung

- Ernährungszustand → Kachexie
- Bauch → Bauchschwellung generell
- EC (pathologische) Frakturen, Luxationen
- Kloake, Gewebevorfall
  - → nicht identifizierbar
  - → Legedarm

## Genitaltrakt

- Röntgen
  - → Eier identifizierbar
    - → Eier, pathologisch verändert
    - → Verengungen im „Geburtsweg“
    - → sonstige Umfangsvermehrungen
    - → Kotanschoppung
    - → blutchemische Untersuchung
  - → Eier nicht sicher identifizierbar → Ultraschall

▶ S. 265

▶ Leitsymptom Störung des Bewegungsapparats ▶ S. 176

▶ Leitsymptom Anorexie, Apathie ▶ S. 318

▶ Leitsymptom Umfangsvermehrung ▶ S. 297

▶ Leitsymptom Störung des Bewegungsapparats ▶ S. 176

▶ Leitsymptom Gewebevorfall aus der Kloake ▶ S. 164

▶ Legedarmvorfall ▶ Leitsymptom Gewebevorfall aus der Kloake ▶ S. 164

▶ Legenot ▶ S. 265

▶ Legenot ▶ S. 265

▶ Leitsymptom Umfangsvermehrung ▶ S. 297

▶ Obstipation ▶ Leitsymptom Störung des Kotabsatzes bzw. Kotveränderung ▶ S. 126

▶ Legenot infolge Hypokalzämie ▶ S. 265

▶ Eier unauffällig

Fortsetzung: **Diagnostischer Leitfaden: Störung der Legetätigkeit**

▸ **Röntgen und Ultraschall ohne klaren Befund** ——— ▸ CT/MRT, Probelaparotomie

- ▶ Eier, pathologische Veränderungen ▶ Legenot ▶ S. 265
- ▶ Follikel, unauffällig
- ▶ Follikel, pathologisch verändert ▶ Follikelretention ▶ S. 274
- ▶ Legedarmentzündung ▶ Legenot ▶ S. 265
- ▶ Legenot ▶ S. 265

### 18.3.1 Besonderes Augenmerk bei der Anamnese

Die Erhebung von Anamnesedaten ist ein besonders wichtiger Bestandteil der Diagnostik. Oft ist den Haltern das Geschlecht des Tieres nicht bekannt. Bei den geschilderten Haltungsbedingungen können bereits wichtige Anhaltspunkte für die Ursache einer Störung der Legetätigkeit enthalten sein. Von Bedeutung für eine eventuell vorliegende **Metabolic Bone Disease** (S. 193) ist die Versorgung mit Kalzium, Vitaminen und UV-Licht; daneben sind das Bodensubstrat (Art, Tiefe), Partnertiere im Terrarium und vergangene Eiablagen sowie aktuell bereits gelegte Eier, Grabeversuche und eine (physiologische) Einstellung der Futteraufnahme zur erfragen. Eine psychogene **Legenot** (S. 265) kann nur dann diagnostiziert werden, wenn Haltungsfehler bei gleichzeitigem Ausschluss anderer Erkrankungen vorliegen.

### 18.3.2 Besonderes Augenmerk bei der klinischen Untersuchung

Die klinische Untersuchung beinhaltet eine Beurteilung des Allgemeinbefindens und des Ernährungszustands. Auch ein chronischer Energiemangel wie bei der **Kachexie** (S. 318) beschrieben kann die Ursache einer Störung der Legetätigkeit sein. Es folgt eine Adspektion und Palpation des Bauches und der Kloake, sowie eine Untersuchung des Skelettsystems, insbesondere im Hinblick auf mögliche mechanische Legehindernisse.

Rundliche Ausbeulungen der stark umfangsvermehrten Leibeshöhle (▶ **Abb. 18.1**) deuten bei Schlangen und Echsen auf das Vorhandensein von beschalten Eiern hin. Der Verdacht kann durch vorsichtige (!) Palpation bestärkt werden. Bei Schildkröten sind angebildete Eier, im Gegensatz zu Follikeln, durch tiefe Palpation in der Kniebucht zu ertasten, wenn diese bereits sehr weit kaudal liegen. Für sonstige Bauchschwellungen wird auf das Leitsymptom Umfangsvermehrung (S. 297) verwiesen.

In der Kloake befindliche Eier werden durch Adspektion und oberflächliche Palpation der Kloake diagnostiziert (▶ **Abb. 18.9**, **a**). Bei größeren Tieren, vor allem Schildkröten, ist auch die digitale Untersuchung der Kloake mit einem behandschuhten Finger möglich. Ist Gewebe aus der Kloake vorgefallen (S. 164), so ist eine Identifizierung des Organs für die Therapie entscheidend.

### 18.3.3 Weiterführende Untersuchungen

#### Röntgenuntersuchung

In der Regel ist das Röntgenbild der erste weiterführende Schritt in der Diagnostikkaskade der Legenot. Sind **Eier** identifizierbar, sollten sie hinsichtlich der Anzahl, Lage und Größe (im Vergleich zum Beckendurchmesser) sowie der Beschaffenheit der Eischalen (Kalzifikationsgrad, Intaktheit, Verformungen, Auflagerungen) beurteilt werden. Ebenso relevant sind das Vorhandensein von Legehindernissen und die Beurteilung der Knochen.

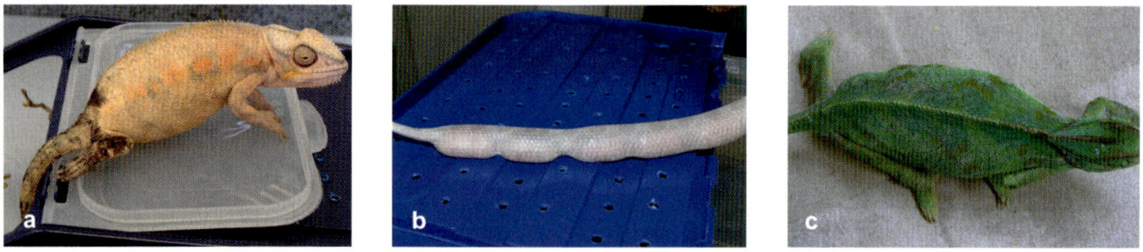

▶ **Abb. 18.1** **a** Gerade bei Chamäleons können Farbveränderungen auffallen. Hier ist durch die Kompression von Nerven bzw. Gefäßen infolge der Legenot der Körper ab dem Becken nach kaudal dunkel verfärbt. **b** Bei Schlangen lassen sich die Eier häufig bereits äußerlich erkennen. Auch wenn ein vorsichtiges Massieren bei der Eiablage helfen kann, besteht bei unsachgemäßer Manipulation die Gefahr von Rupturen oder einer Invagination. **c** Bei Echsen und insbesondere bei Chamäleons kann die Leibeshöhle durch die Follikel- bzw. Eianbildung massiv gefüllt sein. Nicht selten können die Tiere nicht mehr physiologisch klettern.
(Klinik für Vögel und Reptilien, An den Tierkliniken 17, 04103 Leipzig)

**! Bei der Beurteilung des Beckendurchmessers sollte bedacht werden, dass gerade bei weichschaligen Eiern die Möglichkeit besteht, dass sich diese bei der Ablage erheblich deformieren können.**

Eine **kalziummangelbedingte Legenot** erkennt man häufig an schlecht kalzifizierten, verformten Eischalen, aber auch an wenig röntgendichten, verkrümmten oder frakturierten Knochen. Im Röntgenbild erkennbare **Legehindernisse** sind beispielsweise Beckenverengungen (häufig durch Beckenverformungen bei rachitischen Schildkröten, oder nach Beckenfrakturen), zu große oder vor dem Beckeneingang quer liegende bzw. feststeckende Eier oder seltener auch Blasensteine oder Koprolithen bzw. eine **Obstipation** (S. 148).

Hinweise auf schon **lange übertragene Eier** sind gegeben, wenn vor allem bei Schildkröten sehr stark kalzifizierte („überbeschalte") Eier (▶ Abb. 18.2, **a**) mit unregelmäßiger Oberfläche, oder aber bei Echsen und Schlangen stark verformte, zusammengedrückte Eier sichtbar sind. Bei Landschildkröten ist das Vorhandensein von großen Eizahlen mit unterschiedlichem Kalzifikationsgrad meist ein Hinweis darauf, dass sich hier bereits mehrere Gelege angesammelt haben (▶ Abb. 18.2, **b**), während sich bei vielen Echsenarten wie Bartagamen oder Chamäleons der Ovidukt (Legedarm, Eileiter) mitsamt der zahlreichen Eier physiologischerweise bis in die kraniale Zölomhöhle ausdehnen kann (▶ Abb. 18.3, ▶ Abb. 18.4). Bei relativ weit kaudal und median versammelten, meist hyperkalzifizierten Schildkröteneiern im Röntgenbild kann man vermuten, dass diese in den Harnsack gelangt sind.

Die **präovulatorische Follikelretention** lässt sich, insbesondere bei Echsen, oftmals schon im Röntgenbild von der postovulatorischen Legenot abgrenzen. Hierbei sind eher rundliche Gebilde zu erkennen, die keinerlei Kalkschale aufweisen (▶ Abb. 18.5). Bei vielen Echsen unterscheidet sich auch die Lage dieser Follikel von Eiern im Ovidukt in der laterolateralen Aufnahme: Das stark follikel-

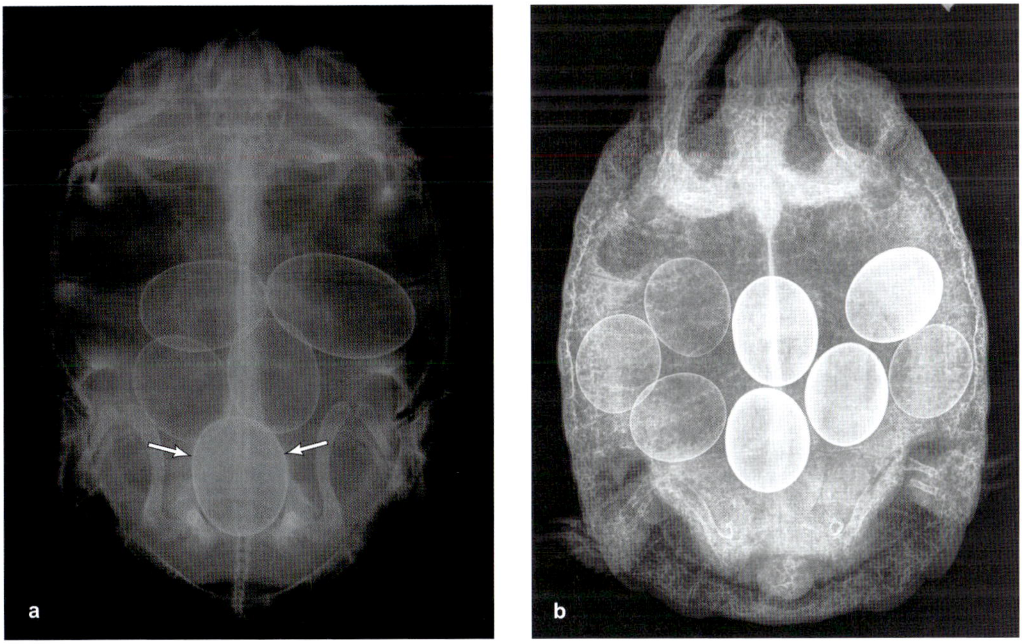

▶ **Abb. 18.2** **a** Griechische Landschildkröte, Röntgenaufnahme (dorsoventrale Projektion), Legenot: Ein Ei, das eine deutlich röntgendichtere Schale hat, steckt im Becken fest. Es handelte sich um ein altes Ei des Vorgeleges, dass nun durch die Legetätigkeit ins Becken verlagert wurde. **b** Maurische Landschildkröte, Röntgenaufnahme (dorsoventrale Projektion), Legenot: Es sind zwei Gelege sichtbar, von denen das ältere übertragen und deutlich röntgendichter ist. Der Panzerknochen erscheint wolkig strukturiert, ein Hinweis auf eine Metabolic Bone Disease.
(Klinik für Vögel und Reptilien, An den Tierkliniken 17, 04103 Leipzig)

besetzte Ovar ist kaudodorsal in der Leibeshöhle aufgehängt und verläuft von dort aus nach kranioventral, während der Ovidukt eher im kaudoventralen Bereich der Leibeshöhle beginnt und sich in Richtung kranial bzw. kraniodorsal ausdehnt. Jedoch ist der Ausschluss einer postovulatorischen Störung der Legetätigkeit auch anhand des Röntgenbilds nicht immer möglich, vor allem wenn es sich um schlecht beschalte oder frisch angebildete Eier handelt.

## Laboruntersuchung

Besteht der Verdacht auf eine Störung der Legetätigkeit, kann die blutchemische Untersuchung wertvolle Zusatzinformationen geben. So kommt es während der Dotteranbildung meist zu einem Anstieg des Blutkalziums sowie zu erhöhten Triglyzerid-, Cholesterol- und Albuminwerten.

## Ultraschalluntersuchung

Sind Eier nicht eindeutig zu identifizieren oder zu beurteilen, ist eine sonografische Untersuchung indiziert. Sie gibt auch Hinweise auf die innere Beschaffenheit oder die Lokalisation der Eier bzw. Follikel. Insbesondere sollten die Form und Größe der untersuchten Strukturen, die Beschaffenheit des Inhalts und der äußeren Abgrenzung sowie umgebende Organe beurteilt werden (▶ **Abb. 18.3**, ▶ **Abb. 18.6**, ▶ **Abb. 18.7**).

Eine **präovulatorische Follikelretention** sollte in jedem Fall sonografisch ausdiagnostiziert werden. Hier ist nicht nur eine Aussage möglich, ob es sich um Follikel oder um Eier handelt, sondern nicht selten auch, ob tatsächlich ein pathologischer Zustand, also eine Follikelretention, vorliegt oder ob das Tier sich in einem physiologischen Fortpflanzungsstadium befindet.

**Physiologische Follikel** von Schlangen und Echsen sind rundlich, alle etwa gleich groß, da sie gleichzeitig angebildet werden und ovulieren, und im Inneren relativ echoreich und homogen. Bei Schildkröten können die Follikel allerdings unterschiedlich groß sein, da sie nacheinander angebildet werden und ovulieren. Somit können bei diesen auch reife Follikel und Eier gleichzeitig nachweisbar sein. **Physiologische Eier** weisen je nach Entwicklungszustand im Innern 2 relativ geradlinig abgetrennte Phasen, eine echoreiche Dotter- und eine echoarme Eiklarzone auf. Die Beurteilung des Eiinhalts bei Eiern mit harter Kalkschale ist im Ultraschall nicht möglich.

**Follikel** sind dann als **pathologisch verändert** anzusehen, wenn sie eine unregelmäßige Form und inhomogenen oder in der Echogenität veränderten Inhalt aufweisen, je nach Tierart zu groß oder besonders zahlreich angebildet sind, oder deutliche Größenunterschiede, außer bei Schildkröten, aufweisen. **Pathologisch veränderte Eier** sind unregelmäßig verformt bzw. gegeneinander eingedrückt oder verklebt und haben einen inhomogenen Inhalt, in dem die 2 Phasen deutlich miteinander vermischt sind. Bei Vorliegen einer **Salpingitis** ist möglicherweise freie, inhomogene Flüssigkeit im Ovidukt nachweisbar. **Im Harnsack** befindliche Eier lassen sich gut differenzieren, wenn dieser um das Ei mit Harn und Uraten gefüllt ist.

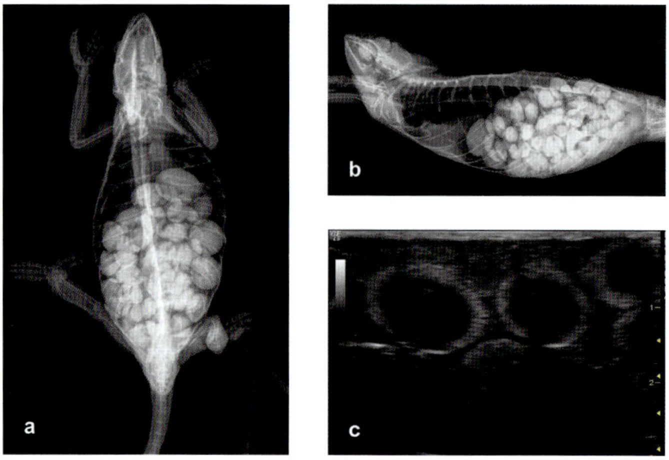


▶ **Abb. 18.3** Jemenchamäleon, postovulatorische Legenot infolge Erschöpfung. **a** Röntgenaufnahme, dorsoventrale Projektion: zahlreiche Eier füllen einen Großteil der Leibeshöhle aus. **b** Röntgenaufnahme, korrespondierende laterolaterale Projektion. **c** Ultraschalluntersuchung, seitliche Ankopplung: Darstellung der weichschaligen Eier.
(Klinik für Vögel und Reptilien, An den Tierkliniken 17, 04103 Leipzig)

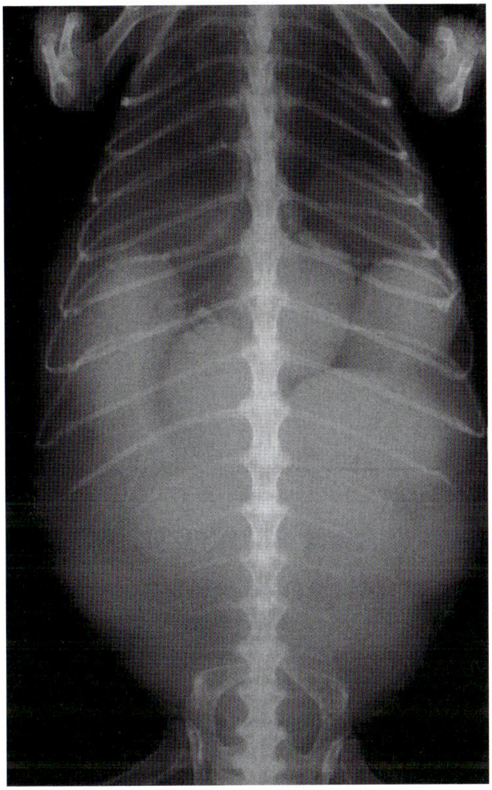

▶ **Abb. 18.4** Grüner Leguan, Röntgenaufnahme: postovulatorische Legenot. Hier sind die Eier gut gegeneinander abgrenzbar. Oft ist die Unterscheidung von Follikeln (▶ **Abb. 18.5**) schwierig.
(Klinik für Vögel und Reptilien, An den Tierkliniken 17, 04103 Leipzig)

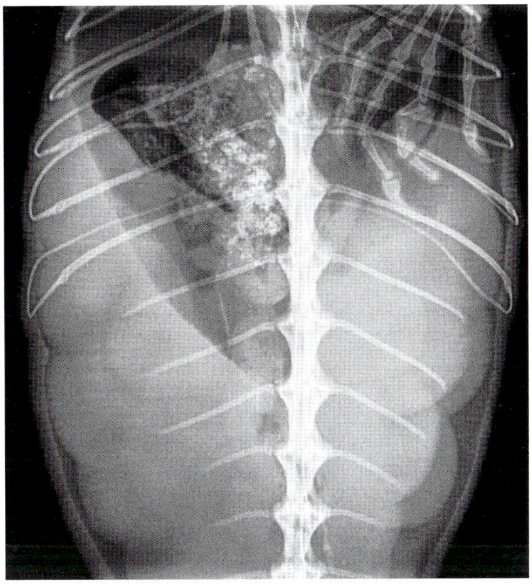

▶ **Abb. 18.5** Grüner Leguan, Röntgenaufnahme: Follikelretention (korrespondierend zu ▶ **Abb. 18.4**).
(Klinik für Vögel und Reptilien, An den Tierkliniken 17, 04103 Leipzig)

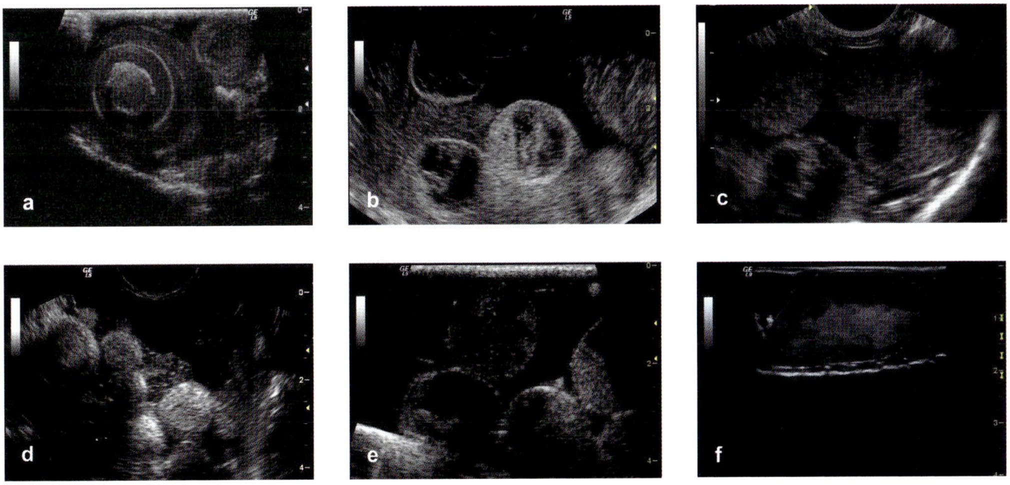


▶ **Abb. 18.6** Ultraschalldarstellungen verschiedener Follikel und Eier. **a** Bartagame: veränderte Eier und entzündeter Ovidukt (Klinik für Vögel und Reptilien, An den Tierkliniken 17, 04 103 Leipzig). **b** Bartagame: veränderte Follikel und Aszites. **c** Grüner Leguan: Follikel und Aszites. **d** Rotwangenschmuckschildkröte: veränderte, unregelmäßige Follikel. **e** Grüner Leguan: sehr alte, deutlich veränderte Follikel und Aszites. **f** Dornschwanzagame, Ei im Längsschnitt.

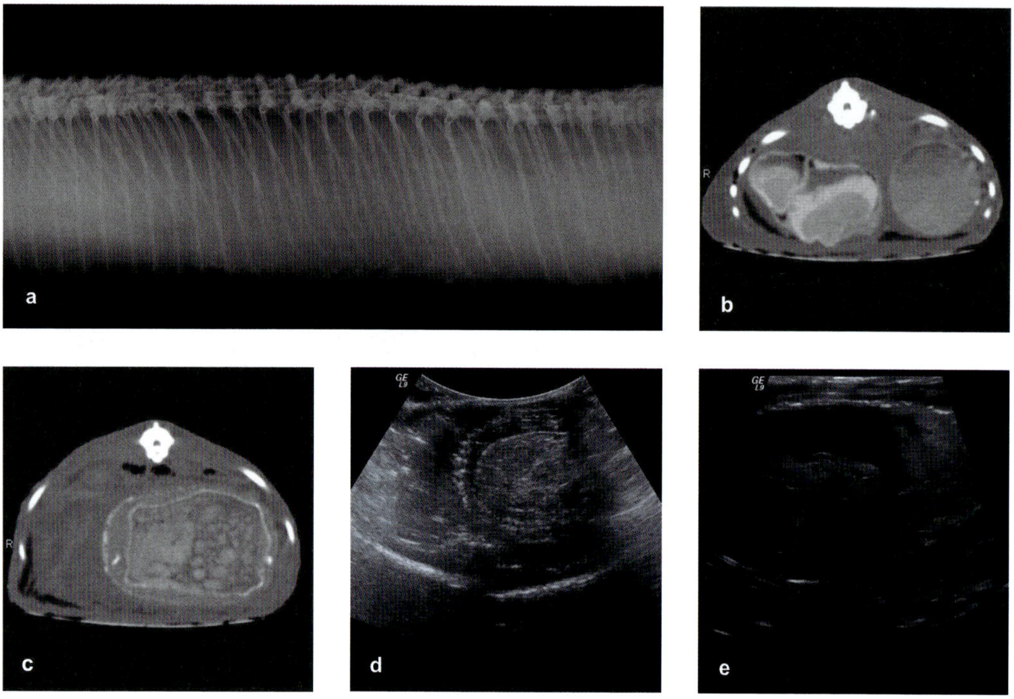

▶ **Abb. 18.7** Tigerpython mit alten, übertragenen und hochgradig veränderten Eiern. **a** Auf der Röntgenaufnahme (laterolaterale Projektion) sind die Eier kaum erkennbar. **b** Im CT (axialer Schnitt) sind deutlich veränderte Eifragmente mit unterschiedlicher Röntgendichte zu erkennen. **c** CT (axialer Schnitt): Die Wand des Ovidukts ist verdickt und fokal kalzifiziert. **d** Auch im Ultraschall (korrespondierend zu **c**) stellt sich die verdickte und veränderte Oviduktwand dar. **e** Ultraschalluntersuchung: Darstellung eines alten Eies mit Auflösung der inneren Strukturen.
(Klinik für Vögel und Reptilien, An den Tierkliniken 17, 04103 Leipzig)

### MRT und CT

Sind trotz entsprechender Hinweise sowohl die Röntgen- als auch die Ultraschalluntersuchung nicht ausreichend, um das Geschehen einzuschätzen, können bildgebende Verfahren wie die MRT oder CT wichtige Zusatzinformationen geben, insbesondere in Fällen von Weichteilveränderungen oder bei übertragenen, alten, mumifizierten Eiern (▶ **Abb. 18.7**, ▶ **Abb. 18.8**).

## 18.4 Wichtige Ursachen

Wichtige Ursachen von Störungen der Legetätigkeit sind in ▶ **Tab. 18.1** zusammengefasst.

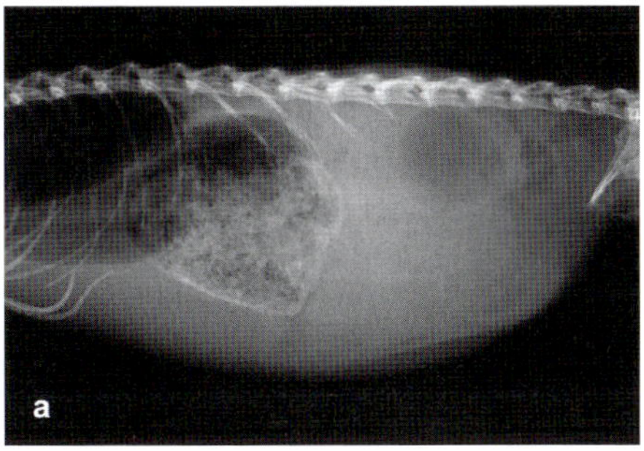

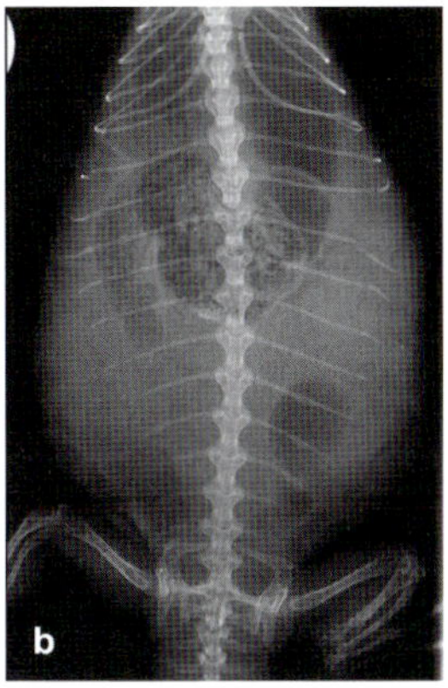

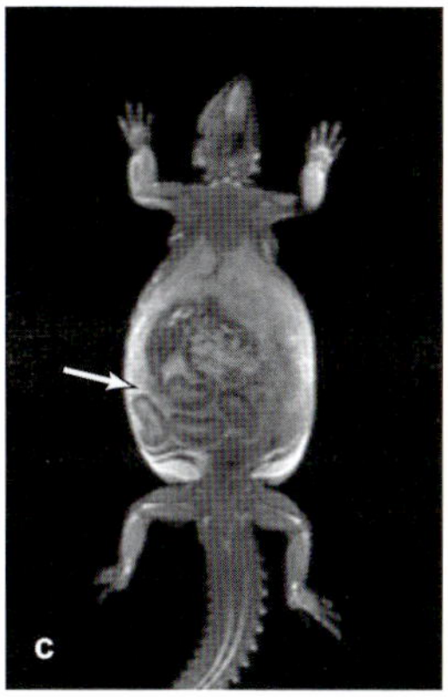


▶ **Abb. 18.8** Röntgenaufnahmen (**a**, laterolateral; **b**, dorsoventral; Klinik für Vögel und Reptilien, An den Tierkliniken 17, 04 103 Leipzig) und MRT-Aufnahme (**c**, koronal, T 2-Wichtung) einer Dornschwanzagame: Gerade bei weichschaligen Eiern sind diese oft nicht im Röntgenbild zu erkennen. Hier wurden mehrere übertragene und veränderte Eier (Pfeil) erst in der Magnetresonanztomografie entdeckt.

▶ **Tab. 18.1** Wichtige Ursachen von Störungen der Legetätigkeit.

| **Ursachen** | | **Bedeutung** * | | | **Bemerkungen, s. auch andere Leitsymptome** |
|---|---|---|---|---|---|
| | | EC | SL | SK | |
| Bakterien | gramnegative Bakterien, u. a. Salmonellen | + + | + + | + + | i. d. R. Folge einer anderen Ursache |
| Pilze | *Chamaeleomyces* spp. (S. 107) | + | - | - | - |
| metabolische Ursachen | Metabolic Bone Disease (S. 193) | + + | - | + + | - |
| | Hypokalzämie (S. 146) | + + | - | + + | - |
| raumfordernde Prozesse | Obstipation (S. 148) | + + | + + | + + | - |
| | Neoplasien (S. 314) | + | + | + | - |
| Sonstiges | Fehlernährung (S. 146) | + + + | + | + + + | - |
| | Haltungsfehler (S. 254) | + + + | + + + | + + + | Licht, Temperatur, Einrichtung |
| | Trauma (S. 197) | + | + | + | - |

* Bedeutung bei der Entstehung der entsprechenden Leitsymptomatik, Erfahrungswerte der Autoren

## 18.4.1 Erkrankungen

### Legenot

**Info**

Häufig vorkommende Störung der Ablage angebildeter Eier.

#### Ätiologie & Pathogenese

Sowohl infektiöse als auch nichtinfektiöse Ursachen können zu Legenot führen. Von besonderer Bedeutung sind Haltungsfehler, insbesondere in Bezug auf Ernährung, Lichtangebot und Klima, sowie das Fehlen geeigneter Eiablagemöglichkeiten. Gerade das übermäßige Futterangebot bei wachsenden Tieren führt zu einem zu frühzeitigen Beginn der Legetätigkeit, die der Körper dann aufgrund seines Entwicklungszustands nicht verkraftet. Daneben spielen aber auch Mangelsituationen, insbesondere bezüglich der Kalzium, Vitamin- und UV-Licht-Versorgung, eine bedeutende Rolle.

Weitere nichtinfektiöse Ursachen sind **Obstipationen** (S. 148) und dadurch bedingte räumliche Behinderungen, **Traumata** (S. 197) sowie die Anbildung deformierter oder zu großer Eier. Die Eigröße ist besonders bei Tieren, welche unter **Metabolic Bone Disease** (S. 193) leiden, kritisch, da hier durch Deformierungen oft zu geringe Becken-/Geburtskanaldurchmesser ausgebildet sind. Ebenso kann die Anbildung eines zweiten Geleges, bevor das erste Gelege abgelegt wurde, zu Problemen führen (▶ **Abb. 18.2, b**).

Eine „psychogene Legenot" hat ihre Ursache nicht in somatischen Veränderungen, sondern ist dadurch bedingt, dass den Tieren keine geeigneten Möglichkeiten zur Eiablage gegeben werden, wie beispielsweise eine Grabebox, oder dass die Tiere einem zu hohen Stresslevel aufgrund einer ungeeigneten Vergesellschaftung oder Umgebung ausgesetzt sind.

Infektionen spielen einerseits als aufsteigende Infektionen im Eileiter eine Rolle, andererseits können auch **Septikämien** (S. 327) neben einer generellen Störung des Allgemeinbefindens den Eierstock bzw. den Ovidukt betreffen. Vorwiegend werden gramnegative Keime als Ursache nachgewiesen.

Schließlich sind noch Probleme der Legetätigkeit verursacht durch (unsachgemäße) **tierärztliche Maßnahmen** zu erwähnen. Hier ist die mechanische Manipulation der Eier, beispielsweise bei Massagen zur Förderung der Legetätigkeit, zu nennen. In der Folge können Eier zerbrechen bzw. in die Leibeshöhle verlagert werden. Des Weiteren können durch die Applikation von Oxytocin zwar die Kontraktion des Ovidukts und damit die Legetätigkeit gefördert werden, insbesondere bei Schildkröten kommt es aber auch regelmäßig zu einem **Verlegen des Eies in den Harnsack**. Bei diesen Problemen treten klinische Symptome oft erst spät auf, nicht selten erst beim nächsten Gelege, wodurch die Diagnostik und Therapie erschwert werden.

### Klinik & Diagnose

Die Klinik und Diagnosestellung werden bei der Diagnostik der Störungen der Legetätigkeit (S. 255) beschrieben. Entscheidend für die Therapie ist die Unterscheidung von einer präovulatorischen Legestörung, bei der es sich um eine **Follikelretention** (S. 274) handelt.

### Therapie

Unabhängig davon, ob man sich zu einer konservativen Therapie oder zu einem chirurgischen Eingriff entschließt, ist es meist sinnvoll, den Patienten zunächst zu stabilisieren. Neben einer geeigneten Umgebung, Ruhe und Wärme sollten Flüssigkeit (S. 44) und Kalzium 62 substituiert werden. Eine Zwangsfütterung ist dagegen nicht sinnvoll.

#### Konservative Therapie

Eine konservative Therapie kommt grundsätzlich in Frage, wenn die klinische Untersuchung sowie die bildgebende Diagnostik keine Hinweise auf eine pathologische Veränderung der Eier oder der „Geburtswege" geben, bzw. das Verhältnis von Eigröße und Beckendurchmesser (S. 260) adäquat ist.

Bei Verdacht auf das Vorliegen einer **psychogenen** oder **erschöpfungsbedingten** (Kalziummangel) **Legenot** sind zunächst das Anbieten eines geeigneten Legeplatzes, strikte Ruhe (Trennung von Partnertieren, Abhängen des Terrariums), eine Infusion (S. 44) und ggf. eine zusätzliche orale Eingabe von Kalzium 62 sinnvoll. Zur Erhöhung der Gleitfähigkeit kann bei Bedarf Paraffinöl 47 in die Kloake eingebracht werden.

**Hormongabe** Liegen keine Hinweise auf Hindernisse während der Eipassage vor, kann Oxytocin 73 nach (mehrfacher) vorheriger Kalziumapplikation eingesetzt werden. Bei Schildkröten und Echsen ist die Oxytocinapplikation oft erfolgreich, bei Schlangen ist die Wirkung dagegen meist unbefriedigend. Ist nach zweimaliger Oxytocin-Applikation kein Erfolg zu verzeichnen, ist die konservative Therapie abzubrechen. Sind die Eier deutlich übertragen, so ist auch die Phase, in der „wehenfördernde" Hormone wirken können, wahrscheinlich verstrichen. Auch wenn die Eier noch nicht legereif sind, ist Oxytocin wirkungslos. Bei Schlangen kann auch unter Sedation eine vorsichtige Massage der Eier kloakenwärts erfolgreich sein.

**Cave**

**Das „Herausmassieren" der Eier ist, insbesondere wenn es vom Laien durchgeführt wird, mit dem Risiko einer Beschädigung der Eischale und eines Austritt des Inhalts, einer Oviduktruptur, -invagination oder eines Oviduktvorfalls verbunden.**

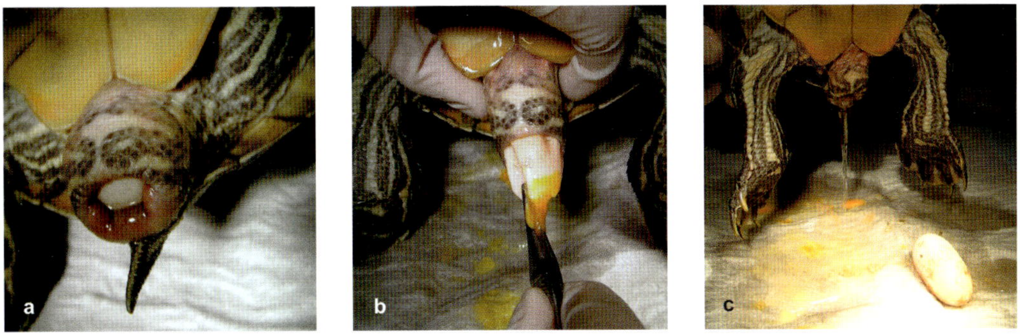


▶ **Abb. 18.9** Schmuckschildkröte mit Legenot: **a** Ein Ei ist in die Kloake vorgetreten. In diesem Fall kann das Ei vorsichtig zerstört (**b**) und anschließend entfernt werden. Tritt Eiinhalt in den Ovidukt oder die Kloake aus, sollte im Anschluss der Bereich gespült werden, damit weder Schalenfragmente noch Eiinhalt im Körper verbleiben.
(Klinik für Vögel und Reptilien, An den Tierkliniken 17, 04103 Leipzig)

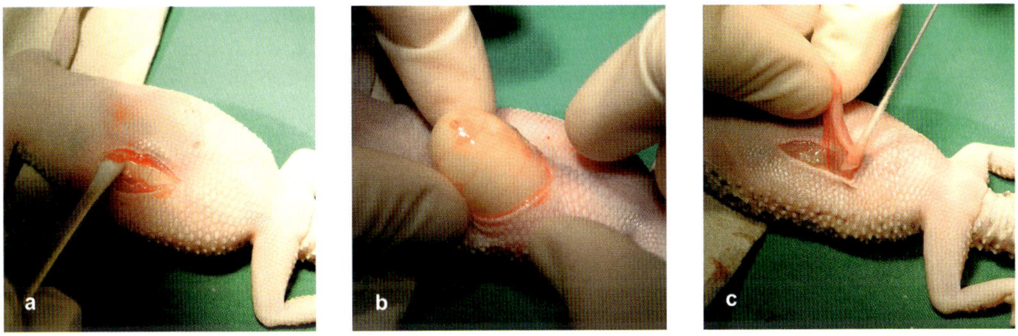


▶ **Abb. 18.10** Geckos wie dieser Leopardgecko sind aufgrund ihrer empfindlichen Haut kritisch. **a** Der Zugang erfolgt analog demjenigen bei größeren Echsen (▶ **Abb. 18.18**). Es besteht allerdings die Gefahr, dass die Naht postoperativ durch Trauma/Keratophagie des Wundkamms durch das Tier selbst beschädigt wird. **b** Der Ovidukt kann nach Entfernung eines Eies (noch im Ovidukt) auch unverschlossen bleiben, wenn er unverändert ist (**c**).
(Klinik für Vögel und Reptilien, An den Tierkliniken 17, 04103 Leipzig)

**Punktion** Bereits im Becken liegende Eier können im Bedarfsfall auch unter Sichtkontrolle mit einer großlumigen Kanüle punktiert, Eiinhalte abgesaugt und Schalenanteile restlos entfernt werden (▶ **Abb. 18.9**).

### Chirurgische Therapie

Indikationen zur chirurgischen Therapie einer Legenot sind mechanische Hindernisse (z. B. Umfangsvermehrungen/Zubildungen, Schalenreaktionen, zerbrochene Eier, verklebte Eier, zu große Eier), abnorme Lage von Eiern (frei in der Zölomhöhle, Harnsack), Zölomitis, Kloaken-/Oviduktvorfall oder nicht erfolgreiche konventionelle Maßnahmen.

**Operativer Zugang** Der operative Zugang zur Leibeshöhle erfolgt je nach Tierart unterschiedlich.

EC **Echsen** werden allgemein auf dem Rücken gelagert. Da bei einem medianen Zugang das Risiko der Traumatisierung der Abdominalvene höher ist als bei einem paramedianen Zugang, wird häufig letzterer verwendet (▶ **Abb. 18.18**, ▶ **Abb. 18.10**). Während es bei erstgenanntem Vorgehen zu Blutungen kommen kann (die Abdominalvene kann falls notwendig abgebunden werden), ist bei einem paramedianen Zugang durch die notwendige Durchtrennung der Bauchwandmuskulatur eine ausgeprägtere Gewebeschädigung zu erwarten und die Wundheilung kann verzögert sein.

**Chamäleons** können aufgrund ihrer lateral abgeflachten Körperform seitlich gelagert werden.

Der Zugang erfolgt dann zwischen den Rippen, wodurch eine dorsoventrale Schnittrichtung entsteht (▶ Abb. 18.19). Bei Bedarf können auch Rippen reseziert werden.

SL Aufgrund der langgestreckten Anordnung der Organe ist bei **Schlangen** eine sorgfältige OP-Planung notwendig (▶ Abb. 18.11, ▶ Abb. 18.12). Der Zugang zur Leibeshöhle erfolgt lateral nahe des Übergangs von den Bauchschuppen zur lateralen Körperwand. Gegebenenfalls muss die Bauchwand oder der Ovidukt über eine längere Strecke oder an mehreren Stellen eröffnet werden.

SK Bei **Schildkröten** besteht die Möglichkeit des **Zugangs über die Kniebucht** sowie die **Eröffnung des Plastrons** (▶ Abb. 18.13, ▶ Abb. 18.14). Beim Zugang durch die Kniebucht (▶ Abb. 18.15) muss diese ausreichend Platz zum Operieren und zur Eipassage bieten, weshalb dieser Zugang nur bei bestimmten Spezies wählbar ist. Es ist sinnvoll, vor dem Eingriff den Harnsack mit einem Katheter zu entleeren, um in der Zölomhöhle Platz für den Eingriff zu schaffen.

Bei postovulatorischer Legenot können die Eier mitsamt dem Ovidukt entfernt werden, oder es kann eine Salpingotomie mit Entfernung der einzelnen Eier aus dem Ovidukt erfolgen (▶ Abb. 18.10, ▶ Abb. 18.16, ▶ Abb. 18.17).

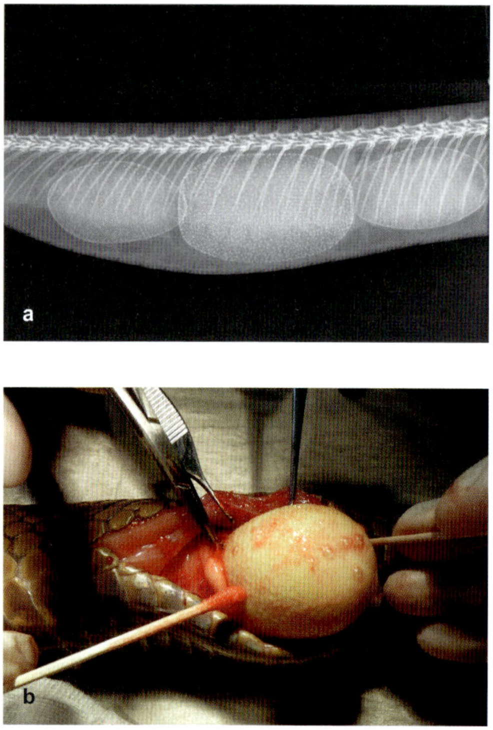


▶ **Abb. 18.11** Indigonatter mit postovulatorischer Legenot. **a** Röntgenaufnahme (laterolateraler Strahlengang): Das mittlere Ei ist deutlich in Größe und Form abweichend. **b** OP-Situs: Entfernung der Eier nach ventrolateralem Zugang zur Leibeshöhle.
(Klinik für Vögel und Reptilien, An den Tierkliniken 17, 04103 Leipzig)

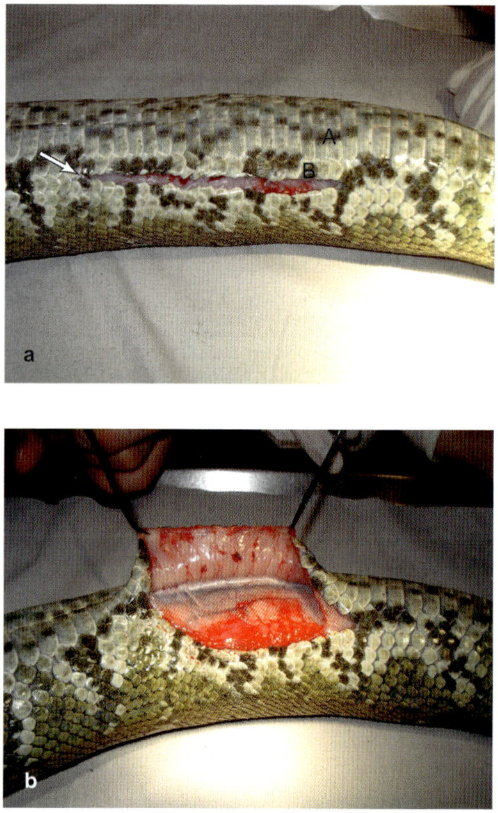


▶ **Abb. 18.12** Operativer Zugang zur Leibeshöhle bei Schlangen. **a** Zwischen den Ventralschuppen (A) sollte nicht geschnitten werden. Idealerweise erfolgt die Eröffnung zwischen der ersten und der zweiten Reihe der Lateralschuppen (B), wobei möglichst immer zwischen den Schuppen geschnitten werden sollte. **b** Nach Durchtrennen der Haut wird die Leibeshöhlenwand zunächst stumpf präpariert und anschließend unter Schonung der Abdominalvene eröffnet.
(Klinik für Vögel und Reptilien, An den Tierkliniken 17, 04103 Leipzig)

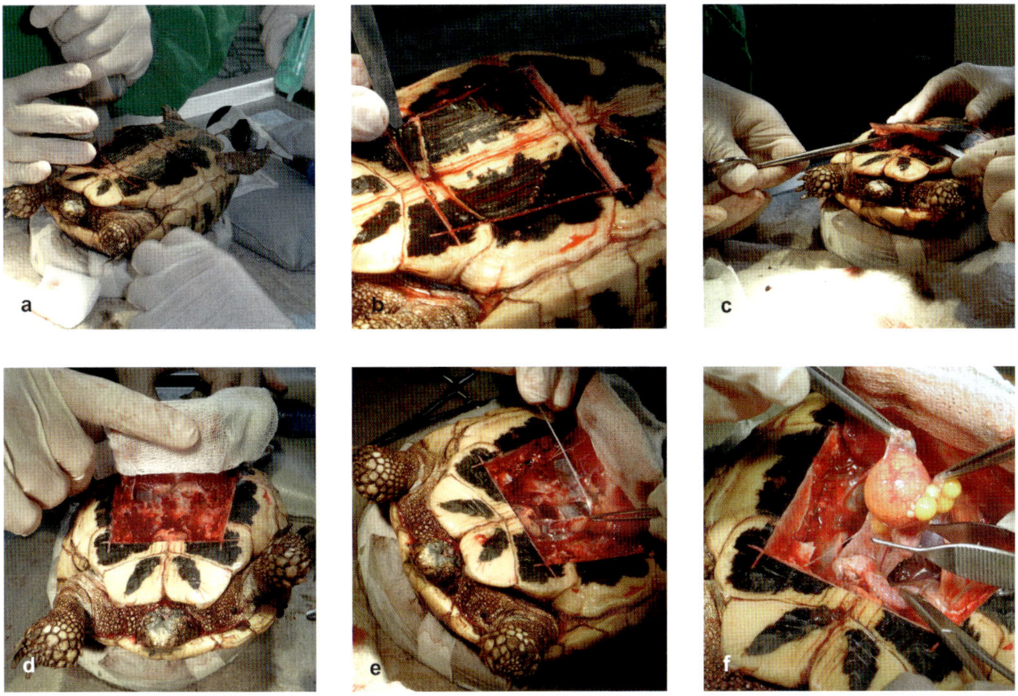


▸ **Abb. 18.13** Landschildkröte mit Ovarveränderung: operativer Zugang zur Leibeshöhle. **a** Nach Desinfektion des Plastrons wird mit einer oszillierenden Säge der Knochen vorsichtig durchtrennt. Hierbei wird die Schnittebene so gesetzt, dass der Schnitt schräg von lateral nach medial verläuft – dadurch passt die Knochenplatte beim Verschluss in die Wunde, ohne nach innen durchzurutschen. **b** Einseitig (hier rechts im Bild) wird der Panzer v-förmig eingeschnitten, um die Knochenplatte hochklappen zu können. Auf die Klebeschicht wird die Platte mit einem stumpfen Instrument vorsichtig angehoben. **c** Ist die Platte einseitig angehoben, wird sie vom unterliegenden Gewebe stumpf abpräpariert. **d** Anschließend kann sie (hier nach kranial) aufgeklappt werden. Die belassene Gewebebrücke dient der Nährstoffversorgung der Platte nach dem Wiedereinsetzen. Die Platte sollte mit sterilen, angefeuchteten Gazetupfern abgedeckt werden. **e** Als Nächstes wird die Zölommembran durchtrennt und damit die Leibeshöhle eröffnet. Dieser Schritt muss sehr sorgfältig und unter Schonung der Membran (▸ **Abb. 18.14**) erfolgen, da diese später die Begrenzung zur Leibeshöhle darstellt und nach dem Eingriff wieder mit Einzelheften verschlossen werden muss. Bilateral verlaufen im Bereich der Membran Abdominalvenen, die geschont werden sollten. **f** Vorlagerung des Ovars. Bei Schildkröten sind die Organe locker befestigt und lassen sich (bis auf die Nieren) gut vorlagern.
(Klinik für Vögel und Reptilien, An den Tierkliniken 17, 04103 Leipzig)

**Praxistipp**
Bei einer Entfernung des Ovidukts ist es unerlässlich, auch das gleichseitige Ovar herauszunehmen. Ansonsten kommt es bei der nächsten Follikelanbildung zu Dotterzölomitiden.

**Salpingotomie** Für die Salpingotomie ist ggf. eine Eröffnung des Ovidukts an mehreren Stellen erforderlich, jedoch sind die Eier meistens zumindest über eine gewisse Strecke bis zur eröffneten Stelle massierbar. Nach einer Salpingotomie ist es besonders bei kleineren Tieren häufig ausreichend, die Wundränder des Ovidukts per secundam verheilen zu lassen. Bei größeren Tieren sollte jedoch mit möglichst filigranem, resorbierbarem Nahtmaterial eine fortlaufende, einstülpende Naht angelegt werden.

**Praxistipp**
Sollten Veränderungen am Ovidukt vorliegen, oder ist (bei Echsen) eine Vielzahl von Eiern vorhanden, so ist eine Entfernung des Organs zu empfehlen.

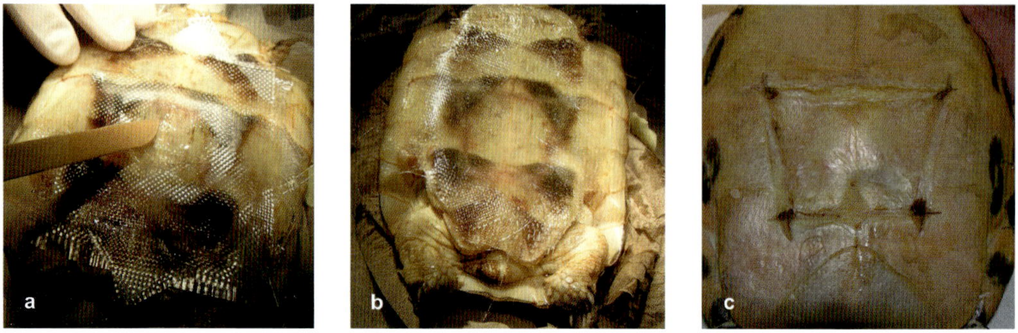

▸ **Abb. 18.14** Verschluss der Leibeshöhle nach Zöliotomie bei Schildkröten. Benötigt werden ein Zweikomponenten-Epoxidkleber (Tropfzeit ca. 5–10 min, z. B. Uhu Schnellfest®) und mittelgrobe Glasfasermatten. Beides ist als Bastelzubehör problemlos erhältlich. **a** Der Nahtbereich wird mit einer geeigneten Salbe abgedeckt, damit kein Klebematerial in die Wunde fließt. Anschließend wird das entfettete und evtl. leicht angeraute Plastron in dem Bereich, wo ein Kontakt zum Glasfasergewebe entsteht, vorsichtig mit Epoxidkleber eingestrichen. Anschließend wird die Matte aufgelegt und angedrückt.
**b** Die Matte wird außen mit einer weiteren Schicht Epoxid getränkt. Anschließend wird überstehendes Material abgeschnitten oder nach Aushärten abgefräst. Sollte das Epoxidharz zwar abgebunden haben, aber noch etwas klebrig sein, kann beispielsweise eine Schicht Frischhaltefolie aufgelegt werden, bevor das Tier in seine natürliche Position umgedreht wird.
**c** Darstellung einer Operationswunde etwa 12 Monate nach dem Eingriff. Die eingesetzte Knochenplatte dient in der Regel nur als Schutz, wächst aber nicht mehr an. Vielmehr übernimmt das vernähte Bauchfell nach Verdickung die Funktion, von den Wundrändern her erfolgen langsam eine Ossifizierung und Pigmentierung. Von einem erneuten Eingriff in diesem Bereich ist abzuraten. (Klinik für Vögel und Reptilien, An den Tierkliniken 17, 04103 Leipzig)

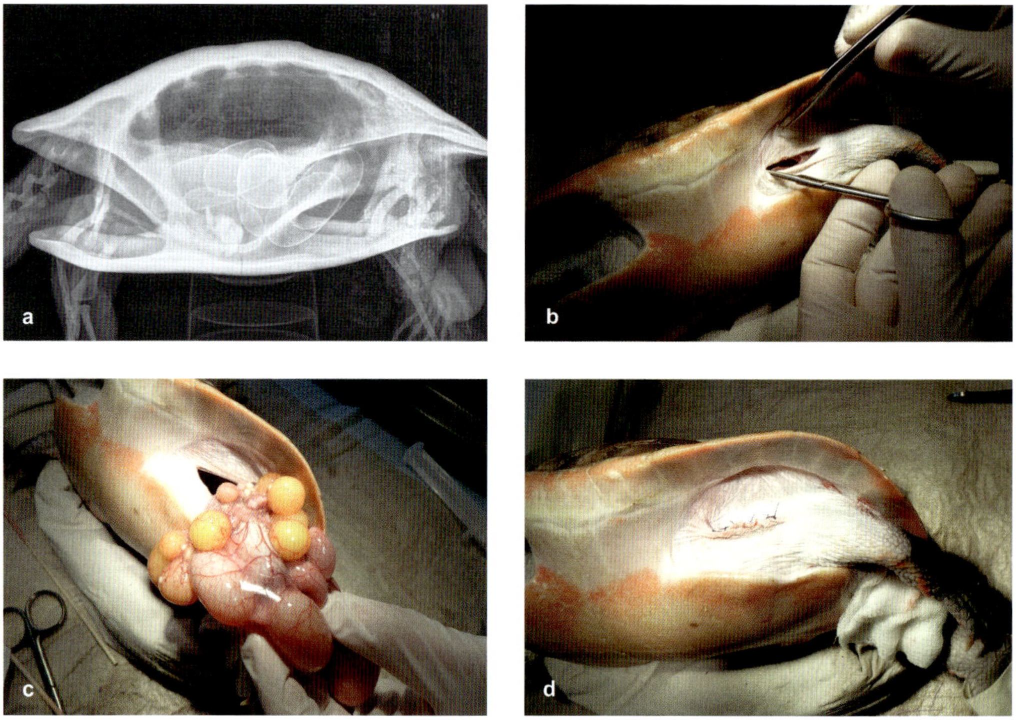

▸ **Abb. 18.15** Rotbauch-Spitzkopfschildkröte mit postovulatorischer Legenot: seitlicher Zugang zur Leibeshöhle. **a** Röntgenaufnahme (laterolaterale Projektion): Darstellung der Eier. Hier erfolgt auch die Abschätzung, ob eine Entfernung über die Kniebucht aufgrund der Größenverhältnisse (hier gut) sinnvoll ist. **b** Eröffnung der Haut in der Kniebucht bei seitlich gelagertem Tier. **c** Vorlagerung von Ovidukt und Ovar zur Entfernung. **d** Verschluss der Haut mit liegenden U-Heften. (Klinik für Vögel und Reptilien, An den Tierkliniken 17, 04103 Leipzig)

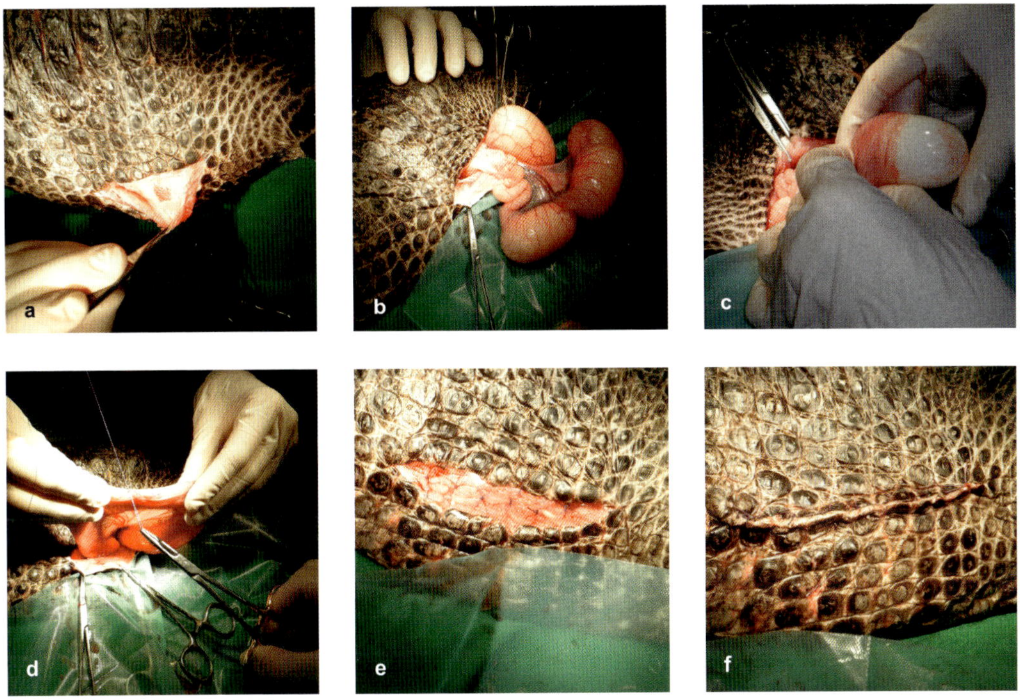

▶ **Abb. 18.16** Chinaalligator mit postovulatorischer Legenot: operative Entfernung der Eier. **a** Die Eröffnung erfolgt hier seitlich, um die Wundheilung nicht durch das Gewicht des Tieres und den Kontakt zum feuchten Boden zu stören. **b** Der Ovidukt wird vorgelagert. **c** Die Eier werden aus einer eröffneten Stelle des Ovidukts herausmassiert. **d** Der Ovidukt wird einstülpend verschlossen. **e** Die Bauchwand wird mit Sultan-Diagonalheften vernäht. **f** Der Verschluss der Haut erfolgt mit liegenden U-Heften.
(Klinik für Vögel und Reptilien, An den Tierkliniken 17, 04103 Leipzig)

**Salpingektomie** Zur Salpingektomie bei Legenot wird nach Eröffnen der Bauchhöhle der erste Ovidukt mitsamt der Eier vorverlagert und zunächst nach kaudal verfolgt. Am Übergang zur Kloake wird eine Ligatur (alternativ ist auch der Einsatz von Hämoclips möglich) gesetzt. Nun wird das ovarseitige Ende aufgesucht. Es kann meist mitsamt dem Gekröse ligiert werden. Danach kann je nach Lageverhältnissen zunächst das zugehörige Ovar entfernt werden, oder erst der andere Ovidukt. Ist nur ein Ovidukt betroffen, ist es möglich, nur diesen zusammen mit dem ipsilateralen Ovar zu entfernen.

Die Ovariektomie (S. 275) wird an anderer Stelle beschrieben.

**Bauchhöhlenverschluss** Der Verschluss der Bauchhöhle erfolgt zweischichtig (Peritoneal-Muskelschicht adaptierend; Haut ausstülpend). Die Hauthefte werden nicht gezogen; der Hautkamm fällt nach mehreren Häutungen mitsamt der Hefte ab.

SK Wurde bei Schildkröten das Plastron eröffnet, kann das ausgesägte Panzerstück entweder mit einer dicken Schicht aus Glasfasermatten und Epoxidharz oder auch zusätzlich mit Drahtzerklagen fixiert werden. Die Platte fällt meist nach mehreren Monaten ab, in dieser Zeit hat sich die darunter liegende Zölomwand aber lederartig verdickt und übernimmt dann die Funktion des Verschlusses der Leibeshöhle. Dies sollte bei der Planung einer OP bedacht werden, denn eine erneute OP ist später nicht mehr möglich, zumal ein Defekt in der Zölomwand entstünde, welcher nicht mehr heilen könnte.

**! Bei Schildkröten ist bei einer Plastrotomie stets auch eine Ovariektomie zu empfehlen (beispielswiese zur Vermeidung späterer Eingriffe bei erneuter Legenot).**

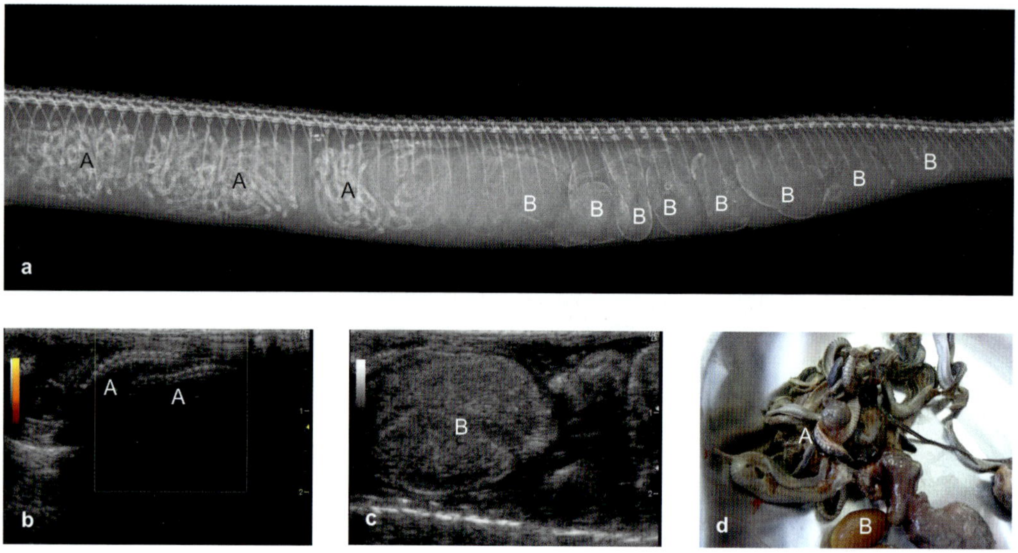


▶ **Abb. 18.17** Strumpfbandnatter mit Legenot und abgestorbenen Föten. Strumpfbandnattern als ovovivipare (je nach Quelle auch vivipar bezeichnete) Tiere stellen einen Sonderfall dar. Hier sind die jungen Schlangen (A) neben Wachseiern (B) zu sehen. Aufgrund einer Dystokie kam es zum Absterben der Föten, welche im Rahmen der Legenot-OP frei im Ovidukt oder teilweise noch in den Eihüllen liegend vorgefunden und entfernt wurden. **a** Röntgenaufnahme (laterolaterale Projektion): Darstellung der Föten (A) und der angesammelten Wachseier (B). **b** Ultraschalluntersuchung (Farb-Doppler): Neben der Darstellung der Wirbelsäulen (hier sichtbar) wurde auch auf Herzschlag geachtet, der aber nicht mehr dargestellt werden konnte. **d** Nach Zöliotomie entfernte abgestorbene Föten und ein Wachsei.
(Klinik für Vögel und Reptilien, An den Tierkliniken 17, 04103 Leipzig)

▶ **Abb. 18.18** Operationsverlauf bei der Ovariektomie bei Echsen (unterschiedliche Tiere).
(Klinik für Vögel und Reptilien, An den Tierkliniken 17, 04103 Leipzig)

a Die Schuppen werden ca. 1 cm neben der Medianen durchtrennt, um die Abdominalvene (▶ **Abb. 18.18b**) zu schonen. Achtung: Die Abdominalvene zweigt sich kaudal y-förmig auf. Die Leibeshöhle wird dabei meist bereits miteröffnet.
b Blick in die Leibeshöhle nach Eröffnung (Pfeil: Abdominalvene).
c Die Ovarien werden vorsichtig vorverlagert. Beim Grünen Leguan lassen sie sich meist komplett aus dem Körper heraus verlagern. Bereits hier ist auf eine Schonung der Gefäße und der Nebenniere (Pfeil) zu achten.
d Die Gefäße im Mesovar werden abgeklemmt (cave: Nebennieren, V. cava) und distal abgebunden. Anschließend kann das Mesovar distal durchtrennt werden.
e Alternativ können auch Hämoclips® zum sicheren Verschluss der Gefäße vor dem Durchtrennen des Mesovars eingesetzt werden.
f Nach Entfernung der Ovarien (der unveränderte Ovidukt kann belassen werden) wird zunächst die Bauchwand mit Sultan-Diagonalheften verschlossen.
g Anschließend wird die Haut mit liegenden U-Heften verschlossen, hierbei ist darauf zu achten, dass sich die Wundränder nicht nach innen einrollen.
h Der entstehende Hautkamm gewährt einen sicheren Wundverschluss. Er wird meist nach einigen Häutungen mit abgestoßen.

▶

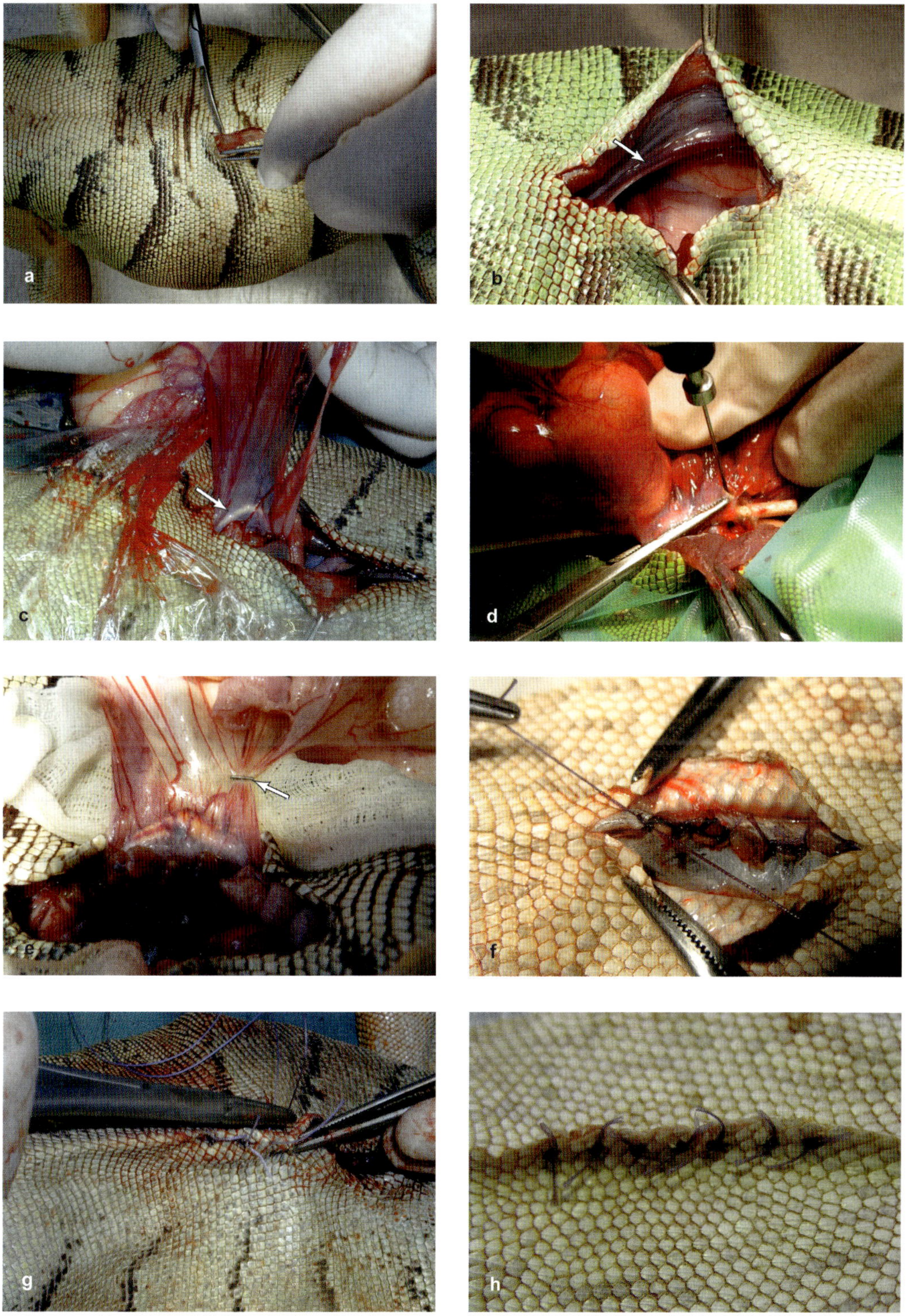
a
b
c
d
e
f
g
h

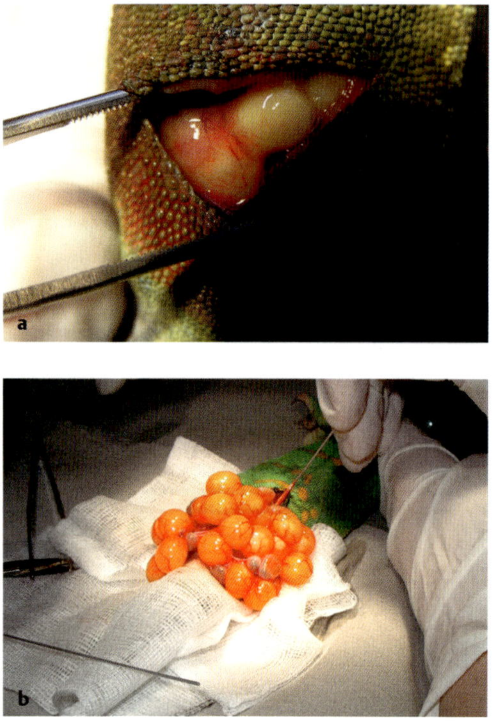


▸ **Abb. 18.19** Beim Chamäleon kann die Ovariektomie wie auch die Behandlung der postovulatorischen Legenot durch einen seitlichen Zugang zur Leibeshöhle erfolgen. **a** Hinter der letzten Rippe wird ein zur Rippe paralleler Schnitt durchgeführt. Rippen werden nur durchtrennt, wenn dies aufgrund der Organgröße notwendig ist, in diesem Falle können sie danach wieder an ihrer ursprünglichen Stelle mittels Fadenheften fixiert werden. **b** Hier können die Ovarien beider Seiten vorsichtig vorgelagert und abgebunden werden.
(Klinik für Vögel und Reptilien, An den Tierkliniken 17, 04103 Leipzig)

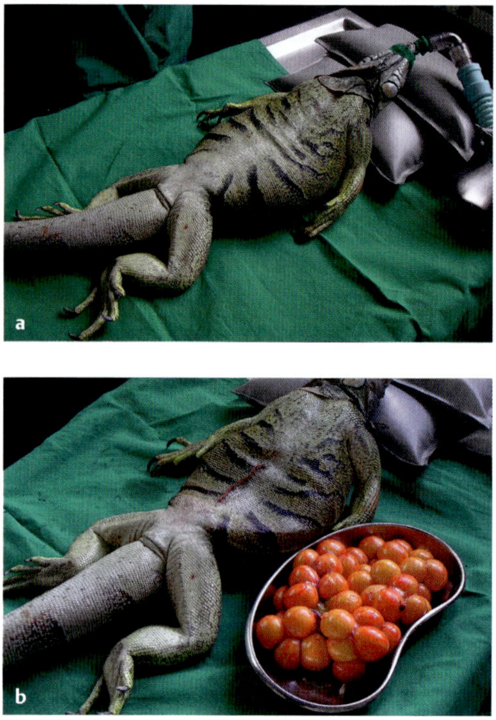


▸ **Abb. 18.20** Grüner Leguan mit Follikelretention. **a** präoperativ, **b** postoperativ. Deutlich ist das große Volumen zu sehen, welches in der Operation entfernt wurde.
(Klinik für Vögel und Reptilien, An den Tierkliniken 17, 04103 Leipzig)

### Prognose

Die Prognose hängt von dem Allgemeinzustand und von begleitenden Erkrankungen ab, ist aber grundsätzlich günstig.

## Follikelretention (präovulatorische Störung der Legetätigkeit)

**Info**

Häufig vorkommende pathologische Größenzunahme und Veränderung der Ovarialfollikel.

### Ätiologie & Pathogenese

Die Ursachen für die Entstehung einer Follikelretention ähneln stark denen der **Legenot** (S. 265). Auch hier kommt es vermutlich durch Fehler in Haltung und Fütterung zu einer Entgleisung des Hormonstoffwechsels, allerdings treten die Störungen bereits vor der Eianbildung auf. Nicht selten sind junge Tiere betroffen, die noch keine Eiablage durchgemacht haben.

Die sich auf dem Ovar bildenden Follikel nehmen dabei eine abnorme Größe an (▸ **Abb. 18.20**), wodurch es zu Beeinträchtigungen der Platzverhältnisse in der Leibeshöhle und schließlich auch des Allgemeinbefindens kommt. Auch wenn der genaue Mechanismus der hormonellen Entgleisung noch nicht bekannt ist, ist davon auszugehen, dass es zu einer Dysregulation der Geschlechtshormone kommt, wodurch die physiologischen

Hemm- bzw. Ovulationsmechanismen außer Kraft gesetzt sind.

### Klinik & Diagnose

Auch wenn keine Eier angebildet sind, ist die Klinik derjenigen der **Legenot** (S. 265) sehr ähnlich, und ohne weitere Untersuchungen eine Abgrenzung oft nicht möglich. Auch ein Grabeverhalten kann auftreten. Entsprechend wird auf die allgemeine diagnostische Abklärung von Störungen der Legetätigkeit (S. 255) und den Leitfaden (S. 256) verwiesen.

Zu Beurteilung der Follikelgröße und des Inhalts ist die Ultraschalluntersuchung von besonderer Bedeutung (▸ **Abb. 18.6**). Hier sind auch wiederholte Untersuchungen im Abstand von jeweils 1 Woche sinnvoll, insbesondere wenn der Entwicklungszustand der Follikel keine klare Diagnose zulässt und die klinischen Erscheinungen noch nicht deutlich sind.

### Therapie

Im Gegensatz zur postovulatorischen Legenot ist eine konservative Therapie im Falle einer Follikelretention nicht möglich. Auch eine hormonelle Beeinflussung der Follikelgröße ist bislang nicht erfolgversprechend. Dementsprechend ist ein chirurgischer Eingriff mit Entfernung der Ovarien die einzige sinnvolle Therapie. Da stets beide Ovarien betroffen sind, ist eine Zuchttauglichkeit des Tieres nach Therapie ausgeschlossen.

Der Zugang zur Leibeshöhle entspricht dem zur Therapie der **Legenot** (S. 265). Meist quellen die übergroßen Follikel nach Eröffnung der Bauchwand bereits aus der Wunde. Nicht selten ist es bereits zu Rupturen einzelner Follikel und nachfolgender Zölomitis gekommen. Im Gegensatz zur Entfernung des Ovidukts, wo eine Ovariektomie zwingend ist, ist es bei der alleinigen Ovariektomie ausreichend, nur die Ovarien zu entfernen und den (unbeeinträchtigten) Ovidukt im Tier zu belassen.

**Ovariektomie** Zur Ovariektomie werden die Ovarien nacheinander vorsichtig vorverlagert (▸ **Abb. 18.13**, ▸ **Abb. 18.18**, ▸ **Abb. 18.19**). Das Ovargekröse wird sodann dargestellt und möglichst ovarnah abgeklemmt. Hierbei ist unbedingt darauf zu achten, weder die V. cava noch die Nebenniere, die im Ovargekröse liegt, zu beschädigen bzw. zu entfernen. Das Abklemmen kann mittels chirurgischer Klemmen erfolgen. Die Gefäße werden nun proximal der Klemme ligiert oder mittels Hämoclips verschlossen.

### Prognose

Die Prognose nach Ovariektomie ist abhängig vom Allgemeinzustand des Tieres meist günstig. Die Tiere erholen sich oft rasch von dem Eingriff und beginnen nach wenigen Tagen wieder zu fressen. Schlechter ist die Prognose, wenn es zu einer Entzündung der Leibeshöhle durch ausgetretene Follikelflüssigkeit gekommen ist. Hier ist mit Spätfolgen durch Verklebungen zu rechnen.

# 19 Augenveränderung

Michael Pees, Andrea Steinmetz

**Leitsymptomatik „Augenveränderung“**

- Einschränkung der Aktivität und des Fressverhaltens mit Verdacht auf Visusverlust
- Veränderungen im Bereich der Augenlider bzw. der Brille
- Exophthalmus, Schwellungen im periokulären Bereich sowie im Bereich des Gaumendaches
- Veränderungen am Auge selbst (Kornea, Augenkammern, Iris, Linse, Retina)
- Augenausfluss sowie Ansammlung von Sekreten oder Detritus

## 19.1 Allgemeines

### 19.1.1 Anatomie und Physiologie

Das Auge der Reptilien ist grundsätzlich dem Säugerauge ähnlich aufgebaut, es haben sich aber einige anatomische und physiologische Besonderheiten entwickelt. Dabei bestehen auch zwischen den Reptilienspezies teilweise erhebliche Unterschiede, die eine Interpretation möglicher Veränderungen erschweren können. Grundsätzlich empfiehlt es sich, beide Augen vergleichend zu untersuchen, um eventuelle Normalbefunde bei einem nicht betroffenen Auge besser identifizieren zu können. Einige gesunde Reptilienaugen sind in ▸ **Abb. 19.1** abgebildet.

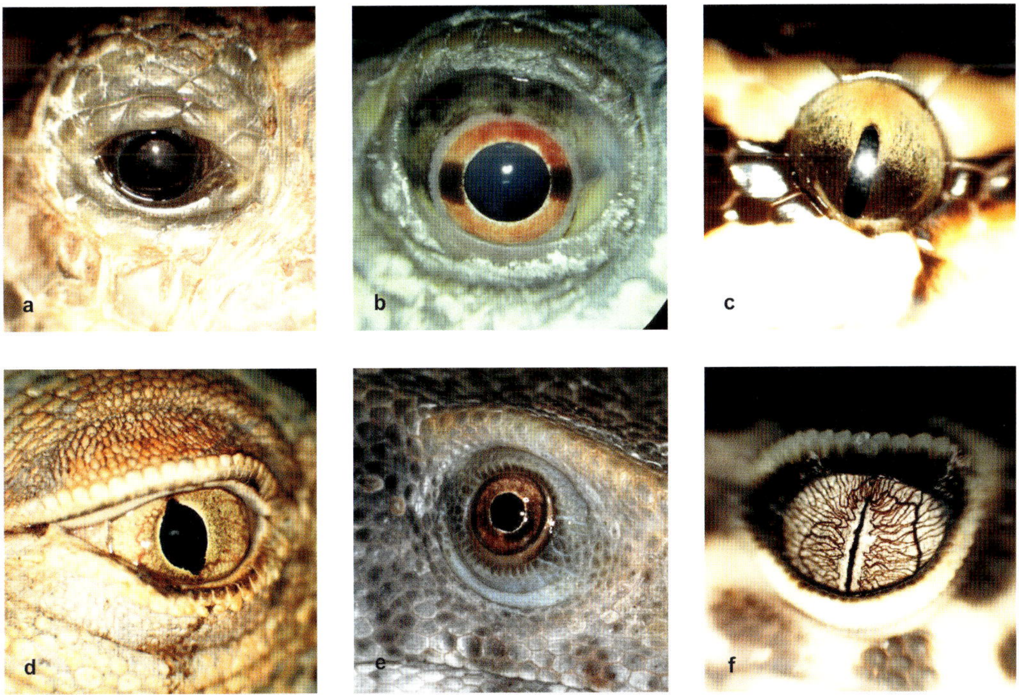


▸ **Abb. 19.1** Beispiele für unauffällige Befunde bei einigen Spezies. **a** Vierzehenlandschildkröte, **b** Indische Dornenschildkröte, **c** Königspython, **d** Grüner Leguan, **e** Steppenwaran, **f** Leopardgecko.
(Klinik für Kleintiere, An den Tierkliniken 23, 04103 Leipzig)

Anatomische Besonderheiten ergeben sich insbesondere bei Schlangen, bei denen die Ausprägung der okulären Strukturen nicht nur aufgrund der Ausbildung einer Brille von anderen Reptilienspezies abweicht.

Die Ausbildung der **Augenlider** ist sehr variabel, sie reicht von einer dem Säuger ähnlichen Funktion über eine weitgehende Verwachsung mit zentraler runder Öffnung (Chamäleons) bis hin zum kompletten Verschluss, also der Brille (Schlangen, einige Geckoarten, Skinke). Meist ist das untere Augenlid das beweglichere (Ausnahme Krokodile). Außer bei Schlangen ist ein drittes Augenlid ausgebildet, welches Knorpeleinlagen besitzt, und speziesabhängig fast transparent als Schutz- und Filtermechanismus eingesetzt wird.

Bei der **Brille** (Spektakulum) handelt es sich um eine trockene, transparente Hornschuppe, die das Auge abdeckt. Diese Hornschuppe ist trotz Transparenz gut vaskularisiert, sichtbar wird dies unter anderem bei Infektionen (▶ **Abb. 19.8**, ▶ **Abb. 19.9**). Damit ist die Brille kein Teil der Kornea, vielmehr entsteht vor der Kornea ein zusätzlicher „konjunktivaler" Raum. Dieser sogenannte **subspektakuläre Raum** ist quasi in sich abgeschlossen und besitzt nur über den Tränengang einen Abfluss in die Maulhöhle. Er ist mit Drüsensekret ähnlich der Konjunktivalflüssigkeit gefüllt. Die Brille hat damit eine Schutzfunktion, stellt aber auch eine Barriere bei der lokalen Applikation von Medikamenten dar.

Die **Tränenproduktion** erfolgt durch die Tränendrüse (nicht bei Schlangen) und die medial gelegene Harder-Drüse, der Abfluss über den Nasolakrimalgang in die Rachenhöhle. Bei Schildkröten ist die Ausprägung dieses Ganges umstritten, eventuell erfolgt der Abfluss durch natürlichen Tränenfluss und Verdunstung aus dem Auge.

Der **Augapfel** ist meist rundlich. Die vordere Sklera enthält teilweise einen knöchernen Skleralring, welcher in seiner Breitenausdehnung vom Äquator des Auges bis vor zum Limbus reichen kann. Außer bei Chamäleons ist der Bulbus verhältnismäßig unbeweglich. Es gibt nur wenige Untersuchungen zum **Augeninnendruck**, dieser liegt abhängig von Spezies, Größe und Alter relativ niedrig. Das Spektrum reicht dabei von 1–30 mmHg.

Die **Kornea** ist relativ dünn, die **Pupille** speziesabhängig sehr unterschiedlich geformt. Dabei weisen tagaktive Spezies meist eine runde Pupille, nachtaktive Tiere eine vertikal elliptische Pupille auf. Die Pupillenbewegung erfolgt wie beim Vogel willkürlich.

Die **Linse** ist durch einen Ziliarapparat fixiert und wird wie beim Säuger adaptiert, bei Schlangen ist sie allerdings weitgehend starr, und die Akkommodation erfolgt durch Kranialbewegung der Linse. Die Retina ist avaskulär und wird größtenteils über die choroidalen Gefäße versorgt. Eine nutritive Funktion besitzt der insbesondere bei Echsen ausgebildete **Conus papillaris** (ähnlich dem Pecten oculi beim Vogel).

### 19.1.2 Ophthalmologische Untersuchung

Speziesabhängig sind Reptilienaugen oft relativ klein, so dass eine Untersuchung nur mittels einer geeigneten Vergrößerung und einer zusätzlichen Lichtquelle möglich ist. Hierbei eignet sich die ophthalmologische Standardausrüstung durchaus. Die Untersuchung kann aber auch durch das Vorziehen des dritten Augenlids, die willkürliche Irisbewegung sowie Strukturen im Inneren des Augapfels (Conus papillaris) erschwert werden.

Die **Beurteilung des Visus** ist aufgrund passiver Reaktionen der Reptilien auf optische Stimuli kaum möglich. Der **Pupillarreflex** erfolgt (außer bei Schildkröten) rasch, der konsensuelle Reflex ist dagegen aufgrund der unterschiedlichen Nervenkreuzungen im Chiasma opticum nicht ausgeprägt.

Die ophthalmologische Untersuchung beginnt mit der **Adspektion** und ggf. **Palpation** der Augenumgebung und der Augenlider. Der Rachen sollte wenn möglich immer in die Untersuchung mit einbezogen werden. Zur Beurteilung des subspektakulären Raumes und für die vorderen Augenabschnitte eignet sich die **Spaltlampe** mit ihren Vergrößerungsmöglichkeiten besonders. Aufgrund der Kleinheit des Objekts sollte mit 16facher Vergrößerung untersucht werden.

Bei Spezies ohne Brille sollten der Tränenfilm sowie die Korneaoberfläche untersucht werden. Ein **Fluoreszeintest** ist möglich. Fluoreszein kann bei Schlangen subspektakulär injiziert werden (▶ **Abb. 19.8e**), um die Durchgängigkeit des Tränengangs zu prüfen (Jones Test 1).

Da sowohl der Ziliarmuskel als auch der M. sphincter pupillae aus quergestreifter Muskulatur bestehen, kann mit Parasympatholytika keine **Mydriase** erzielt werden. Stattdessen müssen Curare-basierte Medikamente lokal angewendet werden, z. B. Vecuronium 55. Eine sichere Pupillenweitstellung wird mit einer intrakameralen Injektion eines Muskelrelaxans erreicht. Ein gewisser Erfolg lässt sich durch die Ausschaltung der willkürlichen Steuerung infolge einer Allgemeinanästhesie erreichen.

Der Vitreusbereich und der Fundus können eingeschränkt mittels indirekter **Ophthalmoskopie** unter Verwendung von Linsen einer Stärke zwischen 20 und 90 Dioptrien untersucht werden.

Der **Augeninnendruck** kann mit modernen Rebound-Tonometern ermittelt werden. Die normalen Augeninnendrücke (S. 278) scheinen in ähnlichen Bereichen wie diejenigen von Säugetieren angesiedelt zu sein. Da bisher jedoch nur wenige Referenzwerte für Reptilien existieren, sollte wenn möglich der Rechts-Links-Vergleich zu Rate gezogen werden.

Für spezielle Fragestellungen können bildgebende Verfahren (z. B. die Sonografie) zur Anwendung kommen (▸ **Abb. 19.8c**, ▸ **Abb. 19.10**, **b**, **c**).

## 19.2 Sofortmaßnahmen

Sofortmaßnahmen zielen darauf ab, weiteren Schaden abzuwenden, bevor eine gezielte Therapie erfolgen kann.

Bei **Fremdkörpern** kann es sich um Bodensubstrat oder ähnliches, ins Auge eingebrachtes Material handeln, aber auch um Débrismaterial, das sich aufgrund von Infektionen oder **Hypovitaminose A** (S. 247) angesammelt hat. Dieses sollte möglichst schonend unter Oberflächenanästhesie entfernt werden. Geeignet sich feine Pinzetten, dünne Watteträger oder eine Spülung mit isotoner Kochsalzlösung.

Bei Verletzungen und Blutungen sollte als erste Maßnahme versucht werden, eine weitere Traumatisierung sowie ein Austrocknen oder eine Infektion des Auges infolge des fehlenden Schutzmechanismus zu verhindern. Bei ausgedehnten Korneadefekten ist u. U. eine temporäre Tarsorraphie (▸ **Abb. 19.11**) sinnvoll.

Bei Verdacht auf eine Septikämie bzw. Panophthalmitis muss nach Probenentnahme zur Keim- und Resistenzbestimmung systemisch ein geeignetes Breitspektrumantibiotikum, z. B. Ceftazidim 1 oder Enrofloxacin 4 appliziert werden.

Besteht der Verdacht auf eine **Hypovitaminose A** (S. 247) (nicht bei Landschildkröten), ist eine sofortige parenterale Vitamin-A-Applikation 66 indiziert.

### Sofortmaßnahmen

- Entfernung von Fremdkörpern und Débrismaterial
- Verletzungen, Blutungen: weitere Traumatisierung, Austrocknung und Infektion des Auges verhindern
- bei ausgedehnten Korneadefekten ggf. temporäre Tarsorraphie (▸ **Abb. 19.11**)
- bei Verdacht auf Septikämie/Panophthalmitis nach Probenentnahme zur Keim- und Resistenzbestimmung systemische Breitspektrumantibiose
- bei Verdacht auf **Hypovitaminose A** (S. 247) (nicht bei Landschildkröten) sofortige parenterale Vitamin-A-Applikation 66

## 19.3 Diagnostik

Das diagnostische Vorgehen für das Leitsymptom Augenveränderung ist im diagnostischen Leitfaden dargestellt.

# Diagnostischer Leitfaden: Augenveränderung

## Anamnese

- Haltungsfehler, insbesondere Staub und Luftfeuchte
- Ernährung → Hypovitaminose A?
- Kontakttiere, Herkunft
- UV-Licht → Korneaschäden
- Häutungsstörung
- Traumata
- Missbildungen
- Winterruhe

## Klinische Untersuchung

- Visus zentral gestört
- Symmetrie
  - → Exophthalmus
  - → Enophthalmus
- Umgebung der Augen
- Rachen → entzündliche Veränderungen

- ▶ Leitsymptom Veränderung der Haut ▶ S. 222
- ▶ Dysekdysis ▶ Leitsymptom Veränderung der Haut ▶ S. 222
- ▶ Merkblatt Winterruhe ▶ S. 381
- ▶ Leitsymptom Neurologische Ausfallerscheinung ▶ S. 208

Wasser- SK

- ▶ Ohrabszess/ Otitis media? ▶ Punktion: Zytologie, bakteriologische Untersuchung ▶ Leitsymptom Umfangsvermehrung ▶ S. 297
- ▶ (retroorbitale) Zubildung- Abszess/Neoplasie? ▶ Ultraschall ▶ Leitsymptom Umfangsvermehrung ▶ S. 297
- ▶ Metabolic Bone Disease? ▶ Röntgen/Blutchemie ▶ Leitsymptom Umfangsvermehrung ▶ S. 297
- ▶ Fehlbildung: Mikrophthalmie?
- ▶ Dehydratation
- ▶ Kachexie ▶ Leitsymptom Anorexie, Apathie ▶ S. 318
- ▶ Parasiten ▶ Leitsymptom Veränderung der Haut ▶ S. 222
- ▶ Leitsymptom Veränderung von Maul bzw. Maulhöhle ▶ S. 92

Fortsetzung: **Diagnostischer Leitfaden: Augenveränderung**

- **Augenlider** SK EC
  - ödematöse Schwellung
  - Zusammenhangstrennung
  - Zubildung
  - Augenlider oft geschlossen/ Blepharospasmus
- **Brille** SL EC
  - Häutungsstörung, persistierende Brille
  - Zusammenhangstrennung
  - entzündliche Veränderungen, Eintrocknungen, Ulzera
  - Anschwellung, Vergrößerung
- **Konjunktiven**
  - Austrocknung, (Hyperkeratose)
  - Fremdkörper

**Wasser- SK**

▸ Hypovitaminose A → ▸ Leitsymptom Veränderung der Haut → ▸ S. 222

▸ bakterielle und mykotische Infektion (Blepharitis)? → ▸ Tupfer: bakteriologische und mykologische Untersuchung → ▸ S. 292

**Land- SK**

▸ Mykoplasmen? → ▸ Tupfer/Spülung: PCR → ▸ Leitsymptom Nasenausfluss → ▸ S. 79

▸ Nephro-/Hepatopathie? → ▸ Blutchemie/Ultraschall → ▸ Leitsymptom Anorexie, Apathie → ▸ S. 318

▸ Trauma → ▸ S. 294

▸ Abszesse/Granulom? → ▸ Punktion: Zytologie, bakteriologische und mykologische Untersuchung → ▸ Leitsymptom Umfangsvermehrung → ▸ S. 297

▸ Neoplasie? → ▸ Biopsie/Exzision: Histologie → ▸ Leitsymptom Umfangsvermehrung → ▸ S. 297

▸ Schwäche, systemische Erkrankung

▸ Trauma (UV-Keratitis?) → ▸ S. 294

▸ Dysekdysis → ▸ Leitsymptom Veränderung der Haut → ▸ S. 222

▸ Trauma → ▸ S. 294

▸ bakterielle/mykotische Infektion? → ▸ Tupfer: bakteriologische und mykologische Untersuchung → ▸ S. 292

▸ subspektakuläre Entzündung/Abszess? → ▸ Punktion: Zytologie, bakteriologische Untersuchung → ▸ S. 294

▸ Pseudobuphthalmus (Tränenabflussstörung) → ▸ (Punktion: Zytologie), Fluoreszeintest → ▸ S. 295

▸ Hypovitaminose A → ▸ Leitsymptom Veränderung der Haut → ▸ S. 222

▸ Keratokonjunctivitis sicca? → ▸ Phenolrot-/Schirmer Tränentest → ▸ S. 295

→ ▸ S. 294

Fortsetzung: **Diagnostischer Leitfaden: Augenveränderung**

- entzündliche Veränderungen
- **Augapfel**
  - entzündliche Veränderungen
- **Kornea**
  - Verletzung/Zusammenhangstrennung
  - weißliche Auflagerungen
- **Kammer**
  - Trübung
  - Einblutung
- **Linse**
  - Trübung

- ▶ bakterielle/mykotische Infektion? ▶ Tupfer: bakteriologische und mykologische Untersuchung ▶ S. 292

Land- SK
- ▶ Mykoplasmen? ▶ Tupfer/Spülung: PCR ▶ Leitsymptom Nasenausfluss ▶ S. 79

Land- SK
- ▶ Herpesvirus? ▶ Tupfer: PCR ▶ Leitsymptom Veränderung von Maul bzw. Maulhöhle ▶ S. 92

Land- SK
- ▶ Ranavirus? ▶ Tupfer: PCR ▶ Leitsymptom Veränderung von Maul bzw. Maulhöhle ▶ S. 92
- ▶ bakterielle/mykotische Infektion? ▶ Tupfer: bakteriologische und mykologische Untersuchung ▶ S. 292
- ▶ Fremdkörper ▶ S. 294
- ▶ (perforierendes) Trauma? ▶ Fluoreszeintest ▶ S. 294
- ▶ bakterielle/mykotische Infektion? ▶ Tupfer: bakteriologische und mykologische Untersuchung ▶ S. 292
- ▶ Trauma: UV-Keratitis ▶ S. 292
- ▶ Hypovitaminose A ▶ Leitsymptom Veränderung der Haut ▶ S. 222
- ▶ Trauma: Frostschaden ▶ S. 294
- ▶ bakterielle/mykotische Infektion? ▶ Ophthalmoskopie, (Punktion: bakteriologische und mykologische Untersuchung) ▶ S. 292
- ▶ Trauma? ▶ Ophthalmoskopie ▶ S. 294
- ▶ Katarakt? ▶ Ophthalmoskopie ▶ S. 296
- ▶ Trauma: Frostschaden? ▶ Ophthalmoskopie ▶ S. 294

### 19.3.1 Besonderes Augenmerk bei der Anamnese

Initial sollten die Dauer und die bisherige Entwicklung der Augenveränderungen erfragt werden. Weitere Erkundigungen zielen auf Veränderungen des allgemeinen Gesundheitsstatus des Tieres (z. B. Fress- und Ausscheidungsverhalten, Gewichtsveränderungen, Aktivität) ab.

Weitere relevante Punkte sind Häutungsstörungen, eine **Dysekdysis** (S. 245), welche insbesondere bei Schlangen an der Brille zu Problemen führt, aber auch sonst das Auge beeinträchtigen kann. Andere Kontakttiere sollten bezüglich des letztes Neuzugangs in das Terrarium sowie einer möglichen Augensymptomatik erfragt werden, um Bestandsprobleme zu erkennen.

Bei Tieren, die eine Winterruhe (S. 381) durchführen, ist zu klären, ob es hier zu Problemen gekommen ist, beispielsweise infolge einer zu niedrigen Temperatur (Erfrierungen, Traumata am Auge).

Bezüglich der Haltung ist insbesondere das Klima relevant. Luftfeuchte und Staubgehalt können die Augengesundheit beeinträchtigen. Der Vitamin-A-Gehalt im Futter bzw. in den Ergänzungsfuttermitteln ist relevant, da – außer bei Landschildkröten – eine **Hypovitaminose A** (S. 247) zu Veränderungen der Konjunktiven und der Augen führen kann. Ebenfalls erfragt werden sollte die Versorgung mit UV-Licht. Während meist ein Mangel an UV-Licht krankheitsverursachend ist, kann eine zu intensive oder ungeeignete Bestrahlung die Kornea traumatisieren.

Schließlich sind Fehlbildungen am Auge bei Reptilien nicht selten (▸ **Abb. 19.4i**). Hier gibt der Vorbericht wichtige Hinweise.

### 19.3.2 Besonderes Augenmerk bei der klinischen Untersuchung

Die Besonderheiten bei der klinischen Untersuchung des Reptilienauges inklusive der verwendeten Techniken wurden im Rahmen der ophthalmologischen Untersuchung (S. 278) bereits beschrieben. Im Folgenden wird auf die systematische Untersuchung entsprechend dem Leitfaden (S. 280) eingegangen.

Zeigt die Überprüfung des Visus, dass eine beidseitige Störung vorliegt, ist das weitere Vorgehen nicht einfach – es ist aber sinnvoll, hier auch an eine Störung des zentralen Nervensystems (S. 208) zu denken.

#### Gibt es Symmetrieabweichungen?

Diese weisen meist auf raumfordernde Prozesse hin und können durch **Neoplasien** (S. 314) oder **Entzündungen** (S. 292) bedingt sein. Ein Exophthalmus deutet auf einen retrobulbären Prozess hin (▸ **Abb. 19.2**, ▸ **Abb. 19.4b**). Durch Punktion oder Biopsie sollte eine geeignete Probe gewonnen werden. Je nach Lokalisation kann auch eine sonografische Untersuchung durchgeführt werden.

Verantwortlich für periokuläre raumfordernde Prozesse können auch eine Dakryoadenitis und – insbesondere bei Wasserschildkröten – eine **Otitis media** (S. 310) sein. Auch im Rahmen **metabo-**

▸ **Abb. 19.2** Peribulbäre Schwellung durch einen Abszess bei einem Grünen Leguan.
(Klinik für Kleintiere, An den Tierkliniken 23, 04103 Leipzig)

▸ **Abb. 19.3** Jemenchamäleon mit hochgradiger Metabolic Bone Disease. Die Augäpfel treten aufgrund der mit dem Wachstum nicht mithaltenden Schädenformation hervor.
(Klinik für Vögel und Reptilien, An den Tierkliniken 17, 04103 Leipzig)

▸ **Abb. 19.4** Befunde in der klinischen Untersuchung.
(Klinik für Vögel und Reptilien, An den Tierkliniken 17, 04103 Leipzig)
a Jemenchamäleon mit eingefallenen Bulbi infolge Dehydratation.
b Jemenchamäleon mit retrobulbärem Prozess (Abszess).
c Schmuckschildkröte mit Konjunktivitis infolge Pseudomonadeninfektion.
d Königspython mit Parasiten (Zecke, Milben) auf der Brille.
e Juvenile Strumpfbandnatter mit Pseudobuphthalmus.
f Kaiman mit Entzündung des dritten Augenlids.
g Bartagame mit Blepharitis.
h Tokeh mit Trübung des Augenrandbereichs durch Pilzinfektion.
i Leopardgecko mit Mikrophthalmie infolge Fehlbildung.

**lischer Knochenstoffwechselstörungen** (S. 193) können die Augen aufgrund der unzureichenden Knochenentwicklung aus den Höhlen treten (▸ **Abb. 19.3**).

Liegt der Augapfel dagegen tief in der Augenhöhle, kann dies ein Hinweis auf eine hochgradige Dehydratation oder Abmagerung sein (▸ **Abb. 19.4a**). Daneben sind **Fehlbildungen**

(S. 207), insbesondere eine Mikrophthalmie, nicht selten (▶ **Abb. 19.4i**).

## Bestehen Veränderungen in der Augenumgebung oder im Rachenbereich?

**Ektoparasiten** (S. 243), insbesondere Milben und Zecken, sammeln sich oft im Bereich um die Augen (▶ **Abb. 19.4d**). Veränderungen im Rachenbereich können zu aufsteigenden Entzündungen wie **Konjunktivitis** (S. 295) und **subspektakulären Abszessen** (S. 292), sowie durch Abflussbeeinträchtigung zur bullösen Spektakulopathie mit **Pseudobuphthalmus** (S. 295) führen.

## Sind die Augenlider verändert?

Bei der Untersuchung der Augenlider fallen oft Schwellungen bzw. Ödeme auf (▶ **Abb. 19.5**, ▶ **Abb. 19.4c**). Diese können durch eine **Hypovitaminose A** (S. 247) verursacht sein, wie sie insbesondere bei Wasserschildkröten häufig ist. Begleitend, aber auch eigenständig ist eine **bakterielle oder mykotische Infektion** (S. 292) (▶ **Abb. 19.4g**) möglich, und eine Tupferprobe sollte entsprechend untersucht werden.

Bei Landschildkröten verursachen **Mykoplasmen** (S. 86) (▶ **Abb. 19.6**) nicht selten neben Nasenausfluss auch Konjunktivitiden. Diese Untersuchung muss, da sie molekularbiologisch erfolgt, zusätzlich angefordert werden.

Neben diesen Störungen können auch **Nephropathien** (S. 330) und **Hepatopathien** (S. 328) zu Ödembildungen an den Augen führen. Insbesondere bei weiteren Anzeichen auf Ödeme sollten eine entsprechende blutchemische Diagnostik sowie weitere (bildgebende) Untersuchungen eingeleitet werden.

**Traumata** (S. 294) sind meist leicht zu erkennen. Häufig sind Zubildungen im Bereich der Konjunktiven, wobei sich der genaue Ursprung nicht immer sicher darstellen lässt, oft handelt es sich eher um einen peribulbären Prozess. Neben den oben erwähnten Schwellungen kommen hier **Abszesse und Granulome** (S. 292) sowie **Neoplasien** (S. 314) in Betracht, und es sind geeignete Proben zur mikrobiologischen, zytologischen und histologischen Untersuchung zu entnehmen.

Sind die Augenlider oft geschlossen oder zeigt das Tier Blepharospasmus, kann dies ein unspezifischer Hinweis auf eine allgemeine Schwächung sein, aber auch eine Traumatisierung oder Veränderung der Hornhaut, bzw. eine Schädigung durch UV-Licht.

## Ist die Brille verändert?

Eines der häufigsten Probleme der Brille ist die **Dysekdysis** (S. 245), bei der nicht selten mehrere Schichten alter Haut auf der Brille verbleiben und so zu einer Trübung der Brille (▶ **Abb. 19.7a**) führen. **Traumata** (S. 294) der Brille können von klei-

▶ **Abb. 19.5** Blepharödem und Blepharitis infolge Vitamin-A-Mangel bei einem Chuckwalla.
(Klinik für Kleintiere, An den Tierkliniken 23, 04103 Leipzig)

▶ **Abb. 19.6** Rhinitis und Konjunktivitis bei einer Landschildkröte, verursacht durch eine *Mycoplasma-agassizii*-Infektion.
(Klinik für Vögel und Reptilien, An den Tierkliniken 17, 04103 Leipzig)

▸ **Abb. 19.7** Befunde der klinischen Untersuchung des Auges. (Klinik für Kleintiere, An den Tierkliniken 23, 04103 Leipzig)
a Regenbogenboa mit persistierender Brille (Spektakulopathie).
b Bartagame (Silkback-Mutation) mit Cornea globosa.
c Leopardgecko mit Korneaperforation.
d Steppenwaran mit Blepharophimose nach Infektion.
e Schmuckschildkröte mit Blepharitis.
f Landschildkröte mit Nickhautfibrose infolge chronischer Entzündung.
g Grüner Leguan mit Entzündung und Hypertrophie von Nickhaut und Nickhautknorpel.
h Zierschildkröte mit Cholesterolablagerungen im Bereich der Pupille infolge ungeeigneter Fütterung.
i Tokeh mit Uveitis anterior.

nen Verletzungen bis zu Perforationen reichen. Daneben kommt es auch zu entzündlichen Veränderungen der Brille durch **bakterielle oder mykotische Infektionen** (S. 292), die zu Formveränderungen und ulzerativen Schäden führen können. Meist ist als Ursache oder Folge der Infektion der subspektakuläre Raum mitbetroffen. Dann kommt es häufig zu deutlichen Umfangsvermehrungen, die eigentlich klare Brille wird opak und die versorgenden Gefäße werden sichtbar (▸ **Abb. 19.9**, **a**).

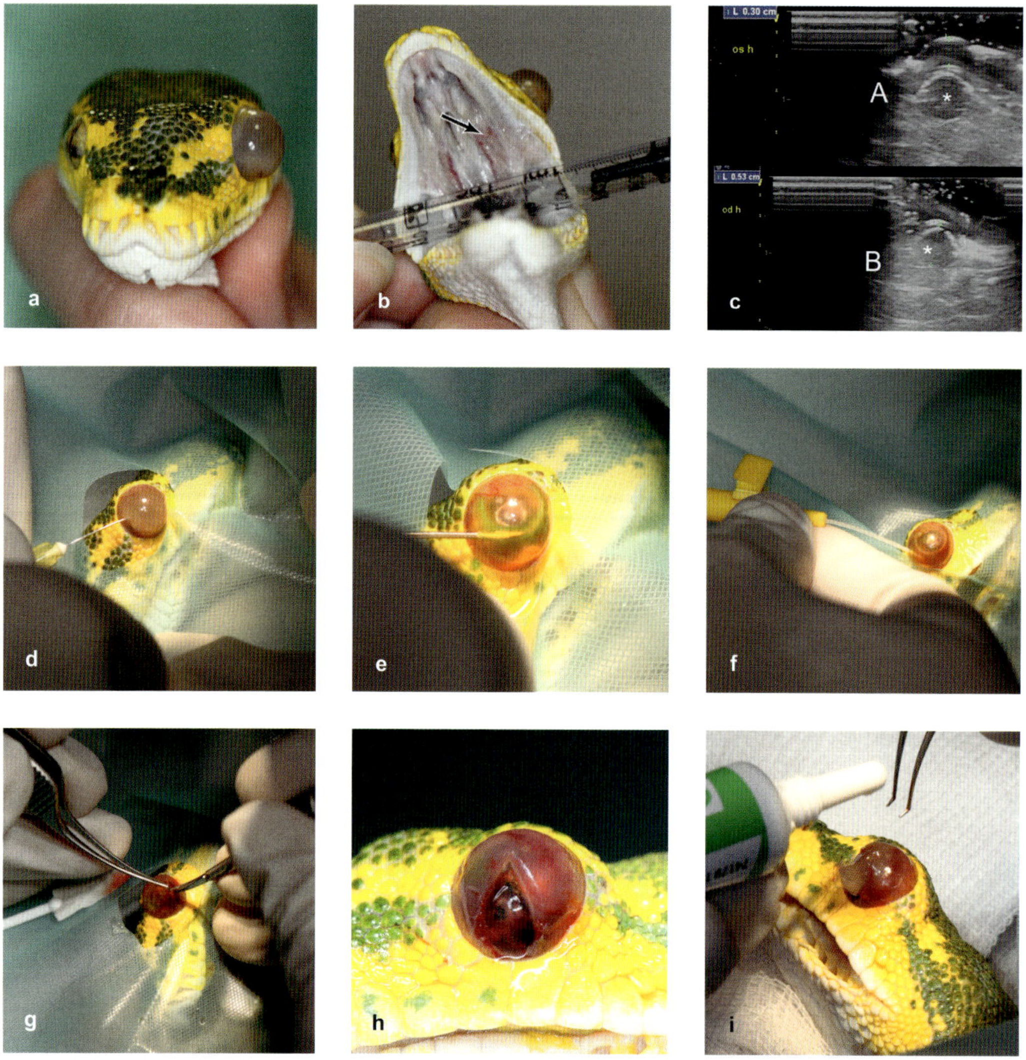


▶ **Abb. 19.8** Grüner Baumpython mit Spektakulopathie. (Klinik für Kleintiere, An den Tierkliniken 23, 04103 Leipzig)
a Klinischer Befund, Vorwölbung der Brille, Trübung und Gefäßzeichnung.
b Rachendach, Entzündungsreaktionen (Pfeil).
c Ultraschallbefund. A: betroffenes Auge; B: gesundes Auge. Die Füllung des subspektakulären Raumes kann beurteilt werden (*: Augapfel).
d Punktion des subspektakulären Raumes zur Beprobung.
e Fluoreszeininjektion in den subspektakulären Raum zur Prüfung der Durchgängigkeit des Nasolakrimalgangs.
f Spülung über Katheter.
g Keilförmige Exzision aus der Brille als Zugang zum subspektakulären Raum und zur antimikrobiellen Versorgung.
h Keilförmige Exzision in der Brille.
i Abdeckung des Wundbereichs.

Durch vorsichtige Punktion und Aspiration, oder im Rahmen der operativen Versorgung entnommene Proben sollten zytologisch und mikrobiologisch untersucht werden.

Eine weitere häufige Ursache für Umfangsvermehrungen der Brille ist ein gestörter Abfluss der Flüssigkeit aus dem subspektakulären Raum, wodurch ein **Pseudobuphthalmus** (S. 295) entsteht. Dieser kann ein-, aber auch beidseitig auftreten

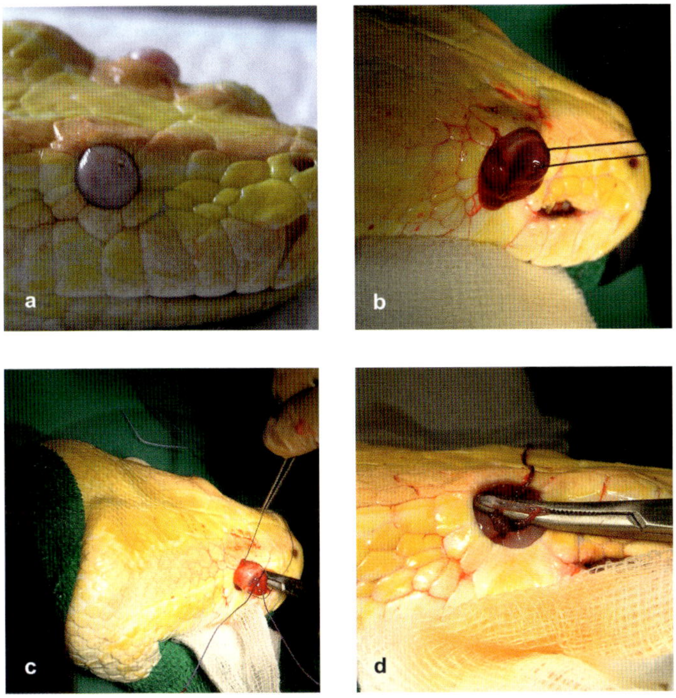

▶ **Abb. 19.9** Bulbusexstirpation bei einem Tigerpython. Hier wird die Brille mit entfernt, bei Reptilien mit Augenlidern können diese anschließend zum Verschluss der Wundhöhle genutzt werden. **a** Augenschwellung und Panophthalmitis, klinisches Bild. **b** Präparation des Bulbus und Vorbereitung zur Exstirpation. **c** Abbinden der versorgenden Gefäße und des N. opticus. **d** Abklemmen nach Entfernung. Eine Wundheilung per secundam ist möglich. (Klinik für Vögel und Reptilien, An den Tierkliniken 17, 04103 Leipzig)

(▶ **Abb. 19.4b**, ▶ **Abb. 19.8**). Hier ist die Abklärung einer infektiösen Beteiligung sinnvoll. Der Abfluss der Flüssigkeit kann durch eine Injektion von Fluoreszein in den subspektakulären Raum überprüft werden (▶ **Abb. 19.8e**), wobei zu berücksichtigen ist, dass eventuell durch die Druckerhöhung infolge des Injektionsvolumens die Flüssigkeit nur vorübergehend den Nasolakrimalgang passieren kann.

## Wie sehen die Konjunktiven aus?

Konjunktivale Veränderungen treten meist gemeinsam mit Blepharopathien auf. Ursachen und Pathogenesen sind somit ähnlich und die möglichen diagnostischen Maßnahmen verhalten sich entsprechend.

Sind die Konjunktiven, insbesondere in Zusammenhang mit **Schwellungen der Augenlider** (S. 288), hyperkeratotisch und teilweise trocken, kann eine **Hypovitaminose A** (S. 247) vermutet werden. Meist bildet sich hierbei aus abgeschilfertem Material auch eine Art weißlich-gelblicher Débris, der zu sekundären Entzündungen führen kann. Infolge einer Hypovitaminose A kann es zu Symptomen einer **Keratoconjunctivitis sicca** (S. 295) kommen. Inwieweit Tränenflüssigkeit gebildet wird, kann je nach Größe des Auges mittels Phenolrot-Fadentest oder (längshalbiertem) Schirmer-Tränentest geprüft werden.

**Fremdkörper** (S. 294) im Bereich der Konjunktiven werden nicht selten übersehen, eine vorsichtige Untersuchung und ggf. eine Spülung können bei der Diagnose helfen.

Liegen Hinweise auf eine entzündliche Veränderung vor (▶ **Abb. 19.6**, ▶ **Abb. 19.4f**, ▶ **Abb. 19.7e**), ist eine Tupferprobenentnahme oder auch eine Konjunktivalspülung unerlässlich, um eine geeignete Therapie einleiten zu können. Neben der Routineuntersuchung bezüglich einer **bakteriellen oder mykotischen Infektion** (S. 292) sollte bei Landschildkröten an **Mykoplasmen** (S. 86), aber auch an eine **Herpesvirusinfektion** (S. 104) bzw. eine **Ranavirusinfektion** (S. 106) gedacht werden, insbesondere wenn begleitend Veränderungen in der Maulhöhle (S. 92) vorliegen.

## Ist das Auge selbst verändert?

Entzündliche Veränderungen durch **bakterielle oder mykotische Infektionen** (S. 292) können als Panophthalmitis das gesamte Auge betreffen. Entsprechend können bei der Untersuchung der Kammer entsprechende Befunde erhoben werden. Neben **Fremdkörpern** (S. 294) als Ursache sollte Probenmaterial mikrobiologisch untersucht werden.

**Traumata** (S. 294) spielen auch bei der Untersuchung der Kornea eine Rolle (▸ **Abb. 19.7c**, ▸ **Abb. 19.10**). Mögliche Schädigungen können

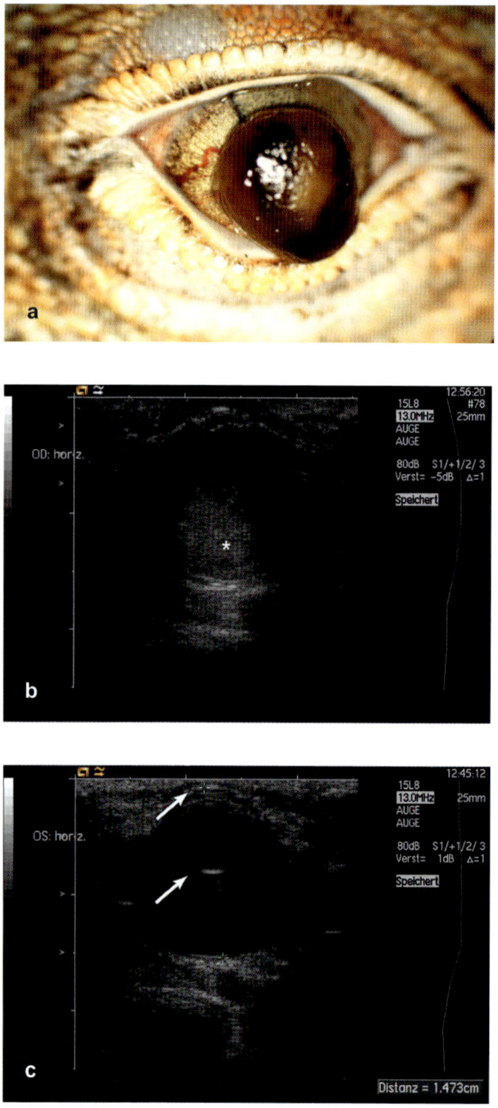


▸ **Abb. 19.10** Irisprolaps bei einem Grünen Leguan. **a** Klinisches Bild. **b** Ultraschallbefund, betroffenes Auge. Die Einblutung in den Vitreus (*) ist zu sehen. **c** Ultraschallbefund, gesunde Seite, Darstellung der vorderen Augenkammer und der Linse (Pfeile).
(Klinik für Kleintiere, An den Tierkliniken 23, 04103 Leipzig)

mittels Fluoreszeintest geprüft werden. Befinden sich Auflagerungen auf der Kornea, können diese auch infolge einer Traumatisierung (Frostschaden im Rahmen der Überwinterung, UV-Keratitis), einer **Hypovitaminose A** (S. 247) oder einer **bakteriellen oder mykotischen Infektion** (S. 292) bedingt sein.

Letztere kommt auch in Betracht, wenn die ophthalmologische Untersuchung eine Trübung der vorderen Augenkammer selbst zeigt (▸ **Abb. 19.7i**), Einblutungen deuten wiederum auf ein Trauma hin. Veränderungen der Linse selbst zeigen sich infolge von Traumata (auch Frostschäden, welche zu Linsentrübungen führen können) und als **Katarakt** (S. 296). Sie sollten ophthalmoskopisch genau untersucht werden.

## 19.4 Wichtige Ursachen

Wichtige Ursachen von Augenveränderungen sind in ▸ **Tab. 19.1** zusammengefasst.

### 19.4.1 Erkrankungen

#### Bakterielle und mykotische Infektionen, Abszesse

**Info**

Infektion von Teilen des Auges oder als Panophthalmitis des gesamten Augapfels.

**Ätiologie & Pathogenese**

Infektionen des Auges sind häufig, sie können sowohl lokal nur Teile des Auges oder auch nur die Augenumgebung, aber auch den gesamten Augapfel betreffen. Lokale Infektionen treten als Folge von **Traumata** (S. 294), ungeeigneten Umgebungsfaktoren oder auch durch **Fremdkörper** (S. 294) auf. Bei aquatilen Spezies spielt die Wasserqualität eine große Rolle. Außer bei Landschildkröten kann eine **Hypovitaminose A** (S. 247) eine Prädisposition für eine klinisch manifeste Infektion sein, welche dann insbesondere die Konjunktiven und die Kornea betrifft.

Daneben spielt – auch bei Schlangen – die Möglichkeit einer aufsteigenden Infektion aus der Ra-

► **Tab. 19.1** Wichtige Ursachen von Augenveränderungen.

| Ursachen | | Bedeutung * | | | Bemerkungen, s. auch andere Leitsymptome |
|---|---|---|---|---|---|
| | | EC | SL | SK | |
| Bakterien | gramnegative Bakterien (S. 292) | +++ | +++ | +++ | - |
| | Staphylokokken, Streptokokken, Mykobakterien (S. 292) | + | + | + | - |
| Myko-plasmen | Mykoplasmen (S. 86) | - | - | +++ | |
| Pilze | Schimmelpilze, Hefepilze (S. 292) | + | + | ++ | - |
| Viren | Herpesvirus (S. 104) | - | - | ++ | |
| | Ranavirus (S. 106) | - | - | ++ | |
| | Pockenvirus (S. 245) | + | - | - | - |
| | Adenovirus (S. 125) | - | - | + | - |
| Parasiten | Flagellaten (S. 137) | - | + | - | - |
| metaboli-sche Ur-sachen | Metabolic Bone Disease (S. 193), Kalziummangel (S. 146) | ++ | - | ++ | - |
| | Fehlernährung (S. 146) (Eiweiß) | + | - | + | - |
| | Nephropathie (S. 330) | ++ | ++ | ++ | - |
| | Hepatopathie (S. 328) | - | - | ++ | - |
| | Vitamin-A-Mangel (S. 247) | ++ | ++ | ++ | nur bei Landschildkröten |
| raumfor-dernde Prozesse | Neoplasien (S. 314) | + | + | + | - |
| | Otitis media (S. 310) | - | - | ++ | - |
| Sonstiges | Häutungsstörungen (S. 245) | + | +++ | + | - |
| | Fehlbildung (S. 207) | + | + | + | - |
| | Trauma (S. 294) | ++ | ++ | ++ | - |
| | Fremdkörper (S. 294) | ++ | + | +++ | - |
| | Haltungsfehler (S. 286) | +++ | +++ | +++ | - |

* Bedeutung bei der Entstehung der entsprechenden Leitsymptomatik, Erfahrungswerte der Autoren

chenhöhle über den Tränengang eine Rolle. Panophthalmitiden können sich aus lokalen Infektionen entwickeln, aber ebenso durch hämatogene Streuung entstehen.

Das nachgewiesene Keimspektrum ist groß, es umfasst insbesondere gramnegative Keime (insbesondere *Pseudomonas* spp., *Aeromonas* spp., *Pasteurella* spp., *Burkholderia* spp., *Citrobacter* spp. und *Proteus* spp.), aber auch Pilzinfektionen.

Allerdings kann ein großer Teil der genannten Erreger auch in der Konjunktivalflora gesunder Reptilien nachgewiesen werden.

**! Ein positiver mikrobiologischer Nachweis muss stets im klinischen Kontext interpretiert werden.**

Bei Landschildkröten spielen **Mykoplasmen** (S. 86) eine Rolle. Bei subspektakulären Entzündungen bei Schlangen werden gelegentlich im Punktat auch **Flagellaten** (S. 137) gefunden, die vermutlich über den Tränengang aufgestiegen sind.

### Klinik & Diagnose

Folgende Formen spielen insbesondere eine Rolle:

- Blepharitis, oft in Kombination mit einem Blepharödem
- Konjunktivitis

- subspektakuläre Entzündungen und Abszesse bei Schlangen und seltener Geckos mit Brillen
- Keratitis, insbesondere bei Schildkröten, auch posthibernal
- Uveitis

**Blepharitiden** zeigen sich oft als hochgradige Schwellungen der Lider (▶ **Abb. 19.4f**). Sie treten meist Kombination mit **Konjunktivitiden** auf. Symptome sind eine deutliche Rötung der Schleimhäute wie auch des dritten Augenlids (▶ **Abb. 19.7g**, ▶ **Abb. 19.7f**). Infolge der Entzündung sammelt sich unter den Lidern oft ein käsiges Material an.

Eine **Keratitis** äußert sich in Form von Trübungen (u. a. Leukoma) und Vaskularisation (Pannusbildung). Die Entzündungen verursachen eine lokale Hyperämie und oft auch einen Blepharospasmus.

**Subspektakuläre Abszesse** zeigen sich meist durch eine Umfangsvermehrung der Brille, welche in Anfangsstadien nicht leicht von einem **Pseudobuphthalmus** (S. 295), der durch eine Abflussstörung verursacht wird, abzugrenzen ist.

**Uveitiden** können sich als einfache Kammerwassertrübung, als Hyphaema oder auch als Hypopyon äußern. Des Weiteren ist oft die Iris verändert. Aufgrund der Vielfalt der physiologischen Befunde ist bei einseitigen Befunden immer der Vergleich zur kontralateralen Seite maßgeblich. Bei beidseitiger Erkrankung sind die Irispathologien u. U. maskiert. Die Diagnose erfolgt durch eine sorgfältige ophthalmologische Untersuchung (S. 278).

### Therapie & Prognose

**Fremdkörper** (S. 294) werden vorsichtig entfernt, und die Umgebungsfaktoren optimiert. Außer bei Landschildkröten ist eine Substitution mit Vitamin A 66 in der Regel sinnvoll. Sind die Augen verklebt, sollten sie vorsichtig mit NaCl-Lösung gespült werden. Während oberflächliche Keratitiden und Konjunktivitiden lokal antibiotisch, z. B. mit Floxal AT 54, oder antimykotisch (derzeit kein lokales Fertigprodukt auf dem Markt) behandelt werden können, ist bei Uveitiden eine systemische Therapie erforderlich. Generell sind Augentropfen Salben überlegen, da letztere aufgrund der geringeren Körpertemperatur nicht ausreichend verflüssigt werden und die Augen eher verkleben. Begleitend kann als abschwellendes und entzündungshemmendes Medikament lokal Acular AT 53 verwendet werden.

**Subspektakuläre Abszesse** müssen in der Regel chirurgisch versorgt werden (▶ **Abb. 19.8**).

**Panophthalmitiden** haben eine schlechte Prognose, eine Enukleation ist oft unausweichlich (▶ **Abb. 19.9**). Gleiches gilt für Granulome, die sich im Augenbereich bei anderen Spezies bilden.

**! Insbesondere bei Schildkröten benötigt die Heilung von Augenveränderungen oft eine lange Zeit, bei weitem über die initiale tierärztliche Behandlung der Erreger hinaus.**

## Trauma (Fremdkörper, Frostschaden, UV-Keratitis)

**Info**

Mechanische Schädigung der Augenstrukturen, oft mit sekundärer bakterieller oder mykotischer Problematik.

### Ätiologie & Pathogenese

Häufig wird bei Echsen und Schildkröten Bodenmaterial (Heu, Sand) gefunden, welches sich unter den Augenlidern verfangen hat. Hierdurch entsteht ein Reiz und durch Reibung wird ein Trauma verursacht. Neben mechanischen Traumata sind auch chemische Substanzen zu bedenken, insbesondere organische Lösemittel und Organophosphate, die in Zusammenhang mit einer Schädigung des Auges bei Reptilien beschrieben sind.

Bei Schlangen sind Traumata der Augen meist durch Abwehrverhalten der Beutetiere bei Lebendfütterung bedingt, sie betreffen dann entweder die Augenumgebung oder die Brille. Auch innerartliche Auseinandersetzungen spielen bei vielen Spezies (insbesondere Wasserschildkröten) eine Rolle. Schädigungen durch zu niedrige Temperaturen betreffen vorwiegend Spezies, welche überwintert wurden. Insbesondere die Überwinterung im Freiland ist hier kritisch. Oft werden aber auch Hinweise auf Traumata, z. B. ein Irisprolaps (▶ **Abb. 19.10**) gefunden, ohne dass eine Ursache bekannt ist.

Zu erwähnen ist noch insbesondere bei Schildkröten eine Schädigung der Hornhaut durch ungeeignetes UV-Licht. In der Folge entsteht eine **UV-Keratitis**, welche oft durch Sekundärinfektionen kompliziert wird.

### Klinik & Diagnose

Das klinische Bild ist breit gefächert, es reicht von dezenten oberflächlichen Erosionen bis zu tiefen Wunden. Frostschäden der Kornea (und der Linse) zeigen sich durch eine milchige Eintrübung. Die Diagnostik umfasst neben der ophthalmologischen Untersuchung (S. 278) auch einen Fluoreszeintest zur Prüfung der Intaktheit der Kornea.

### Therapie & Prognose

Fremdkörper werden vorsichtig mit einer Pinzette entfernt oder durch (mehrmaliges) Spülen mit NaCl-Lösung herausgeschwemmt. Liegen keine tieferen Verletzungen vor, ist begleitend eine antiinflammatorische lokale Behandlung, z. B. mit Acular AT 53, und eventuell eine lokale Antibiose, z. B. mit Floxal AT 54, ausreichend.

Liegen Ulzera der Hornhaut vor, kann eine **Tarsorraphie** (▶ Abb. 19.11) für eine vorübergehende Beruhigung während der Behandlung sorgen. Perforierende Korneaverletzungen müssen genäht werden. Bei der Rekonstruktion nach Lidverletzungen ist besonders auf den Funktionserhalt zu achten. Unzureichender Lidschluss führt zu einer Korneaexposition und -austrocknung mit den entsprechenden Folgen.

Traumata der Brille können je nach Ausmaß auch konservativ behandelt werden, indem ein Austrocknen der Kornea, z. B. mit Hyaluronsäure-haltigem Gel 52, verhindert wird. Bei den folgenden Häutungen ist die Gefahr einer **Brillenretention** (S. 245) hoch, entsprechend sollte die Häutung kontrolliert werden. Ist infolge eines Traumas die Brille verloren, trocknet die ungeschützte Kornea des Schlangenauges aus, und der Visus geht verloren.

▶ **Abb. 19.11** Grüner Leguan mit temporärem Lidverschluss (Tarsorraphie).
(Klinik für Vögel und Reptilien, An den Tierkliniken 17, 04103 Leipzig)

## Keratoconjunctivitis sicca

**Info**

Tränenfilmstörung oft unklarer Genese.

### Ätiologie und Pathogenese

Die Ursache der Korneaaustrocknung ist oft nicht auffindbar, allerdings spielt die **Hypovitaminose A** (S. 247) eine Rolle, da es durch Epithelmetaplasien zu einer Störung der Drüsenfunktion in der Harder-Drüse sowie den Tränendrüsen kommt.

### Klinik & Diagnose

Klinisch fallen die trockenen, oft auch eingefallenen Korneaoberflächen auf. Diagnostisch lässt sich je nach Augengröße mittels Schirmer-Tränentest oder Phenolrot-Fadentest der Tränenfluss kontrollieren, es sollte in jedem Fall eine vollständige ophthalmologische Untersuchung (S. 278) durchgeführt werden.

### Therapie

Die Behandlung erfolgt durch Vitamin-A-Substitution 66 und mehrfach tägliche Befeuchtung der Hornhäute mit einem Hyaluronsäure-haltigen Augengel 52.

## Pseudobuphthalmus

**Info**

Vorwölbung der Brille aufgrund eines gestörten Flüssigkeitsabflusses.

### Ätiologie & Pathogenese

Meist aufgrund einer Abflussstörung durch den Nasolakrimalgang sammelt sich die Flüssigkeit im subspektakulären Raum an, und die Brille wölbt sich vor. Das Problem kann ein- oder beidseitig bestehen. Oft ist es nur eine kurzfristige Störung, besteht sie aber länger, können Sekundärinfektionen über den Gang aufsteigen, und auch das Auge selbst kann durch den Druckanstieg in Mitleidenschaft gezogen werden. Die Ursache für die Abflussstörung selbst kann infektiös, durch einen Vitamin-A-Mangel bedingt oder unbekannt sein.

### Klinik

Die Brille wölbt sich ein- oder beidseitig vor (▸ **Abb. 19.4b**). Sie bleibt dabei im Gegensatz zu Abszessen aber klar. Treten Sekundärinfektionen auf, verändert sich die Flüssigkeit und wird eher flockig-trübe.

### Diagnose

Die Diagnose erfolgt durch ophthalmologische Untersuchung mittels Spaltlampe. Fluoreszein kann subspektakulär injiziert und der Abfluss in den Rachenraum kontrolliert werden. Das Archendach sollte bezüglich möglicher Schleimhautinfektionen oder raumfordernder Prozesse untersucht werden.

### Therapie & Prognose

Oft besteht die Veränderung nur kurzfristig. Die Flüssigkeit kann mit einer dünnen Kanüle vorsichtig abgesaugt werden. Bei Rezidiven ist eine keilförmige Resektion der Brille möglich (▸ **Abb. 19.8**), aber nicht ohne Risiko. Eine Vitamin-A-Substitution **66** und ggf. eine antiinfektive Behandlung sind sinnvoll. Besteht das Problem weiter, ist auch das Anlegen eines Ersatzgangs beschrieben, hierbei handelt es sich aber eindeutig um Eingriffe, die Spezialisten vorbehalten sind.

## Katarakt

**Info**

Grauer Star.

### Ätiologie & Pathogenese

Trübungen der Augenlinse werden bei Reptilien gelegentlich in der ophthalmologischen Untersuchung diagnostiziert. Eine Ursache insbesondere bei Schildkröten sind Schäden durch Frost während der Winterruhe. Auch altersbedingte Trübungen treten auf.

### Klinik & Diagnose

Diagnostisch ist die Linsentrübung von Veränderungen der vorderen und hinteren Augenkammer abzugrenzen, hier ist eine genaue ophthalmologische Untersuchung notwendig.

### Therapie & Prognose

Die Linsenentfernung mittels Phacoemulsifikation ist bei Reptilien von Spezialisten beschrieben, aber aufgrund der Größe der Augen oft problematisch.

# 20 Umfangsvermehrung

Annkatrin Neul, Michael Pees

**Leitsymptomatik „Umfangsvermehrung“**

- Funktionseinschränkungen durch raumfordernde Prozesse im Gewebe
- klinische Symptomatik abhängig von der Lokalisation:
  - Kopfbereich: z. B. Würgen oder Erbrechen (S. 114)
  - Leibeshöhle: z. B. umfangsvermehrtes Abdomen
  - Kloakenbereich: z. B. Kotabsatzstörungen (S. 126)
  - Gliedmaßen/Wirbelsäule: z. B. Lahmheit, Bewegungsstörungen (S. 176)
- Dyspnoe (S. 54), wenn das Lungenfeld eingeengt ist
- Inappetenz und Apathie (S. 318)
- in chronischen Fällen Abmagerung (S. 318)

## 20.1 Allgemeines

Umfangsvermehrungen stellen bei Reptilien einen häufigen und oft mit weiteren Leitsymptomen verbundenen Vorstellungsgrund in der Praxis dar. Die zugrundeliegenden Ursachen sind äußerst variabel und hängen stark von der Lokalisation ab. Diese hat ebenfalls einen großen Einfluss auf die daraus resultierende Symptomatik. Da Zubildungen wie bereits erwähnt in der Regel zu einer entsprechenden weiteren Symptomatik führen, soll dieses Kapitel dazu dienen, die häufigsten Umfangsvermehrungen der entsprechenden Lokalisationen zusammenzufassen und gegebenenfalls auf die Kapitel der typischen, möglicherweise im aktuellen Fall nicht vordringlichen Leitsymptomatik zu verweisen.

## 20.2 Sofortmaßnahmen

Die notwendigen Sofortmaßnahmen werden durch die vorliegende Symptomatik bestimmt, wodurch diese ebenfalls von der Lokalisation abhängig und in den entsprechenden Kapiteln nachzulesen sind.

**Sofortmaßnahmen**

- Grundsätzlich ist die Atmung zu stabilisieren (S. 44), insbesondere wenn die Umfangsvermehrung eine direkte Auswirkung auf Lunge und Luftwege hat.
- Der Kreislauf und die Versorgung mit Nährstoffen können als Folge einer gestörten Futteraufnahme oder Kreislaufregulation empfindlich gestört sein, auch hier ist eine Substitution (S. 44) zu gewährleisten.

## 20.3 Diagnostik

Das diagnostische Vorgehen für das Leitsymptom Umfangsvermehrung ist im diagnostischen Leitfaden dargestellt.

# Diagnostischer Leitfaden: Umfangsvermehrung

## Anamnese

- Alter, Geschlecht
- Zeitdauer
- rezidivierend
- Vergesellschaftung, Trauma
- Haltungshygiene
- Fütterung, insbes. Vitamin A

## Klinische Untersuchung nach Lokalisation

- **Ernährungszustand**
  - Adipositas
- **Kopf**
  - Zubildungen in der Maulhöhle
  - Zubildungen am Auge
  - Wasser- SK
  - Schwellung der Ohrmembranen
    - Ohrabszess/Otitis media?
  - grüner Leguan Hyperkeratose der Ohrmembran
- **Leibeshöhle**
  - weibliche Tiere: Reproduktionsstatus
    - Störung der Legetätigkeit?
  - weiche, fluktuierende Umfangsvermehrung
    - Aszites?
    - Zölomitis?
    - Hepatopathie?
    - Harnsacklähmung?
  - harte Umfangsvermehrung
    - Obstipation?
    - SL im Magenbereich: Kryptosporidien?
    - SL im Herzbereich: Herzinsuffizienz/Herzbeutelerguss?

| | | | |
|---|---|---|---|
| | | | ▶ S. 313 |
| | | ▶ Leitsymptom Veränderung von Maul bzw. Maulhöhle | ▶ S. 92 |
| | | ▶ Leitsymptom Augenveränderung | ▶ S. 277 |
| ▶ Punktion: Zytologie, bakteriologische Untersuchung | | | ▶ S. 310 |
| ▶ Kryptosporidien? | ▶ Punktat, Zytologie | ▶ Leitsymptom Störung des Kotabsatzes bzw. Kotveränderung | ▶ S. 126 |
| | | ▶ Leitsymptom Störung der Legetätigkeit | ▶ S. 254 |
| ▶ Ultraschall | ▶ siehe unten, Ödeme | | |
| ▶ Ultraschall/Punktion: Zytologie | | | ▶ S. 311 |
| ▶ Ultraschall, Blutchemie | | ▶ Leitsymptom Anorexie, Apathie | ▶ S. 318 |
| ▶ Ultraschall | | ▶ Leitsymptom Störung des Harnabsatzes bzw. Harnveränderung | ▶ S. 152 |
| | | | ▶ S. 148 |
| ▶ Magenspülung, Zytologie/PCR | | ▶ Leitsymptom Störung des Kotabsatzes bzw. Kotveränderung | ▶ S. 126 |
| ▶ Ultraschall | | | ▶ S. 312 |

## Fortsetzung: **Diagnostischer Leitfaden: Umfangsvermehrung**

- **Kloake**
  - vorgefallenes Gewebe
- **Gliedmaßen, Wirbelsäule**
  - Umfangsvermehrung der Gelenke
  - harte, tlw. verschiebliche, abgrenzbare Zubildungen
    - Abszess/Granulom? evtl. metastatische Verkalkung
    - Gicht?
    - Knochenveränderungen, Kalziumablagerungen
- **Schwellungen in der (Unterhaut)**
  - Abszess, Granulom?
  - Neoplasie?
  - Myiasis?
  - SL EC Blister Disease?

## Klinische Untersuchung

- **weiche, flächige Veränderungen: Ödeme**
  - iatrogen
  - SL EC Blister Disease?
  - Septikämie?
    - (Blut: bakteriologische Untersuchung)
  - Herzinsuffizienz/Herzbeutelerguss?
    - Ultraschall
  - Hypoproteinämie?
    - Blutchemie

- ▶ Leitsymptom Gewebevorfall aus der Kloake ▶ S. 164
- ▶ Leitsymptom Störung des Bewegungsapparats ▶ S. 176
- ▶ Röntgen, Punktion: Zytologie ▶ S. 307
- ▶ Leitsymptom Anorexie, Apathie ▶ S. 318
- ▶ Metabolic Bone Disease? ▶ Leitsymptom Störung des Bewegungsapparats ▶ S. 176
- ▶ Punktion: Zytologie ▶ S. 307
- ▶ Exzision: Histologie ▶ S. 314
- ▶ Leitsymptom Veränderung der Haut (E/S) ▶ S. 222
- ▶ Leitsymptom Veränderung der Haut (E/S) ▶ S. 222
- ▶ Leitsymptom Veränderung der Haut (E/S) ▶ S. 222
- ▶ Leitsymptom Anorexie, Apathie ▶ S. 318
- ▶ S. 312
- ▶ Hepatopathie/ Nephropathie? ▶ Ultraschall ▶ Leitsymptom Anorexie, Apathie ▶ S. 318
  - ▶ Blutverlust?
  - ▶ Endoparasitose? ▶ parasitologische Untersuchung ▶ Leitsymptom Störung des Kotabsatzes bzw. Kotveränderung ▶ S. 126
  - ▶ posthibernale Anorexie? ▶ Leitsymptom Anorexie, Apathie ▶ S. 318

Fortsetzung: **Diagnostischer Leitfaden: Umfangsvermehrung**

- ▸ **umschriebene Veränderung, fest bzw. fluktuierend**
  - ▸ Abszess/Granulom? → ▸ Ultraschall Punktion: Zytologie, bakteriologische Untersuchng
  - ▸ Neoplasie? → ▸ (Röntgen, Ultraschall), Punktion/Exzision: Histologie

▸ S. 307

▸ S. 314

### 20.3.1 Besonderes Augenmerk bei der Anamnese

Im Rahmen des Anamnesegesprächs sollten immer die **Fütterungs-** und **Haltungsbedingungen** erfragt werden. Bei der Fütterung sind vor allem die Menge, die Zusammensetzung und die Qualität des angebotenen Futters entscheidend. Um die Bedingungen der Unterbringung im Terrarium besser einschätzen zu können, ist die Kenntnis der Hygienemaßnahmen, Vergesellschaftung und Besatzdichte empfehlenswert, um beispielsweise eine vorherige Bissverletzung durch das Partnertier als mögliche Ursache für die Umfangsvermehrung eingrenzen zu können.

Weiterhin sind das **Alter** und **Geschlecht** des Reptils für die Eingrenzung der zugrundeliegenden Ursache der Zubildung hilfreich. So kann bei einem geschlechtsreifen männlichen Tier (wenn das Geschlecht sicher ist!) eine Störung der Legetätigkeit als Ursache ausgeschlossen werden.

Um tumoröse Veränderungen besser einschätzen und eventuell auch eine Auskunft zur Prognose geben zu können, ist die **Entwicklung** und **Veränderung der Umfangsvermehrung** (z. B. progressives Wachstum, konstante oder wechselnde Größe) in einem bestimmten Zeitraum bedeutend. Weitere Begleitsymptome müssen zur Eingrenzung der Ursache möglichst genau abgefragt werden.

### 20.3.2 Besonderes Augenmerk bei der klinischen Untersuchung

#### Wie ist der Ernährungszustand?

Schon bei der Adspektion des Reptils kann der Ernährungszustand beurteilt werden. Eine **Adipositas** (S. 313) besteht, wenn bei Schildröten die Gliedmaßen und die Haut so massiv sind, dass das Tier aus seinem Panzer herausquillt. Bei Echsen lässt sich der Ernährungszustand an den Hüfthöckern beurteilen, die bei einer Adipositas weder zu sehen noch zu fühlen sind (▸ **Abb. 2.2**). Bei Schlangen zeichnet sich ein übermäßiger Ernährungszustand durch Fetteinlagerungen parallel der Wirbelsäule ab, wodurch diese auch schwieriger zu palpieren ist. Fettansammlungen in der Leibeshöhle können dagegen nur vermutet und müssen mit Hilfe bildgebender Diagnostik bestätigt werden.

#### Beurteilung nach der Lokalisation der Umfangsvermehrung

**Liegen Umfangsvermehrungen im Kopfbereich vor?**

Die Adspektion des Kopfes und vor allem der Maulhöhle (S. 92) ist bei der klinischen Untersuchung entscheidend. Subkutane Auftreibungen können durch **Abszesse und Granulome** (S. 307) hervorgerufen werden. Zubildungen an den Augen (S. 277) sind vielfältig und können die unterschiedlichsten Ursachen haben.

Schwellungen der Ohrmembran bei Wasserschildkröten (▸ **Abb. 20.1**) werden häufig im Rahmen einer Hypovitaminose A durch sekundäre Entzündungsreaktionen verursacht und als **Ohrabszesse** (S. 310) bezeichnet. Bei hyperkeratotischen Veränderungen der Ohrmembran des Grünen Leguans kann auch eine **Kryptosporidieninfektion** (S. 140) eine Ursache darstellen, welche aber nur durch eine entsprechende Punktion mit anschließender parasitologischer Untersuchung diagnostiziert werden kann.

**Gibt es Umfangsvermehrungen in der Leibeshöhle?**

Umfangsvermehrungen in der Leibeshöhle sind bei der klinischen Adspektion nicht immer zu erkennen. Dabei hilft die Palpation der Leibeshöhle, um einen ersten Verdacht äußern zu können. Anschließend kann die bildgebende Diagnostik zur Abklärung beitragen (▸ **Abb. 20.5**, ▸ **Abb. 20.6**, ▸ **Abb. 20.10**, ▸ **Abb. 20.11**). Eine zunächst einmal

▸ **Abb. 20.1** Beidseitige Schwellung der Ohrmembranen infolge einer Otitis media bei einer Schmuckschildkröte. (Klinik für Vögel und Reptilien, An den Tierkliniken 17, 04103 Leipzig)

physiologische Umfangsvermehrung findet im Rahmen der Eiproduktion statt. Hierbei sind in manchen Fällen die vergrößerten Follikel oder die Eier schon äußerlich sichtbar bzw. tastbar. Bei Hinweisen auf pathologische Veränderungen wird auf das Leitsymptom Störung der Legetätigkeit (S. 254) verwiesen.

Weiche, fluktuierende Umfangsvermehrungen können Folge eines Aszites, einer **Zölomitis** (S. 311), von **Ödemen** (S. 306) oder **Neoplasien** (S. 314) (▶ **Abb. 20.10**) sein, sie sollten stets sonografisch abgeklärt werden. Auch **Harnsacklähmungen** (S. 162) können zu weichen, aber durch den Druckanstieg durchaus auch zu kaum fluktuierenden Umfangsvermehrungen führen.

Eine gastrische Hyperplasie tritt bei Schlangen infolge einer chronischen Infektion mit **Kryptosporidien** (S. 140) auf. Diese zeichnet sich klinisch als Zubildung in der Rumpfmitte ab. Gastrointestinale **Fremdkörper und Obstipationen** (S. 148) können zu nachweisbaren Zubildungen führen. **Hepatopathien** (S. 328) können häufig mit einer Größenzunahme verbunden sein. Außerdem kann ein **Perikarderguss** (S. 312) oder eine Kardiomegalie ebenfalls Zubildungen bedingen.

## Ist die Kloake geschwollen?

Liegt eine Schwellung der Kloake vor, kann die Schleimhaut mit Hilfe angefeuchteter Tupfer vorsichtig vorgelagert und begutachtet werden. Für Gewebeschwellungen wird auf das Leitsymptom Gewebevorfall aus der Kloake (S. 164) verwiesen.

## Sind Umfangsvermehrungen an der Wirbelsäule oder an den Gliedmaße vorhanden?

Bei Auftreibungen der Knochen oder der Gelenke wird auf das Leitsymptom Störung des Bewegungsapparats (S. 176) verwiesen. Mit Hilfe der Bildgebung können das Ausmaß und die Auswirkungen auf das umliegende Gewebe eingeschätzt werden. Bei Gelenken stellen die Punktion der betroffenen Bereiche und die anschließende Analyse ein wichtiges diagnostisches Hilfsmittel dar.

Neben **Gelenkinfektionenen** (S. 191) (▶ **Abb. 20.4, b**), **Abszessen und Granulomen** (S. 307) (▶ **Abb. 20.6**) ist die **Gicht** (S. 330) (▶ **Abb. 20.2**) eine häufige Erkrankung bei Reptilien, welche bei verminderter renaler Exkretion bzw. übermäßigem Anfallen von Harnsäure aus dem Stoffwechsel als kristalline Ausfällungen nicht selten in den Gelenken, aber auch in Nieren oder inneren Organoberflächen auftritt.

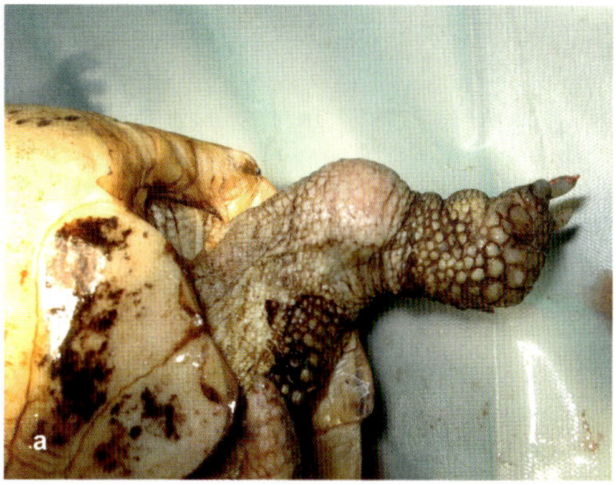

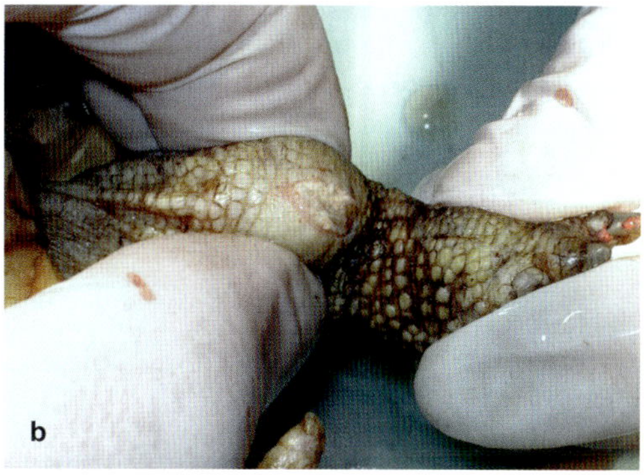

▶ **Abb. 20.2** **a** Schwellung des Knies bei einer Landschildkröte. **b** Punktion und Darstellung der Harnsäurekristalle infolge einer Gicht.
(Klinik für Vögel und Reptilien, An den Tierkliniken 17, 04103 Leipzig)

## Gibt es Schwellungen in der (Unter-)Haut?

Zubildungen in der Haut können vergleichsweise einfach lokalisiert werden. Durch Palpation kann die Qualität (derb/fluktuierend, verschieblich/nicht verschieblich) dieser Umfangsvermehrungen beurteilt werden (▶ **Abb. 20.3**, ▶ **Abb. 20.4**, ▶ **Abb. 20.8**).

Auch hier kommen als Ursache unter anderem **Abszesse**, **Granulome** (S. 307) und **Neoplasien** (S. 314) in Frage. Im Zweifelsfall ist eine Punktion oder Biopsie mit anschließender mikrobiologischer, zytologischer und/oder histologischer Untersuchung anzuraten.

Insbesondere in den Sommermonaten können Hautwunden, vorwiegend bei Schildkröten, durch Fliegen befallen werden – in kurzer Zeit entwickeln sich Maden und eine **Myiasis** (S. 245), welche zu deutlichen Umfangsvermehrungen der Haut führen kann.

Bei Echsen wie auch bei Schlangen treten auch wässrige Umfangsvermehrungen in der Unterhaut als klinisches Bild der **Blister Disease** (S. 247) auf.

## Beurteilung nach der Art der Umfangsvermehrung

### Weiche, flächige, eindrückbare Veränderungen, die für ein Ödem sprechen

Auch die Beurteilung der Art der Umfangsvermehrung kann helfen, die Ursache zu bestimmen. Ödeme können iatrogen durch die subkutane Gabe von Infusionslösung entstehen, wodurch ein Flüssigkeitsdepot gebildet wird. Weiterhin entstehen bei der **Blister Disease** (S. 247) von Echsen und Schlangen wässrige Umfangsvermehrungen in der Unterhaut.

Bei einer **Septikämie** (S. 327) kann sich vor allem bei Schildkröten ein Blut-Flüssigkeits-Gemisch unter den Hornplatten des Panzers ansammeln. Dieses sollte punktiert werden, um einerseits eine Druckentlastung zu erreichen und andererseits Proben zu entnehmen, die mikrobiologisch untersucht werden.

Der **Perikarderguss** (S. 312) stellt eine weitere Möglichkeit einer Flüssigkeitsansammlung dar, die sonografisch bestätigt werden kann.

Eine Hypoproteinämie kann zur Bildung von Ödemen führen (▶ **Abb. 20.3**). Eine blutchemische Untersuchung sollte erfolgen, um die Ursachen für den Eiweißmangel einzugrenzen. Hierbei kommen neben Organschädigungen wie **Hepatopathien** (S. 328) oder **Nephropathien** (S. 330) und Blutverlust auch **Endoparasitosen** (S. 136) und eine **posthibernale Anorexie** (S. 332) in Frage.

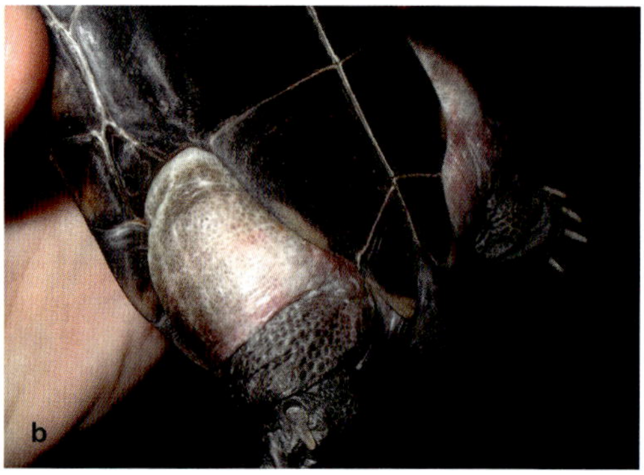

▶ **Abb. 20.3** Hochgradige Ödembildung bei einer chinesischen Dreikielschildkröte infolge einer Niereninsuffizienz. (Klinik für Vögel und Reptilien, An den Tierkliniken 17, 04103 Leipzig)

### Umschriebene, meist feste, manchmal fluktuierende Veränderungen

Bei dieser Art der Umfangsvermehrung (▶ **Abb. 20.6**, ▶ **Abb. 20.8**, ▶ **Abb. 20.10**), handelt es sich in der Regel um **Abszesse, Granulome** (S. 307) oder **Neoplasien** (S. 314). Hierbei sollte eine Punktion der Umfangsvermehrung (ggf. unter Ultraschallkontrolle bei Prozessen in den Organen) mit anschließender zytologischer, mikrobiologischer und/oder histologischer Untersuchung erfolgen.

## 20.4 Wichtige Ursachen

Wichtige Ursachen von Umfangsvermehrungen sind in ▶ **Tab. 20.1** zusammengefasst.

▶ **Tab. 20.1** Wichtige Ursachen von Umfangsvermehrungen.

| Ursachen | | Bedeutung * | | | Bemerkungen, s. auch andere Leitsymptome |
|---|---|---|---|---|---|
| | | EC | SL | SK | |
| Bakterien | grampositive und gramnegative Bakterien (S. 307) | ++ | ++ | ++ | - |
| | Mykobakterien (S. 326) | + | + | +++ | Wasserschildkröten |
| Pilze | *Chrysosporium* anamorph of *Nannizziopsis vriesii* (CANV) (S. 240) | ++ | ++ | - | insbesondere Bartagamen, Grüner Leguan |
| | *Chamaeleomyces* spp. (S. 107) | +++ | - | - | Chamäleons, Bartagamen |
| | *Aspergillus*, *Penicillium*, *Fusarium* spp. (S. 307) | + | + | + | - |
| Parasiten | Kryptosporidien (S. 140) | + | ++ | - | - |
| | Sparganose (S. 145) (Bandwurmlarven) | - | + | - | - |
| | Filarien (S. 243) | + | + | + | Importtiere |
| metabolische Ursachen | Gicht, Nephropathie (S. 330) | ++ | + | +++ | - |
| | Herzbeutelerguss, Herzinsuffizienz (S. 312) | + | ++ | + | - |
| | Hepatopathie (S. 328) | ++ | + | ++ | - |
| | Adipositas (S. 313), Fettleber | +++ | +++ | +++ | - |
| raumfordernde Prozesse | Neoplasien (S. 314) | ++ | ++ | + | - |
| | Störung der Legetätigkeit (S. 254) | +++ | ++ | ++ | - |
| | gastrointestinale Fremdkörper (S. 148) | ++ | + | ++ | Grüner Leguan, Bartagamen |
| | Obstipation (S. 148) | ++ | + | ++ | - |
| Sonstiges | überschießendes Narbengewebe | + | + | + | - |
| | Aszites (S. 318) | ++ | + | ++ | - |

* Bedeutung bei der Entstehung der entsprechenden Leitsymptomatik, Erfahrungswerte der Autoren.

### 20.4.1 Erkrankungen

#### Abszesse und Granulome

**Info**

Lokale, abgekapselte Entzündungsherde mit meist infektiöser Ursache.

#### Ätiologie & Pathogenese

Abszedierende und granulomatöse Entzündungen sind bei Reptilien häufig zu finden.

Bei **Abszessen** handelt es sich um umkapselte, fibrinös-eitrige Entzündungsreaktionen in einer nicht präformierten Körperhöhle. Pyogene Organismen führen zur Absonderung von Exsudat. Zentral sammelt sich nekrotisches Material (Detritus, lysierte Heterophile), welches von der Entzündungsreaktion umgeben wird. Eine fibröse Kapsel bildet sich um den Entzündungsprozess. Daher wird diese Form der Entzündung aus histologischer Sicht auch als **Fibriszess** bezeichnet.

Generell können Abszesse (▶ **Abb. 20.4**, ▶ **Abb. 20.5**, ▶ **Abb. 20.8**) überall am Tier auftreten; es zeigen sich jedoch speziesspezifische Häufungen, so beispielsweise bei Chamäleons periokulär oder bei Wasserschildkröten aus einer **Otitis media** (S. 310) resultierend. Schlangen leiden häufiger unter intramuralen Abszessen (▶ **Abb. 20.5**), und bei Echsen sind oftmals Maul oder Gliedmaßen (▶ **Abb. 20.4**, **b**) betroffen. Es kommt im Unterschied zum Säugetier nicht zu vermehrter loka-

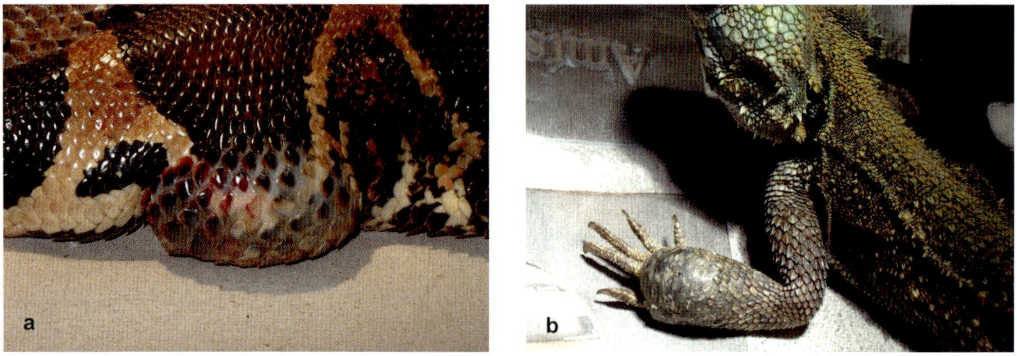


▶ **Abb. 20.4** **a** Perikloakale Schwellung infolge einer Hemipenistaschenentzündung bei einer Boa. **b** Beinschwellung infolge eines Abszesses am Unterarm bei einer Leierkopfagame.
(Klinik für Vögel und Reptilien, An den Tierkliniken 17, 04103 Leipzig)

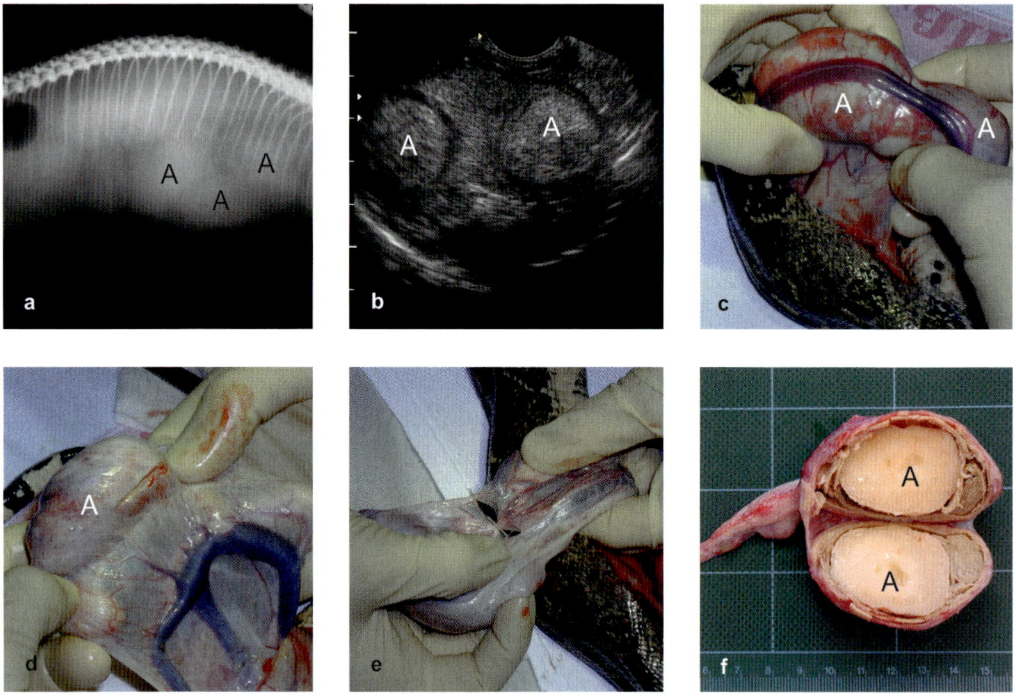


▶ **Abb. 20.5** Intramurale Abszesse (A) bei einer Boa. **a** Röntgenaufnahme, laterolateraler Strahlengang. **b** Ultraschalluntersuchung, ventrale Ankopplung. **c**, **d** Operative Darstellung der Abszesse. **e** Abbinden und Entfernen. **f** Abszessinhalt und Kapsel. (Klinik für Vögel und Reptilien, An den Tierkliniken 17, 04103 Leipzig)

ler Wärme- sowie Erythembildung oder gar Fieber.

Zu den häufigsten Ursachen für eine Abszessbildung zählen bakterielle Infektionen. Bakterien, welche regelmäßig isoliert werden, sind neben Aerobiern (*Aeromonas hydrophila, Citrobacter* spp., *Enterobacter* spp., *Escherichia coli, Morganella morganii, Pantoea agglomerans, Proteus vulgaris, Pseudomonas* spp., *Serratia marcescens, Salmonella* spp.) auch häufig Anaerobier *(Bacteroides, Fusobacterium, Clostridium, Peptostreptococcus)*.

Im Gegensatz zu Abszessen handelt es sich bei **Granulomen** um chronische Prozesse, die durch knotenartige Gewebeneubildungen aus Epithe-

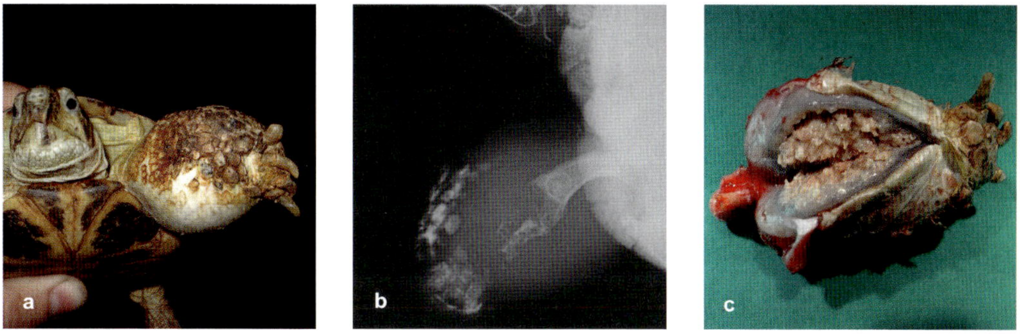

▶ **Abb. 20.6** Mykobakterieninfektion bei einer Landschildkröte. **a** Klinisches Bild. **b** Röntgenaufnahme, Knochenzersetzung. **c** Amputierte Gliedmaße, Darstellung des Granuloms mit Abkapselung. (Klinik für Vögel und Reptilien, An den Tierkliniken 17, 04103 Leipzig)

loidzellen, mononukleären Zellen oder Riesenzellen gekennzeichnet sind. Ein ubiquitär vorkommender Erreger, der vor allem bei aquatilen Reptilien nachgewiesen wird, ist *Mycobacterium marinum*. Auch weitere **Mykobakterien** (S. 326) wie *M. chelonae oder M. thamnopheos* werden regelmäßig aus Reptilien isoliert (▶ **Abb. 20.6**).

## Klinik

Die klinischen Symptome sind abhängig von der Lokalisation des Abszesses bzw. des Granuloms. Beispielsweise sind subkutane Knoten der Haut am Rücken in der Regel symptomlos.

## Diagnose

Um eine sichere Diagnose zu stellen, sind eine Punktion der Zubildung mit anschließender mikroskopischer Untersuchung von gefärbten Ausstrichen sowie ein Erregernachweis ratsam. Wertvoller ist oft ein Abstrich der Innenseite der fibrösen Kapsel bei der Eröffnung der Zubildung, da hier der Erregernachweis deutlich sicherer gelingt.

Gerade bei größeren Zubildungen sollte zuvor über die bildgebende Diagnostik eine genauere Abschätzung des Ausmaßes der Schädigung umliegender Strukturen erfolgen (▶ **Abb. 20.7**). Der Nachweis von säurefesten stäbchenförmigen Bakterien erfolgt über die Ziehl-Neelsen-Färbung. Eine Erregerdifferenzierung von **Mykobakterien** (S. 326) sollte angestrebt werden.

## Therapie & Prognose

In der Regel enthalten **Abszesse** einen käsig-harten Inhalt, welcher für Antibiotika nicht durchlässig ist. Eine Therapie umfasst daher zwingend die

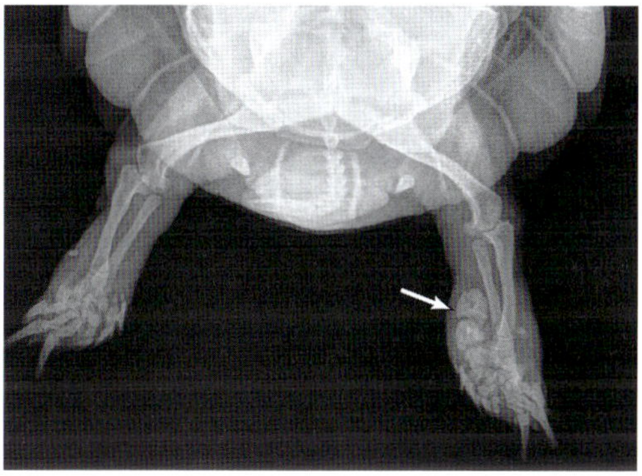

▶ **Abb. 20.7** Röntgenaufnahme einer Maurischen Landschildkröte mit einem Abszess: Die Veränderung ist durch Einlagerung von Kalzium auch röntgenologisch sichtbar. (Klinik für Vögel und Reptilien, An den Tierkliniken 17, 04103 Leipzig)

chirurgische Entfernung der Massen und möglichst auch der Kapselanteile (▶ **Abb. 20.8**). Die entstehende Wundhöhle sollte großflächig eröffnet und mehrere Tage desinfizierend gespült werden. Die folgende Sekundärheilung verläuft häufig problemlos. Eine antibiotisch wirksame systemische Therapie sollte nach erfolgter Bestimmung der vorliegenden antibiotischen Resistenzen des isolierten Keims parallel erfolgen. Wenn ein Abszess vollständig entfernt werden kann, ist die Prognose gut.

**Granulome** hingegen sind durch den chronischen Verlauf schwieriger zu therapieren.

Z Bei einer **Mykobakteriose** (S. 326) sind keine erfolgreichen medikamentösen Therapieversuche beschrieben und aufgrund des Zoonosepotenzials

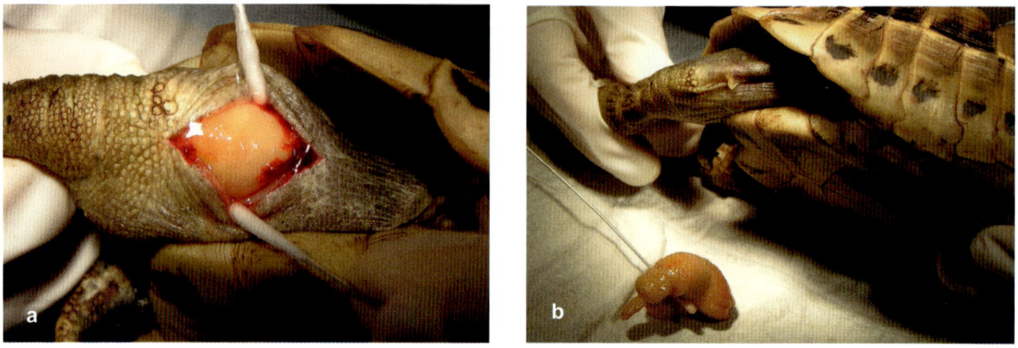

▶ **Abb. 20.8** Abszessentfernung bei einer Landschildkröte. Nicht immer lässt sich Abszessmaterial so entfernen. Wenn möglich, sollte die Kapsel mit entfernt werden.
(Klinik für Vögel und Reptilien, An den Tierkliniken 17, 04103 Leipzig)

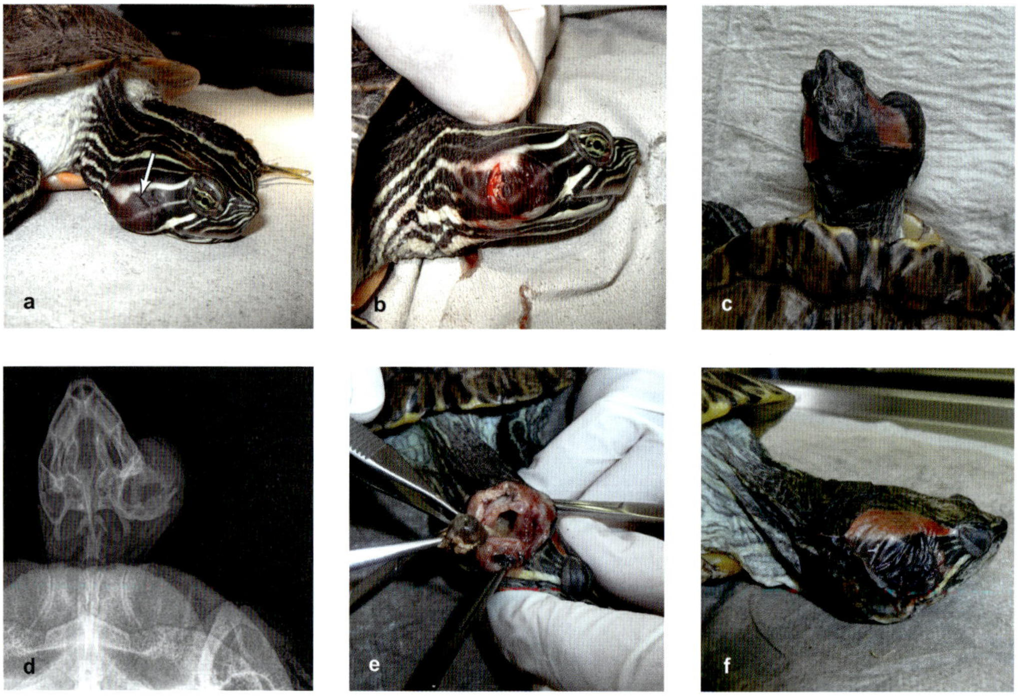

▶ **Abb. 20.9** Ohrabszesse. **a, b** Einseitige Schwellung unter der Ohrmembran (Pfeil zeigt die Abgrenzung der Membran); Eröffnung entlang des Membranübergangs zur Entfernung. **c–f** Hochgradige, chronische einseitige Otitis media bei einer Schmuckschildkröte. Röntgenologisch (**d**) zeigen sich die hochgradigen Umbauprozesse. Die Membran wurde eröffnet und sowohl die überschießende Knochenreaktion als auch der eitrige Inhalt wurden entfernt. **f** Situation postoperativ. Hier wurde die Wunde aufgrund der Größe verschlossen, grundsätzlich kann die Membran aber sekundär ausheilen.
(Klinik für Vögel und Reptilien, An den Tierkliniken 17, 04103 Leipzig)

sollte die Euthanasie empfohlen werden. In Einzelfällen kann gegebenenfalls die Amputation einer Gliedmaße bei Osteoarthritis in Erwägung gezogen werden, sofern es sich um einen lokalen Prozess handelt (▶ **Abb. 20.6**, **c**).

## Ohrabszess (Otitis media)

Der Ohrabszess stellt eine der häufigsten abszedierenden Entzündungen bei Schildkröten (▶ **Abb. 20.1**, ▶ **Abb. 20.9**) dar, vor allem aquatile Spezies sind davon betroffen.

### Ätiologie & Pathogenese
Vermutlich stellen neben chronisch suboptimalen Temperaturen und einer inadäquaten Haltung auch eine ungeeignete Fütterung (Unterversorgung mit Vitamin A) prädisponierende Faktoren dar. Häufig wird dadurch das Immunsystem supprimiert, welches zu Sekundärinfektionen führt. Hinzu kommt bei Wasserschildkröten noch das Potenzial der Vermehrung von pathogenen Bakterien in unhygienischen Becken und schmutzigem Wasser. Obwohl eine hämatogene oder traumatische Ätiologie ebenfalls möglich ist, ist die Otitis media in den meisten Fällen mit einer Ansammlung von Bakterien im Mittelohr assoziiert. Diese Form der Entzündung kommt sowohl unilateral als auch bilateral vor.

### Klinik & Diagnose
Klinisch ist meist eine geschwollene Ohrmembran kaudal des Auges zu sehen (▶ **Abb. 20.1**). Um die Auswirkungen des Abszesses auf die knöchernen Strukturen besser einschätzen zu können, ist eine Röntgenuntersuchung anzuraten.

### Therapie
Die Abszessspaltung ist das Mittel der Wahl. Hierbei wird die Ohrmembran keilförmig eingeschnitten und der Eiter entfernt. Außerdem sollte der Erregernachweis mittels eines Abstrichs und einer mikrobiologischen Untersuchung erfolgen, um anschließend nach Resistogramm gezielt Antibiotika einsetzen zu können. Postoperativ ist eine mehrtägige desinfizierende Spülung der Abszesshöhle zu empfehlen, um eventuell noch vorhandenen Eiter komplett zu entfernen. Ein Verschluss der Ohrmembran muss nicht erfolgen.

## Zölomitis

**Info**

Meist infektiös bedingte Entzündung der Leibeshöhle.

### Ätiologie & Pathogenese
Bakterielle Infektionen stellen die häufigste Ursache einer Zölomitis dar. Diese wird bei weiblichen Reptilien durch die Perforation des Legedarms bzw. eines Follikels infolge einer **Legenot** (S. 265) bzw. **Follikelretention** (S. 274) begünstigt. Wenn Eidotter in die Leibeshöhle gelangt, wird die Entwicklung einer Zölomitis beschleunigt, da er ein geeigneter Nährboden für Bakterien ist. Legedarmperforationen können auch durch die unsachgemäße Entfernung von (zerbrochenen) Eischalen über die Kloake entstehen. Magen-Darm-Perforationen verursacht durch Fremdkörper oder Ulzerationen können ebenfalls zu Entzündungen der Leibeshöhle führen. Die Infektion kann im weiteren Verlauf auf alle inneren Organe übergehen und eine **Septikämie** (S. 327) verursachen. Eine aseptische Entstehung einer Zölomitis kommt hingegen nur selten vor.

### Klinik
Häufig ist das Allgemeinbefinden des Reptils deutlich gestört und zeichnet sich durch Apathie und Inappetenz aus. Die Ansammlung von Flüssigkeit und Entzündungsprodukten führt zu einer angeschwollenen Leibeshöhle. Dadurch kann es zu einer erschwerten Atmung bis hin zu Atemnot kommen. Die Palpation des Abdomens ist für die Einschätzung hilfreich und kann zu Schmerzäußerungen des Reptils führen. Außerdem kann die Motorik des Magen-Darm-Trakts gestört sein. Plötzliche Todesfälle durch septische Geschehen sind ebenfalls möglich.

### Diagnose
Bei einer Zölomitis kommt es im Röntgenbild zu diffusen Verschattungen, wodurch ein Detailverlust vorliegt. Mit Hilfe der Sonografie lässt sich der Erguss meist gut darstellen. Um die Qualität des Ergusses besser beurteilen zu können, ist die ultraschallgeführte Punktion zu empfehlen. Bei der zytologischen Untersuchung sind Entzündungszellen und Bakterien für eine Zölomitis beweisend. Weiterhin sollte eine mikrobiologische Untersuchung mit nachfolgendem Antibiogramm erfolgen. Bei der hämatologischen Untersuchung ist meist eine schwere entzündliche Immunantwort (Leukozytose, Heterophilie) zu erkennen. Bei der Eröffnung der Leibeshöhle sind häufig Verklebungen der Zölommembran mit den Organen zu beobachten, die als Folgen einer Zölomitis zu bewerten sind.

### Therapie
Die Therapie der Wahl ist der gezielte Einsatz von Antibiotika nach einem zuvor durchgeführten Re-

sistenztest. Kann die mikrobiologische Untersuchung nicht abgewartet werden, beispielsweise durch das schlechte Allgemeinbefinden des Reptils, sollte ein Breitbandantibiotikum eingesetzt werden. Um das Herz-Kreislauf-System zu entlasten, sollte eine wiederholte ultraschallgeführte Punktion der Flüssigkeitsansammlungen erfolgen. Fällt die Zölomitis im Rahmen einer operativen Leibeshöhleneröffnung auf, ist eine vorsichtige Lavage mit steriler Kochsalzlösung möglich. Therapiebegleitend sind neben entzündungshemmenden Schmerzmitteln auch Wärme, Flüssigkeitssubstitution und ggf. Zwangsernährung empfehlenswert.

### Prognose

Die Prognose ist vorsichtig, bei fortgeschrittenen Krankheitsprozessen eher schlecht.

## Herzbeutelerguss und Herzinsuffizienz

### Info

Pathologische Flüssigkeitsansammlungen durch Störungen des Herz-Kreislauf-Systems.

### Ätiologie & Pathogenese

Flüssigkeitsansammlungen entstehen durch Störungen der Blutzirkulation, welche vielseitige Ursachen haben können. Vor allem bewegungsarme Haltung und die lange Lebensdauer führen bei Reptilien (i. d. R. Schlangen) zu Herz-Kreislauf-Erkrankungen. Gefäßveränderungen in Form von Atherosklerosen sind bei Grünen Leguanen beschrieben, wodurch Herzüberlastungen und nachfolgende Insuffizienzen entstehen. Daneben spielen auch bakterielle (z. B. *Chlamydia* sp., *Salmonella* sp.) und virale Infektionen als Ursache für die Herzschädigung eine Rolle. Auch Herzklappenveränderungen sind mehrfach beschrieben, wiederum ebenfalls bei Schlangen.

Bei der Entstehung einer Herzinsuffizienz kommt es zunächst zu einer deutlichen Zunahme der Herzmuskeldicke und daraufhin zu einer Dilatation der Herzkammer. Das führt zur Rückstauung in den großen Kreislauf, was Leberstauungen, Herzbeutelergüsse und Aszites zur Folge haben. Besonders bei Riesenschlangen werden diese Herzschädigungen relativ häufig gefunden.

Natürlich führen auch nichtinfektiöse Ursachen zu Kreislaufstörungen. Hierbei können neben der Hypoproteinämie (beispielsweise infolge von Neoplasien) auch iatrogene Ursachen zu Flüssigkeitsansammlungen führen. Da die Herzpunktion bei Schlangen als Blutentnahmestelle dient, kann dies bei nicht fachgemäßer Punktion zur Einblutung in den Herzbeutel führen.

### Klinik

Die klinischen Symptome bei Herz-Kreislauf-Erkrankungen sind meist unspezifisch und selten pathognomonisch. Bei Schlangen ist äußerlich häufig eine Schwellung der Herzregion zu erkennen. Periphere Ödeme, Aszites, Zyanose und petechiale Hautblutungen können hinweisend auf eine kardiovaskuläre Ursache sein. Generell werden die Tiere aufgrund des chronischen Krankheitsverlaufs unter anderem mit Apathie, Inappetenz, Anorexie, Gewichtsverlust und Farbveränderungen der Haut vorgestellt.

### Diagnose

Da die klinischen Symptome eher unspezifisch sind, ergibt sich meist durch die Anfertigung einer Röntgenaufnahme ein erster Verdacht auf eine Kreislaufstörung. Die Sonografie ist allerdings das Mittel der Wahl, um eine Herzinsuffizienz bzw. einen Herzbeutelerguss zu diagnostizieren. Dadurch können die Flüssigkeitsansammlungen selbst dargestellt werden. Veränderungen der herznahen Gefäße können teilweise im Röntgenbild durch eine erhöhte Röntgendichte vermutet werden, erste Referenzwerte zur sonografischen Beurteilung des Blutflusses liegen vor.

### Therapie

Die Therapie richtet sich nach der Ursache, allerdings gibt es bislang kaum wissenschaftliche Berichte über den Einsatz von Herzmedikamenten bei Reptilien. Die Gabe von Furosemid 43 ist anfänglich zu Unterstützung der Entwässerung möglich. Weiterhin kann Enalapril 42 eingesetzt werden, jedoch liegen bislang nur empirische Erfahrungen und keine klinischen Wirksamkeitsstudien vor. Um die medikamentöse Therapie zu unterstützen, kann eine ultraschallgestützte Herzbeutelpunktion helfen, die Herzfunktion zu verbessern.

### Prognose

Da die auslösenden Faktoren für die Kreislaufstörung meist nicht eruiert und therapiert werden können, sind die therapeutischen Maßnahmen meist nur lebensverlängernd, aber nicht heilend. Je nach Grad der schon bestehenden Herzschädigung ist die Prognose vorsichtig bis schlecht.

## Adipositas

**Info**

Pathologische Verfettung infolge Fehlernährung mit – abhängig von der Spezies – teilweise großer Bedeutung.

### Ätiologie & Pathogenese

Die Hauptursache einer Adipositas stellt häufig eine übermäßige, nicht ausgewogene oder schlicht nicht speziesgerechte Ernährung in Kombination mit Bewegungsmangel dar. Häufig führt das Unwissen der Halter zu diesen Problemen. Überschüssige Kalorien führen im juvenilen Alter zu übermäßigem Wachstum und bei adulten Tieren zu Adipositas. Bei der Fütterung der Tiere wird in der Regel nicht berücksichtigt, dass Reptilien in freier Wildbahn einerseits mehr Energie bei der Futtersuche aufwenden müssen als im Terrarium und andererseits in der Natur oft auch kein regelmäßiges bzw. energiereiches Nahrungsangebot haben. Insgesamt wird der Energiebedarf von Reptilien häufig deutlich überschätzt. Bei omnivoren Spezies, zu denen beispielsweise Bartagamen zählen, wird oft der tierische Anteil bevorzugt gefressen, wodurch die Halter das „Lieblingsfutter" öfter anbieten als sinnvoll. Dadurch wird der pflanzliche Anteil von den Tieren meist gänzlich verschmäht.

Beim Reptil hat die Leber die Hauptfunktion bei der Lipogenese, wodurch diese auch besonders anfällig für Fetteinlagerungen ist. Daher haben die meisten adipösen Tiere eine Fettleber. Weiterhin stellen die Fettkörper bei einigen Spezies Fettspeicher dar, die bei einer Verfettung vergrößert sein können. Häufig können die Organe (v. a. Leber) die übermäßige Fetteinlagerung lange Zeit kompensieren, bis es jedoch auf lange Sicht zur Lipidose und Steatitis sowie letztendlich zur **Leberinsuffizienz** (S. 328) kommt. Weitere Langzeitschäden sind Herz- und Gefäßveränderungen.

### Klinik

Die klinischen Symptome sind in der Regel unspezifisch. Häufig werden betroffene Reptilien mit Apathie und fehlender Futteraufnahme vorgestellt. Außerdem ist Inaktivität typisch für diese Erkrankung. Es kann durch die Verfettung unter anderem zu Kot-/Harnveränderungen kommen.

### Diagnose

In den meisten Fällen fällt eine Adipositas schon bei der Adspektion und der Beurteilung des Ernährungszustands auf (▶ **Abb. 2.2**). Bei der Röntgenuntersuchung können sich prominente Fettkörper abzeichnen, die unter anderem zu einer Einengung des Magen-Darm-Trakts führen können. Zur Beurteilung der Leber ist die Ultraschalldiagnostik (S. 361) zu empfehlen (▶ **Abb. 21.3a**). Hierbei kann bei Vorhandensein von Fettkörpern die Echogenität mit der der Leber verglichen werden. Außerdem ist eine Blutuntersuchung (S. 352) bezüglich der Leberparameter sinnvoll.

### Therapie

Um eine Adipositas zu behandeln, muss eine entsprechende Fütterungs- und Haltungsumstellung erfolgen. Hierbei muss das Angebot von übermäßigen Kalorien reduziert und die Aktivität erhöht werden. Die Maßnahmen hängen von der Spezies ab. Bei herbivor lebenden Arten muss das Angebot an Fett reduziert und die Rohfaser erhöht werden. Dies wird durch den Verzicht auf kommerziell erhältliches Pelletfutter erzielt. Stattdessen sollten hauptsächlich Wald- und Wiesenkräuter angeboten werden. Die Gewichtsreduktion bei Reptilien, die ausschließlich Wirbeltiere fressen, muss durch die Fütterung von schlanken Beutetieren in reduziertem Maße erfolgen. Bei insektenfressenden Spezies ist der tierische Anteil zu reduzieren und entsprechend der pflanzliche zu erhöhen.

Grundsätzlich sollten Maßnahmen ergriffen werden, um dem Bewegungsmangel entgegenzuwirken. Dies kann beispielsweise durch die Vergrößerung des Lebensraums und Fütterungsstrategien, welche die Aktivität anregen, erfolgen. Die Gewichtsabnahme sollte möglichst langsam erfolgen, da durch einen rasanten Gewichtsverlust übermäßig Fett mobilisiert wird, wodurch eine Stoffwechselentgleisung entstehen kann. Wenn eine **Hepatopathie** (S. 328) besteht, sollte eine Leberschutztherapie erfolgen. Nicht selten werden adipöse Tiere infolge einer Stoffwechselentgleisung inappetent beim Tierarzt vorgestellt. Diese **Inappetenz** (S. 318) führt aber zu einer weiteren Organbelastung, und eine Substitution mit Nährstoffen ist indiziert.

### Prognose

Bei rechtzeitiger Erkennung und Umstellung der Fütterungs- und Haltungsbedingungen ist die Prognose gut. Ist die Leber schon geschädigt und somit ihre Funktion beeinträchtigt, ist die Prognose eher als vorsichtig einzuschätzen.

## Neoplasien

**Info**

Durch benigne oder maligne Tumorzellen entstehende Zubildungen.

### Ätiologie & Pathogenese

Neoplastische Erkrankungen kommen regelmäßig bei Reptilien vor und stellen somit eine wichtige Differenzialdiagnose zu mykotisch oder bakteriell bedingten granulomatösen Zubildungen dar. Gerade neuere Untersuchungen zeigen, dass die Inzidenz von Tumorerkrankungen bei Reptilien höher ist als früher angenommen und möglicherweise auch ein zunehmendes Problem darstellt. Die Ursache liegt sowohl in der zunehmenden Haltung dieser Tiere als auch in der besseren Diagnostik. Inwieweit die Zucht von Farbmorphen, Inzucht oder inadäquate Haltungsprobleme eine Rolle spielen, müssen zukünftige Untersuchungen klären.

Die Häufigkeit der Neoplasien bei den verschiedenen Ordnungen der Reptilien schwankt teils deutlich, wobei derzeit festzuhalten ist, dass Schlangen am häufigsten betroffen sind, gefolgt von Echsen, Schildkröten und Krokodilen. Neoplasien bei Reptilien sind ebenso mannigfaltig in ihrer Art als auch in ihrer Lokalisation, wie es von den Säugetieren bekannt ist. Übergreifend kann festgestellt werden, dass maligne Lymphome, Plattenepithelzellkarzinome, Adenokarzinome sowie Fibrosarkome häufig vorkommen. Hingegen sind Neoplasien ausgehend vom Herz-Kreislauf-System, Atmungstrakt sowie endokrinen und neuronalen Ursprungs bei Reptilien selten beschrieben.

Ätiologisch wird bei den meisten Neoplasien eine spontane Entstehung vermutet. Eventuell hat die UV-Strahlung einen Einfluss auf die maligne Transformation, da Neoplasien der Haut häufiger bei sonnenliebenden Reptilien auftreten. Es gibt aber auch Tumorarten bei Reptilien mit vermuteten infektiösen Pathogenesemechanismen. Hierzu zählen Papillome der Haut sowie Lymphome, bei welchen eine virale Infektion als Auslöser der neoplastischen Entartung vermutet wird. Beispielsweise ist die Ursache der Fibropapillomatose bei Meeresschildkröten eine Infektion mit dem Chelonid Fibropapilloma-associated Herpesvirus (CFPHV). Aber auch bei der Smaragdeidechse wurden Papillome der Haut beschrieben, welche ebenfalls durch eine Infektion mit einem Herpesvirus induziert werden. Weiterhin konnten Partikel von Retroviren in Adenokarzinomen und Lymphomen bei Schlangen nachgewiesen werden.

### Klinik

An einer neoplastischen Erkrankung leidende Reptilien fallen insbesondere durch Zubildungen im Bereich der Haut oder Umfangsvermehrungen des Körpers auf (▶ **Abb. 20.10**). Die klinische Symptomatik richtet sich nach der Art und Lokalisation der Neoplasie.

**Chromatophorome** (S. 252) fallen dem Tierhalter durch farbliche Abweichungen der Haut auf, da es sich hierbei um Neoplasien der pigmentbildenden Zellen handelt. Besonders häufig wurden diese Neoplasien bei Bartagamen beschrieben. Im Rahmen eines paraneoplastischen Syndroms kann darüber hinaus regelmäßig Marasmus festgestellt werden.

Endokrin aktive Neoplasien sind bei Reptilien selten. Ein Hyperthyreoidismus einhergehend mit Polyphagie, Hyperaktivität, Aggression und Tachykardie infolge eines Thymoms sowie Dysekdysis, verursacht durch ein hypophysäres Zystadenom, können vorkommen. Neuroendokrine Magenkarzinome führen zu Anorexie, Vomitus, Hyperglykämie und Anämie.

### Diagnose

Es ist empfehlenswert, Zubildungen zytologisch, histopathologisch und immunhistochemisch zu

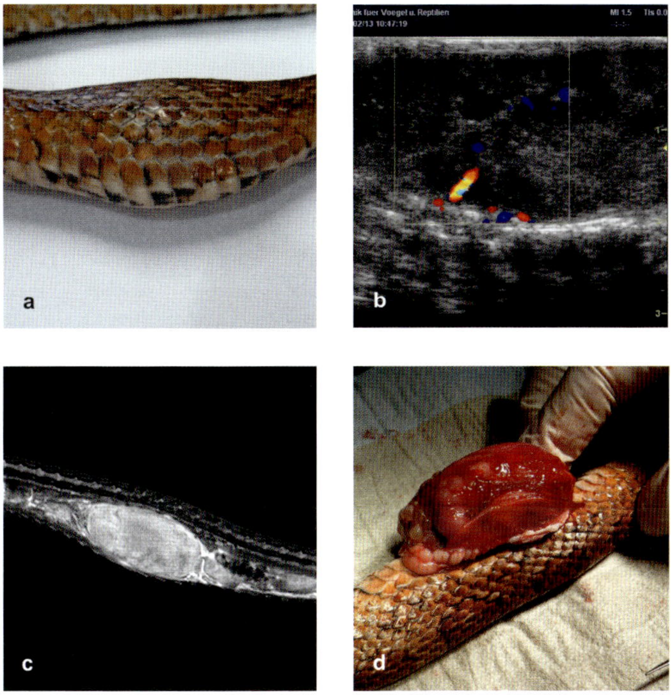


▶ **Abb. 20.10** Kornnatter mit Ovarialneoplasie. **a** Klinisches Bild: Schwellung im kaudalen Körperdrittel, kaum verschiebbar. **b** Ultraschalluntersuchung: Darstellung der Durchblutung und der inhomogenen Struktur der Zubildung. **c** MRT-Aufnahme (T 2-Wichtung): Darstellung und Abgrenzung der Struktur. **d** OP-Situs bei Entfernung. (a, b, d: Klinik für Vögel und Reptilien, An den Tierkliniken 17, 04103 Leipzig. c: Klinik für Kleintiere, An den Tierkliniken 23, 04103 Leipzig)

untersuchen, um den Ursprung der Neoplasie zu differenzieren und das biologische Verhalten einschätzen zu können. Hierzu werden Biopsien oder Feinnadelaspirationen der entsprechenden Gewebe benötigt.

Bildgebende Diagnostik ist ebenfalls sinnvoll, um das Ausmaß der Neoplasie und Metastasen abzuklären (▶ Abb. 20.10, ▶ Abb. 20.11). Lymphome treten in der Regel multizentrisch auf. Melanophorome neigen zur Metastasierung. Adenokarzinome, Fibrosarkome und Plattenepithelzellkarzinome hingegen sind häufig solitär, wobei aufgrund des infiltrativen Wachstums eine Rezidivierung häufig ist.

Blutchemische Untersuchungen können bei der Evaluierung des Funktionsstatus der geschädigten Organe, insbesondere der Leber und Niere, helfen. Bei Gallengangkarzinomen ist häufig ein erhöhter γ-Glutamyltransferase-Wert feststellbar. Lymphome können durch eine Lymphozytose, aber auch eine Lymphopenie gekennzeichnet sein. Häufig leiden die Tiere an einer Schwächung des Immunsystems, sodass Sekundärinfektionen regelmäßig vorkommen.

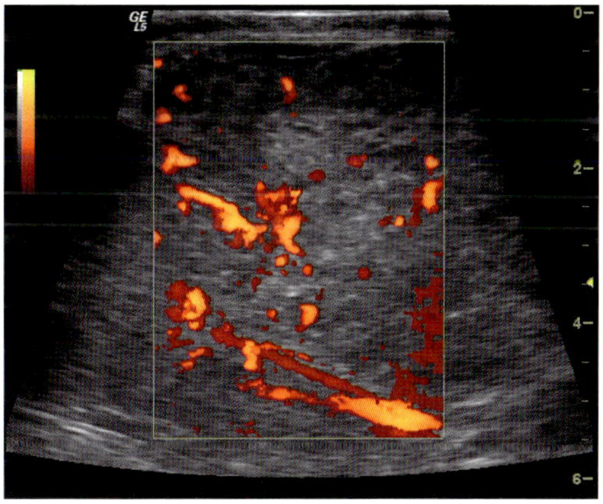

▶ **Abb. 20.11** Sonografische Untersuchung einer Anakonda: Darstellung einer diffus durchbluteten Umfangsvermehrung mit heterogener Echogenität. Punktion und zytologische Untersuchung bestätigen ein Lymphom. (Klinik für Vögel und Reptilien, An den Tierkliniken 17, 04103 Leipzig)

## Therapie & Prognose

Über die gezielte Therapie von Reptilien mit neoplastischen Erkrankungen gibt es nur wenige Angaben. Bei fokalen Neoplasien, insbesondere der Haut oder Gliedmaßen, stellt die chirurgische Entfernung die Therapie der Wahl dar. Das Ziel ist es, die Neoplasie möglichst komplett, mit den Schnitträndern im gesunden Gewebe, zu beseitigen, da eine unvollständige Entfernung zur Rezidivierung führen kann. Dies tritt häufig bei infiltrativ wachsenden Neoplasien auf.

Eine Bestrahlung wird von Reptilien gut toleriert, es gibt jedoch nur wenige Angaben dazu. Eine Chemotherapie sollte ausschließlich bei Tumoren, die bei der Vorstellung bereits metastasiert haben, sowie bei solchen mit einer bekannten hohen Neigung zu Metastasen erfolgen. Bisher ist lediglich eine erfolgreiche Therapie eines Lymphoms bei einem Grünen Leguan mit einer Kombination aus Strahlentherapie und Chemotherapie dokumentiert. Die Chemotherapie birgt durch ihre immunsuppressive und myelosuppressive Wirkung Probleme, da so opportunistische Infektionen begünstigt werden.

# 21 Anorexie, Apathie und Abmagerung

Bastian Plenz

**Leitsymptomatik „Anorexie, Apathie und Abmagerung"**

- von physiologischen Phasen der Inappetenz abgrenzbare Futterverweigerung
- Gewichtsverlust
- verminderte Reaktionen auf äußere Reize, Schwäche

## 21.1 Allgemeines

Die Leitsymptomatik kennzeichnen äußerst unspezifische Anzeichen. Die meisten Erkrankungen führen über kurz oder lang zu einem der Symptome. Da kranke Reptilien grundsätzlich bestrebt sind, für mögliche Beutegreifer nicht attraktiv zu wirken und frühzeitig nur wenige Symptome äußern, welche für den Halter auch oftmals nicht leicht erkennbar sind, werden die Tiere häufig erst aufgrund von Apathie und Inappetenz in der Praxis vorgestellt.

Bei chronischen Erkrankungen treten letztlich oftmals alle 3 Symptome parallel auf, da sie sich gegenseitig bedingen. Eine Abmagerung spricht bei Reptilien aufgrund ihrer Physiologie in aller Regel für eine wochen-, eher sogar monatelang zugrundeliegende Störung mit vermindert anabolem und/oder verstärkt katabolem Stoffwechsel.

Während eine Anorexie bei der Untersuchung selbst in der Regel nicht abgeklärt wird (zumindest kann sie nicht bewiesen werden, wenn ein Tier jetzt angebotenes Futter verweigert, da dies durch die ungewohnte Situation nicht ungewöhnlich ist), ist die Einschätzung des Allgemein- und Ernährungszustands wichtig, um Fehlinterpretationen diesbezüglich seitens der Besitzer bestmöglich ausschließen zu können.

Wichtig für die Bewertung der Symptomatik sind Kenntnisse der Normalparameter, da Übergänge hier fließend sind und meist eine mehr oder weniger langwierige Entwicklungszeit vorliegt. So ist eine tagaktive Natter grundsätzlich mobiler bis teilweise hektisch bei der Untersuchung. Dagegen kann eine gesunde Abgottschlange – erst recht bei regelmäßigem Handling durch den Halter – beinahe lethargisch wirken. Sowohl individuelle, als auch speziesspezifische Unterschiede können hier ausgemacht werden.

Eine pathologische Futterverweigerung ist bei Tieren wie Landschildkröten, die meist eine tägliche Futteraufnahme zeigen, leicht erkennbar, kann aber bei einem adulten Königspython, der durchaus Fastenperioden von bis zu einem halben Jahr einlegt, mitunter nur schwer abgegrenzt werden. Naturgemäß sind ebenso deutliche Unterschiede in der Bemuskelung bzw. dem Körperbau in Anpassung an die Lebensweise zu erkennen. Während bodenbewohnende Warane beispielsweise recht kräftig erscheinen können, sind baumbewohnende Spezies dieser Gattung deutlich schlanker gebaut.

## 21.2 Sofortmaßnahmen

Gerade Anorexie und Abmagerung bedürfen nicht zwangsläufig eines unmittelbaren Eingreifens, und die Diagnostik kann meist Schritt für Schritt abgearbeitet werden. Anders sind apathische Tiere zu bewerten.

**Sofortmaßnahmen**

- bei Apathie Stabilisierung des Kreislaufs (S. 43) über Infusionen und geeignete Wärmezufuhr (nach Ausschluss von Schädel-Hirn-Traumata oder Hyperthermie)
- bei Verdacht auf eine **Septikämie** (S. 327) Einleitung einer antibiotischen Therapie

Mittelfristig kann die Energiezufuhr bei inappetenten und abgemagerten Tieren durch eine **assistierte Fütterung** unterstützt werden. Vor allem bei Schildkröten können Rohfaseranteile auch einen positiven Effekt auf die Peristaltik haben. Teilweise ist hierfür das Legen einer permanenten Magensonde (S. 31) nötig. Diese Maßnahmen sollten aber wohl überlegt werden, da der Energiebedarf schnell überschätzt wird und Komplikationen wie vermeidbarer Stress oder Traumata durch notwendige Zwangsmaßnahmen, Aspiration von Futterbrei oder eine Überladung des Magen-Darm-Trakts durch gestörte Peristaltik und resultierender Vomitus oder Dysbakterie/Hefepilzmykose nicht selten zu beobachten sind.

**! Bevor eine Zwangsernährung in Betracht gezogen wird, müssen zwingend Diagnosestellung und kausale Therapie erfolgen. Auch währenddessen müssen die Indikation und die dazu notwendigen Maßnahmen ständig überprüft werden.**

Diverse Medikamente werden zur **Appetitanregung** bei Reptilien eingesetzt. Prokinetisch wirkt Metoclopramid 46, wobei angegebene Dosierungsschemata für Reptilien stark schwanken. Störungen der Peristaltik lassen sich nicht selten auch auf Hypokalzämie zurückführen, weshalb in diesen Fällen eine entsprechende Supplementierung Abhilfe schaffen kann, wie bei der **Metabolic Bone Disease** (S. 193) beschrieben. Daneben werden Apomorphin 44 oder Metronidazol 18 zur Appetitsteigerung verwendet. Auch Vitamin B 68 wird diese Wirkung zugesprochen.

## 21.3 Diagnostik

Das diagnostische Vorgehen für das Leitsymptom Anorexie, Apathie und Abmagerung ist im diagnostischen Leitfaden dargestellt.

# Diagnostischer Leitfaden: Anorexie, Apathie, Abmagerung

## Anamnese

- bevorstehende Eiablage → physiologisch
- Sommerruhe/Winterruhe → physiologisch
- Temperaturabfall → Hypothermie
- Überhitzung → Hyperthermie
- Stress
- Neuzukauf → Maladaptationssyndrom (insbes. Wildfänge)
- nach Beendigung der Winterruhe → posthibernale Anorexie
- Alter → degenerative/geriatrische Prozesse
- Haltungs-/Fütterungsdefizite
- Vergiftung

## Klinische Untersuchung

- immer: parasitologische Kotuntersuchung → Endoparasitose
- akute Schwäche & Anorexie
  - → Vergiftung?
  - → Septikämie
  - → Trauma?
- Anorexie und Adipositas → Fettlebersyndrom?
- Apathie oder Anorexie bei Gewichtszunahme → SK EC → Harnsacklähmung?
  - Ödembildung
  - Legetätigkeit → Legenot?

▶ S. 333

▶ S. 333

▶ S. 334

▶ S. 332

▶ Hepatopathie?/ Nephropathie? ▶ Ultraschall, Blutchemie ▶ S. 328/ S. 330

▶ Leitsymptom Neurologische Ausfallerscheinung ▶ S. 208

▶ Leitsymptom Störung des Kotabsatzes bzw. Kotveränderung ▶ S. 126

▶ Anamnese, Vorbehandlungen; Röntgen, Hämatologie ▶ Leitsymptom Neurologische Ausfallerscheinung ▶ S. 208

▶ (Blut: bakteriologische Untersuchung) ▶ S. 327

▶ Röntgen ▶ Leitsymptom Störung des Bewegungsapparats ▶ S. 176

▶ Ultraschall/Blutchemie/ Biopsie: Histologie ▶ S. 328

▶ Ultraschall ▶ Leitsymptom Störung des Harnabsatzes bzw. Harnveränderung ▶ S. 152

▶ Leitsymptom Umfangs-vermehrung ▶ S. 297

▶ Leitsymptom Störung der Legetätigkeit ▶ S. 254

## Fortsetzung: **Diagnostischer Leitfaden: Anorexie, Apathie, Abmagerung**

- ▶ Störung des Kotabsatzes → ▶ Fremdkörper, Obstipation?
- ▶ **Abmagerung bei (zeitweise) erhaltenem Appetit**
  - ▶ Fehlernährung?
  - ▶ bes. Leopardgecko: Kryptosporidiose?
  - ▶ bes. EC Adenovirusinfektion?
  - ▶ Mykobakteriose?
  - ▶ generell Abszesse/Granulome
  - ▶ Neoplasie?
- ▶ **allg. Schwäche und Abmagerung** → ▶ Blutchemie/Hämatologie
  - ▶ Anämie/Hypoproteinämie
    - ▶ Blutverlust/Trauma?
    - ▶ Endoparasitose?
    - ▶ Nephropathie
    - ▶ Hepatopathie
    - ▶ Vergiftung
  - ▶ Harnsäure erhöht → ▶ Gicht
  - ▶ Leukopenie/Immunschwäche
    - ▶ posthibernale Leukopenie
    - ▶ Boiden: Inclusion Body Disease?
    - ▶ Neoplasie: Lymphom/Leukose?
- ▶ **andere Leitsymptome?**

▶ Leitsymptom Störung des Kotabsatzes bzw. Kotveränderung ▶ S. 126

▶ Leitsymptom Störung des Kotabsatzes bzw. Kotveränderung ▶ S. 126

▶ Kot: Zytologie, PCR ▶ Leitsymptom Störung des Kotabsatzes bzw. Kotveränderung ▶ S. 126

▶ Tupfer: virologische Untersuchung ▶ Leitsymptom Erbrechen, Würgen ▶ S. 114

▶ Röntgen, Ultraschall, Kot, Zytologie/PCR ▶ S. 326

▶ Leitsymptom Umfangsvermehrung ▶ S. 297

▶ generell Bildgebung ▶ Leitsymptom Umfangsvermehrung ▶ S. 297

▶ (Röntgen) ▶ Leitsymptom Störung des Bewegungsapparats ▶ S. 176

▶ parasitologische Untersuchung ▶ Leitsymptom Störung des Kotabsatzes bzw. Kotveränderung ▶ S. 126

▶ Gicht? ▶ Ultraschall/Endoskopie ▶ S. 330

▶ Nephritis/Nephrose? ▶ Ultraschall/Endoskopie/Biopsie ▶ S. 330

▶ Ultraschall/Endoskopie/Biopsie ▶ S. 328

▶ Adenovirusinfektion? ▶ Tupfer: virologische Untersuchung ▶ Leitsymptom Erbrechen, Würgen ▶ S. 114

▶ Leitsymptom Neurologische Ausfallerscheinung ▶ S. 208

▶ nach Infusion wdh. ▶ S. 330

▶ S. 332

▶ Leitsymptom Neurologische Ausfallerscheinung ▶ S. 208

▶ Bildgebung/Biopsie: Histologie ▶ Leitsymptom Umfangsvermehrung ▶ S. 297

▶ s. Diagnostische Leitfäden

### 21.3.1 Besonderes Augenmerk bei der Anamnese

Eine detaillierte Anamnese ist für die Abgrenzung pathologischer Zustände von physiologischen Ereignissen hier besonders relevant. Physiologischerweise kann eine Anorexie während der Paarungszeit oder vor der Legetätigkeit weiblicher Tiere sein. Auch kann ein Tier apathisch wirken, wenn es sich um ein sehr altes Reptil handelt oder klimatische Bedingungen ihm eine Winter- oder Sommerruhezeit suggerieren, wie bei der **Hypo- bzw. Hyperthermie** (S. 333) beschrieben.

Andererseits können bereits viele Ursachen von Problemen anamnestisch eruiert werden. Vor allem bei apathischen Wildfängen, welche erst kürzlich übernommen wurden, kann der Verdacht auf ein **Maladaptationssyndrom** (S. 334) erhoben werden. Auch Nachzuchten können beispielsweise durch fehlende Versteckmöglichkeiten oder ungünstige Gruppenzusammenstellungen bei Vergesellschaftung durch Stress apathisch und inappetent werden, ohne dass eine körperliche Ursache feststellbar ist.

Für **Leber-** (S. 328) oder **Nierenschäden** (S. 330) sind häufig Fütterungsdefizite verantwortlich. Eine Überversorgung mit Energie und Proteinen sowie ein unzureichendes Wasserangebot sind hier die wichtigsten Faktoren. Auch **Vergiftungen** (S. 220) durch Behandlung mit bestimmten Medikamenten oder Futtermitteln müssen bei apathischen Tieren unbedingt abgeklärt werden, da ein Nachweis i. d. R. nicht praktikabel ist.

Da sich nach der Winterruhe vor allem bei Europäischen Landschildkröten besonders häufig Erkrankungen als **posthibernale Anorexie** (S. 332) manifestieren, welche ihre Ursache in inadäquaten Bedingungen während der Hibernation haben, sollte ihr Verlauf detailliert abgefragt werden, um mögliche Fehlerquellen ansprechen zu können.

Eine Verschlechterung des Ernährungszustands wird selten seitens der Besitzer am Tier erkannt. Neben der Tatsache, dass bei täglicher Beobachtung der Tiere schleichende Prozesse nicht frühzeitig wahrgenommen werden, muss häufig auch angenommen werden, dass der Ernährungszustand aufgrund mangelnder Kenntnis der Besitzer nicht richtig eingeschätzt wird. Hilfreich ist es daher, wenn eine Gewichtsabnahme durch regelmäßiges Wiegen seitens der Besitzer nachvollzogen werden kann.

**Praxistipp**
Ein regelmäßiges Wiegen ist auch im Hinblick auf den späteren Therapieverlauf dem Tierhalter zu empfehlen.

Da sich die Symptome Apathie, Anorexie und Abmagerung letztlich gegenseitig bedingen, ist es auch für die weitere klinische Abklärung wichtig, wenn mehrere Symptome zusammen vorliegen, sich den zeitlichen Verlauf des Auftretens schildern zu lassen.

### 21.3.2 Besonderes Augenmerk bei der klinischen Untersuchung

Der Abklärung anderer Leitsymptome kommt bei der klinischen Untersuchung besondere Bedeutung zu. Ebenso sollte – wie stets empfohlen – eine parasitologische Kotuntersuchung zur Diagnostik einer möglichen begleitenden **Endoparasitose** (S. 136) durchgeführt werden.

#### Treten akute Schwäche und Anorexie gemeinsam auf?

Bei Reptilien, welche einen guten Ernährungszustand aufweisen, aber plötzlich apathisch und anorektisch geworden sind, müssen insbesondere akute Ursachen abgeklärt werden. So muss bei Verdacht auf **Vergiftungen** (S. 220) nochmals detailliert nachgefragt werden und auf Vorbehandlungen, Reinigungs- oder Desinfektionsmitteleinsatz bzw. Aufnahme von Giftpflanzen fokussiert werden. Ebenfalls kommt eine **Septikämie** (S. 327) in Frage, welche weiterhin regelmäßig mit Einblutungen in die Haut oder Stomatitiden einhergeht und beispielsweise über Hämatologie und Bakteriologie weiter ausdiagnostiziert werden sollte. **Traumata** (S. 197) können, wenn nicht bereits äußerlich sichtbar, möglicherweise über bildgebende Verfahren angesprochen werden.

## Verweigert ein adipöses Tier die Futteraufnahme?

Bei sehr gut genährten anorektischen Tieren liegt häufig ein **Fettmobilisationssyndrom** (S. 328) vor. Ultraschalluntersuchung, blutchemische Untersuchung und gegebenenfalls Histologie von Biopsaten dienen der weiteren diagnostischen Abklärung.

## Liegen Apathie oder Anorexie bei gleichzeitiger Gewichtszunahme vor?

Eine Gewichtszunahme bei gleichzeitiger Anorexie ist nicht selten auf Flüssigkeitseinlagerungen zurückzuführen. Adspektorisch können lokale Ödeme angesprochen werden, so z. B. Lidödeme bei Landschildkröten oder ein Kehlödem bei Chamäleons. Bei solchen Tieren sollte eine **Nephropathie** (S. 330) immer abgeklärt werden. Bei Schildkröten liegt nicht selten eine **Harnsacklähmung** (S. 162) vor, die gegebenenfalls sonografisch dargestellt werden kann. Wenn weibliche Reptilien bei kontinuierlicher Gewichtszunahme zunächst anorektisch und später auch apathisch werden, sollte unbedingt eine Störung der Legetätigkeit (S. 254) abgeklärt werden. Daneben müssen differenzialdiagnostisch auch **Obstipationen** (S. 148) bedacht werden. Die Palpation des Rumpfes kann einen Verdacht bereits erhärten.

## Liegt Abmagerung bei gleichzeitig erhaltenem Appetit vor?

Bei einer **Fehlernährung** (S. 146) mit nicht ausreichender Futtermenge oder inadäquater Zusammensetzung der Ration kann eine negative Energiebilanz in einer Abmagerung resultieren. Daneben weist ein Gewichtsverlust trotz (zeitweise) erhaltenem Appetit auf eine Maldigestion/Malabsorption hin. Dies ist vor allem bei Leopardgeckos mit **Kryptosporidiose** (S. 140) zu beobachten. Zur Abklärung werden Zytologie und PCR von Kotproben empfohlen. Auch eine **Adenovirusinfektion** (S. 125), welche über die virologische Untersuchung von Tupferproben ausgeschlossen werden kann, liegt zunächst oft ohne Anorexie vor und betrifft insbesondere Bartagamen. Vor allem Wasserschildkröten können an einer systemischen **Mykobakteriose** (S. 326) leiden, welche häufig neben Abmagerung durch multiple Granulome der Schleimhäute gekennzeichnet ist. Weitere Zubildungen wie Abszesse oder Neoplasien können ebenfalls im Magen-Darm-Trakt liegen oder aufgrund ihrer Wachstumsgeschwindigkeit den Organismus auszehren. Durch bildgebende Diagnostik und zytologische sowie gegebenenfalls mikrobiologische Untersuchungen von Punktaten können Umfangsvermehrungen (S. 297) diagnostisch abgeklärt werden.

## Liegen allgemein Abmagerung und Apathie vor?

Die Blutuntersuchung kann bei apathischen oder abgemagerten Tieren, die keine der zuvor genannten Hinweise aus der klinischen Untersuchung aufweisen, sehr hilfreich sein, um Ursachen eingrenzen, Organfunktionen abschätzen und Prognosen ableiten zu können:

Eine **Anämie** oder **Hypoproteinämie** kann bei Blutverlust bzw. **Trauma** (S. 249), **Endoparasitose** (S. 136), **Nieren-** (S. 330) oder **Leberschaden** (S. 328) vorliegen. Hinweise auf einen **Nierenschaden** sind weiterhin durch Abweichungen von Kalzium-, Phosphat- und Kaliumwerten gegeben. Auch erhöhte Aktivitäten von CK, LDH und ASAT können bei Nierenschäden parallel vorliegen. Störungen der Leberfunktion können in abweichenden Blutwerten der Enzyme GLDH, LDH, ALT oder GGT resultieren. Ein **Leberschaden** kann vor allem bei Bartagamen auf eine **Adenovirose** (S. 125) zurückzuführen sein und bei Verdacht sollten Tupferproben virologisch untersucht werden.

Ein klinisch bedeutsamer blutchemischer Wert ist die **Harnsäure**. Eine Hyperurikämie kann prärenal bei Dehydratation infolge Trinkwassermangels oder übermäßiger Proteinfütterung urikotheler Spezies, renal bei gestörter Ausscheidung durch einen Nierenschaden oder postrenal bei Harnabsatzstörungen auftreten. Eine **Gicht** (S. 330) sollte bei Hyperurikämie abgeklärt werden.

Zusätzlich zur Hyperurikämie liegt bei der **posthibernalen Anorexie** (S. 332) der Landschildkröten in der Regel eine **Leukopenie** vor. Auch bei Entzündungen, Infektionen oder Lymphomen können Abweichungen der Leukozytenzahlen häufig beobachtet werden. In diesem Zusammenhang ist bei

Boas an eine **Inclusion Body Disease** (S. 216) zu denken.

## 21.4 Wichtige Ursachen

Aufgrund der oben besprochenen fehlenden Spezifität der Symptomatik wird hier auf eine Übersichtstabelle zu den Ursachen verzichtet. Vielmehr soll der Leitfaden (S. 320) dazu dienen, begleitende Symptome zu erkennen bzw. über eine weiterführende Diagnostik konkrete Hinweise zur Ursache zu bekommen.

### 21.4.1 Erkrankungen

#### Mykobakteriose

**Info**

Insbesondere bei aquatilen Spezies, aber auch bei anderen Reptilien auftretende Infektionserkrankung mit Bildung von multiplen Granulomen und langfristig resultierender Auszehrung.

**Ätiologie**

*Mycobacterium marinum* ist bei Reptilien häufig der ursächliche Erreger für Mykobakteriosen. Es handelt sich um ubiquitär vorkommende Bakterien, welche vor allem im Wasser und folglich bei aquatilen Reptilien zu Erkrankungen führen. Als Eintragsquelle können infizierte Zier- oder Futterfische verantwortlich sein. Aber auch andere Vertreter aus der Gruppe der MOTT (Mycobacteria Other Than Tuberculosis) wie *M. chelonae oder M. thamnopheos* werden regelmäßig bei betroffenen Reptilien isoliert. Subkutane Knoten oder ulzerative Läsionen der Haut (S. 222) sind klinisch häufige Befunde. Neben äußerlich erkennbaren Granulomen sind häufig auch die Schleimhäute des Gastrointestinaltrakts primär betroffen. Daneben werden Osteoarthritiden durch die Erreger verursacht.

**Pathogenese**

Auf das akute Stadium mit extrazellulärer Proliferation folgt eine verkäsende Nekrose. Durch Infiltrate von Heterophilen und Makrophagen kommt es letztlich zur Bildung typischer Granulome. Generell verläuft eine Mykobakteriose chronisch. In der Regel kommt es durch Streuung der Erreger langfristig zu massiver Schädigung innerer Organe.

**Klinik & Diagnose**

Klinisch nachweisbare Zubildungen oder Ulzerationen sollten immer als verdächtig eingestuft werden. Insbesondere abgemagerte aquatile Spezies sind besonders gründlich auch auf kleinere Zubildungen und gegebenenfalls über Kloakenabstriche oder bildgebende Verfahren zu untersuchen. Hinweise auf säurefeste Stäbchen sind bereits in Standardfärbungen von Feinnadelaspiraten oder Abklatschpräparaten vorzufinden, wenn sich nicht angefärbte Bakterien („Ghost-Bakterien“) darstellen. Der Nachweis von säurefesten Stäbchen erfolgt klassischerweise über Ziehl-Neelsen-Färbungen und kann bei zytologisch bzw. histologisch evidenter Entzündungsreaktion mit Phagozytose der Bakterien (▶ Abb. 21.1) als ausreichend diagnostisch gewertet werden. Eine Erregerisolation im Referenzlabor kann darüber hinaus durchgeführt werden.

**Therapie & Prognose**

Es sind keine erfolgreichen medikamentösen Therapieversuche beschrieben, und aufgrund des Zoonosepotenzials sollte die Euthanasie empfohlen werden. In Einzelfällen kann gegebenenfalls die Amputation einer Gliedmaße bei Osteoarthritis in

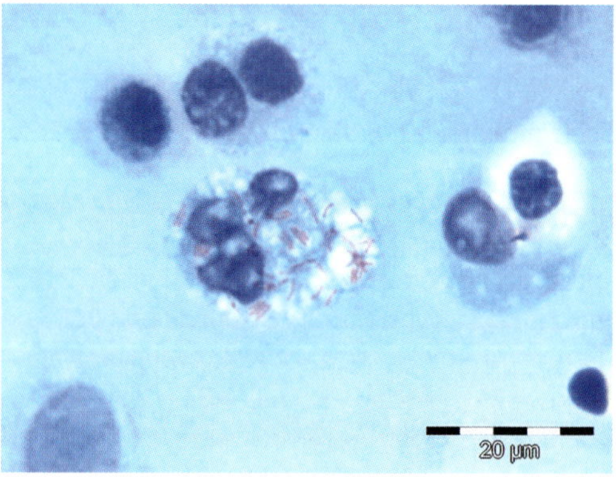


▶ **Abb. 21.1** Mykobakterieninfektion. Zytologische Untersuchung nach Ziehl-Neelsen-Färbung: Darstellung phagozytierter säurefester Stäbchen. (Klinik für Vögel und Reptilien, An den Tierkliniken 17, 04103 Leipzig)

Betracht gezogen werden, sofern es sich um einen lokalen Prozess handelt. Zur Desinfektion von Haltungseinrichtungen und Gegenständen bzw. Werkzeugen, die in Kontakt mit dem betroffenen Tier waren, müssen tuberkulozide Desinfektionsmittel verwendet werden.

**! In Beständen sollten nach einer Mykobakterieninfektion regelmäßige Kontrolluntersuchungen erfolgen, und der Erregernachweis ist dringend zu empfehlen.**

## Septikämie

**Info**

Hämatogene Ausbreitung von bakteriellen Erregern oder Toxinen mit folgender Generalisierung der Erkrankung, welche als lebensbedrohliche Notfallsituation zu bewerten ist.

### Ätiologie & Pathogenese

Eine Septikämie kann grundlegend aus einer Bakteriämie hervorgehen. Eine Bakteriämie resultiert, wenn lokale bakterielle Wundinfektionen persistieren und unbehandelt bleiben. Folglich können Erreger in die Blutbahn eindringen und hämatogen streuen. Falls eine Abwehrschwäche des Reptils vorliegt oder die Zahl der Erreger das Immunsystem überlastet, entwickelt sich eine Sepsis, welche durch die Generalisierung der Infektion gekennzeichnet ist und prinzipiell im Gegensatz zur Bakteriämie mit klinischen Symptomen einhergeht. Es ist anzunehmen, dass Erreger bei geschwächten Reptilien auch direkt über die Schleimhäute des Magen-Darm-Trakts in die Blutbahn gelangen. Weiterhin ist es auch möglich, dass nur bakterielle Toxine die Schäden verursachen.

### Klinik

Klinisch sind besonders Hyperämien der Haut und nachfolgende Einblutungen in die Haut erkennbar. Rötungen, welche häufig zunächst ventral auftreten, sind dann nicht mehr wegdrückbar (▶ Abb. 21.2). Petechien konfluieren über Ekchymosen zu diffusen Rötungen großflächiger Hautabschnitte. Mitunter zeigen sich bei der klinischen Untersuchung auch verwaschene Schleimhäute.

▶ **Abb. 21.2** Hochgradige Rötungen des Panzers infolge Septikämie bei einer Landschildkröte.
(Klinik für Vögel und Reptilien, An den Tierkliniken 17, 04103 Leipzig)

Durch die Generalisierung der Infektion können unterschiedliche organspezifische Veränderungen auftreten, und betroffene Tiere werden apathisch.

### Diagnose

Der Erregernachweis aus Blutkulturen ist anzustreben. Die Bewertung der Ergebnisse ist allerdings nicht unproblematisch, da ein Kontaminationsrisiko über den Einstich durch die Haut besteht und in der Probe nicht unbedingt Erreger vorliegen. Auch Toxine lassen sich so nicht nachweisen. Hämatologisch können Abweichungen der Leukozytenzahlen und Heterophilie hinweisend sein. Daneben liegen toxisch veränderte Heterophile vor. Als eindeutig ist der Nachweis von Monozyten mit phagozytierten Bakterien zu bewerten. Je nach betroffenen Organen können weitere Veränderungen nachweisbar sein.

### Therapie

Der Verdacht auf eine Septikämie ist als Notfall zu werten, und der Patient sollte umgehend stabilisiert werden. Dazu muss je nach klinischem Bild während der parallel laufenden Erregerisolation und -differenzierung der Einsatz von Breitbandantibiotika in Betracht gezogen werden, z. B. von Ceftazidim 1 oder Enrofloxacin 4. Über Infusionen werden der Kreislauf und die Ausscheidung von Toxinen unterstützt. Eine Unterbringung im oberen Bereich der POTZ (S. 49) wird empfohlen. Falls primär ursächliche Wunden bzw. Traumata (S. 249) lokalisiert werden können, muss eine entsprechende Versorgung erfolgen. Anhand der klinischen Entwicklung und der mikrobiologischen Ergebnisse muss die Antibiose eventuell später umgestellt werden. Bestehende Haltungsdefizite, welche für eine Abwehrschwäche verantwortlich sein können, sind langfristig abzustellen.

### Prognose

Die Prognose ist je nach klinischem Erscheinungsbild vorsichtig bis ungünstig.

## Hepatopathie

**Info**

Sammelbegriff für sämtliche Lebererkrankungen, die durch eine Vielzahl von Ursachen bedingt sein und infolge der Organschädigung zu diversen klinischen Folgen führen können.

### Ätiologie & Pathogenese

Ursächlich kann für Hepatopathien eine Vielzahl von Erregern oder anderen Noxen verantwortlich sein. Bakterielle Sekundärerreger, **Herpesviren** (S. 104) oder **Adenoviren** (S. 125) bei Bartagamen stellen die häufigsten Pathogene dar, welche eine Hepatitis verursachen. Daneben müssen aber auch **Intoxikationen** (S. 220) oder **Neoplasien** (S. 314) differenzialdiagnostisch bedacht werden. Klinisch wird regelmäßig der Verdacht auf eine hepatische Lipidose erhoben, vor allem wenn sich anamnestisch Hinweise auf Haltungsdefizite ergeben haben.

Die Pathogenese ist primär abhängig von der jeweiligen Ursache. Aufgrund der Bedeutung als zentrales Stoffwechselorgan können bei Leberschäden diverse Folgen auftreten. Akute Schäden des Gewebes können mit **Septikämien** (S. 327) assoziiert sein. Aufgrund der großen Bedeutung für die Proteinsynthese sind Abwehrschwächen, Anämien, Abmagerung oder Aszites mittel- bis langfristig möglich. Eine gestörte Galleproduktion und -sekretion gehen mit Verdauungsstörungen einher. Da die Entgiftungsfunktion gestört ist, kann es durch Ansammlung von toxischen Stoffen zu Schäden am ZNS und somit zum **Hepatoenzephalen Syndrom** kommen.

Die **Einlagerung von Fett** in die Leber ist bei Reptilien bis zu einem gewissen Grad als physiologischer Prozess zu bewerten. So werden im Rahmen der Vitellogenese oder für die Hibernation bei gesunden Reptilien intrahepatische Fettspeicher angelegt. Die Unterscheidung pathologischer von physiologischen Prozessen stellt somit eine Herausforderung dar.

### Klinik

Hepatitiden können in akutem bis chronischem Zustand vorliegen. Auch degenerative Hepatosen können als akutes Krankheitsgeschehen präsentiert werden. Der Vorbericht kann Hinweise auf Haltungsdefizite geben. Vor allem bei Überversorgung mit fettreichen Futtermitteln oder zu kalter Unterbringung muss differenzialdiagnostisch an degenerative Leberveränderungen gedacht werden.

Klinisch zeigen sich die Tiere bei akuten Problemen eher im guten oder zu guten Ernährungszustand und bei chronischen Problemen eher in schlechtem Ernährungszustand. Fette Tiere müssen als verdächtig für eine Lipidose eingestuft werden. Apathie und Anorexie sind häufig bereits der Vorstellungsgrund. Bei zentralnervösen Störungen müssen weitere Ursachen ausgeschlossen werden. Grüner Harn durch Biliverdinausscheidung kann möglicherweise beobachtet werden. Blasse Schleimhäute treten bei Anämien auf.

### Diagnose

Virale Erreger können meist per molekularbiologischer Untersuchung von Kloakenabstrichen nachgewiesen werden.

Die Blutuntersuchung (S. 348) gibt über Hämatokrit und Differenzialblutbild wertvolle Hinweise auf Anämien oder Septikämien. Bei Störungen der Syntheseleistung ist mit erniedrigten Protein- und Albuminwerten zu rechnen. Bei akuten Leberschäden können weiterhin bei der Blutuntersuchung erhöhte Enzymaktivitäten von LDH, ALT, ASAT, GGT oder – weil leberspezifisch – GLDH auftreten. Gerade Lipidosen verlaufen oftmals aber ohne erhöhte Enzymaktivitäten, da nur geringe Zellschäden entstehen bzw. auch eine verminderte Syntheseleistung vorliegen kann.

Die Ultraschalluntersuchung ist für die Darstellung der Leber besonders gut geeignet. Abgerundete Leberränder bei Hepatomegalie (▸ **Abb. 21.3b**, ▸ **Abb. 21.3e**), eine dilatierte Gallenblase oder Aszi-

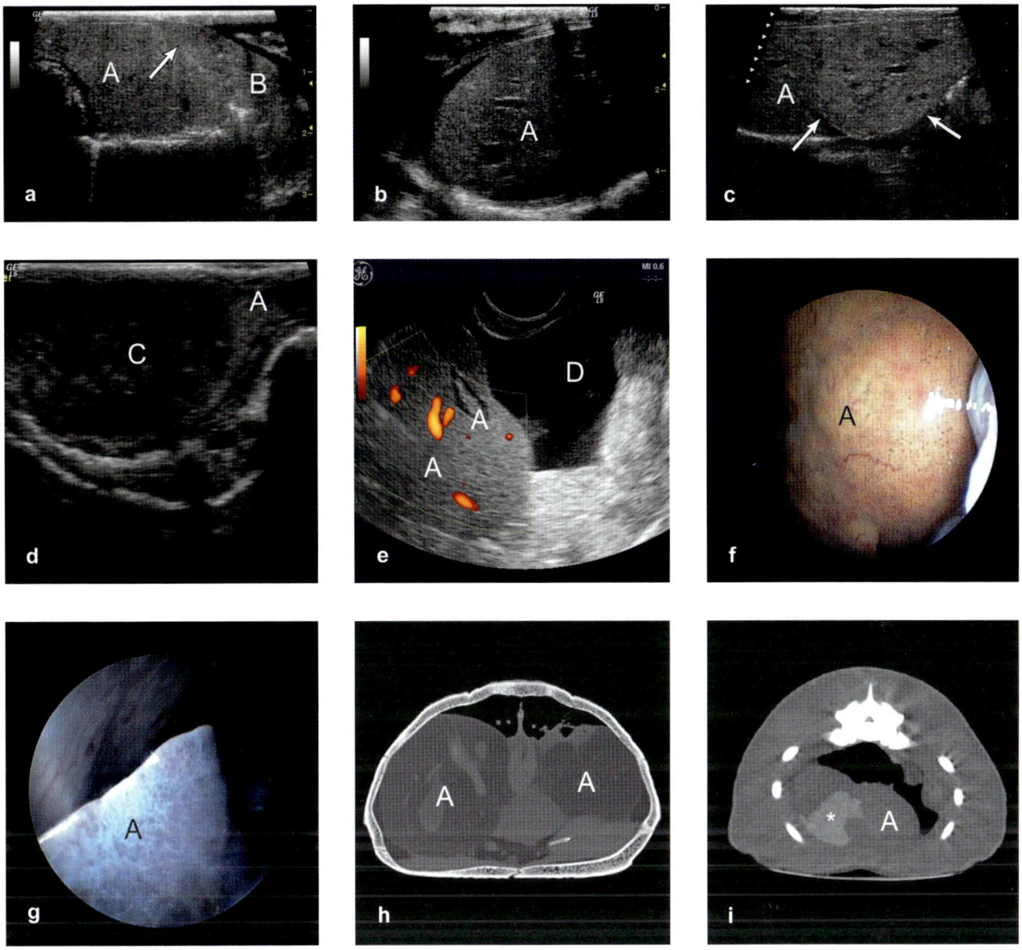


▸ **Abb. 21.3** Bildgebende Diagnostik von Leberveränderungen.
(a–g: Klinik für Vögel und Reptilien, An den Tierkliniken 17, 04103 Leipzig. h, i: Klinik für Kleintiere, An den Tierkliniken 23, 04103 Leipzig)

a Ultraschalluntersuchung (ventrale Ankopplung): Fettleber bei einer Bartagame. Die Leber (A) lässt sich kaum mehr vom Fettkörper (B) abgrenzen (Grenzbereich: Pfeil).

b Ultraschalluntersuchung (ventrale Ankopplung): Leberschwellung bei einem Steppenwaran. Die Leber (A) ist vergrößert, der Rand abgerundet.

c Ultraschalluntersuchung (ventrale Ankopplung): Zubildung (Neoplasie) in der Leber bei einem Waran. Eine Struktur erhöhter Echogenität lässt sich innerhalb des Lebergewebes (A) abgrenzen (Pfeile).

d Ultraschalluntersuchung (ventrale Ankopplung): Granulom bei einer Bartagame. Die Struktur (C) lässt sich innerhalb des Lebergewebes (A) abgrenzen. Die Untersuchung der Biopsieprobe ergab eine Mykobakterieninfektion.

e Ultraschalluntersuchung (präfemorale Ankopplung) einer Landschildkröte: Leberschwellung (A) sowie hochgradig gefüllter Harnsack (D).

f Endoskopische Untersuchung einer Bartagame: Fettleber (A).

g Endoskopische Untersuchung bei einem Grünen Leguan: Leberfibrose (A).

h Computertomografische Untersuchung (transversaler Schnitt) bei einer Spornschildkröte: hochgradig geschwollene Leber (A) mit vergrößerten Gefäßen infolge einer Infektion.

i Computertomografische Untersuchung (transversaler Schnitt) eines Netzpython: Darstellung einer Zubildung (*) im Lebergewebe (A). Es handelte sich um einen Abszess.

tes können angesprochen werden. Inhomogene Echogenität kann bei Nekroseherden oder intrahepatischen Granulomen bzw. Neoplasien (▶ Abb. 21.3c, ▶ Abb. 21.3d) vorliegen und gezielte Feinnadelaspirationen ermöglichen. Daneben kann über den Vergleich der Echogenität von Fettlappen und Leber ein Fettleberverdacht erhärtet werden (▶ Abb. 21.3a).

Wenn Techniken wie die Computertomografie zur Verfügung stehen, können auch hierüber Veränderungen gut angesprochen werden (▶ Abb. 21.3h, ▶ Abb. 21.3i).

Letztlich können Diagnosen und Prognosen bestmöglich nur über die Entnahme von Organproben erfolgen. Gerade die Leberbiopsie ist nach Zöliotomie (▶ Abb. 21.4), unter endoskopischer (▶ Abb. 21.3f, ▶ Abb. 21.3g) oder sonografischer Kontrolle bei Reptilien mittlerweile meist problemlos in Narkose durchführbar. Anschließend sollten mikrobiologische und histologische Untersuchungen von Biopsaten erfolgen.

Der Gallensäuren-Stimulationstest hat sich für Reptilien noch nicht etabliert, da hier kein ausreichendes Datenmaterial zur Verfügung steht.

### Therapie

Bei Nachweis von Bakterien ist mit geeigneten Antibiotika zu behandeln. Die Infusionstherapie ist kurzfristig von großer Bedeutung zur Entgiftung und kann beispielsweise mit Aminosäuren, z. B. Amynin® **60**, angereichert werden. Mittel- bis langfristig sollte inappetenten Tieren – entsprechend der artspezifischen Ernährungsweise – gut

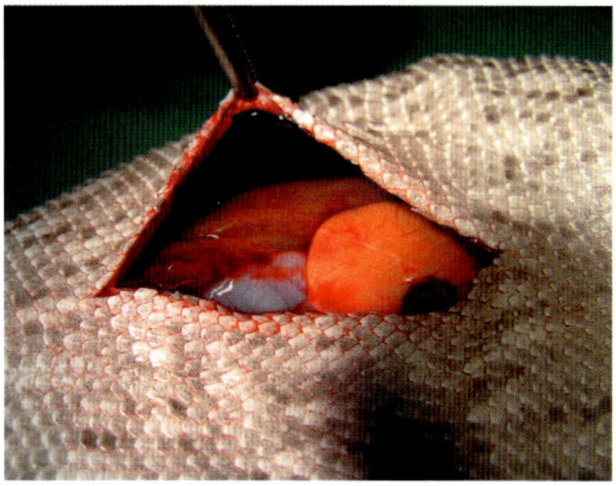

▶ **Abb. 21.4** Zöliotomie bei einer Bartagame mit Fettleber. (Klinik für Vögel und Reptilien, An den Tierkliniken 17, 04103 Leipzig)

verdaulicher Futterbrei eingegeben werden, welcher zusätzlich mit Volamin® **50** angereichert werden kann. Silymarin **49** hat hepatoprotektive Wirkung und der Einsatz kann vor allem bei pflanzenfressenden Reptilien empfohlen werden. Lactulose **45** kann über die Beeinflussung der Darmflora eine verminderte Ammoniakbildung und somit entgiftende Wirkung ausüben.

### Prognose

Die Prognose ist abhängig von der Ursache und dem Grad der Schädigung. Wenn betroffene Tiere nach Inappetenz innerhalb der ersten 1–2 Wochen wieder Futter aufnehmen, ist dies prognostisch als positiv zu bewerten.

## Nephropathie (inklusive Gicht)

**Info**

Sammelbegriff für Nierenerkrankungen, die zu einer verminderten Ausscheidungsrate harnpflichtiger Substanzen führen und bei Reptilien in der Regel in einem chronischen Stadium diagnostiziert werden.

### Ätiologie & Pathogenese

Eine Vielzahl an Ursachen wie Infektionen, **Intoxikationen** (S. 220), Entzündungen oder **Neoplasien** (S. 314) kann zu Nierenschädigungen führen. Bekannt sind vor allem **Hexamiteninfektionen** (S. 137) bei Landschildkröten, welche über die Kloake aus dem Gastrointestinaltrakt aufsteigen und hier Tubulonephrosen hervorrufen können. Degenerative Erkrankungen stellen die häufigste Form der Veränderungen bei der Diagnosestellung dar.

Wichtigste Auslöser für Nierenschäden sind allerdings **Haltungsdefizite** hinsichtlich Wassermangels, zu niedriger Luftfeuchtigkeit oder proteinreicher Futtermittel bei einer **Fehlernährung** (S. 146). In diesen Fällen kommt es zu unphysiologisch hohen Harnsäurespiegeln im Blut und letztlich im Rahmen der resultierenden **Gicht** zu Ausfällungen in den Nieren selbst, auf serösen Häuten oder in Gelenken. Die Bedeutung bei Reptilien liegt vor allem darin begründet, dass neben Purinen auch Proteine bei vielen Spezies zu Harnsäure und nicht zu Harnstoff abgebaut werden, was evolutionär eine Anpassung an das Landleben dar-

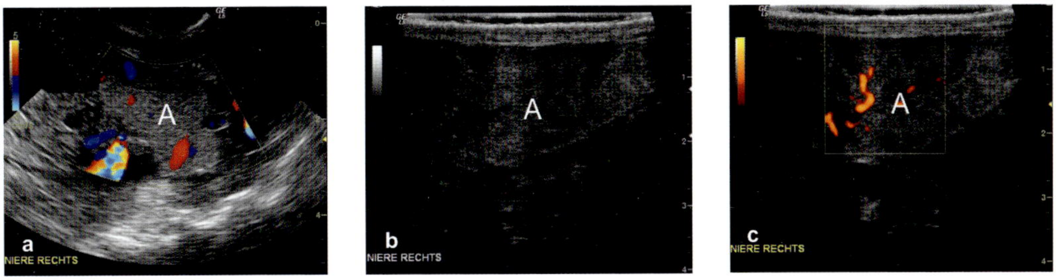


▸ **Abb. 21.5** Sonografische Diagnostik bei Nierenveränderungen. **a** Fehlende Durchblutung in der Niere (A) bei einer Russischen Landschildkröte. **b, c** Darstellung einer vergrößerten Niere (A) mit reduzierter Durchblutung bei einer Spornschildkröte. (Klinik für Vögel und Reptilien, An den Tierkliniken 17, 04103 Leipzig)

stellt, da so Flüssigkeitsverluste reduziert werden können. Neben prärenalen und renalen Ursachen können bei diesen sogenannten **urikothelen** Spezies prinzipiell auch postrenale Ursachen einen Rückstau der ausscheidungspflichtigen Substanzen und letztlich eine Gicht auslösen. Durch den gestörten Wasser- und Elektrolythaushalt entstehen häufig Ödeme.

## Klinik

Entsprechende Haltungsdefizite geben bereits anamnestische Hinweise. Eher selten wird eine Polydipsie berichtet oder klinisch nachgewiesen. Inappetenz zeigt sich meist in fortgeschrittenen Fällen von Nierenschäden. Eingesunkene Augen weisen auf eine Dehydratation hin (▸ Abb. 19.4a). Auch Bewegungsunlust und Apathie sind häufig. Bei Schildkröten treten oft auch Ödeme der Augenlider auf.

Bei Chamäleons lassen sich vergrößerte Nieren gut palpieren. Kaudodorsal in der Körperhöhle stellen sich diese als derbe Zubildungen dar und sind nach kaudal nicht zum Becken hin abgrenzbar. Bei adulten Grünen Leguanen können die Nieren auch nach digitaler kloakaler Palpation beurteilt werden. Eine Nephromegalie wird diagnostiziert, wenn sich die Nieren dorsal nicht komplett innerhalb des Beckens abgrenzen lassen. Makroskopische Harnbeimengungen oder bröckelige und derbe Urate sind hinweisend auf Nierenerkrankungen.

Bei Zubildungen an den Gliedmaßen muss differenzialdiagnostisch immer eine Gelenkgicht abgeklärt werden.

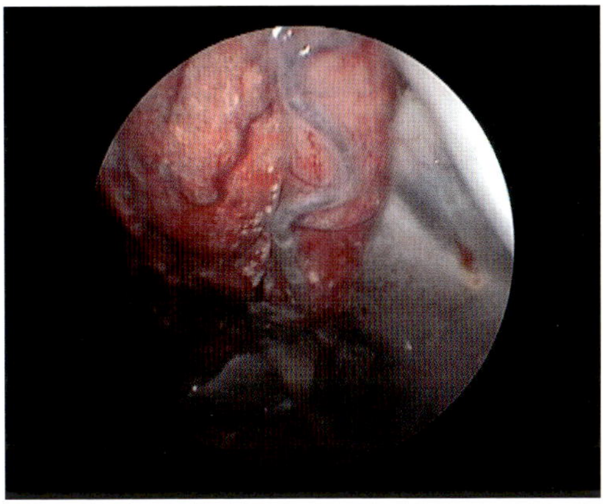

▸ **Abb. 21.6** Endoskopische Darstellung der Nieren bei einem Grünen Leguan, Harnsäureausfällung als Hinweis auf Gicht. (Klinik für Vögel und Reptilien, An den Tierkliniken 17, 04103 Leipzig)

## Diagnose

Die blutchemische Untersuchung (S. 352) stellt ein wichtiges Diagnostikum zur Einschätzung der Regulation des Wasser- und Elektrolythaushalts dar. Grundlegend sind allerdings bei Reptilien Harnstoff und Kreatinin ungeeignete Parameter für die Analyse der Ausscheidungsfunktion.

Daneben kann die Ultraschalluntersuchung kurzfristig wertvolle Hinweise bezüglich Morphologie und Perfusion der Nieren geben (▸ Abb. 21.5). Nierenfunktionsstörungen sind bei großen, echoreichen oder inhomogenen Nieren mit verminderter Perfusion zu erwarten.

Über endoskopische Untersuchungen lassen sich Harnsäureablagerungen auf serösen Häuten und je nach Spezies auch die Nierenoberflächen begutachten. Über eine endoskopisch vorgenommene Nierenbiopsie (▸ Abb. 21.6) können mögliche Ursachen evaluiert und auch prognostische Aussagen eindeutiger formuliert werden.

Die Harnanalyse (S. 152) ist eingeschränkt aussagekräftig, da Harn über die Kloake in Kontakt mit Kot kommt und eine Kontamination selbst bei Zystozenteseharn nicht gänzlich ausgeschlossen ist. Darüber hinaus sind nur wenige Referenzwerte zur Beurteilung verfügbar.

Eine Gelenkgicht kann nach Punktion und Entwicklung weißer, cremiger Massen diagnostiziert werden (▸ **Abb. 20.2**). Über Zytologie oder Murexidprobe kann die Diagnose verifiziert werden.

### Therapie

Die Therapie bei Nierenerkrankungen beruht im Wesentlichen auf einer Förderung der Diurese bzw. Ausscheidung und einer Korrektur von Elektrolytimbalancen. So stehen verschiedene Infusionslösungen (S. 44) wie isotone NaCl- oder Ringerlösung in Kombination mit Puffern wie Acetat zur Verfügung. Dies kann über mehrere Tage bis Wochen täglich erfolgen. Warmwasserbäder sind auch langfristig durch die Besitzer durchführbar und bedeutsam, da Reptilien speziesabhängig ihren Flüssigkeitshaushalt zu einem großen Teil über die Kloakenschleimhaut bzw. den Harnsack regeln.

Bei Gichtpatienten wird Allopurinol 77 langfristig zur Senkung des Harnsäurespiegels eingesetzt. Der Effekt wird teilweise angezweifelt, da der Abbau der Proteine im Gegensatz zum Abbau der Purine nicht über die Xanthinoxidase katalysiert wird. In der Praxis werden klinische Verbesserungen oftmals aber auf dieses Medikament zurückgeführt und es zeigt sich eine gute Verträglichkeit. Da durch die Gichtkristalle Schmerzen und Entzündungsreaktionen ausgelöst werden, muss der Einsatz von Antiphlogistika wie Carprofen 32, die eventuell aber die Nieren zusätzlich belasten, abgewägt werden. Falls Ödeme vorliegen, kann versucht werden, mittels Furosemid 43 die Ausscheidung zu forcieren, wobei auch hier größter Wert auf eine ausreichende Hydratation gelegt werden muss. Zwar besitzen Reptiliennieren keine Henle-Schleife, aber der diuretische Effekt wird regelmäßig beobachtet.

Bei infolge einer Gicht geschwollenen Gelenken kann in Narkose der Versuch unternommen werden, diese auszuräumen (▸ **Abb. 20.2**).

Langfristig müssen zugrundeliegende Haltungsdefizite abgestellt werden und die Flüssigkeitsaufnahme ist zu forcieren. Regelmäßige Kontrolluntersuchungen mit blutchemischen Analysen zur Einschätzung des Gesundheitsstatus sind dringend anzuraten.

### Prognose

Die Prognose bei manifestem Nierenschaden ist prinzipiell langfristig fraglich, da das Regenerationspotenzial der Nieren als vergleichsweise gering eingeschätzt wird.

## Posthibernale Anorexie

**Info**

Bei Landschildkröten nach der Winterruhe mit verminderter Aktivität oder Apathie einhergehende Futterverweigerung, die auf mehrere Ursachen zurückgeführt werden kann.

### Ätiologie & Pathogenese

Die posthibernale Anorexie (PHA) bezeichnet streng genommen bei Landschildkröten nur den Zeitpunkt des Auftretens dieses Leitsymptoms nach der Winterruhe. Die Ursachen können hier sehr vielfältig sein und entsprechen prinzipiell denen während der Aktivitätsphasen. Bedingt durch diverse Umstände manifestieren sie sich allerdings gehäuft zu dieser Zeit. Während der Winterruhe selbst können Apathie, Anorexie oder andere Symptome beispielsweise seitens der Besitzer überhaupt nicht erkannt werden. Aufgrund chronischen Stresses oder zu langer Winterruhe, in der die Leukopoese sistiert, entsteht oft zusätzlich eine **Leukopenie**, welche das Tier in Kombination mit inadäquaten Haltungstemperaturen nach der Winterruhe für Infektionserkrankungen anfällig werden lässt. Des Weiteren sind insbesondere chronische Haltungsdefizite, welche zu Niereninsuffizienzen und gestörtem Wasser- und Elektrolythaushalt führen, oder inadäquate Temperaturen während der Ruhe ursächlich verantwortlich. Flüssigkeits- und Energiedefizite, gekennzeichnet durch Hypoglykämie und übermäßige Fettmobilisation, resultieren. Daneben können sich aber auch beispielsweise subklinisch vor der Winterruhe vorliegende Infektionskrankheiten manifestieren.

### Klinik

Schildkröten, die aus der Winterruhe geholt werden, sollten innerhalb der ersten Woche wieder mit der Futteraufnahme beginnen. Viele Tiere zeigen bereits nach 1–2 Tagen bei ausreichend hohen Temperaturen wieder Appetit. Parallel dazu kann physiologischerweise ein steigender Blutglukosespiegel gemessen werden. Bei Tieren mit PHA unterbleibt dieser Anstieg und verminderte Aktivität oder Apathie können somit klinisch beobachtet werden. Ein fehlender Harnabsatz wird nicht selten beobachtet.

### Diagnose

Neben dem typischen Zeitpunkt des Auftretens der Anorexie sind die blutchemische und hämatologische Diagnostik besonders relevant, um Hypoglykämie, Hyperurikämie, -kaliämie und Leukopenie zu detektieren. Unzureichende Haltungsbedingungen vor und während der Hibernation sind anamnestisch abzuklären. Aufgrund der Immunsuppression werden Schildkröten auch häufig mit Rhinitiden oder Verdacht auf **Septikämie** (S. 327) vorgestellt. Der Parasitenstatus sollte abgeklärt werden. Da hier nicht mit Kotabsatz zu rechnen ist, müssen meist Kloakenspülungen erfolgen. Nicht selten kann bei betroffenen Tieren sonografisch ein **Nierenschaden** (S. 330) festgestellt werden. Oftmals kann vor allem bei Tieren, welche noch keinen Harn abgesetzt haben, blutchemisch eine Hyperurikämie und -kaliämie festgestellt werden. Ein niedriger pH-Wert (< 7) im Harn ist des Weiteren hinweisend auf einen katabolen Stoffwechsel.

### Therapie

Die Therapie umfasst tägliche Infusionen (S. 44) mit Glukoseanteil. Nach Stabilisierung des Kreislaufs und nachgewiesenem Harnabsatz können weitere Schritte eingeleitet werden. Appetitanregend wirkt Apomorphin 44 oder – bei Flagellatennachweis angezeigt – Metronidazol 18. Entsprechende Effekte werden auch den B-Vitaminen 68 zugesprochen. Daneben können geringe Mengen von rohfaserreichem Futterbrei in den Magen eingegeben werden, um die Motorik zu stimulieren. Der Stoffwechsel und die Flüssigkeitsaufnahme sollten über ausreichend hohe Temperaturen und regelmäßige Warmwasserbäder angeregt werden. Bei einer Hyperurikämie kann daneben eine tägliche Eingabe von Allopurinol 77 bis zum Erreichen physiologischer Harnsäurewerte erfolgen.

### Prognose

Sofern keine massiven Organschäden zugrunde liegen, Harnabsatz erfolgt und eine Therapie rechtzeitig eingeleitet wird, ist die Prognose allgemein gut. Bei Tieren mit (wiederholten) Harnsäurewerten über 1500 µmol/l ist die Prognose schlecht, und bei Verdacht auf eine dauerhafte Nierenschädigung sollte eine Euthanasie in Betracht gezogen werden.

## Hyperthermie bzw. Hypothermie und Frostschäden

### Ätiologie & Pathogenese

Hyper- oder Hypothermie entstehen, wenn Reptilien ihre Körpervorzugstemperatur (S. 49) nicht regulieren können, und sind in Terrarienhaltung in der Regel auf vom Halter inadäquat eingestellte Heizelemente oder technische Störungen zurückzuführen. Auch direkte Sonneneinstrahlung kann ein Terrarium, das in Wohnräumen steht, massiv aufheizen. Bei Außenhaltung können ungünstige Wetterlagen vorherrschen. Riskant ist hier vor allem eine Balkonhaltung.

Auch solche Tiere, die infolge anderer Ursachen apathisch sind, können zur Regulierung der Körpertemperatur einen kälteren oder wärmeren Temperaturbereich nicht aufsuchen und sind somit anfällig für Unterkühlung bzw. Überhitzung. Eine Hypothermie kann bei längerem Bestehen infolge des herabgesetzten Stoffwechsels und Immunsystems zu Anfälligkeit gegenüber opportunistischen Erregern führen und beispielsweise Lungenentzündungen verursachen, während eine persistierende Hyperthermie zum Schock führt.

Starke Unterkühlungen bis hin zu Frostschäden können im Rahmen einer Winterruhe auftreten, wenn es zu Temperaturen nahe dem Gefrierpunkt kommt. In der Folge sind neben oberflächlichen Erfrierungen vor allem Schäden an Augen (S. 294) und neuronalen Strukturen zu beobachten, welche eventuell neben dem stark reduzierten Metabolismus durch Nekrosen und Ischämie ausgelöst werden.

### Klinik & Diagnose

Bei unterkühlten Reptilien wird zunächst eine Verzögerung der Reaktionen auf äußere Reize auffallen. Je niedriger die Körpertemperatur sinkt, desto apathischer ist das Tier. Wenn anamnestisch Hinweise auf eine grundlegend zu kühle Haltung bestehen, sollten sekundäre Erkrankungen wie **bakterielle Infektionen** (S. 70) und **Septikämie** (S. 327) abgeklärt werden.

Überhitzte Reptilien werden zunächst versuchen, eine kühle Stelle aufzusuchen, weshalb sie sehr aktiv sein können. Auch kann bei Echsen beobachtet werden, dass sie durch Öffnen des Maules versuchen, die Evaporation zu steigern. Sollte eine Abkühlung nicht möglich sein, so wird das Tier durch den eintretenden Schock apathisch bis komatös und der Patient ist somit als Notfall anzusehen.

Bei Frostschäden wird neben Blindheit (S. 286) – durch Schäden an der Retina, Hyphaema oder Katarakt – vor allem Manegebewegung beobachtet. Lähmungen und Schwellungen der Gliedmaßen können wie Apathie und Inappetenz beobachtet werden. Die Diagnose wird anhand von Vorbericht und klinischen Symptomen gestellt.

### Therapie & Prognose

Ziel ist es, den Patienten möglichst zeitnah in den Bereich der Körpervorzugstemperatur zu bringen. Wichtig ist, dass dies bei stark unterkühlten Patienten nicht zu schnell geschieht, insbesondere, wenn weitere Ursachen wie Traumata oder Dehydratation feststellbar sind, die den Kreislauf beeinflussen. Eine zu radikale Anhebung der Temperatur kann zu Gefäßdilatationen und Versacken des Blutes in der Peripherie führen. Gut geeignet sind Warmwasserbäder und parallele Infusionen mit angewärmter Flüssigkeit (S. 44). Die Prognose bei Tieren ohne sekundäre Infektionen ist grundlegend als gut einzuschätzen.

Überhitzte Patienten sollten ebenfalls über Bäder oder Einsprühen mit Wasser in den unteren Bereich der POTZ abgekühlt werden. Bei komatösen Patienten kann eine Infusion Ödeme verstärken. Somit sollte zuvor der Einsatz von Glukokortikoiden, z. B. Dexamethason 72, in Betracht gezogen werden, wobei die Nebenwirkungen erheblich sein können. Die Prognose ist abhängig vom Zustand des Patienten gut, wenn eine kurzfristige Verbesserung des Allgemeinzustands erreichbar ist, bei komatösen Tieren über mehrere Stunden jedoch eher ungünstig.

Bei Frostschäden kann ein Therapieversuch neben Flüssigkeitssubstitution (S. 44) und gegebenenfalls langwieriger assistierter Fütterung zusätzlich die Gabe von Thiamin 68 bei neuronalen Symptomen oder Vitamin A 66 bei Blindheit – Vorsicht vor einer **Hypervitaminose A** (S. 248) – beinhalten. Eine initiale Verwendung von Glukokortikoiden, z. B. Dexamethason 72, kann gerade durch die zuvor bereits bestehende Beeinträchtigung des Immunsystems während der Winterruhe mittelfristig kontraproduktiv sein. Die Prognose ist vorsichtig. Klinische Verbesserungen sind mitunter nur graduell und benötigen dann oftmals sehr lange Zeiträume.

## Maladaptationssyndrom

**Info**

Krankheitsbild, welches durch eine chronische Stresssituation ausgelöst wird und vor allem bei Wildfängen beschrieben wird.

### Ätiologie

Klassischerweise wird die Maladaptation mit Wildfängen in Verbindung gebracht, die sich bei Unterbringung in menschlicher Obhut, selbst unter adäquaten Haltungsbedingungen, mitunter nicht akklimatisieren können. Auch Nachzuchten erkranken häufig, wenn sie in eine neue Haltung verbracht werden, zumal wenn es sich um eine Gruppenhaltung handelt oder bestimmte Bedürfnisse wie Versteckmöglichkeiten nicht den individuellen Ansprüchen des Reptils gerecht werden.

### Pathogenese

Kurzfristig reagiert der Körper auf einen sogenannten Stressor durch Adrenalinausschüttung. Die Reaktionsfähigkeit wird gesteigert (ermöglicht „fight or flight"). Bei fortgesetzter Konfrontation mit dem Stressor wird hormonell die Freisetzung von Glukokortikoiden bewirkt. Folgen sind gesteigerte Glukoneogenese, Lipolyse und Reduktion von Verhaltensweisen, welche nicht unmittelbar überlebenswichtig sind, wie Futteraufnahme, Fortpflanzung oder Territorialverhalten. Letztlich kommt es bei permanentem Stress infolge dekompensierter Adaptationsfähigkeit zu Lethargie und Immunsuppression, unabhängig davon, ob ein psychischer oder physischer Auslöser vorliegt.

### Klinik

Betroffene Tiere versuchen zunächst, sich zu verstecken und der Situation zu entkommen. Schildkröten können beispielsweise wochenlang im Panzer zurückgezogen im Terrarium liegen. Inappetenz ist festzustellen. Langfristig werden die Patienten immer apathischer und magern ab. Sekundärinfektionen treten nicht selten auf.

### Diagnose

Der Verdacht besteht bei entsprechendem Vorbericht. Da die Diagnose unter klinischen Aspekten durch den Ausschluss von Differenzialdiagnosen erfolgt, bleiben oft Zweifel, bei fehlendem Ansprechen auf therapeutische Maßnahmen, ob nicht doch eine andere Erkrankung vorliegt.

### Therapie

Die Therapie besteht im Wesentlichen aus dem Beseitigen der auslösenden Ursache. Daneben müssen Flüssigkeitsverluste ausgeglichen werden. Eventuell können appetitanregende Medikamente eingesetzt werden, wie Apomorphin 44 oder Metoclopramid 46.

### Prognose

Sollte der Auslöser beseitigt werden können, so ist die Prognose grundsätzlich nicht schlecht. Wenn als Folgen bereits eine Dehydratation und Auszehrung vorliegen und innere Organe geschädigt sind, so ist sie eher als fraglich einzuschätzen. Wildfänge sind grundsätzlich als kritisch einzustufen.

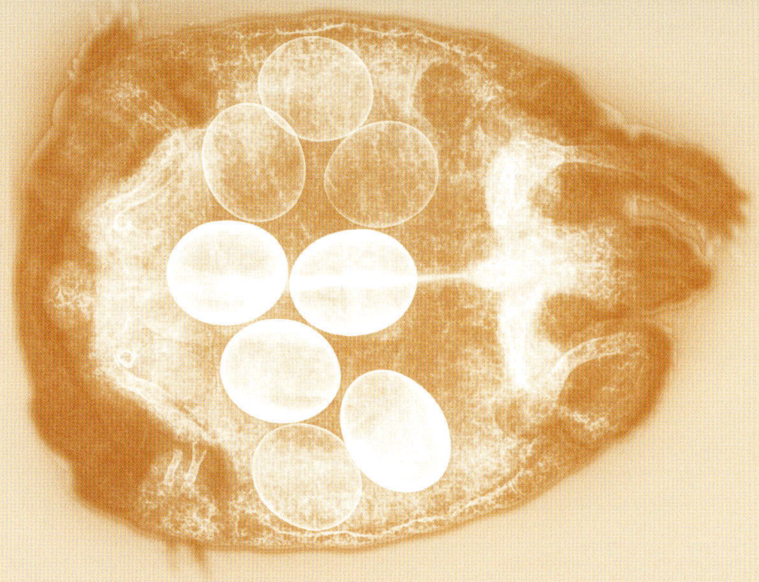

# Teil 4 Weiterführende Untersuchungen

# 22 Probenentnahme

Michael Pees

Auch wenn viele Symptome auf bestimmte Erkrankungen hindeuten, ist es für eine sichere Diagnostik in den meisten Fällen notwendig, Proben zur gezielten mikrobiologischen, parasitologischen, zytologischen, blutchemischen oder hämatologischen Untersuchung zu entnehmen. Aufgrund der Variabilität in Größe und Anatomie der verschiedenen Reptilienspezies sind dabei viele Besonderheiten zu berücksichtigen. In diesem Kapitel sollen die wichtigsten Probenentnahmetechniken kurz beschrieben werden.

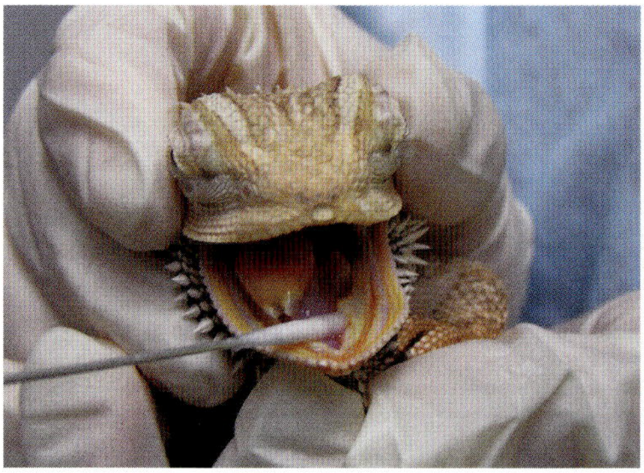

▶ **Abb. 22.1** Entnahme einer Tupferprobe von der Maulschleimhaut bei einer Bartagame.
(Klinik für Vögel und Reptilien, An den Tierkliniken 17, 04103 Leipzig)

## 22.1 Tupferprobe

Probenentnahmen mittels steriler Tupfer dienen insbesondere mikrobiologischen Nachweisverfahren. Hierbei werden entweder die Körperöffnungen oder Wundbereiche beprobt. Gerade bei Wundbereichen ist es essenziell, zunächst äußerlich kontaminiertes Material abzutragen, um möglichst nur Erreger nachzuweisen, welche aktiv an der Wundinfektion beteiligt sind. Die Probe wird dann in einem gesäuberten Bereich der infizierten Stelle entnommen. Hierzu eignen sich am besten trockene Tupfer, da sie mehr Material aufnehmen.

Bei Tupferproben von Rachen, Konjunktiven oder aus der Kloake ist dagegen zu berücksichtigen, dass die Schleimhaut sehr empfindlich ist. Dementsprechend sollten die Tupfer mit steriler NaCl-Lösung angefeuchtet werden. Anschließend werden sie möglichst direkt an die Stelle der Beprobung gebracht und dort mehrfach gedreht (▶ **Abb. 22.1**).

Erfolgt die Entnahme mehrerer Tupferproben, ist mit dem untersuchenden Labor (S. 343) abzuklären, inwieweit eine getrennte Untersuchung für die Interpretation erforderlich ist. Für virologische Nachweise ist der Zusammenhang mit der Lokalisation meist nicht so relevant wie beim Nachweis von Bakterien und Pilzen, die eben an einigen Orten physiologisch vorkommen, wohingegen an anderen der Nachweis eine diagnostische Bedeutung hat.

## 22.2 Kotprobe

Die parasitologische Kotuntersuchung (S. 347) ist ein Routinebestandteil der Diagnostik bei Reptilien. Entsprechend häufig werden Tierbesitzer auch gebeten, Kotproben zur Untersuchung zu sammeln. Dies ist im Gegensatz zur bakteriologisch-mykologischen Untersuchung, bei der das Keimspektrum in Kotproben kaum aussagekräftig ist, auch sinnvoll. Allerdings sollte der Halter gebeten werden, die Proben gekühlt und vor allem vor Austrocknen geschützt zu lagern (Flagellatennachweis!). Es ist sinnvoll, hierzu dicht schließende Gefäße bereitzustellen. Die Proben sollten in der Regel einem individuellen Tier zuzuordnen sein.

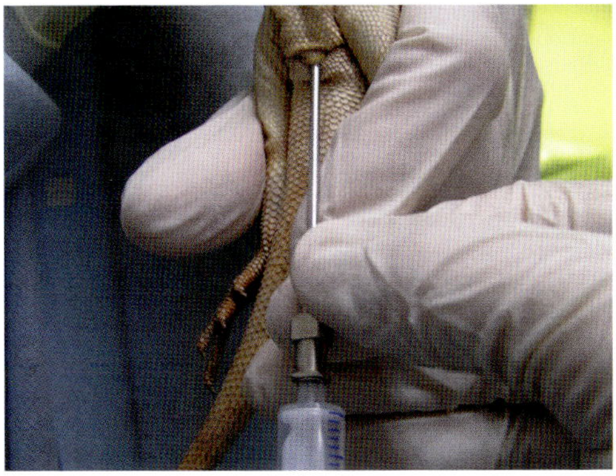

▶ **Abb. 22.2** Durchführung einer Kloakenspülung bei einer Bartagame. Bei Verwendung weitlumiger Spülsonden kann so Material aus dem Darm gewonnen werden.
(Klinik für Vögel und Reptilien, An den Tierkliniken 17, 04103 Leipzig)

## 22.3 Spülprobe

Eine **Kloakenspülung** (▶ Abb. 22.2) ist einfach durchzuführen und dient der Gewinnung frischen Materials aus dem unteren Verdauungstrakt. Dieses kann direkt parasitologisch untersucht und bei Verwendung einer sterilen NaCl-Lösung auch zur mikrobiologischen Diagnostik genutzt werden. Es wird mit körperwarmer Lösung (ca. 10 ml/kg) gespült, wobei sich weitlumige Metallsonden angepasster Größe bewährt haben. Die Sonde wird am einfachsten in die Kloake eingeführt, indem sie zunächst leicht nach kaudal ausgerichtet ist und dann in der Kloake nach kranial gekippt wird. Einführen wie auch Spülen dürfen nur unter leichtem Druck geschehen.

Die **Trachealspülung** findet insbesondere in der Pneumoniediagnostik (S.65) Anwendung und wird dort erläutert.

## 22.4 Hautgeschabsel

Bei der Entnahme von Hautgeschabseln ist wie bei Tupferproben aus Wundbereichen darauf zu achten, dass kontaminierte Krusten zunächst entfernt werden. Das Geschabsel kann mittels eines scharfen Löffels (▶ **Abb. 17.15**) oder eines anderen sterilen Gegenstands entnommen werden. Es ist zweckmäßig, das Material in einer sterilen Schale aufzufangen und dann ggf. über einen Tupfer in einem Versandmedium weiter zu transportieren.

## 22.5 Blutprobe

Die Blutentnahme wird bei Reptilien dadurch erschwert, dass kaum sichtbare Venen punktiert werden können. Ausnahmen sind Venen im Maul bei größeren Schlangen sowie die Jugularvenen bei einigen Schildkrötenspezies. Entsprechend erfolgt die Punktion meist blind und bedarf einer gewissen Erfahrung.

Vor der Blutentnahme sollte geklärt sein, welche Diagnostik gewünscht wird. Für blutchemische Untersuchungen eignet sich Heparin als Antikoagulans. Reptilienblut neigt – insbesondere wenn eine Entnahme nicht sofort gelingt – stark zur Koagulation, weshalb es empfehlenswert ist, auch die Punktionskanüle zu benetzen. Hier eignet sich Natriumcitrat **80**, welches vor Punktion durch die Kanüle (20–23G) gespült wird.

Die Punktionsstelle sollte möglichst gut gereinigt und anschließend mit einem milden Hautdesinfiziens, z. B. Octenisept® **58**, antiseptisch behandelt werden. Nach der Blutentnahme ist es sinnvoll, die Punktionsstelle etwa 1 min lang mit einem sterilen Tupfer zu komprimieren, um einer möglichen Hämatombildung vorzubeugen, insbesondere wenn in einem Bereich mit lockerer Unterhaut punktiert wird.

### 22.5.1 Blutentnahme bei Echsen

EC Bei Echsen sind zwar verschiedene Entnahmelokalisationen beschrieben, aus praktischer Sicht ist aber hauptsächlich die Punktion der **ventralen Schwanzvene** (▶ **Abb. 22.3**) relevant. Sie kann bei Tieren ab ca. 80 g Körpermasse genutzt werden. Hierbei wird nach Desinfektion der Haut in der Medianen etwa im 45-Grad-Winkel von kaudal nach kranial eingestochen. Die Entnahmestelle liegt bei wenigstens 25 % der Schwanzlänge; insbesondere bei Männchen muss darauf geachtet werden, die Hemipenistaschen nicht zu punktieren. Die Nadel wird unter Aspiration vorsichtig vorgeschoben. Trifft sie auf eine harte Struktur

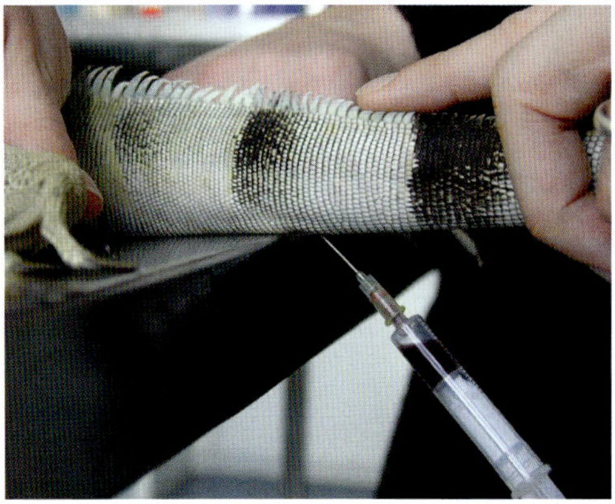

▸ **Abb. 22.3** Blutentnahme aus der ventralen Schwanzvene bei einem Grünen Leguan.
(Klinik für Vögel und Reptilien, An den Tierkliniken 17, 04103 Leipzig)

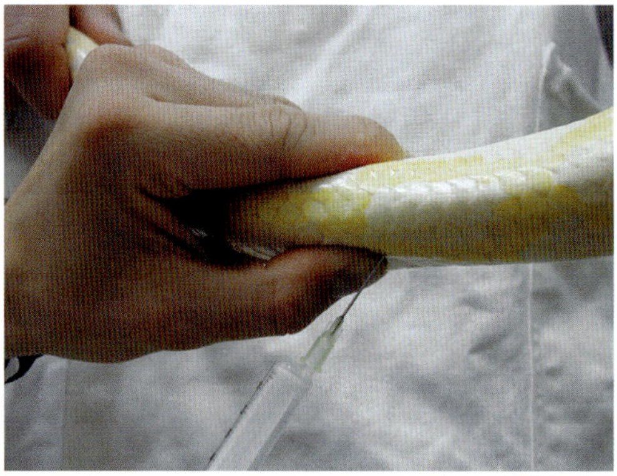

▸ **Abb. 22.4** Blutentnahme aus der ventralen Schwanzvene bei einem Tigerpython.
(Klinik für Vögel und Reptilien, An den Tierkliniken 17, 04103 Leipzig)

(Wirbelknochen), wird sie wieder langsam ein wenig zurückgezogen und dabei der Winkel der Kanüle etwas angepasst.

Andere Venenzugänge, wie die Nutzung der Abdominalvene, sind komplizierter oder riskanter.

### 22.5.2 Blutentnahme bei Schlangen

SL Bei Schlangen bieten sich 2 Punktionsstellen an: die ventrale Schwanzvene und das Herz. Die Punktion der **ventralen Schwanzvene** erfolgt wie für Echsen beschrieben (▸ **Abb. 22.4**). Die Entnahme kann bei Tieren ab ca. 150 g erfolgen. Während sie bei Nattern vergleichsweise einfach durchzuführen ist, ist die Punktion bei Boiden problematischer, insbesondere bei kleineren Spezies (Königspythons) oder Individuen kann es vorkommen, dass nicht ausreichend Blut gewonnen wird.

Die **Herzpunktion** ist eine effektive Art der Blutgewinnung, die auch bei sehr kleinen Schlangen eingesetzt werden kann. Voraussetzungen sind aber eine grundlegende Kenntnis der Anatomie des Herzens (von kaudal nach kranial eine Kammer, zwei Vorhöfe, mehrere große Gefäßstämme) und eine sichere Fixation des Tieres. Letztere sollte bei aktiven Tieren durch eine Sedation erfolgen. Das Herz kann durch die Ventralschuppen von außen in seiner Lage erkannt werden. Dennoch ist es empfehlenswert, die Lage mittels Ultraschall zu bestimmen und dann auch unter sonografischer Kontrolle die Kanüle in die Herzkammer einzuführen (▸ **Abb. 22.5**). Das Herz selbst sollte, da es sehr verschieblich gelagert ist, durch leichten Druck je eines Fingers kranial und kaudal des Organs etwas fixiert werden. Grundsätzlich wird nach Desinfektion der Einstichstelle (kein Ultraschallgel, sondern eine alkoholische Lösung als Kontaktmedium für den Schallkopf verwenden) die Kanüle im 60-Grad-Winkel nach kranial in die Herzkammer vorgeschoben, wobei aspiriert wird. Das Blut fließt meist stoßweise, analog der Herzkontraktion, in die Spritze. Es ist empfehlenswert, die Größe des Herzens und damit die Einstichtiefe anhand des Ultraschallbildes abzuschätzen – oft sind nur wenige Millimeter erforderlich, um in die Herzkammer zu gelangen. Die Blutentnahme ist meist rasch und problemlos erledigt, ein Risiko ist die Bildung eines Hämoperikards infolge der Punktion, welches auch sonografisch dargestellt werden kann. Für das Reptil hat dies aber in der Regel keine Auswirkung.

### 22.5.3 Blutentnahme bei Schildkröten

SK Bei Schildkröten ist eine Blutentnahme ab etwa 180 g Körpermasse möglich. Es sind verschiedene Punktionsstellen beschrieben, die erfolgreich genutzt werden. Hier sollen 3 regelmäßig genutzte Möglichkeiten vorgestellt werden können:

- Die **dorsale Schwanzvene** ist vergleichsweise einfach zu erreichen, wobei es speziesspezi-

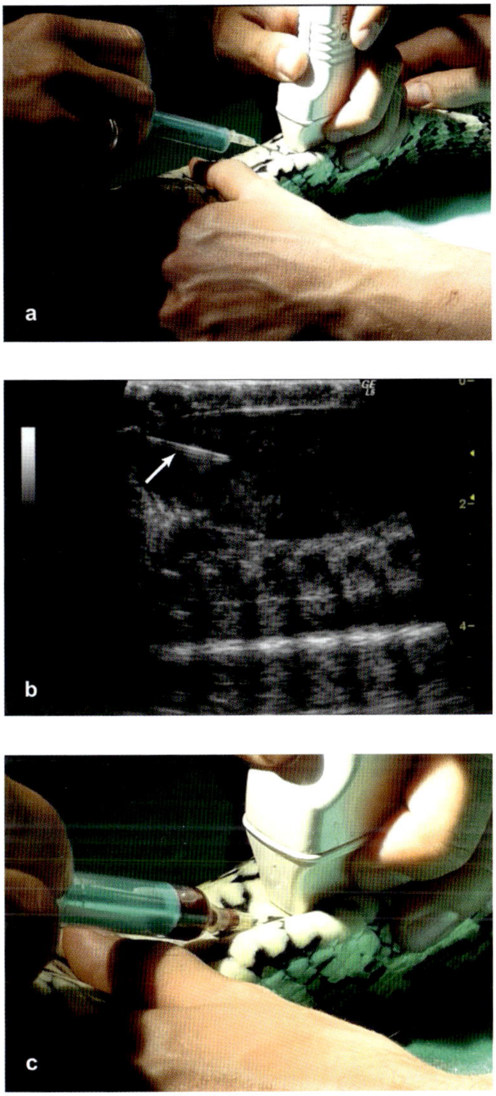

▸ **Abb. 22.5** Blutentnahme aus dem Herzen bei einer Schlange. **a** Das Herz wird kranial und kaudal etwas fixiert, indem Finger ventral zwischen den Rippenbogen eingelegt werden. Der Schallkopf wird über ein mildes Desinfiziens als Kontaktmittel angekoppelt. **b** Die Herzkammer wird dargestellt und die Kanüle (Pfeil) von kaudal langsam in die Kammer vorgeschoben, gleichzeitig wird aspiriert. **c** Das Blut fließt meist stoßweise in die Spritze.
(Klinik für Vögel und Reptilien, An den Tierkliniken 17, 04103 Leipzig)

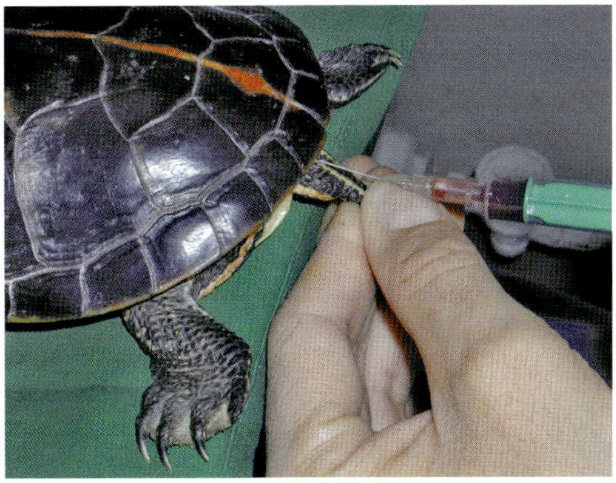

▸ **Abb. 22.6** Blutentnahme aus der dorsalen Schwanzvene bei einer Schmuckschildkröte.
(Klinik für Vögel und Reptilien, An den Tierkliniken 17, 04103 Leipzig)

fische Unterschiede gibt. Wichtig sind in diesem Bereich eine ausreichende Reinigung und Desinfektion. Der Schwanz wird an der Spitze fixiert und die Kanüle im 45-Grad-Winkel nach kranioventral in der Medianen vorgeschoben, wobei bereits aspiriert wird (▸ Abb. 22.6). Sobald die Kanüle auf den Knochen stößt, erfolgen ein leichtes Zurückziehen und eine Anpassung der Winkelung. Nachteil dieser Entnahmelokalisation ist, dass es oft zu einer Mischung der Blutprobe mit Lymphe kommt, wodurch die zu untersuchenden Parameter gegebenenfalls verfälscht werden.

- Der **Venenplexus unter dem Carapax** ist von kranial zugänglich und liegt unmittelbar medial des Carapax dorsal der Halswirbelsäule. Er ist auch zugänglich, wenn der Kopf des Tieres in den Panzer zurückgedrückt wird (▸ Abb. 22.7) und eignet sich deshalb auch bei aggressiven Tieren zur Entnahme. Die Nadel wird um ca. 45–60° angewinkelt, da man sie nach dem Einstich möglichst weit nach dorsal vorschieben muss. Nach Desinfektion der Einstichstelle, welche in der Medianen in der Haut kurz unterhalb des Ansatzes am Carapax liegt, wird die Nadel eingeführt und nach dorsal ausgerichtet. Anschließend wird sie unter Aspiration vorsichtig vorgeführt. Ist der Plexus getroffen, erfolgt die Blutentnahme relativ rasch. Hämatome können entstehen, sind aber nach außen nicht sichtbar und nach allgemeiner Erfahrung auch ohne negative Auswirkung auf das Wohlbefinden des

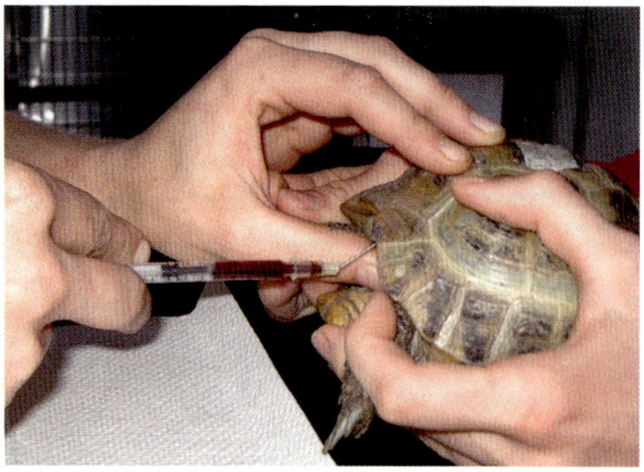

▸ **Abb. 22.7** Blutentnahme aus dem dorsalen Venenplexus bei einer Landschildkröte. Die Kanüle ist proximal um ca. 45° abgewinkelt, dies ist am einfachsten mit der Schutzhülle zu bewerkstelligen.
(Klinik für Vögel und Reptilien, An den Tierkliniken 17, 04103 Leipzig)

Tieres. Eine Vermischung mit Lymphe erfolgt hier kaum.

- Die **Jugularvene** kann je nach Spezies durch proximales Anstauen am Hals sichtbar gemacht werden. Sie verläuft lateral am Hals etwa in der Mitte des Trommelfellfeldes. Die Nadel wird nach Desinfektion der Einstichstelle von kranial nach kaudal beginnend hinter dem Trommelfell flach eingeschoben. Eine Vermischung mit Lymphe erfolgt kaum, allerdings kann es aufgrund der lockeren Struktur der Unterhaut zu Hämatomen kommen, und eine Kompression nach erfolgter Entnahme ist wichtig.

# 23 Klinische Labordiagnostik und postmortale Untersuchung

Volker Schmidt

## 23.1 Allgemeines

Die klinische Labordiagnostik umfasst hämatologische, zytologische, parasitologische, mikrobiologische und molekularbiologische Untersuchungsmethoden sowie die klinische Blutchemie. Darüber hinaus sind Kenntnisse morphologischer Techniken wie einer Obduktion einschließlich Zytologie und Histopathologie der Organe sinnvoll, um Krankheitsprozesse zu verstehen und Ätiologien erkennen zu können.

Viele hilfreiche Untersuchungen können direkt in der Praxis durchgeführt werden. Die parasitologische Untersuchung von Kotproben zum Beispiel ist in der Reptilienmedizin eine essenzielle Untersuchungsmethode, welche sowohl bei Erstvorstellungen von Patienten als auch bei der jährlichen Gesundheitskontrolle fester Bestandteil des Untersuchungsprotokolls sein sollte. Deshalb sollte ein Durchlichtmikroskop mit 200-, 400- und auch 1000-facher Vergrößerung zum Praxisinventar gehören. Eine 1000-fache Vergrößerung bietet die Möglichkeit, Leukozyten zu differenzieren und zytologische Untersuchungen durchzuführen. Geräte für die klinisch-chemische Untersuchung sind für geringe Probenmengen verfügbar und stellen eine gute Möglichkeit dar, um sich einen Überblick über die Funktionalität der Organe, insbesondere der Leber und Niere, zu verschaffen.

Mikrobiologische und molekularbiologische Untersuchungen sind zeitintensiv und bei Reptilien anspruchsvoll, so dass hier häufig der Probenversand sowie die Interpretation Aufgaben des praktischen Tierarztes sind und im Folgenden erläutert werden.

## 23.2 Probenbearbeitung und -versand

Die häufigsten Proben, welche zu Untersuchungen versandt werden, sind Blutproben für die hämatologische und blutchemische Untersuchung. Hierbei ist zu beachten, dass Reptilienblut häufig bereits durch die „blinde“ Blutentnahme eine Hämolyse zeigt, so dass das Verweilen des Serums oder des Plasmas über den zellulären Bestandteilen des Blutes bei der Messung von Kalium, Phosphat sowie der Lactatdehydrogenase (LDH) zu falsch erhöhten Werten führt. Deshalb muss, bevor die Probe zur blutchemischen Analyse versandt wird, das Plasma von den zellulären Bestandteilen durch Abzentrifugieren getrennt werden.

Für die hämatologische Untersuchung eignen sich am besten auf Objektträgern ausgestrichene Blutproben, da die Leukozytenzählung und -differenzierung manuell erfolgen und häufig lytische Artefakte hierdurch vermieden werden können. EDTA als Antikoagulans führt zum Teil zu einer erhöhten Hämolyse der Reptilienerythrozyten und ist daher nicht empfehlenswert.

Kotproben sollten in gut verschließbaren Probegefäßen versandt werden, wobei eine Austrocknung der Proben vermieden werden sollte. Zum zytologischen Nachweis von Flagellaten, welche während des Probentransports einer Kotprobe in der Regel absterben, eignet sich ein Kotausstrich auf einem Objektträger, welcher durch Hitze oder Methanol fixiert wurde.

Mikrobiologische und molekularbiologische Proben sollten in Probegefäßen versandt werden, die es erlauben, die zu detektierenden Erreger zu isolieren bzw. nachzuweisen. Für den Nachweis von Viren, Mykoplasmen und Chlamydien eignet sich z. B. das Transportmedium MicroTest™M4® (Remel, Oxoid GmbH, Wesel).

Ungefärbte zytologische Präparate sollten 1–5 min in Methanol fixiert und luftdicht sowie bruchsicher versandt werden.

## 23.3 Zytologische Untersuchung

Die zytologische Untersuchung ist eine sehr schnelle und kostengünstige Untersuchungsmethode, welche einen umfangreichen Einblick in das Krankheitsgeschehen liefert. Zytologische Untersuchungen können an gewonnenen Tupferproben (Maulschleimhaut, Kloake, Auge, Nase), Spülproben (Trachea, Kloake, Magen, Nase), Aspiraten (Abszesse, Aszites, Blut, Harnsack, Liquor, Zysteninhalt), Biopsaten (Granulome, Knochenmark, Organveränderungen, Neoplasien) und Exkrementen (Kot, Sputum) durchgeführt werden. Die zytologische Untersuchung liefert Befunde über Entzündungsreaktionen, Krankheitserreger sowie morphologische Zellabweichungen. Bei einigen Erkrankungen stellt diese Untersuchung aus praktischer Sicht das Mittel der Wahl dar, beispielsweise bei der **Mykobakteriose** (S. 326).

**Tupferproben** können direkt auf Objektträger aufgetupft werden. Physiologisch sind in Rachen und Kloake zahlreiche polymorphe, stäbchenförmige und kokkoide Bakterien vorhanden. Bei herbivoren Reptilien können darüber hinaus Hefepilzstadien in Rachen und Kloake sowie Flagellaten in der Kloake nachweisbar sein, ohne das dies mit pathologischen Prozessen verbunden sein muss (▸ **Abb. 23.1**, **b**). Spermien sind gelegentlich bei geschlechtsreifen adulten männlichen Tieren und selten auch bei weiblichen Tieren aus einer Gruppenhaltung nachweisbar (▸ **Abb. 23.1**, **a**). Entzündungszellen, *Apicomplexa* und Pilzstadien bei karnivoren und insektivoren Spezies sollten stets Grund für weiterführende Untersuchungen zur Speziesisolierung bzw. Erstellung eines Resistenztests sein.

**Flüssigkeiten** wie Harn, Zysteninhalt, Aszitesflüssigkeit oder Spülproben sollten vor der Färbung hitzefixiert werden. Proben mit Nachweis von Entzündungszellen, Bakterien, Pilz- oder Parasitenstadien sind weiterführend zu untersuchen.

Schnittflächen von **Biopsieproben** sind auf saugendem Papiertuch (Zellstoff) „trocken" (frei von Blut) zu tupfen und anschließend vorsichtig auf den Objektträger aufzubringen.

### 23.3.1 Färbemethoden

Als Färbelösungen stehen kommerziell erhältliche Färbesets zur Verfügung. Es handelt sich hierbei um **modifizierte Romanowsky-Färbungen** wie die DiffQuik®-Färbung (Dade Behring Marburg GmbH, Marburg). Vorteil dieser Schnellfärbung ist, dass die Untersuchung bereits wenige Sekunden nach Probennahme durchgeführt werden kann, so dass erste Befunde schon im Beisein des Besitzers vorliegen und weiterführende Untersuchungen abgesprochen werden können. Nachteil ist eine

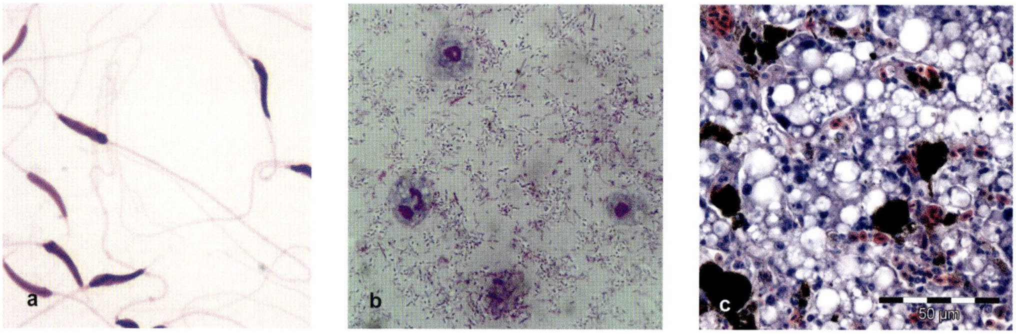


▸ **Abb. 23.1** Zytologische und histopathologische Untersuchung nach DiffQuik®-Färbung in 1000-facher (**b**, **c**) bzw. 100-facher Vergrößerung (**c**). **a** Spermien eines Königspythons. **b** Kloakenabstrich einer Maurischen Landschildkröte mit polymorph stäbchenförmigen und kokkoiden Bakterien sowie Flagellaten. **c** Histopathologie eines Leberbiopsats einer Bartagame mit Melanomakrophagen, Fettvakuolen und intranukleären Einschlusskörpern in den Leberzellkernen verursacht durch Adenoviren.
(Klinik für Vögel und Reptilien, An den Tierkliniken 17, 04103 Leipzig)

ungleichmäßige sowie teilweise zu schwache Färbung, insbesondere wenn die Gegenfärbung bereits länger in Gebrauch ist.

Die **Ziehl-Neelsen-Färbung** ist geeignet, um Mykobakterien als leuchtend rote, stäbchenförmige Gebilde nachzuweisen. Mykobakterien sind durch die Schnellfärbung aufgrund ihrer Wandstruktur nicht darstellbar (▸ **Abb. 21.1**). Auch Kryptosporidien erscheinen nach einer Ziehl-Neelsen-Färbung rot (▸ **Abb. 12.6**) und sind dadurch mikroskopisch leichter zu detektieren.

Eine **Gram-Färbung** ist geeignet, um Bakterien aufgrund ihres Färbeverhaltens zu differenzieren, wobei bei Reptilien eine Mischflora physiologisch ist, so dass lediglich bei Vorliegen einer uniformen Bakterienpopulation in einer Spüllösung oder einem Abszesspunktat eine Differenzierung mittels Gram-Färbung sinnvoll ist, um z. B. Listerien als grampositive stäbchenförmige Bakterien diagnostisch weiterführend abklären zu können.

Die **Giemsa-Färbung** ist zur Darstellung von Flagellaten hilfreich, wobei eine kurze Hitzefixierung günstig ist, um die Morphologie der Flagellaten zu erhalten.

## 23.4 Infektionsdiagnostik

Parasiten, Pilze, Bakterien und Viren sind häufige Krankheitserreger bei Reptilien. Zu beachten ist hierbei, dass insbesondere bei den Bakterien eine primäre Pathogenität selten ist. Als poikilotherme Organismen sind die Stoffwechselvorgänge und damit einhergehend die Abwehrmechanismen stark von der Umwelt abhängig. Das bedeutet bei in menschlicher Obhut gehaltenen Reptilien, dass eine gründlicher Eruierung und gegebenenfalls Optimierung der Haltungsbedingungen für einen Behandlungserfolg maßgeblich sind.

### 23.4.1 Mikrobiologische Untersuchung

Reptilien beherbergen physiologisch im Magen-Darm-Trakt eine Vielzahl von Bakterienspezies. Es ist anzunehmen, dass einige von ihnen noch nicht beschrieben wurden. Eine Kultivierung von reptilienassoziierten Bakterien und Pilzen ist bei der bevorzugten Körpertemperatur des Reptils in einem Temperaturbereich von 30–35 °C durchzuführen. Ausnahme bilden Salmonellen, welche nach Anreicherung schneller bei höheren Temperaturen (41 °C) zu kultivieren sind.

Sollten keine klinischen Symptome vorliegen und keine Entzündungsreaktionen in Rachen-/Kloakentupferproben oder der Haut nachweisbar sein, sind isolierte Bakterien aus diesen Lokalisationen eher als **physiologisch** und damit nicht behandlungswürdig einzustufen. Dies gilt z. B. für Pseudomonaden oder auch **Salmonellen** (S. 135), welche beim Menschen durchaus Krankheiten verursachen können.

Aber auch bei Reptilien gibt es eine Vielzahl von Bakterien, welche im Zusammenhang mit Stomatitis oder Darmerkrankungen **sekundär pathogen** sein können. So kann *Pseudomonas aeruginosa* z. B. regelmäßig im Zusammenhang mit Stomatitiden und nachfolgend auch mit Entzündungen des Atmungstrakts isoliert werden. Pseudomonaden, Aeromonaden, Xanthomonaden und *Klebsiella pneumoniae* sind hydrophile Keime, welche die Möglichkeit haben, Biofilme zu bilden und somit bei geschwächten Tieren regelmäßig Infektionen insbesondere der Haut führen können. *Citrobacter freundii* induziert häufig bei Sumpfschildkröten Infektionen der Haut im Sinne einer **SCUD** (S. 242).

**Salmonellen** gelten bei Reptilien als physiologisch vorkommende Bakterien. Bei einer geschwächten Abwehrlage können diese Bakterien jedoch regelmäßig im Zusammenhang mit Septikämien und Lungenentzündung isoliert werden, so dass bei Reptilien mit Septikämie und/oder Lungenentzündung und der Isolierung von Salmonellen eine antibiotisch wirksame Behandlung gerechtfertigt ist. Eine Serotypisierung der isolierten Salmonellen ist sinnvoll, insbesondere wenn Säuglinge, Kleinkinder oder immungeschwächte Personen zusammen mit den Reptilien leben, da Fälle von Reptilien-assoziierten Salmonellosen (REPAS) zunehmen, seit Reptilien als Haustiere immer beliebter werden. Ein entsprechendes Merkblatt (S. 380) findet sich im Anhang.

Auch *Listeria monocytogenes* kann bei Reptilien zu Septikämien führen, wobei jedoch Infektionen des Menschen verursacht durch Reptilien nicht beschrieben sind. *Listeria monocytogenes* gehört nach heutigem Erkenntnisstand nicht zur physiologischen Flora bei Reptilien, so dass Infektionen über kontaminierte Futtertiere oder kontaminierten Salat hochwahrscheinlich sind.

Z Nachweise von **Mykobakterien** (S. 326) bei Reptilien sind assoziiert mit Entzündungsreaktionen der Haut bzw. innerer Organe; sie sind ebenfalls als nicht physiologisch einzustufen. Eine Differenzierung dieser Bakterien ist in zugelassenen Laboren möglich und sinnvoll, da in der Regel von einem zoonotischen Potenzial ausgegangen werden kann.

Anaerobe Bakterien können vor allem bei Entzündungsreaktionen im Darm von Bedeutung sein, wobei jedoch diese Keime auch ohne assoziierte Pathologie isoliert werden können. Antikörper gegen Leptospiren, welches ebenfalls zoonotische Erreger darstellen, können regelmäßig bei Sumpfschildkröten gefunden werden, wobei jedoch die pathogene Bedeutung bei diesen noch unklar ist.

**Praxistipp**

Bei Vorliegen von Befunden, welche für eine Septikämie sprechen, oder bei pathologischen Korrelaten sollte mit Hilfe einer Kultivierung versucht werden, das verursachende Bakterium zu isolieren. Eine gezielte antibiotisch wirksame Chemotherapie ist sinnvoll, da viele reptilienassoziierte Bakterien bereits eine Vielzahl von Resistenzen durch häufig unbegründete Applikation von antibiotisch wirksamen Substanzen aufweisen.

Das Wissen über **mykotische Infektionen** bei Reptilien hat in den letzten Jahren stark zugenommen. Pilzinfektionen wurden bei Reptilien oft als opportunistische Erreger diskutiert. Das mag teilweise für Hefepilzinfektionen des Magen-Darm-Trakts sowie für Schimmelpilzinfektionen von Wunden und der Kloake zutreffen. Auf der anderen Seite können regelmäßig Dermatomykosen sowie systemischen Mykosen durch hochwahrscheinlich obligat pathogene Pilze unterschiedlicher Ordnungen in Gefangenschaft sowie bei freilebenden Reptilien diagnostiziert werden. Die Isolierung und Differenzierung von Pilzen ist notwendig, um anhand des pathologischen Korrelats Aussagen über die pathogene Bedeutung der Pilze treffen zu können. Dies hat vor allem Bedeutung, um Bestandsprobleme frühzeitig zu erkennen. Teilweise zeigen die Pilze eine Temperatur- bzw. Speziesspezifität, was bei der Kultivierung der Pilze zu beachten ist. So konnte festgestellt werden, dass *Nannizziopsis guarroi* als Erreger der **Yellow Fungus Disease** (S. 240) sein Wachstumsoptimum bei 35 °C hat, im Gegensatz zu anderen Pilzen aus der CANV-Gruppe.

Andere pathogene Pilze gehören zur Familie der *Clavicipitaceae* und können Ursache von granulomatösen Entzündungen der Zunge, des Rachens sowie der Haut sein. *Metarhizium anisopliae*, *Beauveria bassiana* und *Purpureocillium lilacinum* sind bekannte entomopathogene, ubiquitäre, saprophytische filamentöse Pilze, welche im Boden häufig nachgewiesen werden können. Diese Pilze werden als biologische Bekämpfungsmittel von Insekten in der Landwirtschaft genutzt. Neben Dermatomykosen wurden insbesondere Lungenentzündungen im Zusammenhang mit diesen Pilzen bei Reptilien beschrieben. Aber auch humane Infektionen, insbesondere der Kornea, sind bekannt.

### 23.4.2 Molekularbiologische Untersuchung

Molekularbiologische Untersuchungen sind sinnvoll für den Nachweis von Krankheitserregern, welche sich schwer kultivieren lassen oder sehr langsam wachsen. Darüber hinaus ist eine solche Untersuchung sinnvoll, um Krankheitserreger zu differenzieren. Der zeitnahe Nachweis von **Mykoplasmen** (S. 86) spielt insbesondere bei Landschildkröten mit Symptomen des oberen Respirationstrakts (S. 79) eine Rolle. Aber auch bei anderen Reptilien und insbesondere bei Schlangen mit respiratorischen Symptomen kann es sinnvoll sein, diese Bakterien nachzuweisen. Dasselbe gilt für Chlamydien, welche ebenfalls respiratorische Erkrankungen bei Reptilien verursachen können. Die Untersuchung kann mit steril entnommenen Tupferproben aus der Luftröhre durchgeführt werden. Ein Anfeuchten der Watteträger mit dem Transportmedium erhöht die Nachweisrate.

Zur Differenzierung von zytologisch nachweisbaren Parasiten der *Apicomplexa* ist diese Untersuchung ebenfalls sinnvoll. Hier sind vor allem die **TINC** (S. 89) bei tropischen Landschildkröten, *Haemosporida*, aber auch **Kryptosporidien** (S. 140) zu nennen. Für den Nachweis von TINC eignet sich eine Tupfer- oder Spülprobe aus der Nase, welche ohne Transportmedium zur Untersuchung verschickt wird. EDTA-Blutproben eignen sich zum Nachweis der *Haemosporida*. Eine molekularbiologische Differenzierung von **Kryptosporidien** (S. 140) ist sinnvoll, wenn diese im Kot zytologisch nachgewiesen werden, ohne dass eine entsprechende Klinik vorliegt. Nicht selten findet man gerade bei Schlangen Kryptosporidien-Oozysten der Futtertiere im Kot, welche entsprechend apathogen für Schlangen sind und damit auch nicht behandlungswürdig. Je nach Pilz kann eine Kultivierung bis zu 10 Tagen betragen, so dass auch hier eine molekularbiologische Untersuchung entsprechender pathologischer Läsionen zu einem schnelleren Befund führen kann.

Eine Reihe von viralen Krankheitserregern kann ebenfalls zum Teil nur mit einer PCR oder elektronenmikroskopisch diagnostiziert werden, eine Auflistung ist in ▶ **Tab. 23.1** wiedergegeben.

### 23.4.3 Parasitologische Untersuchung

Die parasitologische Untersuchung gehört bei Reptilien zum klinischen Untersuchungsgang. Eine Reihe verschiedener Parasiten bzw. Symbionten lebt vor allem im Blinddarmabschnitt des Enddarms. Die direkte mikroskopische Untersuchung von **Kloakenspülproben** (S. 339) kann bei fehlendem Kotabsatz (S. 127) helfen, insbesondere Flagellaten nachzuweisen. Hierbei ist jedoch zu beachten, dass bei herbivoren und omnivoren Arten wie Landschildkröten Flagellaten, die meisten Amöben und Ziliaten größtenteils zur physiologischen Flora gehören und eine Behandlung lediglich bei einem hochgradigen Befall bzw. einer vorliegenden klinischen Symptomatik notwendig ist. Ausnahme sind **Hexamiten** (S. 137), welche regelmäßig zu Entzündungen in Darm, Harnsack und Niere führen. Bei karnivoren Arten ist der Nachweis von Flagellaten und *Entamoeba invadens* behandlungswürdig, da oft fatale nekrotisierend-diphteroide Darmentzündungen die Folge sind.

**Trachealspülproben** sind ebenfalls sinnvoll für eine direkte mikroskopische Untersuchung, da auch hier nicht selten Flagellaten, aber auch Wurmeier und Larven von *Rhabdias* sp. nachweisbar sind.

**Kotproben** sollten neben der direkten mikroskopischen Untersuchung, unter Zuhilfenahme eines Tropfens Zimmertemperatur warmer, steriler isotoner Kochsalzlösung und einem Deckgläschens, auch nach Flotation bzw. Sedimentation untersucht werden. Kokzidienoozysten wie auch Wurmeier können bei einem geringgradigen Befall häufig nicht direkt nachgewiesen werden, so dass mit der Flotation bzw. Sedimentation die Nachweisrate erhöht wird.

▶ **Tab. 23.1** Virusinfektionen: Probenmaterial und Nachweisverfahren.

| Virus | Spezies/Tiergruppe | Probenmaterial | Nachweis |
|---|---|---|---|
| Ferlavirus | Schlangen | Trachealspülung, Kloakentupfer | PCR, Anzucht |
| Sunshine-Virus | Schlangen | Trachealspülung, Kloakentupfer | PCR |
| Arenavirus | Pythonidae | Kloakentupfer | PCR |
| | Boidae | Blutausstrich, Buffy Coat | zytologisch |
| Reovirus | alle | Kloakentupfer | PCR, Anzucht |
| Adenovirus | alle | Kloakentupfer | PCR, Anzucht |
| Herpesvirus | vorwiegend Landschildkröten, selten Schlangen und Echsen | Zungenabstrich, Papillome, Serum | PCR, Anzucht, Serologie |
| Ranavirus | Landschildkröten, (Echsen) | Zungenabstrich (Haut) | PCR |
| Picornavirus | Landschildkröten | Kloakentupfer | PCR |

**Praxistipp**

**Flotations-/Sedimentationsverfahren zur parasitologischen Untersuchung von Kotproben**

Als einfach herzustellende Untersuchungslösung eignet sich eine gesättigte Kochsalzlösung. Diese wird angesetzt, indem man eine Menge an Salz in kochendes Wasser gibt, bis sich das Salz nicht mehr löst und am Boden zu liegen kommt (ca. 400 g NaCl in 1 l $H_2O$). Die Lösung muss vor der Untersuchung auf Zimmertemperatur abkühlen. Die Kotprobe ist mit der Flotationslösung zu durchmischen, und die so entstandene Suspension wird durch ein Sieb mit einer Maschengröße von 250–300 µm und einen Trichter in ein Zentrifugenröhrchen gegossen und 15–20 min stehen gelassen. Anschließend wird die obere Schicht mit Hilfe eines Objektträgers und Deckgläschens mikroskopisch bei 200-facher und anschließend 400-facher Vergrößerung untersucht. Zestoden- und Trematodeneier sind in der Regel schwerer und flotieren nicht in einer gesättigten Kochsalzlösung, so dass diese im Sediment zu finden sind. Problematisch sind vor allem Bandwurmeier mit einer äußeren Hülle, welche gelegentlich bei Schlangen und Waranen vorkommen, da diese häufig an der Wand des Probenröhrchens haften bleiben.

Bei der Interpretation der Befunde ist zu beachten, dass neben Pollen, Futterbestandteilen sowie Milben- und Haarlingseiern der Futtertiere auch Endoparasiten der Futtertiere, z. B. Oxyuriden, Zestoden, Kokzidien und Kryptosporidien als Passanten im Kot der Patienten nachweisbar sein können. Insbesondere bei Schlangen kann dies zu fehlerhaften Therapien führen. Zur Interpretation koproskopischer Befunde wird auf das Leitsymptom Kotveränderung (S. 126) verwiesen.

## 23.5 Blutuntersuchung

Eine hämatologische wie auch klinisch-chemische Blutuntersuchung ermöglicht einen schnellen und einfachen Überblick über den Gesundheitsstatus des Tieres. Es handelt sich hierbei jedoch um Momentaufnahmen, so dass bei abweichenden Befunden Kontrolluntersuchungen sinnvoll sind, insbesondere dann, wenn keine weiteren Befunde Organschäden oder Entzündungsreaktionen vermuten lassen.

Die hämatologische Untersuchung gibt dabei Hinweise auf den Immunstatus der Tiere. Darüber hinaus kann sie bei der Evaluierung mikrobiologischer Befunde hilfreich sein. Weiterhin kann eine vorliegende Anämie verifiziert und ein Blutparasitenbefall festgestellt werden.

Die blutchemische Untersuchung bietet die Möglichkeit, den Funktionsstatus insbesondere von Leber und Niere zu evaluieren, welche bei Reptilien häufig infolge chronischer Krankheitsprozesse entsprechende Funktionsstörungen aufweisen.

**Cave**

**Bei der Interpretation von Laborwerten anhand publizierter Referenzwerte (▶ Tab. 23.2) ist immer zu berücksichtigen, dass viele Werte nur für wenige Spezies, anhand weniger Individuen und oft auch bei unklarem Gesundheitsstatus der Tiere bestimmt und als Referenz angegeben wurden.**

### 23.5.1 Hämatologie

Für die erfolgreiche Durchführung einer hämatologischen Untersuchung bei Reptilien ist die Qualität des Blutausstrichs von großer Bedeutung. Häufig sind hämolytische Artefakte durch verwendete Antikoagulanzien während der Blutentnahme vorhanden. Aber auch eine Koagulation in Form von verklumpten Thrombozyten und Leukozyten infolge bereits während der Blutentnahme teilweise geronnener Proben oder durch Verwendung von Heparin sowie eine Durchmischung der Blutprobe mit Lymphe können die Auswertung erschweren oder unmöglich machen.

**Praxistipp**

Bevor eine hämatologische Untersuchung erfolgen kann, sollte die Qualität des Ausstrichs überprüft werden.

Zur klinischen Einschätzung des Gesundheitszustands genügt in der Regel eine Schnellfärbung des Blutausstrichs mit einer Romanowsky-Fär-

▸ **Tab. 23.2** Hämatologische und klinisch-chemische Referenzwerte häufig vorgestellter Reptilienfamilien und -gattungen sowie Spezies.

| **Parameter** | **Einheit** | **Paläarktische Landschildkröte (Testudo)** | **Neuwelt-Sumpfschildkröten (Emydidae)** | **Grüner Leguan** | **Bartagame** | **Pantherchamäleon** | **Kornnatter** | **Königspython** |
|---|---|---|---|---|---|---|---|---|
| **Hämatologie** | | | | | | | | |
| Gesamtleukozytenzahl | $\times 10^3/\mu l$ | 5–16 | 2,5–21,3 | 3–17 | 3,5–14,3 | 1,2–11,2 | 2,7–19,8 | 3,7–16,4 |
| Heterophile | $\times 10^3/\mu l$ | 1,3–4,6 | 0,5–3,2 | 1,0–7,5 | 1,0–3,4 | 0,3–2,9 | 0,4–5,0 | 0,6–5,0 |
| Eosinophile | $\times 10^3/\mu l$ | 0,02–0,06 | 0–1,8 | 0,05–1,5 | 0,05–0,25 | 0,05–0,1 | 0,08–0,14 | 0,07–0,42 |
| Basophile | $\times 10^3/\mu l$ | 0,02–0,08 | 1,1–17,9 | 0,1–0,6 | 0,12–0,64 | 0,08–0,13 | 0,15–0,90 | 0,08–0,7 |
| Lymphozyten | $\times 10^3/\mu l$ | 3,6–6,7 | 1,0–15,0 | 0,6–9,7 | 1,1–8,1 | 0,2–5,8 | 0,4–11,2 | 0,2–8,0 |
| Monozyten | $\times 10^3/\mu l$ | 0–0,02 | 0–1,4 | 0–1,2 | 0–1,5 | 0–1,5 | 0,3–3,7 | 1,5–7,0 |
| Hämatokrit | % | 20–40 | 14–34 | 25–38 | 17–50 | 16–35 | 21–52 | 10–30 |
| **Blutchemie** | | | | | | | | |
| Totalprotein | g/l | 30–66 | 23–47 | 49–73 | 46–66 | 48–68 | 53–83 | 48–86 |
| Albumin | g/l | 5–24 | 10–20 | 18–30 | 19–37 | 20–30 | 19–53 | 8–42 |
| Harnsäure | µmol/l | 88–707 | 20–80 | 72–250 | 100–490 | 200–800 | 100–800 | 70–830 |
| Kalzium | mmol/l | 2,0–3,5 | 2,2–2,9 | 2,5–3,5 | 1,2–8,2 | 2,3–2,9 | 3,5–4,5 | 3,2–4,5 |
| Phosphat | mmol/l | 0,5–3,3 | 0,7–2,6 | 1,3–3,5 | 0,9–2,8 | 1,5–2,5 | 1,1–1,8 | 0,6–1,8 |
| Kalium | mmol/l | 2,5–5,0 | 1,3–5,2 | 2,2–4,6 | 2,3–4,5 | 2,0–5,0 | 2,4–11,0 | 5,3–8,9 |
| AST | IU/l | 15–222 | 51–280 | 2–133 | 3–92 | 5–87 | 10–100 | 19–91 |
| LDH | IU/l | 136–473 | 371–1035 | 36–1813 | 35–628 | 100–300 | 40–320 | 77–700 |
| CK | IU/l | < 1000 | 321–1400 | 73–2750 | 177–3 700 | < 1000 | 90–1650 | 600–2000 |
| GGT | IU/l | < 10 | - | - | - | - | - | - |
| GLDH | IU/l | < 10 | - | - | - | - | - | - |
| Gallensäuren | µmol/l | < 60 | - | - | - | - | - | - |

Die angegebenen Werte basieren auf publizierten Referenzen (S. 383) sowie Erfahrungen der Klinik für Vögel und Reptilien, Leipzig.

bung (z. B. DiffQuik®). Ein guter, auswertbarer Ausstrich ist durch eine Erythrozytenfahne gekennzeichnet, in welcher die Erythrozyten nebeneinander liegen, dadurch dass die Erythrozytenkerne deutlich blau angefärbt sind, sowie durch die Abwesenheit von Thrombozytenansammlungen bzw. hämolytischen Artefakten im Zytoplasma der Erythrozyten.

## Gesamtleukozytenzahl

Die Ermittlung der Gesamtleukozytenzahl kann mittels einer Schätzmethode durchgeführt werden, bei welcher Leukozyten in 10 Feldern ausgezählt werden. Die gezählten Zellen sind zu addieren und bei einem 40-er Objektiv (400-fache Vergrößerung) mit dem Faktor 150 zu multiplizieren. Hierbei ist darauf zu achten, dass keine Thrombozyten als Leukozyten angesprochen werden. Wichtige Befunde sind eine Leukopenie, welche generell bei einer Leukozytenzahl < 2000/µl vorliegt, sowie eine Leukozytose, die generell bei einer Leukozytenzahl > 24 000/µl zu befunden ist. Vor allem nach der Winterruhe können Paläarktische Landschildkröten (*Testudo* spp.) eine posthibernale Leukopenie (S. 332) aufweisen, die mit einem erhöhten Infektionsrisiko einhergeht.

## Differenzialblutbild

Das Erstellen eines Differenzialblutbilds (▸ **Abb. 23.2**) ist sinnvoll, um Infektionskrankheiten nach ihrer Ursache sowie dem zeitlichen Verlauf abzuklären. Hierzu werden 100 weiße Blutzellen gezählt, welche dann mit Hilfe der Gesamtleukozytenzahl in absolute Zahlen umgerechnet werden können. Das Differenzialblutbild der Reptilien ist stark abhängig von den Umwelteinflüssen. Die Lymphozyten unterliegen starken jahreszeitlichen Schwankungen. Heterophile können stressassoziiert z. B. infolge von Transport und Untersuchung erhöht sein. Bei Verwendung von DiffQuik® können bei zu kurzer Fixationsdauer Artefakte in Form von Degranulationen der Granulozyten auftreten.

**Heterophile Granulozyten** sind in der Regel aufgrund ihrer Größe von 10–23 µm und der charakteristischen Morphologie in Form von spindelförmigen, azidophilen Granula zu erkennen. Bei Schlangen, Schildkröten und Krokodilen ist der Kern rund bis oval und randständig. Bei einigen Echsen, z. B. Leguanen, Agamen, und Chamäleons, sind die Kerne segmentiert. Eine Heterophilie und toxische Heterophile, gekennzeichnet durch eine Abrundung der Granula sowie dunkelblaue Färbung der Granula, Vakuolen und Segmentierung des Kerns bei Spezies, bei denen der Kern normalerweise nicht segmentiert ist, sprechen für eine akute Entzündungsreaktion, da diese Zellen Aufgaben der Phagozytose und Abtötung von Infektionserregern übernehmen.

**Eosinophile Granulozyten** sind in der Regel kleiner (9–20 µm) als Heterophile, besitzen runde, azidophile Granula und runde bis ovale, randständige Kerne. Eosinophile können bei Neuwelt-Sumpfschildkröten bis zu 20 % der Leukozytenpopulation ausmachen. Bei Schlangen und Echsen ist es hingegen nicht ungewöhnlich, wenn diese Zellen bei der Differenzierung nicht nachgewiesen werden können. Bei einem vermehrten Nachweis dieser Zellen bei Schlangen und Echsen ist es sinnvoll, den Parasitenstatus des Patienten zu prüfen.

**Basophile Granulozyten** haben eine vergleichbare Größe wie Eosinophile (7–20 µm) sowie dunkle, runde Granula, welche oft den Kern überdecken. Auch Basophile können physiologisch vermehrt bei Neuwelt-Sumpfschildkröten vorhanden sein.

**Lymphozyten** haben eine Größe von 5–15 µm, einen runden Kern sowie einen schmalen, basophilen Zytoplasmasaum. Verwechslungsmöglichkeiten bestehen mit Thrombozyten sowie dysplastischen Erythrozytenvorstufen. Reaktive Lymphozyten fallen durch kleine, azurophile Granula im Zytoplasma auf. Eine Lymphozytose und reaktive Lymphozyten sind Folgen von subakuten Entzündungsreaktionen, Wundheilungen, aber auch viralen Infektionskrankheiten. Eine Lymphopenie ist während der Winterruhe zu beobachten und posthibernal als Zeichen einer Immunschwächung zu werten.

**Monozyten** sind in ihrer Größe variabel (8–20 µm), haben einen ovalen bis bohnenförmigen, randständigen Kern und lassen sich durch ihren breiten, basophilen Zytoplasmasaum von Lymphozyten unterscheiden. Aktive Monozyten weisen Vakuolen, Pseudopodien und Azurophilie auf. Eine

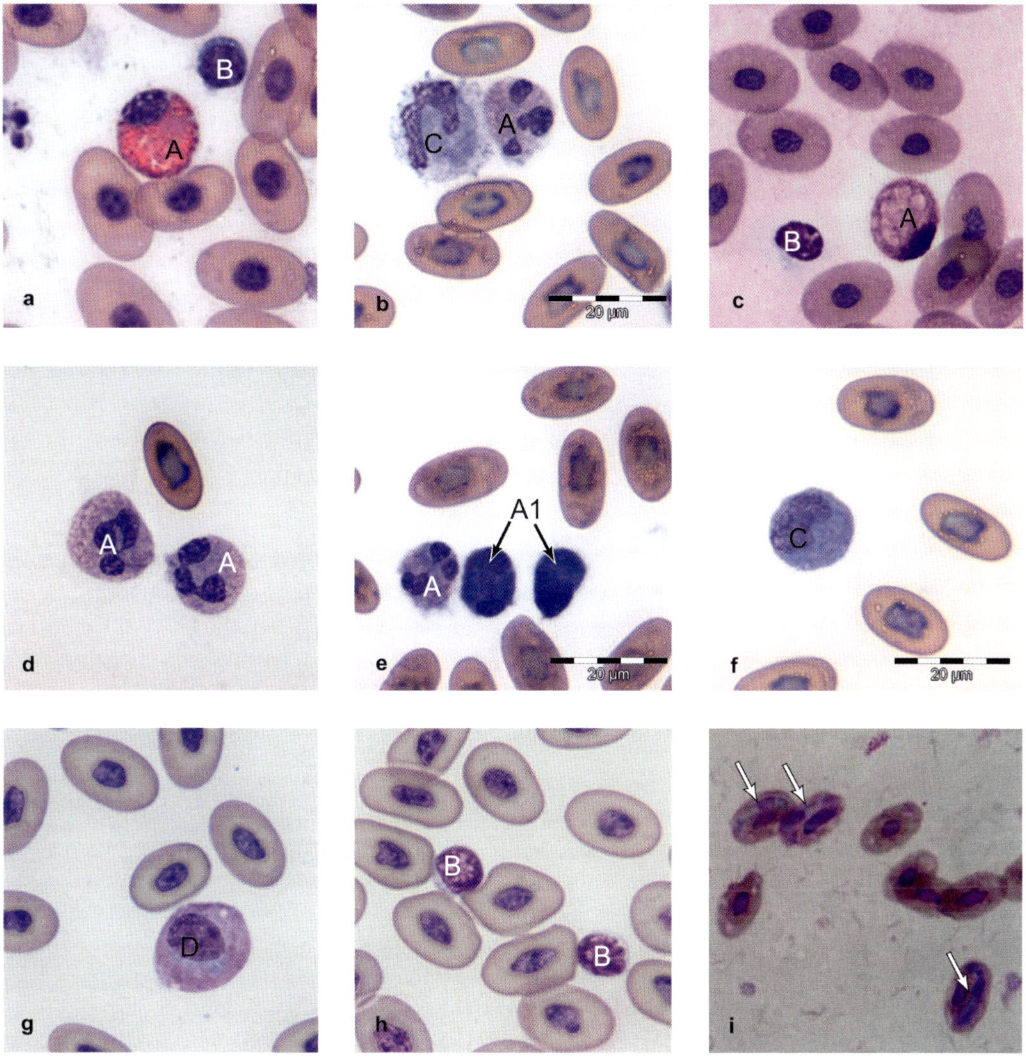


▸ **Abb. 23.2** Hämatologische Untersuchung, beispielhafte Befunde (DiffQuik®-Färbung, 1000-fache Vergrößerung). (Klinik für Vögel und Reptilien, An den Tierkliniken 17, 04103 Leipzig)
a Tigerpython. A: heterophiler Granulozyt; B: Lymphozyt.
b Jemenchamäleon. A: heterophiler Granulozyt; C: Monozyt.
c Kaiman. A: heterophiler Granulozyt; B: Lymphozyt.
d Jemenchamäleon. A: heterophiler Granulozyt.
e Jemenchamäleon. A: heterophiler Granulozyt; A1: toxisch-heterophiler Granulozyt.
f Tigerpython. C: Monozyt.
g Tigerpython. D: azurophiler Monozyt.
h Tigerpython. B: Lymphozyt.
i Königspython. Pfeile: *Haemoproteus*.

Monozytose (> 13 %) und aktive Monozyten treten bei chronischen Krankheitsprozessen auf.

**Azurophile** stammen von Monozyten ab und weisen ein azurophiles Zytoplasma auf.

Eine Besonderheit sind **Melanomakrophagen** (▸ **Abb. 23.1**, **c**), welche vor allem in parenchymatösen Organen nachzuweisen sind. Es handelt sich hierbei um Zellen, die Melanin phagozytiert haben. Vermehrte Melanomakrophagen im Blut oder Einlagerungen in den parenchymatösen Organen kommen bei Reptilien im Zusammenhang mit chronischen Infektionskrankheiten, bei Anorexie und Kachexie, bei Hypoxie, mit zunehmendem Alter und bei Hypothermie vor. Das gebildete Melanin nimmt insbesondere bei kalten Temperaturen zytoprotektive Aufgaben wahr, in dem es freie Radikale bindet. Des Weiteren spielen die Melanomakrophagen eine bedeutende Rolle für das Immunsystem, in dem sie Antigen (Bakterien, Pilze, Parasiten, Viren) phagozytieren, bearbeiten und den Immunzellen präsentieren.

**Thrombozyten** sind in der Regel kleiner als die weißen Blutzellen (8–16 µm). Es handelt sich um runde bis ovale Zellen mit basophilem Zytoplasma und einem zentralen Kern.

### Einschlusskörper

Neben *Trypanosoma* spp. und Mikrofilarien, welche sich zellungebunden im Blutausstrich nachweisen lassen, gibt es eine Reihe von unterschiedlichen *Haemosporida* (▸ **Abb. 23.2i**) und *Apicomplexa*, welche Einschlüsse in den Erythrozyten, aber auch Lymphozyten und Thrombozyten verursachen können. Blutparasiten kommen jedoch in der Regel lediglich bei freilebenden und importierten Reptilien vor.

Virale Einschlusskörper hingegen können bei Boiden in den Lymphozyten, verursacht durch **Arenaviren** (S. 216), regelmäßig und in Form von kleinen, basophilen Einschlusskörpern in den Erythrozyten bei Echsen und Schlangen, verursacht durch Iridoviren, sichtbar sein (▸ **Abb. 16.2**).

## 23.5.2 Blutchemische Parameter

### Harnsäure

Harnsäure, das wichtigste stickstoffhaltige Abfallprodukt bei Reptilien, kann gemessen werden, um die Nierenfunktion zu bewerten. Kreatinin-Serumkonzentrationen sind nicht zuverlässig bei der Bewertung der Reptiliennierenfunktion. Etwa 90 % der Harnsäure werden durch die proximalen Tubuli ausgeschieden und nur ein kleiner Teil wird durch die Glomeruli gefiltert. Erhöhte Plasmaharnsäurespiegel bei Reptilien sind oft Folge einer Dehydratation, die insbesondere posthibernal gehäuft auftritt. Die Harnsäure-Plasmaspiegel von Reptilien, welche in trockenen Gebieten beheimatet sind, liegen physiologisch höher (bis 1000 µmol/l) als bei Reptilien aus anderen klimatischen Herkunftsgebieten (bis zu 400 µmol/l). Darüber hinaus kann postprandial der Harnsäurewert bei karnivoren Arten ansteigen.

### Kalzium

Bei Reptilien mit einer Krankengeschichte mit Schwäche, Apathie oder Tetanie ist es sinnvoll, den Plasmakalziumwert zu bestimmen. Plasmakonzentrationen des Gesamtkalziums werden in den meisten Laboren gemessen. Diese bestehen aus einer ionisierten und einer proteingebundenen Fraktion. Etwa ein Drittel des Gesamtkalziums ist proteingebunden und biologisch inaktiv. Daher können erhöhte Proteinkonzentrationen, z. B. infolge einer Dehydratation, die Gesamtkalziumkonzentration erhöhen, während die biologisch relevante aktive Kalziumkonzentration in der Tat normal bleibt.

- Eine **Hyperkalzämie** im Blut ist physiologisch durch Eianbildung verursacht. Diätetische Kalzium- und/oder Vitamin-D 3-Applikation, aber auch maligne Lymphome können ebenfalls Hyperkalzämien, häufig einhergehend mit einer metastatischen Verkalkung, verursachen. Darüber hinaus kann ein **Hyperparathyreoidismus** (S. 193), insbesondere wenn dieser entgleist, zu einer Hyperkalzämie führen.
- **Hypokalzämien** treten pathologisch während der Eianbildung und auch häufig bei heranwachsenden Reptilien auf. In Fällen von **Metabolic Bone Disease** (S. 193) ist das Vorliegen eines Hyperparathyreoidismus wahrscheinlich.

**Praxistipp**

Da neben einer mangelnden Versorgung mit Kalzium, Vitamin $D_3$ und/oder UV-B, ein Hyperparathyreoidismus auch infolge einer Nephropathie entstehen kann, ist es sinnvoll, primäre Nierenerkrankungen abzuklären.

## Kalzium-Phosphat-Verhältnis, Kalium und Phosphat

Das Kalzium-Phosphat-Verhältnis ist einer der zuverlässigsten Indikatoren für Nierenerkrankungen. Physiologisch sollte dieses Verhältnis > 1 sein. Hierbei ist zu beachten, dass der Gesamtproteinplasmaspiegel merklich die Kalziumplasmakonzentrationen beeinflusst.

**Hyperkaliämie** und **Hyperphosphatämie** können Folgen einer Nierenerkrankung sein, wobei jedoch zu beachten ist, dass Erhöhungen beider Parameter auch in Fällen von Hämolyse oder Muskelnekrose nachweisbar sind.

## Gesamtprotein

Eine Bestimmung des Gesamtproteingehalts im Plasma ist sinnvoll bei Verdacht auf Vorliegen einer Dehydratation, Hyperhydratation, Durchfall, Erbrechen, Gewichtsverlust, Hepato- und/oder Nephropathien sowie zur Interpretation des Hämatokrits.

- Eine **Hyperproteinämie** wird durch chronische Infektionskrankheiten bzw. Entzündungsprozesse sowie Dehydratation verursacht.
- Eine **Hypoproteinämie** kann Hinweis auf eine Enteropathie mit verringerter Darmfunktion oder auch auf eine Mangelernährung sein. Darüber hinaus kann auch eine reduzierte Syntheseleistung in der Leber oder ein Proteinverlust infolge einer Nephropathie zu einer Hypoproteinämie führen.

In Kombination mit dem Albuminwert können Rückschlüsse auf den **Globulingehalt** des Plasmas gezogen werden.

## Albumin

Neben der Bestimmung des Hämatokrits ist auch diejenige des Albumins sinnvoll, um eine Dehydratation zu bestätigen, da bei ihrem Vorliegen beide Werte erhöht sind. Eine **Hypalbuminämie** tritt vor allem nach der Winterruhe sowie bei Reptilien, die längere Zeit bereits Anorexie zeigen, auf. Chronische Hepatopathien und/oder Nephropathien gehen ebenfalls mit einem verringerten Albuminwert einher. Letztendlich kann ein reduzierter Albumingehalt im Blut jedoch auch Folge einer iatrogenen Hyperhydratation sein.

## Hämatokrit

Der Hämatokrit ist ein wichtiges Kriterium zur Evaluierung des Hydrationszustands sowie bei Verdacht auf Anämien. Bei Exsikkose sind neben dem Hämatokrit auch das Gesamtprotein sowie das Albumin erhöht. Ferner können erhöhte Hämatokritwerte Folge chronischer Lungenentzündungen oder Herzinsuffizienzen darstellen. Chronische Blutungsanämien sowie Niereninsuffizienz können zu einem verminderten Hämatokrit führen.

## Plasmaenzyme

Die Bestimmung der Plasmaenzyme kann insbesondere Informationen über vorliegende Leberschäden geben. Eine erhöhte Plasmaenzymaktivität zeigt vor allem eine erhöhte Aktivität der Leber an und kann mit Leberzellschädigungen einhergehen, muss jedoch nicht zwingend die Leberfunktion beeinträchtigen. Schädigungen von Leberzellen sind in der Regel Folge von infektiösen oder toxischen Hepatitiden oder Neoplasien der Leber. Chronische Leberfibrosen oder -lipidosen gehen jedoch zumeist mit wenig akuten Leberzellschäden einher, sodass die Plasmaenzyme im Normbereich liegen können.

Folgende Enzyme sind zum Nachweis von Leberzellschäden bei Reptilien sowie für eine weitere Einschätzung des allgemeinen Organstatus sinnvollerweise zu bestimmen:

- Aspartataminotransferase (AST)
- Lactatdehydrogenase (LDH)
- Kreatinkinase (CK)
- Gamma-Glutamyltransferase (γ-GT)
- Glutamatdehydrogenase (GLDH)

Plasma-**AST** und Plasma-**LDH** sind sehr empfindliche Indikatoren für Leberzellschäden. Jedoch ist die Spezifität dieser Enzyme gering, weil AST und LDH auch im Muskelgewebe vorkommen. Trauma, Injektionen oder grobe Behandlung kann demzufolge auch zu einer Erhöhung der Plasma-AST und -LDH führen. Um eine Unterscheidung von Leber- und Muskelschäden zu ermöglichen, ist es sinnvoll, die Plasma-Kreatinkinase (**CK**) gleichzeitig zu analysieren. Die CK ist ein hochsensitiver und spezifischer Indikator für Muskelschäden. Wenn AST und CK erhöht sind, und die LDH im Normbereich liegt, muss von einem vorliegenden Muskelschaden ausgegangen werden. Dies ist auch der Fall, wenn ein erhöhter AST-Wert ohne Erhöhung der CK vorliegt, da die AST eine längere Halbwertszeit als die CK besitzt. Die LDH hat eine kürzere Plasmahalbwertszeit als die CK und die AST, das bedeutet, wenn eine anhaltende Erhöhung der LDH sowie der AST besteht, ohne gleichzeitige Erhöhung der CK, ist dies eher als eine Schädigung der Leber und nicht der Muskulatur zu interpretieren. Bei einem alleinig erhöhten LDH-Wert handelt es sich hochwahrscheinlich um eine hämolytische Probe.

Die **γ-GT** ist ein spezifischer Indikator für chronische proliferative Leberschäden, allerdings ist die γ-GT-Aktivität gering, so dass bereits Werte > 10 IU/L als pathologisch zu interpretieren sind. Die **GLDH** ist das leberspezifischste Enzym, aber seine Empfindlichkeit ist ebenfalls gering. GLDH-Werte > 10 IU/L sollten daher kritisch interpretiert werden. Die GLDH wird innerhalb der hepatozellulären Mitochondrien gebildet, so dass ein erhöhter GLDH-Wert auf eine hochgradige akute Leberzellschädigung in Form von Nekrosen hinweist, welche durch virale, bakterielle oder mykotische Hepatitiden verursacht sein kann. Ein komplettes Blutbild ist sinnvoll, um die Art des Entzündungsprozesses zu erkennen.

Die Bestimmung der Plasma-**Gallensäuren**-Konzentration liefert Informationen über die Leberräumleistung für Gallensäuren. Eine eingeschränkte Leberfunktion geht mit erhöhten Plasmagallensäuren (> 60 µmol/l) einher und kann somit ein Hinweis auf pathologische Veränderungen wie Leberfibrosen oder Lipidosen sein. Aber auch postprandiale Erhöhungen des Gallensäurenwerts kommen insbesondere bei karnivoren Arten vor und sollten bei abweichenden Werten bedacht werden. Ein verminderter Plasmaalbuminwert kann ebenfalls ein Hinweis auf eine verminderte Leberfunktion sein. Wenn darüber hinaus auch die AST und LDH erniedrigt sind, kann dies auf ein finales Leberversagen hindeuten.

## 23.6 Postmortale Untersuchung

Bevor eine pathologische Untersuchung durchgeführt wird, muss die klinische Vorgeschichte eingehend studiert werden. Informationen über Haltung, Ernährung, Herkunft und Krankheitsgeschichte können wertvolle Hinweise für die durchzuführenden Untersuchungen geben. Weiterhin sind die Art des Todes, die Zeitspanne bis zur Sektion und die Lagerung des toten Tieres von Bedeutung. Dies spielt insbesondere eine Rolle, um mögliche Artefakte oder autolytische Veränderungen als solche anzusprechen und dadurch entstehende Kosten für weitere Untersuchungen zu sparen.

Nach Möglichkeit sollten verendete Tiere kühl gelagert und sobald wie möglich kühl verschickt bzw. pathologisch-anatomisch untersucht werden. Das Einfrieren der Tiere ist zu vermeiden, da durch Eiskristallbildung eine erhebliche Zerstörung der Gewebe stattfindet. Wenn die Möglichkeit besteht, eine Sektion vor Ort durchzuführen und eine pathologisch-histologische Untersuchung zur Abklärung der pathologisch-anatomischen Befunde notwendig erscheint, sollten Gewebeproben von maximal einer Dicke von 1,0 cm entnommen werden und in 4,5- bis 10 %igem gepuffertem Formalin fixiert werden. Die Gewebemenge sollte dabei nicht mehr als 10 % des Formalins ausmachen. Die pathologisch-anatomischen Befunde sind festzuhalten und zur pathologisch-histologischen Untersuchung mit einzusenden. Pathologisch-anatomische Befunde werden nach Größe, Farbe und Konsistenz sowie Abweichungen von der physiologischen Lage beschrieben. Hilfreich können auch digitale Fotografien von den gefundenen Veränderungen sein, welche dann entsprechend evaluiert werden können. Eine enge Absprache mit dem untersuchenden Labor wird empfohlen.

Kleinere Reptilien (< 20g) können im Ganzen fixiert und zur pathologisch-histologischen Untersuchung eingesandt werden. Die Körperhöhle sollte jedoch eröffnet werden, so dass eine Fixierung der Organe durch das Formalin stattfinden kann. Neben den veränderten Organen ist es ratsam, stets auch Leber, Niere, Lunge, Milz, Pankreas und Herz zur pathologisch-histologischen Untersuchung einzusenden, um etwaige nur histologisch sichtbare Veränderungen nicht zu übersehen, welche aber für den finalen Krankheitsverlauf von entscheidender Bedeutung sein können.

Eine weitere schnelle und einfache Möglichkeit, um makroskopische Veränderung interpretieren zu können, ist das Anfertigen von zytologischen Präparaten in Form von Abklatschpräparaten. Dabei sind die Organstücke von Blut frei zu tupfen und anschließend auf einen Objektträger aufzubringen. Das verwendete Organstück kann dann ebenfalls für die pathologisch-histologische Untersuchung genutzt werden, so dass zytologische Befunde evaluiert werden können. Bei Verdacht auf bestimmte Krankheitserreger kann bereits hier durch Verwendung von bestimmten Färbungen eine Klärung erfolgen. Ungefärbte zytologische Präparate sollten 1–5 min in Methanol fixiert und dann luftdicht sowie bruchsicher versandt werden. Der gemeinsame Transport von zytologischen Präparaten und Formalin-fixierten Geweben sollte nicht erfolgen, da austretende Formalindämpfe gefärbte Präparate farblich verändern können.

Bei Verdacht auf virale oder toxisch bedingte Veränderungen sollten entsprechende Organproben für weitere Untersuchungen tiefgefroren asserviert werden.

# 24 Bildgebende Diagnostik

Michael Pees

## 24.1 Allgemeines

Auch wenn die klinische Untersuchung bei Reptilien viele (Leit-)Symptome liefern kann, ist dennoch unbestritten, dass viele bei Säugern etablierte Untersuchungstechniken am Reptilienpatienten nicht oder nur abgewandelt angewandt werden können. Im Bereich der Infektionsdiagnostik wurden in den letzten Jahren erhebliche Fortschritte erzielt, die in der praktischen Diagnostik helfen, dennoch ist Vieles noch nicht etabliert oder eben nicht kommerziell verfügbar. Aus diesen Gründen spielt die bildgebende Diagnostik eine sehr wichtige Rolle.

Erste Berichte zur Röntgenuntersuchung datieren bereits 50 Jahre zurück, und gerade in den letzten Jahren sind viele Erfahrungswerte dazugekommen, die das enorme Potenzial der verschiedenen Verfahren bei der Anwendung am Reptil erahnen lassen. Da bei allen Möglichkeiten letztlich die Verfügbarkeit der Geräte und der Preis der Untersuchung eine limitierende Rolle spielen, konzentriert sich dieses Kapitel vornehmlich auf die meist verfügbare Röntgen- bzw. Ultraschalluntersuchung, und zeigt im Anschluss die Prinzipien der Endoskopie sowie der Computer- und der Magnetresonanztomografie auf – für eine vertiefende Studie dieser Techniken wird auf die weiterführende Literatur (S. 383) verwiesen.

## 24.2 Röntgenuntersuchung

Die Vorteile der Röntgenuntersuchung liegen insbesondere darin, dass es sich um ein etabliertes Verfahren handelt, welches rasch durchzuführen ist und unmittelbar Ergebnisse liefert. Es gibt aber bei Reptilien auch Einschränkungen, durch die die Röntgenuntersuchung manchmal erst in Kombination mit weiteren Verfahren, vor allem der Ultraschalluntersuchung, eine gezielte Diagnostik ermöglicht. Hierzu gehört insbesondere die speziesabhängig teilweise mangelhafte Abgrenzbarkeit von Weichteilstrukturen gegeneinander, was hauptsächlich an der speziellen Anatomie sowie bei Echsen an den ausgeprägten intrazölomalen Fettkörpern liegt. Daneben bestehen teilweise Lagerungsschwierigkeiten, weil die Tiere entweder zu klein (wenige Gramm) oder zu groß (über 20 kg) sind oder aufgrund ihrer besonderen Hautempfindlichkeit (Geckos) schlecht fixiert werden können. In diesem Zusammenhang zu erwähnen ist, dass die Grundsätze des Strahlenschutzes selbstverständlich auch bei der Röntgenuntersuchung von Reptilien gelten.

### 24.2.1 Lagerung und Durchführung

Die Anforderungen an die technisch-apparative Ausstattung sind nicht sonderlich hoch, so dass Geräte, die in der Kleintierpraxis zur Verfügung stehen, meist gute Abbildungen liefern können. Eine Einschränkung besteht in der technischen Besonderheit, zumindest bei Schildkröten die Röntgenröhre so drehen zu können, dass für die laterolaterale bzw. kraniokaudale Projektion ein horizontaler Strahlengang entsteht.

Als Röntgenebenen sind bei Reptilien für Standardprojektionen 3 Ebenen wichtig:

- **Dorsoventrale Projektion:** Hierbei wird das Tier auf der Röntgenplatte in liegender Position fixiert, die Organe werden damit in ihrer natürlichen Lage durchleuchtet. Nicht selten wird diese Projektion genutzt, um Tiere in der Box ohne weitere Fixation zu durchleuchten. Dies kann in besonderen Fällen (sehr kleine, schreckhafte, empfindliche Tiere; ▶ Abb. 24.2) zwar sinnvoll sein, prinzipiell wird dabei aber die Interpretierbarkeit der Aufnahmen extrem reduziert. Keinen Sinn macht diese Projektion bei Schlangen, da sich die Wirbelsäule verdreht und es zu erheblichen Überlagerungen kommt!
- **Laterolaterale Projektion:** Diese Projektion sollte, wenn möglich, zumindest bei Schildkrö-

ten im horizontalen Strahlengang, also in der natürlichen Position des Tieres durchgeführt werden. Schildkröten haben durch den Panzer ein definiertes Volumen der Leibeshöhle. Dieses Volumen muss Umfangsvermehrungen wie beispielsweise die Anbildung eines Geleges oder eine vermehrte Darmfüllung berücksichtigen, weshalb ein durch die flexible Lunge genutztes „Reservevolumen" vorliegt und die Organe an langen Bändern beweglich aufgehängt werden. Kippt man die Tiere auf die Seite, verlagern sich die Organe der Schwerkraft folgend, auch die Lungen verdrehen sich, und die nun untenliegenden Weichteilorgane werden in das Lungenfeld hineinprojiziert. Damit wird eine Beurteilung der Weichteilstrukturen fast unmöglich. Bei Echsen besteht dieses Problem teilweise ebenfalls, aber weniger bedeutend.

- **Kraniokaudale Projektion:** Diese Projektion macht sich die Tatsache zunutze, dass Schildkröten einen kompakten Körperbau haben und damit eine Durchleuchtung von vorne nach hinten (ebenfalls im horizontalen Strahlengang) möglich ist. Unter anderem ist diese Projektion vorteilhaft, weil die rechte und die linke Körperseite in einer zweiten Ebene vergleichend beurteilt werden können, was beispielsweise bei Lungenveränderungen sinnvoll ist.

## Bei Schildkröten

SK Schildkröten zur Röntgenuntersuchung manuell zu fixieren ist nicht sinnvoll, da es entweder durch die Strahlenschutzmaßnahmen zur Ausblendung wichtiger Bereiche kommt oder die Prinzipien des Strahlenschutzes verletzt werden müssten. Entsprechend muss auf Hilfsmittel zurückgegriffen werden, um die Tiere möglichst optimal zu positionieren und gleichzeitig am Wegkriechen zu hindern.

Zur **dorsoventralen Projektion** (▶ Abb. 24.1 **a**, **b**) reicht es meist aus, die Tiere auf der auf dem Tisch liegenden Platte zu fixieren (ein Raster ist aufgrund der Tiergröße meist nicht sinnvoll). Die Fixation kann mit etwas Gewebeklebeband erfolgen. Oft reicht es bei ruhigen Landschildkröten aber auch bereits aus, eine „Wand", beispielsweise aus Lagerungskissen, vor dem Gesichtsfeld aufzubauen, die Tiere reagieren meist erst einmal passiv, was reicht, um die Aufnahme auszulösen. Die Beine in den Panzer zur Immobilisierung einzukleben, ist nicht sinnvoll, da hierdurch die inneren Organe zusammengeschoben werden und damit die Interpretation erschwert wird.

Zur **laterolateralen** (▶ Abb. 24.1 **c**, **d**) und **kraniokaudalen Projektion** (▶ Abb. 24.1 **e**, **f**) werden die Tiere am besten etwas „hochgebockt", beispielsweise durch ein Setzen auf ein Gefäß geeigneter Größe (▶ Abb. 24.1 **c**, **e**). Dies hat 3 Vorteile: Erstens lässt sich der Zentralstrahl besser auf die Körpermitte ausrichten, zweitens ist die Schildkröte fixiert, und drittens streckt sie meist die Beine aus dem Panzer, um nach dem Boden zu tasten, wodurch diese bei der Durchleuchtung des Panzers nicht stören. Um von der laterolateralen zur kraniokaudalen Projektion zu gelangen, muss das Tier dann nur um 90° gedreht werden.

## Bei Echsen

EC Die Fixierung von Echsen mittlerer Körpergröße (dorsoventrale und laterolaterale Projektion) macht meist weniger Probleme, dagegen sind sehr kleine Tiere (wenige Gramm) sowie Tiere über 10 kg oft schlecht zu positionieren.

### Praxistipp

Besonders problematisch sind Geckos aufgrund ihrer empfindlichen Haut – hier sollte ggf. auf eine Untersuchung in einem geschlossenen Gefäß zurückgegriffen werden (▶ Abb. 24.2), auch wenn dies die Interpretation erschwert.

Zur Lagerung werden die Hintergliedmaßen an die Schwanzwurzel angelegt und die Vordergliedmaßen so weit wie möglich nach kranial fixiert. Der fixierte Bereich wird ausgeblendet, und zum weiteren Schutz werden die Hände entweder mit Bleiplatten abgedeckt oder Bleihandschuhe getragen. Auch wenn die im Tier entstehende Streustrahlung aufgrund der Größe gering ist, muss man auf einen ausreichenden Abstand der fixierenden Hände achten.

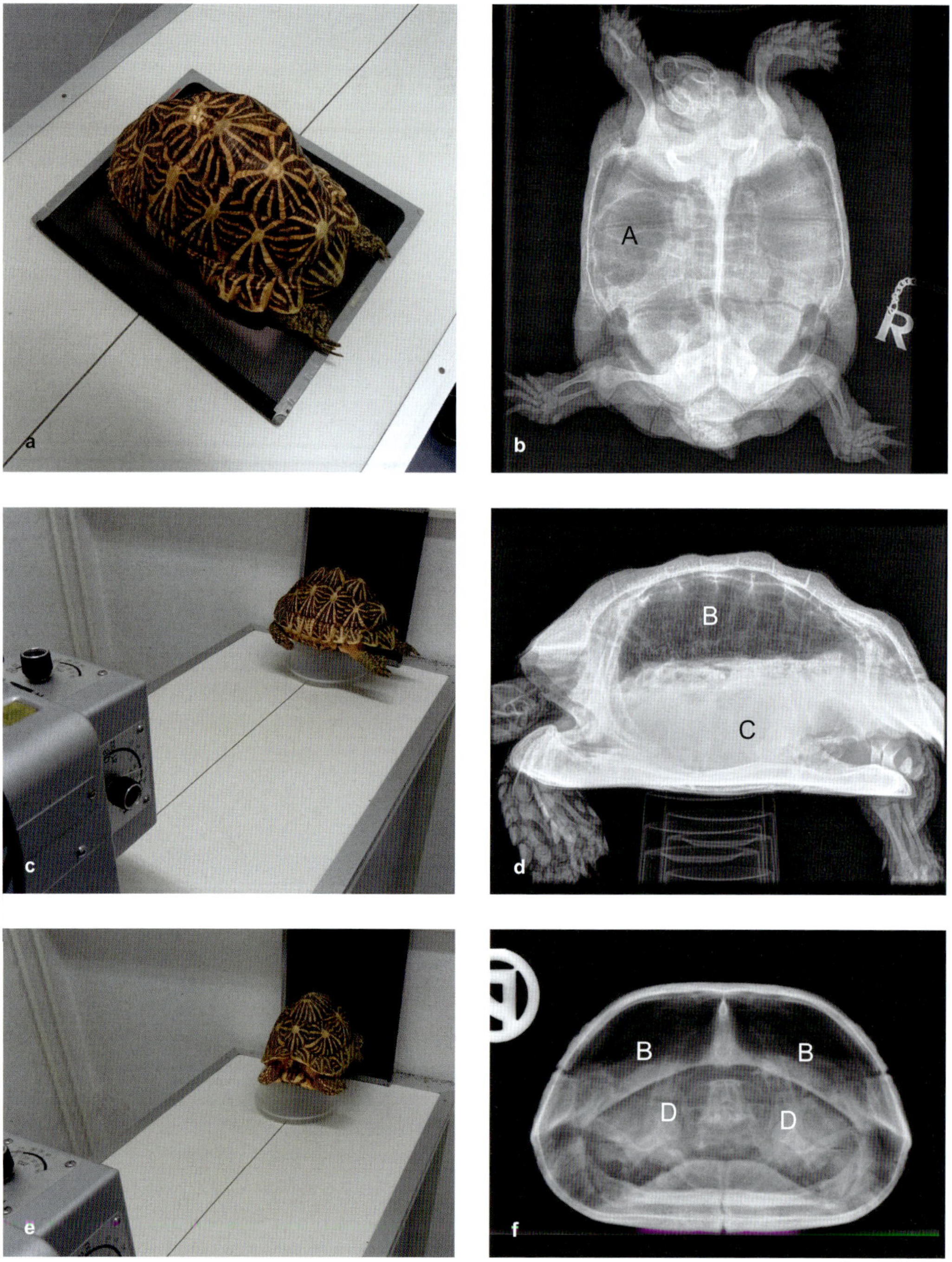


▸ **Abb. 24.1** Röntgenuntersuchung bei Schildkröten. Lagerung am Beispiel einer Strahlenschildkröte. **a, b** Dorsoventrale Projektion. **c, d** Laterolaterale Projektion. **e, f** Kraniokaudale Projektion. Die dazu gezeigten Abbildungen stammen von anderen Landschildkröten (A: Magen; B: Lunge; C: Eingeweide [Leber, Darm]; D: Überlagerung von Schulter- und Beckenknochen).
(Klinik für Vögel und Reptilien, An den Tierkliniken 17, 04103 Leipzig)

▸ **Abb. 24.2** Geckos haben eine sehr empfindliche Haut, die leicht einreißt. Hier ist am wachen Tier die Verwendung einer Box zur Lagerung sinnvoll, auch wenn dadurch eine exakte Positionierung nicht möglich ist.
(Klinik für Vögel und Reptilien, An den Tierkliniken 17, 04103 Leipzig)

## Bei Schlangen

SL Bei Schlangen ist eine Untersuchung in einem Beutel bzw. einer Box sinnlos, da sich der Körper extrem verdreht und überlagert. Entsprechend ist eine gestreckte Lagerung notwendig. Bei größeren Tieren kann auch eine Allgemeinanästhesie nötig sein. Die Tiere sollten sowohl in dorsoventraler als auch in laterolateraler Ebene geröntgt werden, wobei gerade bei letzterer mit Abwehrbewegungen zu rechnen ist. In der Regel erfolgt eine segmentale Untersuchung, und es empfiehlt sich, röntgendichte Zeichen auf dem Tier anzubringen, um die Lokalisation zuzuordnen. Außerdem sollte die Lage der inneren Organe, die sehr flexibel ist, grob bekannt sein (Herz 25 %, Lunge 25–50 %, Leber/Magen 50 %, Nieren/Genitale 75 % jeweils der Körperlänge).

### 24.2.2 Beurteilung

Im Folgenden werden stichpunktartig einige Hinweise zur Beurteilung der einzelnen Strukturen im Röntgenbild aufgelistet (▸ Abb. 24.1, ▸ Abb. 24.3, ▸ Abb. 24.4, ▸ Abb. 24.5):

**Leibeshöhle insgesamt**

- **Größe des Weichteilschattens:** Bei Schildkröten sollte die Höhe des Lungenfelds etwa ein Drittel bis die Hälfte der Gesamthöhe der Leibeshöhle ausmachen. Dies ist aber stark abhängig von der Futteraufnahme, bei anorektischen Tieren kann sich das Lungenfeld bis auf 80 % der Höhe ausdehnen.
- **Organverlagerungen:** Hier ist aufgrund der vergleichsweise geringen Unterscheidbarkeit der Organe insbesondere der Magen-Darm-Trakt mit möglicherweise enthaltenen Fremdkörpern bzw. Futterbestandteilen von Bedeutung, diese können als „natürliches Kontrastmittel“ Hinweise auf Größenzunahmen der umliegenden Organe geben.
- **röntgendichte Veränderungen der Weichteile**

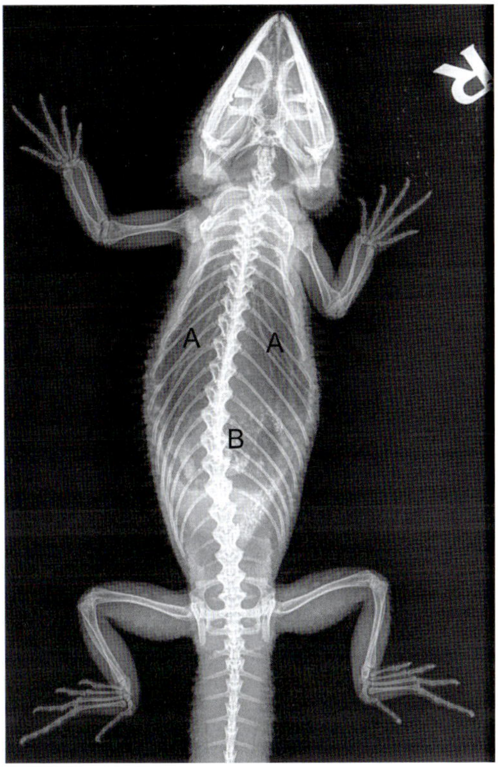


▸ **Abb. 24.3** Röntgenaufnahme einer Bartagame (dorsoventrale Projektion): kein auffälliger Befund. A: Lunge, B: Magen-Darm-Trakt.
(Klinik für Vögel und Reptilien, An den Tierkliniken 17, 04103 Leipzig)

**Skelettsystem (Knochen, Panzer), alle 3 Projektionen**

- **Ausprägung und Kalzifizierung des Knochens, Dicke der Kortikalis:** Metabolische Knochenstoffwechselstörungen im Sinne einer **Metabolic Bone Disease** (S. 193) führen häufig zu einer veränderten, unklar abgegrenzten Kortikalis.

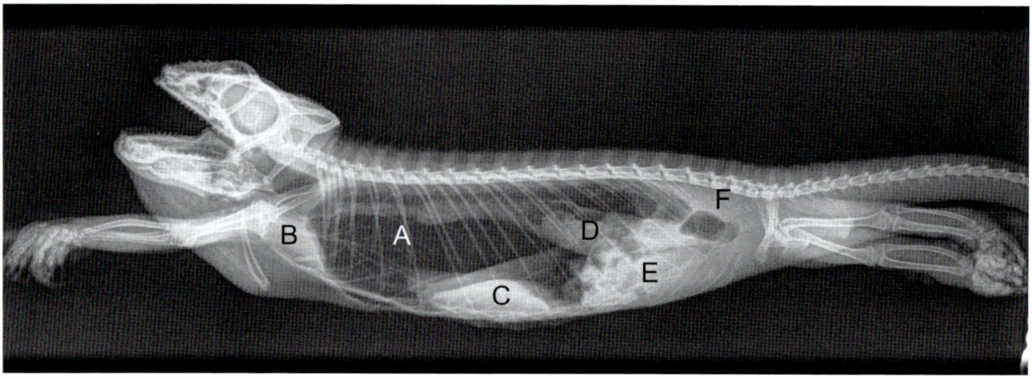


▸ **Abb. 24.4** Röntgenaufnahme eines Jemenchamäleons (laterolaterale Projektion), Lagerung mit Haltezügeln: kein auffälliger Befund. A: Lunge, B: Herz, C: Leber, D: Magen, E: Darm/Fettkörper, F: Nieren.
(Klinik für Vögel und Reptilien, An den Tierkliniken 17, 04103 Leipzig)

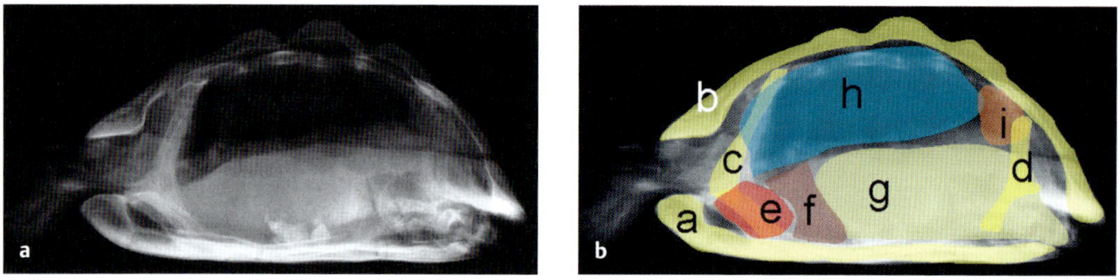


▸ **Abb. 24.5** Röntgenaufnahme einer klinisch gesunden Griechischen Landschildkröte (laterolaterale Projektion, horizontaler Strahlengang). a: Plastron; b: Carapax, Colon ascendens; c: Korakoid; d: Becken; e: Herz; f: Leber; g: Magen-Darm-Trakt; h: Lunge; i: Nieren.
(Kölle P, Hrsg. Die Schildkröte. Heimtier und Patient. Stuttgart: Enke in MVS Medizinverlage Stuttgart; 2009)

- **Lochfraßmuster:** Ebenfalls durch metabolische Störungen kommt es zu einem typischen Wabenmuster im Knochen des Panzers bei Schildkröten. Hierbei versucht das Bindegewebe, die unzureichende Stabilität durch die Verstärkung der bindegewebigen Strukturen auszugleichen. Es entstehen röntgenstrahlendurchlässige Kavernen, und der Panzer verdickt sich.
- **Verbiegungen/alte** Frakturen (S. 197)
- **Gelenkauflösungserscheinungen:** Entzündungen (S. 191) im Bereich der Gelenke können den Knochen angreifen und zu lytischen Prozessen führen. Diese lassen sich oft röntgenologisch erkennen, ohne dass bereits eine deutliche klinische Symptomatik vorliegt.

### Magen-Darm-Trakt

- Der **Magen** ist bei Schildkröten in der Regel auf der linken Leibeshöhle als weniger röntgendichte (luftgefüllte) Struktur erkennbar. Dieses Merkmal kann auch zur Orientierung genutzt werden.
- **Größe, Position und Inhalt:** Gerade der Inhalt des Magens bzw. des Darmes ist oft das Einzige, was sich bei der Durchleuchtung des Panzers bei Schildkröten noch kontrastreich vom übrigen Gewebe abzeichnet. Bei Pflanzenfressern ist es normal, Bestandteile des Futters im Darm zu erkennen. Sand kann in geringer Menge vorhanden sein. Das Vorhandensein größerer Mengen Sandes oder von Steinen ist dagegen generell als problematisch anzusehen.

**Leber** Die Leber lässt sich aufgrund ihrer homogenen Struktur röntgenologisch nur bedingt darstellen. Vergrößerungen führen häufig dazu, dass der Magen-Darm-Trakt nach kaudodorsal verdrängt wird. Im Zweifelsfall ist zur Beurteilung der Leber eine sonografische Untersuchung angezeigt.

**Respirationstrakt** Der Respirationstrakt ist bei Reptilien deutlich unterschiedlich zum Säuger aufgebaut. Prinzipiell ist die Röntgenuntersuchung zur Darstellung nicht sehr sensitiv. Insbesondere fokale Verdichtungen des Epithels deuten auf einen pathologischen Prozess hin. Hierzu wird auf das Leitsymptom Dyspnoe (S. 54) verwiesen.

**Urogenitaltrakt**

- Die **Nieren** sind in der laterolateralen Projektion teilweise in der kaudalen Leibeshöhle abgrenzbar, ansonsten aber schwierig zu beurteilen.
- Die **Hoden** sind in der Regel ebenso wenig wie die inaktiven Eierstöcke röntgenologisch darstellbar. Aktive Eierstöcke können durch ihre Follikel den Weichteilschatten innerhalb der Leibeshöhle vergrößern, sind aber bei Schildkröten meist nicht zu differenzieren.
- Der **Harnsack** liegt, wenn vorhanden, im Bereich der kaudalen Leibeshöhle, kann seine Form und Position aber erheblich verändern. Auch die Größe ist variabel.
- Auf die Beurteilung von **Eiern** bzw. **Follikeln** wird beim Leitsymptom Störung der Legetätigkeit (S. 254) eingegangen.

### 24.2.3 Kontrastmitteluntersuchung

Orale (▸ **Abb. 24.6**) bzw. intrakloakale Kontrastmittelapplikationen können helfen, durch die Darstellung des Magen-Darm-Trakts Rückschlüsse auf die Position der übrigen inneren Organe bzw. von Umfangsvermehrungen zu ziehen. Daneben werden natürlich auch Inhalt und Funktion des Magen-Darm-Trakts selbst dargestellt. Problematisch ist, dass insbesondere bei Pflanzenfressern aufgrund der sehr langen Futterpassagezeit von bis zu 4 Wochen die Aussagekraft limitiert ist.

Die applizierte Bariumsulfatsuspension 75 kann zudem durch Wasserentzug eindicken und die Passage noch weiter behindern. Entsprechend ist bei der Applikation auf eine ausreichende Flüssigkeitsaufnahme bzw. adäquate Substitution zu achten. Bei Einsatz von bariumsulfathaltigen Kontrastmitteln ist bei Schlangen eine Verkürzung der Passagezeit durch die Applikation von Metoclopramid 46 möglich. Hierbei muss aber sichergestellt werden, dass keine Obstipation vorliegt.

**Praxistipp**

Jodhaltige Kontrastmittel 78 sind Lösungen, die wesentlich schneller den Magen-Darm-Trakt passieren und entsprechend kurze Passagezeiten ermöglichen. Auch wenn sie etwas weniger deutlichen Kontrast liefern und teurer sind, sind sie in der Diagnostik überlegen.

Die Applikation erfolgt meist oral, intrakloakal sowie bei jodhaltigen Kontrastmitteln auch zur Darstellung des Harnsacks.

## 24.3 Ultraschalluntersuchung

Gemessen an der vergleichsweise einfachen Durchführbarkeit wird die Ultraschalluntersuchung bei Reptilien in der Praxis noch zu selten eingesetzt, und eine entsprechende Einarbeitung kann nur empfohlen werden. Den Einschränkungen in der Anwendung steht gegenüber, dass die Tiere kaum vorbereitet (geschoren) werden müssen, und dass mit dem in Kleintierpraxen üblichen sonografischen Inventar meist eine gute Ankopplung und Darstellung erzielt werden können.

Typische Indikationen zur Ultraschalluntersuchung bei Reptilien umfassen unter anderem:

- Darstellung der Leber und der Leberfunktion
- Darstellung der Nieren, der Nierenfunktion und ggf. des Harnsacks
- Darstellung des Herzens und der Herzfunktion
- Darstellung von Funktion und Inhalt des Magen-Darm-Trakts
- Ovarialdiagnostik und Beurteilung von Eiern
- Beurteilung von Umfangsvermehrungen wie Abszessen und Neoplasien
- Punktionen und Biopsien
- Feststellung des Todes (gerichteter Blutfluss)

### 24.3.1 Technische Voraussetzungen

Die Anforderungen an die Leistung des Ultraschallgeräts entsprechen denen beim Kleintier, als Schallköpfe haben sich Linearschallköpfe sowie Mikrokonvexschallköpfe bewährt. Phased-Array-Schallköpfe sind dagegen nicht so sinnvoll, da sie im schallkopfnahen Bereich kaum Strukturen darstellen. Als Sonderschallkopf zur Anwendung bei

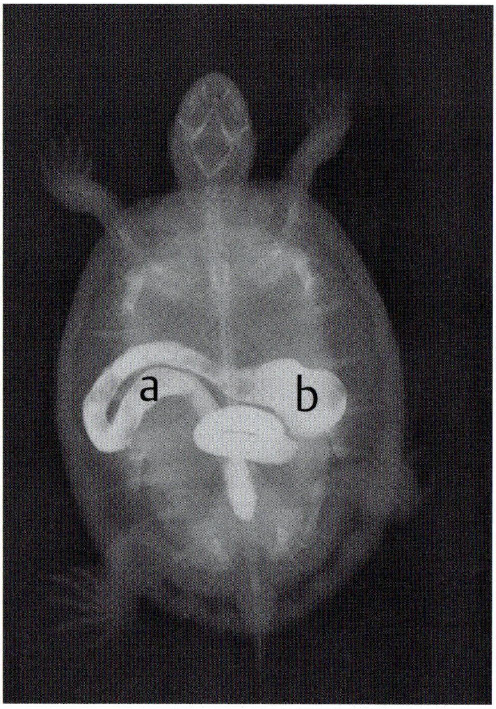


▶ **Abb. 24.6** Röntgenaufnahme einer klinisch gesunden Vierzehenlandschildkröte (dorsoventrale Projektion, vertikaler Strahlengang), 72h nach Eingabe von Bariumsulfat in den Magen. a: Dünndarm; b: Colon ascendens. (Kölle P, Hrsg. Die Schildkröte. Heimtier und Patient. Stuttgart: Enke in MVS Medizinverlage Stuttgart; 2009)

Schildkröten eignet sich außerdem die „Hockey-Stick"-Form, bei der eine lineare Schallkopffläche den Schenkel des Sticks darstellt. Hiermit lässt sich eine Ankopplung in sonst schwer zugänglichen Bereichen, beispielsweise bei sehr flachen Schildkröten, in der Kniebucht herstellen. Die zur Untersuchung genutzte Frequenz reicht je nach Größe des Tieres und der Konsistenz der Haut von 5–14 MHz. Neben der B-Mode-Applikation ist eine Farbdopplerfunktion empfehlenswert, um den Blutfluss in Weichteilstrukturen, aber auch im Herz darzustellen.

### 24.3.2 Lagerung und Durchführung

Eine richtige Vorbereitung und geeignete Lagerung sind für optimale Ergebnisse essenziell. Da die meisten Reptilien eine mehr oder weniger dicke Schuppenhaut besitzen, ist die direkte Ankopplung oft nicht optimal, da sich noch Luft und Fremdmaterial zwischen den Schuppen befinden können.

**Praxistipp**

Für eine optimale Ankopplung ist es empfehlenswert, die Tiere für etwa 15 min in handwarmem Wasser zu baden, so dass die Ankopplungsstelle unter Wasser liegt. In dieser Zeit quillt die Haut ein wenig, Luft wird verdrängt und die Ankopplung verbessert. Ultraschallgel ist sinnvoll, es muss aber berücksichtigt werden, dass es sich aufgrund der vergleichsweise eher kühlen Reptilienhaut oft nicht ausreichend verflüssigt. Auch hier hilft die Vorbereitung durch Baden.

Sollte ein Zugang zur direkten Ankopplung nicht geeignet sein, kann entweder eine Vorlaufstrecke (beispielsweise ein mit blasenfreiem Ultraschallgel gefüllter Latexhandschuhfinger) genutzt werden, oder die Ankopplung wird unter Wasser versucht (wenn der Schallkopf hierfür geeignet ist).

Grundsätzlich ist es empfehlenswert, die Tiere in ihrer natürlichen Position zu fixieren, da sie dann während der Untersuchung erheblich ruhiger sind. Dies gilt insbesondere für Schlangen und größere Echsen. Entsprechend sind für die ventrale Ankopplung Aussparungen im Tisch sinnvoll.

SK Eine Ausnahme bilden Schildkröten. Da bei diesen die Ankopplung vorwiegend präfemoral über die Kniebucht erfolgt und die inneren Organe sehr locker aufgehängt sind, sollte hier versucht werden, die Organe möglichst dicht an den Schallkopf zu verlagern und störende Interferenzen zu vermeiden. Hierzu wird die Schildkröte, wenn möglich, so positioniert, dass sich die Ankopplungsstelle am tiefsten Punkt der Leibeshöhle befindet. Eine weitere Ankopplungsstelle bei Schildkröten ist der zervikobrachiale Bereich (hauptsächlich zur Darstellung von Herz und Leber). Bei Weichschildkröten kann auch am Plastron angekoppelt werden.

EC Bei Echsen erfolgt die Ankopplung meist von ventral an den Bauch (▶ **Abb. 24.7**), von hier lassen sich die meisten Organe gut darstellen. Zur Untersuchung der Nieren wird der Schallkopf ventral der Wirbelquerfortsätze kranial oder kaudal des Femurs angesetzt, da die Nieren hochdorsal im Be-

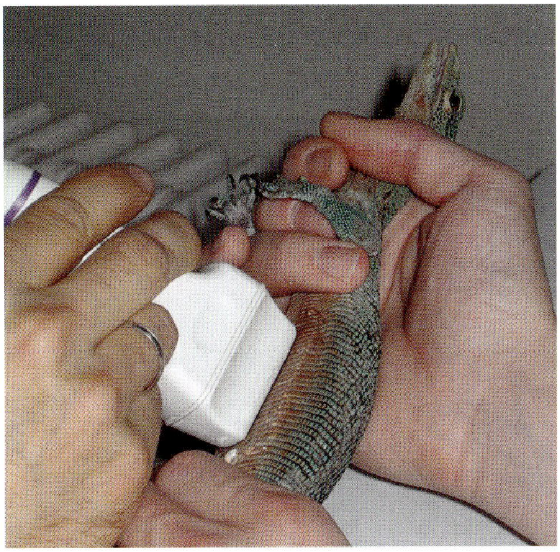

▸ **Abb. 24.7** Ankopplung eines Linearschallkopfs am Bauch eines Warans. Größere Reptilien sollten in ihrer natürlichen Position untersucht werden. (Klinik für Vögel und Reptilien, An den Tierkliniken 17, 04103 Leipzig)

cken liegen. Das Herz kann je nach Spezies auch nach axillärer Ankopplung dargestellt werden.

SL Bei Schlangen wird die Untersuchung in der Regel nach ventraler Ankopplung durchgeführt, da hier keine Rippen stören und kein Sternum ausgebildet ist. Allerdings kann je nach Spezies auch eine leicht seitliche Ankopplung verwertbare Ergebnisse liefern. Bei Schlangen, welche sich in der Häutung befinden, kann das zwischen den Hautschichten entstehende Luftpolster die Untersuchung sehr erschweren, auch Baden bringt hier meist keine deutliche Besserung.

### 24.3.3 Beurteilung

Auch wenn es keinen standardisierten Untersuchungsgang zur Ultraschalluntersuchung bei Reptilien gibt und Vieles auch von der Anatomie und Physiologie der entsprechenden Spezies abhängt, sollte versucht werden, alle relevanten Punkte in der Untersuchung abzuarbeiten (▸ **Abb. 24.8**); die genannte Reihenfolge soll nur ein Vorschlag sein:

**Leibeshöhle insgesamt** Die Leibeshöhle kann bei Reptilien sehr unterschiedliche gefüllt sein. Unabhängig von den unten besprochenen Organen sollte auf mögliche freie Flüssigkeit in der Leibeshöhle geachtet werden. Diese kann in geringem Maß physiologsicherweise vorhanden sein, größere Mengen deuten jedoch auf ein krankhaftes Geschehen hin.

EC Bei Echsen können je nach Spezies die **Fettkörper** (▸ **Abb. 24.8d**) beurteilt werden, welche rechts und links von kaudal in die Leibeshöhle hineinreichen. Bei adipösen Tieren reichen die Lappen nicht selten bis an das Lebergewebe heran, das sich in der Echotextur bei einer **Leberverfettung** (S. 328) kaum mehr von den Fettkörpern unterscheidet.

**Leber** Die Leber lässt sich meist gut darstellen (▸ **Abb. 24.8d**, ▸ **Abb. 24.8c**, ▸ **Abb. 24.8b**, ▸ **Abb. 24.8a**) und zeigt sich wie beim Säuger homogen fein granuliert und ist dadurch gut zu identifizieren. Bei Schlangen finden sich innerhalb des langgezogenen Organs 2 große Gefäße, weitere kleinere sind davon ausgehend teilweise sichtbar. Auch bei Echsen ist oft ein zentrales Lebergefäß zu sehen. Neben der Beurteilung der Homogenität und Echogenität spielt die Beurteilung der Größe und der Gefäßzeichnung (auch Farbdoppler) eine Rolle. Zu diagnostischen Zwecken sind Feinnadelaspirationen unter Ultraschallkontrolle einfach durchzuführen. Bei der Entnahme von Biopsieproben (▸ **Abb. 24.9**) ist darauf zu achten, dass die Nadel keine der oben erwähnten großen Gefäße verletzt – da die Leberkapsel besonders bei Schlangen recht derb ist, ist das Einführen nicht immer einfach.

**Magen-Darm-Trakt** Dieser stellt sich abhängig vom Inhalt sehr unterschiedlich dar. Die Wand des Magens ist bei Schlangen im leeren Zustand gefältelt, nach Futteraufnahme dagegen glatt verstrichen. Ansonsten sind die Wände von Magen und Darm eher dünn. Die Motilität kann wichtige Hinweise zur Funktion wie auch zu möglichen Obstipationen geben. Eine Differenzierung der einzelnen Darmabschnitte ist schwierig. Insbesondere bei Schlangen finden sich in der Darmwand oder im Gekröse nicht selten Zubildungen wie intramurale **Abszesse** (S. 307).

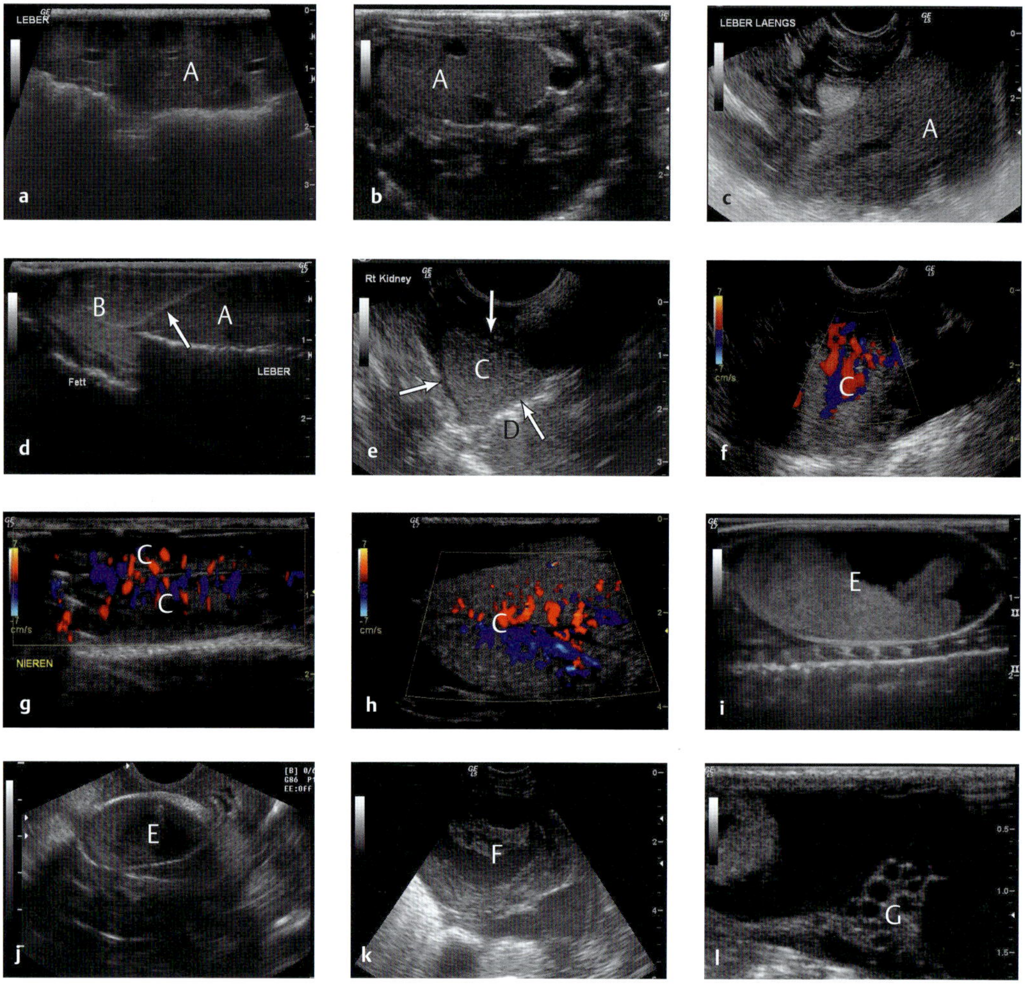


▸ **Abb. 24.8** Ultraschalluntersuchung: Normalbefunde.
(Klinik für Vögel und Reptilien, An den Tierkliniken 17, 04103 Leipzig)

- a Bartagame, ventrale Ankopplung: Darstellung der Leber (A).
- b Tigerpython, ventrale Ankopplung: Darstellung der Leber mit beiden Hauptgefäßen (A).
- c Grüner Leguan, ventrale Ankopplung: Darstellung der Leber mit Zentralgefäß (A).
- d Bartagame, ventrale Ankopplung: Darstellung von Leber (A) und Fettkörper (B). Die Grenze zwischen beiden Organen (Pfeil) ist gut zu differenzieren.
- e Landschildkröte, präfemorale Ankopplung: Darstellung der Niere (C) dicht unter dem Carapax (D; Pfeil: Totalreflexion).
- f Landschildkröte, präfemorale Ankopplung: Farbdoppler-Darstellung der typischen Nierendurchblutung (C).
- g Jemenchamäleon, seitliche Ankopplung: Farbdoppler-Darstellung beider Nieren inklusive Durchblutung (C).
- h Grüner Leguan, dorsale Ankopplung: Farbdoppler-Darstellung der Nieren (relativ groß) und der typischen Nierendurchblutung.
- i Leopardgecko, ventrale Ankopplung: Darstellung eines Eies (E) kurz vor dem Legezeitpunkt.
- j Schmuckschildkröte, präfemorale Ankopplung: unauffälliges Ei (E).
- k Tigerpython, ventrale Ankopplung: Darstellung der Herzkammer (F).
- l Bartagame, ventrale Ankopplung: Darstellung des inaktiven Ovars (G).

**Genitaltrakt** Eine Geschlechtsbestimmung ist bei vielen Echsenspezies mittels Ultraschall möglich. Ansonsten hängt die Darstellbarkeit der Ovarien bzw. Hoden stark von der Aktivität ab (▶ **Abb. 24.8l**, ▶ **Abb. 24.8j**, ▶ **Abb. 24.8i**). Den Eileiter kann man nur im gefüllten Zustand differenzieren. Details zur sonografischen Untersuchung des weiblichen Genitaltrakts finden sich beim Leitsymptom Störung der Legetätigkeit (S. 254).

**Harntrakt** Die Nieren von Echsen lassen sich entweder nach ventraler Ankopplung, besser aber nach seitlicher dorsaler Ankopplung (S. 362) darstellen. Neben der Größe lässt sich die Nierenfunktion anhand der Gewebedurchblutung (Farbdoppler) prüfen (▶ **Abb. 24.8h**, ▶ **Abb. 24.8g**).

Auch bei Schildkröten kann der Farbdoppler zur Funktionsprüfung herangezogen werden, hier finden sich die Nieren nach präfemoraler Ankopplung hochdorsal unter dem Carapax, sie stellen sich oft dreieckig dar (▶ **Abb. 24.8f**, ▶ **Abb. 24.8e**). Im Rahmen von **Niereninsuffizienzen** (S. 330) sind sie häufig stark vergrößert und nur noch zentral durchblutet.

**Herz und Gefäße** Das Reptilienherz (▶ **Abb. 24.8k**) unterscheidet sich bei den meisten Spezies vom Säugerherz dadurch, dass nur eine Kammer ausgebildet ist, aber eine funktionelle Trennung des Blutkreislaufs stattfindet. Hierdurch sind die Blutflussmuster im Herzen komplex und nicht einfach zu beurteilen. Die Beurteilung der Herzfunktion kann dennoch bezüglich der Frequenz, Kontraktilität, der Füllung des Herzbeutels und der Arbeit der Herzklappen erfolgen. Unter Ultraschallkontrolle ist die Punktion der Herzkammer zur Gewinnung einer Blutprobe mit etwas Erfahrung möglich. Die Beurteilung des Blutflusses aus dem Herzen in die Gefäße kann auch zur Feststellung des Todes herangezogen werden.

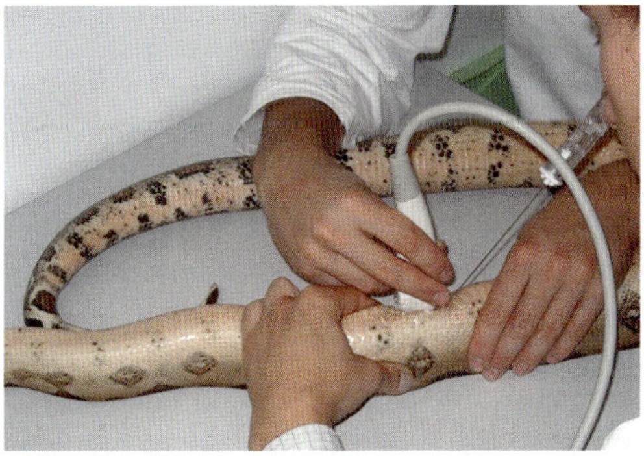

▶ **Abb. 24.9** Ultraschallgeführte Leberbiopsie bei einer narkotisierten Boa. Hier ist darauf zu achten, dass keine großen Gefäße verletzt werden. Die Leberkapsel von Schlangen ist derb, und das Organ beweglich gelagert, so dass es schnell zu Verschiebungen kommen kann. (Klinik für Vögel und Reptilien, An den Tierkliniken 17, 04103 Leipzig)

## 24.4 Weitere bildgebende Verfahren

Sowohl die Endoskopie als auch die Computertomografie und die Magnetresonanztomografie bieten bei Reptilien hervorragende diagnostische Möglichkeiten. Da diese Verfahren aber in der Routinediagnostik in der tierärztlichen Praxis oft nicht zur Verfügung stehen, wird der Einsatz hier nur kurz besprochen. Für weitere Informationen wird auf die weiterführende Literatur (S. 383) verwiesen. Dort werden detaillierte Grundlagen vermittelt und so die Voraussetzungen zum Einsatz der Technik geschaffen.

### 24.4.1 Endoskopie

Der Einsatz der Endoskopie bei Reptilien ist inzwischen in verschiedenen Publikationen beschrieben. Indikationen reichen von der Geschlechtsbestimmung über die Beurteilung der inneren Organe bis hin zu chirurgischen Eingriffen und Gewebeprobenentnahmen.

Zur Standarddiagnostik wird meist ein starres 2,7-mm-Endoskop mit einer 30-Grad-Winkelung der Optik angewandt (▶ **Abb. 24.10**). Aufgrund der extremen anatomischen Unterschiede bei Reptilien kommen aber auch weitere Instrumente sinnvoll zum Einsatz. Neben der nichtinvasiven Diagnostik über die Körperöffnungen sind verschiedene Zugänge beschrieben, um die Organe in der Leibeshöhle darzustellen. In jedem Fall sollten im Vorfeld die anatomischen Gegebenheiten bei der entsprechenden Spezies bekannt sein, um die Organe sicher ansprechen zu können und eine unnötige Traumatisierung zu vermeiden.

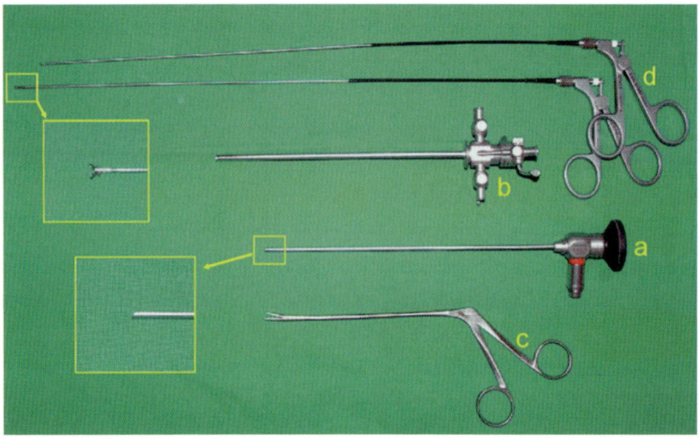


▶ **Abb. 24.10** Ausrüstung zur Endoskopie. Ein 2,7-mm-Endoskop mit 30-Grad-Optik (A) ist zu empfehlen. Ein Instrumentenkanal (B) ermöglicht die Luftinsufflation wie auch die Nutzung von weiterem Spezialequipment (D). Ohne Kanal können auch einfache Fremdkörperzangen (C) genutzt werden.
(Kölle P, Hrsg. Die Schildkröte. Heimtier und Patient. Stuttgart: Enke in MVS Medizinverlage Stuttgart; 2009)

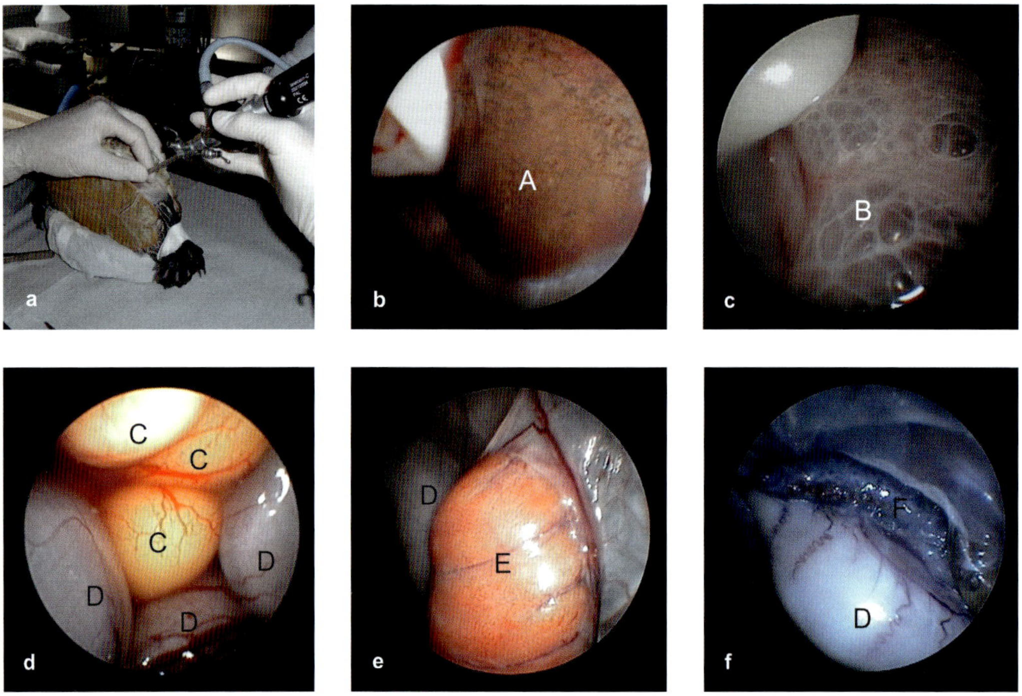


▶ **Abb. 24.11** Endoskopische Untersuchung, Normalbefunde. **a** Präfemoraler Zugang bei einer Schmuckschildkröte. Über einen Schlauch wird Luft insuffliert. **b** Darstellung der Leber (A) einer Schmuckschildkröte. **c** Darstellung der Lunge (B) einer Schmuckschildkröte. **d** Darstellung von Follikeln (C) und Darmschlingen (D) bei einem Grünen Leguan. **e** Darstellung von Hoden (E) und Darmschlingen (D) bei einem Grünen Leguan. **f** Darstellung der Milz (F) und einer Darmschlinge (D) bei einem Grünen Leguan.
(Klinik für Vögel und Reptilien, An den Tierkliniken 17, 04103 Leipzig)

SK Der Zugang zur Leibeshöhle erfolgt bei Schildkröten meist präfemoral über die Kniebucht (▶ **Abb. 24.11**, **a**). Aufgrund der definierten Größe der Leibeshöhle lassen sich die Organe in Abhängigkeit vom Füllungszustand darstellen, die Insufflation von Luft kann dennoch sinnvoll sein.

EC Bei Echsen ist eine Insufflation von Luft, in der Regel über einen Arbeitskanal, meist Voraussetzung, um die inneren Organe zu untersuchen

(▶ **Abb. 24.11, b–f**). Hier erfolgt der Zugang routinemäßig über die Seiten-/Flankenregion.

SL Bei Schlangen ist ebenfalls eine Insufflation notwendig. Hier ist auch der Zugang zur Lunge über einen seitlichen Zugang möglich, wobei das Endoskop in einen der kaudal der Schlangenlunge liegenden Luftsäcke eingeführt und dann entsprechend zur Lunge vorgeschoben wird.

### 24.4.2 Computertomografie

Die Computertomografie (CT) bietet exzellente Möglichkeiten der Weichteil- wie auch der Knochendarstellung. Die Untersuchung erfolgt bei Schildkröten und kleinen Echsen in der Regel als Ganzkörperuntersuchung, bei großen Echsen und Schlangen kann eine segmentale Untersuchung erforderlich sein. Aufgrund der kurzen Untersuchungszeit von wenigen Minuten ist eine Sedation bzw. Allgemeinanästhesie nicht unbedingt erforderlich, wenn das Tier für die Zeit anderweitig sicher fixiert werden kann. Dies kann bei Schildkröten je nach Aktivitätszustand durch Einbinden der Gliedmaße in den Panzer erfolgen.

Die derzeitigen Hauptindikationen für den Einsatz der Computertomografie sind folgende:

- Darstellung des Skelettsystems, insbesondere des Kalzifizierungsgrads, sowie von Panzerfrakturen, Gelenkveränderungen und Wirbelfrakturen (▶ **Abb. 24.12, b**)
- Darstellung der Lungen in der Pneumoniediagnostik. Hier ist nach derzeitigem Kenntnisstand die CT den anderen bildgebenden Verfahren deutlich überlegen (▶ **Abb. 24.12 a, c, e**).
- Darstellung von Eiern und Follikeln (▶ **Abb. 24.12, d**)
- Darstellung von Fremdkörpern

### 24.4.3 Magnetresonanztomografie

Der Einsatz der Magnetresonanztomografie (MRT) ist inzwischen bei verschiedenen Spezies beschrieben, es liegen sowohl Fallberichte als auch systematische Studien vor.

Im Gegensatz zur CT ist zur Durchführung der MRT-Untersuchung eine Sedierung in der Regel erforderlich, da aufgrund der Untersuchungsdauer Bewegungsartefakte einen erheblichen Einfluss haben. Als Spulen kommen unter anderem Kniespulen und Oberflächenspulen zum Einsatz. Die beim Säuger beschriebenen Wichtungen kommen auch bei Reptilien zum Einsatz, insbesondere die T1- und die T2- Wichtung sind für die Differenzierung beispielsweise entzündlicher und neoplastischer Prozesse wertvoll.

Die Ebenen werden nach dem zu untersuchenden Organ ausgewählt, auch Reptilien werden in der dorsalen, transversalen und sagittalen Standardebene untersucht. Aufgrund der Größen der verwendeten Spulen muss der Untersuchungsbereich für jede Untersuchung eingeschränkt werden, insbesondere bei Schlangen kann dies problematisch sein.

Die Hauptindikationen für den Einsatz der MRT sind derzeit folgende:

- Darstellung von Flüssigkeiten in der Leibeshöhle und in den Organen
- Darstellung und Differenzierung von Umfangsvermehrungen in den Weichteilen, sowie Darstellung der inneren Organstruktur. Hier ist insbesondere die Beurteilung der Leber und der Nieren inklusive des Harnsacks möglich. Bei der Leber kann auch der Fettgehalt des Organs abgeschätzt werden. Auch die Lungen können beurteilt werden, wobei zumindest bei Schlangen die Dichtemessungen im Rahmen der CT erfolgversprechender sind.
- Unterscheidung von fetthaltigen und wasserhaltigen Strukturen in den Geweben mittels T1- und T2-Wichtung
- Darstellung der Ovarien und des Ovidukts inklusive der Eier (▶ **Abb. 24.12, f**)

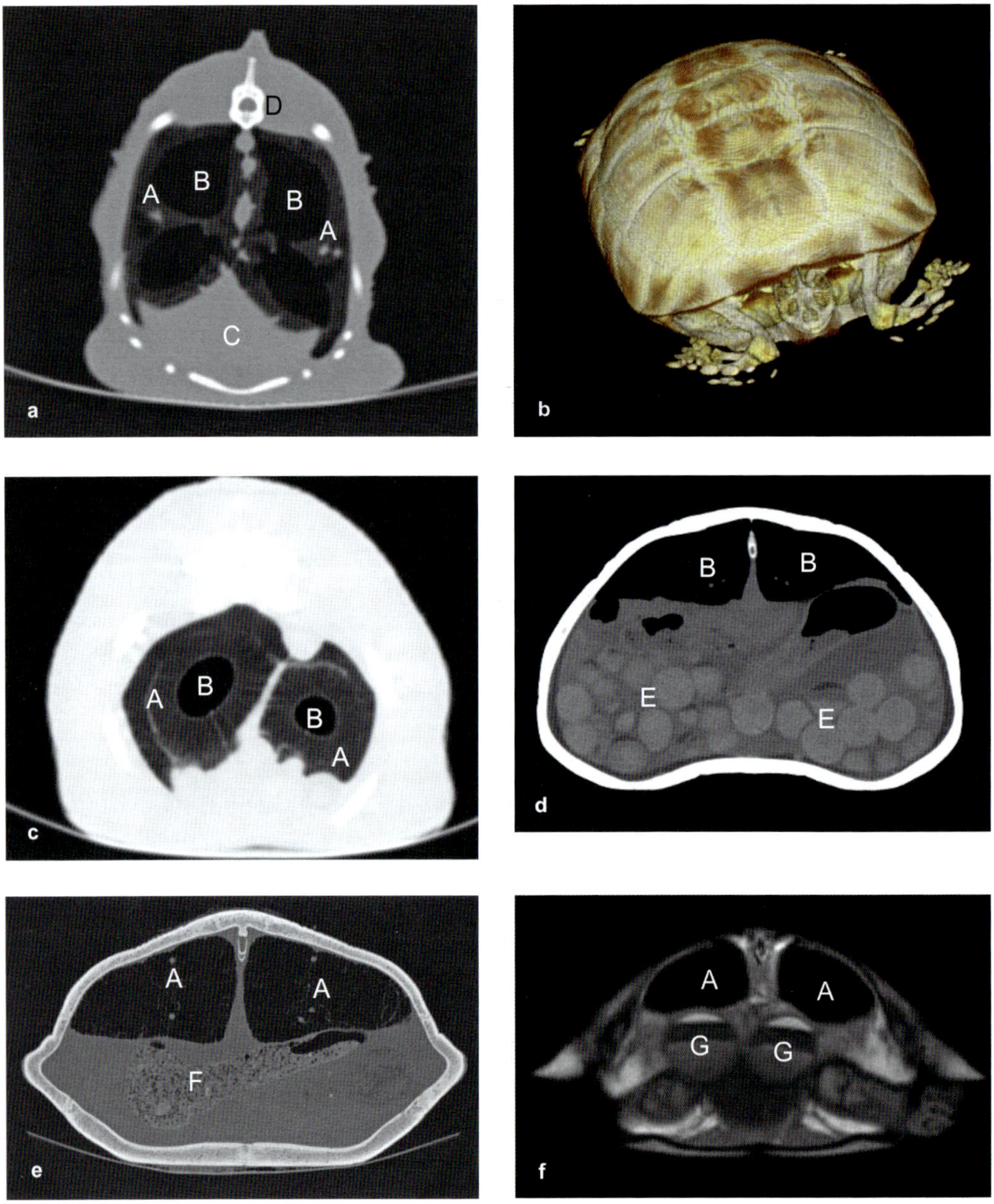


▶ **Abb. 24.12** CT- und MRT-Untersuchungen, Normalbefunde. **a** Grüner Leguan, CT, transversaler Schnitt: Darstellung von Lungengewebe (A) mit zentralen Hohlräumen (B) (C: Leber, D: Wirbelsäule). **b** Spornschildkröte, CT: dreidimensionale Reformation des Panzerknochens. **c** Tigerpython, CT, transversaler Schnitt: Darstellung von Lungengewebe (A) und zentralem Hohlraum (B). **d** Spornschildkröte, CT, transversaler Schnitt: Darstellung von Follikeln (E) und Lungengewebe (B). **e** Schmuckschildkröte, CT, transversaler Schnitt: Darstellung des feinen Lungengewebes (A) sowie von Abschnitten des Darmes (F). **f** Schmuckschildkröte, MRT, transversaler Schnitt, T 1-Wichtung: Darstellung von Eiern in Entwicklung (hier horizontale Schichtung, auch eine konzentrische Schichtung ist physiologisch).
(Klinik für Kleintiere, An den Tierkliniken 23, 04103 Leipzig)

# Teil 5
# Anhang

# 25 Medikamentenverzeichnis

Michael Pees

1. Antibiotika (▶ Tab. 25.1)
2. Antimykotika (▶ Tab. 25.2)
3. Antiparasitika (▶ Tab. 25.3)
4. Antiviralia (▶ Tab. 25.4)
5. Narkotika, Beruhigungs- und Schmerzmittel (▶ Tab. 25.5)
6. Atmung und Kreislauf (▶ Tab. 25.6)
7. Verdauung inkl. Leber (▶ Tab. 25.7)
8. Auge (▶ Tab. 25.8)
9. Wasch-/Spüllösungen, Antiseptika und Wundbehandlung (▶ Tab. 25.9)
10. Nährstoff-, Mineralstoff-, Elektrolyt- und Flüssigkeitssubstitution (▶ Tab. 25.10)
11. Vitamine (▶ Tab. 25.11)
12. Hormone, Steroide (▶ Tab. 25.12)
13. Vergiftungen (▶ Tab. 25.13)
14. Sonstiges, Euthanasie (▶ Tab. 25.14)

Diese Medikamentenliste wurde sorgfältig nach dem derzeitigen Kenntnisstand erstellt. Allerdings liegen bei vielen Medikamenten für den Einsatz bei Reptilien noch keine oder nur wenige wissenschaftliche Untersuchungen vor. Die Dosierungen beruhen zum Teil auf Erfahrungswerten und Umrechnungen vom Säuger. Bei Reptilien spielen aber verschiedene Faktoren wie die Umgebungs- und Körpertemperatur sowie die Jahreszeit eine erhebliche Rolle bei der Arzneimittelwirkung, ebenso der Hydrationszustand. Bezüglich der Umwidmung von Humanarzneimitteln sind die geltenden Vorschriften zu beachten. Zum Einsatz der Medikamente wird auch auf den Textteil verwiesen.

(*) Ziffern sind nur bei den Medikamenten genannt, welche im Text im Rahmen einer spezifischen Therapie angesprochen werden, um das Auffinden im Medikamentenverzeichnis zu erleichtern. Sie stellen keine Wertung des Medikamenteneinsatzes dar.

Generell erfolgt die Angabe der Dosierung in Milligramm pro Kilogramm Körpermasse (mg/kg) und einmal täglicher Applikation, soweit nicht anders angegeben.

▶ **Tab. 25.1** Antibiotika (Behandlungsdauer i. d. R. 8–14 Tage, generell wenn immer möglich nur nach Erstellung eines Resistenztests).

| Nr. | Präparat/Handelsname | Dosierung (mg/kg/d, wenn nicht anders angegeben) | Indikationen, Bemerkungen |
|---|---|---|---|
| * | Amikacin | 5 i. m. initial, dann 2,5 i. m. alle 24–72h<br>50 mg/10 ml NaCl Inhalation alle 12h | gramnegative Keime, Atemwegsinfektionen; NW: systemisch potenziell nephrotoxisch; Tiere im oberen Bereich der POTZ, Infusion |
| * | Amoxicillin (Amoxicillin 15 % WDT) | 10–40 p. o. alle 12–24h<br>10 i. m. alle 12–24h | grampositive Keime und Anaerobier, Resorption aus MDT fraglich |
| * | Ampicillin | 10–50 i. m. alle 12–24h | grampositive Keime |
| * | Chloramphenicol | 50 i. m. alle 12–72h | Infektionen des ZNS, da liquorgängig, auch Respirationstrakt (*Rickettsia*, *Chlamydia*, Anaerobier im oberen Respirationstrakt); NW: bei Chamäleons Pigmentveränderungen nach i. m. Applikation berichtet |
| | | 130 mg/10 ml NaCl Inhalation alle 12h | respiratorische Erkrankungen |
| 1 | Ceftazidim (Fortum) | 20 i. m. alle 72h | insbesondere *Pseudomonas*-Infektionen, auch *Vibrio*, *Aeromonas* u. andere gramnegative Erreger; NW: gute Verträglichkeit; Vorsicht bei Niereninsuffizienz |
| * | Cefalexin (Cefalexin 120 mg) | 20–40 p. o. alle 12h | Resorption aus MDT fraglich |
| * | Ceftiofur (Cefenil) | 15–30 s. c., i.m alle 24h–5d | variable Angaben zur HWZ, eher kurz bei Grünen Leguanen, lange bei Bartagamen, auch bei Königspythons |
| * | Chlortetrazyklin | 200 p. o. alle 24h | Resorption aus MDT fraglich |
| * | Ciprofloxacin | 5–10 p. o., i. m., s. c. alle 24h | u. a. *Pseudomonas* sp., Mykoplasmen, Chlamydien; NW: potenzielle Knorpelschädigung bei Jungtieren |
| * | Clindamycin (Cleorobe, Clindamycin ratiopharm) | 5–10 i. m., p. o. alle 24h | grampositive Keime, Anaerobier, gute Gewebegängigkeit, Osteomyelitiden |
| 2 | Danofloxacin (Advocid 2,5 %) | 6 mg/kg s. c. alle 48h über 30 Tage | Mykoplasmose |
| 3 | Doxycyclin (Doxycyclin ratiopharm) | 50 i. m. initial, dann 25 i. m. alle 72h<br>5–10 p. o. alle 24h | insbesondere respiratorische Erkrankungen; NW: i. m. Muskelnekrosen möglich; Mykoplasmen, Chlamydien; NW: Verschiebung der Darmflora bei herbivoren Tieren |
| 4 | Enrofloxacin (Baytril 2,5 %) | 8–10 i. m., s. c. alle 24h<br>5–10 p. o. alle 24h | u. a. *Pseudomonas* sp., *Citrobacter* sp., andere gramnegative Bakterien, Mykoplasmen, Chlamydien; NW: i. m. Muskelnekrosen und sterile Abszesse möglich, teilweise Regurgitieren nach oraler Gabe, potenzielle Knorpelschädigung bei Jungtieren; begleitende Infusion und Kontrolle der Nierenfunktion |
| * | Gentamicin (Genta 100 mg/ml) | 2,5–5 i. m. alle 72h<br>50 mg/10 ml NaCl Inhalation alle 12h | gramnegative Bakterien, Atemwegsinfektionen; NW: nephrotoxisch (!), systemische Anwendung nur nach sorgfältiger Abwägung; begleitend Infusion und Kontrolle der Nierenfunktion |

▶ **Tab. 25.1** Fortsetzung.

| Nr. | Präparat/Handelsname | Dosierung (mg/kg/d, wenn nicht anders angegeben) | Indikationen, Bemerkungen |
|---|---|---|---|
| 5 | Marbofloxacin (Marbocyl FD) | 6–10 i. m., s. c. alle 24–48h<br>10 p. o. alle 48h | u. a. *Pseudomonas* sp., *Citrobacter* sp., andere gramnegative Bakterien, Mykoplasmen, Chlamydien |
| * | Metronidazol (Vagimid) | 50 p. o. alle 24h<br>100 p. o. alle 7d | Anaerobier; NW: toxische Wirkungen ab 100 mg/kg beschrieben; insbesondere bei Schlangen max. 50 mg/kg als Einzeldosis, s. Antiparasitika ▶ **Tab. 25.3** |
| * | Neomycin (Neomycinsulfat, 1000 mg/g) | 10 p. o. alle 24h | bakterielle Infektionen des Magen-Darm-Trakts, kaum enterale Resorption |
| * | Piperacillin (Piperacillin Eberth) | 50–100 i. m. alle 24h<br>100 mg/10 ml NaCl Inhalation alle 12h | gramnegative Bakterien, Atemwegsinfektionen |
| 6 | Sulfonamid-Trimethoprim (Borgal Lsg. 7,5 %) | 10–30 p. o., i. m., s. c. alle 24h | - |
| 7 | Tulathromycin (Draxxin) | 10 s. c. verdünnt einmalig<br>5 s. c. alle 7d<br>1 s. c. q5d über 3 Wo | Mykoplasmeninfektion, langer Wirkspiegel nach s. c.-Applikation |
| 8 | Tylosin (Tylan 200, Tylosel 200) | 5 mg/kg i. m. alle 24h über 30 Tage | Mykoplasmose |

▶ **Tab. 25.2** Antimykotika (Behandlungsdauer abhängig von Erkrankung, i. d. R. mindestens 14 Tage).

| Nr. | Präparat/Handelsname | Dosierung (mg/kg/d, wenn nicht anders angegeben) | Indikationen, Bemerkungen |
|---|---|---|---|
| * | Amphotericin B | 0,5–1 i. v. alle 24–48h | insbesondere bei Pneumonien; NW: nephrotoxisch; Notfallmedikament |
| 9 | Enilconazol (Imaverol) | Präparat verdünnt 1:50, lokale Anwendung alle 24h | Hautmykosen, auch als Prophylaxe auf Wunden, sprayen oder waschen |
| * | Fluconazol | 5 p. o., s. c. alle 24h | Hautmykosen |
| 10 | Itraconazol (Itrafungol) | 5–10 p. o. alle 24–48h | verschiedene Mykosen, auch Yellow Fungus Disease; NW: potenziell hepatotoxisch |
| * | Ketoconazol (Fugazid 200 mg) | 15–30 p. o. alle 24h | NW: hepatotoxisch |
| 11 | Nystatin (Nystatin Albrecht) | 100 000 U/kg alle 24h über 10d | Hefepilzmykosen im Magen-Darm-Trakt, keine Resorption aus dem Magen-Darm-Trakt |
| 12 | Terbinafin (Lamisil) | 10–50 p. o. alle 24h als Salbe lokal | Therapieversuch bei *Chamaeleomyces*-Infektion; Dermatomykosen |
| 13 | Voriconazol (Vfend) | 10 p. o. alle 24h | verschiedene Mykosen, auch Yellow Fungus Disease (bis zu 70d Therapiedauer empfohlen), Therapieversuch bei *Chamaeleomyces*-Infektion; NW: Organtoxizität noch unklar |

▸ **Tab. 25.3** Antiparasitika.

| Nr. | Präparat/Handelsname | Dosierung (mg/kg/d, wenn nicht anders angegeben) | Indikationen, Bemerkungen |
|---|---|---|---|
| * | Dimetridazol (chevi-col Pulver 400 mg/g) | 40–100 p. o., nach 14d wiederholen | gegen Amöben, Flagellaten |
| 14 | Fenbendazol (Panacur Suspension 10 %) | 25–100 p. o., nach 14d wiederholen | gegen Nematoden, Oxyuriden, (Protozoen: Flagellaten, Giardien); NW: potenziell nephrotoxisch, potenziell immunsuppressiv; keine Anwendung bei septikämischen Patienten; bei im Gewebe sitzenden Parasiten (*Rhabdias* sp.) auch mehrere Tage hintereinander |
| 15 | Fipronil (Frontline Spray) | Handschuh einsprühen und Tier einreiben, nach 5 min abwaschen, nach 7–14d weiderholen | gegen Milben, Zecken; evtl. NW auf alkoholisches Lösemittel, deshalb nicht direkt einsprühen; NW: Fertilitätsstörungen nach Applikation möglich |
| 16 | Ivermectin (Ivomec) | 0,2 i. m., p. o., Spot-on, nach 14d wiederholen | gegen Nematoden (inkl. Lungenwürmern), Milben, Zecken; NW: zentralnervöse Störungen, Inappetenz; Achtung: Unverträglichkeiten bei Schildkröten, Krokodilen, Indigonattern, Skinken, dort nicht anwenden. |
| 17 | Levamisol (Levamisol 100 mg/ml) | 5–10 i. m., s. c., nach 14d wiederholen | gegen Nematoden (inkl. *Rhabdias* spp.), enger therapeutischer Bereich |
| | | als Inhalation 1 Btl. auf 1 l Wasser, 15–30 min alle 24h | gegen Lungenwürmer bei Schlangen |
| 18 | Metronidazol (Vagimid) | 50(–75) p. o. alle 24h über 5–7d | gegen Anaerobier, Protozoen (Amöben, Ziliaten, Flagellaten); als Appetitstimulans; NW: breite Dosierungsangaben, aber toxische Wirkungen ab 100 mg/kg beschrieben; insbesondere bei Schlangen max. 50 mg/kg als Einzeldosis, bei Überdosierung neurologische Schäden |
| | | 100 p. o. alle 7–14d | |
| 19 | Paromomycin (Humatin, Chevicol plus Paromomycinsulfat) | 35–100 p. o. alle24h bis zu 28d | gegen Amöben |
| | | 100 p. o. alle 24h über 7d, dann alle 72h über 3 Mo. | gegen Kryptosporidien bei Schlangen, Echsen; keine Erregerelimination |
| | | 300–800 p. o. alle 24h über mind. 14 Tage | gegen Kryptosporidien bei Echsen (insbes. Geckos); keine sichere Erregerelimination |
| 20 | Praziquantel (Droncit) | 5–10 p. o. i. m., s. c., nach 14d wiederholen | gegen Zestoden, Trematoden |
| * | Permethrin (Defencare Shampoo) | 0,1 %ige Lösung zum Besprühen, Abwischen etc. | gegen Milben |
| 21 | Pyrviniumembonat (Pyrcon) | 15 (10 Pyrviniumbase) p. o., nach 14d wiederholen | gegen Nematoden, Oxyuriden; NW: Kot teilweise frischrot verfärbt |
| 22 | Ronidazol (Ridzol 10 % Btl.) | 10 p. o. alle 24h über 10d | gegen Flagellaten, Ziliaten |
| 23 | Sulfadimidin (Sulfadimidin 50w) | 1 g/0,5 ml $H_2O$ Nasenspülung | bei Tropischen Landschildkröten als Begleittherapie bei intranukleärer Kokzidiose |

► **Tab. 25.3** Fortsetzung.

| Nr. | Präparat/Handelsname | Dosierung (mg/kg/d, wenn nicht anders angegeben) | Indikationen, Bemerkungen |
|---|---|---|---|
| 24 | Toltrazuril (Baycox 5 %) | 10–15 p. o., nach 10d wiederholen | gegen Kokzidien (insbes. Bartagame, Chamäleon) |
| | | 15 alle 48h über 30d | TINC (intranukleäre Kokzidiose) bei Schildkröten; NW: belastbare Daten zu NW und Wirksamkeit fehlen |
| * | Trimethoprim/Sulfadiazin (Sulfadiazin + Trimethoprim 15 %) | 30 p. o. alle 24d über 2d, dann alle 48h über 21d | gegen Kokzidien, Flagellaten |

► **Tab. 25.4** Antiviralia.

| Nr. | Präparat/Handelsname | Dosierung (mg/kg/d, wenn nicht anders angegeben) | Indikationen, Bemerkungen |
|---|---|---|---|
| 25 | Aciclovir (Zovirax®, Aciclovir-ratiopharm®) | 80 p. o. 3 × tägl. über 10d | Herpesvirusinfektion bei Schildkröten; bei klinischen Anzeichen; keine Erregerelimination; aufgrund häufiger Applikation ist eine Magensonde empfehlenswert |
| | | Salbe lokal (5 %ig) | bei herpesinduzierten Hautveränderungen |
| * | Paramunitätsinducer (Zylexis®) | bis 1 ml/Tier i. m., s. c. alle 14d | bei viralen Infektion (Herpesvirus) |

► **Tab. 25.5** Narkotika, Beruhigungs- und Schmerzmittel (Hinweis Zulassung).

| Nr. | Präparat/Handelsname | Dosierung (mg/kg/d, wenn nicht anders angegeben) | Indikationen, Bemerkungen |
|---|---|---|---|
| 26 | Alphaxalon (Alfaxan) | 6–10 i. v. oder 9–15 i. m. | gute Muskelrelaxation, keine Analgesie, Aufwachphase variabel, zur Einleitung der Narkose |
| 27 | Atipamezol (Antisedan) | Volumen entspr. Medetomidin (0,25–0,75), i. v., i. m., s. c. | antagonisiert Medetomidinwirkung; NW: nach i. v. Applikation Hypotonie beschrieben |
| 28 | Atropin | 0,01–0,04 i. v., i. m., s. c. | Präanästhetikum, Bradykardie, selten indiziert, Antidot Organophosphatvergiftungen |
| 29 | Bupivacain | 1–4 mg/kg lokal | kaum Erfahrungen bei Reptilien |
| 30 | Butorphanol (Alvegesic vet.) | 0,4–2,0 i. m., s. c., i. v. alle 12–24h | Präanästhetikum, Analgetikum, Sedativum, variable Wirkung je nach Spezies |
| 31 | Buprenorphin (Buprenovet) | 0,01–0,2 i. m. alle 12–24h | Analgetikum, Sedativum, variable Wirkung |
| 32 | Carprofen (Rimadyl) | 1–4 s. c. | NSAID, Analgesie, Prämedikation; NW: bei Leguanen Magenulzera als mögliche NW nach längerer Applikation beschrieben |
| 33 | Diazepam (Ziapam) | 0,5–2,0 i. v., i. m. | Präanästhetikum, Sedativum, gute muskelrelaxierende Wirkung, auch bei Krampfanfällen; in Kombination (► **Tab. 4.1**) |
| * | Flumazenil | je nach Benzodiazepingabe | antagonisiert Benzodiazepinwirkung, z. B. Midazolam |

► **Tab. 25.5** Fortsetzung.

| Nr. | Präparat/Handelsname | Dosierung (mg/kg/d, wenn nicht anders angegeben) | Indikationen, Bemerkungen |
|---|---|---|---|
| * | Isofluran (IsoFlo) | Einleitung 3–5 Vol.%, Erhaltung 1–3 Vol.% | Inhalationsanästhetikum der Wahl bei Reptilien; Narkoseeinleitung 6–20 min, Aufwachphase 30–60 min, IPPV (S. 39) empfohlen |
| 34 | Ketamin (Ketavet) | 10–60 i. m. | nur in Kombination (► **Tab. 4.1**), insbesondere mit Diazepam, Midazolam oder Medetomidin); Muskelrelaxation und Analgesie nach Einzelapplikation oft unzureichend, Dosierungsbereich breit angegeben, aber möglichst im unteren Bereich starten, insbesondere bei größeren Tieren |
| 35 | Lidocain (Ursocain) | 1–4 mg/kg lokal, topisch | kaum Erfahrung bei Reptilien, evtl. unterstützend bei lokalen Eingriffen, bei Intubation |
| 36 | Medetomidin (Domitor) | 0,05–0,25 i. m. | sedierende und teilweise analgetische Wirkung, muskelrelaxierend, aber auch kreislaufdepressiv, in Kombination mit Ketamin (► **Tab. 4.1**), antagonisierbar mit Atipamezol 27 |
| 37 | Meloxicam (Metacam) | 0,05–0,2 i. m., p. o. alle 24h | Entzündungshemmer, Analgetikum |
| 38 | Midazolam (Dormicum) | 0,5–2,0 i. m. | Präanästhetikum, Sedativum, Kombination mit Ketamin, antagonisierbar mit Flumazenil |
| 39 | Propofol (Vetofol, Narcofol) | 1–10 i. v., i.o., auch als Dauertropf (0,3–0,5 je min); Sedation: 5; Kurzzeitanästhesie: 10 | Präanästhetikum, Kurzzeitanästhesie; schnelle, sanfte Einleitung; kann bei den meisten Spezies 15–25 min Anästhesie und Ruhigstellung gewährleisten; schnelle aufregungsfreie Aufwachphase; muss (langsam) i. v. oder intraossär gegeben werden (keine Entzündungsreaktion bei perivaskulärer Gabe), evtl. Kombination mit Ketamin; NW: Apnoe und Bradykardie nach Injektion möglich; bei Schildkröten Applikation in supravertebralen Sinus beschrieben |
| * | Sevofluran (Sevoflo) | Einleitung 5–8 %, Erhaltung 3–5 % | Inhalationsanästhesie, möglichst mit IPPV (S. 39) kombinieren |
| 40 | Tramadol (Tramabeta) | 5–25 p. o. (s. c.) alle 48–72h | bei Schmuckschildkröten und Bartagamen analgetischer Effekt beschrieben |

► **Tab. 25.6** Atmung und Kreislauf.

| Nr. | Präparat/Handelsname | Dosierung | Indikationen, Bemerkungen |
|---|---|---|---|
| 41 | Acetylcystein (Equimucin) | 5–10 p. o. alle 12–24h, Vernebelung über Kaltvernebler | Mukolytikum, Expektorans; NW: schleimhautreizende Wirkung; bei Reptilien wenig Erfahrung |
| * | Doxapram (Doxapram-V) | 4–10 i. v., i. m., i.o., sublingual, nach Bedarf wiederholen | Atemstimulans |
| 42 | Enalapril (Enacard) | 1–5 mg p. o. alle 24h | Vasodilatation, Diureseanregung, Einsatz bei Verdacht auf metastat. Gefäßverkalkungen, bislang bei Reptilien nur empirische Erfahrungen. Hämatokrit kontrollieren |

► **Tab. 25.6** Fortsetzung.

| Nr. | Präparat/Handelsname | Dosierung | Indikationen, Bemerkungen |
|---|---|---|---|
| 43 | Furosemid (Dimazon) | 2–5 i. m. alle 24h | Diuretikum, bei Ödembildung, wirksam trotz fehlender Henle-Schleife bei Reptilien, Vorsicht bei Langzeitapplikation (Kaliummangel, Dehydratation) |

► **Tab. 25.7** Verdauung inklusive Leber.

| Nr. | Präparat/Handelsname | Dosierung (mg/kg/d, wenn nicht anders angegeben) | Indikationen, Bemerkungen |
|---|---|---|---|
| 44 | Apomorphin | 10 i. m. | bei Inappetenz/Anorexie |
| 45 | Lactulose | 0,5 ml/kg p. o. alle 24h | Beeinflussung der Darmflora und dadurch reduzierte Ammoniakbildung, Leberinsuffizienz, Leberverfettung |
| 46 | Metoclopramid (MCP ratiopharm) | 0,06–10 p. o. alle 24h | Antiemetikum, Stimulation der Magen-Darm-Kontraktilität, nicht bei Verdacht auf Ileus, Obstipation |
| * | Abführmittel (Microclist®) | tief intrakloakal applizieren, alle 48h | Obstipationen, Fremdkörper im MDT; für ausreichende Flüssigkeitssubstitution sorgen |
| 47 | Paraffinöl | 2–10 ml/kg p. o., intrakloakal | Obstipationen, konservative Behandlung der Legenot |
| 48 | Probiotika (Bene Bac, PT-12) | oral/über das Futter | Dysbakterien, v. a. herbivore Tiere zur Verdauungsregulation |
| 49 | Silymarin (Mariendistel) | 4–15 p. o. alle 12–24h | Leberinsuffizienz, Leberschutz |
| 50 | Aminosäurenlösung (Volamin®) | p. o./Zumischung in Brei bei Zwangsfütterung | Aminosäurenpräparat, bei Lebererkrankungen, Amynin 60 zur Infusion |

► **Tab. 25.8** Auge (für die Applikation von antibiotischen Augensalben [AS] ist, sofern nicht anders angegeben, eine 3- bis 4-malige Gabe pro Tag empfehlenswert, bei Augentropfen [AT] eine 4- bis 5-malige Gabe).

| Nr. | Präparat/Handelsname | Dosierung (mg/kg/d, wenn nicht anders angegeben) | Indikationen, Bemerkungen |
|---|---|---|---|
| * | Bibrocathol (Posiformin 2 % AS) | lokal | Augenreizung, unspezifisch |
| * | Chloramphenicol (Posifenicol C 1 % AS) | lokal | nach Resistenztest |
| * | Chlortetrazyklin (Cepemycin) | lokal | nach Resistenztest |
| * | Ciprofloxacin (Ciloxan AT) | lokal | nach Resistenztest |
| 51 | Gentamicin (Gentamicin POS AS/AT, Soligental AT) | lokal | nach Resistenztest, wenn möglich, eher tropfen, da Salbe evtl. verklebt und sich nicht ausreichend verflüssigt |
| 52 | Hyaluronsäure (Remend® AT) | lokal alle 12h | Hornhautschäden, Epithelregeneration |
| 53 | Ketorolac-Trometamol (Acular AT®) | lokal alle 8–24h über 5–7 Tage | Entzündungshemmer, abschwellend, in Kombination mit Antiinfektiva |

► **Tab. 25.8** Fortsetzung.

| Nr. | Präparat/Handelsname | Dosierung (mg/kg/d, wenn nicht anders angegeben) | Indikationen, Bemerkungen |
|---|---|---|---|
| 54 | Ofloxacin (Floxal AS/AT) | lokal | nach Resistenztest, wenn möglich, eher tropfen, da Salbe evtl. verklebt und sich nicht ausreichend verflüssigt |
| 55 | Vecuronium | (intrakameral) | Mydriase, Anwendung durch spezialisierte Tierärzte |
| 56 | Vitamin A (Vitamin A POS, Oculotect) | lokal alle 12–24h | Hypovitaminose A, Epithelschutz |

► **Tab. 25.9** Wasch-/Spüllösungen, Antiseptika und Wundbehandlung.

| Nr. | Präparat/Handelsname | Dosierung (mg/kg/d, wenn nicht anders angegeben) | Indikationen, Bemerkungen |
|---|---|---|---|
| 57 | Chlorhexidin | lokal 0,05- bis 0,5 %ige wässrige Lösung alle 12–24h | Spülung, Desinfektion, Wundbehandlung, auch Stomatitiden, unverdünnt (2- bis 3 %ig) toxisch |
| * | $H_2O_2$ | 1- bis 3 %ig lokal alle 12–24h | Desinfektion, Wundspülung |
| * | Kaliumpermanganat (Antimaladin flüssig N) | lokal, Stammlösung 1 g/ 100 ml $H_20$, dieses 1:1000 verdünnen, alle 24h | Desinfektion, Pilzerkrankungen, Badelösung |
| 58 | Schleimhautdesinfiziens (Octenisept®) | lokal alle 12–24h | Schleimhaut-/Hautinfektionen |
| 59 | PVP-Jod (Betaisodona) | Lösung/Salbe ca 0,5 %ig | Schleimhaut- und Hautwunden, zur Säuberung. Vorsicht bei Chamäleons. |

► **Tab. 25.10** Nährstoff-, Mineralstoff-, Elektrolyt- und Flüssigkeitssubstitution.

| Nr. | Präparat/Handelsname | Dosierung (mg/kg/d, wenn nicht anders angegeben) | Indikationen, Bemerkungen |
|---|---|---|---|
| 60 | Aminosäurenlösung (Amynin®) | bis 25 % der Infusionsmenge | Aminosäurenpräparat, bei Lebererkrankungen, Vorsicht bei Nierenschäden |
| 61 | Hyperimmunkolostrum/ Serumproteine (Bioserin) | - | zur allgemeinen Stabilisierung und Rekonvaleszenz, u. a. empfohlen zur Verbesserung der Kondition bei Kryptosporidienbefall |
| * | Dextran 40 | i. v., i.o. als Infusion 2 ml/kg/ h, max. 15 ml/kg/d | Wiederherstellung des osmotischen Druckes, Trauma, Ödembildung; NW: möglicher negativer Einfluss auf die Blutgerinnung |
| * | Elektrolytlösung (Tutofusin G5) | bis 20 s. c., i. v. i.o. alle 12–24h | Halbelektrolytlösung zur Flüssigkeitssubstitution (S. 44) |
| * | Hydroxyethylstärke (HES) | 3–5 ml/kg langsam i. v., i.o. | Wiederherstellung des osmotischen Druckes, Trauma, Ödembildung |
| 62 | Kalziumglukonat | 40–100 s. c., i. m. alle 12–24h | Hypokalzämie, Störung der Legetätigkeit |
| 63 | Vitamin-Mineralstoff-Mischung (Korvimin ZVT®) | nach Anleitung zum Futter | Mineralstoff-Vitamin-Präparat; bei Landschildkröten Dosis sorgfältig kontrollieren (Vitamin-A-Gehalt) |

▶ **Tab. 25.10** Fortsetzung.

| Nr. | Präparat/Handelsname | Dosierung (mg/kg/d, wenn nicht anders angegeben) | Indikationen, Bemerkungen |
|---|---|---|---|
| 64 | NaCl 0,9 %ig | bis 20 s. c., i. v., p. o. alle 12–24h | Infusion, Infusionsbestandteil zur Flüssigkeitssubstitution (S. 44); besonders bei Landschildkröten und Tieren mit Nierenschaden (Kaliumspiegel) |
| 65 | Ringer-Laktat/Ringer-Acetat | bis 20 s. c., i. v., p. o. alle 12–24h | Infusion, Infusionsbestandteil zur Flüssigkeitssubstitution (S. 44); Laktatlösung nicht bei Leberschäden anwenden, besonders bei Landschildkröten und Tieren mit Nierenschaden (Kaliumspiegel) |

▶ **Tab. 25.11** Vitamine.

| Nr. | Präparat/Handelsname | Dosierung (mg/kg/d, wenn nicht anders angegeben) | Indikationen, Bemerkungen |
|---|---|---|---|
| 66 | Vitamin A | 500–5 000IE/kg i. m. einmalig | Hypovitaminose A; Achtung: nicht bei Landschildkröten; Präparate hoch konzentriert; derzeit kein Monopräparat zur Injektion verfügbar |
| | | 10 000(–100 000)IE/kg i. m. | Häutungsinduktion bei Schlangen, bei hoher Dosierung NW zu erwarten |
| 67 | Vitamin-A-$D_3$-E-C-Kombinationspräparat (Ursovit) | nach Vitamin A dosieren | Achtung: nicht bei Landschildkröten! |
| 68 | Vitamin B(-Komplex) | nach Thiamin dosieren: 25 s. c., i. m., p. o. alle 24–48h; bei Thiaminmangel bis 100 p. o., s. c., i.m alle 24h | Hypovitaminose B, Anorexie, ZNS-Symptome, Hepatopathien |
| * | Vitamin $B_{12}$ | 0,05 s. c., i. m. alle 24–48h | Appetitanregung, Roborans |
| * | Vitamin C | 10–20 s. c., i. m. alle 24h | Stomatitiden, Enteritiden |
| 69 | Vitamin $D_3$ | bis 1000IE/kg i. m., bis 200IE/kg i. m. alle 7–14d | Metabolic Bone Disease; Vorsicht bei Niereninsuffizienz |
| 70 | Vitamin E | 50–100IE/kig i. m., p. o. | Radikalfänger, Vorsicht bei Kombination mit Selen |
| * | Vitamin K | 0,25–0,5 i. m. | Koagulopathien |
| | Vitamin-Mineralstoff-Mischung (Korvimin ZVT®) | nach Anleitung | wie in ▶ **Tab. 25.10** beschrieben |

▶ **Tab. 25.12** Hormone, Steroide.

| Nr. | Präparat/Handelsname | Dosierung (mg/kg/d, wenn nicht anders angegeben) | Indikationen, Bemerkungen |
|---|---|---|---|
| 71 | Kalzitonin | 50 IU/kg s. c. 2 × im Abstand von 7d | Initialtherapie bei tertiärem Hyperparathyreoidismus, beschrieben bei Leguanen, Blutkalziumkontrollen! |
| 72 | Dexamethason | 0,5–4 i. m., i. v. alle 24h, maximal 3d | Ödeme im ZNS, akute Traumata, Hyperthermie (Koma), Schock; NW: starke Immunsuppression; nur als Ultima Ratio |

► **Tab. 25.12** Fortsetzung.

| Nr. | Präparat/Handelsname | Dosierung (mg/kg/d, wenn nicht anders angegeben) | Indikationen, Bemerkungen |
|---|---|---|---|
| 73 | Oxytocin | 2–10IE/kg i. m. alle 24h | Störung der Legetätigkeit, wenn kein mechanisches Hindernis, Schildkröten und Echsen sprechen gut an, dagegen Schlangen kaum. Ca. 30 min nach Kalziumapplikation anwenden. |
| 74 | Prednisolon | 0,5–5 i. m., i. v. alle 24h | Ödeme im ZNS, akute Traumata, Hyperthermie (Koma), Schock, starke Immunsuppression, nur als Ultima Ratio |

► **Tab. 25.13** Antidots bei Vergiftungen.

| Nr. | Präparat/Handelsname | Dosierung (mg/kg/d, wenn nicht anders angegeben) | Indikationen, Bemerkungen |
|---|---|---|---|
| * | Atropin | 0,04 | Organophosphatvergiftung |
| 75 | Bariumsulfat | 5–20 ml/kg p. o. | Kontrastmittel, kann Giftstoffresorption aus dem MDT reduzieren, nicht bei Verstopfungen, für ausreichende Flüssigkeitssubstitution sorgen. Lange Passagezeit insbesondere bei herbivoren Spezies. Als Kontrastmittel ggf. 1:1 mit Wasser verdünnt applizieren. |
| * | Ca-EDTA | 10–40 i. m. alle 24h | Schwermetallvergiftung |
| 76 | DTPA | 35 i. m. alle 24h | Chelatbildner, bei Vergiftungen mit Kationen (Schwermetallen); Therapie, bis keine auffälligen Blutspiegel oder sonstigen Befunde mehr nachweisbar; Dosierung empirisch |

► **Tab. 25.14** Sonstiges, Euthanasie.

| Nr. | Präparat/Handelsname | Dosierung (mg/kg/d, wenn nicht anders angegeben) | Indikationen, Bemerkungen |
|---|---|---|---|
| 77 | Allopurinol (Allopurinol ratiopharm) | 10–20 p. o. alle 24h | Gicht (greift nur in den Purinstoffwechsel ein); NW: Wirkung und NW bei Reptilien fraglich |
| * | Haloperidol | 0,5–10 i. m. alle 7–14 Tage | beschrieben als Therapie bei aggressiven Boiden, fraglich |
| 78 | jodhaltige Kontrastmittel 25–37 %ig (Solutrast®) | bis 10 ml/kg per Sonde oral, intrakloakal, in den Harnsack | Kontrastmittel für radiologische Untersuchungen |
| 79 | Kaliumchlorid | 3–4 ml/kg i. v., intrakardial | nach Applikation von T 61® oder Eutha 77® wegen kardioplegischer Wirkung |
| 80 | Natriumcitrat | Kanüle durchspülen | Antikoagulans in der Kanüle für Blutentnahme |
| 81 | Pentobarbital (Eutha 77®) | 100 i. v., i. p., intrakardial, in den Okzipitalsinus | Euthanasie |
| 82 | T 61® | 2–4 i. v., intrakardial, in den Okzipitalsinus | nur in tiefer Narkose, zur Euthanasie |
| 83 | Paramunitätsinducer (Zylexis®) | bis 1 ml/Tier i. m., s. c. alle 14d | Immunstimulans, Paramunitätsinducer, bei viralen Infektion (Herpesvirus) und posthibernaler Leukopenie |

# 26 Merkblätter

## Merkblatt – Salmonellen bei Reptilien

**Frank Mutschmann, Michael Pees**

In Absprache mit der Deutschen Veterinärmedizinischen Gesellschaft (DVG) sowie dem Robert-Koch-Institut (RKI) Wernigerode.

### Vorkommen bei Reptilien

Salmonellen werden bei gesunden Reptilien regelmäßig (in bis zu > 90 % der untersuchten Tiere) nachgewiesen, wobei oft mehr als ein Serovar vorliegen. Sie werden als normaler Bestandteil der Darmflora bei Reptilien angesehen. Deshalb ist der alleinige Nachweis von Salmonellen im Kot von Reptilien diagnostisch nicht aussagekräftig, und es ist nicht sinnvoll, eine Salmonellenfreiheit durch antibiotische Behandlungen erreichen zu wollen. Allerdings können Salmonellen auch bei Reptilien zu Erkrankungen führen. Außerdem scheiden Reptilien unter schlechten Haltungs- und Gesundheitsbedingungen vermehrt Salmonellen aus.

### Mögliche Übertragung auf den Menschen

Grundsätzlich ist davon auszugehen, dass eine Übertragung auf den Menschen möglich ist (Reptile Exotic Pet-Associated Salmonellosis, REPAS), man spricht unter anderem von Infektionen durch „exotische" Salmonellenserovare. Die meisten Berichte hierzu liegen für Babys und Kleinkinder bzw. immunsupprimierte Erwachsene vor. Die Infektion äußert sich vorwiegend als Magen-Darm-Erkrankung (Durchfall, Fieber), selten kommt es zu weiteren Komplikationen. Insgesamt machen diese Salmonelleninfektionen nur einen kleinen, allerdings tendenziell steigenden Anteil der Salmonelleninfektionen beim Menschen aus.

### Prophylaxe – Verhinderung der Übertragung

Auch wenn das Thema in den letzten Jahren in der Presse teilweise reißerisch diskutiert wurde, stellt das Risiko der Salmonellenübertragung vom Reptil auf den Menschen nur in dem Maße eine Gefahr dar, wie sie für zahlreiche Keime bei verschiedenen Tierarten (auch bei Hunden und Katzen) besteht. Eine Verhinderung der Übertragung ist durch Sachkenntnis, gesunde Tiere und einige hygienische Grundregeln effektiv zu verhindern:

**Hygiene:**

- Die Kenntnis einfacher Reinigungs- und Desinfektionsmaßnahmen ist unerlässlich.
- Reptilien dürfen zu Orten, die der Lagerung, Zubereitung oder Einnahme von Lebensmitteln dienen, keinen Zugang haben (auch sanitäre Einrichtungen). Werden letztere z. B. zur Reinigung von Terrarien oder Entsorgung von Abwasser genutzt, sind sie anschließend zu reinigen und desinfizieren.
- Nach Kontakt mit Reptilien (und den Futtertieren) sollten immer die Hände mit Wasser und Seife gereinigt werden. Eine zusätzliche Desinfektion in besonderen Fällen ist mit bakteriziden Desinfektionsmitteln (z. B. auf Alkoholbasis) vorzunehmen. Bei entsprechenden öffentlichen Veranstaltungen einschließlich Reptilienbörsen sollten diese Möglichkeiten in ausreichendem Maße vorhanden sein.

**Kinder:**

- Reptilien sollten so untergebracht werden, dass ein direkter Kontakt zu Babys/Kleinkindern sowie eine Übertragung über Vektoren ausgeschlossen ist.
- Für Säuglinge und Kleinkinder stellt der direkte Kontakt zu Reptilien oder potenziell kontaminierten Einrichtungsgegenständen eine besondere Infektionsgefahr dar. Immungeschwächte Personen sollten generell jeglichen Tierkontakt meiden.
- Ein Verbot von Tierhaltungen in Schulen ist aus erzieherischer Sicht wenig sinnvoll – vielmehr müssen die beschriebenen Hygiene- und Aufklärungsmaßnahmen im Vordergrund stehen.

**Sachkundige Personen:**

- Tierärzte und alle Personen, die eine Beratungstätigkeit ausüben, sollen das Zoonosepotenzial kennen und objektiv einschätzen können sowie in der täglichen Arbeit ihrer Informations- und Aufklärungspflicht gegenüber den Tierhaltern nachkommen.
- Alle potenziellen Kontaktpersonen sollten kontinuierlich über die Problematik und geeignete Maßnahmen aufgeklärt werden.

## Merkblatt – Winterruhe

**Bastian Plenz**

Zur Regulation zirkadianer Abläufe ist die alljährliche Winterruhe ein wichtiger Taktgeber für Reptilien aus Verbreitungsgebieten mit entsprechenden Kälteperioden. Stoffwechsel sowie Hormonhaushalt und somit beispielsweise die Fortpflanzungsaktivität werden durch eine artgemäße Winterruhe beeinflusst. Nur verletzte, kranke oder geschwächte Tiere sollten nicht in Winterruhe verbracht werden.

### Mediterrane Landschildkrötenspezies

**Vorbereitung der Tiere:** Zur Vorbereitung auf die Überwinterung werden die Temperatur und das Licht schrittweise über 1–2 Wochen reduziert. Die Fütterung wird eingestellt, Trinkwasser sollte aber weiter zur freien Verfügung stehen. Bäder in lauwarmem Wasser können durchgeführt werden, um den Darm vor der Winterruhe weitgehend zu entleeren.

**Durchführung der Winterruhe:** Wenn die Aktivität der Tiere nachlässt, werden sie in vorbereitete Überwinterungskisten verbracht, welche ein leicht feuchtes Substrat enthalten. Gut eignet sich hierfür eine Erdschicht, auf die Moos und Buchenlaub gegeben wird. Die Substrathöhe sollte ein vollständiges Eingraben der Tiere ermöglichen und die Grundfläche der Kiste zirka der vierfachen Panzergrundfläche entsprechen. Eine ausreichende Feuchtigkeit ist wichtig, damit die Tiere während der Ruhe nicht zu viel Körperflüssigkeit verlieren.

Die Winterruhe kann 3–4 Monate lang erfolgen. Bei Schildkröten im ersten Lebensjahr kann eine verkürzte Winterruhe von ca. 6–8 Wochen durchgeführt werden.

Während der Überwinterung an einem ruhigen und dunklen Ort sind Temperaturen von möglichst konstant 4–6 °C einzuhalten. Eine Erhöhung auf über 8 °C führt zu einer gesteigerten Stoffwechselrate. Die Tiere erscheinen dabei zwar möglicherweise noch inaktiv, verbrauchen aber zu viele Energiereserven. Es sollte wöchentlich überprüft werden, ob die Tiere noch vital sind und ob das Bodensubstrat noch leicht feucht ist und nicht schimmelt. Regelmäßig sollten die Tiere vorsichtig freigelegt, kurz begutachtet sowie gewogen und dann sofort wieder zurückgesetzt werden. Die Tiere dürfen während der Winterruhe nicht mehr als 10 % an Körpermasse verlieren.

Es gibt verschiedene Möglichkeiten, die Tiere zu überwintern:

- **im Kühlschrank:** Ein separater Kühlschrank für die Tiere, welcher dann auch nur zur Kontrolle geöffnet werden muss, sollte aus hygienischer Sicht verwendet werden. Günstig zur Überprüfung der Temperatur sind elektronische Thermometer, an denen ein Alarm eingestellt werden kann, falls bestimmte Temperaturwerte über- oder unterschritten werden. Für ausreichenden Sauerstoff genügt es, einmal in der Woche die Kühlschranktür zu öffnen. Diese Überwinterungsmethode ist meist die erfolgreichste.
- **im Keller:** Diese Möglichkeit besteht nur in solchen Räumen, in denen die Temperatur zuverlässig im entsprechenden Rahmen gehalten werden kann. Oftmals kann dies nicht mit Sicherheit gewährleistet werden. Die Überwinterungskisten müssen außerdem gegen das Eindringen von Schadnagern gesichert werden.

Von einer Überwinterung im Freigehege muss dringend abgeraten werden. Diese Variante kann zwar in Einzelfällen funktionieren, ist aber wesentlich riskanter als andere Methoden, da die Temperatur schlecht kontrolliert werden kann und Schadnager die Tiere verletzen können.

**Nach der Winterruhe:** Die Temperatur wird im Frühjahr über einige Tage langsam wieder auf Normalwerte angehoben. Zur Unterstützung der Verdauung und des Kreislaufs sind warme Wasserbäder günstig. Die Schildkröte sollte wenige Tage nach dem Aufwachen Futter annehmen.

### Andere Reptilien

Wasserschildkröten sollten bei niedrigem Wasserstand, welcher es den Tieren erlaubt, ohne Schwimmbewegungen mit ausgestrecktem Hals Luft zu holen, und artgemäßen Temperaturen überwintert werden. Viele Reptilien wie Kornnattern, Bartagamen oder Leopardgeckos benötigen nicht zwingend so tiefe Temperaturen, dass eine Überwinterung in einem gesonderten Behälter mit deutlich reduzierten Temperaturen notwendig ist. Die Überwinterung kann unter Umständen im eigentlichen Terrarium durch Abdunkelung, Versteckmöglichkeiten und ausgeschaltete Heizelemente erfolgen.

# 27 Adressen (Labore/Equipment)

Michael Pees

## 27.1 Hersteller von erwähnten Geräten

- Small Animal Ventilator: Vetronic Services, 12 Henley's Business Park, Manor Road Abbotskerswell, Devon TQ 12 5NF United Kingdom, www.vetronic.co.uk
- Sonden und Spezialzubehör: Walter Veterinärinstrumente, Luckenwalder Str. 33, D-15 837 Baruth/Mark, Tel. 033 704/70 802, www.w-v-i.com
- DiffQuik® Färbelösung: Dade Behring Marburg GmbH Marburg, www.dadebehring.com (Siemens Healthcare)

## 27.2 Auswahl relevanter Internetseiten

- www.arav.com: Association of Reptilian and Amphibian Veterinarians
- www.dght.de: Deutsche Gesellschaft für Herpetologie und Terrarienkunde
- www.dvg.net: Deutsche Veterinärmedizinische Gesellschaft, hier die Fachgruppen „Zier-, Zoo- und Wildvögel, Reptilien, Amphibien und Fische“ sowie „Deutsche Gesellschaft für Zootier-, Wildtier- und Exotenmedizin“
- www.eczm.eu: European College of Zoological page, Auflistung europäischer Spezialisten

## 27.3 Auswahl von Laboren mit reptilienspezifischer Diagnostik

Das genaue Leistungsspektrum sowie die Versandart bitte vor dem Probenversand mit dem Labor absprechen.

- Chemisches und Veterinäruntersuchungsamt Ostwestfalen-Lippe, www.cvua-owl.de
- Exomed GbR, www.exomed.de
- IDEXX Laboratories Inc., www.idexx.de
- Klinik für Vögel und Reptilien, Universität Leipzig, www.reptilienklinik.uni-leipzig.de
- Laboklin GmbH, www.laboklin.de
- Synlab services GmbH, www.synlab.com

# 28 Weiterführende Literatur

Michael Pees


### Reptilienkrankheiten allgemein:

[1] Beynon PH, Lawton MPC, Cooper JE (Hrsg). Kompendium der Reptilienkrankheiten. Hannover: Schlütersche; 1997

[2] Köhler G (Hrsg). Krankheiten der Amphibien und Reptilien. Stuttgart: Ulmer; 1996

### Bildgebung:

[3] Krautwald-Junghanns ME, Pees M, Reese S, Tully T. Atlas der bildgebenden Diagnostik bei Heimtieren. Hannover: Schlueterschee; 2009

### Pathologie, Infektionsdiagnostik:

[4] Jacobson ER. Infectious Diseases and Pathology of Reptiles. CRC Press; 2007

### Klinische Diagnostik:

[5] Mader DR. Reptile page and Surgery. 2nd ed. St. Louis: Saunders Elsevier; 2006

[6] Mader DR, Divers S. Current Therapy in Reptile page and Surgery. St. Louis: Saunders Elsevier; 2014 (Ergänzung zu Mader 2006)

[7] McArthur S, Wilkinson R, Meyer J (Hrsg). Medicine and Surgery of Tortoises and Turtles. Ames: Blackwell; 2004

### Parasitologische Diagnostik:

[8] Beck W, Pantchev N. Praktische Parasitologie bei Heimtieren. Hannover: Schluetersche; 2013

### Referenzwerte und Medikamentendosierungen:

[9] Carpenter JW. Exotic Animal Formulary. 4th ed.: Saunders Elsevier; 2012

[10] Weinzierl F. Ermittlung klinisch relevanter Blut- und Gerinnungsparameter bei Europäischen Landschildkröten unter Berücksichtigung von Lebensweise und Leberstatus. Inaugural-Dissertation; 2005

# Sachverzeichnis

Bei den gefetteten Seitenzahlen handelt es sich um die Haupteinträge zum Begriff.